作者简介

刁其玉，博士，中国农业科学院饲料研究所博士研究生导师，反刍动物营养与饲料专家，享受国务院政府特殊津贴专家，中国农业科学院“反刍动物饲料”创新团队首席科学家，农业部公益性行业科研专项首席科学家，北京奶牛营养学重点实验室主任，动物营养学分会反刍动物专业组主任，国家草食动物健康生产创新联盟理事长，全国农业先进工作者。长期在牛、羊等反刍动物营养与饲料研究领域开展工作。

在犊牛羔羊早期培育领域，率先发起并坚持多年的理论与实践研究工作，发现了犊牛羔羊早期营养调控的窗口期，揭示了瘤胃微生物区系的发生发展过程，是我国第一个犊牛羔羊代乳品的发明者。先后获得国家科学技术进步奖二等奖、北京市科学技术发明奖一等奖、全国农牧渔业丰收奖一等奖、大北农科技奖动物营养奖、中国发明协会发明创业成果奖一等奖、中国农业科学院农业科技成果奖等奖项。获得发明专利 22 项，其中犊牛代乳品等 3 项中国专利优秀奖。获得计算机软件著作权 32 项。发表中外科技文章 300 余篇。

内容简介

“少年强，则民族强、国家强”“儿童是祖国未来”已经成为人们的共识。对于动物，特别是寿命可以达到30岁的牛来讲，有着相同的道理。成年牛群体生产水平的高与低，取决于后备牛群体的优与劣，要培育出高产的奶牛和肉牛，生产出优质的鲜奶和牛肉，则需从犊牛抓起，这是组建高产牛群的成功之路。中国农业科学院反刍动物生理与营养实验室，历经20余年，利用现代的技术手段和科研方法，开展了系统的研究与实践，得出了第一手的科学数据资料，现经过归纳总结完成了我国第一部犊牛健康培育之作，给出了犊牛培育中关键技术问题的解决方案。

本书为三个部分，第一部分为基础理论，论述了犊牛阶段消化生理特点和免疫功能的建立，包括从非反刍到反刍这个特殊的生理阶段，犊牛消化器官的发育、瘤胃内环境的形成和瘤胃微生物区系的建立；同时，论述了犊牛获得性免疫系统的建立及营养素对机体免疫功能的调控作用，旨在为早期培育提供了理论依据。第二部分为犊牛的营养需要，论述了犊牛阶段主要营养物质，如蛋白质（含有氨基酸）与能量（含有脂肪）的营养作用及对犊牛生长发育的调控；针对营养调控剂，如益生菌、酶制剂及植物提取物等在犊牛营养和日粮中的应用给出了翔实的例证和论述，旨在为犊牛阶段的饲料的配制提供依据。第三部分为犊牛培育技术与策略，论述了犊牛阶段的营养管理与饲养策略，如犊牛断母乳时间、固体饲料的适宜补饲日龄、开食料的营养水平、犊牛的行为学特点及奶牛场还原奶和鲜奶的使用，有利于犊牛的早期培育；论述了犊牛及后备牛的培育目标及不同阶段生长目标的控制与管理，旨在明确培育犊牛及后备牛的管理体系。

本书全方位地论述了犊牛的消化生理与免疫功能建立、营养需要及日粮配制、调控和饲喂技术，建立了犊牛培育的技术体系，为犊牛的健康成长提供了技术指导与保障。

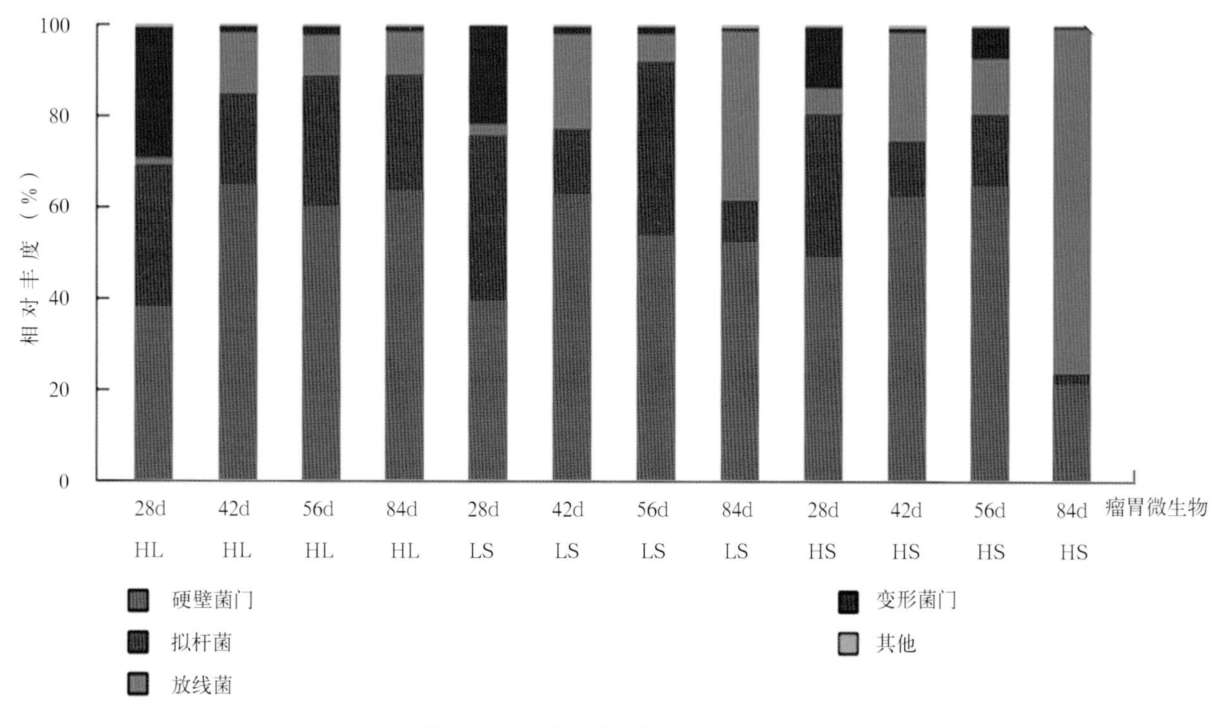

彩图1　犊牛瘤胃微生物门水平分类

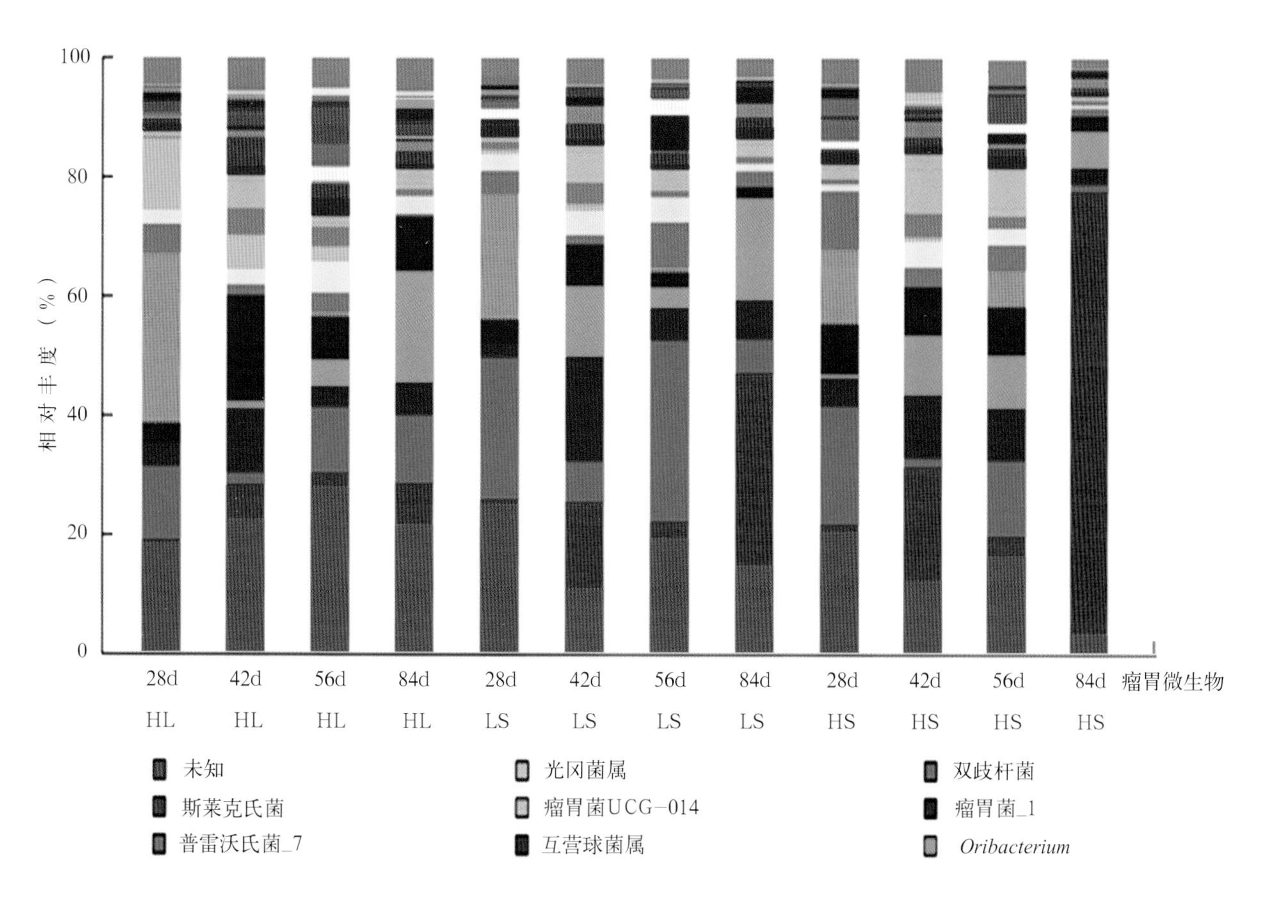

彩图2　犊牛瘤胃微生物属水平分类

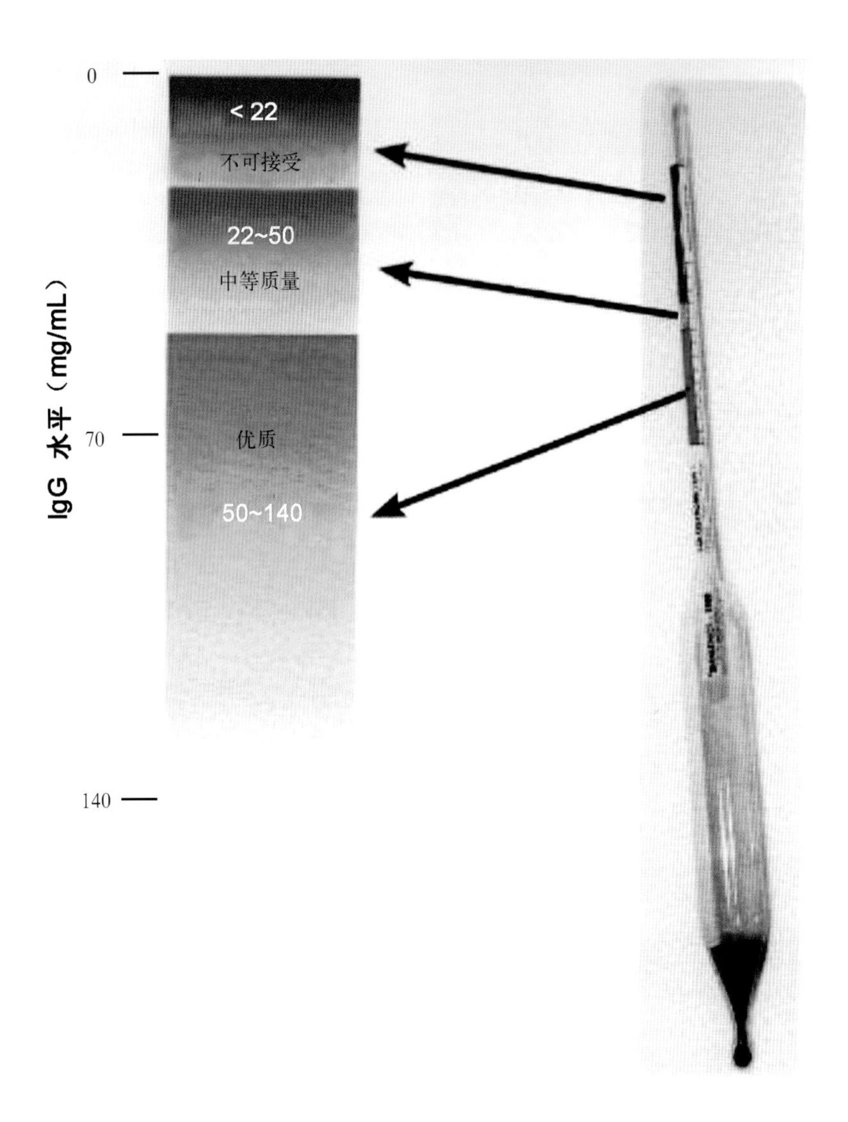

彩图3　初乳测定

注：初乳测定仪由上自下显示颜色分别为红色、黄色、绿色（三个箭头初始端所在的位置），表示初乳中IgG水平。其中，红色表示IgG<22mg/mL，为不可接受的初乳；黄色表示IgG为22～50 mg/mL，为中等质量的初乳；绿色表示IgG在50～140 mg/mL，为优质初乳。

（资料来源：Charlton，2010）

“十三五”国家重点图书出版规划项目
当代动物营养与饲料科学精品专著

犊牛营养生理与高效健康培育

刁其玉 ◎ 著

中国农业出版社
北 京

图书在版编目（CIP）数据

犊牛营养生理与高效健康培育 / 刁其玉著．—北京：中国农业出版社，2018.10

当代动物营养与饲料科学精品专著

ISBN 978-7-109-24737-6

Ⅰ.①犊… Ⅱ.①刁… Ⅲ.①小牛-饲养管理 Ⅳ.①S823

中国版本图书馆 CIP 数据核字（2018）第 232337 号

中国农业出版社出版

（北京市朝阳区麦子店街 18 号楼）

（邮政编码 100125）

策划编辑 黄向阳 周晓艳

责任编辑 周晓艳

北京通州皇家印刷厂印刷　新华书店北京发行所发行

2019 年 1 月第 1 版　2019 年 1 月北京第 1 次印刷

开本：787mm×1092mm 1/16　印张：22.75　插页：2

字数：540 千字

定价：188.00 元

丛书编委会

杨在宾（教　授，山东农业大学动物科技学院动物医学院）
李光玉（研究员，中国农业科学院特产研究所）
李军国（研究员，中国农业科学院饲料研究所）
李胜利（教　授，中国农业大学动物科学技术学院）
李爱科（研究员，国家粮食和物资储备局科学研究院粮食品质营养研究所）
吴　德（教　授，四川农业大学动物营养研究所）
呙于明（教　授，中国农业大学动物科学技术学院）
佟建明（研究员，中国农业科学院北京畜牧兽医研究所）
汪以真（教　授，浙江大学动物科学学院）
张日俊（教　授，中国农业大学动物科学技术学院）
张宏福（研究员，中国农业科学院北京畜牧兽医研究所）
陈代文（教　授，四川农业大学动物营养研究所）
林　海（教　授，山东农业大学动物科技学院动物医学院）
罗　军（教　授，西北农林科技大学动物科技学院）
罗绪刚（研究员，中国农业科学院北京畜牧兽医研究所）
周志刚（研究员，中国农业科学院饲料研究所）
单安山（教　授，东北农业大学动物科学技术学院）
孟庆翔（教　授，中国农业大学动物科学技术学院）
侯水生（研究员，中国农业科学院北京畜牧兽医研究所）
侯永清（教　授，武汉轻工大学动物科学与营养工程学院）
姚　斌（研究员，中国农业科学院饲料研究所）
姚军虎（教　授，西北农林科技大学动物科技学院）
秦贵信（教　授，吉林农业大学动物科学技术学院）
高秀华（研究员，中国农业科学院饲料研究所）
曹兵海（教　授，中国农业大学动物科学技术学院）
彭　健（教　授，华中农业大学动物科学技术学院动物医学院）
蒋宗勇（研究员，广东省农业科学院动物科学研究所）
蔡辉益（研究员，中国农业科学院饲料研究所）
谭支良（研究员，中国科学院亚热带农业生态研究所）
谯仕彦（教　授，中国农业大学动物科学技术学院）
薛　敏（研究员，中国农业科学院饲料研究所）
瞿明仁（教　授，江西农业大学动物科学技术学院）

审稿专家

卢德勋（研究员，内蒙古自治区农牧业科学院动物营养研究所）
计　成（教　授，中国农业大学动物科学技术学院）
杨振海（站　长，全国畜牧总站）
（秘书长，中国饲料工业协会）

丛书序

经过近40年的发展，我国畜牧业取得了举世瞩目的成就，不仅是我国农业领域中集约化程度较高的产业，更成为国民经济的基础性产业之一。我国畜牧业现代化进程的飞速发展得益于畜牧科技事业的巨大进步，畜牧科技的发展已成为我国畜牧业进一步发展的强大推动力。作为畜牧科学体系中的重要学科，动物营养和饲料科学也取得了突出的成绩，为推动我国畜牧业现代化进程做出了历史性的重要贡献。

畜牧业的传统养殖理念重点放在不断提高家畜生产性能上，现在情况发生了重大变化：对畜牧业的要求不仅是要能满足日益增长的畜产品消费数量的要求，而且对畜产品的品质和安全提出了越来越严格的要求；畜禽养殖从业者越来越认识到养殖效益和动物健康之间相互密切的关系。畜牧业中抗生素的大量使用、饲料原料重金属超标、饲料霉变等问题，使一些有毒有害物质蓄积于畜产品内，直接危害人类健康。这些情况集中到一点，即畜牧业的传统养殖理念必须彻底改变，这是实现我国畜牧业现代化首先要解决的一个最根本的问题。否则，就会出现一系列的问题，如畜牧业的可持续发展受到阻碍、饲料中的非法添加屡禁不止、“人畜争粮”矛盾凸显、食品安全问题受到质疑。

我国最大的国情就是在相当长的时期内处于社会主义初级阶段，我国养殖业生产方式由粗放型向集约化型的根本转变是一个相当长的历史过程。从这样的国情出发，发展我国动物营养学理论和技术，既具有中国特色，对制定我国养殖业长期发展战略有指导性意义；同时也对世界养殖业，特别是对发展中国家养殖业发展具有示范性意义。因此，我们必须清醒地意识到，作为畜牧业发展中的重要学科——动物营养学正处在一个关键的历史发展时期。这一发展趋势绝不是动物营养学理论和技术体系的局部性创新，而是一个涉及动物营养学整体学科思维方式、研究范围和内容，乃至研究方法和技术手段更新的全局性战略转变。在此期间，养殖业内部不同程度的集约化水平长期存在。这就要求动物营养学理论不仅能适应高度集约化的养殖业，而且也要能适应中等或初级集约化水平长期存在的需求。近年来，我国学者在动物营养和饲料科学方面作了大量研究，取得了丰硕成果，这些研究成果对我国畜牧业的产业化发展有重要实践价值。

“十三五”饲料工业的持续健康发展，事关动物性“菜篮子”食品的有效供给和质量安全，事关养殖业绿色发展和竞争力提升。从生产发展看，饲料工业是联结种植业和养殖业的中轴产业，而饲料产品又占养殖产品成本的70%。当前，我国粮食库存压力很大，大力发展饲料工业，既是国家粮食去库存的重要渠道，也是实现降低生产成本、提高养殖效益的现实选择。从质量安全看，随着人口的增加和消费的提升，城乡居民对保障“舌尖上的安全”提出了新的更高的要求。饲料作为动物产品质量安全的源头和基础，要保障其安全放心，必须从饲料产业链条的每一个环节抓起，特别是在提质增效和保障质量安全方面，把科技进步放在更加突出的位置，支撑安全发展。从绿色发展看，当前我国畜牧业已走过了追求数量和保障质量的阶段，开始迈入绿色可持续发展的新阶段。畜牧业发展决不能“穿新鞋走老路”，继续高投入、高消耗、高污染，而应在源头上控制投入、减量增效，在过程中实施清洁生产、循环利用，在产品上保障绿色安全、引领消费；推介饲料资源高效利用、精准配方、氮磷和矿物元素源头减排、抗菌药物减量使用、微生物发酵等先进技术，促进形成畜牧业绿色发展新局面。

动物营养与饲料科学的理论与技术在保障国家粮食安全、保障食品安全、保障动物健康、提高动物生产水平、改善畜产品质量、降低生产成本、保护生态环境及推动饲料工业发展等方面具有不可替代的重要作用。当代动物营养与饲料科学精品专著，是我国动物营养和饲料科技界首次推出的大型理论研究与实际应用相结合的科技类应用型专著丛书，对于传播现代动物营养与饲料科学的创新成果、推动畜牧业的绿色发展有重要理论和现实指导意义。

李德发

2018.9.26

前　言

“三岁看大，七岁看老”，是我国传统的育婴理念。少年强则中国强，民族振兴从婴儿抓起，青少年健康成长培育是国家的希望与未来。

对动物来讲，同样存在类似的生长规律，幼龄阶段的生长发育很大程度上决定了一生的健康与生产性能，因此犊牛的培育至关重要。牛的寿命可以达到30岁，母牛一生可以产犊牛10胎以上。牛的繁殖生理与人相近，妊娠期9个月，母牛一生中的生理应激有3次，分别是出生应激、断奶应激和分娩应激。其中，出生应激与断奶应激均发生在犊牛阶段，疾病和死亡也主要发生在出生后的2个月之内。犊牛阶段，犊牛处于生长发育速度最快、组织器官功能快速完善、免疫系统加速构建的时期。随着瘤胃微生物的定植和发生发展，犊牛的消化生理即由非反刍向反刍转变，出生后60d体重就达到出生重的2倍以上。这个阶段犊牛机体与生理功能的发育充满着质变和量变，犊牛阶段生长发育的可塑性极大，任何外界环境或营养等因素的干预调控，都可能对犊牛后续生长发育造成显著的影响。

中国是养牛大国，2016年全国牛的饲养量约1.3亿头。其中，奶牛约1 300万头、水牛约2 000万头、牦牛约2 000万头、肉用牛约6 000万头、本地役用黄牛约2 000万头。然而，我国并非养牛强国，奶牛单产不足8 t，肉牛胴体不足200 kg，养殖效率较低。我国每年出生的犊牛约6 000万头，犊牛培育的优劣直接影响其生长发育、机体健康及成年后的生产性能，并与畜产品品质与安全息息相关。因而，为提升我国养牛产业的市场竞争力，加强优质后备牛的培育无疑是重要的突破口。今天的优秀后备牛就是明天的高产优秀奶牛、肉牛、牦牛或水牛！

中国农业科学院饲料研究所反刍动物生理与营养实验室（以下简称“中农科反刍动物实验室”）20年来不遗余力地聚焦犊牛及后备牛培育基础的研

究，应用经典的饲养试验、代谢试验、屠宰试验、体外试验，结合现代分子营养学、微生物学、免疫学及组学等试验手段，系统研究犊牛及后备牛生理营养理论与培育技术，揭示了我国犊牛和后备牛的基本生理营养参数及免疫机能的建立过程，提出了优秀犊牛和后备牛的培育技术和方法，特汇集成书，奉献给行业人员。本书分为七个章节，分别是：犊牛的消化生理与生长发育特点；犊牛的免疫系统；犊牛蛋白质营养与需要量参数；犊牛能量营养与需要量参数；犊牛的营养调控剂；犊牛早期培育理论与技术及其应用；优质犊牛的培育计划。

自2000年起先后有30多位硕士研究生、博士研究生和博士后围绕着后备牛的培育展开了系统的试验研究，屠焰研究员和张蓉博士既是研究成果的主要参加人，也对本书的完成做了大量工作。本著作所取得的成果是在科技部、农业农村部、北京市科技专项及国家出版基金的资助下完成的；同时，本书在撰写中受益于国内外学者的研究成果，在此对引用和疏漏的研究学者表示衷心的感谢！

著　者

2019年1月

目 录

06 第六章　犊牛早期培育理论与技术及其应用

07 第七章　优质犊牛的培育计划

第一章 犊牛的消化生理与生长发育特点

第一节 犊牛培育的意义概述

古人云，“三岁看大，七岁看老”，表明我国古代就发现儿童培育对其成长的重要意义。对于动物来讲，存在同样的生长发育规律，幼龄阶段是其重要的培育时期。目前我国牛、羊的饲养量居世界各国之首，牛总存栏数约 1.3 亿头。每年出生犊牛 6 000 万头，但成活率不足 90%，成年奶牛单产不足 8 t；肉用犊牛和牦牛犊牛哺乳期在 6 个月以上，延误了母牛的体况恢复和再生产性能；肉牛屠宰胴体重平均 150 kg，低于世界 205 kg 的平均水平；奶牛初配时间推迟 2 个月以上，在 16 个月左右，影响了牛群结构；后备牛的培育滞后严重制约了我国牛产业的发展。

牛的寿命可以达到 30 岁，母牛可以产犊牛 10 胎以上。和人的繁殖生理很相近，母牛妊娠期 9 个月。犊牛出生时即经历第一次生理应激，机体温度由母体子宫的恒温到环境的变温，营养供给由血液循环过渡到消化道吸收，环境由子宫的相对无菌到产房的多种菌（包括病原菌）。和婴儿发育对成年人健康的影响规律一样，犊牛期间的生长发育对牛一生的健康和生产性能都至关重要。哺乳期是犊牛一生中最重要的生理阶段，直接决定青年牛与成年牛的健康、产奶、产肉性能及产品质量安全。今天的优秀后备牛就是明天的高产优秀奶牛、肉牛、牦牛或水牛！

第二节 犊牛机体生长发育与增长目标

奶牛业历来将 0～6 月龄牛称为犊牛，这不仅是统计上的分类，也符合牛生理发育阶段上的分类。6 月龄作为分水岭，从 7 月龄起，牛前胃功能发育达一定程度，具备较高的粗饲料利用能力。按照生产中普遍的方式，将 0～2 月龄牛称为哺乳期犊牛，3～6 月龄牛称为断奶后犊牛。这样细致的分期分段，是因为牛各期的饲养有不同的生长发育特点和要求。

一、犊牛生长发育与增长目标

（一）犊牛的饲养目标

犊牛发育正常，可促进青年牛的健康成长，保障后备牛的生长发育，为成年牛发挥较好的生产性能奠定基础。犊牛的理想饲养目标是，总死亡率低于5%；产头胎时牛的生长、发育及体重均达到合适标准；生长发育充分并在22～24月龄时产犊，增加奶牛整个生产寿命的产奶量（泌乳天数、产奶量增加），减少饲养费用（包括饲料费用和劳动力费用等），维持畜群规模所需要的犊牛数量少。

断奶后犊牛在生理上处于最快生长速度阶段。在良好的条件下，以出生重为43.5 kg的犊牛为例，其生长状况参考表1－1，荷斯坦小母牛的培育目标应达到表1－2所示标准。

表1－1　初生至21月龄小牛的生长状况

月　龄	体重（kg）	日增重（kg）	月　龄	体重（kg）	日增重（kg）
初生	43.6	—	11	308.0	0.90
1	53.6	0.33	12	335.6	0.92
2	73.2	0.65	13	363.2	0.92
3	96.8	0.78	14	390.5	0.91
4	123.6	0.89	15	417.8	0.91
5	152.3	0.95	16	441.8	0.80
6	180.0	0.92	17	465.8	0.80
7	206.8	0.89	18	489.8	0.80
8	230.9	0.80	19	513.8	0.80
9	255.5	0.82	20	537.8	0.80
10	281.0	0.85	21	561.8	0.80

表1－2　荷斯坦小母牛培育目标

月　龄	体重（kg）	体高（cm）	腰角宽（cm）	月　龄	体重（kg）	体高（cm）	腰角宽（cm）
1	62	84		13	367	124	42
2	86	86	19	14	398	127	43
3	106	91	22	15	422	130	44
4	129	97	24	16	448	130	46
5	154	99	27	17	465	132	47
6	191	104	29	18	484	132	48
7	212	109	31	19	493	132	50
8	240	112	33	20	531	135	50
9	270	114	35	21	540	137	51
10	296	117	36	22	560	137	52
11	323	119	38	23	580	137	
12	345	122	40	24	590	140	

（二）犊牛的理想生长速率

饲养犊牛成功与否取决于其是否获得了理想的生长速率。犊牛的生长速率影响其配种时间、产犊年龄、产犊难易程度及终生的产奶量。不同品种奶牛的理想生长速率有一定差异，生长太慢和太快都对成年后奶牛的生产性能产生不利影响。初产母牛应体况良好，产头胎时生长发育充足且体重达到要求。犊牛生长太慢会推迟性成熟、体成熟、配种时间及产仔年龄，对经济效益影响极大；生长太快，特别是在青春期之前(9～10月龄）生长太快会对产奶潜力产生副作用。相对于年龄对繁殖能力（泌乳性能）的影响来讲，犊牛体重对其的影响更大。无论年龄多大，当犊牛体重达到其完全成熟时体重的40%时就进入青春期。一般来讲，若小母牛体重达到其完全成熟时体重的60%就应当配种，头胎分娩后几天母牛体重应当达到其成熟时体重的80%～85%，产前几天头胎怀孕母牛的体重应当是其完全成熟时体重的85%～90%。

上述标准可应用于不同品种和环境条件，因为犊牛的体重只与其生理状态相关，而与环境条件无关。换句话说，当小母牛的体重达到其完全成熟时体重的80%～85%时就适合产第一胎。原因是小母牛已经发育完全，产犊时发生难产的危险性较低，同时采食能力已经达到第一次泌乳时发挥最大泌乳潜力的需要。

从出生到第一次产犊，这期间小母牛一直处于生长发育状态，其饲养成功与否由产第一胎时的年龄和发育状况共同决定。在集约化饲养系统条件下，小母牛在12～14月龄即达到初配标准，可能在20月龄时就达到其完全成熟时体重的80%左右，在22月龄产犊牛。但考虑到发育情况，目前许多国家和地区的饲养条件是保证小母牛在24月龄时产第一胎。

第一次泌乳表现性能通常作为评价犊牛饲养成功与否的标准之一，但更重要的是母牛整个生产寿命期间的生产性能。如果犊牛在发育不足的情况下于22～24月龄产头胎，会增加难产的危险性并降低产奶量。小型品种的奶牛比大型品种的奶牛，如黑白花奶牛和瑞士褐牛的成熟要早，因此小型品种奶牛产头胎的最佳年龄比大型品种奶牛要早1～2个月（即小型品种奶牛22个月、大型奶牛品种24个月）。产犊年龄推迟直接影响奶牛场的总盈利，增加奶牛额外饲养月份的费用，使奶牛一生的总产量下降，需为维持畜群规模增加饲养小母牛的费用。

（三）断奶后犊牛的生长

犊牛结束哺乳期并不意味着培育的结束，而随后的体型、体重、产奶及适应性培育的意义，较犊牛期更为重要。同时，在早期断奶的情况下，可能会出现增重不足的现象，这需要在犊牛断奶后得到补偿。发育正常、健康体壮的育成牛是提高牛群质量、适时配种、保证奶牛高产的基础。断奶后的犊牛很少有健康问题，这时需要确定的是采用最经济的能量、蛋白质、矿物质和维生素原料饲喂以满足其生长需要并获得理想的生长速率。

1. 牛体化学成分在生长过程中的变化 断奶后犊牛的饲养是否合理，首先必须了解犊牛在生长过程中牛体化学成分的变化（表1-3）。

表 1-3　牛体化学成分的变化

体重（kg）	水分（%）	脂肪（%）	蛋白质（%）	灰分（%）
45	71.9	3.1	19.9	4.3
153	66.3	9.8	19.4	4.5
270	62.2	14.0	19.2	4.6
410	54.1	24.1	17.4	4.2

由表 1-3 可知，体重的增加并未引起牛体蛋白质和灰分在比例上的改变，而体脂肪的增加却是显著的，即随着生长，与蛋白质相比，热能的需要量相对逐渐增多。此外在生长的过程中，骨骼的发育非常显著。骨质中含有 75%～80%的干物质，其中钙的含量占 8%以上、磷占 4%，其他是镁、钠、钾、氯、氟、硫等元素。钙和磷在牛乳中的含量是适宜的，但在犊牛断奶之后需从饲料中摄取。因此在饲喂的精饲料中需添加 1%～3%富含钙、磷的饲料，同时添加 1%的食盐。在粗饲料品质良好的情况下，不会因维生素的缺乏而影响犊牛生长。如果粗饲料品质过于低劣，则需要另外补充维生素。

2. 牛体生长情况　牛在 6～9 月龄时日增重较快。由于此时期牛能较多利用粗饲料，因此尽可能给其饲喂一些青饲料等纤维含量高的饲料。不过初期瘤胃容量限制了采食体积，粗饲料体积大且营养物质含量低，不能满足牛生长发育的需求，因此要根据不同的粗饲料条件喂以适量的精饲料，特别在要求一定的日增重时期更是如此。这段时间的精饲料用量为 1.5～3 kg，视牛体重和粗饲料质量而定。

3. 体况评分　生长是一个极其复杂的生命过程，可用体重升高及体尺增加，或是机体组织细胞的体积变大、增殖和分化来指示。影响犊牛和后备牛生长发育的因素很多，遗传和饲养管理是两个主要因素。中国荷斯坦犊牛的生长发育一般规律为出生后，体高的生长高峰出现得最早，体重出现得最晚；犊牛 0～6 月龄的生长顺序依次为体重、体长、胸围和体高；6～14 月龄依次为体重、胸围、体长和体高。同一生长阶段，各指标的生长发育强度也不相同，并随年龄的增长发生相应的改变。总体来看，后备牛体尺和体重的生长强度随年龄的增长而下降，以 0～6 月龄犊牛阶段为最大。

后备奶牛的生长发育状况多用体况评分（body condition score，BCS）表示。一般依据视觉按 5 分制打分：1 分表示过度消瘦，5 分则表示过度肥胖（图 1-1）。尽管体况评分带有主观性，但却是评估奶牛体能贮备非常实用的方法（Edmonson 等，1989）。

体况评分方法是从 1 到 5 分，以 0.1 分为梯度。不同的人评分会有差异，而且评分方式本身也是估计值。在牛场中固定人员进行长期的体况评分，及时了解牛群的肥瘦，可以作为饲喂量和饲料营养水平的一个指示。小母牛的体况评分可用作对饲料能量供应状况的一个监测。太肥的小母牛其脂肪在乳房沉积，会抑制泌乳细胞的形成；生殖器官也会沉积脂肪，因而降低生殖能力，增加难产的可能。高孕龄的肥胖小母牛产犊时也会出现与成年母牛类似的代谢疾病。与正常体况的健康小母牛相比，过瘦的小母牛也会出

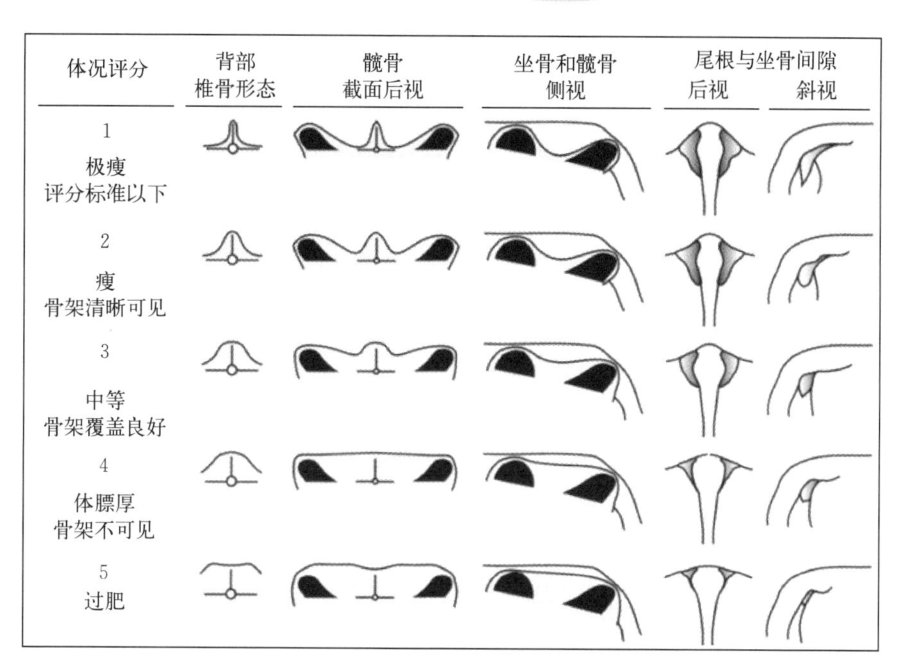

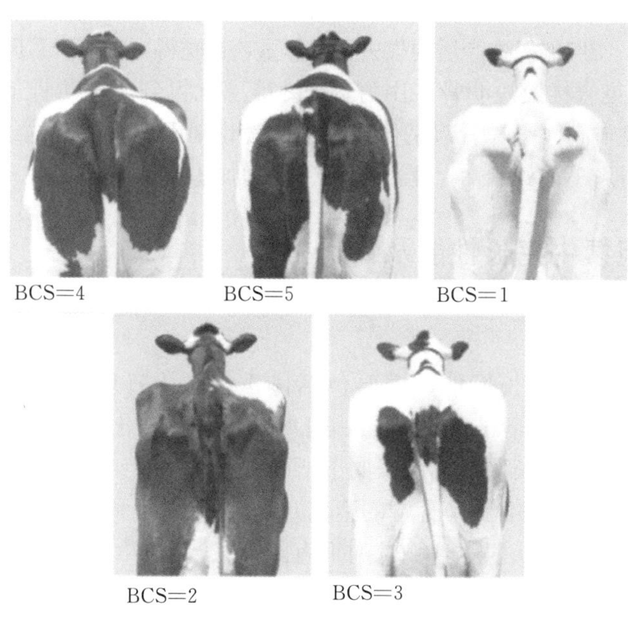

图 1-1 荷斯坦奶牛体况评分

（资料来源：Kellogg，2012，李亮译）

现繁殖与健康问题。一般来说，小母牛的体况评分会比成年母牛略低。6 月龄以下的小母牛体况评分应当是 2.0～3.0 分，通常不应高于 3.5 分。稍大的小母牛体况评分推荐控制在 3.5 分，通常从 6 月龄到繁殖月龄理想的分数是 2.5～3.0 分。在产犊及产后不久，分数会逐渐由 3.0 分升至 3.5 分。由于怀孕后期是胎儿快速生长期，因此也要避免因小母牛过肥而带来的生产问题。有许多办法能帮助人们进行体况评分，以下是具体评分方法（Kellogg，2012）。

1.0 分：椎骨从背上看去显得尖锐而突起，而且椎节与短肋骨一根根地可清晰分辨，连接髋骨与坐骨同椎骨的韧带都很明显。髋关节皮肤凹陷，骨骼突出，尾根两侧深深凹陷。尾骨与髋骨之间由于皮下脂肪不足而产生一些褶皱。这样的牛需要增肥。

2.0 分：椎骨清晰可见，但椎骨骨节不明显。短肋骨一根根地明显可见。髋关节部位下陷，髋骨与坐骨明显可见，背部韧带也很清晰。大腿骨与骨盆之间的关节十分明显，但相对 1.5 分的牛来说要丰满一些。尾根部位可见由骨盆与大腿骨围成的陷窝。这样的牛太瘦，也许其健康状况很好，但很可能会因为体况差而影响繁殖与产奶量。

3.0 分：对于泌乳周期的大部分时间来说，这个分数是比较理想的。椎骨看起来很圆润，但脊柱还是能够看到。短肋骨被 1.5～2.5 cm 厚的组织覆盖。肋骨边缘比 2.0 分及 2.5 分的牛要圆滑。背部韧带也是清晰可见，但表面的脂肪层让其外观更平滑。大腿根部也有凹陷，但不像更瘦的牛那么深。尾根部有陷窝，但皮肤上不再有明显的皱褶。

4.0 分：牛看起来很丰满，背部基本是平的，就像桌面一样，短肋骨依旧像架子一样撑起来，但不是每根都可分辨，除非触诊。髋骨与坐骨上覆盖着明显可见的脂肪层，尾根也不再有陷窝。虽说许多养殖者希望奶牛在产犊时重一些，但英、美等国的一些研究显示，与瘦 0.5 分的奶牛相比，肥胖的奶牛产后会失去更多体重，且吃得更少，产后问题也会增多。

5.0 分：看不见脊椎及短肋骨，用力触摸才能感觉得到。短肋骨下方不再有明显凹陷，大腿根部也很丰满。坐骨看起来像球一样，髋骨周围也有厚厚的组织包围。脂肪堆积在尾根部位，凹陷小得如酒窝。肥胖的奶牛会增加患代谢疾病、肢蹄病的风险。

二、荷斯坦犊牛生长性能及体尺指数

（一）测定指标与方法

生产中测定犊牛的生长性能，主要包括体重、平均日增重（average daily gain，ADG）、干物质采食量（dry matter intake，DMI）、饲料转化率、体尺指标等。体尺指标一般可包括犊牛的体直长（肩端前缘向下所引垂线与坐骨结节后缘向下所引垂线之间的水平距离）、体斜长（肩端到坐骨端的距离）、体高（鬐甲最高点到地面的垂直距离）、胸深（沿着肩胛骨后方，从鬐甲到胸骨的垂直距离）、胸围（肩胛骨后角处体躯的垂直周径）、腿围（后肢膝关节处的水平周径）、管围（前肢掌骨上最细处的水平周径）和腰角宽（两腰角外缘之间的水平距离）。通过上述指标可计算肢长指数、体长指数、体躯指数、管围指数、胸围指数、腿围指数。体尺指数的计算公式分别为：

$$肢长指数=[(体高-胸深)/体高]\times100$$

$$体长指数=(体斜长/体高)\times100$$

$$体躯指数=(胸围/体斜长)\times100$$

$$管围指数=(管围/体高)\times100$$

$$胸围指数=(胸围/体高)\times100$$

$$腿围指数=(后腿围/体高)\times100$$

以游标卡尺测定前乳头长度和后乳头长度，并进行体况评分，乳头长度和体况评分测定参照 Lammers 等（1999）和 Edmonson 等（1989）的方法。

每日对犊牛的粪便进行观察，也可以用粪便评分法来评分，以评分来记录可以更加量化反映出犊牛粪便的情况。表 1-4 是 4 分制的评分标准（Larson 等，1977），表 1-5是 5 分制的评分标准。分数越低则粪便越硬，3 分及 3 分以上时记为腹泻。可以根据评分计算腹泻率和腹泻频率，公式为：腹泻率=腹泻头数/总头数×100%；腹泻频率=Σ（腹泻头数×腹泻天数）/（犊牛头数×记录天数）×100%。腹泻率反映腹泻发病率；腹泻频率涉及腹泻犊牛的数量及腹泻持续的天数，反映腹泻的严重程度。两项指标结合使用，可较为全面地反映犊牛在记录期内的腹泻状况。

表 1-4　粪便 4 分制评分标准

外　观	流动性	评　分
正常	稳固但不坚硬，扔在地面或沉积后外形稍有变化	1
松软	不能保持外形，成堆但稍有松散	2
软膏	薄饼状，易扩散到 6 mm 厚	3
水状	液状，像橙汁，粪水有分离现象	4

表 1-5　粪便 5 分制评分标准

程　度	外　观	评　分
正常	条形或粒状	1
正常	能成形，粪便较软	2
不正常	不成形，较稀	3
不正常	粪水分离，颜色正常	4
不正常	粪水分离，颜色不正常	5

（二）荷斯坦犊牛不同阶段生长性能及指数

在 2008 年之后，中农科反刍动物实验室经过 5 个动物试验，汇总了 182 头母犊牛 61～180 日龄（2～6 月龄）的数据。通过对试验数据的汇总和统计分析，得出中国荷斯坦小母牛各日龄阶段的体重、体尺和乳头外观（2 个动物试验、62 头）在不同日龄阶段的结果（表 1-6）。随着日龄的增长，上述指标皆呈直线增长。

表 1-6　2～6 月龄母犊牛生长性能指标

月　龄	干物质采食量（kg）	体重（kg）	体长（cm）	体高（cm）	胸围（cm）	腹围（cm）	前乳头长度（cm）	后乳头长度（cm）
2～3	2.0±0.4	96.0±22.0	90.4±5.1	89.2±2.0	110.3±8.9	126.3±6.4	1.4	1.2
3～4	2.9±0.1	121.4±21.1	93.6±3.3	93.4±2.3	113.0±2.4	137.9±5.1	1.7	1.5
4～5	3.4±0.3	147.8±18.7	102.9±3.3	98.2±2.0	120.7±3.4	151.7±4.0	2.2	1.9
5～6	4.5±0.4	163.2±19.9	109.2±5.0	101.8±1.9	126.3±3.5	160.3±3.1	2.4	2.2
SEM	0.3	6.5	1.7	3.1	2.3	2.3	0.2	0.1

注：表中数据用“平均值±标准差”表示，表 1-16 和表 1-41 注释与此同。

2014年中农科反刍动物实验室在北京23家奶牛养殖场同时开展了60日龄前犊牛体尺的测量工作，涉及犊牛460余头，得到北京市中型奶牛养殖场犊牛生长数据（表1-7），体高数值皆达到或者超过了荷斯坦小母牛培育目标（表1-2）。从生长阶段来看，犊牛在10～30日龄的体高和体斜长生长速率极显著高于30～60日龄阶段（$P<0.01$）。

表1-7　2014年北京市中型奶牛养殖场犊牛体尺平均数值

项　目	体　高			体斜长			胸　围		
日龄（d）	10	30	60	10	30	60	10	30	60
头数（头）	342	346	325	342	346	313	342	346	313
平均值（cm）	77.5	84.0	92.6	71.7	80.6	91.9	83.3	91.7	103.5
标准误（cm）	0.23	0.32	0.42	0.33	0.40	0.47	0.30	0.43	0.48
变异范围（cm）	64～92	70～99	72～115	53～87	66～109	74～120	70～106	75～114	82～126
CV（%）	5.6	7.1	8.1	8.5	9.1	9.1	6.8	8.8	8.3
项　目	体　高			体斜长			胸　围		
日龄（d）	10～60	10～30	30～60	10～60	10～30	30～60	10～60	10～30	30～60
日平均增长量（cm）	0.30	0.31^{A}	0.27^{B}	0.41	0.43^{A}	0.39^{B}	0.41	0.41	0.40

注：同行上标不同大写字母表示差异极显著（$P<0.01$）。

犊牛各项体尺指数随日龄变化而显著变化，并呈现直线变化规律（$P<0.05$，表1-8）（屠焰，2011），其中肢长指数和管围指数随着犊牛日龄的增长而逐步降低。也就是说从体型上看，随着日龄的增长，犊牛腿的长度和粗细程度相比体高的增加来说逐步降低；体长指数、体躯指数、胸围指数、腿围指数则逐步增长，即犊牛胸腔和腹腔逐步扩展，躯体的长度和宽度都有增长。

表1-8　犊牛体尺指数随日龄的变化（%）

项　目	日龄（d）				SEM	*P* 值
	21	35	49	63		
肢长指数	64.4^{a}	64.5^{a}	61.9^{b}	61.4^{b}	0.33	$<0.0001^{LC}$
体长指数	96.3^{b}	97.8^{a}	98.3^{a}	98.7^{a}	0.58	0.0092^{L}
体躯指数	112.0^{c}	110.6^{c}	112.3^{b}	116.3^{a}	0.70	$<0.0001^{LQ}$
管围指数	15.7^{a}	15.4^{b}	15.4^{b}	15.3^{b}	0.13	0.0238^{L}
胸围指数	107.7^{c}	108.0^{bc}	110.5^{b}	115.0^{a}	0.67	$<0.0001^{LQ}$
腿围指数	57.8^{b}	57.5^{b}	59.8^{a}	60.4^{a}	0.63	$<0.0001^{LC}$

注：^{L}直线变化（liner effect）；^{Q}二次曲线变化（quadratic effect）；^{C}三次曲线变化（cubic effect）（$P<0.05$）。同行上标不同小写字母表示差异显著（$P<0.05$），相同小写字母或无字母表示差异不显著（$P>0.05$）。表1-9、表1-12和表1-13、表1-15、表1-21至表1-23、表1-25、表1-33、表1-37、表1-39至表1-41注释与此同。

2014年在北京市取得460头10～60日龄犊牛的体尺数据，分析显示，随着犊牛日龄的增长，体长指数极显著增长，体躯指数有所降低（$P<0.01$，表 1-9）。与表 1-8 相比，表 1-9 增加了 10 日龄犊牛的体尺指数。相对于 21 日龄后犊牛，10 日龄犊牛的体躯指数较高，体长指数较低，这体现了 10～30 日龄内，犊牛的体长比体高和胸围增长都要快。

表 1-9 北京市奶牛养殖场犊牛体躯指数和体长指数（%）

项 目	日龄（d）			SEM	P 值
	10	30	60		
体躯指数	116.7[a]	114.3[b]	113.5[b]	0.51	<0.001
体长指数	92.4[c]	96.0[b]	99.7[a]	0.47	<0.001

在生产实际中，提倡直接称量犊牛体重，便于合理评估犊牛生长发育的强度，如果不能直接称量可以采用胸围或者体长等体尺数据来预测体重。中农科反刍动物实验室以其中 158 头母犊牛完整的体尺和体重数据进行回归分析，得出专用于 3～6 月龄断奶犊牛的回归方程，用于估测中国荷斯坦小母牛的体重。从表 1-10 可以看出，以“胸围”或“胸围＋体斜长”或“胸围＋体斜长＋体高”来估测体重都是可行的。但仅以“胸围”来估测体重时，回归方程的 R^2 仅为 0.79 左右；而增加体斜长或“体斜长＋体高”参数后，回归方程的 R^2 提高到 0.91 左右。

表 1-10 以体尺估测体重的回归方程（$n=158$）

Y	X	回归方程	P 值	R^2
体重（kg）	胸围（cm）	$Y=-263.97+3.38347X$	<0.0001	0.7895
体重（kg）	胸围（cm）	$Y=127.86+0.02752X_2-3.20204X$	<0.0001	0.7949
体重（kg）	体斜长（X_1，cm），胸围（X_2，cm）	$Y=-184.04+3.32903X_1-0.10766X_2$	<0.0001	0.9137
体重（kg）	体斜长（X_1，cm），胸围（X_2，cm），体高（X_3，cm）	$Y=-235.50+2.79472X_1-0.45518X_2+1.50603X_3$	<0.0001	0.9192

粪便评分和腹泻发生情况，随着犊牛日龄的增长皆会逐渐改善。符运勤（2012）数据显示，犊牛 3 周龄前粪便评分值较高，腹泻率较高；3 周龄以后粪便评分为 2 以下，粪便趋于正常（图 1-2）。杨春涛（2015）试验也显示，随着犊牛日龄的增长，粪便评分值逐渐降低，但在 8 周龄断奶前后出现了一次波动（图 1-3），体现出断奶应激反应。其他试验研究也都证实了这一点。

在犊牛对营养物质的消化率方面，中农科反刍动物实验室经过一系列研究发现，随犊牛日龄的增长，氮表观消化率呈现上升趋势，干物质（dry matter，DM）表观消化率缓慢下降，而粗脂肪（ether ettract，EE）表观消化率由于日粮种类的变化（由代乳品逐渐转变为开食料）而降低(表 1-11)。犊牛日龄由 3 月龄增长到 6 月龄时开食料中的中性洗涤纤维（neutral detergent fiber，NDF）和酸性洗涤纤维（acid detergent fiber，ADF）表观消化率随即呈现出增长的规律。

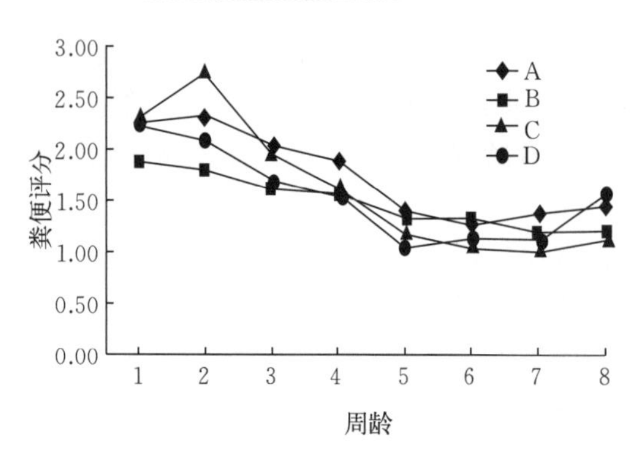

图 1-2　0～8 周龄犊牛粪便评分

A，基础日粮；B，基础日粮＋地衣芽孢菌（2×10^{10} CFU/d）；C，基础日粮＋地衣芽孢杆菌（2×10^{10} CFU/d）＋枯草芽孢杆菌（2×10^{10} CFU/d）；D，基础日粮＋地衣芽孢杆菌（2×10^{10} CFU/d）＋枯草芽孢杆菌（2×10^{10} CFU/d）＋植物乳酸杆菌（2×10^{10} CFU/d）

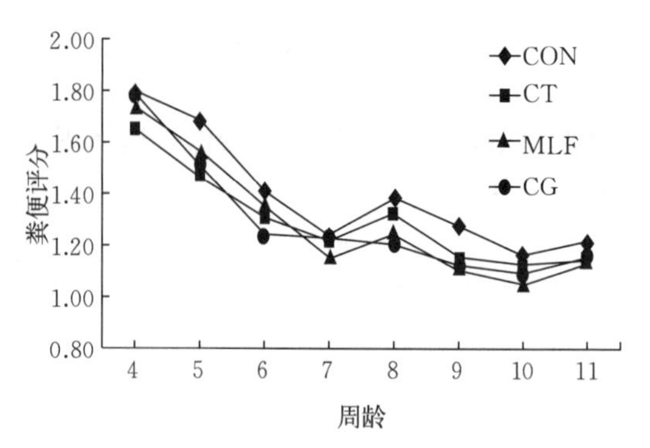

图 1-3　4～11 周龄犊牛粪便评分

CON，基础日粮；CT，基础日粮＋热带假丝酵母（5×10^{9} CFU/d）；MLF，基础日粮＋桑叶黄酮（3g/d）；CG，基础日粮＋酵母菌（5×10^{9} CFU/d）＋桑叶黄酮（3g/d）

表 1-11　各月龄犊牛对日粮营养物质的表观消化率变化（%）

月　龄	干物质表观消化率	氮表观消化率	粗脂肪表观消化率	钙表观消化率	磷表观消化率	NDF 表观消化率	ADF 表观消化率
0～1	75.94	67.90	87.97	55.05	67.04	—	—
1～2	76.89	71.84	88.51	57.65	68.25	—	—
2～3	68.43	64.79	80.44	—	—	54.24^{b}	50.58^{b}
3～4	73.91	68.17	81.13	—	—	60.60^{ab}	60.41^{a}
4～5	73.07	69.81	84.23	—	—	67.71^{a}	59.96^{a}
5～6	71.84	71.28	84.15	—	—	65.18^{ab}	57.90^{ab}
SEM	0.97	0.89	0.81	1.24	1.11	1.55	1.15

注：同列上标不同小写字母表示差异显著（$P<0.05$），相同小写字母表示差异不显著（$P>0.05$）。

（三）红安格斯杂交肉用犊牛生长性能及物质利用

目前，存栏肉用母牛数量的下降和牛肉供应不足加剧了牛肉供求的矛盾。母牛分娩后犊牛提前断奶，可缩短母牛休情期，便于母牛及早发情配种，提高终身产犊数，达到提高生产力、改善母牛体况及提高生产效率的目标。此时要求提供准确的犊牛早期培育技术，以得到健康、优质的犊牛。

体重和体尺的增长是犊牛全方面统一协调和发展的过程，体重与体尺之间存在较强的相关性。犊牛瘤胃和消化器官的发育随日龄的增加而逐渐完善，3～6 月龄是犊牛生长和发育的旺盛时段，6 月龄时犊牛瘤胃开始具备比较完善的发酵功能，对饲料中营养物质的消化吸收能力也逐渐增强，因此随日龄的增长犊牛各项指标也在迅速增长。中农科反刍动物实验室郭峰等自 2013 年起就红安格斯与西门塔尔杂交肉用犊牛（图 1-4）进行了探索。其以红安格斯与西门塔尔杂交肉用犊牛 60 头为试验对象，研究体重和各体尺指标随犊牛日龄增长的变化情况，试验日粮包括代乳品、颗粒料和南方地区青干草。表 1-12 显示，犊牛体重和各体尺指标均随日龄增长呈线性增长，且差异显著（$P<0.05$）。

图 1－4 红安格斯与西门塔尔杂交犊牛
（资料来源：重庆云阳肉牛繁育中心）

表 1－12 犊牛体重和体尺随日龄的变化

项 目	日龄（d）										SEM	P 值
	28	42	56	70	84	98	112	126	140	150		
体重（kg）	51.06	59.91	67.82	77.14^{g}	83.85^{f}	92.55^{e}	102.13^{d}	113.38^{c}	125.42^{b}	136.29^{a}	2.10	<0.01
体高（cm）	69.95	72.98	77.20	80.14^{g}	82.43^{f}	85.02^{e}	87.14^{d}	89.09^{c}	90.71^{b}	92.65^{a}	0.53	<0.01
体斜长（cm）	62.65	67.30	71.10	74.77^{g}	79.07^{f}	83.82^{e}	88.69^{d}	92.00^{c}	96.15^{b}	98.98^{a}	0.62	<0.01
胸围（cm）	82.91	88.77	91.44	95.31^{g}	97.84^{f}	101.45^{e}	106.56^{d}	110.76^{c}	115.16^{b}	118.13^{a}	0.78	<0.01
腹围（cm）	76.66	85.89	86.97	90.95^{g}	94.02^{f}	99.43^{e}	105.44^{d}	111.89^{c}	116.76^{b}	121.15^{a}	0.90	<0.01
腰角宽（cm）	14.84	16.03	16.78	17.98^{g}	18.72^{f}	19.55^{e}	20.86^{d}	22.51^{c}	24.17^{b}	25.51^{a}	0.20	<0.01

腹泻是新生犊牛常见疾病，这是由于哺乳期犊牛消化系统发育不完善，犊牛的健康状况容易受到日粮水平和管理方法的影响。腹泻常见于 3 周龄以内犊牛，随着日龄的增长，犊牛对固体饲料的采食量增加。固体饲料能刺激瘤胃发育，提高瘤胃微生物对营养物质的降解效率，并有效利用营养物质，减少犊牛营养性腹泻的发生率（表 1－13；郭峰，2015）。犊牛对日粮中有机物、干物质、粗蛋白质、粗脂肪和钙的表观消化率在90～150日龄均未出现显著性差异，80～90 日龄阶段的数值高于 140～150 日龄阶段，粗蛋白质表观消化率则有所提高，前期犊牛对磷的消化率显著高于后期（表 1－14；郭峰，2015）。

表 1－13 杂交肉用犊牛采食量和腹泻情况随日龄的变化

项 目	日龄（d）				SEM	P 值
	21～35	35～49	49～77	77～90		
代乳品采食量（kg）	475.59^{d}	538.49^{c}	596.98^{b}	761.60^{a}	5.513	<0.001
颗粒料采食量（kg）	243.33^{d}	377.02^{c}	527.06^{b}	765.15^{a}	7.197	<0.001
粗饲料采食量（kg）	—	136.25^{c}	418.51^{b}	696.85^{a}	11.182	<0.001
粪便评分	1.25^{b}	1.41^{a}	1.15^{c}	1.13^{c}	0.0237	<0.0001
腹泻率（%）	27.5^{ab}	37.5^{a}	22.5^{ab}	10^{b}	0.0446	0.0353
腹泻频率（%）	10.71^{ab}	25.53^{a}	4.36^{b}	2.14^{b}	3.3824	0.0101

注：1. 粪便评分：1 分，正常，粪便呈条形或粒状；2 分，正常，粪便能成形，较软；3 分，不正常，粪便不成形，较稀；4 分，不正常，粪水分离，颜色正常；5 分，不正常，粪水分离，颜色异常。

2. 腹泻率＝(腹泻头数/总头数)×100%。

3. 腹泻频率＝[（腹泻头数×腹泻天数)/(试验头数×试验天数)] ×100%。

表 1-14 犊牛营养物质表观消化率随日龄的变化

项 目	日龄（d）		SEM	*P* 值
	80～90	140～150		
有机物消化率（%）	78.21	77.86	0.42	0.676
干物质消化率（%）	76.82	74.95	0.53	0.0741
粗蛋白质消化率（%）	68.03	70.04	0.66	0.1313
粗脂肪消化率（%）	70.00	66.44	1.40	0.2063
磷消化率（%）	73.86[A]	66.88[B]	1.060	0.0005
钙消化率（%）	58.33	57.46	0.98	0.6622

注：同行上标不同大写字母表示差异极显著（$P<0.01$）。

（四）德国黄牛×夏南牛杂交肉用犊牛生长发育及饲料利用

1. 杂交肉用犊牛生长性能的变化 郭峰（2015）以广西金丰泰肉牛繁育中心的40头夏南牛与德国黄牛杂交犊牛为研究对象，观测其0～90日龄生长性能的变化情况，发现犊牛体重的增长一般分为3个阶段：缓慢生长期、快速生长期和平稳生长期。在主要以代乳品饲喂犊牛的前期，由于犊牛消化系统发育尚未完善，因此犊牛对非乳源性营养物质消化利用的能力不强，犊牛的生长发育速度与代乳品的供给量和代乳品中的营养水平联系较紧密。动物机体组成随日龄、体重和营养水平不同而不同，机体水分也随日龄的增长逐渐减少，主要是由于体脂肪不断沉积。营养水平的高低对犊牛生长发育的影响很大，会直接反映犊牛的生长性能，犊牛断奶前从代乳品中吸取的营养物质很大程度上影响犊牛日增重和肉质中蛋白质及脂肪的沉积（Hill 等，2009）。营养物质的不平衡会导致瘤胃微生物提供的能量和氮水平出现不平衡，从而影响瘤胃微生物的生长，进一步影响进入小肠的蛋白质流量，最终影响动物生产性能的发挥（卜登攀等，2008）。采用营养全面、易于消化的代乳品有助于犊牛瘤胃、肠道等消化器官的发育，可为后天犊牛生长性能的正常发挥提供保障。随日龄的不断增加，肉用犊牛的体重及各体尺指标都显著性增加，犊牛采食代乳品、颗粒料和粗饲料的量也出现显著增长（$P<0.01$，表1-15）。

表 1-15 杂交肉用犊牛生长性能随日龄的变化

项 目	日龄（d）						SEM	*P* 值
	0	21	35	49	77	90		
体重（kg）	36.96[f]	42.98[e]	47.31[d]	50.99[c]	65.04[b]	75.97[a]	1.02	<0.001
体高（cm）	68.89[f]	72.71[e]	75.51[d]	78.58[c]	85.03[b]	88.68[a]	0.58	<0.001
体斜长（cm）	65.17[f]	67.80[e]	69.38[d]	73.77[c]	78.81[b]	85.68[a]	0.61	<0.001
胸围（cm）	73.36[f]	77.61[e]	81.00[d]	84.10[c]	91.23[b]	96.19[a]	0.71	<0.001
腹围（cm）	75.77[f]	79.17[e]	82.50[d]	92.90[c]	107.86[b]	114.75[a]	0.97	<0.001
腰角宽（cm）	13.01[f]	14.05[e]	14.95[d]	15.92[c]	17.26[b]	19.08[a]	0.17	<0.001

犊牛在哺乳期消化系统发育不完全，日粮营养水平管理方法对犊牛的健康影响较大。日粮营养水平不合理容易引起犊牛消化吸收紊乱，导致犊牛出现腹泻和其他疾病。

肉用犊牛粪便评分、腹泻率和腹泻频率都呈现先升高后降低的趋势。35～49 日龄阶段犊牛腹泻频发，腹泻率和腹泻频率也显著大于 77～90 日龄阶段($P<0.05$)。出现这个现象的原因是，犊牛在 21 日龄断奶并饲喂代乳品；21～35 日龄阶段犊牛刚从母乳过渡到代乳品，采食量较小；适应代乳品后犊牛的采食量逐渐增加，其营养应激也较明显，导致腹泻上升，后期粪便评分都呈降低趋势。说明随着犊牛日龄逐渐增加，消化系统发育逐渐完善，对饲料利用率也日渐增强，腹泻也逐渐减少。

2. 杂交肉用犊牛营养物质消化率及瘤胃发酵参数的变化 夏南牛与德国黄牛杂交犊牛在 77～85 日龄阶段时，干物质、有机物（organic matter，OM）、粗蛋白质（crude protein，CP）表观消化率可达 75%以上，而对饲料中植物来源的粗脂肪表观消化率接近 70%（表 1-16）。犊牛断奶后逐渐开始补饲开食料和一些粗饲料，固体饲料在刺激犊牛瘤胃发育的同时也扩充了瘤胃体积，因此犊牛对营养物质的消化利用随日龄增加而得到不断完善。

表 1-16 夏南牛与德国黄牛杂交犊牛 77～85 日龄营养物质表观消化率（%）

项 目	营养物质表观消化率	SEM	*P* 值
干物质	76.11	0.85	0.244
有机物	78.35	0.72	0.311
粗蛋白质	77.12	0.60	0.092
粗脂肪	68.49	1.28	0.291
钙	55.57	2.95	0.085
磷	73.51	1.03	0.859

夏南牛与德国黄牛杂交犊牛在 85 日龄时，其瘤胃液 pH、氨态氮及挥发性脂肪酸的浓度见表 1-17。反刍动物拥有瘤网胃发酵系统，其中存在能消化利用饲料中营养的大量微生物，瘤胃发酵参数指示瘤胃发酵状态。瘤胃 pH 是评价发酵状态最直观的指标之一，正常 pH 范围为 5.5～7.5，过低和过高都不利于微生物生长与繁殖，最为理想的 pH 接近 6.5，而瘤胃微生物生长速度最大的 pH 在 5.7 以上（van Houtert，1993）。夏南牛与德国黄牛杂交犊牛在 21 日龄补饲开食料、35 日龄补饲粗饲料，增加了犊牛咀嚼时间，分泌的唾液（含有碳酸氢钠和磷酸盐）流入瘤胃中对酸起到缓冲作用，进而使瘤胃 pH 趋于稳定。

饲料中的蛋白质和非蛋白氮在瘤胃中分解为 NH_3-N，同时作为瘤胃微生物合成蛋白质的主要氮源。瘤胃中 NH_3-N 浓度过高会造成氮素损失，严重可引起氨中毒，过低会限制微生物合成蛋白质的效率。瘤胃微生物生长对 NH_3-N 浓度耐受的临界范围为 6～30 mg/dL（Preston 等，1987）。瘤胃液中的氨态氮浓度在 2 mg/dL 时，即可满足瘤胃微生物合成蛋白质的需要。中农科反刍动物实验室的研究中，85 日龄犊牛瘤胃液 NH_3-N 浓度为 6.65 mg/dL，在正常范围之内，但处于较低浓度。可能的原因是，液体饲料通过食管沟直接进入真胃，供犊牛消化利用，代乳品蛋白质无法满足犊牛对氮的需要，而吸收瘤胃 NH_3-N 的量较多，导致所测瘤胃液 NH_3-N 较低。

反刍动物瘤胃微生物对饲料中的碳水化合物发酵代谢产生挥发性脂肪酸（volatile

fatty acid，VFA)，为动物提供的主要能量来源。乙酸、丙酸、丁酸大约占瘤胃发酵总VFA的95%，因此很多研究都基于这3种VFA浓度或者比列来反映牛瘤胃发酵。犊牛3月龄是瘤胃发育较快的阶段，补饲开食料和粗饲料有助于瘤胃上皮乳头状结构生长和瘤胃容积增加，随之进入瘤胃的微生物可形成稳定的微生物区系，进而发酵利用饲料中的营养物质并产生VFA，促进瘤胃发育。断奶前犊牛以液体饲料为主要营养来源，液体饲料的营养水平势必影响犊牛采食及健康状况，进而影响瘤胃发育。

表1-17　夏南牛与德国黄牛杂交犊牛85日龄瘤胃发酵指标

项　目	测定值	SEM	*P* 值
pH	6.70	0.08	0.959
氨态氮（mg/dL）	6.65	0.68	0.023
乙酸	18.04	1.19	0.670
丙酸	7.57	0.65	0.247
丁酸	1.96	0.17	0.525
异丁酸	0.50	0.04	0.013
戊酸	0.46	0.07	0.604
异戊酸	0.85	0.07	0.008
乙酸/丙酸	2.48	0.14	0.500

第三节　犊牛血清学指标及变化趋势

血液指标代表犊牛机体的代谢能力，一般情况下会保持在一个较为恒定的范围之内。但具体到犊牛的不同日龄和不同饲料因素，其血液指标参数大致范围是多少？中农科反刍动物实验室对此也进行了测定。

一、犊牛血清学指标的测定

（一）血清的制备

将用颈静脉采血方法采集的约15 mL犊牛血液置于促凝真空管中，室温下放置20 min左右后，于3 000 r/min离心20 min，将分离出的血清于−20 ℃冰箱保存备测血清常规成分、免疫指标及激素含量。

（二）血气指标

采用真空血气针［BD Preset™ 3 mL动脉采血器，碧迪医疗器械（上海）有限公司］从犊牛颈静脉抽血约3 mL，手搓混匀后立即放入0～8 ℃保温瓶中，在1 h内测定血气指标。血气指标使用 RADIOMETER COPENHAGEN（雷度）ABL 5 型仪器以电极法测定并计算血液 pH、二氧化碳分压（partial pressure of carbon dioxide，PCO_2）、氧气分压（partial pressure of oxygen，PO_2）、氧饱和度（oxygen saturation，SO_2）、HCO^{3-}浓度［HCO^{3-}］、实际剩余碱（actual base excess，ABE）、总二氧化碳量（total carbon dioxide volume，TCO_2）、标准碳酸氢盐浓度（standard base excess，SBC）和标准剩余碱（standard bicarbonate concentration，SBE）。

二、犊牛血清学指标的变化趋势

（一）血清生化、免疫指标及激素含量

犊牛阶段生长发育处于异速状态，随年龄的增加，其血清学指标也随着发生变化。表 1-18 为血清两个重要指标——尿素氮和血糖的变化情况；表 1-19 为 8 周龄犊牛血清蛋白类指标和脂类指标的变化。犊牛出生后随着年龄的增加，血液生化指标中的蛋白类指标趋于下降，脂类指标趋于上升。这可能与动物调节能量的增加有关，机体可以在一定范围内调整相关指标的稳定性（屠焰，2011）。

表 1-18 犊牛部分尿素氮、血糖的变化

日龄及处理	21 d		31 d		41 d		51 d		61 d	
	蛋白质	能量	蛋白质	能量	蛋白质	能量	蛋白质	能量	蛋白质	能量
尿素氮（mg/dL）	4.77	3.80	4.03	3.55	3.18	3.48	2.74	3.61	2.93	3.56
血糖（mmol/L）	4.93	4.34	4.96	4.36	4.7	4.57	4.41	4.63	4.39	4.82

注：表中数据来源于中农科反刍动物实验室不同设计的动物试验，表中“蛋白质”指不同日粮蛋白质水平的试验，“能量”指不同日粮能量水平的试验。表 1-19 注释与此同。

表 1-19 不同日粮蛋白质水平和酵母 β-葡聚糖对犊牛部分血清生化指标的影响

日龄及处理	出生		14 d		28 d		42 d		56 d	
	蛋白质	葡聚糖	蛋白质	葡聚糖	蛋白质	葡聚糖	蛋白质	葡聚糖	蛋白质	葡聚糖
总蛋白（g/L）	—	49.21	45.74	51.53	48.62	52.93	51.08	53.75	53.44	—
白蛋白（g/L）	—	36.01	24.78	36.14	26.08	36.55	25.66	36.14	25.62	—
球蛋白（g/L）	—	—	20.97	—	22.55	—	25.42	—	27.81	—
白蛋白/球蛋白	—	—	1.23	—	1.17	—	1.02	—	0.95	—
甘油三酯（mmol/L）	—	0.32	—	0.35	—	0.40	—	0.34	—	—
总胆固醇（mmol/L）	—	1.81	—	3.22	—	3.06	—	3.45	—	—

北京地区中国荷斯坦母犊牛血液生理指标见表 1-20。在 91～180 日龄阶段，犊牛血清中总蛋白、白蛋白、球蛋白、葡萄糖、甘油三酯、尿素氮、碱性磷酸酶活性皆保持稳定，并在数值上略高于 61～90 日龄阶段。总胆固醇含量随犊牛日龄增长有所升高，白蛋白/球蛋白的值降低。

表 1-20　北京地区中国荷斯坦母犊牛血液生理参数

日龄阶段（d）	总蛋白（g/L）	白蛋白（g/L）	球蛋白（g/L）	白蛋白/球蛋白	葡萄糖（mmol/L）
61～90	59.53±4.27	31.84±3.09	25.48±0.14	1.63±0.52	4.45±1.01
91～120	65.44±2.21	33.03±4.23	32.80±2.62	1.22±0.02	4.65±0.86
121～150	65.98±1.94	33.93±3.36	31.95±2.14	1.48±0.73	4.46±0.69
151～180	64.45±2.78	33.49±2.44	30.22±2.23	1.16±0.05	4.67±0.81
日龄阶段（d）	总胆固醇（mmol/L）	甘油三酯（mmol/L）	尿素氮（mmol/L）	胰岛素样生长因子-1（ng/mL）	碱性磷酸酶（U/L）
61～90	1.69±0.66	0.15±0.03	3.87±0.74	281.81±7.43	82.56±7.84
91～120	2.17±0.23	0.40±0.25	4.43±1.16	268.75±10.94	124.92±5.53
121～150	2.47±0.38	0.35±0.19	3.88±0.31	265.55±14.57	132.07±10.12
151～180	2.71±0.40	0.38±0.20	4.21±1.21	278.31±15.21	126.61±6.48

红安格斯与西门塔尔杂交犊牛血清参数见表 1-21。随日龄不断增加，犊牛血清中结合珠蛋白、葡萄糖、免疫球蛋白 G（IgG）、免疫球蛋白 A（IgA）、免疫球蛋白 M（IgM）、白介素-2（IL-2）、碱性磷酸酶含量呈现上升趋势，其他指标维持动态平衡，日龄因素未对血清中代谢物和免疫功能造成不良影响。胆固醇（CHO）略有下降趋势，尿素氮波动差异较明显，其他指标基本保持相对稳定。

表 1-21　日龄对部分犊牛血清参数的影响

项　目	日龄（d）										SEM	*P* 值
	28	42	56	70	84	98	112	126	140	150		
血清代谢物指标												
葡萄糖（mmol/L）	4.56	4.90	5.29	5.40^{c}	5.63^{bc}	5.81^{bc}	5.50^{c}	6.02^{bc}	6.06^{b}	6.64^{a}	0.17	<0.0001
总蛋白（g/L）	51.54	46.56	44.96	41.73	41.15	43.10	42.80	40.55	40.16	42.98	0.91	0.0589
白蛋白（g/L）	39.83	33.81	33.25	31.98	30.95	31.29	31.07	31.43	31.30	32.55	0.62	0.5431
甘油三酯（mmol/L）	0.33	0.28	0.29	0.36^{a}	0.31^{b}	0.32^{b}	0.32^{b}	0.31^{b}	0.28^{b}	0.29^{b}	0.02	0.0052
尿素氮（mmol/L）	3.70	4.00	4.06	4.01^{bc}	3.93^{bc}	4.11^{bc}	3.99^{b}	2.73^{c}	5.03^{a}	4.80^{a}	0.24	<0.0001
胆固醇（mmol/L）	7.84	5.56	5.38	5.16^{a}	4.15^{b}	3.84^{b}	3.71^{b}	3.91^{b}	3.89^{b}	4.05^{b}	0.14	<0.0001
免疫指标												
IgG（g/L）	7.74	7.39	8.66	8.85^{c}	8.63^{c}	9.81^{ab}	9.00^{bc}	9.97^{ab}	10.37^{a}	10.68^{a}	0.36	<0.0001
IgM（g/L	0.66	0.74	0.75	0.79^{bc}	0.77^{c}	0.81^{b}	0.80^{b}	0.83^{a}	0.83^{a}	0.85^{a}	0.01	<0.0001
IgA（g/L）	1.07	1.16	1.19	1.30^{c}	1.23^{c}	1.30^{c}	1.45^{b}	1.64^{b}	2.13^{a}	2.19^{a}	0.04	<0.0001
细胞因子和激素含量												
结合珠蛋白（pg/mL）	61.01	61.95	63.44	64.22^{b}	63.76^{b}	62.39^{b}	67.77^{a}	69.56^{a}	68.90^{a}	67.92^{a}	1.16	<0.0001
白细胞介素-2（ng/mL）	4.77	3.92	3.55	3.52^{d}	3.85^{d}	5.36^{c}	6.26^{b}	6.07^{b}	6.68^{ab}	7.16^{a}	0.29	<0.0001

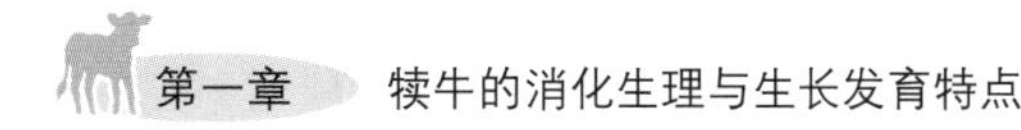

（续）

项　目	日龄（d）										SEM	P 值
	28	42	56	70	84	98	112	126	140	150		
胰岛素样生长因子-1（ng/mL）	245.85	205.43	208.49	160.44^{c}	172.82^{bc}	192.52^{b}	221.81^{a}	197.11^{ab}	190.67^{b}	175.19^{bc}	10.80	0.0001
皮质醇（μg/dL）	6.28	6.76	6.94	6.69^{a}	6.23^{ab}	6.52^{ab}	6.15^{b}	5.15^{c}	5.09^{c}	5.25^{c}	0.22	<0.0001
生长激素（ng/mL）	4.04	3.54	3.41	3.60^{b}	3.70^{b}	3.58^{b}	3.66^{b}	3.72^{b}	3.52^{b}	3.99^{a}	0.08	0.0003
瘦素（pg/mL）	4217.93	5306.28	4566.69	5097.64^{c}	5428.90^{b}	5122.84^{c}	5614.80^{ab}	5386.24^{b}	5978.70^{a}	5759.57^{ab}	172.00	0.0014
肌酸激酶（U/L）	167.71	386.95	341.72	144.45	123.97	97.11	124.54	115.99	123.36	114.46	11.59	0.1301
碱性磷酸酶（U/L）	465.07	288.20	294.66	312.43^{c}	339.31^{bc}	383.41^{b}	447.33^{a}	442.93^{a}	423.68^{a}	451.98^{a}	19.67	<0.0001

犊牛出生后快速生长和发育，并适应外界环境和各种生理功能，这种从胎儿到新生儿的过程迫使犊牛进行生理调整。幼龄犊牛必须适应多变的环境因素，包括胎儿时期主要由碳水化合物供能到由初乳和牛奶提供的高脂肪和低碳水化合物供能，最后到主要由固体饲料供能。伴随这些过程，犊牛血清指标也发生变化。血清蛋白含量不仅与犊牛日龄相关，而且与营养水平存在联系。正确检测犊牛血液生化指标，能为生产中疾病的诊治提供强有力的依据。表 1-21 数据显示，犊牛血清中总蛋白和白蛋白含量随日龄增加未出现显著提高和降低，而趋于稳定，这可能是犊牛自身调节的结果。

由于犊牛体内各组织细胞活动所需的能量大部分来自血糖，因此血糖必须保持一定的水平才能维持体内各器官的需要。表 1-21 中犊牛血糖浓度随日龄略有上升的趋势，原因可能是犊牛在后期采食量增加，随瘤胃发育产生大量挥发性脂肪酸，肝糖原异生加强引起血糖浓度提升。

幼龄动物断奶后主要由免疫分子发挥免疫作用，增强免疫应答能力，免疫球蛋白 IgG、IgM、IgA 是重要的免疫分子。当诊断代谢紊乱的犊牛时，需要考虑犊牛的免疫系统发育程度、器官的成熟和功能，以及犊牛日龄的变化。IgG、IgA 和 IgM 含量随犊牛日龄增长而呈逐渐上升的趋势，这与犊牛生长过程中机体不断发育，抵抗外界能力逐渐加强有关。

结合珠蛋白能与游离的血红蛋白结合成稳定的复合物，可阻止血红蛋白从肾小球滤过，避免游离的血红蛋白对肾小管造成损害，因此可通过血清结合珠蛋白含量确定是否有血管内溶血性疾病。另外，结合珠蛋白也是一种急性时相反应蛋白，当机体处于应激状态时，血清中的结合珠蛋白明显增多。结合珠蛋白合成与降解场所均在肝脏，并且在结合珠蛋白与血红蛋白的复合物形成与降解的过程中不能重复利用。因此，当肝脏功能出现问题时，体内结合珠蛋白数量常发生明显的变化。有研究发现，断奶后早期断奶组犊牛与正常断奶组犊牛血清中结合珠蛋白含量都有所升高，而且其平均浓度与平均日增重呈负相关。但也有研究表明，血浆中结合珠蛋白的含量不受犊牛断奶的影响，而是随日龄变化，24～45 日龄阶段其浓度较高，45～66 日龄阶段呈直线下降（郭峰，2015）。

白细胞介素-2 是一种免疫增强剂，主要由活化 T 细胞产生，其功能是促进淋巴细胞生长、增殖、分化。表 1-21 中白介素-2 的含量，随犊牛日龄增长而呈现上升趋势，这也与免疫球蛋白逐渐上升相对应。胰岛素样生长因子-1（insulin like growth factor-1，IGF-1）具有促进代谢、有丝分裂和细胞分化的作用，能促进骨基质合成，抑制骨骼的分解代谢，防治骨骼中钙的流失，维持骨骼正常结构和功能。犊牛血清中 IGF－1 含量随日龄增加呈现先下降而后增长的情况，可能本试验中环境因素对犊牛前期生长造成了影响。

皮质醇是从肾上腺皮质中分泌的，是对糖类代谢具有最强作用的肾上腺皮质激素，一般被用来检测动物是否处于应激状态。动物长期处于应激状态时，肾上腺皮质激素在动物血清中的含量偏高，导致新陈代谢发生变化。犊牛血清皮质醇含量随日龄变化不大，前期趋于稳定，112 日龄后略有下降，并未出现显著增高的趋势。生长激素具有合成代谢进而促进动物生长的作用，整个试验期动物血清中生长激素含量保持动态平衡，说明动物生长未受到阻碍。瘦素是动物脂肪组织分泌的激素，参与糖、脂肪和能量代谢的调节，日粮营养可调控血清内瘦素含量。表 1－21 中犊牛血清瘦素含量出现略微增长，这也与后期犊牛采食量提高、机体脂肪沉积增加有关。肌酸激酶通常存在于动物的心脏、肌肉等组织中，当动物心脏或者肌肉出现异常时，动物血清中的肌酸激酶会上升，而碱性磷酸酶偏高预示着动物肝脏出现异常。

针对 60 日龄之前的犊牛，对血清钠（Na）、钾（K）、氯（Cl）、总蛋白（total protein，TP）、白蛋白（albumin，ALB）、总胆固醇（total cholesterol，TC）、甘油三酯（triglyceride，TG）、葡萄糖（glucose，GLU）、胰岛素（insulin，INS）、血尿素氮（blood urea nitrogen，BUN）、谷丙转氨酶（glutamic－pyruvic transaminase，GPT）、谷草转氨酶（glutamic－oxaloacetic transaminase，GOT）浓度、总抗氧化能力（total antioxidant capacity，T－AOC）、一氧化氮（nitric oxide，NO）、碱性磷酸酶（alkaline phosphates，ALP）、溶菌酶（lysozyme，LZM）浓度，以及免疫指标 IgA、IgG、IgM、IL－1β、IL－6、TNF－α 的研究发现，犊牛日龄的增长对血清 Na、GLU、GPT、GOT、ALP、TP、TC 有显著影响（$0.05<P<0.05$），对 INS 有影响趋势（$P<0.10$）。其中，Na、TP、TC 含量随日龄增长而增加，其他指标与日龄间的关系不显著（表 1－22）。血清免疫指标上，IgG、IL－1β 与日龄变化有显著关系。其中，IL－1β 随日龄增长呈现出二次曲线变化规律（$P<0.05$），IgA、IgM、IL－6、TNF－α 等数值随犊牛日龄变化未出现显著变化（$P>0.05$）。

表 1－22　犊牛血清生化指标及免疫指标随日龄的变化

项　目	日龄（d）			SEM	*P* 值
	21	35	49		
血清生化指标					
Na（mmol/L）	132.0[b]	133.7[ab]	135.0[a]	1.11	0.0055
K（mmol/L）	4.5	4.5	4.6	0.06	0.1149
Cl（mmol/L）	99.0	99.4	100.0	0.79	0.2947
INS（μIU/mL）	2.4[b]	3.6[ab]	4.5[a]	0.75	0.0747
GLU（mmol/L）	6.0[ab]	5.4[b]	6.1[a]	0.22	0.0193
BUN（mmol/L）	3.3	3.4	3.5	0.18	0.4903
GPT（U/L）	18.8[c]	41.0[a]	24.1[b]	3.15	<0.0001
GOT（U/L）	96.7[ab]	115.6[a]	82.4[b]	14.89	0.0026
ALP（U/L）	136.3[a]	110.9[b]	148.3[a]	11.68	0.0002
TP（g/L）	52.4[b]	53.5[b]	57.2[a]	1.32	0.0009

（续）

项　目	日龄（d）			SEM	P 值
	21	35	49		
ALB（g/L）	35.7	35.2	35.6	0.39	0.4677
TC（mmol/L）	2.6[b]	3.2[a]	3.4[a]	0.15	<0.0001
TG（mmol/L）	0.4	0.4	0.3	0.06	0.2145
T-AOC（IU/mL）	3.2	1.8	2.5	0.57	0.1802
LZM（μg/mL）	4.8	4.5	3.8	0.50	0.3967
NO（μmol/mL）	163.6	210.6	204.0	19.64	0.1505
血清免疫指标					
IgA（μg/mL）	4.8	4.8	5.2	0.18	0.4987
IgG（ng/mL）	100.3[ab]	85.0[b]	130.5[a]	18.95	0.0003
IgM（μg/mL）	18.4	18.5	16.7	1.47	0.1848
IL-1β（pg/mL）	266.3[b]	368.2[a]	309.0[ab]	23.63	0.0467[Q]
IL-6（pg/mL）	344.1	324.6	283.0	36.96	0.3455
TNF-α（pg/mL）	46.9	53.6	46.0	6.15	0.5077

（二）血清学血气指标

幼龄动物胃肠道发育尚未完全，易受外界、饲料因素的影响而出现营养性消化不良等疾病。降低日粮酸度、调节日粮系酸力、改善日粮阴阳离子差值，从而改善动物消化吸收功能，是人们关注的一个问题。在研究日粮酸度调节时，常常会检测动物的血气指标。酸碱平衡和血气指标对于衡量机体代谢状况非常重要，它们受动物体健康状况的影响而显著变化。常见的血气指标包括血液 pH、PCO_2、PO_2、SO_2、［HCO_3^-］、ABE、TCO_2、SBC、SBE 等。

荷斯坦犊牛的血气指标中，血液 pH 和 PCO_2 随日龄变化有显著变化，pH 在 21 日龄时高于 49 日龄时，PCO_2 则反之（$P<0.05$）。PO_2、SO_2、［HCO_3^-］、ABE、TCO_2、SBC 和 SBE 与日龄关系不大（$P>0.05$）（表 1-23；屠焰，2011）。

表 1-23　犊牛血气指标随日龄的变化

项　目	日龄（d）		SEM	P 值
	21	49		
pH	7.39[a]	7.38[b]	0.01	0.0058
PCO_2（mmHg*）	52.3[b]	56.2[a]	1.05	0.0002
PO_2（mmHg）	31.3	31.6	0.97	0.8341
SO_2（%）	57.6	57.5	1.83	0.9617
［HCO_3^-］（mmol/L）	31.8	32.3	0.42	0.1253
ABE（mmol/L）	5.6	5.6	0.22	0.8277
TCO_2（mmol/L）	33.2	33.8	0.42	0.1037
SBC（mmol/L）	28.5	28.6	0.29	0.7239
SBE（mmol/L）	6.8	7.1	0.28	0.4825

* 非法定计量单位。1 mmHg≈0.133 kPa。

饲喂代乳品的哺乳期犊牛，其各项血气指标的平均值和变化范围见表1-24，除［HCO_3^-］、ABE、SBE外，其他指标皆符合正态分布规律（$P>0.05$）。pH变化范围为7.34～7.43，CV最小，为0.29%；SBE、ABE、SO_2、PO_2变异范围较大。

表1-24　犊牛血气指标平均值及变化范围

项　目	平均值	SEM	CV（%）	本试验中的变化范围	正态分布检验（$P<W$）
pH	7.38	0.003	0.29	7.34～7.43	0.2066
PCO_2（mmHg）	54.6	0.77	9.6	42～64	0.2599
PO_2（mmHg）	29.7	0.65	14.03	22～37	0.1874
SO_2（%）	56.6	1.74	19.9	37～81	0.1814
［HCO_3^-］(mmol/L)	32.0	0.26	5.6	28～35	0.0344
ABE（mmol/L）	5.9	0.19	22.5	4～9	0.0081
TCO_2（mmol/L）	33.7	0.27	5.5	30～38	0.1136
SBC（mmol/L）	28.6	0.22	5.3	25～31	0.0036
SBE（mmol/L）	7.0	0.28	25.4	3～11	0.1042

冯强等（2010）发现，日粮阴阳离子差（dietary cation-anion difference，DCAD）值可改变崂山奶山羊血液pH、PCO_2、［HCO_3^-］及剩余碱储（base excess，BE），增加DCAD使血液偏碱性，从而增加血液的缓冲能力，DCAD为100 meq/kg DM时体内的酸碱平衡和抗代谢性酸中毒能力得到改善。李秋凤等（2007）证实，DCAD可直接影响泌乳奶牛血气指标，随着DCAD的增加（77、175、325 meq/kg DM），血液pO_2、ABE显著升高，SO_2先升后降，但血液中pH、［HCO_3^-］、PCO_2无显著变化。汪水平等（2011）发现，日粮中添加复方中草药可提高肉牛全血PCO_2和PO_2、SO_2、TCO_2、实际碳酸氢盐浓度、剩余碱与缓冲碱浓度及钾、钠、氯等离子浓度，降低全血pH，提高尿液和粪便pH。Salles等（2012）认为，日粮DCAD的增加导致90 d后犊牛［HCO_3^-］、二氧化碳张力、PO_2、尿pH的直线增长。在哺乳期犊牛代乳品中添加复合酸度调节剂，饲喂14 d时犊牛血液pH、SO_2、PO_2、ABE、SBC升高，而PCO_2显著降低。保持胃肠道适宜酸度对提高饲料营养成分利用率、改善胃肠道微生物发育、消化酶活性等都具有不可忽视的作用。实施早期断奶的哺乳期犊牛，其日粮以液体的代乳品为主。酸度或者系酸力对犊牛健康的影响较大，但血气指标变化的规律、正常值范围等数据仍不完善，无法判别日粮酸碱是否适宜。中农科反刍动物实验室以早期断奶犊牛为研究对象，通过饲喂不同pH的代乳品乳液，研究犊牛血气指标的变化规律，探索以血液指标反馈日粮和机体酸碱平衡的方法，为犊牛日粮酸度的研究提供可靠依据。

研究显示，代乳品乳液pH对犊牛血液PO_2、SO_2、［HCO_3^-］、ABE、TCO_2、SBC和SBE皆有极显著的影响（$P<0.01$），对血液pH、PCO_2也具有影响趋势（$P<0.10$），并且上述指标依次随着代乳品乳液pH的变化分别呈现出二次曲线、直线关系（$P<0.05$）。随着代乳品乳液pH的逐步降低，pH 5.5、pH 5.0、pH 4.5组犊牛血液pH都低于pH 6.2组（$P<0.05$），但三者之间差异不显著；PCO_2数值上，pH 5.5、pH 5.0组显著高于pH 4.5组（$P<0.05$），而与pH 6.2组相近，pH 4.5组和pH 6.2

组亦无显著差异（$P>0.05$）；PO_2 和 SO_2 数值呈现的规律相似，即 pH 5.5 和 pH 5.0 组显著低于 pH 6.2 和 pH 4.5 组（$P<0.05$）；[HCO_3^-] 上，pH 6.2、pH 5.5、pH 5.0 组的组间差异不显著（$P>0.05$），而 pH 4.5 组皆显著低于前 3 组（$P<0.05$），ABE、TCO_2、SBC 和 SBE 的变化规律与之相同（表 1－25；屠焰，2011）。

表 1－25 不同酸度和植物蛋白质比例代乳品对犊牛血气指标的影响

项 目	pH					RVP			P 值		
	6.2	5.5	5.0	4.5	SEM	50%	80%	SEM	pH	RVP	pH×RVP
pH	7.40[a]	7.38[b]	7.38[b]	7.38[b]	0.01	7.38	7.39	0.006	0.0533[Q]	0.1383	0.0294
PCO_2（mmHg）	53.8[ab]	55.5[a]	56.6[a]	51.2[b]	1.50	54.3	54.3	1.15	0.0844[Q]	0.9954	0.0698
PO_2（mmHg）	33.6[a]	29.9[b]	27.8[b]	34.6[a]	1.19	32.4	30.6	0.85	0.0013[Q]	0.1269	0.0014
SO_2（%）	62.8[a]	54.2[b]	50.9[b]	62.3[a]	2.00	59.4	55.7	1.43	0.0008[Q]	0.0786	0.0002
[HCO_3^-]（mmol/L）	33.0[a]	32.6[a]	32.8[a]	29.8[b]	0.64	31.8	32.2	0.49	0.0052[LQ]	0.5238	0.5717
ABE（mmol/L）	6.8[a]	6.0[a]	5.7[a]	4.0[b]	0.40	5.4	5.8	0.30	0.0008[L]	0.2727	0.1655
TCO_2（mmol/L）	34.2[a]	34.0[a]	34.5[a]	31.3[b]	0.61	33.2	33.8	0.47	0.0044[LQ]	0.3448	0.3681
SBC（mmol/L）	29.6[a]	28.8[a]	28.9[a]	27.0[b]	0.44	28.4	28.7	0.33	0.0030[L]	0.4911	0.3588
SBE（mmol/L）	7.9[a]	7.4[a]	7.3[a]	5.2[b]	0.45	6.6	7.3	0.33	0.0019[L]	0.1505	0.1211

注：1. 表中 pH 指代乳品乳液 pH；RVP 指代乳品中植物蛋白质的比例。
2. [L] 直线变化；[Q] 二次曲线变化（$P<0.05$）。

代乳品中植物蛋白质比例为 50% 或 80% 时对犊牛血气指标无显著影响（$P>0.05$）。用血气指标检验体内酸碱平衡，前提是要掌握各指标的正常范围，但在犊牛血气指标上的研究报告数量少且未成系统。对比已有的文献资料可知，不同地区、月龄犊牛的血气指标存在一定的差异，仅测定其数值是不够的，需要了解其随日粮酸度变化的规律。

血液 pH 控制在狭小的范围内对机体的代谢非常重要，它决定着多种酶的活性，以保证机体正常生理功能的发挥。大多数动物中细胞外液的 pH 平均为 7.40±0.05，或保持在 7.3～7.4。也有人认为，出生后犊牛按血液 pH 可分为：pH>7.2 为正常或轻度生理性酸中毒，合并呼吸性和代谢性酸中毒；pH 7.2～7.0 为中度酸中毒，合并呼吸性和代谢性酸中毒；pH<7.0 时为严重酸中毒，合并呼吸性和代谢性酸中毒。随着代乳品中的 pH 从 6.2 降低到 5.5、5.0 或 4.5，犊牛血液 pH 从 7.40 显著降低到 7.38。这反映出液体饲料代乳品 pH 影响了犊牛血液 pH，但该变化区域依旧在犊牛生理可承受的范围之内。

在机体酸碱平衡系统中有 4 种情况会影响血液的 PCO_2 和 [HCO_3^-]：①呼吸性酸中毒，因 [H^+] 增加而降低了血液 pH，提高了 PCO_2；②代谢性酸中毒，因 [H^+] 增加而降低了血液 pH，HCO_3^- 减少；③呼吸性碱中毒，因 [H^+] 降低而使血液 pH 升高，导致 PCO_2 降低；④代谢性碱中毒，因 [H^+] 减少而使血液 pH 升高，提高了 [HCO_3^-] 浓度。犊牛在由饲喂母乳过渡到饲喂含有大量植物源性蛋白质的代乳品时，易产生消化不良等现象。此时机体的酸碱平衡受到破坏，犊牛出现代谢酸中毒；血液碳酸氢盐浓度降低，剩余碱量减少，pH 降低。本试验随着代乳品乳液 pH 的逐步降低，分别饲喂 pH 6.2、5.5 和 5.0 代乳品后，犊牛血液［HCO_3^-］、ABE、TCO_2、SBC 和 SBE 数值差异不显著（$P>0.05$），而饲喂 pH 4.5 代乳品的犊牛的数值显著低于前 3 组（$P<0.05$）。表明当代乳品 pH 降低幅度较大时，犊牛机体动用了更多的碱储来维持体内的酸碱平衡，也就意味着该代乳品酸度所引起的反应可能已达到犊牛机体自我调节范围的正常临界值，再降低时犊牛可能会出现代谢酸中毒的倾向。特别是 pH 4.5 组的 ABE 和 SBE 皆显著降低，将 ABE 结合 SBE 的测定可帮助判断酸碱平衡失调（李凯年，2004），但这方面需更细致的研究工作。

对于［HCO_3^-］，日粮中添加过多的柠檬酸使肉鸡处于轻度酸中毒状态，此时需要消耗血液中的缓冲碱来维持血液的酸碱平衡，从而影响其生长性能（马书宇，2002）。饲喂酸度调节剂后仔猪血气指标上也出现了变化，但不同类型的酸度调节剂产生的作用不同。林映才等（2001）对 4～7 kg 的仔猪使用了含磷酸和有机酸的两种复合酸度调节剂，结果表明适量添加复合酸度调节剂可提高仔猪的血清碱储和［HCO_3^-］，对血清 pH 和 PCO_2 没有影响；酸度调节剂的添加量过高，反而会降低仔猪的血清碱储和［HCO_3^-］，同时胃和小肠 pH 升高，仔猪出现代谢性酸中毒；随着日龄的增长，7～15 kg 仔猪的血清 pH、PCO_2、［HCO_3^-］、碱储和尿素氮浓度则不再受酸度调节剂的影响。冷向军等（2000，2003）发现，在仔猪日粮中添加 0.6%盐酸对血液 pH、［HCO_3^-］、［Cl^-］均无显著影响，但添加 2.4%盐酸时会影响体内酸碱平衡，降低仔猪尿液 pH 和 HCO_3^- 浓度，使尿中 NH_3-N 含量和占总排泄 N 的比例提高，有发生代谢性酸中毒的趋势。以上都与犊牛饲喂酸化代乳品时的表现相似。

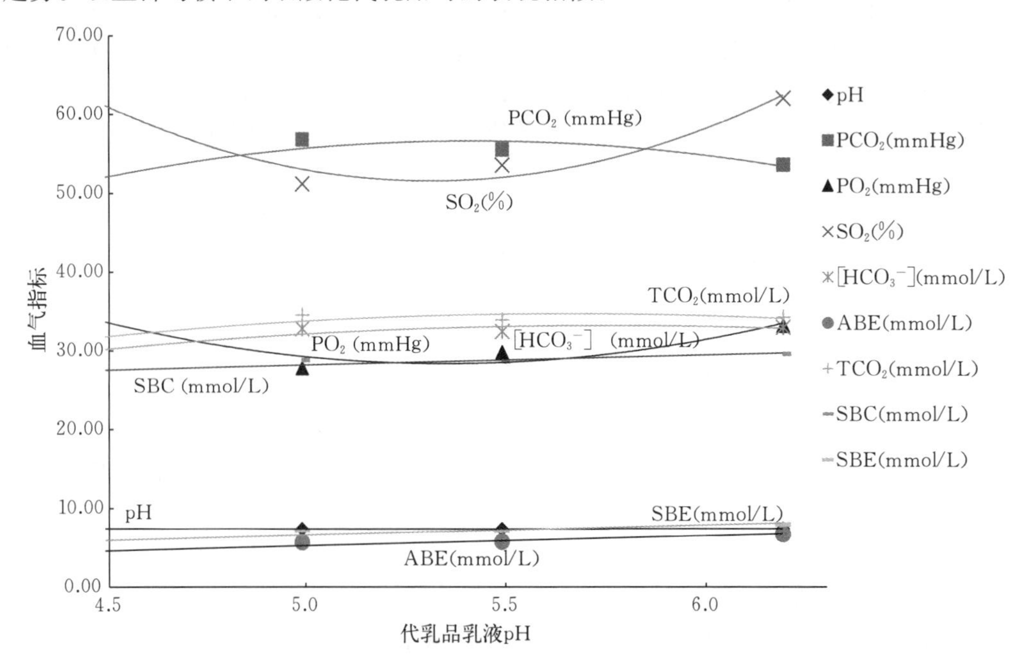

图 1-5　犊牛血气指标与代乳品乳液 pH 的关系

注：pH＝血液 pH；PCO_2＝二氧化碳分压；PO_2＝氧气分压；SO_2＝氧饱和度；［HCO_3^-］＝HCO_3^- 浓度；ABE＝实际剩余碱量；TCO_2＝总二氧化碳量；SBC＝标准碳酸氢盐浓度；SBE＝标准剩余碱。

犊牛血气指标分别与代乳品乳液 pH 之间存在着显著的直线或二次曲线关系（图 1－5），并有一定的规律可循，其回归方程式见表 1－26。同样的规律也出现在断奶后犊牛上，随着日粮 DCAD 的增加，血液 pH 出现变化，［HCO_3^-］、TCO_2、PCO_2 都直线增长（$P<0.01$），育成肉牛日粮中高 DCAD 同样会提高血液 pH、BE 和［HCO_3^-］；而 5 月龄羔羊日粮阴阳离子浓度增长（100 mEq/kg、300 mEq/kg、500 mEq/kg、700 mEq/kg）可导致血液 pH 以二次曲线形式提高，［HCO_3^-］和 BE 直线增加，PCO_2 却有所降低（Fauchon 等，1995）；奶山羊血液中的 PO_2 和 SO_2 则随着日粮 DCAD 的增加而呈二次性变化，先升高后降低（冯强等，2010）。日粮酸度的降低，减少了动物胃肠道中用于消化的盐酸分泌量的消耗，血液［H^+］增加，从而降低了［HCO_3^-］、TCO_2、PCO_2。在研究犊牛日粮酸度调控时可以采用血气指标作为敏感指标。但是由于现有的数据不足，不能揭示出哺乳期犊牛最佳血气指标范围，因而暂时无法从这种曲线关系中探求适宜的日粮 pH。如要正确判断犊牛酸碱平衡情况，还需要大量试验来确定犊牛血气指标的最佳范围值。

表 1－26 犊牛血气指标与代乳品乳液 pH 之间的相关关系（$n=24$）

指标（Y）	方程式（X=代乳品乳液 pH）	R^2
pH	$Y=0.0211X^2-0.2173X+7.93$	0.9201
PCO_2	$Y=-4.7382X^2+52.068X-86.48$	0.8481
TCO_2	$Y=-1.8743X^2+21.597X-27.54$	0.8141
［HCO_3^-］	$Y=-1.6585X^2+19.449X-23.84$	0.8631
SBC	$Y=1.2189X+22.03$	0.8126
SBE	$Y=1.2359X+0.33$	0.8298
ABE	$Y=1.2368X-1.024$	0.9060
PO_2	$Y=6.4054X^2-69.47X+216.8$	0.8600
SO_2	$Y=12.554X^2-135.21X+415.72$	0.9445

第四节 犊牛消化器官发育特点

犊牛在出生后 60 d 内，消化器官发育很快，从消化鲜奶或流体饲料向消化固体饲料过渡。这期间瘤胃不断发育，逐步满足消化固体饲料、供给快速生长发育的需要。本节汇集了 2002—2010 年中农科反刍动物实验室进行的 5 个动物试验，研究早期断奶犊牛 8 周龄的胃肠道发育参数。这 5 个动物试验处理组主因素为：日粮蛋白质来源、日粮蛋白质水平、日粮赖氨酸水平、β-葡聚糖添加效果和日粮酸度，试验用犊牛头数依次为 9 头、9 头、9 头、18 头、18 头。

一、研究方法

（一）犊牛器官发育测定及测定方法

8 周龄试验犊牛均在早晨饲喂前称重后屠宰，打开腹腔，立即结扎贲门瓣、直肠远段，取出犊牛胃肠道及消化腺，小心剥离开，称取复胃各胃室、肝脏、胰脏重量。结扎十二指肠与皱胃连接处，剪断。除去肠系膜与小肠外部脂肪，按解剖特征分十二指肠、空肠、回肠，采样后称取小肠各部分重量。

（二）瘤胃和小肠样品的处理

形态观察组织样品采集，分别在瘤胃前庭、前背盲囊、后背盲囊、后腹盲囊四部分用剪刀连续取下 1 cm 组织块各两块，待进行组织形态观察。同时分别取十二指肠近端（5 cm处）、空肠前段 1/4 处、空肠后端 1/4 处、回肠中段约 1 cm 肠管各两段，迅速放入甲醛-戊二醛的混合固定液中，待进行组织切片。

（三）组织切片指标

将甲醛-戊二醛混合固定液中的标本经水洗、透明、浸蜡、包埋等处理后，在室温下切成 8 μm 切片，用苏木精-伊红（HE）染色，封片，以及瘤胃切片中乳头高度、乳头宽度，测定小肠各部位绒毛高度、隐窝深度、绒毛宽度、肠壁厚度。

二、8 周龄犊牛消化器官发育

8 周龄犊牛胃肠道和主要消化腺体占机体活重的百分比，皱胃为 0.47%～0.53%，差异甚微；而瘤胃差异则较大，为 0.82%～1.22%；胰脏、脾脏和肝脏的差异均较小（表 1－27）。

表 1－27　8 周龄犊牛胃肠道和消化腺体组织占活重的比例（%）

项　目	处理组					平均值±标准差	变化范围
	蛋白质来源（李辉，2008）	蛋白质水平（李辉，2008）	赖氨酸水平（李辉，2008）	β-葡聚糖添加（周怿，2010）	酸度（屠焰，2011）		
瘤胃	0.99	1.04	1.22	0.89	0.82	0.99±0.15	0.82～1.22
网胃	0.26	0.22	0.28	0.21	0.21	0.24±0.03	0.21～0.28
瓣胃	0.27	0.28	0.26	0.28	0.24	0.27±0.02	0.24～0.28
皱胃	0.47	0.49	0.49	0.50	0.53	0.50±0.02	0.47～0.53
十二指肠	0.10	0.07	0.15	0.11	0.11	0.11±0.03	0.07～0.15
空肠	2.14	2.07	2.04	2.24	2.03	2.10±0.09	2.03～2.24
回肠	0.07	—	0.42	0.11	0.20	0.20±0.16	0.07～0.42
胰脏	0.08	0.09	0.13	0.12	0.11	0.11±0.02	0.08～0.13
肝脏	1.91	1.89	2.06	1.84	1.89	1.92±0.08	1.84～2.06
脾脏	0.25	0.23	0.28	0.23	0.22	0.24±0.02	0.22～0.28

注："—"指未测量。

8 周龄时犊牛 4 个胃室的差异情况见表 1－28。犊牛 8 周龄瘤胃、网胃、瓣胃和皱胃重量与整个胃室重的比例分别为 46.25%～52.95%、10.85%～12.90%、11.39%～14.73%和 22.90%～29.33%，平均分别为 49.4%、11.8%、13.4%、25.4%。

表 1-28 8 周龄犊牛 4 个胃室重占复胃总重的比例（%）

项 目	处理组					平均值±标准差	变化范围
	蛋白质来源（李辉，2008）	蛋白质水平（李辉，2008）	赖氨酸水平（李辉，2008）	β-葡聚糖添加（周怿，2010）	酸度（屠焰，2011）		
瘤胃	49.77	51.18	52.95	46.99	46.25	49.43±2.81	46.25～52.95
网胃	12.90	10.85	12.76	11.43	11.05	11.80±0.97	10.85～12.90
瓣胃	13.66	13.87	11.39	14.73	13.35	13.40±1.23	11.39～14.73
皱胃	23.67	24.10	22.90	26.85	29.35	25.37±2.68	22.90～29.35

表 1-29 和表 1-30 分别为 8 周龄犊牛瘤胃单位面积乳头数量与不同区域犊牛瘤胃乳头的发育情况。从表中可以看出，瘤胃前庭乳头的数量少，但发育较好；乳头高度和宽度均高于其他区域。

表 1-29 8 周龄犊牛瘤胃单位面积乳头数（乳头个数/cm^2）

瘤胃部位	处理组			变化范围
	蛋白质来源	蛋白质水平	赖氨酸水平	
瘤胃前庭	101	155	116	101～155
前背盲囊	142	168	149	142～168
后背盲囊	134	160	132	132～160
后腹盲囊	184	163	134	134～184

资料来源：李辉（2008）。

表 1-30 8 周龄犊牛瘤胃乳头发育（μm）

项 目	瘤胃部位	处理组		
		蛋白质水平（李辉，2008）	赖氨酸水平（李辉，2008）	酸度（屠焰，2011）
乳头高度	瘤胃前庭	1387.21	1884.94	1348.55
	前背盲囊	728.31	958.41	
	后背盲囊	1108.90	1145.84	
	后腹盲囊	1006.93	1156.80	
乳头宽度	瘤胃前庭	335.88	389.16	1542.85
	前背盲囊	316.47	337.10	
	后背盲囊	382.66	312.48	
	后腹盲囊	306.64	323.54	

从表 1-31 可以看出，8 周龄犊牛不同肠段的绒毛高度、绒毛宽度、隐窝深度和肠壁厚度的变化范围。

表 1-31　8 周龄犊牛小肠结构形态（μm）

肠道部位	项　目	处理组				变化范围
		蛋白质来源（李辉，2008）	蛋白质水平（李辉，2008）	赖氨酸水平（李辉，2008）	酸度（屠焰，2011）	
十二指肠	绒毛高度	425.90	763.09	529.36	1332.93	425.90～1332.93
	绒毛宽度	79.14	196.89	128.21	—	79.14～196.89
	隐窝深度	115.27	354.37	131.83	229.80	115.27～229.80
	肠壁厚度	919.25	1209.33	517.13	1796.38	517.13～1796.38
空肠前段	绒毛高度	520.39	797.92	609.53	—	520.39～797.92
	绒毛宽度	136.66	197.43	133.60	—	133.60～136.66
	隐窝深度	135.70	322.56	118.52	—	118.52～322.56
	肠壁厚度	614.38	713.56	380.95	—	380.95～713.56
空肠后段	绒毛高度	508.47	809.64	—	—	
	绒毛宽度	102.57	211.26	—	—	
	隐窝深度	134.19	409.60	—	—	
	肠壁厚度	527.09	799.40	—	—	
回肠中段	绒毛高度	408.00	—	629.20	1465.23	408.00～1465.23
	绒毛宽度	96.58	—	148.14	—	96.58～148.14
	隐窝深度	118.03	—	126.61	242.65	118.03～126.61
	肠壁厚度	690.47	—	317.28	2001.73	425.90～2001.73

注：“—”指未测量。

8 周龄犊牛胃肠道和消化腺体组织占活重的比例比较稳定，差异不大。瘤胃重占体重的范围在 0.89%～1.22%；皱胃的范围变异甚微，近 0.47%～0.50%；肝、胰和脾脏很稳定；小肠三部分有差异。8 周龄犊牛瘤胃单位面积乳头数和乳头宽度、乳头高度均处于一个比较恒定的范围内；8 周龄犊牛小肠结构形态，包括小肠绒毛的高度、宽度，以及隐窝深度和肠壁厚度变异范围比较大。

第五节　犊牛瘤胃微生物区系的发生与发展

一、犊牛瘤胃微生物区系测定

采样当天晨饲前将经犊牛口腔采集的瘤胃液（或者在屠宰试验中获取）分装于 50 mL离心管中，随后放入液氮中保存，长期保存可置于－80 ℃超低温冰箱。

1. 瘤胃液细菌区系测定　提取瘤胃液 DNA，以 DNA 纯化试剂盒对粗体 DNA 进行纯化后，应用细菌通用引物 16 S rRNA 基因的 V3～V4 可变区片段进行 PCR 扩增，获得的产物再以变性梯度凝胶电泳（denatured gradient gel electrophoresis，DGGE）分析条带，对目标条带进行回收、克隆及测序，或将获得的PCR产物进行纯化和文库构建及16 s rRNA测序。

2. 瘤胃液微生物定量分析 通过普通PCR扩增目的片段，PCR产物纯化后与pGM－T载体连接，转化到TOP10感受态细胞中，挑选阳性克隆，接种于LB液体培养基中过夜培养。菌液通过PCR检测后，应用质粒小量提取试剂盒提取质粒，以文献资料中查阅到的引物进行RT－PCR分析。

二、犊牛瘤胃微生物区系的建立与发展

（一）0～8周龄犊牛瘤胃微生物区系的变化

中农科反刍动物实验室针对犊牛和后备牛瘤胃微生物区系的发展进行检测，证实了犊牛刚出生几天内瘤胃中的细菌比较少，菌种比较集中，优势条带比较明显，且未检测到白色瘤胃球菌、黄色瘤胃球菌和产琥珀丝状杆菌等纤维分解菌（符运勤，2012）。随着日龄的增长，犊牛瘤胃细菌开始增多，瘤胃细菌区系逐渐形成自己的稳态。在3周龄和4周龄时分别添加精饲料和羊草，饲粮的更换又一次引起了犊牛瘤胃细菌区系的应激和波动，影响了其稳定性。随着对饲粮的适应，在2～6周龄以后各种纤维分解菌开始在瘤胃中定殖。在8周龄时，瘤胃细菌的种类和优势条带数均高于前期。8周龄以后，随着犊牛周龄的增长，瘤胃中纤维分解菌数量产生了较大变化。

犊牛出生后，从母体和环境中获取微生物。经过选择和适应，部分微生物在瘤胃内定殖、存活及增殖，且随犊牛的生长发育形成相对稳定的微生物区系（董晓丽，2013）。DGGE技术可以得到胃肠道微生物多样性及其动态变化，能够直观地反映动物机体内的微生物区系随处理变化的差异性，是研究微生物区系变化的有效工具。香侬-威纳多样性指数越大，物种多样性越好；均匀度指数越接近于1，均匀程度越高，则优势物种越不明显；丰度越高，表示物种数目越多。在犊牛0、4周龄、6周龄时，瘤胃细菌的香侬-威纳多样性指数（图1－6）和丰度（图1－7）比较低，辛普森多样性指数较高（图1－8）；而在2周龄和8周龄时，香侬-威纳多样性指数、均匀度指数（图1－9）和丰度都比较高，辛普森多样性指数较低。

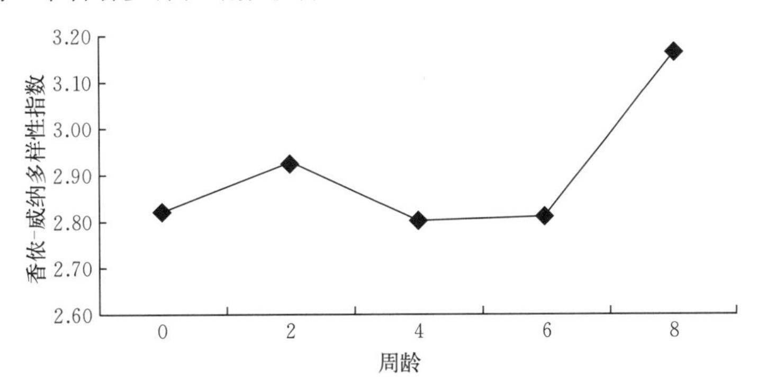

图1－6 0～8周龄犊牛瘤胃细菌香侬-威纳多样性指数的变化

表1－32是8周龄犊牛瘤胃液细菌部分克隆测序和比对的结果。8周龄时犊牛瘤胃

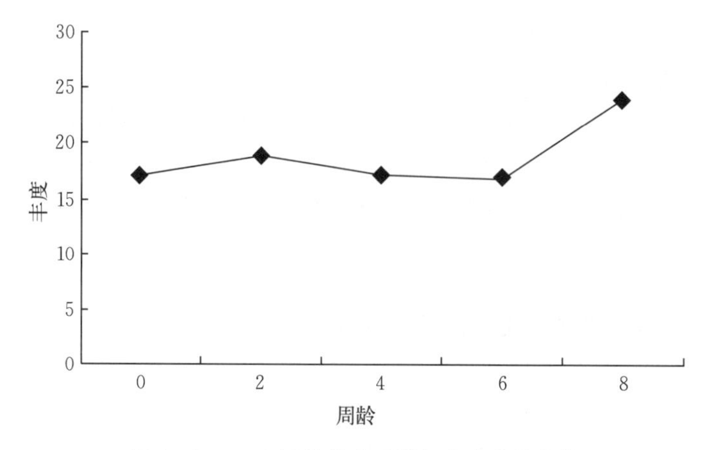

图1-7　0～8周龄犊牛瘤胃细菌丰度的变化

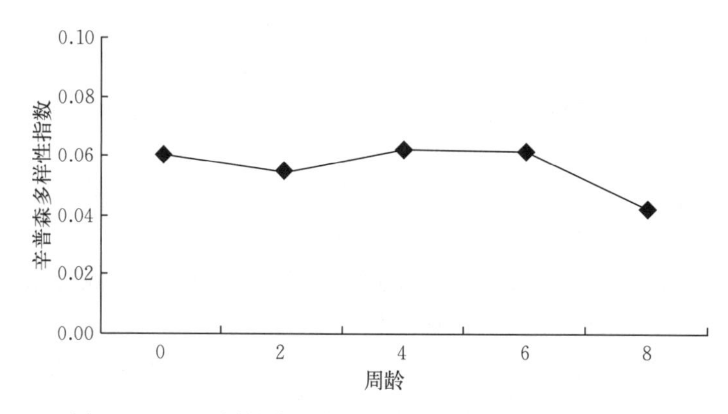

图1-8　0～8周龄犊牛瘤胃细菌辛普森多样性指数的变化

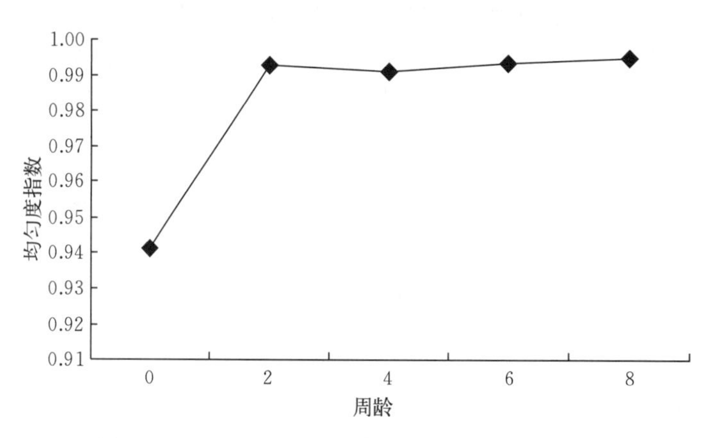

图1-9　0～8周龄犊牛瘤胃细菌均匀度指数的变化

已经形成了丰富的瘤胃微生物区系。其中，不仅包括纤维分解菌中的黄色葡萄球菌、白色葡萄球菌和溶纤维丁弧菌等，还包括淀粉分解菌中的普雷沃氏菌及半纤维素降解菌中的多毛毛螺菌等，其他的还包括硬壁门菌、梭菌和一些瘤胃未培养细菌等。

表 1-32 犊牛 8 周龄时瘤胃细菌部分克隆序列测定和比对结果

序号	亲缘关系	相似度（%）	GenBank 登录号
1	*Prevotella ruminicola* strain 223/M2/7 瘤胃普雷沃氏菌	99	AF 218618.1
2	*Ruminococcus albus* 7 白色瘤胃球菌	97	CP 002403.1
3	*Ruminococcus flavefaciens* strain H8	100	JN 866826.1
4	*Prevotella ruminicola* 栖瘤胃普雷沃氏菌	99	AB 219152.1
5	uncultured *Bacteroidetes bacterium* clone L1i01UD 拟杆菌门菌	99	HM 105132.1
6	*Prevotella* sp. 152R-1a 普雷沃氏菌	97	DQ 278861.1
7	*Prevotella ruminicola* 普雷沃氏菌	98	AB 219152.1
8	uncultured *Bacteroidales bacterium* clone cow61 拟杆菌门菌	97	HQ 201860.1
9	uncultured *bacterium* clone RH _ aaj91d04	100	EU 461514.1
10	uncultured *Firmicutes bacterium* clone L1 k12UD 硬壁菌门菌	99	HM 105182.1
11	uncultured *Lachnospiraceae bacterium* clone SHTP616 毛螺菌	99	GQ 358485.1
12	uncultured *Bacteroidetes bacterium* clone CTF2-183 拟杆菌	97	GU 958265.1
13	uncultured *Ruminococcaceae bacterium* clone PA-496.38-1 瘤胃球菌	100	GU 939482.1
14	*Prevotella* sp. RS 普雷沃氏菌	97	AY 158021.1
15	*Asteroleplasma anaerobium* 厌氧无甾醇支原体	90	M22351.1
16	uncultured *bacterium* clone WT _ ctrl _ D6iii _ C02	100	JQ 085222.1
17	uncultured rumen *bacterium* clone CAL1SB05	99	GQ 327036.1
18	uncultured *Clostridiales bacterium* clone HC _ 839.13-1 梭菌目	100	GU 939331.1
19	*Oribacterium* sp. 4C51CB	100	JQ 316656.1
20	*Prevotella ruminicola* strain 223/M2/7 普雷沃氏菌	99	AF 218618.1
21	uncultured *Lachnospiraceae bacterium* clone R _ 187.38-2 毛螺菌属	99	GU 939515.1
22	uncultured *Bacteroidetes bacterium* clone L2l18UD 拟杆菌门菌	99	HM 105439.1
23	*Prevotella ruminicola* 普雷沃氏菌	99	AB 219152.1
24	uncultured *Firmicutes bacterium* clone TCF2-123 硬壁菌门菌	97	GU 959542.1
25	*Prevotella* sp. BP1-148 普雷沃氏菌	100	AB 501166.1
26	*Rumen bacterium* NK4 A95	99	GU 324389.1
27	*Prevotella ruminicola* 普雷沃氏菌	99	AB 219152.1
28	*B. fibrisolvens* 溶纤维丁酸弧菌	97	X89973.1
29	uncultured *Firmicutes bacterium* clone p1j01cow63 硬壁菌	99	HM 104787.1
30	uncultured *Rumen bacterium* clone L206RC-4-G10	100	GU 302844.1
31	*Prevotella amnii* 普雷沃氏菌	97	AB 547670.1
32	uncultured *Prevotella* sp. 普雷沃氏菌	95	AM 420024.1
33	uncultured *Bacteroidales bacterium* clone pig361 拟杆菌	97	HQ 201779.1
34	uncultured *Clostridiales bacterium* clone HC _ 839.13-1 梭菌目	100	GU 939331.1

(二) 8～52 周龄后备牛瘤胃微生物区系的变化

1. 8～52 周龄后备牛瘤胃细菌多样性的变化 图 1-10 至图 1-13 表示的是 8～52 周龄后备牛细菌多样性随周龄的变化情况。从图中可以看出，后备牛瘤胃液细菌香依-威纳多样性指数比较高，均匀度指数也多在 0.99 以上，表明瘤胃细菌丰富并保持一定的稳态。12 周龄瘤胃细菌的多样性与 8 周龄及其后 8 周的细菌多样性存在差异。原因可能是 8～12 周龄期间是一个多应激的时期，犊牛面临着断奶、换料等应激，对瘤胃细

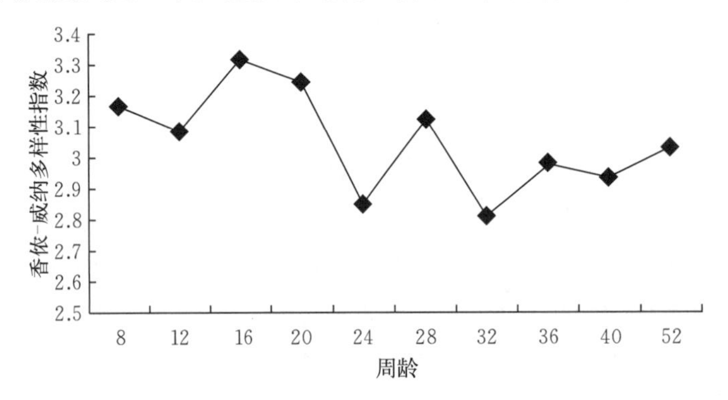

图 1-10 8～52 周龄后备牛瘤胃细菌香依-威纳多样性指数的变化

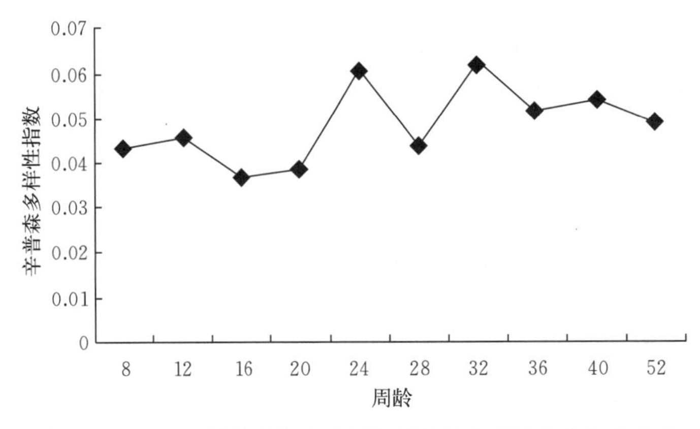

图 1-11 8～52 周龄后备牛瘤胃细菌辛普森多样性指数的变化

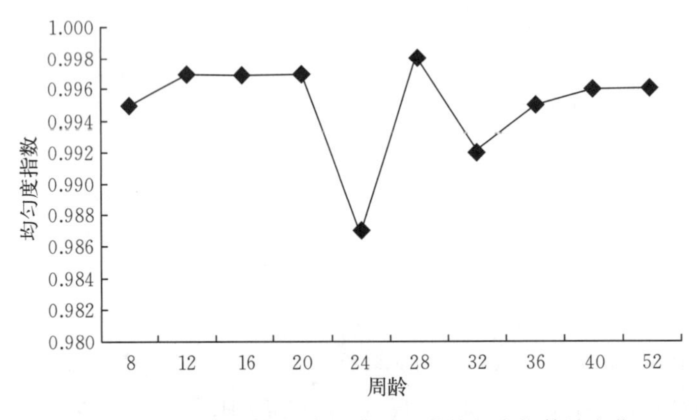

图 1-12 8～52 周龄后备牛瘤胃细菌均匀度指数的变化

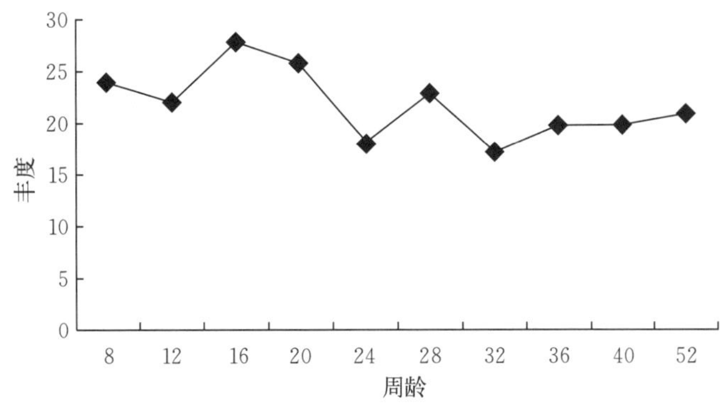

图 1-13 8～52 周龄后备牛瘤胃细菌丰度的变化

菌区系难免造成影响甚至紊乱，使得多样性指数有所波动。12～20 周龄，香依-威纳多样指数、均匀度指数和丰度开始恢复并有一定的升高，辛普森多样性指数变化与之相反，但是在 24～36 周龄多样性指数都有一定的波动。表明在此期间，瘤胃细菌可能还没形成完整的区系，容易受到外界环境的干扰，波动大。总体上，犊牛随着年龄的增加，瘤胃细菌区系优势种群数目有所降低并保持稳定，最后形成一个比较稳定的微生态环境。

2. 14～26 周龄后备牛瘤胃细菌多样性的变化 针对 14～26 周龄（99～181 日龄）后备牛瘤胃细菌多样性的持续性检测，发现了犊牛从出生到 52 周龄，瘤胃微生物区系的发生和发展的大致规律。在此基础上，中农科反刍动物实验室针对断奶后犊牛开展了更加细致的研究。从瘤胃微生物 16S rRNA PCR 产物的 DGGE 分析结果可以看出，不同日龄犊牛瘤胃内有共同的优势菌，如条带 14、15、17 等；同时，不同日龄之间瘤胃出现许多特异性的优势条带，如条带 1、2、6、7、8、20 等（图 1-14 和图 1-15）。

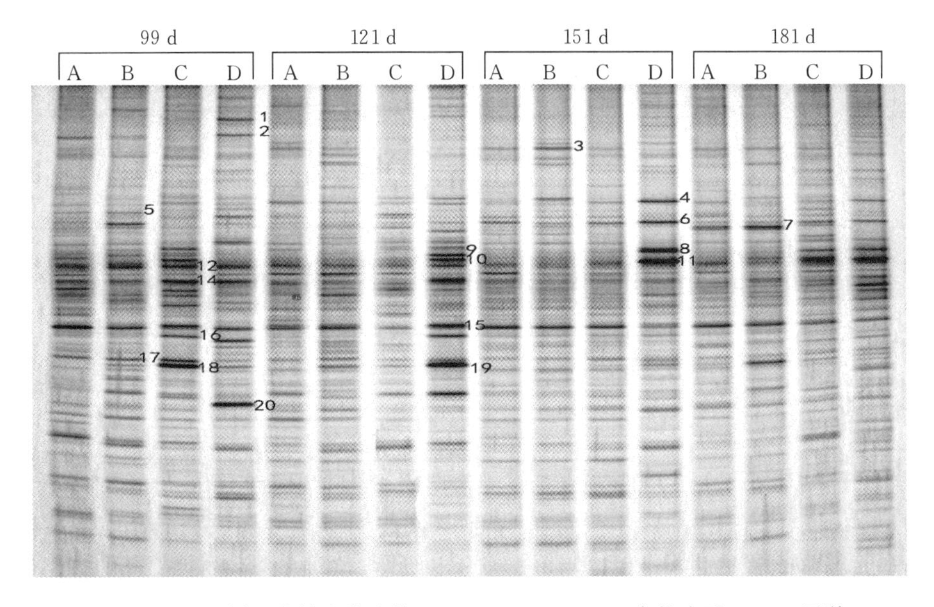

图 1-14 不同日龄犊牛微生物 16S rDNA V3-PCR 产物水平 DGGE 图谱

注：泳道为犊牛瘤胃 DNA PCR 产物，每个日龄有 4 个重复，每个处理组采集的 4 个样品混合作为 1 个重复，分别记为 A、B、C 和 D。

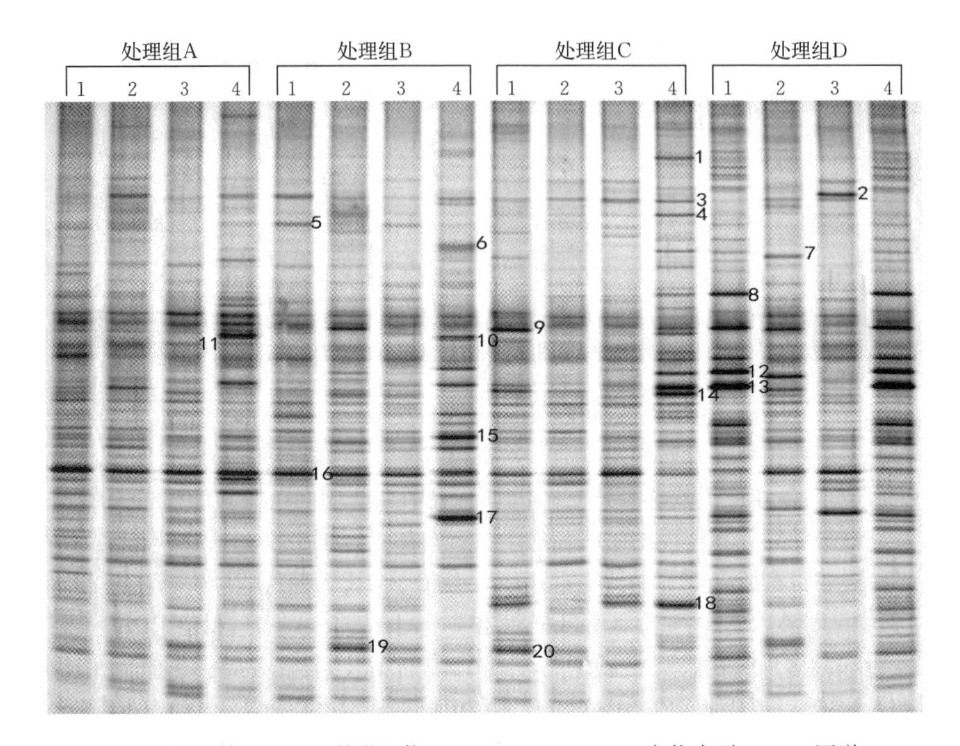

图 1-15 犊牛 181 日龄微生物 16S rDNA V3-PCR 产物水平 DGGE 图谱

注：泳道为 181 日龄犊牛瘤胃 DNA PCR 产物，分 A、B、C 和 D 4 个处理组，每个处理组有 4 个重复，记为处理组 1、处理组 2、处理组 3 和处理组 4。

不同日龄对犊牛瘤胃细菌的多样性指数如表 1-33 所示。从数值上看，香依-威纳多样性指数随犊牛日龄增加而逐渐降低，且 99 日龄犊牛瘤胃微生物区系的香依-威纳多样性指数和丰度显著高于 181 日龄（$P<0.05$），略高于 121 日龄和 151 日龄（$P>0.05$），均匀度指数各日龄间差异不显著（$P>0.05$）。

表 1-33 日龄对犊牛瘤胃微生物多样性指数的影响

项 目	日龄（d）				SEM	P 值
	99	121	151	181		
香依-威纳多样性指数（H）	3.481^{a}	3.330^{ab}	3.362^{ab}	3.353^{b}	0.022	0.041
均匀度指数（E）	0.987	0.985	0.985	0.986	0.001	0.772
丰度（R）	34.000^{a}	29.500^{ab}	30.500^{ab}	30.000^{b}	0.632	0.027

表 1-34 所示为日龄对犊牛瘤胃微生物 DGGE 相似性分析系数的影响。相同日龄平行样本间犊牛瘤胃微生物区系具有较高的相似性，181 日龄各处理组间的相似性较差。说明在 181 日龄，瘤胃微生物产生了一定变化，微生物区系出现了差异。

图 1-14 中不同日龄犊牛瘤胃微生物 DGGE 图谱相关条带的基因片段序列比对结果如表 1-35 所示。20 菌株分属于 2 个不同的类群，系统发育树见图 1-16，为拟杆菌

表 1-34 日龄对犊牛瘤胃菌群 DGGE 相似性分析系数的影响

条带	3A	3B	3C	3D	4A	4B	4C	4D	5A	5B	5C	5D	6A	6B	6C	6D
3A	1.00															
3B	0.73	1.00														
3C	0.64	0.63	1.00													
3D	0.49	0.54	0.43	1.00												
4A	0.58	0.56	0.49	0.55	1.00											
4B	0.60	0.57	0.59	0.59	0.62	1.00										
4C	0.46	0.41	0.46	0.43	0.49	0.46	1.00									
4D	0.53	0.51	0.64	0.40	0.51	0.51	0.44	1.00								
5A	0.62	0.56	0.48	0.49	0.73	0.60	0.46	0.51	1.00							
5B	0.63	0.60	0.56	0.53	0.68	0.64	0.42	0.51	0.80	1.00						
5C	0.69	0.61	0.56	0.53	0.64	0.62	0.45	0.46	0.78	0.78	1.00					
5D	0.34	0.31	0.31	0.32	0.38	0.30	0.30	0.35	0.36	0.37	0.41	1.00				
6A	0.64	0.47	0.46	0.47	0.56	0.56	0.54	0.40	0.68	0.64	0.70	0.34	1.00			
6B	0.61	0.55	0.56	0.47	0.55	0.61	0.47	0.56	0.64	0.65	0.66	0.31	0.73	1.00		
6C	0.58	0.45	0.49	0.49	0.59	0.62	0.44	0.57	0.70	0.64	0.66	0.43	0.58	0.63	1.00	
6D	0.47	0.41	0.39	0.45	0.43	0.42	0.41	0.45	0.45	0.43	0.48	0.63	0.43	0.43	0.56	1.00

表 1-35 不同日龄犊牛瘤胃微生物 DGGE 图谱相关条带的基因片段序列结果比对

条带编号	相似菌	GenBank 登录号	相似度（%）	分 类
1	*Oribacterium* sp. G40	AB730808	100	Firmicutes；*Oribacterium*
2	uncultured *bacterium* clone SB 4～47	KJ197736	100	unclassified *bacteria*
3	*Prevotella dentasini*	AB547681	98	Bacteroidetes；*Prevotella*
4	uncultured *Lachnospiraceae bacterium*	GQ358485	99	Firmicutes；Lachnospiraceae
5	uncultured *Bacteroidetes bacterium*	KC171713	100	Bacteroidetes
6	*Lachnospira multipara*	NR_104758	99	Firmicutes；*Lachnospira*
7	uncultured *Bacteroidetes bacterium*	HM105308	100	Bacteroidetes
8	uncultured *Lachnospiraceae bacterium*	GQ358485	100	Firmicutes；Lachnospiraceae
9	*Prevotella ruminicola*	AB219152	100	Bacteroidetes；*Prevotella*
10	uncultured *Bacterium clone* ncd860f08c1	HM306085	99	unclassified *bacteria*
11	uncultured *Bacteroidales bacterium*	HQ201823	99	Bacteroidetes；*Bacteroidales*
12	uncultured *Bacteroidetes bacterium*	HM104875	97	Bacteroidetes
13	uncultured *Bacteroidetes bacterium*	HM105090	97	Bacteroidetes；*Bacteroidalesd*
14	uncultured *Bacteroidetes bacterium*	AB781634	98	Bacteroidetes；*Bacteroidales*
15	uncultured *Ruminococcaceae bacterium*	JN008431	100	Firmicutes；Ruminococcaceae
16	uncultured *Erysipelotrichaceae bacterium*	GQ358283	92	Firmicutes；Erysipelotrichaceae
17	uncultured *Peptostreptococcaceae bacterium*	JN834757	99	Firmicutes；Peptostreptococcaceae
18	uncultured *Bacteroidetes bacterium*	HM105276	99	Bacteroidetes
19	uncultured *Bacteroidetes bacterium*	HM104846	97	Bacteroidetes
20	uncultured *Bacteroidales bacterium*	HQ201823	98	Bacteroidetes；*Bacteroidales*

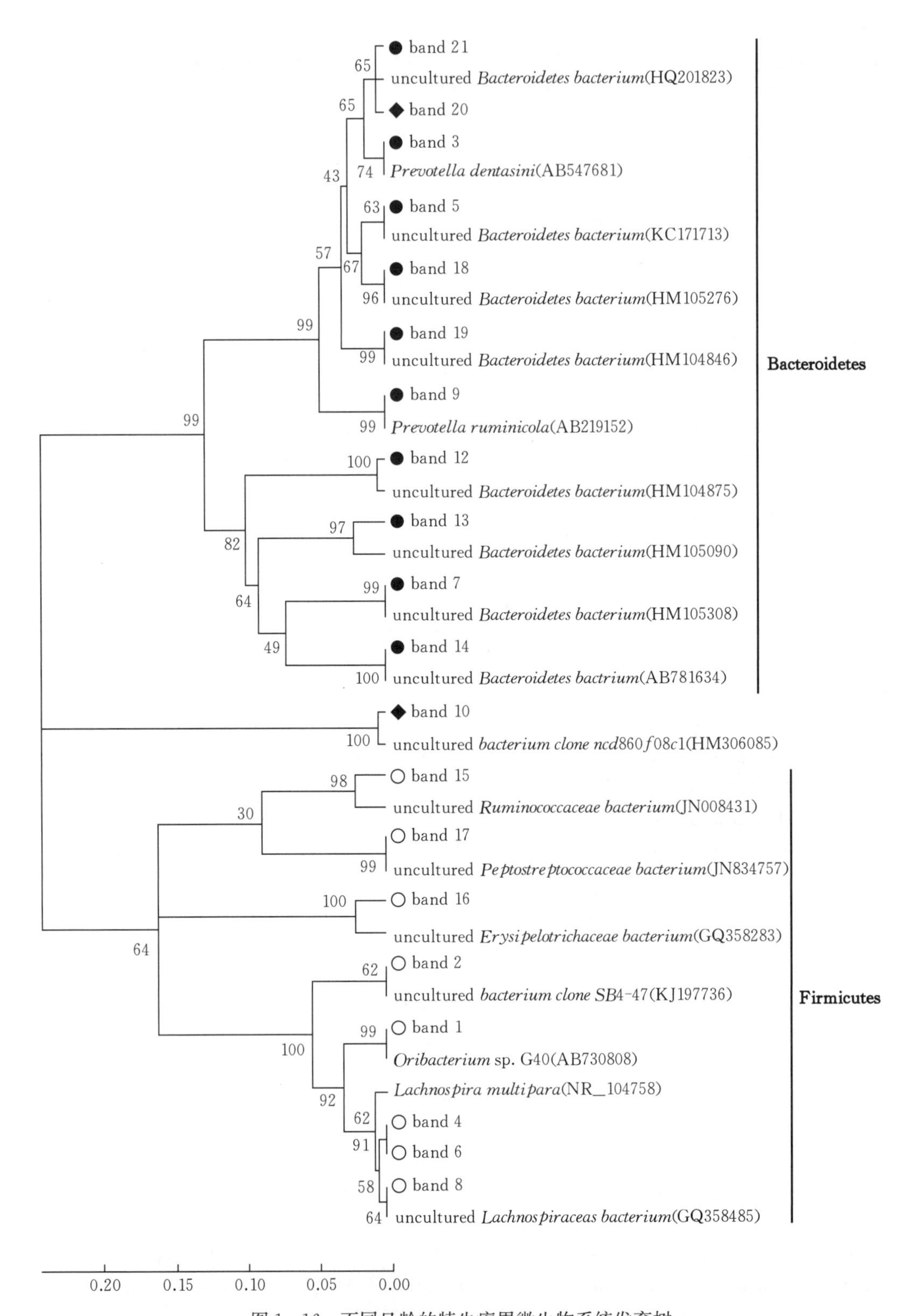

图 1 - 16　不同日龄的犊牛瘤胃微生物系统发育树

门（Bacteroides）和厚壁菌门（Firmicutes），包括普雷沃氏菌（*Prevotella*）、多毛毛螺菌（*Lachnospira*）、消化链球菌（*Peptostreptococcaceae*）及瘤胃球菌（*Ruminococcaceae*）等。图 1－15 中 181 日龄犊牛瘤胃微生物 DGGE 图谱相关条带的基因片段序列结果比对见表 1－36。20 菌株分属于 4 个不同的类群，即拟杆菌门（Bacteroides）、变形菌门（Proteobacteria）、厚壁菌门和纤毛虫（*Diplodinium*），细菌包含普雷沃氏菌（*Prevotella*）、热单胞菌（*Thermomonas*）、多毛毛螺菌（*Lachnospira*）、溶纤维菌（*Capnocytophaga*）、瘤胃球菌（*Ruminaoccaceae*）及梭菌（*Clostridium*）等，系统发育树见图 1－17。

表 1－36　181 日龄犊牛瘤胃微生物 DGGE 图谱相关条带的基因片段序列结果比对

条带编号	相似菌	GenBank 登录号	相似度（%）	分　类
1	*Prevotella buccae*	JN867282	92	Bacteroidetes；*Prevotella*
2	*Cytophaga* sp. I－976	AB073594	87	Bacteroidetes；*Cytophaga*
3	uncultured *Bacteroidetes bacterium*	HM105487	96	Bacteroidetes
4	*Clostridium clostridioforme*	KC143063	99	Firmicutes；*Clostridium*
5	*Thermomonas brevis*	KC921170	99	Proteobacteria；*Thermomonas*
6	*Prevotella bergensis*	AB547672	94	Bacteroidetes；*Prevotella*
7	*Psychrobacter frigidicola*	KF712923	99	Proteobacteria；*Psychrobacter*
8	*Lachnospira multipara*	NR_104758	98	Firmicutes；*Lachnospira*
9	*Capnocytophaga haemolytica*	AB671760	90	Bacteroidetes；*Capnocytophaga*
10	*Diplodinium dentatum*	JN116196	99	Alveolata；*Diplodinium*
11	uncultured *bacteroidetes bacterium*	HM105486	94	Bacteroidetes
12	uncultured *lachnospiraceae bacterium*	GQ358485	100	Firmicutes；*Lachnospiraceae*
13	*Lachnospira pectinoschiza*	AY699283	98	Firmicutes；*Lachnospira*
14	*Ruminococcus bromii* L2－63	EU266549	99	Firmicutes；*Ruminococcus*
15	*Anaerostipes* sp. 992a	JX629260	100	Firmicutes；*Anaerostipes*
16	*Pseudoflavonifractor* sp. 2－1.1	JX273469	95	Firmicutes；*Pseudoflavonifractor*
17	*Clostridium* sp. *MH*18	JF504706	95	Firmicutes；*Clostridium*
18	*Clostridiales bacterium* CIEAF013	AB702935	94	Firmicutes；*Clostridiales*
19	*Thermomonas brevis*	KC921170	99	Proteobacteria；*Thermomonas*
20	*Thermomonas* sp. ROi27	EF219043	99	Proteobacteria；*Thermomonas*

年龄是决定瘤胃发育的限制因素。4～6 月龄，犊牛瘤胃香侬-威纳多样性指数较高，平均为 3.99，各日龄间无显著差异。犊牛 99 日龄和 181 日龄时均匀度指数均在 0.99 以上，121 日龄和 151 日龄时均较低，整体数值呈现先降低后升高的变化。这是因为犊牛换料后，瘤胃微生物内环境受到波动，随时间的延长后逐渐恢复，并保持一定的稳态。优势度和丰度各日龄间无显著差别，但在数值上稍有降低，生长后备牛的瘤胃微生物优势菌群数目会随年龄的增加而降低，然后形成一个稳定的微生态环境（符运勤，2012）。

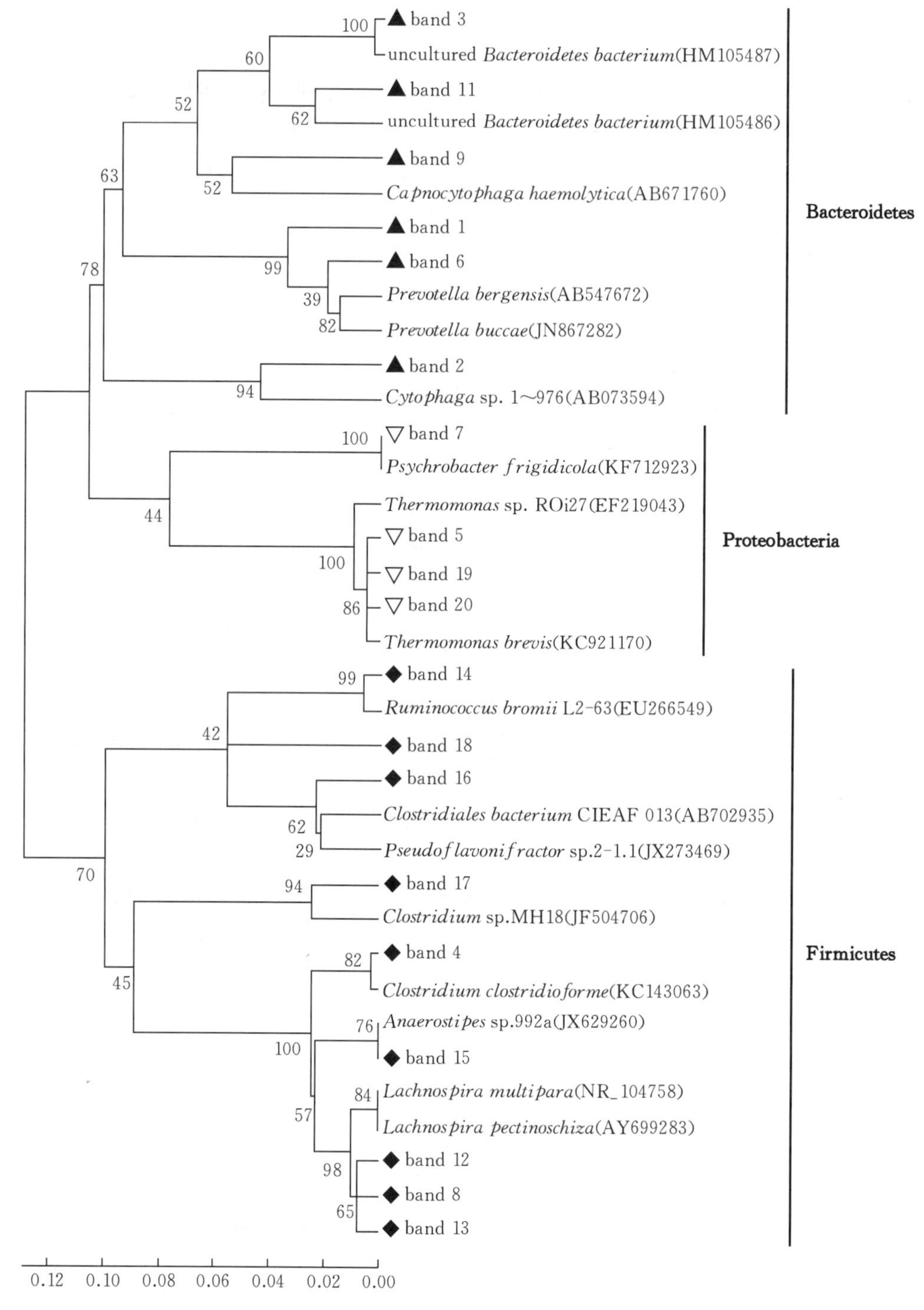

图 1-17　181 日龄犊牛瘤胃微生物系统发育树

相同日龄平行样本间，以及 99 日龄、121 日龄和 151 日龄犊牛瘤胃微生物区系具有较高的相似性，聚合到一起，表明瘤胃微生物逐渐趋于稳定状态，瘤胃细菌区系在犊牛 4~6 月龄基本达到稳定。虽然纤维分解菌随时间及采食量的变化可能会有一定的波动，但基本保持一定的稳态。

（三）8～52 周龄后备牛瘤胃纤维分解菌的变化

1. 8～52 周龄后备牛瘤胃液纤维分解菌相对含量　从表 1－37 中可以看出，周龄对犊牛瘤胃各纤维分解菌的影响极显著（$P<0.0001$）。

表 1－37　饲喂不同益生菌时 8～52 周龄后备牛瘤胃纤维分解菌相对含量的变化

周　龄	处理组				SEM	固定效应 *P* 值		
	A	B	C	D		周龄	处理	处理×周龄
白色瘤胃球菌 *R. albus*								
12～52 周平均（周）	6.70	6.81	6.72	6.74	0.04	<0.0001	0.8609	0.0003
12	6.66[b]	6.66[b]	6.49[b]	7.22[a]				
16	6.85	6.53	6.78	6.81				
20	6.51[b]	7.13[a]	7.05[a]	7.23[a]				
24	6.36[b]	7.04[a]	7.13[a]	7.27[a]				
28	6.41[b]	7.18[a]	6.25[b]	6.62[ab]				
32	7.06[a]	6.35[ab]	6.86[a]	5.62[b]				
36	6.74[a]	6.36[ab]	6.03[b]	6.33[ab]				
40	6.76	6.55	6.98	6.90				
44	6.64	6.61	6.46	6.61				
48	6.83	6.90	6.61	6.74				
52	6.42[ab]	6.93[a]	6.39[b]	6.52[ab]				
黄色瘤胃球菌 *R. flavefaciens*								
12～52 周平均（周）	6.83[ab]	6.88[a]	6.62[b]	7.03[a]	0.04	<0.0001	0.0129	0.0107
12	7.01[a]	7.15[a]	6.47[b]	7.28[a]				
16	7.25	7.25	7.02	7.30				
20	7.16	7.18	6.77	7.17				
24	6.52[b]	7.24[a]	6.70[b]	7.30[a]				
28	6.97[a]	6.77[ab]	5.97[c]	6.35[bc]				
32	6.22	5.85	6.47	6.30				
36	6.10[b]	6.60[b]	6.07[b]	7.16[a]				
40	7.13	6.70	6.77	6.67				
44	7.15	7.13	7.27	7.30				
48	7.18	7.27	7.33	7.38				
52	7.24	7.42	7.42	7.53				
产琥珀丝状杆菌 *Fibrobacter succinogenes*								
12～52 周平均（周）	7.28[b]	7.14[bc]	7.01[c]	7.43[a]	0.04	<0.0001	0.0018	0.0006
12	6.97[a]	6.81[a]	5.98[b]	7.06[a]				
16	7.59	7.49	7.48	7.52				
20	7.41[a]	7.43[a]	6.70[b]	7.43[a]				

（续）

周 龄	处理组				SEM	固定效应 P 值		
	A	B	C	D		周龄	处理	处理×周龄
24	7.49	7.56	7.45	7.64				
28	7.25[ab]	7.42[a]	6.77[b]	7.42[a]				
32	7.07[b]	6.68[b]	6.81[b]	7.59[a]				
36	7.69[a]	7.61[a]	6.94[b]	7.63[a]				
40	7.54	7.50	7.53	7.49				
44	7.50	7.49	7.22	7.46				
48	7.41	7.41	7.33	7.40				
52	7.28	7.37	7.17	7.24				
溶纤丁弧菌 *Butyrivibrio fibrisolvens*								
12～52 周平均（周）	7.45	7.45	7.44	7.48	0.01	<0.0001	0.3951	0.1437
12	7.47	7.45	7.42	7.44				
16	7.48	7.46	7.45	7.46				
20	7.47	7.50	7.49	7.51				
24	7.41	7.45	7.38	7.41				
28	7.38[b]	7.46[ab]	7.46[ab]	7.50[a]				
32	7.12[b]	7.27[a]	7.28[a]	7.37[a]				
36	7.76[a]	7.63[b]	7.66[ab]	7.69[ab]				
40	7.41	7.35	7.41	7.35				
44	7.53	7.47	7.47	7.52				
48	7.43	7.39	7.42	7.50				
52	7.44[ab]	7.41[ab]	7.33[b]	7.53[a]				

资料来源：符运勤（2012）。

图 1-18 至图 1-21 显示的是后备牛瘤胃液纤维分解菌随周龄变化的情况。白色瘤胃球菌数量在后备牛 12～16 周龄有上升趋势，然后开始下降并在 20～28 周龄保持一个较低的水平，40 周龄以后保持稳定。黄色瘤胃球菌数量随着后备牛周龄的增加，在

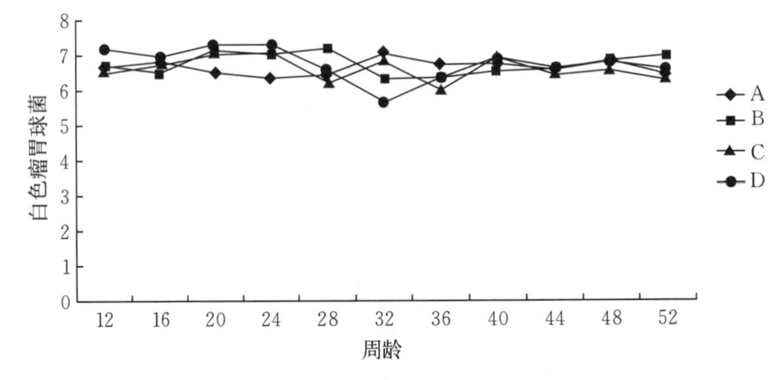

图 1-18　12～52 周龄后备牛瘤胃液白色瘤胃球菌相对量的变化

注：图中 A、B、C、D 分别为饲喂不同益生菌组合的处理组，图 1-19 至图 1-21 注释与此同。

12～24周龄比较稳定，从 24 周龄开始下降，40 周龄以后保持稳定。产琥珀丝状杆菌数量在后备牛 12～40 周龄时于一定范围内有波动，在 32 周龄稍有下降，其他周龄保持稳定。溶纤丁弧菌数量在后备牛 12～28 周龄也比较稳定并保持较高水平，只是在 32 周龄和 36 周龄波动较大，40 周龄以后维持稳定水平。总体上来说，在瘤胃细菌区系未达到稳定之前，纤维分解菌数量容易随时间有一定的波动，一旦瘤胃细菌区系达到稳定状态，纤维分解菌的数量也保持一定的稳态。

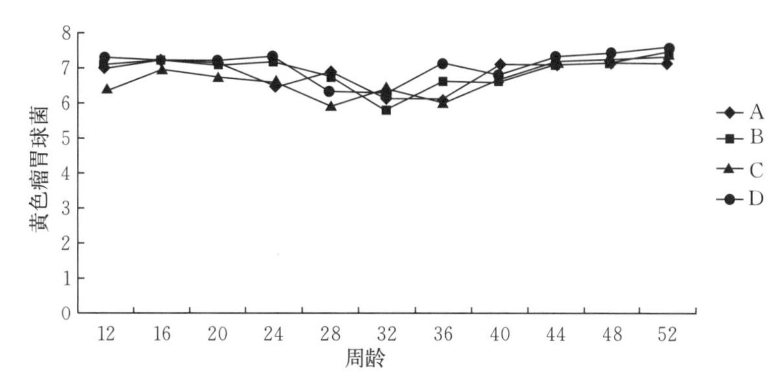

图 1-19　12～52 周龄后备牛瘤胃液黄色瘤胃球菌相对量的变化

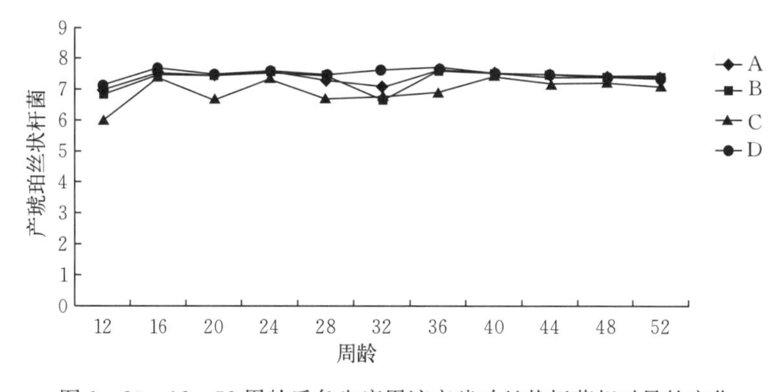

图 1-20　12～52 周龄后备牛瘤胃液产琥珀丝状杆菌相对量的变化

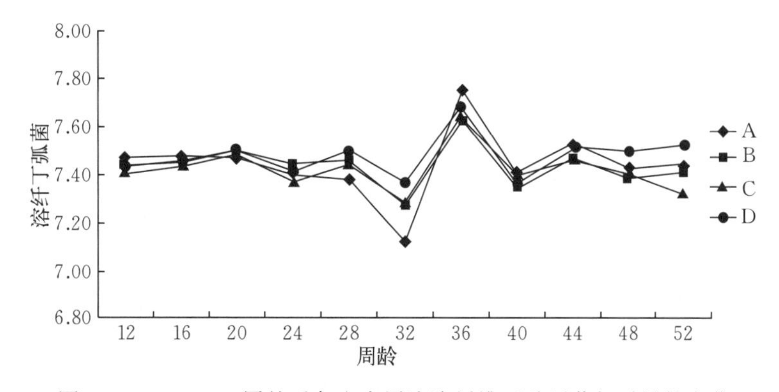

图 1-21　12～52 周龄后备牛瘤胃液溶纤维丁酸弧菌相对量的变化

2. 14～26 周龄后备牛瘤胃液部分优势菌数量的变化　RT-PCR 检测 14～26 周龄（99～181 日龄）后备牛瘤胃液部分优势菌数量变化的结果表明，日龄对犊牛瘤胃内部分微生物优势菌，如产琥珀丝状杆菌、黄色瘤胃球菌、白色瘤胃球菌、溶纤维丁酸弧菌、栖瘤胃普雷沃氏菌、梭菌及多毛毛螺菌数量变化的影响均不显著（$P>0.05$），对原虫数量的变化也无影响（表 1 - 38）。

表 1 - 38　日龄对犊牛瘤胃微生物菌种数量的影响（$\log_{10}$ Copies/mL 瘤胃液）

项　目	日龄（d）				SEM	P 值
	99	121	151	181		
原虫 *Protozoan*	8.03	8.47	8.35	8.87	0.15	0.24
产琥珀丝状杆菌 *Fibrobacter succinogene*	6.52	7.17	6.45	6.97	0.13	0.13
黄色瘤胃球菌 *Ruminococcus flaefaciens*	9.86	9.74	9.79	9.87	0.04	0.69
白色瘤胃球菌 *Ruminococcus albus*	8.92	8.76	8.86	8.84	0.04	0.68
溶纤维丁酸弧菌 *Butyrivibrio fibrisolvens*	10.07	9.97	10.01	10.07	0.03	0.70
栖瘤胃普雷沃氏菌 *Prevotella ruminicola*	6.12	6.62	5.50	6.62	0.20	0.17
梭菌 *Clostridium*	11.07	10.95	11.03	11.08	0.04	0.73
多毛毛螺菌 *Lachospira multipara*	6.84	6.80	6.68	6.93	0.08	0.79

瘤胃是一个不断有食物和唾液流入及发酵产物流出，且瘤胃微生物能长期适应和生长的生态体系。瘤胃内微生物消化降解日粮，并为动物机体提供能量和微生物蛋白，维持瘤胃内环境的稳定。从数值上看，在 181 日龄，犊牛瘤胃各菌群数量略高于其他日龄，与微生物多样性相对应，多样性的降低从另一方面代表了优势菌群优势度的增加。定量结果显示，随日龄增加，犊牛瘤胃菌群量逐渐增大，验证了多样性的变化。

第六节　犊牛瘤胃内环境的发育

一、犊牛瘤胃内环境参数的重要性

反刍动物采食的饲料在瘤胃内经瘤胃微生物降解发酵生成 VFA 和 NH_3-N，以供应能量和蛋白质，促进机体生长。断奶犊牛处于瘤胃发育的重要时期，其瘤胃发酵参数（pH、VFA、NH_3-N）不仅可以代表瘤胃利用日粮营养成分的能力，在一定程度上还可以反映瘤胃的发育状况。表 1 - 39 为犊牛 12 周龄和 16 周龄不同粗蛋白质水平瘤胃内的环境参数（云强，2010）。瘤胃液 pH 在犊牛 12 周龄时随蛋白质水平升高而下降，16%组显著高于 24%组（$P<0.05$），但 16 周龄时组间无显著差异。对于瘤胃液氨态氮浓度来说，犊牛 12 周龄时 24%组达到 47.54 mg/100 mL，高于 16%组的 37.91 mg/100 mL 和 20%组的 38.74 mg/100 mL；16 周龄时 24%组和 20%组的浓度比 16%组分别高 80.5%和 42.1%。

瘤胃液中的 VFA 浓度差异并不显著，但有随开食料中粗蛋白质水平升高而升高的趋势。犊牛 12 周龄时，16%组和 20%组瘤胃液乙酸浓度分别比 24%组低 15.4%和 14.2%；16 周龄时乙酸浓度的变化趋势与 12 周龄时相同。犊牛 12 周龄 16%组瘤胃液丙酸浓度低于 20%组和 24%组，而 16 周龄则是 20%组最低。20%组犊牛瘤胃液丁酸浓度在不同时间点的数值均要略高于其他两组。总挥发性脂肪酸（total volatile fatty acid，TVFA）浓度在数值上随开食料中蛋白质水平升高而升高。

表 1-39 粗蛋白质水平对犊牛瘤胃发酵的影响

项 目	时间（周）	处理组		
		低蛋白质组（16%）	中蛋白质组（20%）	高蛋白质组（24%）
pH	12	7.36±0.11[a]	7.04±0.22[ab]	6.73±0.23[b]
	16	7.41±0.09	7.51±0.02	7.52±0.13
氨态氮（mg/100 mL）	12	37.91±4.99	38.74±11.33	47.54±5.57
	16	25.92±8.14	36.83±11.14	46.79±10.96
乙酸（mmol/L）	12	37.68±9.75	38.22±9.34	44.55±1.83
	16	29.98±3.78	32.09±8.08	37.92±6.76
丙酸（mmol/L）	12	22.72±6.17	26.55±6.63	32.71±11.10
	16	16.20±7.44	11.03±5.06	15.86±2.40
丁酸（mmol/L）	12	6.88±1.92	11.17±2.38	10.33±2.41
	16	4.15±0.43	5.00±1.98	4.76±0.43
总挥发性脂肪酸（mmol/L）	12	67.28±15.17	75.94±10.61	87.59±14.16
	16	50.33±11.13	48.13±14.98	58.53±6.78

瘤胃 pH 是瘤胃内环境的综合反应指标，虽然不直接影响瘤胃上皮组织的发育，但可通过改变瘤胃 VFA 所占比例及瘤胃上皮细胞对 VFA 的吸收代谢而间接影响瘤胃发育。在正常的生理范围内，高比例精饲料的饲喂等因素导致瘤胃 pH 降低，丙酸和丁酸含量增加；同时瘤胃上皮能优先吸收丁酸，并且丁酸的吸收随瘤胃 pH 降低而升高。可见，pH 的适当降低有利于瘤胃发育，但过低会造成瘤胃上皮脱落及 VFA 吸收障碍，不利于瘤胃健康。

许多研究表明，VFA 直接影响瘤胃组织的发育和生理功能的完善。瘤胃发酵产生的 VFA 可为组织氧化供能，用于反刍动物的生长发育。瘤胃 VFA 是反刍动物获得能量的主要形式，主要包括乙酸、丙酸、丁酸、异丁酸、戊酸、异戊酸等。乙酸由胞质进入线粒体基质，透过线粒体壁与肉碱形成复合物可供组织细胞氧化供能。丙酸通过瘤胃壁吸收后，除少量转化为乳酸外，其余则在肝脏糖异生为葡萄糖氧化供能。丁酸可通过其他途径，如增加瘤胃乳头内血液内容物、刺激胰腺分泌胰岛素而影响瘤胃乳头的发育。丁酸在经过瘤胃、瓣胃壁的过程中转变为羟丁酸，通过三羧酸循环通路用于骨骼肌、心肌脑组织的能量消耗。异丁酸是纤维分解菌的生长因子，可促进日粮纤维的消化（Allison 等，1962）。另外，VFA 浓度过高超过正常生理范围时，将会引起瘤胃上皮细胞异常增生，出现瘤胃角质化不全、脱皮及瘤胃上皮的炎症反应等。上述研究表明，VFA 中乙酸、丙酸和丁酸，是刺激瘤胃组织发育的主要化学因素。其中，丁酸的刺激作用高于乙酸和丙酸，同时乙酸/丙酸的值对瘤胃组织发育也有一定的影响。

瘤胃 NH_3-N 浓度反映了微生物蛋白合成与蛋白质降解的动态平衡关系，它主要来源于日粮含氮物质，受瘤胃降解速率及瘤胃壁吸收速率等的影响。瘤胃微生物生长的临界 NH_3-N 浓度为 6～30 mg/100 mL（冯仰廉，2004）。有研究指出，断奶后犊牛瘤

胃液 NH_3-N 浓度随日粮粗蛋白质摄入量的升高而升高。提高日粮非结构性碳水化合物含量可提高微生物氮的合成量，降低瘤胃 NH_3-N 浓度。

瘤胃 NH_3-N 浓度是饲料中蛋白质及非蛋白氮等物质在瘤胃内降解的产物，是微生物合成菌体蛋白的主要原料。瘤胃中 NH_3-N 的浓度受饲料蛋白质溶解度、瘤胃壁吸收和食糜排空速度的影响。瘤胃 NH_3-N 浓度应高于 5 mg/mL，否则发酵的“解偶联”会使微生物蛋白合成效率下降，而本试验瘤胃 NH_3-N 质量浓度都高于该值。

Hungate（1966）认为，犊牛对粗饲料中纤维物质的消化主要归功于瘤胃微生物，特别是细菌和原虫。在低质粗饲料不添加蛋白质时，瘤胃 NH_3 浓度很低，内源氮是微生物氮需要的主要来源。随着蛋白质添补水平的提高，NH_3 浓度升高，瘤胃微生物能依靠 NH_3-N 而生长。瘤胃 NH_3 是瘤胃纤维分解菌生长所必需的，瘤胃 NH_3-N 水平低可抑制微生物活性，降低纤维消化速率和程度，淀粉和纤维分解菌对氮素需要的直接竞争可能进一步限制纤维分解。但也有不同的看法，认为支链脂肪酸是一些纤维分解菌的生长因子。而添补蛋白质恰恰保证了 NH_3-N 和支链脂肪氨基酸（或小肽）的供给，有利于微生物生长，进而达到促进纤维物质消化的目的。

由于瘤胃内环境受到日粮因素和发酵指标的影响，因此研究断奶犊牛瘤胃发酵参数变化规律具有重要的意义。

二、影响犊牛瘤胃内环境参数的因素

1. 日龄 有学者对早期断奶犊牛开食料营养价值的研究发现，在 8 周龄前饲喂开食料的试验组犊牛瘤胃内 VFA 浓度比喂常乳的对照组高，而在 8 周龄后试验组 VFA 浓度低于对照组。表明此时试验组瘤胃 VFA 的吸收速度大于产生速度，8 周龄时试验组犊牛瘤胃乳头的吸收功能已经趋于成熟。饲喂代乳料的犊牛在 46 日龄、76 日龄及 96 日龄时瘤胃 VFA 浓度均在 23.2～41.3 mmol/L 范围内，且乙酸、丙酸、丁酸占 TVFA 的比例也无显著差异。李辉（2008）研究发现，犊牛 4～7 周龄内瘤胃液 pH 随年龄增长而上升（$P<0.05$）。

2. 蛋白质和能量水平 李辉（2008）证实，瘤胃内容物 pH 随日粮中植物性蛋白质含量的升高而降低，表明植物性蛋白质代乳品更容易停留在瘤胃内供微生物发酵而产生 VFA。皱胃被认为是新生反刍动物的主要消化器官，采食乳蛋白质代乳品的犊牛其皱胃 pH 显著低于采食植物性蛋白质代乳品的犊牛。

代乳品中的蛋白质水平影响幼畜的生长发育、营养物质的利用和机体免疫等多种性能与指标。瘤胃内 VFA 含量均随犊牛年龄增长而上升，但其增长曲线并不相同。22%蛋白质组犊牛瘤胃 VFA 含量均高于其余两组，高蛋白质水平不利于犊牛瘤胃内丙酸和丁酸的产生；22%蛋白质组犊牛瘤胃内 pH 较低（李辉，2008）。

崔祥（2014）研究表明，日粮能量水平对犊牛瘤胃液 pH 的影响不显著，全期维持在 6.8～7.0 范围内。4～6 月龄各阶段瘤胃液 NH_3-N 浓度受日粮能量影响均无显著差异。能量摄入量的提高引起丙酸浓度的增加。给 4～6 月龄犊牛饲喂较高能量水平的日粮，可改变瘤胃中 VFA 的组成，提高丙酸的含量，降低乙酸/丙酸的值，丙酸异生葡萄糖含量增加，机体获得较快生长，反映在生产性能上则是高能量组犊牛拥有较高的ADG。

任春燕（2018）通过试验证实，日粮NDF水平对犊牛瘤胃瘤胃液pH和NH3－N有一定的影响（表1－40）。开食料中不同NDF水平对犊牛90日龄（断奶后20 d）犊牛瘤胃液中VFA的影响见表1－41。

表1－40　开食料中不同NDF水平对犊牛瘤胃液pH和NH_3－N的影响

项　目	日粮NDF含量（%）			
	10	15	20	25
头数（头）	15	15	15	15
pH				
0～112日龄	5.75	5.73	5.85	5.73
35日龄	5.86^{b}	6.01^{ab}	6.38^{a}	5.85^{b}
70日龄	5.52^{b}	5.36^{b}	6.01^{a}	5.70^{ab}
90日龄	5.41	5.30	5.47	5.56
112日龄	6.22^{a}	6.25^{a}	5.55^{c}	5.83^{ab}
NH_3－N（mmol/L）				
0～112日龄	16.83^{a}	13.10^{ab}	10.76^{b}	10.46^{b}
35日龄	10.46	7.94	7.94	6.54
70日龄	14.22	10.59	9.22	10.38
90日龄	6.99	4.17	6.00	7.85
112日龄	35.64^{a}	29.68^{b}	19.89^{c}	17.07^{c}

表1－41　开食料中不同NDF水平对90日龄（断奶后20 d）犊牛瘤胃液中VFA的影响

项　目	日粮NDF含量（%）			
	10	15	20	25
总挥发酸（mmol/L）	110.74	127.81	138.54	127.63
挥发性脂肪酸组成（mol/100 mol）				
乙酸	43.26^{b}	44.04^{b}	50.91^{a}	52.07^{a}
丙酸	33.35^{ab}	37.59^{a}	34.41^{ab}	31.16^{b}
丁酸	15.17	13.74	11.67	12.46
戊酸	3.03	2.79	2.56	2.24
乙酸/丙酸	1.43^{ab}	1.19^{b}	1.49^{ab}	1.69^{a}

3. 饲料类型　幼龄反刍动物最大生长潜力得到发挥首先要假定瘤胃上皮得到充分发育。大量的研究已经证明哺乳犊牛只有在进食开食料之后，其瘤胃乳头才开始生长，瘤胃壁的厚度才开始增加。干草和精饲料的采食对瘤胃微生物发酵及前胃发育起到积极的影响作用。日粮物理形式影响瘤胃乳头的形状和大小，但不影响瘤胃肌肉厚度，对前胃组织结构及微生物的生长都有显著影响，可能还会影响幼龄动物未来的发育。固体饲料采食量的增加可促使瘤胃发酵及产生短链脂肪酸。而短链脂肪酸是瘤胃上皮发育的化学刺激物，可提高瘤胃上皮的结构发育和吸收能力。有学者用扫描电镜对36日龄犊牛

的瘤胃进行观察发现，自由采食精饲料和干草的犊牛其瘤胃乳头发育良好，而采食低纤维含量的颗粒饲料且粗饲料采食量不足的犊牛其瘤胃乳头发育异常，乳头角质化严重且易分叉。这被认为是干草或其发酵产物特别是 VFA 刺激了瘤胃乳头的发育，表明犊牛瘤胃发育中乳头的密度受到日粮和日龄两个因素的影响。

不同固液比例饲喂模式对犊牛瘤胃液发酵参数详见本书第六章。

4. 精粗比 日粮组成可直接影响犊牛瘤胃的发育及其发酵参数，进而影响整个消化系统。在犊牛生长发育阶段，使用不同的饲料可以促进犊牛瘤胃的发育生长，3～6月龄是犊牛生长发育关键的阶段。瘤胃发酵类型及 VFA 产量与日粮的类型密切相关，日粮种类会影响反刍动物幼畜瘤胃功能的发育。日粮中的纤维含量是影响瘤胃发育的主要因素。对于早期断奶犊牛来说，高比例的精饲料会加速瘤胃微生物区系的建立，进而通过增加 VFA 和 NH3－N 浓度来增加瘤胃代谢的活性。此外，精饲料促进瘤胃 pH 降低，而低 pH 又有利于瘤胃上皮细胞发育。饲喂较多的精饲料可以使犊牛瘤胃中 VFA，如乙酸、丙酸和丁酸等浓度的增加，而它们是刺激瘤胃上皮细胞发育的必需因子。在刺激瘤胃上皮细胞发育过程中丁酸的作用最大，其次是丙酸。

日粮精粗比对断奶初期奶公犊瘤胃内环境指标有重要影响。各精饲料比例分别为70%、60%和50%，瘤胃液 pH 和 NH_3－N 的变化幅度均处于正常范围之内，且精粗比为 70∶30 处理组的 pH 显著低于 50∶50 处理组和 60∶40 处理组（$P<0.05$）；而 70∶30处理组 NH_3－N 浓度极显著高于 50∶50 处理组和 60∶40 处理组（$P<0.01$）；50∶50 处理组瘤胃纤毛虫数量和 MCP 含量极显著高于 70∶30 处理组（$P<0.01$）。因此笔者认为，当饲喂精粗比为 60∶40 的日粮时，瘤胃内环境各指标比较适合这一时期奶公犊瘤胃发酵和微生物的生长，有利于奶公犊的生长发育。

参考文献

卜登攀，卢德勋，崔慰贤，等，2008. 瘤胃能氮同步释放对瘤胃微生物蛋白质合成的影响 [J]. 中国畜牧兽医，35 (12)：5－10.

崔祥，2014. 能量水平对 3～6 月龄犊牛生长、消化代谢及瘤胃内环境的影响 [D]. 北京：中国农业科学院.

崔祥，刁其玉，张乃锋，等，2014. 不同能量水平的饲粮对 3～6 月龄犊牛生长发育及血清指标的影响 [J]. 动物营养学报，26 (4)：947－961.

崔祥，刁其玉，张乃锋，等，2014. 不同能量水平日粮对 3～6 月龄犊牛生长及瘤胃发酵的影响 [J]. 饲料工业，35 (13)：44－48.

董晓丽，2013. 益生菌的筛选鉴定及其对断奶仔猪、犊牛生长和消化道微生物的影响 [D]. 北京：中国农业科学院.

冯强，王利华，2010. 不同 DCAD 值对崂山奶山羊尿液 pH 及血气指标的影响 [J]. 饲料工业，31 (23)：35－37.

符运勤，2012. 地衣芽孢杆菌及其复合菌对后备牛生长性能和瘤胃内环境的影响 [D]. 北京：中国农业科学院.

郭峰，2015. 断母乳日龄及营养水平对肉犊牛生长性能与瘤胃发酵的影响 [D]. 乌鲁木齐：新疆农业大学.

冷向军，王康宁，杨凤，等，2000. 盐酸对早期断奶仔猪生长性能和体内酸碱平衡的影响 [J]. 饲料博览（9）：10－14.
冷向军，王康宁，杨凤，等，2003. 酸化剂对仔猪生长和体内酸碱平衡的影响 [J]. 动物营养学报，15（2）：49－53.
李辉，2008. 蛋白水平与来源对早期断奶犊牛消化代谢及胃肠道结构的影响 [D]. 北京：中国农业科学院.
李凯年，2004. 酸碱平衡失调对犊牛围产期死亡的影响 [J]. 畜牧兽医科技信息（2）：6－9.
李秋凤，高艳霞，李建国，等，2007. 日粮阴阳离子平衡（DCAD）对泌乳中后期牛血气指标的影响 [J]. 中国奶牛（10）：20－23.
林映才，陈建新，蒋宗勇，等，2001. 复合酸化剂对早期断奶仔猪生产性能、血清生化指标、肠道形态和微生物区系的影响 [J]. 养猪（1）：13－16.
屠焰，2011. 代乳品酸度及调控对哺乳期犊牛生长性能、血气指标和胃肠道发育的影响 [D]. 北京：中国农业科学院.
屠焰，孟书元，刁其玉，等，2010. 复合酸度调节剂对犊牛生长性能、血气指标的影响 [J]. 饲料工业（增刊）：42－46.
汪水平，王文娟，左福元，等，2011. 中药复方对夏季肉牛的影响：Ⅱ. 血气指标、血清代谢产物浓度及免疫和抗氧化功能参数 [J]. 畜牧兽医学报，42（5）：734－741.
王建红，2011. 0～2 月龄犊牛代乳品中赖氨酸、蛋氨酸和苏氨酸适宜模式的研究 [D]. 北京：中国农业科学院.
王美美，李秋凤，高艳霞，等，2013. 饲喂不同营养水平代乳品对犊牛生长性能的影响 [J]. 中国奶牛（15）：17－20.
云强，2010. 蛋白水平及 Lys/Met 对断奶犊牛生长、消化代谢及瘤胃发育的影响 [D]. 北京：中国农业科学院.
云强，刁其玉，屠焰，等，2011. 开食料中粗蛋白水平对荷斯坦犊牛生长性能和血清生化指标的影响 [J]. 中国畜牧杂志（3）：49－52.
张乃锋，刁其玉，李辉，2010. 植物蛋白对 6～11 日龄犊牛腹泻与血液指标的影响 [J]. 中国农业科学（19）：4094－4100.
张蓉，2008. 能量水平及来源对早期断奶犊牛消化代谢的影响研究 [J]. 北京：中国农业科学院.
张蓉，刁其玉，2008. 碳水化合物组成对犊牛生长性能及消化代谢的影响 [J]. 塔里木大学学报（3）：14－20.
张卫兵，2009. 蛋白能量比对不同生理阶段后备奶牛生长发育和营养物质消化的影响 [D]. 北京：中国农业科学院.
张卫兵，刁其玉，张乃锋，等，2010. 日粮蛋白能量比对 8～10 月龄后备奶牛生长性能和养分消化的影响 [J]. 中国农业科学（12）：541－547.
周怿，2010. 酵母 β-葡聚糖对早期断奶犊牛生长性能及胃肠道发育的影响 [D]. 北京：中国农业科学院.
Edmonson A J，Lean I J，Weaver L D，et al，1989. A body condition scoring chart for Holstein dairy cows [J]. Journal of Dairy Science，72（1）：68－78.
Fauchon C，Seoane J R，Bernier J F. 1995. Effects of dietary cation－anion concentrations on performance and acid－base balance in growing lambs [J]. Canadian Journal of Animal Science，75：145－151.
Hill T M，Bateman H G，Aldrich J M，et al，2009. Optimizing nutrient ratios in milk replacers for calves less than five weeks of age [J]. Journal of Dairy Science，92（7）：3281－3291.

Lammers B P, Heinrichs A J, Kensinger R S, 1999. The effects of accelerated growth rates and estrogen implants in prepubertal Holstein heifers on estimates of mammary development and subsequent reproduction and milk production [J]. Journal of Dairy Science, 82 (8): 1753 - 1764.

Larson L L, Owen F G, Albright J L, et al, 1977. Guidelines toward more uniformity in measuring and reporting calf experimental data [J]. Journal of Dairy Science, 60: 989 - 991.

Preston T R, Leng R A, 1987. Matching ruminant production systems with available resources in the tropics and sub - tropics [J]. Livestock Production Science, 19 (3): 532 - 533.

Quigley J D, Wolfe T A, Elsasser T H, 2006. Effects of additional milk replacer feeding on calf health, growth, and selected blood metabolites in calves [J]. Journal of Dairy Science, 89 (1): 207 - 216.

Salles M S V, Zanetti M A, Negrão J A, et al, 2012. Metabolic changes in ruminant calves fed cation - anion diets with different proportions of roughage and concentrate [J]. Revista Brasileira de Zootecnia, 41 (2): 414 - 420.

van Houtert M F J. 1993. The production and metabolism of volatile fatty acids by ruminants fed roughages: a review [J]. Animal Feed Science and Technology, 43 (3/4): 189 - 225.

第二章 犊牛的免疫系统发育

第一节　犊牛免疫系统概述

一、免疫系统

免疫系统由识别和排出机体抗原性异物、维持体内外环境稳定的细胞和分子组成，可分为先天免疫系统和获得性免疫系统（图 2-1）。

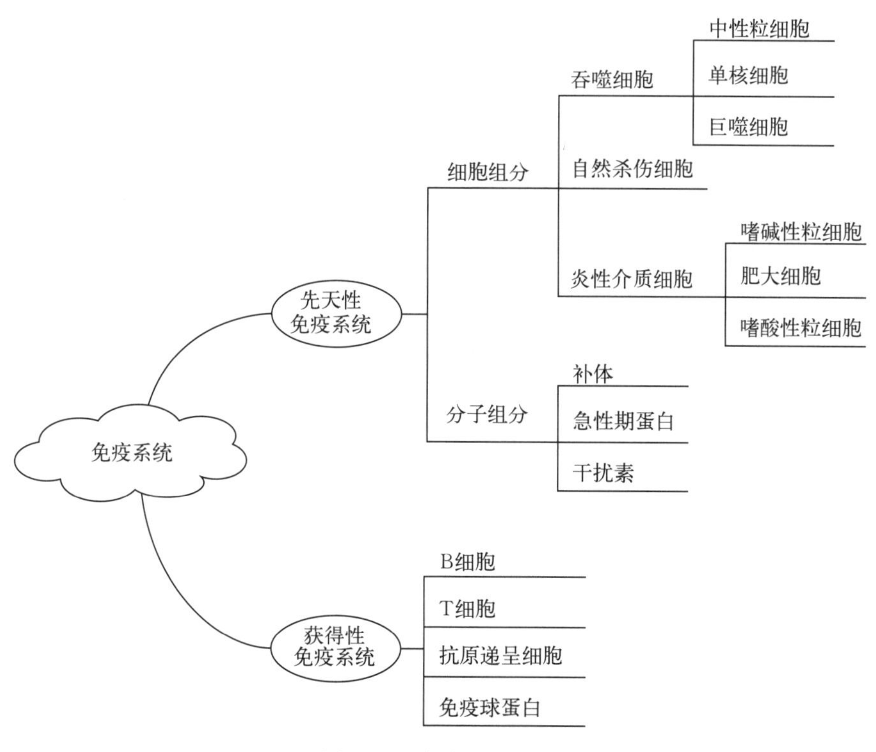

图 2-1　免疫系统组成

先天性免疫是机体在种系发育和进化过程中逐渐建立起来的一系列天然防御功能，是个体生下来就有的，具有遗传性，只能识别自身和非自身，对异物无特异性区别作用，对外来异物起着第一道防线的防御作用。包括细胞和分子组分两大类，细胞组分包括吞噬细胞（中性粒细胞、单核细胞、巨噬细胞）、炎性介质细胞（嗜碱性粒细胞、肥大细胞、嗜酸性粒细胞）及自然杀伤细胞；分子组分包括补体、急性期蛋白、干扰素等细胞因子。

获得性免疫是动物出生后经主动或被动免疫方式而获得的，是个体在生长过程中，接触某种病原体及其产物而产生的特异性免疫，具有严格的特异性和针对性，并且具有免疫记忆的特点。包括抗原特异性 B 细胞和 T 细胞、抗原递呈细胞（将抗原递呈给淋巴细胞并使其与淋巴细胞一起毁灭）、B 细胞分泌的免疫球蛋白（抗原特异性抗体负责消减细胞外的微生物），T 细胞辅助 B 细胞产生抗体并通过激活巨噬细胞和杀灭病毒感染的细胞而根除细胞内的病原体。事实上，先天性免疫系统与获得性免疫系统通常联合杀灭病原体。

所有这些细胞都来自于胎盘和骨髓的多能干细胞，然后在机体细胞外液中循环。其中 B 细胞在骨髓中成熟，而 T 细胞必须到达胸腺中才能成熟。

获得性免疫反应产生于淋巴结、脾脏及黏膜相关淋巴组织，这些组织被称为二级淋巴组织。在淋巴结和脾脏中，T 淋巴细胞、B 淋巴细胞在不同的淋巴组织区域被抗原激活。B 细胞激活区域的一个显著形态学特征就是包含生发中心的二级滤泡，B 细胞在滤泡树突状细胞的网状结构中反应。黏膜相关淋巴组织，包括扁桃体、增殖腺、派尔氏腺，以保护黏膜表面。弥散淋巴细胞分布在肺脏和肠壁的黏膜固有层。

二、动物免疫反应的评估

目前，对动物免疫营养的研究思路已经逐渐拓展到营养素的免疫调控机制方面，对细胞免疫反应的评价需要大量的研究尝试，因此本领域的研究方法也需要不断更新。表 2-1 列举了正在使用的部分研究方法。

对动物免疫功能的研究通常开始于单核细胞对促细胞分裂剂、非特异性激活剂或抗原的反应，这些方法通常以微孔细胞培养板上培养的细胞分裂反应试验为基础。由于细胞培养方法直接影响测定结果，因此要根据反应动力学优化淋巴细胞培养条件。大多数环境下的反应偏爱 T 细胞增殖，因为 T 细胞是外周血中最普遍的淋巴细胞。当采用放射性物质检测细胞增殖活性时，通常是标记胸苷。全血法作为能够反映体内潜在反应的方法来替代体内方法，当分离的单核细胞在最佳标准环境下培育时，此方法与 DNA 综合水平相关。比较研究表明，全血法与分离单核细胞的细胞因子生成有重要联系。有的实验室采用结合细胞表面标记分子诱导分析和测量激活细胞类型阶段的细胞比率方法，取代胸苷融合分析方法。染料稳定地融合到活性淋巴细胞的细胞膜中，在接下来的每次分裂中，每个细胞的染料数量减少，荧光性可用来衡量细胞分裂数。以血液为基础的试验分析方法还可通过检测黏附磁性小珠后的细胞早期反应来反映 T 细胞的增殖能力。这个试验用到的磁性小珠附加有识别特异细胞分化群的单克隆抗体，通过检测标记有虫荧光素/虫荧光素酶的单克隆抗体上的 ATP 生成试验来完成。这样的离体试验可精确评估机体免疫细胞功能，可结合流式细胞术检查每个细胞的反应以定量检测特定淋巴细胞子集。

表 2-1 动物免疫功能的评价方法

分析项目	反应功能	检测决定因素	分析原理	分析方法
免疫细胞活化	对刺激源的反应	刺激源、待测反应细胞特异性	待测反应细胞基因表达，单克隆抗体生化反应	ATP 合成量，流式细胞术分析 CD69，mRNA 水平
免疫细胞增殖反应（信号扩大	细胞分裂	刺激源、细胞数量、培养条件	检测放射性同位素在 DNA 复制过程的融合量，检测 DNA 结合染料	微量全血培养，密度梯度法单核细胞分离，淋巴细胞纯化
细胞因子反应，细胞因子类型	特异细胞因子 Th1/Th2 免疫反应	刺激源特异性、生产型细胞单一性	ELISA、ELISPOT、单克隆抗体检测细胞内因子	分光光度法、荧光分光光度法
免疫细胞亚群	细胞亚群分析	单克隆抗体；筛分准确性	荧光标记单克隆抗体	流式细胞术
抗原特异性细胞	细胞免疫功能	抗原特异性检测体系	IFN 分泌检测特异激活	ELISPOT、流式细胞术
抗体分泌	抗体分泌细胞	抗原/抗体、抗原刺激	重组抗原、单克隆抗体、有限稀释技术	ELISA、RIA、ELISPOT
细胞毒性	特异性或非特异性细胞杀伤作用	依赖靶细胞、补体或效应细胞	靶细胞杀伤特异性补体相对强弱检测	铬释放量 ELISPOT、流式细胞术
免疫细胞凋亡	凋亡小体，膜磷脂酰丝氨酸	荧光染色时间控制、电镜操作、流式细胞术	细胞形态改变免疫杂交，细胞膜磷脂膜内外改变	普通光镜观察、透射电镜观察、荧光显微镜观察、流式细胞术
非特异性免疫检测	巨噬细胞吞噬活性，溶菌酶活性	无菌操作、敏感菌株选择	巨噬细胞吞噬异源物质，溶菌酶的细菌杀伤特性	光镜观察，分光光度法，平板法
免疫细胞信号通路和代谢机制	对关键营养素	RNA 提取、基因芯片制备	基因序列杂交	高通量微阵列分析
动物免疫模型	免疫抑制模型	抑制剂选择	淋巴细胞敏感药物（环磷酰胺、皮质醇）	流式细胞术（分析淋巴细胞功能）、血细胞分型（分析颗粒细胞功能）、ELISA（分析细胞因子）
	免疫促进模型	促进剂选择	淋巴细胞敏感物质（LPS）	
	肠道疾病模型	肠道疾病病菌	特征性定植于肠道	检测肠道定植特性、致病机理

资料来源：杨小军等（2011）。

有些方法通过测量细胞因子反应、受体上调或激活抗原来评估初始的免疫反应，而不是评估继发性反应。免疫反应的体内调节可通过测量非刺激条件下免疫效应分子的合成水平来进行评估，但前提是动物体内待测物质的正常分泌水平是已知的。因为细胞分裂仅是免疫反应的一个方面，衡量 T 淋巴细胞最早期免疫功能变化的方法并不一定与细胞分裂有直接关联。细胞激活的最早反应可能就是细胞内自由钙离子水平迅速增多，然后是 pH 和膜电位发生变化。所有这些影响可通过流式细胞术来进行功能分析。

三、新生犊牛被动免疫的获得

新生犊牛的免疫状态一直被认为是低丙种球蛋白状态。母牛绒毛膜胎盘的特殊结构阻止了免疫球蛋白从母体循环系统到胎儿循环系统的传递，因此新生犊牛无法被动获得免疫球蛋白以抵抗感染。而且新生犊牛的自身免疫系统在功能上不成熟，其体液免疫系统不能对外来入侵的抗原产生有效的反应。新生犊牛的这种低丙种球蛋白状态必须很快被克服，以保护其出生后避免被环境中的细菌感染。因此，新生犊牛必须依靠出生后摄入初乳以获得被动免疫抵御感染和疾病。在免疫接种的犊牛外周血检测到了轮状病毒和冠状病毒特异性淋巴细胞增殖，而非免疫接种的犊牛没有，这些数据提供了普遍性的证据证实母乳细胞可以传递到犊牛。

初乳是一种乳状分泌物，来源于血清的一部分，主要是免疫球蛋白及其他蛋白，它们在母牛临产前蓄积在乳腺中，在分娩后产出。初乳中的干物质和脂肪含量为常乳的 2 倍。初乳中的免疫球蛋白浓度特别高，可达 50～100 g/L，而常乳中一般低于 1 g/L。初乳中免疫球蛋白主要是 IgG，可占初乳免疫球蛋白 85%～90%。邱海洋（2008）测定了 7 头奶牛产后 0～7 d 内初乳中 IgG 含量随时间的变化曲线（图 2－2）。IgG 具有两种亚群：IgG1 和 IgG2。初乳中主要是 IgG1，占免疫球蛋白 80%～90%，但是犊牛血液中却含有几乎相同数量的两种 IgG 亚群，IgG1 是传递被动免疫至新生犊牛的主要免疫球蛋白。另外，初乳中还含有数量较少的 IgA 和 IgM，分泌型 IgA 占初乳免疫球蛋白 5%，IgA 主要保护黏膜表面，包括小肠黏膜，并且阻止抗体接触黏膜细胞表面；IgM 是一个五聚体，占初乳免疫球蛋白质的 7%，是防止犊牛出现败血病的主要保护机制，修正补体，也是主要的黏附抗体。IgA 和 IgM 都是由乳腺组织合成并分泌于初乳中的。另外，初乳中还含有 IgE，其也能传递给新生犊牛。对 IgE 的作用了解较少，已知它具有皮肤敏感性。

除了免疫球蛋白，初乳中还含有多种免疫活性成分，包括细胞因子、免疫活性蛋白和免疫活性细胞，如 IGF－1 和 IGF－2、表皮生长因子、胰岛素、促乳素等。初乳中 IGF 和 EGF 浓度也高于常乳，IGF－1 浓度是常乳的 4～62 倍，EGF 是常乳的 2～4 倍。另外，初乳还含有比常乳含量高的溶菌酶、乳铁传递蛋白及乳过氧化物酶/硫氰酸盐/氢过氧化物酶系统。这些抗菌物质给新生犊牛提供了一种抗感染的非特异性保护，并且帮助犊牛度过由被动免疫到主动免疫系统建立的过程。

初乳的组成与质量和母牛的品种、产后状况、初次泌乳、产后泌乳次数、产前泌乳或漏奶、乳腺健康等有关。比如，泽西牛母牛初乳 IgG 含量比荷斯坦牛母牛的高；不论什么品种，在第三或以上泌乳期其具有较高的 IgG 含量和更广抗原识别能力；初次

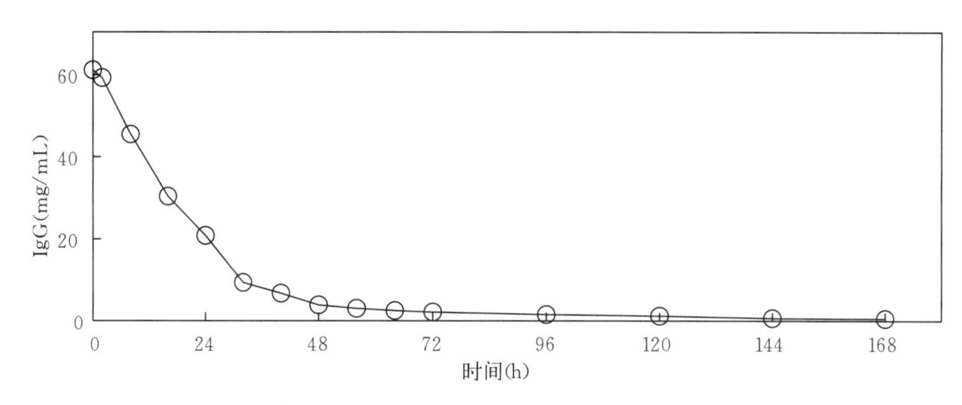

图 2-2 母牛初乳中 IgG 蛋白含量变化曲线

（资料来源：邸海洋，2008）

泌乳高于 8.5 kg 会由于稀释作用而降低 IgG 浓度。多数研究发现，季节对初乳免疫球蛋白没有影响。奶牛产奶后期日粮营养限饲并没有影响初乳中 IgG 的含量，但犊牛对初乳中 IgG 的吸收降低了，可能是限饲改变了初乳中影响 IgG 吸收的成分，但也有对母牛进行限饲不会影响犊牛对 IgG 吸收能力的报道。显然，产前日粮营养与犊牛被动免疫获得之间的关系还需进一步研究。热应激虽不会降低初乳产量，但会显著降低初乳组成（脂肪、乳糖、能量、蛋白质等）与免疫球蛋白的含量。如前所述，初乳质量取决于 IgG 含量。一般的质量标准是：IgG 低于 20 g/L 为低等质量；20～50 g/L 为中等质量；高于 50 g/L 为优等质量。

犊牛吸收免疫球蛋白后，在机体循环系统内外大约以 1∶1 的比例达到平衡。吸收后的免疫球蛋白约有 68%经过 8 d 的周期后会每天逐渐回到小肠内腔，在那里保持抗体结合活性，行使着肠道局部保护的使命。在利用标记的 125I-IgG1 研究 IgG 的消失率时发现，被动获得的 IgG 半衰期为 11.5～17.0 d。在利用血浆 IgG1 浓度研究 IgG 半衰期时发现，其半衰期为 19.9～21.5 d。出生时即吮吸初乳的犊牛 4 周龄产生内源 IgG，然而未吮吸初乳及低丙种免疫球蛋白状态的犊牛在出生后 1 周就产生了内源 IgG。犊牛出生后在 8～16 d 开始产生内源 IgG1 和 IgG2，利用标记的 125I-IgG1 发现犊牛出生后 36 h 就产生内源 IgG1，并且一直持续到 3 周龄。邸海洋（2008）测定了犊牛出生后 2 h 内吃足初乳的 20 头犊牛其血清 IgG 含量（图 2-3）。

犊牛出生后 24～48 h 血清 IgG 浓度可用于评估犊牛被动免疫的传递，但血清 IgG 浓度会受到犊牛性别、初次采食时间、体重、IgG 采食量、初乳质量等因素的影响，并且血清 IgG 浓度也不能反映 IgG 代谢过程。为了更好地理解 IgG 吸收的本质及被动免疫的传递，可以测定 IgG 的表观吸收效率（apparent efficiency of absorption，AEA）：

AEA＝血清 IgG（g）/IgG 采食量（g）×100%

血清 IgG（g）＝血清 IgG 浓度（g/L）×血清总量（L）

预测血清总量通常采用染料稀释法。平均血清容量为犊牛体重的 8.3%，其他研究报道平均血清容量为犊牛体重的 8.7%～9.3%（Quigley 等，1998）。通常平均血清容量为犊牛体重的 7%被广泛采用。

总之，新生犊牛在出生时没有免疫保护能力，而是通过初乳中的免疫球蛋白获得被

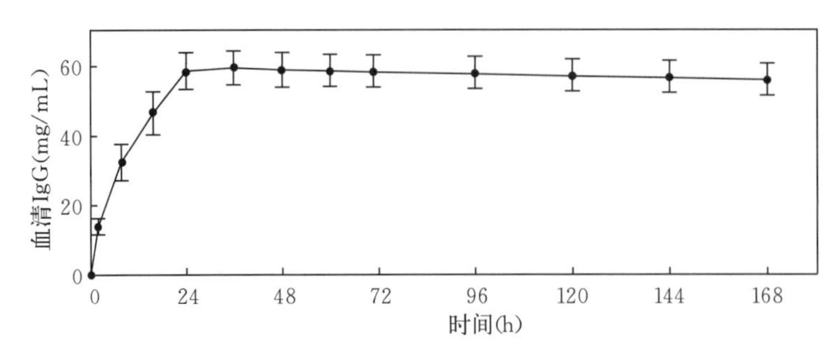

图 2-3　犊牛血清 IgG 含量变化

（资料来源：邸海洋，2008）

动免疫。吸收后的免疫球蛋白先是从消化道内消失，而后大部分又回到小肠内腔，在那里保护小肠黏膜表面。IgG1 的半衰期为 11.5～17.9 d，内源 IgG1 的产生早在犊牛出生后 3 d 就开始了。

四、犊牛与成年牛的免疫差异

有许多因素影响新生犊牛生理未成熟的免疫系统并增加犊牛对传染性疾病的易感性。与成年牛相比，这些因素包括犊牛体内幼稚 T 细胞和 γδT 细胞比例增加而 B 细胞比例降低；产生抗体、细胞因子和补体的能力较低，中性粒细胞功能较低。除了皮质醇以外，犊牛血清中还存在其他抑制淋巴细胞促有丝分裂增殖的因素。另外，母源抗体可能对犊牛自身抗原特异性免疫球蛋白产生不利影响。

1. T 淋巴细胞亚群　虽然 T 细胞亚群（γδT 细胞、$CD2^+$、$CD4^+$、$CD8^+$）在牛胎儿的组成与成年牛没有差异，但是在犊牛出生后发生了巨大的变化。例如，δT 细胞随着年龄的增长普遍下降，$CD4^+$ T 细胞和 $CD8^+$ T 细胞则在出生后随着时间而提高。

在 $CD4^+$ 和 $CD8^+$ T 细胞的比例在牛胎儿时达到峰值，出生后降至低于成年牛的比例，而后逐渐增高，在 120 d 时达到成年牛水平。犊牛循环系统中的 $CD2^+$ T 细胞比例也经历了巨大的变化，从胎儿时的 57%降至犊牛 2 日龄时的 28%。山羊回肠派尔氏节的 $CD2^+$、$CD4^+$、$CD8^+$ T 细胞在山羊 1 月龄以前持续升高。在山羊和绵羊的脾脏和回肠派尔氏节，$CD8^+$ T 细胞数量明显高于 $CD4^+$ T 细胞，约占总淋巴细胞的 70%，回肠派尔氏节的 $CD8^+$ T 细胞在肠道免疫耐受机制中具有抑制剂的作用。

γδT 细胞在成年奶牛、山羊、绵羊、猪体内比成年人和鼠中更普遍，在新生反刍动物和仔猪中甚至更普遍。山羊出生时外周血中 γδT 细胞达到 20%，而在 3 个月时降至 4%。外周血 γδT 细胞占单核细胞总数在犊牛刚初生时为 40%，而到 150 日龄时降至 15%。

新生犊牛胸腺组织的 $CD4^+/CD8^+$ 的值高于成年奶牛。多数动物外周血和脾脏中没有双阳性（$CD4^+$、$CD8^+$）T 淋巴细胞，因为它们会在胸腺中凋亡。

新生犊牛依赖 γδT 细胞提供抵抗感染的免疫力。在更多的 αβT 细胞成熟前，新生犊牛体内大量的 γδT 细胞为其提供了非 MHC 限制性的细胞免疫。反刍动物和其他幼畜经常处于有大量病原体的环境，并且它们连续暴露于感染黏膜表面和上皮细胞的病原体。因此，犊牛体内高比例的 γδT 细胞可能有利于其自身的生长发育，因为这些淋巴腺定殖于上皮细胞表面。

T 细胞在犊牛出生后会快速更新。出生时，循环于引流淋巴结淋巴管的胎儿 T 细胞快速从外周淋巴结的淋巴细胞池中消失，取而代之的是出生后形成的新的 T 细胞。犊牛 1 周龄时，外周淋巴结中的 T 细胞有 3/4 是出生后形成的新细胞。

2. B 细胞 犊牛出生后 1 月龄前抗体产生活性较低，从出生到 4 周龄 B 淋巴细胞数量逐渐增加。出生后的第 1 周，B 淋巴细胞数占单核细胞总数 5%，之后 B 淋巴细胞数量逐渐提高，至 20 周龄达到稳定。此时 B 淋巴细胞数占单核细胞总数 19%，与成年奶牛的相近。B 细胞数量和功能与犊牛年龄的增长而增加。在 14～21 日龄，犊牛淋巴细胞抗体产生活性持续增长。犊牛摄入初乳对内源免疫球蛋白的产生具有负面影响。如果犊牛循环系统出现母源布鲁氏菌抗体，则犊牛对流产布鲁氏菌接种不产生抗体反应，然而未摄入初乳的犊牛则能产生流产布鲁氏菌抗体。犊牛摄入初乳与否都能产生卵白蛋白抗体，对于卵白蛋白没有母源抗体。摄入初乳以同种特异方式降低了新生犊牛淋巴组织 Ig 阳性细胞的数量。摄入初乳的犊牛淋巴组织中没有 IgG1 或 IgG2 阳性细胞，而不饲喂初乳的犊牛则有。IgM 和 IgA 阳性细胞不受饲喂初乳的影响。

3. 中性粒细胞 犊牛与成年奶牛的先天免疫系统也存在差异，主要表现在中性粒细胞的数量、功能、细胞因子和补体的产生等方面。刚出生时犊牛外周血中性粒细胞数量很高，但 20 d 内呈下降趋势。虽然出生时中性粒细胞总的数量很高，但有证据表明其功能较低。新生犊牛蛋白激酶 C 依赖的超氧阴离子自由基（O^{2-}）的产生也较少。O^{2-} 的产生对于中性粒细胞的“呼吸爆发”和病原体的破坏是必要的。犊牛中性粒细胞杀伤能力的降低可能是由年龄依赖的细胞内 Ca^{2+} 浓度变化引起。新生犊牛中性粒细胞的 Fc 受体（FcR）表达和 ConA 结合位点的基底帽低于成年奶牛。和人的中性粒细胞一样，犊牛中性粒细胞髓过氧化物酶活性较低，而碱性磷酸酶活性较高，FcR 表达的降低抑制了细菌黏附和吞噬能力，而低浓度的髓过氧化物酶削弱了犊牛中性粒细胞的杀菌能力。出生后摄入初乳的犊牛在 6～12 h 中性粒细胞数量显著提高，而未吃初乳的犊牛则没有，似乎是与摄入初乳有关。犊牛出生时其中性粒细胞没有吞噬能力，但是在出生后快速提高，并且摄入初乳的犊牛比不摄入初乳的犊牛在这方面有更明显的提高。犊牛出生时血清皮质醇浓度很高，无论摄入初乳与否，其血清皮质醇浓度都快速下降，这应该与犊牛免疫系统逐渐成熟有关。

4. 细胞因子与补体 新生犊牛产生细胞因子和补体的能力较低。与成年人相比，新生幼儿具有较低的产生 IL－6（主要由单核细胞和巨噬细胞产生）的能力。与成年奶牛相比，犊牛有丝分裂刺激的 IFN－γ 产生较少，而 NO 产生较多（Nonnecke 等，2003）。犊牛具有受损的 Th1（辅助 T 细胞 1）记忆效应功能，其免疫反应的各阶段都偏向 Th2（辅助 T 细胞 2）功能（Adkins 等，2001）。Th 细胞（辅助 T 细胞）因子分泌的极化模式对于免疫反应的有效性是必要的。Th1 或 Th2 反应的发展依赖于细胞因子。Th1 细胞分泌炎性细胞因子，包括 IL－2、IFN－γ 和 TNF－α。Th1 细胞分泌的细胞因子对于激活巨噬细胞提高对细胞内病原体的杀伤是必要的。Th2 细胞分泌的细胞因子（IL－4、IL－5、IL－10、IL－13）对于激活体液免疫反应杀灭细胞外病原体非常重要。犊牛较低的 Th1 功能可能会影响激活巨噬细胞的能力。

犊牛出生时溶血补体效价为99，出生1 d后溶血效价降至39，而到4周龄时又恢复至摄入初乳前的水平。即使这样，1月龄犊牛饲喂初乳前的溶血补体效价依然明显低于成年奶牛。与之相似是犊牛初生时补体3（C3）浓度只有成年奶牛的28%，出生1 d后降至成年奶牛的18%，到1月龄时提高至成年奶牛的43%。

五、免疫应激

1. 免疫应激 免疫应激是指在卫生环境较差的情况下，畜禽机体频繁受到外界微生物的攻击，免疫系统不断被激活，产生免疫应答反应以抵抗微生物入侵，同时引起机体一系列行为和代谢上的改变。行为上的改变包括食欲不振、精神萎靡和嗜睡等；代谢上的改变包括用于维持生长的需要转化为用于维持免疫应激反应的需要，以至于造成畜禽生长发育受阻，即动物处于“免疫应激状态”。在营养免疫学中，免疫应激被认为是动物达到最佳生产水平和饲料利用率的主要障碍之一。

2. 免疫应激对动物免疫系统的作用机理 应激引起机体的代谢变化主要是由细胞因子（cytokine，CK）介导。机体的免疫系统对养分具有优先使用的能力。当动物发生免疫应激时，免疫系统被活化，释放出CK，CK调节体内代谢过程，从而影响动物的生长性能、营养需要量及营养需求。给猪注射大肠杆菌脂多糖能提高IL-1、IL-6和TNF-α的分泌量，2 h内血浆TNF-α浓度上升了10倍。给鸡接种胸膜炎放线杆菌后血清中IL-1浓度显著高于非应激组，说明应激会对机体造成不同程度的损伤。

关于免疫应激对动物免疫系统的作用机制，普遍认为是由糖皮质激素（glucocorticoid，GC）介导的。当动物处于免疫应激状态时，机体主要通过下丘脑-垂体-肾上腺轴（hypothalamic-pituitary-adrenal axis，HPA）参与调节应激反应，HPA系统处于应激反应的中心。促肾上腺皮质激素释放激素（corticotropin releasing factor，CRF）分泌加强时，能引起垂体前叶促肾上腺皮质激素（adrenocorticotropic hormone，ACTH）的合成和分泌增强。ACTH的主要作用是促进肾上腺皮质合成糖皮质激素，糖皮质激素与T淋巴细胞表面肾上腺糖皮质激素受体配基结合，介导并激活淋巴细胞核内一种钙镁离子依赖性核酸内切酶。该酶可迅速而广泛地降解DNA，引起T淋巴细胞大量减少，而使细胞免疫功能受到抑制。GC是HPA轴的最终产物，由肾上腺皮质束状带分泌的皮质酮和皮质醇具有糖原异生、抗炎症及免疫保护等广泛作用。当雏鸡处于免疫应激状态时，皮质酮含量增高，而血浆皮质酮水平越高，免疫抑制越明显（Salak-Johnson等，2007）。

肾上腺皮质激素释放激素也可导致免疫抑制，当被切除肾上腺的动物受到CRF的刺激后，可出现与糖皮质激素介导一致的免疫抑制效应，故CRF对应激免疫抑制具有重要作用（袁志航等，2007）。在免疫应激过程中，机体神经内分泌系统功能活动的改变，可能是导致免疫系统功能变化的重要因素之一。肾上腺皮质激素介导应激有一个浓度范围。在应激条件下，通过中枢神经系统的作用，由外周T淋巴细胞产生一种大分子蛋白质，这种蛋白质对某些免疫功能具有抑制作用，被称为应激免疫抑制蛋白质，这为免疫应激造成免疫抑制的研究开辟了新领域。

机体参与调节应激反应的途径除HPA轴外，还需要下丘脑-垂体-甲状腺系统。在免疫应激状态下，机体内肾上腺皮质激素和甲状腺素升高，可能使血液中 T 淋巴细胞对 HPA 的反应性降低，使细胞免疫和体液免疫在初期受到抑制，而后期逐渐恢复正常。免疫应激后血液中 ACTH 前期上升，表明血液中 ACTH、皮质酮对细胞免疫具有明显的抑制作用。

3. 免疫应激模型 目前模拟免疫应激经典的方式是从腹膜或静脉注射一定剂量的脂多糖（lipopoly saccharides，LPS）。LPS 是革兰氏阴性菌膜结构物质，能诱导动物产生急性细菌感染症状，如厌食、嗜睡和发热等。LPS 通过刺激巨噬细胞（Mφ）合成和分泌 IL-2、IL-6 和 TNF-α 等炎性细胞因子而发挥作用。目前，对 LPS 是否是导致养殖场动物免疫应激的根本原因还存在很大争议，但 LPS 确实激活了动物的免疫系统，这对深入了解免疫应激导致感染和炎症的生理机制提供了很好的模型。注射 LPS 引起的免疫应激可能是通过细胞因子来介导的，因为在注射后提高动物体温这一点上，LPS 和细胞因子同等有效，并且注射 LPS 会引起体内这些细胞因子的产生。

相比其他动物，牛对 LPS 应激高度敏感，奶牛对 LPS 诱导的急性期蛋白反应呈剂量依赖性。对 8 头非孕期的干奶牛分 3 次（间隔 3 周）静脉注射 10 ng/kg BW、100 ng/kg BW、1 000 ng/kg BW 的 LPS，结果表明 3 个剂量的 LPS 注射均引起了奶牛急性期蛋白（血清触珠蛋白、淀粉样蛋白）浓度的快速升高和血清白蛋白浓度的降低，首次证明 10 ng/kg BW 的 LPS 就可以引起奶牛的免疫应激反应。给非孕期成年干奶牛灌服 100 ng/kg BW 的 LPS，奶牛呼吸频率从（39±2）次/min 显著增加到（50±3）次/min，体温从（38.4±0.2）℃增加到（39.2±0.2）℃。给后备牛灌服 2 μg/kg BW 的 LPS 后，后备牛体温在 5 h 时达到峰值，为 39.4 ℃，显著高于对照组（$P<0.05$）。Borderas 等（2008）给犊牛注射低剂量（0.025 μg/kg BW、0.05 μg/kg BW）的 LPS 也观察到了犊牛体温的快速升高（>39.5 ℃，持续了 2～8 h），（4.64±0.96）h 时达到体温峰值（40.59±0.52）℃。张乃锋（2008）给犊牛注射 2.5 μg/kg BW 的 LPS 也引起了犊牛的免疫应激反应。

第二节 犊牛营养与免疫研究现状

一、蛋白质营养与免疫

1. 蛋白质水平与免疫 早在 20 世纪 30 年代就发现，给饲酪蛋白饲料的大鼠其抗感染能力明显高于给饲植物蛋白饲料的大鼠。随后的几十年里，大量的研究报道了日粮粗蛋白质水平对实验动物免疫反应和疾病抵抗力的影响。蛋白质-能量营养不良对免疫机能产生直接的影响，包括淋巴组织特别是胸腺萎缩、迟发型过敏反应下降、T 细胞特别是 Th 细胞减少、胸腺素活力降低、分泌型 IgA 抗体反应受损、抗体亲和力降低、补体成分浓度和活力降低、巨噬细胞功能受损等。张乃锋（2008）报道，低蛋白质水平代乳粉（18%）显著降低了犊牛血清 IL-1、IGF-1、溶菌酶及碱性磷酸酶（alkaline phosphatase，AKP）水平，但是对TNF-α、IgG 及 GH 含量无显著影响。表明低蛋白质水平的代乳粉影响了犊牛巨噬细胞活性，降低了犊牛生长性能。

蛋白质营养状况对机体抗氧化酶的功能有重要影响。研究蛋白质对缺碘小鼠脑组织抗氧化能力的影响时发现，高蛋白质组过氧化物酶（GSH－px）和MDA结果均优于低蛋白补碘组和低碘组，GSH各组间差异极显著，SOD各组间无显著性差别。提示补充蛋白质可有效抵御机体的脂质过氧化作用。

Nonnecke等（2003）报道，4～60日龄犊牛分别饲喂低蛋白（20%蛋白、20%脂肪）代乳粉和高蛋白（30%蛋白、20%脂肪）代乳粉后，其血清白细胞的总数和单核细胞的组成没有变化，但饲喂高蛋白代乳粉犊牛的血清单核细胞产生了较少的IFN－γ和较多的NO。比如，60日龄犊牛饲喂低和高蛋白代乳粉促有丝分裂原刺激的NO分别为63 μmol/L和39 μmol/L，而伴刀豆蛋白刺激的NO分别为80 μmol/L和50 μmol/L，并且NO的含量均高于成年牛［（33.8±1.6）μmol/L、（41.9±3.5）μmol/L］，表明高蛋白代乳粉影响了犊牛白细胞中与细胞免疫相关的某些功能。张乃锋（2008）报道，随着蛋白质水平的增加（由18%提高至26%），犊牛总抗氧化能力（TAOC）、NO水平也逐渐增加。推测蛋白质水平的提高，给犊牛提供了更多的蛋白质，激活单核巨噬细胞释放NO；NO的生成增多，减少了氧自由基、溶酶体酶等杀伤因子的释放，从而减轻组织损伤。

2. 蛋白质组成与免疫 乳蛋白一直是犊牛代乳品蛋白源的“最佳”选择，但使用乳蛋白配制犊牛代乳品的成本较高。为了寻找乳蛋白的替代品，达到既满足犊牛生长发育的需要，又价格低廉的目的，国内外研究者开展了大量的研究。大豆蛋白及其各种制品是研究最多的代乳品替代蛋白。虽然大豆蛋白在替代乳蛋白方面的应用日益广泛，但是多数应用只能取代50%或更少的乳蛋白，并且犊牛生长和饲料效率比全乳蛋白代乳品的要低。犊牛对大豆蛋白的利用效果与其年龄有关，3周龄以前犊牛利用大豆蛋白的效果一般差于3周龄以后的犊牛。当用大豆浓缩蛋白代替50%的代乳品乳蛋白时，1～14日龄犊牛的日增重和饲料转化率分别下降了32.5%和33.3%，而15～42日龄犊牛却只下降了7.1%和5.9%，说明14日龄以后的犊牛对大豆浓缩蛋白有更好的适应性。但是也有研究表明，替代50%左右或更低的乳蛋白，不会影响犊牛生长性能。当用大豆改性蛋白代替犊牛代乳料中蛋白质总量的43%～48%，并通过添加氨基酸进行营养平衡时，用于饲养犊牛效果十分理想，且饲料转化率有高于牛奶蛋白质的趋势。用改性大豆蛋白粉和加热大豆蛋白粉代替66%的乳蛋白饲喂犊牛后，改性大豆蛋白组优于加热大豆蛋白组。大豆蛋白和小麦蛋白可代替部分乳蛋白，用非乳蛋白代替乳蛋白时，不要超过乳蛋白总量的60%，这样可以获得与全乳蛋白产品相同的生长性能。

外源性抗原能提高血清中相应的特异性抗体浓度。张乃锋等（2008）以改性大豆粉为蛋白源配制代乳品饲喂犊牛得出相似结论，但4～8周龄时犊牛血清中IgG呈上升趋势。这些结果可能与机体通过被动免疫获取的母源抗体逐渐消失，以及主动免疫的逐渐完善有关。黄开武（2016）发现，21日龄和49日龄时小麦蛋白组、花生蛋白组犊牛血清IgG浓度显著低于乳源蛋白组（$P<0.05$），这可能与小麦蛋白、花生蛋白较强的抗原活性有关。在由鲜奶向代乳品过渡过程中，植物蛋白中残留的活性抗原可能中和部分母源抗体；此外，两组较差的能氮代谢情况，可能不足以维持犊牛最佳的健康状况及正常的免疫机能，这与49日龄时两组犊牛血清中IgG浓度较低的表现相符。IgA是黏膜免疫的主要抗体，其主要功能是在非特异性免疫防护机制的协助下减少抗原入侵。有活性的大豆抗原对肠道具有致敏性，可引起肠道绒毛萎缩。黄开武（2016）发现，大豆蛋

白组和大米蛋白组犊牛各免疫指标与乳源蛋白组的差异均不显著，说明大豆蛋白和大米蛋白没有对犊牛造成明显的应激反应。动物免疫系统发育的成熟程度、机体稳态的波动范围、免疫器官功能的健全及动物的日龄，都是诊断犊牛代谢紊乱需考虑的因素。此外，黄开武（2016）发现，随着日龄的变化，各试验组犊牛免疫球蛋白浓度均呈不断上升趋势，这反映蛋白质组成的不同并未影响犊牛主动免疫的逐步建立。但从各试验组犊牛血清中 IL－1 浓度的变化来看，在利用代乳品饲喂犊牛进行试验的前期，均引起了犊牛体内不同程度的免疫应激；而根据代乳品中蛋白组成来看，利用多种植物蛋白组合可能会引起犊牛更强烈的免疫应激，但这些应激均在犊牛免疫系统可承受的范围之内。

腹泻发生率高，是影响动物以植物蛋白为主要蛋白源饲喂效果的主要因素之一。以大豆为主的植物性蛋白饲料引起犊牛腹泻的可能原因有：代乳品中大豆蛋白在胃中停留时间短，大量潴留于后消化道，出现不良发酵，蛋白质的腐败作用在肠道生成胺类物质；动物对除乳糖外的糖类和淀粉的耐受性差；大豆球蛋白和 β-结合球蛋白是大豆中蛋白质的主要存在形式，它们对犊牛肠道有致敏作用。张乃锋（2008）研究发现，代乳品蛋白质组成对犊牛腹泻率有显著影响。当植物蛋白替代 80%的乳蛋白时，犊牛腹泻率较替代 50%和 20%的乳蛋白组显著提高，达到 41.67%。如果利用大豆蛋白浓缩物、商业大豆粉（加热灭活）、试验大豆粉（加热灭活，胰蛋白酶抑制剂活性为 1 U/mg）分别替代全乳蛋白的 75%，全乳蛋白组犊牛粪便评分最低，所有大豆蛋白组犊牛 1～2 周龄均呈现较高的粪便评分，2 周龄以后各处理组犊牛粪便评分逐渐下降。可能是 2 周龄以后犊牛对植物蛋白源开始逐渐适应，并且犊牛自身的消化系统也在逐渐发育成熟所致。其中，商业大豆粉组犊牛的粪便评分最低，可能是与其胰蛋白酶抑制剂活性较高有关。

3. 氨基酸与免疫　随着研究的深入，人们发现仅从蛋白质的角度研究，很难解释营养与免疫相互作用的代谢机制，以及导致动物免疫机能异常的内在原因。近十多年来，随着营养学和免疫学的发展，研究者们开始将兴趣集中于氨基酸营养代谢与动物免疫的关系研究上。

（1）赖氨酸　赖氨酸对免疫的影响结果不一致。当大鼠被活菌苗感染后，在赖氨酸缺乏与正常时，大鼠可产生不同水平的抗体。通过向大鼠体内注射胶原颗粒的方法发现，赖氨酸缺乏可使动物整个单核-巨噬细胞系统功能下降，大鼠表现为对感染（如炭疽芽孢杆菌感染）、中毒、放射性损伤、肿瘤等致病因子的防卫和特异性免疫反应能力减弱。Sharon（2014）报道，在犊牛代乳粉中补充赖氨酸影响了犊牛的氮代谢，但是没有改变犊牛对牛传染性鼻气管类（infectious bovine rhinotracheitis，IBR）的反应及其生长性能。

（2）蛋氨酸　蛋氨酸缺乏将抑制体液免疫功能，引起胸腺退化，并降低脾脏淋巴细胞对促细胞分裂素的反应。蛋氨酸缺乏使大鼠生长发育受阻，胸腺和脾脏萎缩退化，肠道淋巴组织严重耗竭。蛋氨酸缺乏增加了动物对单核细胞增多性李斯特细菌的易感性，使幼年大鼠的生长发育受损，同时胸腺和脾脏萎缩，若与支链氨基酸同时缺乏则肠道淋巴组织将会出现恶性蛋白质营养不良时所表现的淋巴细胞严重耗竭的病理变化。淋巴细胞在转甲基作用中消耗蛋氨酸后，不能再通过胆碱或高半胱氨酸（蛋氨酸前体）合成蛋氨酸，必须通过外源蛋氨酸加以补充；而骨骼肌细胞可自身合成蛋氨酸，蛋氨酸的消耗只有在转硫作用（合成半胱氨酸）和利用蛋氨酸合成蛋白质时才被消耗。因而，机体维持最大免疫反应所需的蛋氨酸水平高于维持最大生长所需的蛋氨酸水平。

(3) 苏氨酸　苏氨酸缺乏会抑制免疫球蛋白、T淋巴细胞、B淋巴细胞的产生，从而影响免疫功能。免疫球蛋白是一类在体内能抑制或破坏抗原的蛋白质，苏氨酸、亮氨酸、缬氨酸是这些免疫蛋白的主要组成氨基酸。苏氨酸是初乳和常乳免疫球蛋白的主要组成分，对于动物体内合成免疫球蛋白非常重要。在日粮中添加苏氨酸和赖氨酸后，胸腺重量增加，并增强皮肤的异源性排斥和抗绵羊红细胞溶血素（sheep red blood cell，SRBC）的抗体效价。作为黏液糖蛋白的一种组成成分，苏氨酸对抵抗病菌和病毒入侵是一个广泛而重要的天然保护屏障。黏液糖蛋白是由肠道表面和肺部连续分泌的，但它们的连续合成要消耗游离的苏氨酸。

(4) 其他氨基酸　缬氨酸、亮氨酸及异亮氨酸同时缺乏可增加小鼠对沙门氏菌的易感性。动物日粮通常不易缺乏缬氨酸，但常规玉米日粮中通常含有高的亮氨酸。由于亮氨酸-缬氨酸颉颃作用的存在，因此高亮氨酸对免疫反应的影响可以通过添加异亮氨酸和缬氨酸加以克服。给小鼠饲喂轻度缺乏苯丙氨酸-酪氨酸的日粮，能显著增强小鼠的体液免疫反应。有关氨基酸对动物免疫功能影响的研究还不多，所获结论也不尽一致，特别是其作用机制尚不清楚，还需进一步的深入研究。可以设想，一旦研究清楚某一营养物质对某种动物的免疫机能起关键作用并清楚了解其营养-免疫相互作用的代谢机制，借助营养学和免疫学的知识，就有可能为动物提供一种免疫系统营养调控的替换机制。

二、能量营养与免疫

有关犊牛能量营养与免疫的报道很少。非特异性蛋白质-能量营养不良（protein-energy malnutrition，PEM）可引起机体淋巴组织广泛性萎缩，尤以胸腺、脾脏、扁桃体和淋巴结等免疫器官萎缩明显，T细胞数量降低非常明显，导致机体出现营养性获得性免疫缺陷。PEM导致实验动物迟发型超敏反应降低、淋巴细胞对丝裂原反应性降低、胸腺素活性下降、吞噬细胞功能下降、分泌型免疫球蛋白SIgA抗体反应功能降低、抗体亲和力下降、补体浓度和活性降低。围产前期不同能量水平对出生后犊牛免疫的影响发现，随着产前日粮能量浓度的减少，初生犊牛免疫能力显著下降，其高能量组犊牛血中CD4及CD4/CD8显著高于中能量组和低能量组，而各组中CD8和CD21的表达差异不显著。直到45日龄时，犊牛血中CD4表达差异不显著。另外，初生犊牛血液中IL-2、IL-4浓度均显著下降，而各组犊牛血中IL-6浓度差异不显著。日粮能量浓度对运输犊牛的发病率和死亡率有直接影响。高能量日粮会加重运输犊牛的应激程度，提高发病率，尤其是增加呼吸道疾病的发生率。目前，还没有研究结果能确定引起犊牛机体产生体液和细胞免疫的适宜能量水平。

三、脂肪营养与免疫

一般情况下反刍动物不会缺乏脂肪酸，因为其瘤胃微生物不但可以合成脂肪酸，还能对不饱和脂肪酸进行氢化作用。只是新生幼畜体内贮存的必需脂肪酸，如亚油酸、亚麻酸含量很少，可能会出现一定程度的缺乏症状。必需脂肪酸缺乏，T细胞免疫功能降低，初次、二次接触T细胞依赖性抗原和非T细胞依赖性抗原血清的相应抗体水平降低。脂肪中的胆固醇及其氧化产物降低机体免疫力，在犊牛代乳品中补充一种包含丁酸、椰子油及亚麻油的混合脂肪改变了犊牛的免疫和炎症反应，包括提高了犊牛体内病毒性腹泻和流感疫苗的抗体滴度，降低了梭状芽孢杆菌病的治疗成本，并且提高了生长性能和饲料效率。Ballou 等（2008）在犊牛代乳粉中补充不同浓度的鱼油，降低了犊牛急性应激反应，并且这种效果随着鱼油替代脂肪比例（5%～10%）的增加而呈线性变化。

四、维生素与免疫

母体初乳中含有大量维生素，它是维持动物良好营养状态和生产性能所必需的营养物质。虽然维生素与免疫的作用机理仍不十分清楚，但维生素是许多酶的辅酶或辅基，间接参与免疫细胞增殖、分化和 DNA、RNA、抗体的合成。

维生素 A 对抗体合成、T 细胞增殖、单核细胞吞噬机能都不可缺少，它不仅能增强 T 细胞抗原特异性反应，还可改变细胞膜和免疫细胞溶菌膜的稳定性而提高动物的免疫能力和抗感染能力。维生素 A 缺乏和过量都会导致免疫抑制。不同形式维生素 A 产生免疫效应的途径不同。视黄醇通过 B 淋巴细胞的介导来增加免疫球蛋白的合成，通过 T 淋巴细胞介导或产生淋巴因子而促进球蛋白合成；胡萝卜素通过增强脾细胞增殖反应和腹腔巨噬细胞产生细胞毒性因子来抑制肿瘤细胞转移和促进免疫功能的作用；口服或注射 β-胡萝卜素能明显增加牛淋巴细胞线粒体和微粒体的吸收，给出生到 5 周龄的犊牛补充维生素 A 具有免疫刺激作用。

维生素 E 同硒协同通过谷胱甘肽过氧化物酶、金属酶起抗氧化作用，对非特异性免疫起重要作用。由于维生素 E 或 α-生育酚不易通过胎盘屏障，因此新生犊牛体内维生素 E 含量较低，并且主要通过初乳或乳汁摄入。母畜临近分娩时 α-生育酚含量急剧下降，妊娠后期和泌乳早期奶牛日粮中适宜的维生素 E 水平不仅能增加中性粒白细胞的功能，提高奶牛免疫能力，降低奶牛乳房炎发病率，还能通过乳汁给犊牛提供维生素 E 营养。此时添加维生素 E 可保护机体免受多种病原体的侵袭，能提高巨噬细胞对病原体的吞噬作用。向分娩前 5 d 的母牛注射 5 mL/头含硒 1 mg、维生素 E 68 IU/mL 的混合液，犊牛断奶体重极显著大于未注射混合液的对照组（$P<0.01$），母牛再孕率（85.15%）极显著大于对照组（7.14%）（$P<0.01$）。犊牛饲粮中补充维生素 E 提高了体液免疫反应和细胞免疫反应。Shinde 等（2007）报道，给犊牛日粮补充维生素 E 和硒提高了犊牛体液免疫反应。

日粮中维生素 A 和维生素 E 含量同时过高对免疫机能无益，因为高剂量维生素 A 会妨碍器官特别是脾脏中维生素 E 的沉积，维生素 A 可提高 PG1（prostaglandins 1，PG 1）产量但对 PG2（prostaglandins 2，PG 2）产量无影响；当日粮维生素 E 和维生素 A 含量同时很高时，PG1 产量下降，而 PG2 产量上升。

另外，维生素 D 对维护免疫系统的功能十分重要。维生素 D_3 在体内的存在形式是具有活性的 1，25-二羟维生素 D_3，它能提高巨噬细胞的吞噬能力，增加过氧化氢和白细胞介素的水平。维生素 C 具有抗应激和抗感染的作用，日粮添加维生素 C 可降低一些应激因子产生的免疫抑制。犊牛日粮中补充维生素 C 提高了犊牛血清 IgG 浓度。

幼龄反刍动物由于瘤胃内还没完全定居微生物，因此合成维生素 B 和维生素 K 的能力有限，还需补充 B 族维生素和维生素 K，以免出现相应的营养和免疫缺乏症状。因为维生素 B_6、泛酸等是核酸和氨基酸代谢中重要辅酶的辅基或与一些反应过程有关，均具有提高免疫反应的作用。

五、微量元素与免疫

母畜初乳中主要含有免疫球蛋白、大量的维生素和微量元素（如锌、铁、铜等成分），它们对免疫球蛋白的免疫功能起激发或辅助作用。若初乳中这些微量元素含量不足，则会导致初生动物营养性疾病，影响免疫球蛋白功能的正常发挥。

锌是胸腺嘧啶核苷激酶和 DNA 聚合酶的辅助因子，IL-1、IL-2 和干扰素的生成均依赖锌；另外，锌还具有增强天然杀伤细胞（NK 细胞）活性和胸腺细胞对白细胞介素-1 增殖作用的反应。锌会影响巨噬细胞的功能；诱导 B 细胞分泌免疫球蛋白从而起到抑菌作用；参与补体反应，适量锌可促进补体的联级放大，起到补助和加强吞噬细胞及抗体等的防御能力和作用。锌缺乏将降低动物的免疫应答及抗病力，抑制淋巴细胞增殖，降低淋巴细胞对有丝分裂原的反应，引起动物免疫缺陷，增加对疾病的易感性。补锌可显著提高犊牛日增重，提高外周血中 T 淋巴细胞转化指数和抗体滴度，降低血清中 C-球蛋白含量。

铜主要通过由其构成的酶组成动物机体的防御系统，从而起增强机体免疫机能的作用。其最重要的生理作用之一是作为体内关键酶，如细胞色素 C-氧化酶、铜锌超氧化物歧化酶等的辅助因子。它对反刍动物纤维素的消化有弱促进作用，其缺乏既可导致分离培养的中性粒细胞对酵母菌的杀伤能力下降；也可以导致放牧羔羊对细菌感染抵抗力的下降。给绵羊喂低铜日粮后会降低多形白细胞吞噬白色念珠菌的吞噬能力，而补铜后其吞噬能力显著增强。

初生至幼年阶段牛对铁的需要量最多。一般认为，铁清白蛋白有抑菌效果，并有维持上皮屏障和铁结合酶非特异性结构等作用，能促进 IgM 水平升高。缺铁时，动物细胞和体液介导的免疫都会受到影响；过量时血清铁会促进某些铁依赖性细菌病原体的生长，从而具有毒性。具有免疫作用的乳铁蛋白和转铁蛋白（transferrin，TF）均是与铁强力结合的蛋白质。

硒通过激活天然杀伤细胞和靶细胞表面的某些结构，促进两者结合从而增强天然杀伤细胞的杀伤能力，它能影响中性粒细胞向组织的转移及其随后的炎症反应。缺硒能降低中性粒细胞和巨噬细胞谷胱甘肽过氧化物酶的活性，使细胞不能及时清除过氧化物酶而降低免疫细胞的活力。

铬与抗生素有互作效应，能改善应激犊牛的免疫性能，可以降低发病率和对抗生素的需要量，日粮中添加铬能显著降低犊牛血清中的皮质醇含量。铬的生物活性形式为葡萄糖耐受因子（glucose tolerance factor，GTF），其可显著增强胰岛素在体内的作用，补铬能降低并清除动物主动脉上沉积的胆固醇而防止主动脉粥样硬化。另外，铬还影响核蛋白与 RNA 的合成。

钴也是动物必需的微量元素之一，采食缺钴日粮的羊对细菌感染敏感。妊娠期缺钴时，母羊所产羔羊在出生前后的成活率下降，免疫力降低。因此，应注意反刍动物钴元素的补充。

另外，钙与锰在激活淋巴细胞作用上有协同作用。锰缺乏或过多都会抑制抗体的生成和锰盐抑制趋化性，影响中性粒白细胞对氨基酸的吸收。缺镁能引起动物白细胞增殖，中性粒白细胞和嗜酸性粒白细胞增加，也可使胸腺增生，降低 IgG、IgA 浓度。

六、其他添加剂与免疫

日粮中的糖类因其特殊的理化性质，能改变肠道的微生物区系、增强对病原体的黏附性及肠上皮的功能完整性，从而影响机体抵抗力。给干奶期奶牛饲粮补充甘露寡糖提高了母牛对轮状病毒的免疫力，并且有提高其所产犊牛体内轮状病毒抗体的趋势。给犊牛饲粮补充低聚果糖（以添加 4～6 g/d 效果最好）能提高早期断奶犊牛血清 IgG、IgA 含量，提高犊牛的免疫能力。日粮中添加乳酸菌素显著提高了犊牛血清 IgG、IgM 浓度，能够增强了犊牛机体的免疫功能。在犊牛日粮中添加纳豆芽孢杆菌降低了犊牛断奶应激。周怿（2010）发现，酵母 β-葡聚糖增强了犊牛的体液免疫功能。早期断奶犊牛日粮中添加酵母 β-葡聚糖 75 mg/kg、100 mg/kg、200 mg/kg 可显著增加犊牛血清中 IgG 浓度；试验各期血清中 IgM 含量也随着 β-葡聚糖含量的增加而呈规律性变化。其中，试验 14 d 和 42 d，75 mg/kg 组 IgM 含量显著高于对照组，说明饲料中添加 β-葡聚糖可以提高早期断奶犊牛的体液免疫水平。

第三节　犊牛营养与免疫研究进展

一、蛋白质与犊牛免疫

（一）蛋白质水平与免疫

为了降低培育成本而采用植物蛋白作为乳蛋白的替代品饲养犊牛成为当前的研究重点和热点。利用代乳品饲喂犊牛是节约鲜奶、降低培育成本的有效方法，但对代乳品的利用、哺乳期犊牛的营养需要，尤其是对于蛋白质营养与免疫之间的关系等方面缺乏必要的了解。一方面，饲粮中的蛋白质有不同的抗原性，可以导致小肠发生暂时性的过敏反应，引起小肠形态结构的损伤性变化，这是早期断奶犊牛食欲差、腹泻、生长受阻的根本原因。另一方面，饲粮的蛋白质水平对早期断奶犊牛生长速度至关重要，同时也与犊牛腹泻有关。蛋白质水平过低，不能满足动物生长需要，使其生长受阻；蛋白质水平过高，引起氨基酸氧化供能，造成浪费，并且进入后段肠道的蛋白质腐败作用增强，引起有害菌群增殖，破坏了肠道内的微生态平衡，降低了犊牛的抗病力，增加了犊牛腹泻的概率。张乃锋（2008）研究发现，适宜的蛋白质水平是早期断奶犊牛发挥最大生长潜力和降低腹泻率的保证。

1. 材料与方法　新生荷斯坦公犊牛 15 头，出生后 5 日龄内饲喂初乳和常乳，6～10 日龄过渡为饲喂代乳品。所有犊牛 2 周龄时根据体重分为 3 组，每组 5 头，分别饲喂相同能量水平（DE：18.35 MJ/kg）、不同蛋白质水平（18%、22%、26%）的代乳品。犊牛分组分圈饲养，每头犊牛占地约 3 m^2。代乳品的使用量为犊牛体重的 10%。每日分 3 次饲喂（8：00、14：00、20：00）。代乳品用煮沸后冷却到 50 ℃左右的热水按 1∶7的比例调制成为乳液饲喂犊牛，饲喂后补充饮水。开食料（DE：12.81 MJ/kg；CP：19.60%）使牛自由采食。分别于试验犊牛第 2、4、6、8 周龄采血测定 IgG、IL－1、TNF－α、总抗氧化能力等指标。8 周龄末每组屠宰 3 头犊牛，取空肠中段 10 cm、回肠 5 cm，用甲醛固定 48 h 后，石蜡包埋，常规切片，甲苯胺蓝染色法显示肥大细胞数量。取脾脏和胸腺，称重，计算免疫器官指数。剪取十二指肠、空肠中段、回肠各 5～10 cm，用载玻片刮取黏膜，装于自封袋中，用纱布包住后浸入液氮，待回到试验室后转入－70 ℃保存，采用双抗体夹心 ELISA 法测定 SIgA。对试验所得数据应用 SPSS15.0 统计处理软件 ANOVA 和 GLM 进程进行方差分析，多重比较采用 Duncan's 法，显著性水平采用 $P<0.05$ 水平。

2. 结果与分析

（1）蛋白质水平对犊牛脾脏指数的影响　脾脏是犊牛的主要免疫器官，脾脏指数能够反映脾脏的发育程度及功能。蛋白质不足可使抗体抗原结合反应能力下降，补体浓度下降，免疫器官（如胸腺）萎缩。蛋白质水平由 18%提高到 22%，犊牛脾脏指数有所提高，但差异不显著；而蛋白质水平由 22%提高到 26%，脾脏指数又有所降低，差异仍不显著。从试验测定值变化趋势看，22%的蛋白质水平更加有利于犊牛的生长发育，同时也有利于犊牛免疫器官功能的发育和完善。

（2）蛋白质水平对犊牛血清免疫指标的影响　抗体均为免疫球蛋白且都是蛋白质，理论上机体蛋白质水平低，细胞内酶的含量不足将导致合成抗体的速度减慢，从而影响体液免疫的效果。关于日粮蛋白质水平对动物免疫机能的影响，研究结果很不一致。有学者认为，日粮蛋白质含量过高或者过低都会降低机体的免疫和抗病力，而蛋白质含量处于边缘水平时则增加机体的免疫功能。张乃锋（2008）发现，蛋白质水平对犊牛血清 IgG 含量没有显著影响。

巨噬细胞可以通过直接作用或间接经所分泌的各种细胞因子（IL－1、TNF－α）对免疫系统的启动及调节起关键性作用。蛋白质缺乏会导致外周巨噬细胞数量下降，吞噬细胞活性降低。张乃锋（2008）发现，蛋白质水平对犊牛血清 IL－1 含量有显著影响（图 2－4）。蛋白质水平 22%与 26%组 IL－1 水平均显著高于 18%组（$P<0.05$），分别比 18%组提高了 78.26%和 99.29%。IL－1 是巨噬细胞向 T 细胞递呈抗原后的第二激活信号，它通过 Th 促进抗体产生并诱导 Th 产生 IL－2，从而使特异性免疫增强，说明蛋白质水平的提高有助于犊牛特异性免疫反应的增强。IL－1 水平的过度升高可刺激犊牛体内巨噬细胞等产生更多的炎性细胞因子（IL－1、TNF－α），引起机体组织细胞损伤，降低犊牛生产性能。但是张乃锋（2008）发现，蛋白质水平对犊牛血清 TNF－α 的含量无显著影响，说明蛋白质水平的提高促进了犊牛非特异性免疫反应。但 IL－1 的升高还没有达到导致犊牛机体形成炎症的程度，没有对犊牛的肝功能和生长发育造成负面影响。

（3）蛋白质水平对犊牛血清相关激素与酶的影响　生长激素除对动物的生长有重要作用外，还能影响机体内糖、脂肪和蛋白质的代谢。生长激素可促进肌肉组织的氨基酸进入细胞内，增强蛋白质的合成。张乃锋（2008）证实，蛋白质水平对犊牛血清 GH 的影响不显著，但血清 IGF－1 水平显著提高（$P<0.05$），26%、22%蛋白质水平组

IGF-1高于18%组31.78%和7.40%（$P<0.05$）（表2-2）。结合生长激素变化规律，说明提高蛋白质水平给犊牛机体提供了更多的蛋白质以满足蛋白质合成代谢的需要。因此，从IGF-1的角度看，26%的蛋白质水平更有利于犊牛生长发育。

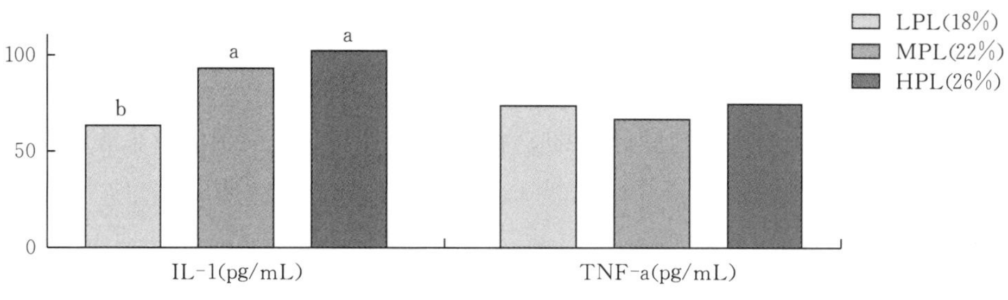

图2-4 蛋白质水平对犊牛免疫指标的影响

注：不同小写字母表示差异显著（$P<0.05$）。

溶菌酶是吞噬细胞杀菌的物质基础，有关蛋白质水平对犊牛血清溶菌酶的影响鲜见报道。张乃锋（2008）研究表明，随着蛋白质水平的提高，犊牛血清LZM含量逐渐升高，22%、26%的蛋白质水平组犊牛血清LZM分别比18%组提高了30.29%和46.27%（$P<0.05$）（表2-2）。血清LZM含量的提高表明，蛋白质水平的提高（≥22%）给犊牛提供了充足蛋白质，增强了犊牛吞噬细胞的杀菌能力，促进了犊牛的非特异性免疫反应能力，有助于增强犊牛机体抵抗感染的能力。

表2-2 蛋白质水平对犊牛血清激素与酶的影响

项 目	LPL	MPL	HPL
GH（ng/mL）	5.65±0.92	6.18±1.30	6.76±1.56
IGF-1（ng/mL）	8.78±2.43^{a}	9.43±2.07^{ab}	11.57±3.80^{b}
LZM（μg/mL）	6.73±0.63^{a}	7.90±1.23^{b}	8.80±1.21^{b}
AKP（金氏单位/100 mL）	16.81±2.80^{a}	18.81±2.47^{b}	18.23±2.08^{ab}

注：1. LPL、MPL和HPL，蛋白质水平分别为18%、22%和26%。

2. 表中数据用"平均值±标准差"表示；表2-4至表2-7、表2-9至表2-14注释与此同。

3. 同行上标不同小写字母表示差异显著（$P<0.05$），相同小写字母或无字母均表示差异不显著（$P>0.05$）。表2-5和表2-7，表2-9至表2-14注释与此同。

碱性磷酸酶（AKP）活性的强弱可反映动物的生长速度和生长性能，提高血液中碱性磷酸酶的活性有利于提高动物的日增重。有关蛋白质水平对犊牛血清碱性磷酸酶的影响鲜见报道。张乃锋（2008）的结果表明，蛋白质水平从18%提到22%时血清AKP水平提高了11.90%，达到（18.81±2.47）U/100 mL；蛋白质水平从22%提高到26%时血清AKP水平开始降低，但仍高于LPL组8.45%（表2-2）。推断AKP的功能之一是加速物质的摄取和转运，为ADP磷酸化形成ATP提供更多所需的无机磷酸。适当的蛋白质水平（22%）提高了犊牛血清AKP水平，AKP参与细胞中的物质代谢，使犊牛的非特异性免疫功能增强。

（4）蛋白质水平对犊牛抗氧化能力的影响 蛋白质营养状况对机体抗氧化酶的功能有重要作用。有学者研究蛋白质对缺碘小鼠脑组织抗氧化能力的影响时发现，高蛋白质组过氧化物酶（GSH－px）和MDA结果均优于低蛋白补碘组和低碘组，GSH各组间差异极显著，SOD各组间无显著性差别，提示补充蛋白质可有效抵御机体的脂质过氧化。TAOC是机体额颁氧自由基的主要体系，制约和清除机体产生过多的自由基，保护细胞正常功能，维持机体的正常代谢。张乃锋（2008）通过试验发现，随着蛋白质水平的增加TAOC水平逐渐增加，26%蛋白质水平组犊牛TAOC比18%组显著提高了41.41%（图2－5），与孟献亚等（2007）的研究结果相似。随着蛋白质水平的提高，犊牛机体抗氧化能力也相应提高，表明充足的蛋白质供应对于维持犊牛机体抗氧化能力非常重要。

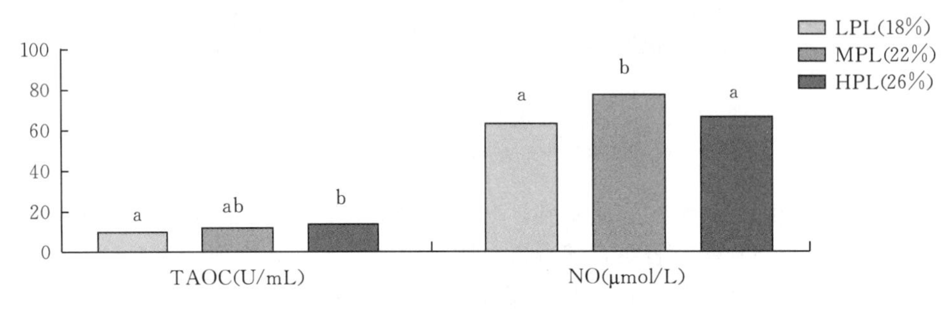

图2－5　蛋白质水平对犊牛抗氧化能力的影响

注：不同小写字母表示差异显著（$P<0.05$）。

NO在犊牛生理反应、防御反应、炎症反应和免疫反应中起关键作用。一般认为，与成年牛相比，犊牛的外周血单核细胞（peripheral blood mononuclear cell，PBMC）在功能上是低反应性的，犊牛PBMC产生NO和IFN－γ的能力也不同于成年牛。Nonnecke等（2003）报道，给4～60日龄犊牛分别饲喂低蛋白质（20%蛋白质、20%脂肪）代乳粉和高蛋白质（30%蛋白质、20%脂肪）代乳粉，其血清白细胞的总数和单核细胞的组成没有变化，但饲喂高蛋白质代乳粉犊牛的血清单核细胞产生了较少的IFN－γ和较多的NO，表明高蛋白质代乳粉影响了犊牛白细胞中与细胞免疫相关的某些功能。Rajaraman等（1998）也发现，饲喂代乳粉的犊牛产生了较成年牛低的IFN－γ和比成年牛高的NO。张乃锋（2008）试验中22%CP组犊牛血清NO水平显著高于18%组与26%组（$P<0.05$）（图2－5）。结合前人研究结果推测，蛋白质水平的提高给犊牛提供了更多的蛋白质，则促使犊牛T细胞和NK细胞产生IFN－γ，后者激活单核巨噬细胞释放NO。NO生成增多可以减轻白细胞、血小板的聚集及黏附程度，从而减轻对内皮细胞的损伤，抑制白细胞激活，减少氧自由基、溶酶体酶等杀伤因子的释放，减轻组织损伤。

（5）蛋白质水平对犊牛肠黏膜免疫指标的影响　黏膜免疫系统（mucosal immune system，MIS）的主要功能是为机体提供黏膜表面的防御作用，包括免疫保护和非免疫保护。免疫保护又包括体液免疫和细胞免疫。体液免疫是黏膜免疫效应的主要过程，即产生分泌型免疫球蛋白A（SIgA），在黏膜表面形成免疫保护层，对抵抗病原微生物的入侵起重要作用。张乃锋（2008）发现，不同蛋白质水平对犊牛小肠黏膜SIgA的影响不显著。但是不论蛋白质水平高低，从十二指肠到空肠前段，再到空肠后段，犊牛肠黏膜SIgA含量均呈升高趋势。大豆抗原蛋白对肠道具有致敏性，可使小肠绒毛萎缩，动物生长性能变差。事实上，犊牛采食的过程也是其接触日粮抗原的过程，犊牛小肠不同部位SIgA水平的变化可能与犊牛小肠接触日粮抗原的顺序有关，十二指肠、空肠前段最先接触日粮抗原。由于日粮抗原引起肠道损伤后降低了犊牛黏膜免疫应答水平，而到空肠后段，日粮抗原被逐渐稀释分解，肠道损伤减轻，因此黏膜免疫应答水平提高。

肥大细胞在天然免疫中的主要作用包括对病原菌的吞噬和清除、释放大量介质及募集中性粒细胞等，以启动早期的炎症反应。张乃锋（2008）证实，提高日粮蛋白质水平对犊牛小肠各部位肥大细胞数量的影响不显著。犊牛小肠肥大细胞在肠道呈现规律性分布，从十二指肠到空肠肥大细胞数量逐渐减少，结构和功能具有一致性，这种数量的减少可能在肠道免疫耐受中有重要意义（孙泉等，2007）。各蛋白质水平下，十二指肠肥大细胞数量均高于空肠。说明随着蛋白质抗原在肠道的消化进程，犊牛小肠不同部位接触的蛋白抗原的数量逐渐减少或犊牛对其产生了耐受性。

3. 小结 犊牛脾脏指数随蛋白质水平的提高呈先升高后降低的趋势，蛋白质水平为22%时，脾脏指数最高。蛋白质水平对犊牛体液免疫、黏膜免疫等的影响较小。随着蛋白质水平的提高，IL-1、IGF-1、溶菌酶、碱性磷酸酶及总抗氧化能力等显著升高。综合考虑，22%蛋白水平较为有利于犊牛免疫机能的成熟和完善。

（二）蛋白质组成与犊牛免疫

犊牛断奶后改为代乳品饲喂，机体生理功能特别是营养代谢、内分泌和免疫功能将发生明显变化，以适应摄食改变后实现生存和正常的生长发育。生产实践中，断奶犊牛常常出现腹泻等病症，严重威胁早期断奶犊牛的生长发育。有不少试验探讨了大豆蛋白与犊牛肠道损伤和腹泻的关系，证明了腹泻的过敏理论，但有关植物蛋白带来的负面作用的具体原因和机制并不清楚。实际上动物摄食过程也是肠道接受高浓度抗原刺激的过程，会导致机体产生相应的防御反应。有学者研究表明，动物接受高水平和低水平的母源抗体在随后的免疫反应中没有明显的区别，母源抗体的水平对犊牛的致敏反应没有显著影响。同时也有试验表明，动物在断奶前食入一定量的断奶日粮，断奶后没有腹泻发生。这个结果符合免疫学中关于免疫耐受的理论。对于动物是否产生免疫耐受及形成耐受量的确定还有待于进一步研究。

利用植物蛋白和乳蛋白的不同组合研究蛋白质组成对犊牛断奶应激及健康的影响，探讨国产的植物蛋白作为代乳品的蛋白源的可行性，对于指导犊牛的科学饲养管理、增强机体免疫功能、保证健康生长具有十分重要的意义。

1. 材料与方法 将12头初生重40 kg左右的6日龄犊牛，单笼饲养，分为3组，每组4头。分别饲喂植物蛋白质占代乳品总蛋白的20%（LPP）、50%（MPP）、80%（HPP）的代乳品（蛋白质水平为23%）。试验期51 d，其中前6 d为犊牛断奶过渡期。试验1～6 d，每天早饲前，每组随机抽取3头犊牛，采集颈静脉血样5 mL，然后于3 500 r/min离心30 min分离血清，置-20 ℃冰箱保存备用。同时每天观察犊牛腹泻情况（腹泻标准见表2-3），并记录。分别在犊牛2周龄、4周龄、6周龄、8周龄末于早饲前，每组随机选取3头犊牛，称重并采血。在8周龄末，犊牛空腹称重后屠宰，取空肠中段10 cm、回肠5 cm，甲醛固定48 h后，石蜡包埋，常规切片。剪取十二指肠、空肠中段、回肠各5～10 cm，用载玻片刮取黏膜，装于自封口塑料袋，用纱布包住后浸入液氮，待回到试验室后转入-70 ℃保存。肠黏膜杯状细胞采用PAS染色法测定（尚云连，2006），肥大细胞采用甲苯胺蓝染色法，SIgA的量采用ELISA法测定。数据统计采用 SPSS15.0 的 General Liner Model 模型的 Univariate 分析方法。多重比较采用 Duncan's 方法，显著性水平采用 $P<0.05$ 水平。其中，犊牛腹泻情况分析采用卡方分析（χ^2 - test）方法，显著性水平采用 $P<0.05$ 水平。

表 2-3　犊牛腹泻评分标准

程　度	外　观	粪中初水分含量（%）	评　分
正常	条形或粒状	<70	1
轻度	软粪，能成形	70～75	2
中度	稠状，不成形，粪水不分离	75～80	3
严重	液状，不成形，粪水分离	>80	4

2. 结果与分析

（1）蛋白质组成对断奶犊牛血清免疫相关指标的影响　IgG 是犊牛体液免疫的主要标志，患腹泻的犊牛其血清中 IgG 的含量明显低于健康的犊牛。张乃锋（2008）发现，蛋白质组成对于断奶过渡期和断奶后犊牛血清 IgG、IL-1 及 TNF-α 均无显著影响，说明蛋白质组成对于断奶过渡期犊牛的体液免疫没有影响（图 2-6）。但张乃锋（2008）又发现，断奶过渡期犊牛不同日龄间 IgG 水平有显著变化，呈先降低、再升高、又降低的趋势，7 日龄和 11 日龄时 IgG 水平明显降低，10 日龄最高，这可能与采取的断奶程序有关。7 日龄较低是由于用代乳品代替了 1/3 的牛奶，犊牛获得的母源抗体减少；11 日龄较低则是用代乳品代替了全部牛奶，母源抗体消失。而 9 日龄在用代乳品代替 2/3 的牛奶时，犊牛血清 IgG 未降低，可能与此时代乳品增加的幅度较小有关。从不同周龄犊牛血清 IgG 含量的变化趋势看，2～4 周龄呈下降趋势，4～8 周龄呈上升趋势。张乃锋（2008）发现，4～8 周龄犊牛血清总 IgG 含量逐渐提高，可能与犊牛内源抗体的产生有关。

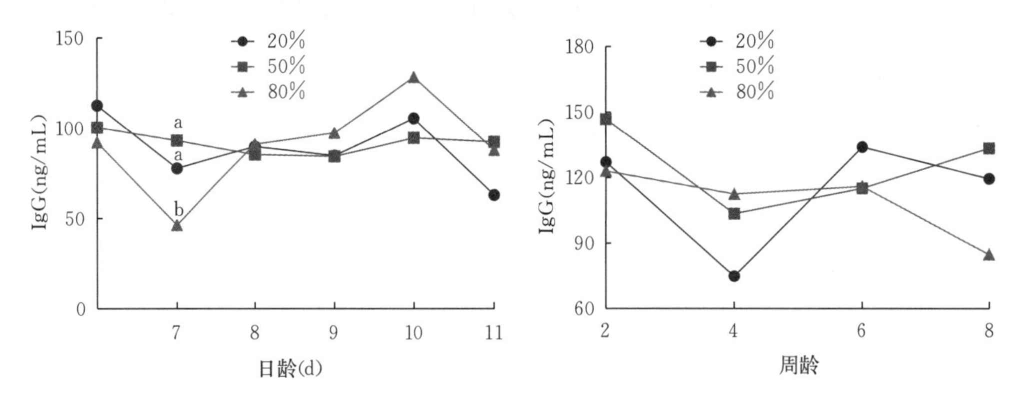

图 2-6　蛋白质组成对断奶犊牛血清 IgG 的影响

注：20%、50%、80%指植物蛋白占代乳粉总蛋白的比例分别为 20%、50%、80%；不同小写字母表示差异显著（$P<0.05$）。图 2-7 注释与此同。

血清溶菌酶的浓度是机体非特异性免疫反应的重要指标。张乃锋（2008）发现，MPP 组犊牛血清 LZM 含量显著低于 LPP 组和 HPP 组（$P<0.05$），可能与该组存在 1 头腹泻犊牛有关。虽然自 7 日龄开始该犊牛腹泻有明显改善，但该犊牛的粪便评分一直

为 2，从粪便分数上可以反映出该犊牛健康状况没有完全恢复，所以其机体非特异性免疫能力较差，导致了 MPP 组整体 LZM 水平降低。张乃锋（2008）证实，随着植物蛋白质含量的增加，犊牛血清 AKP 水平逐渐增加。其中，HPP 组 AKP 显著高于 LPP 组（$P<0.05$），比 LPP 组高 9.80%，MPP 组也比 LPP 组提高了 6.55%。随着过渡期的进行，犊牛血清 AKP 水平也呈显著上升趋势。说明当植物蛋白质占总蛋白质的比例超过 50%时，断奶应激和植物蛋白质的应激引起了犊牛机体组织细胞损伤，组织内 AKP 进入血液，提高了血清 AKP 浓度。血清较高的 AKP 水平有助于提高犊牛吞噬细胞的吞噬能力。断奶应激引起的血清 AKP 浓度的提高是犊牛自身非特异性免疫系统产生的一种防御能力，有助于犊牛抵抗感染。

TAOC 是机体颉颃氧自由基的主要体系，其功能是制约和清除机体产生过多的自由基，保护细胞正常功能，维持机体水平的正常代谢。张乃锋（2008）发现，MPP 组犊牛血清 TAOC 显著升高，表明适当的植物蛋白质水平（50%）供应对于犊牛机体细胞氧化-还原的自稳态具有重要意义，过高的植物蛋白质水平（80%）对于犊牛抗氧化能力反而不利。从过渡期不同日龄间血清 TAOC 变化趋势看，TAOC 总体也是呈现升高-降低-升高的趋势。其中，8 日龄血清 TAOC 水平最高，10 日龄最低。表明在代乳品替代 1/2 牛奶时，犊牛机体抗氧化能力有所降低。NO 作为一种新型的细胞信使或效应分子，张乃锋（2008）证实，MPP 组和 HPP 组犊牛血清 NO 含量均显著高于 LPP 组（图 2－7）。表明机体防御反应产生的炎性介质激活一氧化氮合酶（NOS），产生大量的 NO，使得血清中 NO 和 NOS 含量增加。NO 生成增多可以抑制白细胞激活，减少氧自由基。

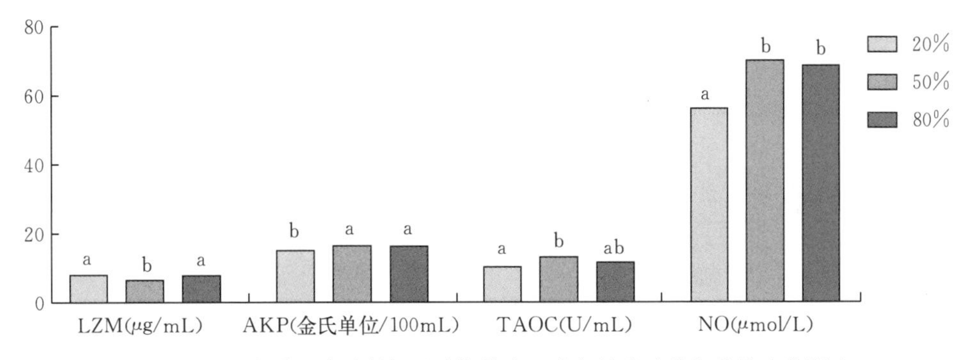

图 2－7　蛋白质组成对断奶过渡期犊牛血清相关酶及抗氧化能力的影响

（2）蛋白质组成对犊牛腹泻的影响　造成犊牛腹泻的原因很多，其中饲料是消化道最直接的接触物，因而是犊牛腹泻的原发性原因。腹泻率反映发病率，腹泻频率和粪便指数反映腹泻的严重程度，3 项指标结合使用，可较为全面地反映幼畜在试验期内的腹泻状况。张乃锋（2008）发现，断奶过渡期（6～11 日龄）随着植物蛋白质含量的提高，犊牛腹泻率、腹泻频率及粪便指数等指标均有升高趋势，其中腹泻率和腹泻频率达到显著水平。当植物蛋白质水平为 80%时，犊牛腹泻率和腹泻频率显著高于 20%组和 50%组（$P<0.05$）。表明植物蛋白质含量过高（80%）会影响犊牛的肠道健康，降低犊牛的生产性能。因此，适宜的蛋白质水平可以减少犊牛腹泻的发病率，降低犊牛的腹泻程度。当植物蛋白质替代 80%乳蛋白时，断奶犊牛（2～8 周龄）腹泻率较替代 50%和 20%乳蛋白组

显著提高，达到 41.67%。犊牛腹泻频率和粪便评分也以替代 80%乳蛋白组最高，但组间差异不显著。从不同周龄犊牛腹泻率、腹泻频率及粪便指数看，3 周龄时 HPP 组与 MPP 组犊牛腹泻率显著高于 LPP 组（$P<0.05$）；从 4 周龄开始，HPP 组显著高于 MPP 组与 LPP 组（$P<0.05$）。MPP 组与 LPP 组犊牛腹泻频率和粪便评分在 4 周龄以后逐渐降低，而 HPP 组犊牛在 5 周龄后才逐渐降低（图 2-8）。有学者利用大豆蛋白浓缩物、商业大豆粉（加热灭活）、试验大豆粉（加热灭活，胰蛋白酶抑制剂活性为 1 U/mg）分别替代全乳蛋白的 75%，全乳蛋白组犊牛粪便评分最低，所有大豆蛋白质组犊牛 1～2 周龄均呈现较高的粪便评分，2 周龄以后各处理组犊牛粪便评分逐渐下降，可能是 2 周龄以后犊牛开始对植物蛋白质源逐渐适应，并且犊牛自身的消化系统也在逐渐发育成熟。其中商业大豆粉的粪便评分最低，可能是与其胰蛋白酶抑制剂活性较高有关。

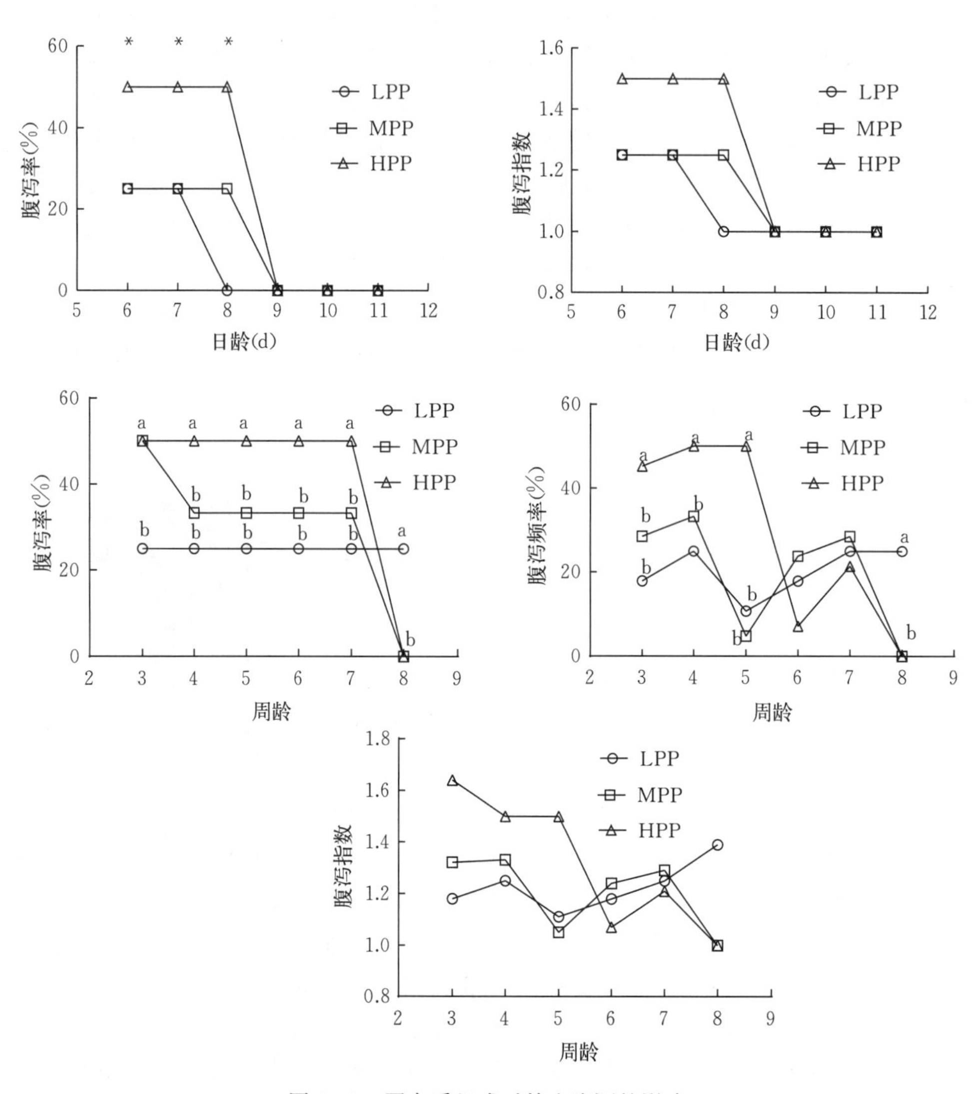

图 2-8　蛋白质组成对犊牛腹泻的影响

注：LPP、MPP、HPP 分别指植物蛋白质占代乳粉总蛋白质比例的 20%、50%、80%；不同小写字母表示差异显著（$P<0.05$）。图 2-9 注释与此同。

（3）蛋白质组成对犊牛黏膜免疫的影响　在单胃动物中，大豆抗原蛋白对肠道具有致敏性，可使十二指肠绒毛萎缩，生长性能变差。张乃锋（2008）发现，蛋白质组成对犊牛小肠黏膜 SIgA 水平没有显著影响，说明植物蛋白质含量的增高（替代全乳蛋白的 50%）没有引起肠道黏膜免疫反应的变化。研究蛋白质组成对犊牛小肠上皮间淋巴细胞（intestinal epithelial lymphocytes，IEL）和杯状细胞（goblet cells，GC）数量可了解该阶段犊牛小肠的免疫功能状态。张乃锋（2008）发现，十二指肠杯状细胞数量随植物蛋白质含量的增加而显著降低，而空肠和回肠杯状细胞数量则随植物蛋白质含量的增加而显著升高（表 2-4）。随着植物蛋白质含量的增加，日粮抗原浓度也逐渐增加，因而对犊牛小肠的刺激作用也逐渐增强，日粮抗原的刺激导致了犊牛空肠、回肠 GC 数量的增加，这应该是犊牛小肠的一种防御反应，GC 数量增加可以增强犊牛小肠黏膜防御屏障作用。十二指肠 GC 数量的变化趋势可能与其在肠道中的位置有关，十二指肠最先接触日粮抗原的刺激，可能会导致十二指肠上皮细胞损伤，而使得其黏膜免疫的功能降低。张乃锋（2008）发现，小肠黏膜杯状细胞数量从十二指肠到回肠呈逐渐增加趋势，这可能与回肠的特殊解剖部位有关。回肠作为小肠和大肠的交界处，极易受微生物的侵袭，其免疫屏障相对较薄弱。因此，回肠和十二指肠相比有更多的杯状细胞分布，使得具有分泌功能的杯状细胞主要分布在回肠以弥补黏膜屏障的不足。

表 2-4　蛋白质组成对犊牛肠道肠上皮间杯状细胞的影响（杯状细胞数/100 个肠上皮细胞）

项　目	LPP	MPP	HPP
十二指肠	41.33 ± 15.01^{b}	36.13 ± 9.46^{ab}	25.60 ± 7.23^{a}
空肠前段	23.47 ± 7.18^{a}	25.36 ± 4.68^{a}	48.60 ± 13.50^{b}
空肠后段	29.00 ± 11.66	34.47 ± 12.48	33.80 ± 5.81
回肠	26.53 ± 9.11^{a}	37.40 ± 16.75^{b}	44.00 ± 8.89^{b}
平均	30.08 ± 7.83	33.34 ± 5.45	38.00 ± 10.32

肥大细胞在天然免疫中的主要作用是，对病原菌的吞噬作用和清除作用，释放大量介质及募集中性粒细胞等，以启动早期的炎症反应。张乃锋（2008）发现，随着植物蛋白含量的提高，犊牛小肠肥大细胞数量逐渐降低，其中 HPP 组显著低于 LPP 组与 MPP 组，分别显著降低了 29.32%和 11.14%（图 2-9）。一方面植物蛋白含量的增加，使得代乳品中氨基酸平衡性逐渐变差，导致犊牛小肠合成肥大细胞的数量减少；另一方面随着植物蛋白含量的提高，植物蛋白抗原水平也提高，较高的植物蛋白抗原可能导致犊牛肠道致敏，损害犊牛肠黏膜细胞，使肠绒毛萎缩，从而导致肠道肥大细胞数量减少。孙泉等（2007）研究表明，肥大细胞在肠道呈现规律性分布，从十二指肠到空肠、回肠肥大细胞数量逐渐减少，结构和功能具有一致性，这种数量的减少可能在肠道免疫耐受中有重要意义。张乃锋（2008）结果认为，犊牛由十二指肠到空肠后段，肥大细胞数量逐渐升高；由空肠后段到回肠，肥大细胞逐渐降低。造成十二指肠到空肠后段肥大细胞数量升高的原因可能是大豆蛋白抗原的作用。蛋白抗原首先到达十二指肠，其次是空肠、回肠，对十二指肠的肠黏膜损害

最大，因此十二指肠肥大细胞数量较低。

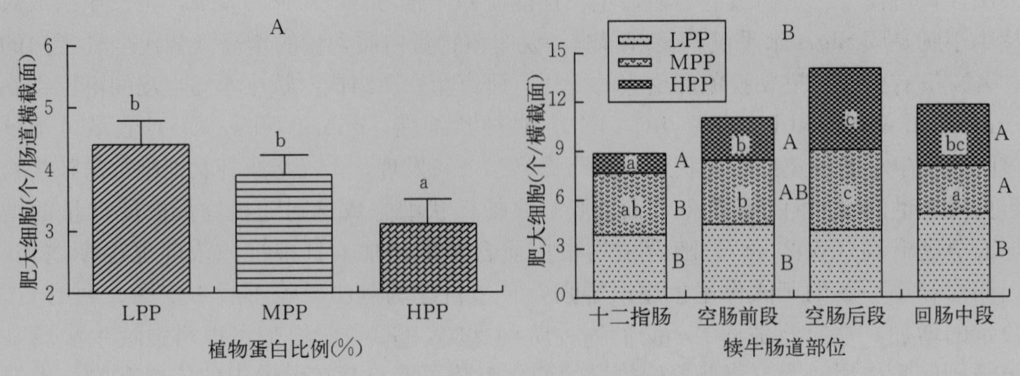

图 2-9　蛋白质组成对犊牛肠道肥大细胞数量的影响

3. 小结　蛋白质组成对断奶过渡期犊牛血清 IgG 有显著影响，断奶第 2 天（7 日龄）80%植物蛋白质组犊牛血清 IgG 显著低于 20%组与 50%组（$P<0.05$）。而蛋白质组成对断奶犊牛血清 IgG、IL-1 和 TNF-α 及肠道 SIgA 等水平均没有显著影响。植物蛋白质占总蛋白质的 50%组血清溶菌酶显著降低，而碱性磷酸酶显著升高，犊牛血清总抗氧化能力和 NO 均以植物蛋白质占总蛋白质的 50%组最高。植物蛋白质含量为 80%时，犊牛腹泻率和腹泻频率均显著高于 50%组和 20%组（$P<0.05$）。犊牛腹泻情况在断奶过渡期前 3 d 比较严重。植物蛋白质含量的提高，降低了犊牛小肠黏膜肥大细胞数量和十二指肠杯状细胞数量，提高了犊牛空肠和回肠杯状细胞数量。犊牛在 5 周龄以前较难适应高比例的植物蛋白饲料，植物蛋白质含量以低于 50%较为有利于犊牛健康和免疫机能的发挥。

二、氨基酸与免疫

蛋白质组成对犊牛的影响实际上是氨基酸组成对犊牛的影响。在单胃动物营养研究和饲料蛋白质营养价值评定中，限制性氨基酸概念得到足够重视和应用。由于犊牛自身消化系统和免疫系统发育不完善、不成熟，因此对蛋白质和氨基酸的吸收利用受到限制，导致氨基酸需要量增加，表现出某些氨基酸的限制性作用。反刍动物营养中同样存在限制性氨基酸作用。生长牛的限制性氨基酸为蛋氨酸、赖氨酸、苏氨酸、精氨酸、亮氨酸，生长绵羊的限制性氨基酸为蛋氨酸、赖氨酸、苏氨酸、组氨酸、精氨酸。日粮中的蛋白质和氨基酸水平影响动物的免疫机能。关于氨基酸水平对断奶犊牛免疫力影响的报道甚少，犊牛断奶期间通常也是机体免疫机能的调整时期，此时机体由被动免疫逐步向主动免疫过渡。适宜的氨基酸水平可以保证机体免疫机能良好，帮助犊牛克服各种因素所造成的应激。基于前人的研究结果，初步判断赖氨酸、蛋氨酸、苏氨酸应为犊牛的限制性氨基酸，并重点研究赖氨酸、蛋氨酸与苏氨酸的不同组合对犊牛免疫机能和生产性能的影响。

1. 材料与方法　将 20 头试验犊牛随机分为 4 组，每组 5 头，每重复 1 头牛，分别饲喂 4 种不同氨基酸比例模式的代乳品（基础代乳粉营养成分：DE，18.90MJ/kg；CP，21.5%；赖氨酸，1.6%；蛋氨酸，0.5%；苏氨酸，1.0%），分别为：①PC 组，基础代乳品；②PC-Lys组，基础代乳品扣除25%赖氨酸；③PC-Met组，基础代乳品扣除25%蛋氨酸；④PC-Thr组，基础代乳品扣除25%苏氨酸。分别于犊牛22～27日龄和50～55日龄开展两期氮平衡试验，采用全收粪尿法，每期氮平衡试验犊牛在代谢笼中适应3 d，进行代谢试验3 d。分别于试验犊牛第14、28、42、56日龄称重，于试验犊牛第28、56日龄采血。开食料自由采食（DE，12.64 MJ/kg；CP，18.9%；赖氨酸，1.08%；蛋氨酸，0.3%；苏氨酸，0.71%），全程记录采食量及犊牛健康状况。57日龄时，每组屠宰犊牛3头，取肝脏、脾脏、胸腺，称重。取十二指肠、空肠中段、回肠各5 cm，用甲醛固定48 h后，石蜡包埋，常规切片。取十二指肠、空肠中段、回肠各5～10 cm，用载玻片刮取黏膜，装于自封口塑料袋，用纱布包住后浸入液氮，待回到试验室后转入－70 ℃保存。肠上皮细胞淋巴细胞数采用HE染色法。数据统计采用SPSS15.0的General Liner Model模型的Univariate分析方法。多重比较采用Duncan's方法，显著性水平采用$P<0.05$水平。犊牛腹泻情况分析采用卡方分析（χ^2-test）方法，显著性水平采用$P<0.05$水平。

2. 结果与分析

（1）犊牛生长性能及氮平衡　关于犊牛氨基酸需要的研究鲜有报道。真胃灌注研究表明，以谷物基础日粮加“自然蛋白”或谷物加苜蓿草饲喂阉公牛，赖氨酸和蛋氨酸是限制性氨基酸。在不含豆类的谷物基础日粮中，赖氨酸通常被认为是阉公牛的第一限制性氨基酸。然而，当相似的日粮饲喂7～11周龄犊牛时，蛋氨酸是第一限制性氨基酸，这就意味着饲喂谷物基础日粮的犊牛其第一限制性氨基酸会随着年龄的变化而变化。相对于蛋氨酸而言，青年犊牛对赖氨酸的需求与年龄变化的相关性较低。犊牛苏氨酸的需要量未见报道。氨基酸部分扣除导致机体蛋白质降解，机体处于负氮平衡。张乃锋（2008）发现，赖氨酸、蛋氨酸、苏氨酸部分扣除组14～56日龄犊牛的体重、日增重、采食量等指标均低于对照组，料重比均高于对照组（图2-10），表明氨基酸部分扣除降低了犊牛的生产性能。

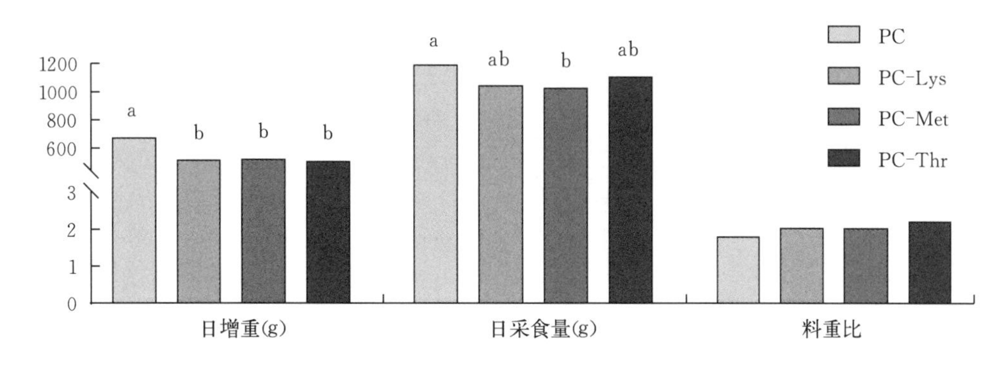

图2-10　限制性氨基酸对犊牛生产性能的影响

注：PC，基础代乳品；PC-Lys、PC-Met、PC-Thr，基础代乳品分别扣除25%赖氨酸、蛋氨酸、苏氨酸；不同小写字母表示差异显著（$P<0.05$）。

改善日粮氨基酸平衡可以减少粪尿中氮的排泄量，提高氮存留。张乃锋（2008）发现，限制性氨基酸部分扣除对25～27日龄犊牛采食氮、尿氮、氮表观消化率及血清尿素氮没有显著影响，但赖氨酸部分扣除显著降低了氮沉积（表2-5）。这是由于赖氨酸部分扣除后影响了日粮氨基酸的平衡，使得采食氮降低，粪氮、尿氮升高，导致犊牛对氮的消化率和代谢率均降低，血清尿素氮升高也说明了氨基酸的不平衡性。张乃锋（2008）研究认为，限制性氨基酸对53～55日龄犊牛氮平衡各指标均有显著影响。赖氨酸和蛋氨酸部分扣除对氮沉积的影响主要源自氮的代谢率（氮的生物学价值）显著降低，赖氨酸部分扣除造成的氨基酸不平衡使得更多的其他氨基酸被氧化供能而消耗，减少了沉积量；同时，蛋氨酸部分扣除还显著提高了血清尿素氮浓度，血清尿素氮的显著升高进一步说明蛋氨酸部分扣除对氨基酸平衡有负面影响。苏氨酸部分扣除对氮沉积的影响不显著，且苏氨酸部分扣除显著提高了氮的表观消化率，结合血清尿素氮的降低，说明苏氨酸部分扣除提高了氨基酸平衡性。但是氮沉积是降低的，这应该归因于采食氮的降低和尿氮的显著升高。说明苏氨酸部分扣除虽然没有影响氮的消化，却影响了氮的代谢，这从氮的表观生物学价值的显著降低也能得到证明。张乃锋（2008）发现，氨基酸部分扣除对犊牛氮平衡指标的影响均以赖氨酸部分扣除组影响最大，其次是蛋氨酸、苏氨酸。

表2-5 限制性氨基酸对犊牛氮平衡的影响

项 目	PC	PC-Lys	PC-Met	PC-Thr
25～27日龄				
采食氮 [g/(kg $BW^{0.75}$ · d)]	1.70±0.06	1.62±0.00	1.62±0.08	1.60±0.08
粪氮 [g/(kg $BW^{0.75}$ · d)]	0.63±0.02^{ab}	0.67±0.03^{b}	0.68±0.08^{b}	0.51±0.07^{a}
尿氮 [g/(kg $BW^{0.75}$ · d)]	0.41±0.11	0.49±0.06	0.44±0.05	0.54±0.11
氮沉积 [g/(kg $BW^{0.75}$ · d)]	0.65 ±0.11^{b}	0.46±0.06^{a}	0.51±0.07^{ab}	0.55±0.05^{ab}
氮表观消化率（%）	62.77±0.89^{ab}	58.52±1.92^{a}	58.17±4.63^{a}	68.19±5.59^{b}
氮表观生物学价值（%）	61.29±9.74^{b}	48.21±6.41^{a}	53.80±4.55^{ab}	50.62±3.64^{ab}
血清尿素氮	1.39±0.23	1.55±0.26	1.37±0.21	1.38±0.24
53～55日龄				
采食氮 [g/(kg $BW^{0.75}$ · d)]	2.71±0.06^{b}	2.45±0.09^{a}	2.48±0.16^{ab}	2.49±0.00^{ab}
粪氮 [g/(kg $BW^{0.75}$ · d)]	0.63±0.05^{b}	0.54±0.01^{ab}	0.51±0.00^{a}	0.44±0.03^{a}
尿氮 [g/(kg $BW^{0.75}$ · d)]	0.39±0.06^{a}	0.52±0.08^{ab}	0.54±0.00^{b}	0.56±0.01^{b}
氮沉积 [g/(kg $BW^{0.75}$ · d)]	1.69±0.07^{b}	1.39±0.00^{a}	1.42±0.15^{a}	1.49±0.03^{ab}
氮表观消化率（%）	76.67±1.18^{a}	77.98±0.29^{a}	79.29±1.29^{ab}	82.39±1.34^{b}
氮表观生物学价值（%）	81.33±2.91^{b}	73.05±2.91^{a}	72.17±2.05^{a}	72.79±0.02^{a}
血清尿素氮	1.84±0.34^{a}	1.99±0.43^{ab}	2.31±0.53^{b}	1.68±0.38^{a}

（2）限制性氨基酸对犊牛血清免疫指标的影响　作为非特异性免疫的重要指标，IL-1与TNF-α的变化也能反映犊牛机体的免疫状态。张乃锋（2008）发现，对于28日龄犊牛，PC-Lys组、PC-Thr组血清IL-1含量分别比PC组提高了26.60%和7.14%，而PC-Met组则降低了42.67%；对于56日龄犊牛，PC-Lys组、PC-Thr组血清IL-1含量分别比PC组降低了11.99%和7.72%，而PC-Met组则升高了54.74%。限制性氨基酸对犊牛血清TNF-α有显著影响。对于28日龄犊牛，PC-Lys

组与 PC－Thr 组犊牛血清 TNF－α 含量较 PC 组提高，而 PC－Met 组则降低；对于 56 日龄犊牛，3 个氨基酸扣除组犊牛血清 TNF－α 含量分别比 PC 组降低了 37.57%、7.77%和 43.26%（表 2－6）。张乃锋（2008）研究认为，赖氨酸与苏氨酸部分扣除组犊牛随年龄的增长对非特异性免疫的应答呈下降趋势，而蛋氨酸部分扣除则呈相反趋势，说明犊牛在不同阶段对蛋氨酸的需求存在差异。

C3 是血清中含量最高的补体成分，主要由巨噬细胞和肝脏合成，在 C3 转化酶的作用下，裂解成 C3a 与 C3b 两个片段，在补体经典激活途径与旁路激活途径中均发挥重要作用。C3 的增多与减少基本与总补体的增减相似，但更为敏感。犊牛初生时血清补体 C3 浓度只有成年奶牛的 28%，出生 1 d 后降至 18%，到 1 月龄时提高至成年奶牛的 43%，表明犊牛血清 C3 在出生后是先降低再升高。但是氨基酸对于犊牛血清补体 C3 的影响未见报道。张乃锋（2008）发现，犊牛 28 日龄时其血清补体蛋白 C3 组间差异不显著，从测定值看，PC－Lys 组与 PC－Met 组高于 PC 组，而 PC－Thr 组低于 PC 组；PC－Lys 组与 PC－Met 组犊牛 56 日龄血清 C3 含量较 28 日龄分别提高了 76.52% 和 124.00%。表明犊牛在不同生长阶段对限制性氨基酸的需求不一样，并且对蛋氨酸需求的变化比赖氨酸更大。IL－1 和 TNF－α 也表现出了相似的规律。56 日龄与 28 日龄相比，PC－Met 组犊牛血清 IL－1 提高了 2.91 倍，血清 TNF－α 提高了 1.24 倍（表 2－6）。

表 2－6 限制性氨基酸对犊牛非特异性免疫的影响

组 别	PC	PC－Lys	PC－Met	PC－Thr
IL－1（pg/mL）				
28 日龄	167.15±102.07^{ab}	211.61±121.83^{b}	95.83±55.09^{aA}	179.08±87.82^{b}
56 日龄	121.33±69.80^{ab}	106.78±67.15^{a}	187.75±105.08^{bB}	111.96±95.67^{a}
TNF－α（pg/mL）				
28 日龄	37.07±20.69^{ab}	47.62±27.51^{b}	26.17±12.03^{a}	42.63±17.19^{ab}
56 日龄	41.68±23.92^{b}	26.02±9.69^{a}	38.44±19.42^{ab}	23.65±13.70^{a}
C_3（ng/mL）				
28 日龄	49.39±41.73	39.70±22.01^{A}	37.66±37.54^{A}	57.36±49.97
56 日龄	41.29±37.30^{ab}	70.08±46.95^{abB}	79.99±59.87^{bB}	32.50±37.09^{a}
IgG（ng/mL）				
28 日龄	43.03±24.22	36.67±24.13	40.96±24.05	39.09±18.02
56 日龄	46.11±35.17	63.69±36.09	72.68±36.45	57.47±21.93

注：同行上标不同小写字母、同列上标不同大写字母均表示差异显著（$P<0.05$），同行上标相同小写字母、同列上标相同大写字母或无字母均表示差异不显著（$P>0.05$）。

（3）限制性氨基酸对犊牛肠道黏膜免疫的影响　肠上皮细胞是动物抵抗饲料毒素及外来致病菌的第一道防线，其表面含有毒素及细菌受体，且包含具有一定免疫功能的淋巴细胞和杯状细胞。小肠上皮内淋巴细胞的数量可以反映小肠局部黏膜免疫屏障的完整性及免疫防御功能的完善程度。早期断奶犊牛肠上皮这些免疫组分在结构和功能上均发育不全，使肠道对抗外来刺激的能力下降。有资料显示，犊牛 14 日龄断奶可使 IEL 数量显著增加。张乃锋（2008）发现，限制性氨基酸对犊牛十二指肠和回肠上皮间淋巴细胞数量的影响差异不显著，而对空肠上皮间淋巴细胞数有显著影响；PC－Thr 组 IEL 高于 PC 组，PC－Lys 组与 PC－Met 低于 PC 组，但是与 PC 组差异不显著（表 2－7）。赖氨酸与蛋氨酸部分扣除降低了犊牛空肠 IEL，可能是氨基酸的部分扣除降低了日粮抗原对肠道的刺激程度。

杯状细胞在尚未建立被动免疫的新生动物的肠道免疫中起重要的防御作用。山羊小肠杯状细胞数量随年龄的增长而显著降低，也提示杯状细胞可能在年龄较小的动物肠道免疫机能的调节中起重要作用。张乃锋（2008）发现，限制性氨基酸对犊牛十二指肠、空肠、回肠杯状细胞数均有显著影响。其中，十二指肠、空肠、回肠 PC－Lys 组显著高于 PC 组、PC－Thr 组和 PC－Met 组（$P<0.05$）（表 2－7），回肠 PC－Met 组也显著高于 PC－Thr 组（$P<0.05$）。推测赖氨酸部分扣除可能提高了苏氨酸和蛋氨酸的相对比例，有利于机体杯状细胞的生长发育，进而提高黏蛋白合成能力，增强犊牛小肠机械屏障的保护能力。

肥大细胞（mast cell，MC）是天然免疫的效应细胞之一，不仅在天然免疫中发挥重要作用，还是抗感染免疫的第一线细胞，而且能通过分泌细胞因子参与获得性免疫。张乃锋（2008）发现，限制性氨基酸对犊牛十二指肠、空肠、回肠肥大细胞数均有显著影响。其中，小肠各部位 PC－Lys 组均显著低于 PC 组（$P<0.05$），空肠回肠 PC－Met 组显著低于 PC 组（$P<0.05$），回肠 PC－Thr 组显著低于 PC 组（$P<0.05$）（表 2－7）。肥大细胞数量的降低，有利于避免炎症的发生或减轻炎症的程度，增强犊牛对植物蛋白质中日粮抗原的免疫耐受性。

表 2－7　限制性氨基酸对犊牛小肠黏膜的影响

项　目	PC	PC－Lys	PC－Met	PC－Thr
IEL（淋巴细胞数/100 个上皮细胞）				
十二指肠	8.87±2.56	9.00±1.77	8.07±2.81	8.47±1.96
空肠	8.93±3.22[ab]	7.47±1.13[a]	7.80±1.57[a]	9.93±1.91[b]
回肠	8.87±2.61	8.60±1.18	8.07±1.71	8.13±1.77
GC（杯状细胞数/100 个上皮细胞）				
十二指肠	16.87±1.62[a]	25.93±1.10[b]	16.33±4.10[a]	17.80±2.95[a]
空肠	13.80±6.19[a]	20.67±2.97[b]	15.53±5.57[a]	14.00±9.09[a]
回肠	15.20±6.03[ab]	25.20±7.08[c]	18.13±7.03[b]	12.60±6.00[a]
MC（肥大细胞数/肠道横截面）				
十二指肠	8.33±2.55[b]	5.80±1.86[a]	6.53±2.33[ab]	6.73±2.60[ab]
空肠	6.40±3.58[b]	4.47±1.77[a]	4.47±1.46[a]	6.13±1.88[ab]
回肠	8.47±2.83[b]	4.93±1.67[a]	5.53±1.68[a]	5.67±2.58[a]

3. 小结　限制性氨基酸部分扣除显著降低了犊牛增重速度；赖氨酸部分扣除显著降低了 25～27 日龄和 53～55 日龄犊牛的氮沉积、氮表观生物学价值；蛋氨酸部分扣除显著降低了 53～55 日龄犊牛的氮沉积、氮表观生物学价值，提高了 53～55 日龄犊牛血

清尿素氮浓度；苏氨酸部分扣除显著降低了犊牛采食量；显著提高了氮表观消化率，降低了氮表观生物学价值。

赖氨酸和苏氨酸部分扣除提高了28日龄犊牛血清IL-1和TNF-α浓度，而56日龄犊牛中则降低；蛋氨酸部分扣除与赖氨酸和苏氨酸部分扣除组相比，呈现相反趋势；赖氨酸部分扣除组犊牛小肠黏膜杯状细胞显著高于对照组（$P<0.05$），小肠黏膜肥大细胞组显著低于对照组（$P<0.05$）。赖氨酸部分扣除对犊牛免疫系统影响最大，其次是蛋氨酸、苏氨酸。

三、能量营养与免疫

有关犊牛能量营养与免疫的报道很少。张蓉（2008）分别饲喂犊牛蛋白质、能量水平相近（24%，19.30 MJ/kg），碳水化合物组成分别为20%乳糖、10%乳糖+10%复合葡萄糖、10%乳糖+10%复合淀粉的3种犊牛代乳品，分别记为乳糖、复合葡萄糖和复合淀粉组，发现日粮及日龄因素对犊牛腹泻率的影响均较明显（表2-8）。10～20日龄阶段，3组犊牛的腹泻发生率较高。其中，复合淀粉组高达45%，分别高出乳糖组和复合葡萄糖组27.5%和32.75%。20～30日龄阶段，乳糖组和复合葡萄糖组犊牛腹泻率趋于正常，较前一阶段分别降低了10%和7.5%；而复合淀粉组犊牛的腹泻率虽也下降了20%，但仍比乳糖组和复合葡萄糖组高于17.5%和20%，犊牛腹泻发生较频繁。30日龄之后，复合淀粉组犊牛的腹泻率明显降低，相比10～20日龄阶段、20～30日龄阶段，分别下降了37.5%及17.5%，与乳糖组和复合葡萄糖组数值相接近，发病率控制在7.5%左右。就整个试验期间腹泻率均值而言，乳糖组与复合葡萄糖组犊牛腹泻率较低，而复合淀粉组犊牛腹泻率最高，比乳糖组和复合葡萄糖组分别高出12.50%和14.37%。此外，复合淀粉组犊牛的腹泻率随日龄增加而降低的趋势也最为明显。

表2-8　碳水化合物组成对早期断奶犊牛腹泻率的影响

组　别	腹泻率（%）				
	10～20日龄	20～30日龄	30～40日龄	40～50日龄	平均值
乳糖组	17.5	7.5	2.5	7.5	6.25
复合葡萄糖组	12.5	5	0	10	6.88
复合淀粉组	45	25	7.5	7.5	21.25

四、添加剂与免疫

周怿（2010）发现，酵母β-葡聚糖增强了犊牛的体液免疫功能。早期断奶犊牛日粮中分别添加酵母β-葡聚糖75 mg/kg、100 mg/kg、200 mg/kg可显著增加犊牛血清中IgG浓度；试验各期血清中IgM含量也随β-葡聚糖含量的增加而呈规律性变化，其中试验14 d和42 d，75 mg/kg组IgM含量显著高于对照组（$P<0.05$），说明饲料中添加β-葡聚糖可以提高早期断奶犊牛的体液免疫水平。同时，该作者还发现，75 mg/kg

处理组显著提高了犊牛血清中 ALP 含量。说明适宜水平的酵母 β-葡聚糖有助于提高血清中 AKP 浓度，有助于提高犊牛吞噬细胞的吞噬能力，进而有助于犊牛抵抗感染。血清溶菌酶浓度是机体非特异性免疫反应的重要指标。Tapper 等（1995）通过体外试验研究表明，β-1，3-D-葡聚糖可提高巨噬细胞溶菌酶的分泌量。周怿（2010）发现，随着日粮中血清中酵母 β-葡聚糖含量的增加，犊牛血清中 LZM 含量分别逐渐升高。其中，试验 28 d 时，200 mg/kg 处理组 LZM 含量显著高于对照组和酵母 β-葡聚糖 25 mg/kg、50 mg/kg 处理组（$P<0.05$）；试验 42 d 时，各酵母 β-葡聚糖处理组犊牛血清中 LZM 含量均显著高于对照组（$P<0.05$）。

杨春涛（2016）试验结果表明，日粮添加桑叶黄酮或热带假丝酵母与桑叶黄酮复合物，虽然对 42～56 日龄犊牛断奶期间粪便指数无显著影响，但却有效降低了犊牛腹泻率，说明断奶期间添加桑叶黄酮及热带假丝酵母与桑叶黄酮复合物有助于减缓断奶应激给犊牛造成的腹泻。同样，在日粮中添加植物乳酸杆菌与酵母菌培养物，犊牛腹泻也得到明显改善。这可能是由于酵母及其培养物通过自身代谢产物来提高胃肠道中微生物的数量和活力，降低乳酸浓度，从而改善犊牛胃肠道环境、提高日粮消化和利用效率，以及黄酮类化合物对大肠杆菌、金黄色葡萄球菌、绿脓杆菌和白色链球菌等有害菌具有抑制作用，两者共同作用降低了犊牛腹泻的严重程度。这在一定程度上也解释了杨春涛（2016）认为的热带假丝酵母与 MLF 对犊牛 ADG 与 F/G 促进作用的原因。当然，不同益生菌具有不同的效果。有学者研究发现，在代乳品中添加乳酸杆菌对断奶前犊牛健康并没有显著影响。这一结果除与动物个体和环境有关外，还有可能是由于不同的益生菌对动物产生的作用不同，因此选择合适的益生菌作为反刍动物的饲料添加剂显得尤为重要。

杨春涛（2016）研究表明，腹泻犊牛血清中免疫球蛋白含量明显低于健康犊牛，日粮添加纳豆芽孢杆菌显著提高了犊牛血清中 IgG 含量，却对 IgM 和 IgA 含量无显著影响。日粮单独添加热带假丝酵母或桑叶黄酮，能提高血清中部分免疫球蛋白的浓度，两者相互作用表现出明显的促进作用。产生这种结果可能是：一方面由于酵母菌通过与胃肠道常驻微生物、上皮细胞和免疫细胞相互作用，刺激免疫系统产生抗体或通过调节辅助 Th1 和调节辅助 Th2 的免疫应答，提高宿主免疫功能；另一方面，桑叶黄酮通过清除组织和细胞表面自由基和活性氧，提高抗氧化酶活性，保护组织与细胞的完整性，提高机体抵抗炎症反应能力和免疫能力。INF-γ 作为一种重要的免疫相关细胞因子，主要介导 Th1 型反应，起免疫调节的作用。曲培斌（2015）研究发现，添加桑叶黄酮后可以提高 IL-4 含量，降低 IL-6、INF-γ、TNF-α 细胞因子的含量。说明刺激了 B 淋巴细胞的增值和分化，参与机体免疫，使机体免疫得到改善。郭旭东（2011）证实，芦丁显著提高了奶牛血清中溶菌酶含量（0.42 ng/mL 和 0.19 ng/mL，$P<0.05$）。表明芦丁有增强奶牛机体吞噬细胞的杀菌能力和促进奶牛非特异性免疫反应的能力，这一效果有助于增强奶牛机体抗感染的能力。

符运勤（2012）将 24 头新生犊牛分为 4 个组，A 组为对照组，饲喂基础日粮；B 组饲喂基础日粮+地衣芽孢杆菌；C 组饲喂基础日粮+地衣芽孢杆菌和枯草芽孢杆菌的复合菌（复合菌中各益生菌比例分别为 1∶1）；D 组饲喂基础日粮+地衣芽孢杆菌、枯草芽孢杆菌和植物乳酸杆菌的复合菌（复合菌中各益生菌比例分别为 1∶1∶1）。各试验组每头牛日粮中参试菌的添加总量为 2×10^{10} CFU/d。结果如图 2-11 所示，犊牛从 3 周龄以后粪便评分为 2 以下，粪便趋于正常，试验组粪便评分在整个试验期基本上都低于对照组，只是 C 组在 1～2 周龄时出现波动，各组间无显著性差异。

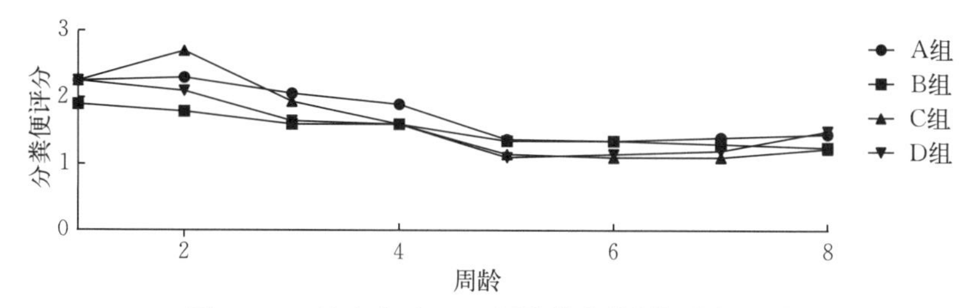

图 2-11 益生菌对 1～8 周龄犊牛粪便评分的影响

注：A 组为对照组；B 组为添加地衣芽孢杆菌；C 组为添加地衣芽孢杆菌和枯草芽孢杆菌的复合菌；D 组为添加地衣芽孢杆菌、枯草芽孢杆菌和植物乳酸杆菌的复合菌。

五、LPS 应激与免疫

免疫应激被认为是动物达到最佳生长水平和饲料利用率的主要障碍之一。在实际生产中，尽量减少外界因子对动物的刺激，避免应激对动物机体代谢的不良影响。随着营养与免疫研究的逐步深入，人们认识到在免疫应答中，营养是最重要和最易调控的因素。动物的营养需要量取决于体内养分的代谢过程和代谢效率。要实现通过营养调控来减轻免疫应激的危害，必须弄清免疫应激时的营养代谢特点。长期以来蛋白质营养是动物营养学家们重要的研究领域，免疫应激会影响动物的蛋白质代谢，从而影响动物对蛋白质的需要。说明按常规饲养条件制定的蛋白质营养需要可能不适用于应激条件下，因此研究应激条件下动物蛋白质代谢特点具有非常重要的意义。

1. 材料与方法 采用氨基酸部分扣除法，比较 LPS 诱导的免疫应激对断奶犊牛的 Lys、Met 和 Thr 3 种主要限制性氨基酸平衡模式的影响。试验分为两个处理，分别研究免疫应激和正常条件下犊牛的氨基酸模式。犊牛免疫活化状态通过注射 LPS 进行诱导，而正常组注射同等剂量的灭菌生理盐水形成对照。每个处理内设正对照组和 3 个扣除氨基酸的试验组，每组 5 个重复，每个重复 1 头犊牛。试验共用 40 头犊牛。

试验共分为 1 月龄、2 月龄两期。

第一期：犊牛 6 日龄开始饲喂代乳品，11 日龄过渡完毕，于 22 日龄每组随机选取 3 头犊牛进入代谢笼开始试验。犊牛在试验笼中适应 3 d，25 日龄进入正试期。于 24 日龄、26 日龄、28 日龄给应激组注射 LPS 生理盐水液（按照 2.5 μg/kg BW 给药），正常组按体重注射相应量的灭菌生理盐水。收集正式试验期内（25～27 日龄）全部粪尿。28 日龄早上注射 LPS 后分别于 0、60 min、120 min、180 min 采集颈静脉血，测定相关指标；分别于注射 LPS 后 30 min、90 min、150 min、210 min 时测定犊牛体温。

第二期：于 50 日龄每组随机选取 3 头犊牛进入代谢笼开始试验，犊牛适应 3 d，53 日龄进入正试期。于 52 日龄、54 日龄、56 日龄给应激组注射 LPS 生理盐水液（按照 2.5μg/kg 体重给药），正常组按体重注射相应量的灭菌生理盐水。收集正式试验期内（53～55 日龄）全部粪尿。56 日龄早上注射 LPS 后分别于 0、60 min、120 min、180 min 采集颈静脉血，测定相关指标；分别于注射 LPS 后 30 min、90 min、150 min、210 min 时测定犊牛体温。

于 57 日龄空腹称活体重后，肌内注射 4%戊巴比妥钠溶液（40 mg/kg BW）进行麻醉，待麻醉完全后，切开腹腔，采集相关样品。

数据统计采用 SPSS15.0 的 General Liner Model 模型的 Univariate 分析方法。多重比较采用 Duncan's 方法，显著性水平采用 $P<0.05$ 水平。其中，犊牛腹泻情况分析采用卡方分析（χ^2 - test）方法，显著性水平采用 $P<0.05$ 水平。

2. 结果与分析

（1）应激对犊牛生长及代谢的影响　免疫应激引起的炎症能提高动物的基础代谢率，其标志就是动物体温升高。有学者给绵羊注射大肠杆菌（*E. coli*）内毒素后 6.5 h 代谢率上升了 33%。张乃锋（2008）给犊牛注射 2.5 μg/kg BW LPS 后显著提高了犊牛的体温（图 2-12），表明犊牛机体产生了明显的炎症反应。

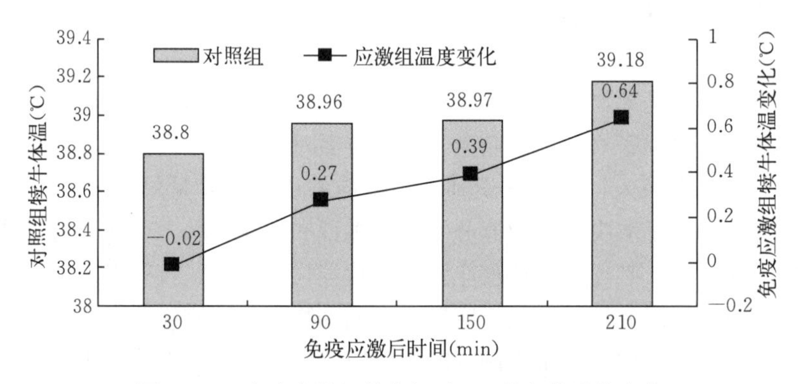

图 2-12　免疫应激组犊牛相对于正常组体温的变化

免疫应激引起犊牛采食量、饲料转化率、生长速度的降低。张乃锋（2008）研究发现，免疫应激显著降低了犊牛日增重和料重比。与正常组相比，LPS 组犊牛采食量降低 3.81%（$P=0.30$），日增重降低了 16.46%，料重比提高了 16.93%（表 2-9）。

表 2-9　免疫应激对动物生产性能的影响

项　目	初重（kg）	日增重（g）	采食量（g）	料重比
正常组	42.98±5.12	438.69±74.33^b	1094.83±103.67	1.89±0.15^a
应激组	42.58±3.09	366.47±73.82^a	1053.10±87.25	2.21±0.31^b

给后备牛灌服 2 μg/kg BW 的 LPS 后 4 h 内后备牛采食量明显受到抑制，并且这种抑制直到 24 h 时还没有完全恢复，仍然比对照组低 33%。张乃锋（2008）证实，给犊牛免疫注射 LPS 后试验全期犊牛的平均采食量差异不显著，但是从犊牛采食量的变化趋势看，注射 LPS 也表现出了对犊牛采食量的抑制作用。有学者认为，LPS 降低动物采食量的作用是由 IL-1 介导的，TNF-α 也参与了动物的采食调节。

免疫应激降低生长性能在其他动物也得到证实。有学者给断奶仔猪每周一次，连续2周注射LPS后发现饲料利用率分别下降45%和15%。免疫应激引起动物饲料利用率的降低可从三个方面进行解释：①LPS注射提高了动物的基础代谢率。张乃锋（2008）发现注射LPS后动物的体温提高了0.56%～0.82%，LPS引起基础代谢率上升的幅度至少为10%。②免疫应激抑制了动物的采食量，相对提高了维持代谢所消耗的养分占机体总养分消耗的比例。③免疫应激改变了机体的养分代谢，提高了肌肉蛋白的降解，抑制了肌肉蛋白的合成。此外，免疫应激引起机体胴体成分的变化可能也是饲料利用率下降的原因之一。

免疫应激可造成动物正氮平衡下降甚至出现负氮平衡。有学者具体分析了体重为10 kg的断奶仔猪对蛋白质利用的情况，结果表明低免疫应激（高压清洗、清洁圈舍）与高免疫应激（未清洗、污染圈舍）相比，N的摄入量（20.66 g/d和18.55 g/d，$P<0.01$）、氮的表观消化率（86.82%和86.36%，$P<0.05$）、N的存留量（11.16 g/d和9.84 g/d，$P<0.01$）均高于高IS组。张乃锋（2008）的研究与Williams等（1997）的结果趋势相似，免疫应激降低了犊牛对氮的摄入量［1.64 g/（kg $BW^{0.75}$ · d）和1.61 g/(kg $BW^{0.75}$ · d)，2.53 g/(kg $BW^{0.75}$ · d）和2.45 g/(kg $BW^{0.75}$ · d)］、氮的表观消化率（61.83%和61.67%，79.00%和77.91%）、氮的存留量［0.54 g/(kg $BW^{0.75}$ · d）和0.49 g/(kg $BW^{0.75}$ · d)，1.50 g/(kg $BW^{0.75}$ · d）和1.44 g/(kg $BW^{0.75}$ · d)］，但组间差异未达到显著水平。

引起负氮平衡的因素较多，但就免疫应激而言，普遍认为是免疫应激提高了肌蛋白的动员，用以支持与免疫系统防御有关的代谢。造成净氮损失的原因有：①免疫应激会造成免疫细胞的增殖，需要合成蛋白质和核苷酸，这是一个合成代谢的过程，本身会导致氮损失。②免疫应激提高了肝、脾等组织对Gln的利用，降低了血液和组织的Gln水平。可能的解释是：Gln是Arg和GSH合成所必需的原料，而Arg和GSH在免疫应激引起自由基的清除中具有重要的作用，而这些合成途径也能造成氨氮损失。③急性期蛋白（APP）的合成。由于大多APP都含有高比例的Phe，因此由Phe的限制，动员的肌蛋白的氨基酸不能全部合成APP，从而造成氮损失。④氨基酸被动员用作糖异生和氧化供能，主要表现在骨骼肌中的支链氨基酸氧化供能及生糖氨基酸的动员用作糖异生，这两种代谢同样会导致净氮损失。

关于应激对犊牛限制性氨基酸需求比例的影响，张乃锋（2008）报道，按每头每天每千克代谢体重的蛋白质沉积量和氨基酸摄入量来计算，25～27日龄犊牛正常条件下Lys、Met、Thr的平衡比例为100∶29∶58，而应激条件下3种主要限制性氨基酸的平衡比例为100∶27∶61；53～55日龄犊牛正常组3种氨基酸的平衡比例为100∶30∶62，而应激组3种限制性氨基酸的平衡比例为100∶27∶60。由于条件的限制，张乃锋（2008）没有对Cys在饲粮中的含量进行测定。概括为，日粮Met和Cys的最佳比例为50∶50时，本次结果中Lys、Met+Cys、Thr分别为100∶58∶58和100∶60∶62。由于对于犊牛限制性氨基酸需要比例模式未见报道，因此借助仔猪相关研究进行比较讨论。关于Lys、Met+Cys、Thr的比例，有研究结果为100∶60∶65。另有研究结果为：100∶63∶72。对于猪，有研究结果为100∶57∶62。张乃锋（2008）试验结果与上述结果具有相似性。与正常条件下相比，应激条件下25～27日龄及53～55日龄犊牛的 Met 需求比例均略有下降，而 Thr 需求比例在 25～27 日龄略有升高，在 53～55 日龄略有降低。

（2）应激对犊牛免疫的影响

① 免疫应激对犊牛血清细胞因子的影响　应激引起的养分代谢变化主要由细胞因子和激素介导，免疫应激期内对机体物质代谢具有特殊意义的细胞因子主要是 IL-1、IL-6 和 TNF-α，动物暴露于免疫刺激原（如 LPS）会引起这些细胞因子的释放。张乃锋（2008）发现，28 日龄和 56 日龄犊牛血清 IL-1 与 TNF-α 含量分别比正常组升高了 63.27%、39.07%和 59.05%、26.81%（表 2-10）。

表 2-10　免疫应激对犊牛非特异性免疫的影响

项　目	28 日龄		56 日龄	
	正常组	应激组	正常组	应激组
IL-1（pg/mL）	162.39±100.51[a]	265.13±179.15[b]	132.38±89.31[a]	184.10±96.17[b]
TNF-α（pg/mL）	38.44±20.97[a]	61.14±37.32[b]	32.64±18.74[a]	41.39±21.11[b]

② 免疫应激对犊牛补体蛋白 C3 和 IgG 的影响　C3 为补体固有成分，存在于体液中，参与补体激活酶促连锁反应。C3 为经典激活途径和旁路激活途径共同末端通路的成分，发挥中心和枢纽作用，血清中含量很高。现有的研究表明，应激能降低补体的含量和活性。张乃锋（2008）发现，LPS 免疫应激显著降低了 28 日龄（34.93 ng/mL 和 17.05 ng/mL，$P<0.05$）和 56 日龄（42.91 ng/mL 和 39.66 ng/mL，$P>0.05$）犊牛血清 C3 含量，说明免疫应激激活的补体系统的经典途径和旁路途径，消耗大量 C3 蛋白，造成血清补体蛋白 C3 含量下降。IgG 是犊牛体液免疫的主要标志。张乃锋（2008）报道，28 日龄和 56 日龄应激组犊牛 IgG 水平分别比正常组提高了 11.45%和 1.09 倍（表 2-11）。说明免疫应激激活了犊牛的免疫系统，提高了犊牛体液免疫反应水平。56 日龄犊牛血清 IgG 含量提高幅度较大，一方面与免疫应激提高犊牛体液免疫水平有关，另一方面可能与犊牛自身免疫系统的发育与完善有关，这一点可从犊牛 28 日龄与 56 日龄血清 IgG 含量的变化看出。

表 2-11　免疫应激对犊牛血清补体 C3 和 IgG 的影响（ng/mL）

项　目	28 日龄		56 日龄	
	正常组	应激组	正常组	应激组
补体 C_3	34.93±16.57[a]	17.05±14.51[b]	42.91±25.16	39.66±23.36
IgG	40.16±22.02	44.76±15.38	89.48±77.94[a]	187.09±105.93[b]

③ 免疫应激对犊牛 Th1/Th2 漂移的影响　$CD4^+$ T 淋巴细胞分 Th1、Th2 两型，二者分泌的细胞因子不同，可借此区别 Th1 细胞、Th2 细胞。Th1 细胞可分泌 IL-2、TNF-α、IFN-γ 等致炎因子，而 Th2 细胞可产生 IL-4、IL-10 等抗炎因子。抗炎因子产生不足，可能导致炎症失控；反之，产生过度则导致对机体有同样损害作用的抗炎反应综合征（compensatory anti-inflammatory response syndrome，CARS），使免疫机能减退。张乃锋（2008）以 IL-2 和 IL-4 为代表，通过建立犊牛应激模型，进一步研究免疫应激犊牛 Thl 和 Th2 漂移的情况发现应激组IL-2与 IL-4 水平均显著提高，说

明应激提高了机体的免疫应答水平，但 IL－2 提高幅度更大，从 IL－2/IL－4 的值看，应激使得犊牛机体免疫系统由 Th2 型向 Th1 型漂移，说明应激引起机体细胞免疫应答的水平高于体液免疫应答水平（表 2－12）。

表 2－12　免疫应激对犊牛血清 IL－2 与 IL－4 的影响

项　目	28 日龄		56 日龄	
	正常组	应激组	正常组	应激组
IL－2（pg/mL）	176.88±43.03[a]	274.80±58.87[b]	269.08±85.35[a]	439.87±156.58[b]
IL－4（pg/mL）	151.91±100.28[a]	205.61±62.41[b]	266.30±183.85[a]	363.03±150.95[b]
IL－2/IL－4	1.26±0.33	1.33±0.14	1.01±0.09[a]	1.21±0.05[b]

④ 免疫应激对犊牛器官指数的影响　肝脏是免疫防御的重要器官。在免疫反应中，肝脏的巨噬细胞会合成大量急性期蛋白，急性期蛋白对非特异的免疫防御具有重要的作用。胸腺是中枢免疫器官，在淋巴毒素的形成、诱导、分化过程中起重要的作用，且影响机体的细胞免疫和体液免疫功能。脾脏是外周免疫器官，是淋巴毒素、T 淋巴细胞、B 淋巴细胞定殖和对抗原的刺激进行免疫应答的场所。应激可导致胸腺、脾脏和淋巴组织萎缩。张乃锋（2008）发现，LPS 应激组犊牛肝脏重量低于正常组，但组间差异不显著，可能与 LPS 作用的短暂性有关。张乃锋（2008）证实，LPS 应激组犊牛脾脏指数比正常组低 14.81%（P＝0.076），胸腺指数比正常组低 33.33%（表 2－13）。表明免疫应激引起免疫器官（脾脏、胸腺）发育分化不良，妨碍了免疫器官的发育。

表 2－13　免疫应激对犊牛免疫器官指数的影响

项　目	肝脏指数	脾脏指数	胸腺指数
正常组	2.04±0.14	0.27±0.06	0.36±0.10[b]
应激组	1.99±0.12	0.23±0.03	0.24±0.08[a]

⑤ 免疫应激对犊牛黏膜免疫的影响　肠上皮内淋巴细胞（intraepithelial lymphocyte，IEL）是位于肠绒毛上皮细胞（intestinal epithelial cell，IEC）之间的特殊淋巴细胞群，它不但参与免疫反应，而且通过伪足与上皮细胞接触，加速上皮细胞再生，在肠道黏膜中起重要的免疫屏障作用。GC 主要分布于消化道、呼吸道的单层柱状上皮及假复层纤毛柱状上皮细胞，主要分泌以黏蛋白为主的黏液物质。肥大细胞（mast cell，MC）是天然免疫的效应细胞之一，能通过分泌细胞因子参与获得性免疫。张乃锋（2008）发现，LPS 应激组犊牛小肠各部位 IEL 均显著低于正常组（P＜0.05），分别比正常组降低了 29.77%、30.25%和 35.63%；应激组犊牛小肠各部位 GC 均显著低于正常组（P＜0.05），分别比正常组降低了 38.22%、40.45%和 45.19%；从小肠不同部位看，应激组均以十二指肠部位最高，其次是空肠、回肠（表 2－14），与宋恩亮等（2007）研究结果相似。犊牛小肠各段的十二指肠处于小肠前端，最早接触抗原，与外来抗原作用最早，也最直接，免疫反应剧烈。但免疫应激对犊牛小肠黏膜 MC 的影响不显著。应激组犊牛十二指肠到回肠，MC 逐渐增多。这与犊牛肠道外源抗体刺激过程

相一致，与 MC 是天然免疫的效应细胞有关。MC 参与机体的免疫防御和免疫调节，反映机体的免疫水平。综上所述，免疫应激对犊牛的肠道黏膜免疫影响很大，黏膜免疫水平的变化必然影响犊牛对营养物质的消化代谢和利用，从而影响犊牛的健康和生长发育。

表 2-14　免疫应激对犊牛小肠黏膜免疫相关细胞数量的影响

项　目	十二指肠	空　肠	回　肠
IEL（淋巴细胞数/100 个上皮细胞）			
正常组	8.60±2.03[b]	8.53±1.87[b]	8.42±1.43[b]
应激组	6.04±2.81[a]	5.95±2.72[a]	5.42±2.64[a]
GC（杯状细胞数/100 个上皮细胞）			
正常组	19.23±4.69[b]	16.02±5.60[b]	20.91±4.02[b]
应激组	11.88±4.62[a]	9.54±3.17[a]	11.46±2.46[a]
MC（肥大细胞数/肠道横截面）			
正常组	6.85±1.80	5.37±1.55	6.15±2.18
应激组	5.98±2.06	5.94±1.18	7.60±2.27

3. 小结　LPS 免疫应激使犊牛体温显著升高，可判定 LPS 免疫注射使犊牛处于免疫激活状态。LPS 应激显著降低了犊牛日增重，提高了料重比；降低了犊牛采食氮、沉积氮、氮的表观消化率、氮的表观生物学价值等指标，但未达到显著水平；显著提高了 28 日龄犊牛血清尿素氮含量，显著提高了 4 周龄犊牛腹泻率；降低了 28 日龄和 56 日龄犊牛蛋氨酸的需求比例，提高了 28 日龄犊牛苏氨酸需求比例。按每头每天每千克代谢体重的蛋白质沉积量和氨基酸摄入量来计算，25～27 日龄犊牛正常条件下 Lys、Met、Thr 的平衡比例为 100∶29∶58，而应激条件下 3 种主要限制性氨基酸的平衡比例为 100∶27∶61。53～55 日龄犊牛正常组 3 种氨基酸的平衡比例为 100∶30∶62，而应激组 3 种限制性氨基酸的平衡比例为 100∶27∶60。并且 3 种氨基酸的限制性顺序发生了变化，正常时为 Lys、Met、Thr，应激时为 Lys、Thr、Met。

LPS 免疫应激引起犊牛血清补体蛋白 C3 相对于正常组显著降低，血清 IL-1、TNF-α 相对于正常组显著升高，犊牛血清 NO 较正常组显著升高；犊牛免疫系统还是由 Th2 向 Th1 偏移，犊牛细胞免疫水平高于体液免疫水平；免疫应激降低了犊牛小肠黏膜 SIgA 水平和 IEL、GC、MC 数量，其中空肠黏膜 SIgA 与整个小肠的 IEL、GC 细胞达到显著水平；另外，免疫应激还降低了犊牛脾脏指数和胸腺指数。

参考文献

邸海洋，2008. 新生奶犊牛天然被动抗体 IgG 吸收规律的研究［D］. 长春：吉林农业大学.

符运勤，2012. 地衣芽孢杆菌及其复合菌对后备牛生长性能和瘤胃内环境的影响［D］. 北京：中国农业科学院.

黄开武，屠焰，司丙文，等，2015. 代乳品蛋白质来源对早期断奶犊牛营养物质消化和瘤胃发酵的影响 [J]. 动物营养学报 (12)：3940-3950.

杨春涛，刁其玉，曲培滨，等，2016. 热带假丝酵母菌与桑叶黄酮对犊牛营养物质代谢和瘤胃发酵的影响 [J]. 动物营养学报 (1)：224-234.

杨小军，姚军虎，2011. 畜禽免疫营养研究进展及其互作评价 [J]. 饲料工业，32 (2)：61-64.

袁志航，文利新，2007. 动物免疫应激研究进展 [J]. 动物医学进展 (7)：63-65.

张乃锋，2008. 蛋白质与氨基酸营养对早期断奶犊牛免疫相关指标的影响 [D]. 北京：中国农业科学院.

张蓉，2008. 能量水平及来源对早期断奶犊牛消化代谢的影响研究 [D]. 北京：中国农业科学院.

Adkins B，Bu Y，Guevara P，2001. The generation of the memory in neonates versus adults：Prolonged primary th2 effector function and impaired development of th1 memory effector function in murine neonates [J]. Journal of Immunology，166 (2)：918-925.

Ballou M A，Cruz G D，Pittroff W，et al，2008. Modifying the acute phase response of Jersey calves by supplementing milk replacer with omega-3 fatty acids from fish oil [J]. Journal of Dairy Science，91 (9)：3478-3487.

Borderas T F，de Passillé A M，Rushen J，2008. Behavior of dairy calves after a low dose of bacterial endotoxin [J]. Journal of Animal Science，86 (11)：2920-2927.

Franklin S T，Newman M C，Newman K E，et al，2005. Immune parameters of dry cows fed mannan oligosaccharide and subsequent transfer of immunity to calves [J]. Journal of Dairy Science，88 (2)：766-775.

Hill T M，Vandehaar M J，Sordillo L M，2011. Fatty acid intake alters growth and immunity in milk-fed calves [J]. Journal of Dairy Science，94 (8)：3936-3948.

Nonnecke B J，Foote M R，Smith J M，et al，2003. Composition and functional capacity of blood mononuclear leukocyte populations from neonatal calves on standard and intensified milk replacer diets [J]. Journal of Dairy Science，86 (11)：3592-3604.

Quigley J R，Drewry J J，1998. Nutrient and immunity transfer from cow to calf pre-and postcalving [J]. Journal of Dairy Science，81 (10)：2779-2790.

Rajaraman V，Nonnecke B J，Franklin S T，et al，1998. Effects of vitamins A and E on nitric oxide production by blood mononuclear leukocytes from neonatal calves fed milk replacer [J]. Journal of Dairy Science，81：3278-3285.

Salak-Johnson J L，Mcglone J J，2007. Making sense of apparently conflicting data：Stress and immunity in swine and cattle [J]. Journal of Animal Science，85：81-88.

Sharon K，2014. Effects of supplemental lysine on performance，antibody titer and rectal temperature in response to a modified-live viral vaccine in neonatal calves [J]. American Journal of Animal and Veterinary Sciences，9 (2)：122-127.

Shinde P L，Dass R S，Garg V K，et al，2007. Immune response and plasma alpha tocopherol and selenium status of male buffalo (*Bubalus bubalis*) calves supplemented with vitamin E and selenium [J]. Asian-Australasian Journal of Animal Sciences，20 (10)：1539-1545.

第三章 犊牛蛋白质营养与需要量参数

第一节　概　　述

奶犊牛培育是奶牛高产的基础，是奶牛养殖的关键环节，加强奶犊牛培育是提高奶牛牛群质量和生产水平的一项重要措施。培育犊牛不仅要提高其成活率，更重要的是满足犊牛的营养需要，促使其快速健康发育。而犊牛能否健康生长有赖于营养水平及管理水平的高低，这直接关系牛成年后的体型结构和未来的生产性能。犊牛的饲养目标就是力求得到最合理的生长强度，同时保证犊牛的健康。

犊牛对营养物质的消化代谢特点是犊牛饲养的科学依据，研究犊牛对营养物质的利用对于犊牛代乳品和开食料的研究既有理论价值又有实际意义。蛋白质营养历来都是动物营养研究中最重要的内容之一，而蛋白质的水平和来源又是限制代乳品应用的最大因素，这就促使了人们对代乳品中蛋白饲料的应用开展更为广泛和深入的研究。目前国内学者对犊牛代乳品中蛋白质的研究较多，主要集中于蛋白质原料的选择、添加量及用替代乳蛋白的使用效果等方面，使用的代乳品原料主要有全脂奶粉、乳清粉、血浆蛋白粉、全脂大豆粉、大豆浓缩蛋白、维生素和微量元素等原料。

第二节　犊牛蛋白质来源及需要量参数

一、犊牛蛋白质营养

（一）蛋白质来源

代乳品中常用的蛋白质包括乳源性蛋白质和植物性蛋白质两大类。限制犊牛对蛋白质利用的因素包括消化率、氨基酸平衡状态及抗营养因子的存在等。通常来说，与非乳蛋白质相比，乳源蛋白质饲料均具有适口性好、消化率高的特点。0～3 周龄犊牛消化蛋白质的系统尚未发育成熟，牛乳中的酪蛋白是新生 1 周龄犊牛主要的蛋白质来源。这种酪蛋白在凝乳酶的作用下，在皱胃中形成独特的乳凝块，乳凝块在饲喂后的很长一段时间内逐渐分解，使犊牛得到持续的蛋白质供应。然而，犊牛皱胃产生的蛋白酶只适于消化乳蛋白，直到 3 周龄仍难以消化大部分的非乳蛋白。因此，建议3周龄内的犊牛使用仅含乳蛋白的代乳品，年龄较大的犊牛才使用含非乳蛋白的代乳品（NRC，2001）。

1. 乳源性蛋白质 犊牛代乳品生产中最早使用的蛋白源就是乳制品，因为它们消化率高、氨基酸平衡且基本不含抗营养因子，也是幼龄犊牛最好的蛋白质来源。20世纪60—80年代犊牛所用的代乳品几乎全部是脱脂乳蛋白。而后由于价格持续上涨，脱脂乳蛋白被较为廉价的酪蛋白和乳清蛋白而取代。代乳品用乳蛋白主要有脱脂乳蛋白、干燥脱脂乳粉、干乳清、浓缩乳清蛋白等。

乳清是犊牛日粮的一种重要组分，是奶酪生产中的一种副产物，由牛奶中的酪蛋白经凝结分离后产生。乳清中乳糖和矿物质含量较高，极易导致动物腹泻甚至发生疾病，进而影响动物的生产成绩，因而其用量不宜超过30%（Roy，1980）。但亦有大量研究证明，犊牛代乳品中使用较大比例的乳清粉不影响犊牛日增重和健康（Morrill等，1971）。浓缩乳清蛋白是乳清蛋白的一种提炼产物，其蛋白质含量可高达92%。浓缩乳清蛋白是配制犊牛代乳品的一种理想蛋白源，具有营养物质含量丰富、氨基酸比例平衡、消化性能好等特点，但价格较昂贵。Babella等（1988）利用含量分别占乳清蛋白25%、50%、75%和100%比例的浓缩乳清蛋白替换代乳品中的脱脂奶粉，结果发现饲喂这4种代乳品日粮的犊牛其脂肪和有机物质的消化率没有差异，但是100%乳清蛋白替换组犊牛的粗蛋白质消化率稍低，生物学价值分别是75%和100%组最高，平均日增重分别达到543 g、575 g、594 g和561 g，整个试验期间各组犊牛均没有发现腹泻及其他健康问题。Lammers等（1998）亦报道，饲喂含有67%或100%浓缩乳清蛋白的代乳品时，犊牛的生产成绩高于饲喂以脱脂乳粉为基础的代乳品的犊牛。Dawson等（1988）报道，给犊牛饲喂含有浓缩乳清蛋白的代乳品，其粗蛋白质消化率在3周龄时为82.2%，而在6周龄时为87.5%。Reddy和Morrill（1988）证实，饲喂含有浓缩乳清蛋白的代乳品与饲喂以脱脂奶粉为基础的代乳品的犊牛，在日粮氮沉积率上没有显著差异（64.3%和64.8%）。尽管如此，仍有很多营养学家对代乳品中使用浓缩乳清蛋白持有保留态度，其主要原因是以乳清类蛋白为基础的代乳品在犊牛皱胃中不形成乳凝块，进而会快速通过皱胃进入后肠，而犊牛小肠中没有活性蛋白酶类，从而可能会引起消化上的诸多问题。

2. 植物性蛋白质 近年来人类食品对乳蛋白的需要造成了乳蛋白类产品价格不断攀升，因而人们开始寻找可替代乳蛋白源的蛋白质饲料，以求在不影响动物生长性能和健康的同时降低代乳品的配制成本。幼龄动物日粮中常使用的植物性蛋白质种类包括大豆蛋白质、小麦蛋白质、花生蛋白质、大米蛋白质等。

（1）大豆蛋白质 大豆蛋白质是目前在犊牛代乳品中研究最多、应用技术最成熟的植物蛋白。应用于犊牛代乳品中的大豆蛋白可以分为大豆粉、改性大豆粉、大豆浓缩蛋白、大豆分离蛋白等。大豆粉是成本最低的大豆蛋白，由脱脂豆粕直接粉碎制得，蛋白质含量约为50%；改性大豆粉是由大豆粉加热处理制得；大豆浓缩蛋白是由脱脂豆粕用乙醇水除去可溶性碳水化合物后而生产的，蛋白质含量约为66%；大豆分离蛋白是由脱脂豆粕通过碱提酸沉的方法生产的，蛋白质含量为85%～86%。

代乳品使用大豆制品存在的最大问题是大豆中含有抗营养因子，包括蛋白酶抑制因子、大豆球蛋白及β-伴大豆球蛋白。蛋白酶抑制因子可以在消化道中与胰岛素结合从而降低其消化性能，而且这种抑制因子还可以抑制其他丝氨酸蛋白酶类，如木瓜凝乳蛋白酶和弹性蛋白酶的活性。胰岛素灭活的信号可以导致小肠中的内分泌细胞分泌胆囊收缩素（cholecystokinin，CCK），进而刺激胰腺分泌更多的消化酶。但这种胰岛素抑制剂引起的生长抑制反应造成了富含限制性氨基酸，尤其是含硫氨基酸内分泌蛋白的流失。大豆球蛋白及β-伴大豆球蛋白是引起犊牛过敏反应的主要因子。与饲喂乳蛋白日粮相比，给犊牛饲喂大豆粉可以引起小肠固有膜中 T 淋巴细胞、B 淋巴细胞密度大量增加，大豆球蛋白及β-伴大豆球蛋白抗体浓度升高，过敏反应延迟，肠绒毛萎缩，以及小肠吸收功能降低（Dawson 等，1988）等现象。大豆蛋白通常还含有一系列的低分子葡聚糖，如水苏糖、棉子糖和蔗糖。犊牛因缺乏消化这些糖类的消化酶而难以消化大豆蛋白。这些糖类经动物肠道中的微生物发酵，导致废气终产物（二氧化碳、甲烷、氢）的堆积，引起动物不适，如犊牛出现胀气、腹泻。大豆中的单宁和其他多酚化合物也可能会降低犊牛的生长性能和营养物质消化率，及损害肠道黏膜。

大豆蛋白能够刺激胃肠运动，加快胃肠道内容物的流速，降低内容物在胃肠道内的停留时间，严重时则会导致犊牛腹泻。Sissons（1982）报道，给犊牛饲喂加热大豆蛋白粉时，回肠内容物的排空速率加快，钾、钠流量增加，小肠内容物停留时间缩短，氮吸收率降低。胃肠道的自律性运动受大豆抗原的影响也较大。许多研究认为大豆抗原是引起犊牛腹泻的主要因素。Lalles 等（1995）通过电极法测定小肠平滑肌电活性时发现，饲喂大豆蛋白的犊牛肌电活性增加，空肠运动模式出现紊乱，十二指肠和空肠中段肌电活性也出现异常，这种影响在代乳料中加热大豆粉添加量占 CP 比例超过 1/3，即每克粗蛋白质中大豆球蛋白和β-伴性大豆球蛋白分别达到 14 mg 和 12 mg 时出现。此外，大豆蛋白具有刺激胰腺特定酶分泌、导致胰腺增生、降低胃肠蛋白酶活性等作用。Montagne 等（2001）报道，饲喂 2 周含大豆蛋白代乳料时，犊牛肠绒毛刷状缘酶活性发生变化，主要表现为碱性磷酸酶、乳糖酶及氨基肽酶活性降低。

（2）小麦蛋白质　小麦蛋白粉又称小麦面筋粉，是洗去小麦面团中的淀粉后，对剩余的产物进行烘干处理而制成的，粗蛋白质含量为 60%～80%。按小麦蛋白在不同溶剂中的溶解度不同将其分为 4 类：可被稀盐溶液提取的是清蛋白和球蛋白，可被乙醇提取的是醇溶蛋白，不能被稀盐溶液和乙醇提取而能溶于稀醋酸的是谷蛋白。小麦蛋白质溶水性较差，且由于抗原的作用，容易引起小肠组织的绒毛萎缩及腺窝加深。小麦面筋中蛋白质的表观回肠消化率仅 52%，远低于乳蛋白的 87%～91%（Branco - Pardal 等，1995）。20 世纪 80 年代后期，欧洲市场上可溶性小麦蛋白开始发展，在代乳品中的应用也日渐增多。小麦蛋白中赖氨酸水平非常低，但是乳清浓缩蛋白和改性小麦蛋白混合物中的赖氨酸可以满足犊牛需要，且使用效果好于干燥脱脂乳粉（Terui 等，1996）。Ortigues - Marty 等（2003）利用可溶性小麦蛋白代替代乳品中的脱脂乳蛋白饲喂肉犊牛的试验证明，犊牛活体增重、屠体产量、肉质颜色及构造都没有显著性差异，没有出现代谢紊乱，并由此认为可溶性小麦蛋白是肉犊牛代乳品的一种良好的替代蛋白源。

（3）花生蛋白质　花生蛋白质是一种优质植物蛋白，根据脱脂情况可分为全脂、半脱脂、脱脂三类；根据加工工艺不同可以分为花生蛋白粉、花生浓缩蛋白、花生分离蛋白等，饲料中常用的脱脂花生蛋白粉的粗蛋白质含量为52%～53%。花生浓缩蛋白是以脱脂花生粉为原料，通过热水萃取等电点沉淀和乙醇洗涤等方法制得，其粗蛋白质含量约为70%；花生分离蛋白是由脱脂花生蛋白粉通过碱提酸沉和超滤膜等方法而制得的花生蛋白精制产品，其蛋白质含量约为95%。花生蛋白中约10%为清蛋白，剩余约90%都为碱性蛋白，主要由花生球蛋白和伴花生球蛋白组成。中国年花生产量雄踞世界首位，总产量为1 434万t，从油脂工业提炼出来的大量花生蛋白副产物为花生蛋白在犊牛代乳品中的应用创造了光明的前景。然而花生蛋白的氨基酸平衡性较差，蛋氨酸和色氨酸含量较少，含有的抗营养因子也是影响其应用于犊牛代乳品的因素之一，如胰蛋白酶抑制因子。另外，使用时也要特别注意花生蛋白中的黄曲霉毒素。

（4）大米蛋白质　大米蛋白是大米或碎米通过酶法提取可溶性糖分后产生的副产物，其粗蛋白质含量高达60%。根据溶解性不同可以将大米蛋白分为4种类型：水溶性白蛋白、盐溶性球蛋白、碱溶性谷蛋白及醇溶性蛋白。其中，碱溶性谷蛋白占总量80%以上、盐溶性球蛋白占总量2%～10%、水溶性白蛋白占总量2%～5%、醇溶性蛋白占总量1%～5%。在实际生产中，根据加工工艺的不同，又将大米蛋白分为大米浓缩蛋白（CP含量50%～89%）和大米分离蛋白（CP含量90%以上）。与其他植物蛋白相比，大米蛋白中的赖氨酸含量较高，必需氨基酸含量具有一定优势，且抗营养因子水平极低。氨基酸平衡和低致敏性保证了大米蛋白较高的生物学效价（biology value，BV）和蛋白质效用比率，以及良好的营养价值。但大米蛋白主要是由碱溶性谷蛋白组成，可溶水的白蛋白含量较低，因此大米蛋白具有较差的水溶性。当pH为4～7时，大米蛋白中谷蛋白溶解性增长缓慢；而pH接近9时，蛋白溶解性才迅速增加。研究表明，酶解和蛋白改性可以显著改变大米蛋白的溶解性。

（5）马铃薯蛋白质　马铃薯蛋白是将薯类加工产生的淀粉废液中的蛋白进行高度浓缩，滤除有害成分，经喷雾干燥制成的高蛋白原料。然而马铃薯蛋白在犊牛代乳品中的应用效果不太理想，它会增加犊牛内源氮的流失，从而造成犊牛日粮蛋白和氨基酸表观消化率低（Montagne等，2001）。相对饲喂全乳蛋白代乳品日粮的犊牛，用马铃薯蛋白提供犊牛代乳品中52%蛋白组中的犊牛对马铃薯蛋白试验组日粮的营养和氨基酸表观消化率显著偏低（Branco-Pardal等，1995）。

（6）豌豆蛋白质　豌豆蛋白是豌豆加工粉丝后的副产品之一，经过对豌豆粉丝废水进行沉降分离、均质、脱水、烘干及粉碎等工艺处理获得。豌豆蛋白营养价值较高，钙、磷比例适中，维生素B族含量较丰富。但在日粮配制时需要注意豌豆蛋白含有凝集素、抗原蛋白、单宁、皂素和胰蛋白酶抑制因子等抗营养因子，且具有苦涩味，添加量过高时，会影响动物消化率以及采食量。

以上不同蛋白质来源代乳品粗蛋白质对犊牛消化率的影响见表3-1。

总之，虽然相较于乳源蛋白，目前植物蛋白在犊牛日粮中应用的效果欠佳。但是植物蛋白来源丰富且广泛，其粗蛋白质含量高。相同粗蛋白质水平的代乳品，植物蛋白的配制成本要低廉很多，而且更早地接触植物性蛋白，可以促进犊牛消化系统尽早地发育。因此，研究如何将植物蛋白较好的应用于犊牛日粮中，具有广阔的前景。

表 3-1　不同蛋白质来源代乳品粗蛋白质对犊牛消化率的影响

蛋白质来源	犊牛日龄（d）	蛋白质替换比例（%）	粗蛋白质消化率（%）	资料来源
脱脂乳	11～21	—	94.4	Babella 等（1988）
浓缩乳清蛋白	11～21	100	90.2	
脱脂乳	56～63	—	94.1	Tolman 和 Demeersman（1991）
可溶性小麦蛋白	56～63	20	94.9	
酪蛋白和乳清	29～34	—	82.5	Silva 等（1986）
改性大豆粉	29～34	50	72.1	
熟大豆粉	29～34	50	64.1	
浓缩乳清蛋白	14～21	—	82.2	Dawson 等（1988）
大豆浓缩蛋白	14～21	75	58.7	
大豆粉	14～21	75	41.8	
蒸汽压片大豆粉	14～21	75	54.8	
脱脂乳	>28	—	80	Khorasani 等（1989a）
大豆分离蛋白	>28	100	60.5	
脱脂乳	9～14	—	93.2	Lalles 等（1995）
水解大豆分离蛋白	9～14	56	89.1	
熟大豆粉	9～14	72	67.8	
脱脂乳	56～98	—	91	Branco-Pardal 等（1995）
可溶性小麦面筋	56～98	52	87	
土豆蛋白浓缩物	56～98	52	83	

注：“—”指未测量。

（二）蛋白质水平

1. 哺乳期犊牛

（1）蛋白质的生物学价值　蛋白质的生物学价值等于在维持水平以上氮用于动物生长的利用效率，它是反映动物采食蛋白质的氨基酸平衡状态及对氨基酸需要的重要指标。蛋白质生物学价值的最大值只有在被测蛋白质和能量水平很低，而其他营养素均过量的情况下取得。理想状态下，乳蛋白质的生物学价值在 0.80～0.90（Roy，1980）。Donnclly 和 Hutton（1976）将乳蛋白质的生物学价值设定为 0.80，并将同值赋予饲粮蛋白质用于维持需要的效率。应该注意这一数值是在限制蛋白质采食量条件下测定的，并且假定动物采食的饲粮中各种必需营养物质平衡良好，而能量采食量足以满足蛋白质合成的需要。随着蛋白质摄入量的提高，蛋白质的生物学价值下降，NRC（1978）使用的生物学价值为 77%。根据 Terosky 等（1997）的研究，由脱脂乳蛋白、浓缩乳清蛋白或两者相混合构成的粗蛋白含量为 21%的代用乳，其表观生物学价值为 0.692～0.765，该研究得出的蛋白质真生物学价值估计值（对内源 N 损失量和代谢粪 N 量进行校正）高于 0.80。ARC（1980）将乳蛋白中粗蛋白质转化为可消化蛋白的效率定为 93%，比 NRC（1978）确定的转化效率值（91%）略高。犊牛可消化蛋白质和粗蛋白质需要量的建立，是以饲粮中含有消化率和生物学价值均较高的乳蛋白为基础的。

犊牛对代乳品中以非乳蛋白作为代用品的利用效率可能没有那样高。当利用非乳源性蛋白质时，为了确保犊牛生长所需足够的氨基酸供应，可能需要对利用效率进行适当的调整（Davis 和 Drackley，1998）。目前，犊牛代乳品中多使用植物性蛋白作为蛋白质来源。由于这些蛋白质中氨基酸相对不平衡，且幼龄犊牛的消化酶体系尚未建立完全，结果测得这些蛋白质的生物学价值均相对较低。

（2）代乳品粗蛋白质水平　代乳品中蛋白质的含量取决于代乳品的饲喂量、能量含量及蛋白质的生物学价值。NRC（1989）认为，代乳品中粗蛋白质的含量不应低于 22%（以 DM 为基础）。在美国，大型品种犊牛代乳品的饲喂量通常为 454 g/d，直至断奶。此值对体增重较小的犊牛可以提供足够的能量，但其对蛋白质的需要量相应较小。限制饲喂的犊牛其体增重的大小依赖于体重的大小，因为体重较小的犊牛维持需要能量较小，则相对有更多的能量用于生长。如果代乳品的饲喂量随犊牛体重的增加而增加，那么犊牛会用更多的能量用于生长，从而导致对蛋白质的需要也增加。Donnelly 和 Hutton（1976）使用仅含乳蛋白质的代乳品饲喂 12～61 日龄的犊牛，他们将蛋白质水平设为 6 个，分别为 15.7%、18.1%、21.8%、25.4%、29.6%和 31.5%，每个饲喂水平采用两种饲喂方式：①低饲喂量，使提供的消化能可获得 600 g/d 的目标增重；②高饲喂量，使提供的消化能可获得 900 g/d 的目标增重。结果发现，随可消化蛋白质摄入量的增加，犊牛体增重随之直线上升，但升到一定点后不再变化。低饲喂量的犊牛（采食消化能为 4 055 kcal*/d），最大体增重可达 574 g/d，此值对应的可消化蛋白质的最小摄入量为 163 g，而这一水平的可消化蛋白质可由 21.8%的粗蛋白质日粮组提供。高饲喂量的犊牛（采食消化能为 4 993 kcal/d），最大体增重可达 783 g/d，此值对应的可消化蛋白质的最小摄入量为 231 g。而要达到此水平，日粮中粗蛋白质的含量约需 23%。Tomkins 等（1995）进行了类似的研究，他们将 240 头公犊牛随机分为 6 个处理组，各处理组试验日粮仅粗蛋白质水平不同，分别为 14%、16%、18%、20%、22%和 24%，代谢能水平为每千克日粮约 1.8×10^{7} J，试验日粮中的蛋白质全由乳蛋白质提供。每头犊牛的饲喂量从第 1～6 周分别为 0.45 kg DM/d、0.57 kg DM/d、0.68 kg DM/d、0.79 kg DM/d、0.91 kg DM/d 和 1.02 kg DM/d。结果发现，各处理组试验开始 2 周内犊牛日增重很低，生长速度很慢甚至负增长，增长范围为－0.013～0.10 kg/d。其中，低值由 14%粗蛋白质日粮提供，高值由 18%及 22%粗蛋白质日粮提供。结果证明 14%粗蛋白质日粮很明显不能给犊牛提供足够的营养需要，而 24%粗蛋白质日粮组犊牛表现的生产成绩反而不如 22%粗蛋白质日粮组犊牛。可能是由于这一水平的粗蛋白质超出了能量水平允许的蛋白质需要范围，从而引起犊牛生产性能的下降。

能量对代乳品中蛋白质含量的影响与饲喂量的多少有密切关系。NRC（2001）指出，蛋白质的摄入量不要超过由能量摄入量决定的目标增重所需的蛋白质数量。固定能量采食量会限制犊牛对用于生长的蛋白质需要，这样体重较大的犊牛对蛋白质的需要反

---

* 非法定计量单位。1 kcal≈4.186 J。

而小于体重小的。Davis 和 Drackley（1998）预计了犊牛对表观可消化蛋白质的需要量，为满足体重为 35 kg 的犊牛对蛋白质的需要，代乳品中需包含 20.0%的粗蛋白质，且饲喂量为 454 g/d（以 DM 为基础）。体重越大，代乳品的蛋白质水平越低。因此认为，对于体重为 45～55 kg 且限饲全乳代乳品的犊牛，代乳品中粗蛋白质含量为 18%即可满足其对蛋白质需要，这一推荐值与 NRC（2001）的相同。

对于含有植物性蛋白质的代乳品而言，由于植物性蛋白质的消化率及氨基酸的利用率较低，因此这类代乳品中蛋白质含量通常要高于仅含乳蛋白质的代乳品。Sanz 等（1997）建议，以植物性蛋白为代乳品蛋白源时，其蛋白质含量要高于 22%。李辉（2008）等证实，使用 3 种代乳粉饲喂犊牛时其代谢能水平（17.8 MJ/kg）一致，粗蛋白质水平分别为 18%、22%和 26%，在为期 6 周的试验期内犊牛总增重分别达到 25.1 kg、34.8 kg及 26.4 kg。结果表明，饲喂蛋白质含量为 22%的代乳品的犊牛获得了较好的生长性能。

2. 断奶后犊牛　断奶后犊牛主要以采食固体开食料为主，其原料组成与哺乳期犊牛使用的代乳品存在较大差异，主要由玉米、豆粕、麸皮、维生素及微量元素等原料组成。豆粕为断奶后犊牛开食料的最主要蛋白质来源，另外其他的蛋白质原料也被广泛使用，如亚麻粕、棉籽粕、菜籽粕、热处理大豆或粉碎挤压大豆。由于瘤胃微生物区系并不完善，因此通常不在犊牛开食料中使用非蛋白氮。

尽管国外对犊牛开食料蛋白质需要进行了一些研究，但结果并不一致。Brown 等（1960）指出，以含 12%～13%粗蛋白质的开食料饲喂犊牛，犊牛生长性能与饲喂更高粗蛋白质水平的开食料一致。Leibholz 和 Kang（1973）发现，犊牛日粮中粗蛋白质含量为 15%时，可以与 18%的蛋白质水平获得相同的增重效果，然而氮沉积较低。还有研究表明，日粮粗蛋白质含量为 14.3%和 26%时犊牛可以获得相似的生长效果，但粗蛋白质为 26%的日粮有较高的氮正平衡（Schurman 和 Kesler，1974）。而 Bartley（1973）则认为，当日粮中粗蛋白质含量占 20%时，犊牛的增重效果较粗蛋白质含量占 16%的好。多数研究认为，从出生到 8～10 周龄犊牛开食料中粗蛋白质含量应为 16%～18%（Roy，1980）。实际生产中犊牛开食料中的粗蛋白质含量一般为 15%～20%（干物质基础），如 Morrill（1971）为出生至 12 周龄犊牛开食料提供的配方中推荐的粗蛋白质含量为 17.7%。由于资料较少，NRC（2001）中关于体重 100 kg 以下具有反刍功能犊牛蛋白质的需要量是根据 100～150 kg 体重青年母牛生长需要量外推的，其蛋白质含量同样为 16%～18%。NRC（2001）还指出，对于 100～150 kg 平均日增重为 0.3 kg、0.4 kg、0.5 kg、0.6 kg、0.7 kg、0.8 kg 的小型品种母牛，其粗蛋白质需要量分别为 12.4%、13.7%、15.0%、16.3%、17.7% 和 19.0%。

相对国外，国内对犊牛开食料蛋白质水平的研究则较高。有学者使用含粗蛋白质 20.52%的开食料对犊牛进行早期断奶试验，结果表明该开食料可有效提高犊牛的增重并促进犊牛前胃发育。潘军等（1994）在哺乳犊牛开食料的试验中，采用了两种粗蛋白质水平分别为 23.18%和 25.22%的开食料，结果显示两组牛 2 月龄和 3 月龄体重差异不显著，表明粗蛋白质水平可为 23.18%。张伟（2006）研究认为，犊牛开食料中蛋白质水平应为 20%～22%。黄利强（2008）认为，蛋白质水平为 19.29%的开食料对 60～120日龄犊牛的日均采食量、日均体增重、重要体尺指标增长量、复胃发育等指标的作用效果较蛋白质水平为 21.16%和 17.22%的开食料好。云强（2010）用粗蛋白质水平（风干物质基础）分别为 16.22%、20.21%和 24.30%的开食料饲喂 8～17 周龄荷斯坦犊牛，结果表明 20.21%的粗蛋白质水平对断奶犊牛较为适宜。

二、犊牛氨基酸营养

蛋白质是犊牛生长发育的基础。但是蛋白质营养实际上是氨基酸营养，动物营养学家们已经认识到日粮蛋白质中氨基酸的数量和质量对动物生产力和健康都具有重要作用。日粮中必需氨基酸的平衡效果越好，动物对日粮蛋白的利用率就越高。ARC（1981）在猪的营养需要中首次将理想蛋白质（ideal protein，IP）与动物氨基酸需要量的确定及饲料蛋白质营养价值评定联系起来。理想蛋白质是指蛋白质的氨基酸组成和比例与动物所需的蛋白质的氨基酸组成和比例完全一致，包括 EAA 之间及 EAA 与 NEAA 的组成和比例。任何一种氨基酸的缺乏或过量都可能破坏氨基酸平衡，建立理想蛋白模型必须测定动物对各种氨基酸的需要量和各种氨基酸适宜的比例。目前，动物营养学者对猪和家禽的氨基酸限制性顺序和比例的研究已经比较成熟和完善，取得的成果对生产实际产生了巨大的作用。（NRC，1994）和（NRC，1998）指出，在动物的每一个生理阶段，其代谢蛋白质都存在一个最佳的氨基酸比例。然而，由于反刍动物消化生理的特殊性，因此对其氨基酸的营养研究相对滞后。

（一）成年反刍动物限制性氨基酸

与其他动物一样，反刍动物也需要来自饲料的必需氨基酸。瘤胃发酵产生微生物蛋白和瘤胃非降解蛋白，以及少量的内源蛋白质共同组成了小肠蛋白质，小肠蛋白质的氨基酸数量和组成比例是决定反刍动物生产性能的重要限制因素。

对于奶牛来说，理想蛋白质模式不仅可以降低氮的排放量，提高饲料利用效率，还可以提高乳蛋白、乳脂甚至奶产量。通常认为，乳中酪蛋白的合成受必需氨基酸利用率的限制。泌乳奶牛的限制性氨基酸种类与数量受泌乳阶段与饲粮组分的影响。通常来说，最为主要的限制性氨基酸有蛋氨酸、赖氨酸及组氨酸。

通过皱胃及十二指肠灌注限制性氨基酸等方法，国内外科学家优化了反刍动物小肠蛋白质的氨基酸组成，结果可以有效提高奶牛等动物的生产性能。Pisulewski 等（1996）在给奶牛十二指肠灌注 10 g/d 赖氨酸的基础上，再分别灌注 0、6 g/d、12 g/d、18 g/d 和 24 g/d 的蛋氨酸，结果随蛋氨酸灌注量的提高，奶产量无明显变化，而乳中真蛋白含量与乳蛋白产量均呈直线增加，这也说明乳成分比奶产量对限制性氨基酸更为敏感。

饲喂瘤胃保护性氨基酸亦可改变到达小肠的氨基酸组成。由于反刍动物瘤胃中存在大量微生物，普通的晶体氨基酸会在瘤胃微生物的作用下发生脱氨基作用，不能起到优化小肠氨基酸的作用。因此在反刍动物日粮中添加氨基酸通常使用瘤胃保护性氨基酸。在实际生产中，日粮中添加过瘤胃氨基酸是一种提高小肠氨基酸含量、优化蛋白质模型的有效手段。大量研究证明，通过过瘤胃氨基酸增加日粮中的 Lys 和 Met 水平可以提高奶牛的采食量、乳产量及乳蛋白含量。在低蛋白日粮中添加过瘤胃赖氨酸（RPLys）

和过瘤胃蛋氨酸（RPMet）可以与高蛋白日粮下获得相似的乳蛋白产量。Colin- Schoellen 等（1995）给奶牛每日补饲 10 g RPMet 与 30 g RPLys 后，明显增加了乳蛋白产量，而且补饲氨基酸对低能饲粮组乳中真蛋白含量的改善作用大于高能饲粮组。Rulquin 和 Delaby（1994）给含花生饼或血粉的奶牛饲料添加 RPMet 与 RPLys，结果较未添加组明显提高了乳蛋白含量。Xu 等（1998）于奶牛产前 3 周至产后 8 周，在玉米酒糟饲粮中给奶牛补饲不同水平的 RPMet 与 RPLys，结果补饲组乳蛋白产量明显高于对照组。以上研究证明，通过瘤胃保护氨基酸可以优化氨基酸比例模式，提高奶牛的生产性能。

应用理想蛋白质模式要考虑动物品种及日粮类型等因素，否则不能达到改善动物生产性能的目的。Piepenbrin 等（1996）给低蛋白质（14%）奶牛饲粮中添加不同比例的 RPMet 与 RPLys，结果各组奶产量与乳蛋白含量及产量均无明显差异。Bernard 等（2004）研究表明，增加日粮中的 Lys 水平，对奶牛的采食量、日粮的消化率和 N 的十二指肠流量并无影响。Socha 等（2005）认为，与仅饲喂玉米型基础日粮和 RPMet 的处理相比，同时饲喂 RPMet 和 RPLys 可以提高泌乳早期奶牛奶产量、乳脂和乳蛋白含量。另外，当日粮粗蛋白质水平为 16%时，仅添加 RPMet 及同时添加 RPMet 和 RPLys 并不能改变乳蛋白和乳脂；但日粮粗蛋白质水平为 18.5%时，则乳蛋白分别提高了 0.21%和 0.14%，并且低蛋白质组奶牛的血清尿素氮含量要低于高蛋白组。表明奶牛采食低蛋白质饲粮时，除赖氨酸与蛋氨酸外仍有其他养分限制奶与乳蛋白的合成。因此，在使用过瘤胃氨基酸应避免日粮蛋白质水平过低。

（二）幼龄反刍动物限制性氨基酸

犊牛对氨基酸的需要情况比成年奶牛更为复杂，原因有：首先是瘤胃没有发育成熟，功能不完善。犊牛刚出生的几周内，瘤胃微生物菌群会逐步建立，瘤胃内微生物的种类和数量会明显地受到周围环境的影响。其次是犊牛出现食管沟反射后，使得采食的奶和代乳品乳液不能进入前胃，而由食管经食管沟和瓣胃管直接进入皱胃进行消化，因此乳液饲料不会受到瘤胃的影响。这对于犊牛来说是有利的，因为奶中的氨基酸模型是最能满足犊牛生长需要的。但是用桶、盆等食具给犊牛喂乳时，由于缺乏对口腔感受器的吮吸刺激作用，因此食管沟闭合不完全，往往有一部分乳汁流入瘤胃和网胃，经微生物作用发酵、产酸，不仅造成犊牛消化不良，而且会改变进入皱胃的氨基酸比例和含量。

随着瘤胃发育程度的不断提高，犊牛开食料中的蛋白质会逐渐经过瘤胃微生物的发酵作用转变为微生物蛋白质。因此，在犊牛瘤胃功能发育完善之前，不能简单地用估测成年反刍动物瘤胃发酵的方法来估测哺乳期犊牛。比如对于成年牛，35%的大豆蛋白为过瘤胃蛋白；而对于 3 周龄的犊牛，有 75%的大豆蛋白成为过瘤胃蛋白。随着犊牛周龄的增加，过瘤胃蛋白的比例会从 75%逐渐降低到 35%。但是目前营养学家们还没有确切掌握犊牛瘤胃的具体发育过程。随着瘤胃的不断发育，瘤胃中的微生物菌群、瘤胃功能、日粮发酵程度等都存在一个动态变化的过程，进入小肠的氨基酸种类和数量存在非常大的不确定性，这就导致了犊牛氨基酸需要量的确定成为一个困扰营养学家的难题。

许多研究者试图只给犊牛饲喂牛奶来研究犊牛瘤胃发育过程中进入皱胃的氨基酸变化模式。在这种饲喂模式下，由于犊牛的瘤胃发育受阻，因此摄入的氨基酸受瘤胃发酵作用的影响小，可以像单胃动物一样很容易估测出犊牛对氨基酸的需要，但是这种饲喂模式是不符合实际生产条件的。另一种解决方法是按照实际生产条件给犊牛饲喂代乳品和开食料，但是这种情况下得出的犊牛氨基酸需要会受开食料的组成和代乳粉原料成分的影响。

Chalupa 等（1973）研究表明，皱胃灌注赖氨酸、苏氨酸和组氨酸使生长牛的氮存留升高。由于犊牛瘘管手术对技术要求较高，且成本较高，因此关于这方面的研究较少。Schwab 等（1982）给断奶犊牛饲喂粗蛋白质水平为 13.8%开食料的同时灌注不同浓度的 Met，结果表明当日粮中 Met 含量为 0.6 g/kg 时，犊牛的氮存留最高、血清尿素氮最低。

国外对犊牛限制性氨基酸营养研究表明，通过添加氨基酸来优化氨基酸比例确实可以提高犊牛的生产性能。Wright 和 Loerch（1988）研究了日粮中 RPMet 和 RPLys 对生长牛生长性能的影响发现，正对照组（添加豆粕）生长牛的增重与中水平组（0.12% RPMet 和 0.08%RPLys）的差异并不显著，但正对照组的要显著高于负对照组（添加尿素）、高水平组（0.15%RPMet 和 0.10%RPLys）和低水平组（0.09%RPMet 和 0.06%RPLys）（$P<0.05$）。Abe 等（2000）研究发现，将日粮中 Lys 水平固定为 16 g/d时，血清中的 Lys 和 Met 浓度会随日粮中 Met 水平的升高而升高；同时发现，日粮中 Met 水平为 6 g/d 时犊牛的增重和氮存留最高，而当 Met 水平超过 18 g/d 时犊牛出现负增重并且氮存留也下降。说明氨基酸失衡会给犊牛的采食量及增重带来不利影响。相反，Abe 等（1999）研究发现，在玉米-豆粕型日粮中添加 Met 和 Lys 并不能改变 3 月龄以上犊牛的氮平衡，并认为在粗蛋白质水平为 12.5%的以玉米为基础的日粮中添加 Met 对 3 月龄后犊牛无效果。

NRC（2001）中用来估测只饲喂代乳粉的哺乳期犊牛日粮中蛋白质/能量对日增重和蛋白质沉积率的模型不适用于估测补饲开食料的犊牛。原因在于补饲开食料后犊牛体内的酶系（如乳糖酶和淀粉酶），以及对乳源性和植物源性营养素的消化率均与只饲喂代乳粉的犊牛不同。随着犊牛对开食料采食量的增加，饲料转化率和开食料的消化率会下降。因而，代乳粉和开食料之间的交互作用对采食量和消化率的影响使得对犊牛氨基酸营养的研究更加复杂。

目前对犊牛影响比较大、研究比较多的氨基酸主要是赖氨酸、蛋氨酸和苏氨酸。

1. 赖氨酸

（1）赖氨酸的营养作用　赖氨酸，被称为“生长性氨基酸”，是饲料添加剂行业中最常用的氨基酸之一。D-赖氨酸无生理效果，生产中应用较多的是 L-赖氨酸。L-赖氨酸参与机体蛋白质合成，如形成骨骼肌、酶蛋白和某些多肽激素的组分；在畜禽生长时期，生产速度越快生长强度越高，需要的 Lys 也就越多；赖氨酸具有增强畜禽食欲、提高抗病能力、促进外伤治愈的作用；是合成脑神经及生殖细胞、核蛋白质及血红蛋白的必需物质；参与脂肪代谢，是脂肪代谢酶中肉毒碱的前体。

生产中赖氨酸主要应用于猪、鸡。犊牛由于瘤胃尚未发育完全，消化生理类似于单胃动物，亦可应用赖氨酸，通常添加量为 0.1%～0.2%。赖氨酸对犊牛生长发育的影响主要集中在氮沉积、氮表观生物学价值、营养物质消化率及日增重等方面。皱胃灌注赖氨酸会增加动物对日粮氮的沉积。Klemesrud 等（2000）给犊牛饲喂不同赖氨酸和蛋氨酸含量的日粮后发现，补饲赖氨酸可提高犊牛的体重。李辉（2008）报道，犊牛代乳粉中赖氨酸水平影响日粮营养素的摄入量、吸收量和消化率，并对瘤胃的发育及瘤胃内各部位的乳头高度有显著影响。

（2）赖氨酸的缺乏与过量　赖氨酸缺乏可引起蛋白质代谢障碍及功能障碍，导致动物生长障碍。幼畜期间，机体的组织器官处于生长发育旺盛阶段，所需赖氨酸量最大。赖氨酸缺乏影响胶原蛋白和血红蛋白等的合成，从而影响幼畜的生长发育，甚至出现记忆、防御能力下降，易感染和发生各种疾病。张乃锋（2008）研究认为，赖氨酸部分扣除可显著降低25～27日龄和53～55日龄犊牛的氮沉积和氮表观生物学价值。这可能是由于赖氨酸不足影响了日粮氨基酸平衡，使得采食氮降低，粪氮、尿氮升高，导致犊牛对氮的消化率和代谢率均降低所致。

赖氨酸毒性相对于蛋氨酸的较小，但是赖氨酸过量会引起其他氨基酸的不平衡。饲料中赖氨酸的添加量取决于日粮的主要原料组成，过量补充赖氨酸会造成氨基酸之间新的不平衡，不仅会引起吸收率下降，甚至会产生负氮平衡。Abe 等（2001）研究发现，体重为150 kg的犊牛摄入过量氨基酸后最明显的症状是腹泻，引起腹泻的赖氨酸的量大约为64 g/d，相当于0.43 g/(kg BW·d)。但这一观点是否确立尚需更多的研究来证实，因为试验还证实，通过网胃给犊牛投喂过量的赖氨酸后并未发现犊牛产生不良反应。

2. 蛋氨酸

（1）蛋氨酸的营养作用　蛋氨酸经胃肠道吸收后在动物体内能合成机体蛋白，因此与动物生长密切相关。蛋氨酸所含的硫，在体内能很快转换为胱氨酸，满足动物需要；为机体提供活性甲基，用来合成胆碱、角质素和核酸等一些甲基化合物；提供活性羟基基团，补充胆碱或维生素 B_{12} 的部分作用；促进细胞增殖和动物生长。Tzeng（1980）研究发现，哺乳期犊牛日粮中蛋氨酸含量由0.18 g/(kg BW·d)提高到0.27 g/(kg BW·d)时，其氮沉积可增加18%，平均日增重可提高32%。蛋氨酸在很大程度上还影响动物的免疫功能及动物对感染疾病的抵抗力。在免疫应答过程产生的蛋白质中，其蛋氨酸的含量较高。

（2）蛋氨酸的缺乏与过量　蛋氨酸相对毒性较强，稍微过量就会引起氨基酸的不平衡。Abe 等（1999a）研究发现，以玉米-豆粕型日粮为基础饲喂体重在103 kg左右的犊牛，通过网胃投喂34 g/d DL-Met［即0.333 g /(kg BW·d)］，犊牛会出现明显的中毒症状；然而给体重为62 kg的犊牛饲喂相同的日粮和相同的饲喂水平（21 g/d）时，其日增重、采食量和肉料比却没有出现明显的下降。蛋氨酸是采食玉米-豆粕型日粮犊牛的第一限制性氨基酸，其毒性主要表现在给犊牛补饲蛋氨酸后引起氨基酸的不平衡，减少了本应增加的氮沉积量。Abe 等（2000）研究表明，对70 kg犊牛来说，蛋氨酸安全剂量范围为6～12 g/d［0.088～0.177 g /(kg BW·d)］，中毒剂量范围为12～18 g/d［0.177～0.265 g /(kg BW·d)］；100 kg犊牛的安全剂量和中毒剂量分别为8～16 g/d［0.079～0.158 g/(kg BW·d)］和24～32 g/d［0.237～0.316 g /(kg BW·d)］。

3. 苏氨酸

（1）苏氨酸的营养作用　苏氨酸可促进体内蛋白质的合成。在日粮中添加适量的苏氨酸可以促进动物生长，提高饲料转化率。在日粮中同时添加赖氨酸和苏氨酸，可在不影响动物生产性能的前提下，降低日粮蛋白质水平，节约蛋白质资源。苏氨酸对采食量也有一定的调节作用。动物在表现出最佳生产性能前，采食量随苏氨酸水平的增加而逐渐增加并达到高峰；动物在达到最佳生产性能时，采食量降至极限区。

苏氨酸是动物合成免疫球蛋白 IgG 的主要氨基酸之一。赖氨酸水平主要影响机体细胞免疫功能；而蛋氨酸及苏氨酸水平主要影响机体体液免疫功能；不同水平的蛋氨酸影响胸腺占体重的比例，而不同水平的苏氨酸影响脾脏占体重的比例，且两者显著影响血液中 IgG 的效价及半数溶血值，说明蛋氨酸和苏氨酸与机体免疫力有关。

（2）苏氨酸的缺乏与过量　苏氨酸的过量摄入对动物的生长影响较小，但会使血浆、肌肉和肝脏中游离的苏氨酸浓度升高，阻碍色氨酸进入脑内，影响中枢神经的调节，降低动物的采食量。苏氨酸缺乏时动物往往表现为采食量下降、生长阻滞、饲料利用率下降及免疫机能抑制等症状。目前，苏氨酸饲喂量对犊牛影响的报道较少，苏氨酸缺乏的研究多集中在家禽上。鸡日粮缺乏苏氨酸可导致食欲不振，采食量下降，另外还可引起一些生化指标的变化，这些变化最终导致鸡生长速度变慢、饲料转换率降低等情况。

三、犊牛蛋白质及氨基酸需要量

（一）蛋白质需要量

1. 犊牛代乳品中蛋白质水平的研究　李辉（2008）选用新生荷斯坦公犊牛为实验动物，分别饲喂等能量值粗蛋白质含量为 18%、22%及 26%的 3 种代乳品，试验 60 d。称量犊牛初生重及第 11 日龄、21 日龄、31 日龄、41 日龄、51 日龄、61 日龄体重，同时测量犊牛的体长、斜长、体高、胸围和管围。犊牛 21 日龄、31 日龄、41 日龄、51 日龄、61 日龄晨饲前经颈静脉穿刺采血，测定血清生化指标；犊牛 12～20 日龄、22～30 日龄、32～40 日龄、42～50 日龄及 52～60 日龄内进行五期消化代谢试验，测定犊牛对营养物质的表观消化率；犊牛 28 日龄、35 日龄、42 日龄、49 日龄及 56 日龄晨饲前，采用瘤胃软管口腔导入法采集瘤胃液，测定犊牛瘤胃发酵参数；犊牛 56 日龄，各组随机选 3 头称重后，采用颈静脉放血法进行屠宰试验，测定犊牛消化道发育情况。

（1）生长性能　表 3-2 为进食不同蛋白质水平代乳品对哺乳期犊牛生长性能的影响。3 组犊牛全期增重分别为 14.97 kg、16.43 kg 及 13.23 kg。22%组犊牛增重速度比 18%组高 9.75%、比 26%组高 24.19%，表明蛋白质水平对犊牛生长发育有显著影响。体长的变化规律与体重相似，随日龄的增长而线性上升。从变化趋势上看，22%组犊牛的表现优于 26%、18%两组。各组犊牛的体高在 31 日龄以前均表现为快速增长，31 日龄后趋于平稳，试验结束时各组无显著性差异。管围的变化规律与体高相似，呈曲线增长。胸围的变化规律与体高、管围相反，在 31 日龄以前增长较小，但 31 日龄以后各组犊牛的胸围值均快速增加。在试验结束时各组犊牛胸围值分别达到 93.00 cm、94.67 cm 及 93.33 cm。

（2）营养物质消化代谢　表 3-3 为进食不同蛋白质水平代乳品的犊牛在哺乳期不同生理阶段内对营养物质的消化代谢情况。犊牛对日粮氮的消化率随日龄增长而呈上升趋势。从试验全程来看，22%组变化较为平稳，整个试验期内无显著差异。12～20 日龄期间 22%组犊牛氮的消化率为 76.34%，显著高于 18%组的 64.32%和 26%组的

表 3-2 不同蛋白质水平代乳品对哺乳期犊牛生长性能的影响

项 目	处理组	日龄（d）						
		1	11	21	31	41	51	61
体重（kg）	低（18%）	42.50±7.00	44.83±6.33	46.57±6.21	47.37±6.02	52.57±6.74	54.17±6.00	57.47±7.62
	中（22%）	44.50±4.36	48.50±3.46	49.40±2.52	52.10±2.69	55.63±6.09	58.77±5.61	60.93±5.60
	高（26%）	45.40±1.39	48.37±1.45	46.57±2.52	49.43±2.57	51.03±2.54	56.03±3.91	58.63±4.50
体直长（cm）	低（18%）	61.67±1.16	63.67±1.16[a]	64.67±1.53	65.00±1.00[b]	67.33±1.53	68.00±3.61	71.33±2.52
	中（22%）	61.67±2.52	61.33±0.58[b]	64.33±0.58	68.00±1.00[a]	68.33±2.89	73.00±1.00	74.00±1.00
	高（26%）	60.33±1.16	62.67±0.58	63.67±0.58	65.67±0.58[b]	65.00±2.65	70.33±2.08	73.67±1.53
体斜长（cm）	低（18%）	67.33±2.52	69.33±2.52	70.33±1.53	70.67±1.16	74.00±1.00	73.33±3.06	76.67±2.52
	中（22%）	67.33±3.06	66.33±2.31	70.00±2.00	73.67±2.08	73.67±2.31	76.00±1.00	78.33±2.52
	高（26%）	64.33±0.58	67.67±0.58	69.67±1.16	71.00±1.00	71.33±3.79	75.00±1.73	77.67±1.53
体高（cm）	低（18%）	72.33±1.53	76.00±2.65	79.00±2.65	80.67±2.08	82.00±3.00	82.67±3.06	83.00±2.65
	中（22%）	72.67±0.58	77.33±1.16[a]	79.67±0.58	82.00±1.00	80.67±1.53	83.33±1.53	83.33±1.53
	高（26%）	73.00±0.00	73.67±0.58[b]	80.67±1.53	82.00±0.00	82.67±0.58	82.67±0.58	82.67±0.58
胸围（cm）	低（18%）	82.67±4.73	83.00±5.29	84.00±4.58	86.00±3.61	89.67±3.06	90.33±2.52	93.00±2.00
	中（22%）	82.33±3.79	85.00±2.65	86.00±2.00	86.00±4.58	89.00±4.59	92.00±4.00	94.67±4.16
	高（26%）	83.67±1.53	85.67±1.53	84.33±0.58	83.33±1.53	88.67±3.51	91.00±3.00	93.33±2.52
管围（cm）	低（18%）	12.00±0.50	12.50±0.50	12.50±0.50	12.33±0.29	12.33±0.29	12.57±0.49	12.67±0.58
	中（22%）	11.83±0.76	12.50±0.50	12.67±0.58	12.67±0.58	12.67±0.58	12.67±0.58	12.67±0.58
	高（26%）	11.83±0.29	12.33±0.29	12.50±0.00	12.50±0.00	12.80±0.00	12.80±0.00	12.93±0.12

注：1. 数据用“平均数±标准差”表示；表 3-3 和表 3-4、表 3-6、表 3-8、表 3-11 至表 3-22、表 3-25 至表 3-27、表 3-29、表 3-34、表 3-42 至表 3-47 注释与此同。

2. 同列上标不同小写字母表示差异显著（$P<0.05$），相同小写字母或无字母表示差异不显著（$P>0.05$）。表 3-3 和表 3-10 注释与此同。

65.32%（$P<0.05$）。不同蛋白质水平全期日粮氮的消化率差异不显著。随日龄的增长，犊牛对干物质的消化率缓慢下降，其中 18%、22%两组犊牛 32～40 日龄期间干物质消化率显著低于 12～20 日龄（$P<0.05$）；26%组犊牛在 12～30 日龄期间干物质消化率基本保持平衡，但 30 日龄以后消化率快速下降。12～20 日龄内 22%组犊牛对日粮干物质消化率为 78.60%，稍高于 18%组的 74.50%和 26%组的 74.52%，但差异不显著（$P>0.05$）；42～50 日龄时 22%组显著高于其余两组，为 71.93%（$P<0.05$）。与干物质的消化规律相反，日粮粗脂肪的消化率在整个试验期内均表现上升趋势。总体分析 18%组在各日龄段均低于其余两组，但差异不显著（$P>0.05$）。在 40 日龄以前，试验犊牛对日粮钙的消化率趋于稳定，22%组犊牛在 32～40 日龄段内显著高于 26%组（$P<0.05$）。40 日龄以后，各组犊牛对日粮钙的消化率均逐渐下降，试验结束时 3 组之间无显著差异。

表 3-3 不同蛋白质水平代乳品对犊牛营养物质消化代谢的影响

项 目	粗蛋白质水平	日龄（d）					总平均
		12～20	22～30	32～40	42～50	52～60	
干物质表观消化率（%）	低（18%）	74.50±5.04	69.23±4.89	62.71±3.93	65.28±5.39[b]	52.88±4.73	64.92±8.51[b]
	中（22%）	78.60±5.52	68.67±4.07	64.37±10.40	71.93±0.78[a]	59.86±3.18	68.69±8.23[ab]
	高（26%）	74.52±6.52	75.93±2.73	67.88±2.33	62.43±1.25[b]	67.03±12.52	69.56±7.57[a]
粗脂肪表观消化率	低（18%）	67.94±10.46	73.41±6.63	71.30±4.74	84.30±4.41	84.01±3.73	76.19±8.86[b]
	中（22%）	81.75±7.07	76.92±8.24	81.71±4.60	87.66±2.06	80.74±4.30	81.76±5.99[a]
	高（26%）	79.86±8.65	87.41±5.94	78.26±7.30	82.26±8.84	87.95±2.10	83.15±7.18[a]
氮表观消化率（%）	低（18%）	64.32±5.98	67.38±3.43	71.48±2.79	73.43±4.59	70.34±1.56[b]	69.39±4.72[b]
	中（22%）	76.34±4.94	67.83±8.55	76.17±9.04	78.02±4.69	78.42±2.82[a]	75.36±6.77[a]
	高（26%）	65.32±13.54	75.46±5.66	73.27±2.65	77.82±7.34	80.88±4.58[a]	74.55±8.49[a]
N沉积率（%）	低（18%）	-6.90±6.49[b]	12.66±2.51[b]	17.86±3.65	30.52±1.80[b]	37.55±5.81	25.82±15.54[b]
	中（22%）	33.98±13.30[a]	17.16±3.10[b]	35.79±14.19	24.71±3.23[b]	36.88±2.86	28.24±10.28[b]
	高（26%）	23.94±6.83[a]	30.90±0.99[a]	36.50±4.73	37.77±2.40[a]	44.18±7.56	35.71±8.25[a]
钙表观消化率（%）	低（18%）	53.98±12.91	59.02±6.64	57.96±5.69[ab]	61.67±3.13	48.44±3.06	56.21±7.76
	中（22%）	69.18±7.89	48.54±6.25	66.90±3.98[a]	52.79±8.93	44.84±9.52	56.45±12.02
	高（26%）	57.50±12.01	53.12±8.81	54.01±4.59[b]	45.41±13.00	46.40±10.80	51.29±9.93
钙存留率（%）	低（18%）	44.32±9.46	50.82±6.25	54.56±2.92[ab]	54.44±10.73	42.87±5.62	49.04±8.31
	中（22%）	61.70±7.12	39.56±2.95	58.62±2.34[a]	40.25±15.05	31.53±12.08	46.31±14.50
	高（26%）	46.62±9.86	44.46±9.11	47.07±4.67[b]	40.23±14.15	33.65±5.73	42.56±8.95
磷表观消化率（%）	低（18%）	65.76±5.74	72.62±6.31	73.83±2.86[a]	75.70±5.42	64.12±7.22	70.40±6.77[a]
	中（22%）	69.73±7.28	60.51±5.25	79.81±5.06[a]	73.30±7.14	65.29±3.91	69.73±8.46[a]
	高（26%）	61.37±11.28	65.09±9.62	64.09±1.29[b]	60.49±14.26	68.14±0.46	63.83±8.29[b]
磷存留率（%）	低（18%）	41.72±4.82	52.56±5.25	55.27±14.08[ab]	60.36±5.59[ab]	56.74±15.11	54.16±10.56[ab]
	中（22%）	52.45±15.34	47.65±7.32	74.12±10.03[a]	66.85±2.70[a]	59.36±7.75	60.09±12.77[a]
	高（26%）	45.79±4.88	49.10±4.64	44.50±8.48[b]	48.53±10.86[b]	57.07±9.10	49.23±8.50[b]

（3）血清生化指标　表 3-4 为进食不同蛋白水平代乳品对犊牛血清生化指标的影响。从此表可以看出，犊牛血清总蛋白含量有随年龄增长而升高的趋势。到 60 日龄时，22%组犊牛血清 TP 含量为 53.33 g/L，高于 18%组的 52.33 g/L 及 26%组的 50.67 g/L。试验犊牛血清白蛋白含量在整个试验期内的变化幅度不显著，18%和 22%两组变化曲线与总蛋白曲线极为相似，26%组犊牛血清白蛋白却随年龄增长而逐渐下降，试验结束时 26%组显著低于 18%和 22%两组（$P<0.05$），仅为 28.33 g/L。白蛋白/球蛋白（A/G）

18%和22%两组在整个试验期内均无显著差异，且变化平稳，为1.50～1.67；26%组随犊牛日龄增长显著降低，试验结束时仅1.27。在整个试验期内3组犊牛血清尿素氮含量的变化曲线相似，均随犊牛日龄的增长而逐渐降低。其中，18%组犊牛血清尿素氮含量显著低于22%和26%两组（$P<0.05$），平均仅2.60 mg/dL；22%、26%两组之间虽无显著性差异，但数值上以22%组为低。在31日龄以前，试验犊牛血糖含量基本保持恒定；而整个试验期内，22%和26%两组均表现出先降低而后升高的趋势，18%组则表现持续下降。试验初期，各组犊牛血清血糖含量差异不显著，但61日龄试验结束时22%组犊牛血糖含量为5.38 mmol/L，显著高于18%组的3.71 mmol/L及26%组的4.09 mmol/L（$P<0.05$）。

表3-4　不同蛋白质水平代乳品对犊牛部分血清生化指标的影响

项　目	处理组	日龄（d）					总平均
		21	31	41	51	61	
尿素氮（mg/dL）	低（18%）	—	2.96±0.31^{bA}	2.80±0.33	2.45±0.39	2.21±0.25^{bB}	2.60±0.41^{b}
	中（22%）	4.46±1.02	5.01±1.29^{aA}	3.01±0.61^{B}	2.75±0.59^{B}	3.13±0.71^{aB}	3.67±1.19^{a}
	高（26%）	5.07±0.15^{A}	4.11±0.95	3.74±0.67	3.01±1.07^{B}	3.46±0.20^{aB}	3.94±0.90^{a}
血糖（mmol/L）	低（18%）	—	4.86±0.11^{bA}	5.02±0.25^{A}	4.69±0.43^{aA}	3.71±0.31^{bB}	4.57±0.11^{b}
	中（22%）	5.32±0.12	5.46±0.22^{aA}	4.75±0.46^{B}	5.08±0.23^{a}	5.38±0.38^{aA}	5.20±0.37^{a}
	高（26%）	4.55±0.50^{A}	4.57±0.37^{bA}	4.33±0.42^{A}	3.47±0.10^{bB}	4.09±0.43^{b}	4.26±0.51^{c}
总蛋白（g/L）	低（18%）	—	50.00±5.57	50.67±4.73	48.67±2.52^{b}	52.33±5.86	50.42±4.36^{b}
	中（22%）	51.00±1.73^{B}	52.67±1.53	56.00±2.65^{aA}	53.67±1.53^{a}	53.33±2.08	53.33±2.35^{a}
	高（26%）	47.67±5.13	47.00±3.61	44.33±4.04^{b}	52.00±1.41	50.67±2.52	48.07±4.14^{b}
白蛋白（g/L）	低（18%）	—	29.67±0.58^{b}	30.33±0.58	29.00±1.73^{b}	31.00±1.00^{a}	30.00±1.21^{b}
	中（22%）	32.00±1.00	32.67±0.58^{a}	33.67±1.53^{a}	32.67±0.58^{a}	33.00±1.00^{a}	32.80±1.01^{a}
	高（26%）	31.33±0.58	30.67±2.08	29.67±2.08^{b}	30.00±1.41	28.33±1.53^{b}	30.00±1.75^{b}
球蛋白（g/L）	低（18%）	—	20.33±6.11	20.33±4.16	19.67±1.53	21.33±5.13	20.42±3.94
	中（22%）	19.00±1.00^{B}	20.00±1.00	22.33±2.52^{aA}	21.00±1.00	20.33±1.53	20.53±1.73
	高（26%）	16.33±4.73	16.33±2.08	14.67±2.08^{bB}	22.00±2.83^{A}	22.33±2.31^{A}	18.07±4.10
白蛋白/球蛋白	低（18%）	—	1.57±0.45	1.53±0.31^{b}	1.50±0.17	1.50±0.30	1.53±0.28
	中（22%）	1.67±0.06	1.67±0.06	1.57±0.21^{b}	1.57±0.06	1.63±0.12	1.62±0.11
	高（26%）	2.03±0.67^{A}	1.90±0.20	2.03±0.15^{aA}	1.40±0.28	1.27±0.15^{B}	1.75±0.45

注：1.“—”表示数据缺失。

2. 同行上标相同小写字母、相同大写字母或无字母均表示差异不显著（$P>0.05$）。

（4）消化道发育　表3-5为进食不同蛋白水平代乳品对犊牛瘤胃发育情况的影响。瘤胃占整个复胃的比重随日粮蛋白含量的升高而升高，网胃表现出同样的趋势。瓣胃的相对比重以22%组最高，26%组最低，但统计分析差异不显著。22%组犊牛皱胃的相对比重显著低于18%组犊牛（$P<0.05$）。尽管统计分析差异不显著，但26%组犊牛的皱胃比重也低于18%组。3组犊牛瘤网胃的相对比重分别为60.6%、61.4%及64.1%，而皱胃的相对比重分别为26.1%、22.7%及23.5%。结果表明，日粮蛋白

水平对犊牛复胃系统中瘤网胃的发育无显著影响，但对犊牛皱胃的消化功能可能存在明显的作用。

表 3-5 不同蛋白质水平代乳品对犊牛瘤胃发育的影响

项 目	蛋白质水平		
	低（18%）	中（22%）	高（26%）
瘤胃	50.29	50.58	52.66
网胃	10.33	10.84	11.39
瓣胃	13.26	15.90	12.49
皱胃	26.12[a]	22.67[b]	23.46[ab]

注：同行上标不同小写字母表示差异显著（$P<0.05$），相同小写字母或无字母均表示差异不显著（$P>0.05$）。表 3-6 至表 3-9、表 3-11 至表 3-14、表 3-19 至表 3-22、表 3-26、表 3-28 至表 3-30、表 3-44 至表 3-47 注释与此同。

从瘤胃上皮切片来看，不管是在瘤胃哪个部位，22%组犊牛瘤胃乳头高度均高于其余两组犊牛；且在前背盲囊部位，22%组犊牛瘤胃乳头高度显著高于 18%和 26%组犊牛（$P<0.05$）。各组犊牛瘤胃乳头宽度均无显著差异，但可以看出 18%组犊牛瘤胃后背盲囊部位乳头宽度最大，前背盲囊部位最窄，无显著差异。22%组犊牛同样也是后背盲囊位置乳头较宽，但后腹盲囊部位乳头宽度最窄。26%组犊牛各部位乳头宽度变化很小，保持在 316～353 μm（表 3-6）。

表 3-6 不同蛋白质水平代乳品对犊牛瘤胃乳头形态发育的影响

项 目	瘤胃部位	蛋白质水平		
		低（18%）	中（22%）	高（26%）
乳头高度（μm）	瘤胃前庭	1142.00±330.98	1603.33±699.72	1416.30±340.92
	前背盲囊	356.23±56.49[b]	1258.73±162.79[a]	569.96±140.81[b]
	后背盲囊	1024.94±481.88	1549.73±551.98	752.04±227.78
	后腹盲囊	982.06±187.12	1179.01±319.21	859.73±342.99
乳头宽度（μm）	瘤胃前庭	355.00±121.4	324.45±57.89	328.19±64.09
	前背盲囊	284.98±37.86	311.74±77.45	352.69±46.45
	后背盲囊	446.57±35.39	356.66±66.11	344.75±91.33
	后腹盲囊	342.86±25.61	261.16±42.22	315.90±52.25

利用体视镜对各组犊牛瘤胃乳头结构发育观察发现，22%组犊牛瘤胃乳头发育较为充分，瘤胃前庭及后背盲囊部位乳头呈舌状或圆筒状，乳头长度较长、颜色较深；前背盲囊及后腹盲囊部位乳头均已开始发育，呈圆锥状。从各部位比较来看，前背盲囊部位发育稍差，这与切片结果恰相对应。26%组和 18%组犊牛乳头发育成熟度稍差，颜色也较浅。瘤胃前庭、前背盲囊及后腹盲囊部位乳头数以 22%组为低，26%组犊牛数目低于 18%组，但差异不显著；后背盲囊部位乳头数以 26%组最高（表 3-7）。

表 3-7　不同蛋白质水平代乳品对犊牛瘤胃单位面积乳头数的影响

项　目	瘤胃部位	蛋白质水平		
		低（18%）	中（22%）	高（26%）
瘤胃单位面积乳头数（个）	瘤胃前庭	172[a]	134[b]	158[a]
	前背盲囊	189[a]	146[b]	169[a]
	后背盲囊	138[b]	159[ab]	182[a]
	后腹盲囊	181[a]	135[b]	172[a]

不同蛋白质水平代乳品对犊牛小肠微绒毛形态发育的影响见表 3-8。在十二指肠部位，22%组犊牛绒毛高度稍低于其余两组，但差异不显著；绒毛宽度有随日粮蛋白含量的升高而降低的趋势，但无显著差异。26%组犊牛隐窝深度显著高于 18%和 22%组犊牛（$P<0.05$），18%组与 22%组之间差异不显著，但数值上 18%组较低。肠壁厚度以 22%组犊牛的最大，18%组犊牛的最薄，但差异不显著。空肠前段的绒毛高度有随日粮蛋白质水平升高而降低的趋势，但差异不显著。绒毛宽度亦随日粮蛋白质水平的升高而降低，而且 18%组犊牛空肠绒毛的宽度显著高于 26%犊牛的组（$P<0.05$）。隐窝深度以 26%组最高，显著高于 22%组的犊牛（$P<0.05$）。肠壁厚度以 22%组犊牛最为肥厚，26%组最薄，但差异不显著。空肠后段绒毛高度的变化趋势与空肠前段相似，但 18%组犊牛显著高于其余两组（$P<0.05$），22%和 26%两组之间差异不显著，数值上 22%组较高。绒毛的宽度 3 组之间无显著差异。隐窝深度 26%组最高，22%和 18%组显著低于 26%组（$P<0.05$），而且数值上 22%组最低。肠壁厚度的变化与十二指肠和空肠前段部位相似，依然是以 22%组最为肥厚。

表 3-8　不同蛋白质水平代乳品对犊牛小肠微绒毛形态发育的影响

肠道部位	项　目	蛋白质水平		
		低（18%）	中（22%）	高（26%）
十二指肠（μm）	绒毛高度	800.02±160.71	680.33±62.22	808.92±96.66
	绒毛宽度	210.47±31.1	194.86±28.07	185.33±5.82
	隐窝深度	269.37±37.37[b]	289.58±83.81[b]	504.15±22.25[a]
	肠壁厚度	1168.52±174.62	1254.08±129.27	1205.40±121.74
空肠前段（μm）	绒毛高度	884.27±107.59	769.84±86.15	739.64±10.49
	绒毛宽度	244.32±34.36[a]	178.53±23.38[ab]	169.45±30.76[b]
	隐窝深度	356.67±127.05[b]	186.40±15.47[ab]	424.62±37.75[a]
	肠壁厚度	657.40±774.87	860.62±214.5	622.65±225.39
空肠后段（μm）	绒毛高度	1073.52±165.82[a]	691.29±39.44[b]	664.11±11.26[b]
	绒毛宽度	209.08±77.94	213.14±11.02	211.55±2.52
	隐窝深度	376.21±45.92[b]	312.95±56.12[b]	539.64±23.95[a]
	肠壁厚度	602.59±130.18	982.66±93.15	812.96±80.51

（5）瘤胃发酵参数　从表3－9可知，各组犊牛瘤胃内的挥发性脂肪酸含量均随犊牛年龄的增长而上升，但不同酸变化曲线不同。犊牛42日龄之前乙酸在瘤胃内含量很低，42日龄后上升加快；犊牛49日龄前丙酸的含量逐渐增加，试验结束前1周内瘤胃内丙酸含量大幅升高；丁酸的变化较大，18%和26%组犊牛瘤胃内丁酸含量增加较为缓慢，22%组却一直保持快速上升状态。代乳品蛋白质水平显著影响瘤胃内挥发性脂肪酸的含量。综合来看，22%组犊牛体内各种酸瘤胃内挥发性脂肪酸含量均高于其余两组。

表3－9　不同蛋白质水平代乳品对犊牛瘤胃挥发性脂肪酸含量的影响

项　目	日龄（d）	蛋白质水平		
		低（18%）	中（22%）	高（26%）
乙酸（mmol/L）	28	0.59	0.80	0.60
	35	0.74^{b}	1.80^{a}	1.00^{ab}
	42	0.81^{b}	2.66^{a}	1.30^{b}
	49	3.35^{b}	6.28^{a}	3.45^{b}
	56	8.06^{b}	14.00^{a}	6.23^{b}
丙酸（mmol/L）	28	0.60^{b}	1.50^{a}	1.83^{a}
	35	3.45	3.78	5.50
	42	5.96	7.65	8.85
	49	7.31	9.03	9.57
	56	20.00^{ab}	25.45^{a}	12.33^{b}
丁酸（mmol/L）	28	0.22^{b}	2.22^{a}	2.17^{a}
	35	1.00^{b}	3.56^{a}	3.74^{a}
	42	2.28^{b}	8.43^{a}	4.41^{ab}
	49	3.33^{b}	9.54^{a}	5.03^{ab}
	56	11.66^{a}	11.80^{a}	7.33^{b}

（6）肠道碱性磷酸酶　不同蛋白水平对犊牛小肠碱性磷酸酶含量的影响见表3－10。犊牛小肠碱性磷酸酶主要存在与十二指肠和空肠前段，空肠后段碱性磷酸酶含量显著低于小肠前部各段（$P<0.05$）。而且22%组犊牛小肠各部位中碱性磷酸酶的阳性面积均高于其余两组，26%组犊牛高于18%组，但数值上各组之间差异不显著。

表3－10　不同蛋白质水平代乳品对犊牛肠道碱性磷酸酶含量的影响（%）

碱性磷酸酶	蛋白质水平		
	低（18%）	中（22%）	高（26%）
十二指肠	5.00^{a}	7.84^{a}	5.47^{a}
空肠前段	2.95^{a}	5.20^{a}	4.46^{a}
空肠后段	0.08^{b}	0.78^{b}	0.76^{b}

2. 犊牛开食料蛋白质水平的研究　云强（2010）针对8～17周龄荷斯坦犊牛进行研究，分别给其饲喂产奶净能一致（6.95 MJ/kg）而粗蛋白水平（风干物质基础）分

别为16.22%、20.21%和24.30%的开食料（折算成干物质基础分别为18.58%、23.06%、27.63%），同时补饲苜蓿干草，精饲料和苜蓿干草的比例为6∶4。犊牛8周龄、10周龄、12周龄、14周龄和16周龄时测量其体重、体高、体斜长和胸围，计算犊牛平均日增重；犊牛10周龄、12周龄、14周龄和16周龄时，晨饲前颈静脉采血，测定血清生化指标；犊牛10周龄和16周龄时，每组随机选择3头，进行消化代谢试验，测定营养物质消化率；犊牛12周龄和16周龄时，晨饲3 h后通过瘤胃导管采集瘤胃液，测定瘤胃发酵参数；犊牛16周龄时，晨饲前空腹屠宰，测定犊牛消化道发育情况。

（1）生长性能　不同蛋白质水平代乳品对于犊牛生长性能的影响见表3-11。在各个周龄，不同处理组犊牛的体重、体高、体斜长、胸围差异不显著。犊牛在试验初始阶段（8周龄），体重在55～58 kg，16.22%组犊牛体重高于其他两组；但犊牛12周龄时，20.21%组犊牛的体重则超过16.22%组，在3组当中最高；16周龄时，20.21%组和24.30%组犊牛的体重分别达到85.34 kg和84.76 kg，高于16.22%组的82.58 kg。在整个试用期内，犊牛的体高增长不快，维持在5～6 cm。不同处理之间犊牛生长速度比较平稳，不同时间点的体高无显著差异。犊牛的体斜长是犊牛体躯指数的重要指标。试验中，犊牛的体斜长为79.14～87.70 cm，各阶段的生长速度则较为平稳。犊牛胸围的增长在一定程度上可以反映瘤胃的发育情况。在8周龄时，犊牛胸围在92 cm左右；到16周龄时，20.21%组犊牛的胸围达到113.30 cm，在3组中最高。

表3-11　不同蛋白质水平代乳品对犊牛生长性能的影响

项　目	蛋白质水平	周　龄				
		8	10	12	14	16
体重（kg）	低（16.22%）	58.06±12.44	62.76±12.63	68.78±11.14	74.98±12.65	82.58±12.83
	中（20.21%）	56.56±8.42	62.12±8.60	70.24±7.77	78.48±6.22	85.34±7.58
	高（24.30%）	55.78±12.62	59.50±10.70	66.96±8.43	74.94±8.47	84.76±6.99
体高（cm）	低（16.22%）	80.76±6.75	81.90±6.59	83.32±6.29	85.32±4.51	86.54±5.88
	中（20.21%）	81.44±4.38	83.84±4.23	85.02±4.59	86.16±3.92	87.56±3.31
	高（24.30%）	79.68±5.41	81.82±4.20	82.76±3.31	84.82±4.98	85.72±4.80
体长（cm）	低（16.22%）	79.14±8.15	81.36±7.42	83.22±7.39	84.88±6.91	86.84±7.12
	中（20.21%）	81.30±5.16	83.28±5.40	84.98±4.22	86.44±3.81	88.60±3.20
	高（24.30%）	80.10±6.89	81.52±6.47	82.64±5.80	84.48±5.38	87.70±3.38
胸围（cm）	低（16.22%）	92.30±6.15	94.60±6.07	101.50±4.58	104.52±3.25	109.50±4.69
	中（20.21%）	93.24±4.71	97.50±3.54	100.50±4.72	108.40±1.95	113.30±4.55
	高（24.30%）	90.80±7.82	95.74±6.13	100.54±5.63	107.70±7.28	110.60±3.65

（2）营养物质消化率　不同蛋白质水平代乳品对犊牛营养物质表观消化率的影响见表3-12。除13周龄时犊牛的粗蛋白质表观消化率差异显著外，其他处理组之间各项营养物质的表观消化率差异均不显著。从数值上看，在10周龄时，16.22%组犊牛的干物质、粗脂肪、中性洗涤纤维、酸性洗涤纤维的表观消化率要高于其他两组，但16.22%组犊牛粗蛋白质的表观消化率略低于20.21%组和24.30%组。在13周龄时，

20.21%组干物质的表观消化率要略高于其他两组，24.30%组犊牛粗蛋白质表观消化率要显著高于16.22%组（$P<0.05$），24.30%组粗脂肪的表观消化率要分别比16.22%组和20.21%低21.65%和26.94%。中性洗涤纤维和酸性洗涤纤维的表观消化率有随开食料中粗蛋白质水平升高而升高的趋势。

表3-12 不同蛋白质水平代乳品对犊牛营养物质表观消化率的影响

项目	周龄	处理组		
		低（16.22）（%）	中（20.21）（%）	高（24.30）（%）
干物质	10	66.24±10.25	61.40±9.23	57.08±3.81
粗蛋白质	10	73.60±6.90	76.61±0.49	77.24±1.85
粗脂肪	10	64.61±3.84	51.36±7.79	51.72±14.64
中性洗涤纤维	10	49.68±3.85	46.89±5.85	44.03±4.09
酸性洗涤纤维	10	42.58±5.93	39.23±5.08	37.51±4.59
干物质	13	68.07±4.10	70.26±1.00	69.45±4.22
粗蛋白质	13	73.77±2.22[a]	77.66±0.73[ab]	79.13±2.73[b]
粗脂肪	13	64.49±7.76	67.29±0.64	53.01±13.52
中性洗涤纤维	13	45.72±7.73	48.61±4.97	54.41±5.62
酸性洗涤纤维	13	41.00±6.03	44.47±7.94	47.67±7.14

犊牛摄入的氮随各组粗蛋白质含量的升高而升高，第10周龄时高蛋白质组要显著高于低蛋白质组（$P<0.05$）（表3-13）。10周龄时16.22%组犊牛的粪氮为6.13 g/d，低于20.21%组和24.30%组；而24.30%组犊牛尿氮达到4.34 g/d，高于16.22%组的2.75 g/d和20.21%组的3.19 g/d。各组犊牛吸收氮随日粮中粗蛋白质水平的升高而升高，24.30%组犊牛的吸收氮要显著高于16.22%组（$P<0.05$）。10周龄时，20.21%组和24.30%组犊牛的沉积氮比16.22%组分别高18.7%和34.6%。13周龄各组犊牛的采食氮存在显著差异。此时犊牛的粪氮和尿氮则较为接近，但在数值上随开食料中蛋白质水平的升高而升高。13周龄时，开食料中蛋白质水平对犊牛的吸收氮和沉积氮有显著影响。16.22%组氮的总利用率要比其他两组分别低8.3%和11.2%。开食料中粗蛋白质水平对犊牛氮的表观生物学价值没有影响。

表3-13 不同蛋白质水平代乳品对犊牛氮平衡的影响

项目	周龄	处理组		
		低（16.22%）	中（20.21%）	高（24.30%）
采食氮（g/d）	10	24.54±2.68[a]	28.67±3.13[ab]	32.63±3.56[b]
粪氮（g/d）	10	6.13±1.25	6.89±0.87	7.22±1.36
尿氮（g/d）	10	2.75±1.38	3.19±0.47	4.34±1.03
吸收氮（g/d）	10	18.15±3.40[a]	21.51±2.91[ab]	25.16±2.14[b]
沉积氮（g/d）	10	12.66±2.14	18.59±2.93	21.07±2.40

（续）

项　目	周　龄	处理组		
		低（16.22%）	中（20.21%）	高（24.30%）
氮的总利用率（%）	10	63.77±5.01	64.62±3.18	64.62±3.83
氮的生物学价值（%）	10	86.81±4.85	86.29±2.78	83.66±4.44
采食氮（g/d）	13	51.16±3.11[a]	62.11±1.77[b]	68.88±0.00[c]
粪氮（g/d）	13	13.08±0.69	13.56±0.80	14.04±1.79
尿氮（g/d）	13	7.17±1.66	7.86±2.37	8.55±1.61
吸收氮（g/d）	13	37.78±3.24[a]	48.23±0.93[b]	54.51±1.88[c]
沉积氮（g/d）	13	31.40±1.64[a]	40.69±3.06[b]	46.30±3.22[c]
氮的总利用率（%）	13	60.46±0.51	65.48±3.83	67.21±4.91
氮的生物学价值（%）	13	82.02±2.95	84.33±5.17	84.86±3.34

（3）血清生化和激素　不同蛋白质水平代乳品对犊牛血清生化指标和激素的影响见表3-14。从此表可以看出，不同处理组之间血糖浓度差异不显著，但有随时间增加而升高的趋势。试验后期（16周龄）血糖浓度最高可达5.03 mmol/L，高于试验初期（10周龄）3.90 mmol/L左右。24.30%组犊牛血清尿素氮高于16.22%组和20.21%组，16周龄时差异显著。表明该组犊牛有较多的蛋白质被氧化，造成蛋白质饲料的浪费。20.21%组犊牛在10周龄、12周龄、16周龄的血清尿素氮浓度低于16.22%组犊牛，但14周龄则相反。16.22%组和20.21%组总蛋白质浓度随时间有一定波动，而24.30%组随时间而升高，但组间无显著差异。16.22%组和20.21%组犊牛血清白蛋白浓度在不同时间点变化幅度较小，为38～42 g/L；而20.21%组浓度则随时间而升高。

20.21%组犊牛血清生长激素浓度在10周龄和12周龄时高于其他两组，其变化范围为3.72～6.99。总体来看，尽管差异并不显著，但16.22%组犊牛血清生长激素浓度在数值上略低于其他两组，这与体重增长是一致的。同样，在10周龄、12周龄时，20.21%组犊牛IGF-1浓度要高于其他两组；而在16周龄时，24.30%组浓度略高于其他两组。

表3-14　不同蛋白质水平代乳品对犊牛血清生化指标和激素的影响

项　目	处理组	周　龄			
		10	12	14	16
血糖（mmol/L）	低（16.22%）	3.80±0.98	4.57±0.55	4.47±0.93	5.03±0.67
	中（20.21%）	3.90±0.20	4.53±0.60	4.03±0.32	4.67±0.75
	高（24.30%）	3.90±1.18	4.17±1.19	4.40±0.90	4.87±1.11
尿素氮（mmol/L）	低（16.22%）	6.10±1.65	6.63±1.37	5.93±0.47	7.33±1.21[ab]
	中（20.21%）	5.57±0.85	6.20±0.61	6.16±1.81	6.20±1.75[a]
	高（24.30%）	7.70±0.87	8.23±1.10	8.03±0.40	8.13±0.10[b]
总蛋白（g/L）	低（16.22%）	56.27±4.20	64.17±2.45	59.37±2.65	64.04±6.45
	中（20.21%）	57.23±9.02	61.06±3.78	60.90±2.08	65.07±0.60
	高（24.30%）	57.77±5.48	61.20±6.26	63.03±3.07	66.37±6.43

（续）

项 目	处理组	周 龄			
		10	12	14	16
白蛋白（g/L）	低（16.22%）	38.13±1.60	38.17±1.60	39.40±1.83	41.53±1.48
	中（20.21%）	38.00±2.42	40.57±2.08	39.73±2.63	42.00±1.65
	高（24.30%）	37.50±2.07	39.67±1.05	40.57±0.15	41.73±0.40
生长激素（ng/mL）	低（16.22%）	3.72±0.72	4.75±0.66	6.29±1.68	5.89±0.32
	中（20.21%）	4.84±1.97	6.20±0.48	6.25±1.89	6.05±0.70
	高（24.30%）	4.15±0.12	4.62±2.12	6.08±1.93	6.99±1.93
胰岛素样生长因子-1（ng/mL）	低（16.22%）	93.7±16.5	149.6±36.3	227.3±80.5	210.4±16.1
	中（20.21%）	144.3±99.6	227.2±20.4	223.9±86.2	218.7±32.9
	高（24.30%）	120.9±7.0	135.2±115.8	217.5±88.5	254.6±92.7

（4）瘤胃微生物酶活　表3-15为不同蛋白质水平代乳品对犊牛瘤胃微生物酶活性的影响。不同处理组之间α-淀粉酶活性差异性并不显著，20.21%组略低于16.22%组和24.30%组，而24.30%组要略高于16.22%组。开食料中粗蛋白质水平对犊牛瘤胃蛋白酶活性没有显著影响，但16周龄时16.22%组蛋白酶活性要比20.21%组和24.30%组分别低5.5%和10.8%。同组之间，16周龄的蛋白酶活性在数值上要高于12周龄时的活性。处理组之间瘤胃纤维素酶活性没有显著差异，但其有随蛋白水平升高而升高的趋势。在12周龄时，24.30%组犊牛瘤胃液内切葡聚糖酶的活性分别比16.22%组和20.21%组高27.9%和27.2%；而在16周龄时，16.22%组则低于其他两组。12周龄时，20.21%组的β-葡萄糖苷酶略低于其他两组；但在16周龄时，则有随蛋白质水平增加而升高的趋势。不同时间点木聚糖酶活性的变化规律一致，即随开食料中粗蛋白质水平升高而增加。

表3-15　不同蛋白质水平代乳品对犊牛瘤胃微生物酶活性的影响（U/mL）

项 目	周 龄	处理组		
		低（16.22%）	中（20.21%）	高（24.30%）
α-淀粉酶	12	1211.63±204.43	1126.41±206.89	1341.86±375.89
	16	1879.65±340.84	1335.35±163.21	1997.19±772.89
蛋白酶	12	49.45±35.57	50.58±21.02	51.80±25.19
	16	66.69±38.27	70.35±23.39	73.91±17.99
内切葡聚糖酶	12	504.89±80.41	507.42±50.02	645.56±69.13
	16	584.11±49.45	617.84±142.27	620.29±83.70
β-葡萄糖苷酶	12	365.12±49.64	352.16±104.27	421.03±166.87
	16	297.31±97.96	359.50±184.43	376.28±40.14
木聚糖酶	12	4666.68±83.23	5013.40±952.20	5093.80±958.87
	16	4817.42±537.49	5110.55±585.77	5254.61±492.73

（5）瘤胃发育　不同蛋白质水平代乳品对犊牛瘤胃发育的影响见表 3－16。开食料中粗蛋白质水平对断奶犊牛瘤胃发育没有显著影响。尽管如此，16.22％组犊牛瘤胃乳头长度比 20.21％组和 24.30％组分别高 6.2％和 7.3％。同样，16.22％组黏膜厚度也略高于其他两组；而 20.21％组的瘤胃乳头宽度略高于其他两组。

表 3－16　不同蛋白质水平代乳品对犊牛瘤胃发育的影响（μm）

项　目	处理组		
	低（16.22％）	中（20.21％）	高（24.30％）
乳头长度	1845.83±714.77	1732.01±238.67	1710.50±263.00
乳头宽度	453.78±32.58	471.06±37.70	424.89±20.20
黏膜厚度	2156.30±721.91	1957.44±104.26	1927.67±245.28

表 3－17 为不同蛋白质水平代乳品对犊牛胃的比重影响。蛋白质水平对犊牛复胃相对重量没有显著影响。但 20.21％组犊牛的瘤胃指数在数值上略低于其他两组，其他三个胃的指数要略高于 16.22％组和 24.30％组。

表 3－17　不同蛋白质水平代乳品对犊牛胃相对重量的影响

项　目	处理组		
	低（16.22％）	中（20.21％）	高（24.30％）
瘤胃指数（％）	52.13±1.28	50.08±5.81	52.05±3.64
网胃指数（％）	9.47±0.87	10.40±1.56	9.22±0.92
瓣胃指数（％）	23.56±2.67	24.40±3.36	24.39±3.82
皱胃指数（％）	14.84±0.93	15.12±1.54	14.34±0.77

3. 犊牛日粮蛋白质/能量的研究　张卫兵（2009）使用日粮消化能为 2.54 Mcal/kg，粗蛋白质分别为 14.30％、14.88％、15.70％（干物质基础）的全混合日粮（蛋白质/能量，即 CP/DE）为 56.3∶1、57.2∶1、60.9∶1，按犊牛体重的 2.45％（干物质基础）进行饲喂，并控制 ADG 为 800 g。试验期间每 10 d 于犊牛晨饲后 3 h 称重，每 30 d 测量试验牛体高、胸围、体长、管围，以及乳头长度和乳头间距，采集血液样本，测定血清生化和激素水平；分别于犊牛 3 月龄、4 月龄和 5 月龄进行了三期消化试验，应用酸不溶灰分法测定营养物质的表观消化率。

（1）生长性能　犊牛生长性能和饲料效率的变化情况分别见表 3－18 和表 3－19。

表 3－18　不同蛋白质/能量对 3～5 月龄中国荷斯坦犊牛体重和平均日增重的影响

项　目	蛋白质/能量		
	低（56.3∶1）	中（57.2∶1）	高（60.9∶1）
试验开始日龄（d）	73.55±1.74	72.70±1.83	73.50±1.78
初重（kg）	85.29±12.75	85.25±12.07	85.01±11.28
末重（kg）	160.87±22.51	156.90±23.85	157.74±17.22
平均日增重（kg）	0.84±0.15	0.80±0.16	0.81±0.09

表 3-19　不同蛋白质/能量对 2～5 月龄中国荷斯坦犊牛生长性能的影响（cm）

项　目	蛋白质/能量	月　龄			
		2	3	4	5
体长	低（56.3：1）	89±3.27[c]	95±3.85[bc]	102±7.83[ab]	110±10.44[a]
	中（57.2：1）	87±3.33[b]	93±4.20[b]	103±7.65[a]	108±6.80[a]
	高（60.9：1）	90±3.33[d]	95±2.26[c]	104±3.37[b]	112±2.81[a]
体高	低（56.3：1）	89±3.07[b]	91±2.96[b]	97±4.09[a]	102±3.90[a]
	中（57.2：1）	89±4.72[b]	92±5.57[b]	95±4.91[ab]	100±5.10[a]
	高（60.9：1）	89±3.51[c]	91±2.27[c]	96±3.06[b]	101±3.07[a]
胸围	低（56.3：1）	102±5.89[c]	112±6.82[b]	120±7.64[ab]	128±6.18[a]
	中（57.2：1）	102±3.74[c]	110±4.88[bc]	117±9.97[ab]	125±6.64[a]
	高（60.9：1）	103±3.31[d]	110±5.21[c]	118±5.23[b]	126±4.85[a]
管围	低（56.3：1）	12±1.21[c]	14±0.70[b]	14±0.71[b]	15±1.09[a]
	中（57.2：1）	13±0.50[b]	13±0.57[b]	14±0.75[ab]	15±1.07[a]
	高（60.9：1）	13±0.41[c]	14±0.50[b]	14±0.77[b]	15±0.60[a]

整个试验期 3 组试验牛的平均日增重分别为 0.83 kg、0.80 kg 和 0.81 kg；试验结束时各组试牛只平均体重分别为 160.87 kg、156.90 kg 和 157.74 kg。干物质采食量和饲料转化比 3 组间差异不显著，体长、体高和胸围的变化在组 3 组间没有显著差异。随着后备牛日龄的增长，体长、体高和胸围数值增加。

（2）乳腺发育　3 组试验牛的前、后乳头长度在不同的生长阶段组间显著不差异，但几乎在所有组内随着年龄的增加犊牛前、后乳头长度有显著差异（表 3-20）。

表 3-20　不同蛋白质/能量对 2～5 月龄中国荷斯坦犊牛乳头长的影响（cm）

项　目	蛋白质/能量	月　龄			
		2	3	4	5
前乳头长	低（56.3：1）	1.36±0.43[b]	1.70±0.35[ab]	2.22±0.59[a]	2.35±0.62[a]
	中（57.2：1）	1.50±0.46[b]	1.80±0.69[ab]	2.38±0.86[ab]	2.55±0.76[a]
	高（60.9：1）	1.18±0.24[b]	1.75±0.55[ab]	2.03±0.58[a]	2.17±0.61[a]
后乳头长	低（56.3：1）	1.18±0.47[c]	1.55±0.30[bc]	1.95±0.29[ab]	2.22±0.39[a]
	中（57.2：1）	1.48±0.30[c]	1.77±0.30[bc]	2.05±0.38[ab]	2.38±0.57[a]
	高（60.9：1）	0.97±0.68	1.47±0.68	1.67±0.67	1.70±0.71

（3）营养物质消化　干物质表观消化率随后备牛日龄增加而降低，低蛋白质组和高蛋白质组试验牛 3 月龄的干物质表观消化率显著高于 5 月龄试验牛（$P<0.05$），但 3 组间的干物质表观消化率差异不显著。有机物表观消化率和干物质表观消化率变化趋势相似。粗蛋白质表观消化率有随试验牛日龄增加而降低的趋势，其中低蛋白质组和高蛋白质组变化差异显著，而中蛋白质组变化差异不显著。组间的粗蛋白质表观消化率随蛋白质/能量升高而升高。3 月龄时高蛋白质组试验牛的粗蛋白质表观消化率为 74.24%，显著高于低蛋白质组和中蛋白质组，分别为 69.40%和 67.24%（$P<0.05$），5 月龄时

3组间差异不显著。

在4月龄时，中蛋白质组试验牛粗脂肪表观消化率显著高于低蛋白质组（$P<0.05$）。低蛋白质组和高蛋白质组试验牛粗脂肪表观消化率没有显著差异，而中蛋白质组试验牛粗脂肪表观消化率在4月龄时显著高于5月龄（$P<0.05$），与3月龄差异不显著。总能表观消化率在低蛋白质组试验牛不同月龄间没有显著差异，中蛋白质组试验牛在4月龄时的总能表观消化率显著高于3月龄（$P<0.05$），而高蛋白质组试验牛在3月龄和4月龄时的总能表观消化率显著高于5月龄（$P<0.05$），3～4月龄没有显著差异。在5月龄时，中蛋白质组试验牛的总能表观消化率显著高于高蛋白质组（$P<0.05$）。

3月龄时，后备牛对NDF表观消化率3组间没有显著差异，随着日龄增加3组间的差异逐渐显现出来。4月龄时，低蛋白质组试验牛NDF表观消化率显著高于中蛋白质组（$P<0.05$）；而5月龄时，中蛋白质组试验牛NDF表观消化率升高，高蛋白质组试验牛NDF消化率降低，低、中蛋白质两组NDF消化率显著高于高蛋白质组（$P<0.05$）。低蛋白质组试验牛钙表观消化率没有显著变化。中蛋白质组试验牛4月龄钙表观消化率显著高于3月龄和5月龄（$P<0.05$），而高蛋白质组试验牛4月龄显著高于5月龄（$P<0.05$），和3月龄差异不显著。3月龄时，低蛋白质组试验牛钙的表观消化率显著高于中蛋白质组。总磷表观消化率在试验牛3月龄时，中蛋白质组显著低于低、高蛋白质两组（$P<0.05$），3月龄后3组间没有显著差异（表3-21）。

表3-21　不同蛋白质/能量对3～5月龄中国荷斯坦犊牛营养物质消化率的影响（%）

项　目	蛋白质/能量	月　龄			平均值
		3	4	5	
干物质表观消化率	低（56.3∶1）	72.03±2.35[a]	71.01±2.13[ab]	67.59±3.13[b]	70.21±3.08
	中（57.2∶1）	69.33±3.42[b]	73.25±1.43[a]	69.29±2.39[b]	70.62±3.04
	高（60.9∶1）	72.73±2.71[a]	73.76±3.99[a]	66.38±1.43[b]	70.96±4.31
有机物表观消化率	低（56.3∶1）	73.57±2.39[a]	72.64±2.03[ab]	69.38±3.19[b]	71.87±3.03
	中（57.2∶1）	70.94±3.26[b]	74.80±1.42[a]	70.90±2.30[b]	72.21±2.95
	高（60.9∶1）	74.09±2.69[a]	75.41±3.90[a]	68.37±1.31[b]	72.62±4.11
粗脂肪表观消化率	低（56.3∶1）	81.16±3.58	78.58±5.58[B]	82.69±6.37	80.81±5.22
	中（57.2∶1）	79.71±4.03[ab]	85.65±4.54[aA]	75.73±6.34[b]	80.36±6.31
	高（60.9∶1）	80.24±2.92	84.43±2.94[AB]	81.68±9.90	82.15±5.60
粗蛋白质表观消化率	低（56.3∶1）	69.40±3.07[aB]	65.35±2.21[abB]	62.86±3.43[b]	65.87±3.90[B]
	中（57.2∶1）	67.24±4.24[B]	69.58±2.36[AB]	66.23±3.22	67.68±3.43[AB]
	高（60.9∶1）	74.24±2.65[aA]	72.26±4.98[aA]	63.20±1.64[b]	69.90±5.88[A]
总能表观消化率	低（56.3∶1）	70.20±3.00	70.03±2.40	66.28±3.29	68.83±3.29
	中（57.2∶1）	67.46±4.07[b]	72.45±1.42[a]	68.94±2.41[ab]	69.61±3.41
	高（60.9∶1）	70.90±2.79[a]	72.71±4.35[a]	65.09±1.95[b]	69.56±4.48

（续）

项 目	蛋白质/能量	月 龄			平均值
		3	4	5	
NDF 表观消化率	低（56.3∶1）	71.73±3.78	74.50±3.08[A]	70.92±3.88[A]	72.38±3.69[A]
	中（57.2∶1）	68.57±4.24	68.93±1.14[B]	69.85±2.41[A]	69.12±2.74[B]
	高（60.9∶1）	68.46±4.49[a]	71.60±4.00[aAB]	63.03±2.98[bB]	67.69±5.13[B]
ADF 表观消化率	低（56.3∶1）	60.17±5.06[ab]	65.80±3.56[a]	57.45±4.26[b]	61.14±5.39
	中（57.2∶1）	57.66±5.66[b]	66.65±1.29[a]	57.85±2.33[b]	60.72±5.48
	高（60.9∶1）	59.53±5.32	64.01±3.99	53.79±2.80	59.11±5.80
Ca 表观消化率	低（56.3∶1）	44.85±5.80[A]	44.09±4.88	37.80±5.27	42.25±5.92
	中（57.2∶1）	31.06±11.05[bB]	50.47±4.35[a]	36.07±5.91[b]	40.81±10.73
	高（60.9∶1）	40.92±7.67[AB]	48.92±9.00[a]	36.28±4.07[b]	42.04±8.59
总 P 表观消化率	低（56.3∶1）	58.37±9.06[A]	51.47±6.08	51.34±5.02	53.73±7.26[A]
	中（57.2∶1）	37.20±10.03[B]	47.32±11.46	49.71±12.08	44.74±11.81[B]
	高（60.9∶1）	56.78±7.82[A]	52.82±7.47	46.13±7.33	51.91±8.33[A]

（4）血清生化指标和激素　低蛋白质组血清尿素氮（BUN）含量随试验牛日龄的增加而逐渐降低，且 2 月龄末时显著高于 4 月龄末和 5 月龄末（$P<0.05$）。中蛋白质组和高蛋白质组试验牛 BUN 呈现先升高后逐渐降低的趋势，3 月龄末时达到最大，分别为 4.70 mmol/L 和 4.94 mmol/L，之后就逐渐降低。3 组试验牛 BUN 呈现随着日粮蛋白质/能量升高而升高的趋势，尤其是在 4 月龄末、5 月龄末，高蛋白质组显著高于低中蛋白质组（$P<0.05$）。

低蛋白质组和中蛋白质组雌激素（E_2）的变化趋势是先降低后升高再降低。但是在试验牛中，无论是组内还是组间 E_2 的变化都不显著。在试验期内，3 个处理组犊牛的孕激素（P_4）水平均随日龄的增加而增加。在 4 月龄末时，高蛋白质组试验牛血清 P_4 水平显著高于低蛋白质组和中蛋白质组试验中（$P<0.05$）。低蛋白质组和高蛋白质组犊牛血清内 P_4 浓度变化趋势相同；中蛋白质组犊牛前 3 个月龄末的 P_4 水平无显著差异，但均显著低于 5 月龄末时 P_4 水平。催乳素（prolactin，PRL）的变化趋势和 E_2 的相似，低蛋白质组和中蛋白质组血清 PRL 水平先降低后升高再降低，与高蛋白质组相反。但低蛋白质组内血清 PRL 水平在各个月龄内无显著变化，中蛋白质组后 3 月龄末的 PRL 水平之间无显著差异。高蛋白质组 2 月龄末的 PRL 变化水平显著低于后 3 月龄末的 PRL 水平（$P<0.05$），后者之间无显著差异。除 2 月龄外，高蛋白质组的 PRL 水平都高于低蛋白质组和中蛋白质组，且在 3 月龄末和 5 月龄末达到了显著水平。生长激素（growth hormone，GH）的变化在 3 个组内各个月龄均不显著，但在组间高蛋白质组的 GH 水平高于低蛋白质组和中蛋白质组，且在 3 月龄末和 4 月龄末达到了显著水平。中蛋白质组和高蛋白质组试验牛 GH 水平均在 4 月龄末达到最高。胰岛素样生长因子（IGF-1）在低蛋白质组和高蛋白质组内的变化为先降低后升高再降低；中蛋白质组与此相反，但是组内差异均没有达到显著水平（表 3-22）。

表 3-22 不同蛋白质/能量对 2～5 月龄中国荷斯坦犊牛部分血清指标的影响

项 目	蛋白质/能量	月 龄			
		2	3	4	5
血清尿素氮 (mmol/L)	低 (56.3∶1)	4.68±0.94^{a}	4.08±0.37^{abB}	3.80±0.14^{bB}	3.44±0.38^{bB}
	中 (57.2∶1)	4.22±1.60	4.70±0.93^{AB}	4.31±0.64^{B}	3.53±0.50^{B}
	高 (60.9∶1)	4.29±0.20^{b}	4.94±0.28^{aA}	4.93±0.35^{aA}	4.62±0.42a^{bA}
雌激素 (pg/mL)	低 (56.3∶1)	58.93±17.82	48.49±14.80	56.55±10.14	54.11±17.73
	中 (57.2∶1)	60.29±11.09	50.43±17.68	53.32±11.69	52.30±12.76
	高 (60.9∶1)	52.02±7.15	59.32±12.60	51.93±11.17	56.22±16.65
孕激素 (ng/mL)	低 (56.3∶1)	3.72±1.08^{b}	4.96±0.75^{ab}	5.23±1.15^{Ba}	4.85±0.78^{ab}
	中 (57.2∶1)	3.35±1.27^{b}	4.73±1.20^{b}	4.74±1.17^{Bb}	6.76±1.25^{a}
	高 (60.9∶1)	3.90±0.49^{b}	5.72±1.66^{ab}	7.01±1.65^{Aa}	7.07±2.71^{a}
催乳素 (ng/mL)	低 (56.3∶1)	8.75±3.04^{AB}	7.47±2.93^{B}	9.57±4.97	4.82±1.05^{B}
	中 (57.2∶1)	11.85±2.89^{Aa}	5.19±0.75^{Bb}	7.32±1.32^{b}	6.96±1.99^{Bb}
	高 (60.9∶1)	4.95±1.40^{Bb}	12.48±1.99^{Aa}	11.38±1.79^{a}	12.40±3.40^{Aa}
生长激素 (ng/mL)	低 (56.3∶1)	1.61±0.44	1.47±0.14^{B}	1.57±0.30^{B}	1.47±0.34
	中 (57.2∶1)	1.55±0.27	1.65±0.58^{B}	1.80±0.48^{B}	1.51±0.35
	高 (60.9∶1)	2.12±0.47	2.39±0.41^{A}	2.54±0.32^{A}	2.02±0.44
胰岛素样生长因子-1 (ng/mL)	低 (56.3∶1)	297.97±48.67	278.37±46.45	328.70±79.61^{A}	315.79±55.86
	中 (57.2∶1)	263.18±66.05	311.80±55.54	228.57±32.97^{B}	258.26±93.23
	高 (60.9∶1)	300.02±54.83	239.49±52.48	268.74±48.73^{AB}	253.50±45.97

(二) 氨基酸需要量

研究氨基酸对犊牛的营养不应仅考虑每种氨基酸单独的营养效果，而应该考虑各种氨基酸的组合效应。理想蛋白质是完全按照动物维持需要、生产需要来提供准确比例的各种氨基酸。建立理想蛋白质模型必须测定动物对各种氨基酸的需要，并且确定其他氨基酸与赖氨酸的比例，然后对动物体组蛋白质的氨基酸组成进行分析，最后确定饲粮最佳氨基酸比例。随着日粮蛋白质的提高，动物对各种氨基酸的需要量都在增加，但氨基酸的比例模式不变。

目前，在犊牛上对氨基酸消化利用的研究远少于猪、禽等单胃动物。部分研究表明，含硫氨基酸和赖氨酸分别是犊牛生长的第一、第二限制性氨基酸。亦有部分学者提出了犊牛生长对氨基酸的需要模型。Foldager 等（1977）报道，6～27 日龄犊牛日粮每16 g 氮沉积中含硫氨基酸的量应为 3.8～4.0 g，其中蛋氨酸的量为 2.75～2.95 g、胱氨酸的量为 1.05 g。有学者对 5～7 周龄的肉犊牛饲喂以脱脂奶粉为基础的代乳品后认为，肉犊牛的第一、第二限制性氨基酸分别为含硫氨基酸和赖氨基酸，其次是苏氨酸和异亮氨酸，达到日最大氮沉积所需要含硫氨酸的量为 9.2 g，其中蛋氨酸与胱氨酸的比例为 2.9∶1；而达到日最大氮沉积所需赖氨酸的量为 23 g，而且这要在代乳品中蛋白质含量为 20.0%、赖氨酸含量为 1.81%时才能获得；当代乳品中蛋白质含量为 20.0%、苏氨酸含量为0.9%、异亮氨酸含量为1.1%时，犊牛可获得日最大氮沉积；亮氨酸最佳需要量在蛋白质含量为18%时，其他必需氨基酸在16%或以下时可获得。Tzeng和Davis（1980）用14种合成氨基酸作为日粮氮的唯一来源，研究幼龄犊牛对日粮中赖氨酸和蛋氨酸的需要。通过测定体增重、氮平衡和血浆中游离氨基酸的含量等指标来反映犊牛对这种半纯合日粮的应答，结果发现幼龄犊牛每天的蛋氨酸（DL-蛋氨酸）需要量为0.17～0.23 g/kg（即0.65 g/$kg^{0.75}$）。可见，人们对犊牛必需氨基酸的研究并不一致。而且，必须明确的是，采用代乳品进行限制性饲喂的犊牛对氨基酸的需要可能与快速育肥猪或以高采食量饲养的肉犊牛不同（Davis和Drackley，1998）。在单胃动物的营养研究方面，人们一般通过研究回肠末端可消化或可利用氨基酸来推测动物对氨基酸的真实需要量；而在犊牛上，这方面的工作需要更深一步的研究。

关于犊牛的氨基酸需要量，NRC（2001）到目前为止还没有提出完整的理想模式。表3-23和表3-24分别总结了近年来国内外学者对犊牛限制性氨基酸及其需要量的研究。

表3-23 犊牛的限制性氨基酸

时 间	日粮类型	第一限制氨基酸	第二限制氨基酸	第三限制氨基酸	资料来源
6～14日龄	全奶和麸皮	SAA	Lys	—	Williams和Hewitt（1979）
3～60日龄	半纯和日粮	SAA	Lys	—	Tzeng和Davis（1980）
7～11周龄	谷物类副产品	Met	—	—	Schwab等（1982）
5～7周龄	脱脂奶粉	SAA	Lys	Thr	Weerden和Huisman（1985）
0～3月龄	玉米、麸皮	Lys	—	—	Abe等（1997）
2～6周龄	玉米-豆粕	Met	Lys	—	Abe等（1997）
0～2月龄正常状态下	含大豆蛋白质的MR	Lys	Met	Thr	张乃锋（2008）
0～2月龄应激状态下	含大豆蛋白质的MR	Lys	Thr	Met	张乃锋（2008）

注：“—”指无数据。

表3-24 犊牛对氨基酸的需要量

时 间	评价指标	氨基酸需要量				资料来源
		Lys	Met	SAA	Thr	
6～27日龄	氮沉积	0.78 g/16 g N	2.75～2.95 g/16 g N	3.8～4.0 g/16 g N	—	Foldager等（1977）
6～14周龄	各指标平均（g/d）	7.8	2.1	3.7	4.9	Williams和Hewitt（1979）
3～60日龄	氮沉积（日增重，g/$kg^{0.75}$）	0.70～0.81	0.65	—	—	Tzeng和Davis（1980）
5～7周龄	最大氮沉积（g/d）	23	—	—	—	Weerden和Huisman（1985）
2～3月龄	最大氮沉积（g/d）	16.3	4.2	7.6	10.8	Gerrit等（1997）
0～2月龄	日增重（%）	1.80	—	—	—	李辉（2008）
0～3周龄	日增重（%）	2.34	0.72	1.27	1.8	Hill等（2008）

注：1.“各指标平均”指血浆尿素氮、血浆游离氨基酸、氮沉积和氮表观消化率4个指标的平均需要量。
2.“—”指无数据。

犊牛对氨基酸的需要有所差别，这可能是因为：①试验牛的品种、日龄、体重、生长速度有所差异；②基础日粮不同，日粮中的蛋白质、代谢能、矿物质和维生素等营养水平不同；③评价指标不同，目前评价氨基酸需要量的指标主要有 ADG、G/F、氮沉积率、血液游离氨基酸含量、血清尿素氮等；④动物所处状态不同，动物处于应激状态时，对具有免疫功能的氨基酸需要量增加。

1. 犊牛代乳品赖氨酸水平的研究 李辉（2008）以新生中国荷斯坦犊牛为实验动物，分别给其饲喂低（1.35%）、中（1.80%）、高（2.25%）3 种赖氨酸水平的代乳品。在各组犊牛 2 周龄、4 周龄及 8 周龄时，经由颈静脉采血，检测血清生化指标。48～55日龄，使用犊牛代谢笼，进行为期 7 d 的消化代谢试验，检测营养物质消化代谢情况。56 日龄进行屠宰试验，测定消化道发育情况。

（1）生长性能 饲喂低、中、高赖氨酸水平代乳品的犊牛试验期内总增重分别为 21.6 kg、25.0 kg 及 24.3 kg，平均日增重分别达到 515 g、595 g 及 579 g。采食 1.80% 赖氨酸水平代乳品的犊牛获得了较高的生长性能。赖氨酸水平影响犊牛对精饲料的进食量和每日干物质采食量。日粮赖氨酸水平增高可促进犊牛对精饲料的采食，但 1.80% 赖氨酸组犊牛对每日干物质采食量和常规营养素的进食量更高（表 3－25）。

表 3－25 不同赖氨酸水平代乳品对犊牛生长性能的影响

变 量	赖氨酸水平		
	低（1.35%）	中（1.80%）	高（2.25%）
初始重（kg）	40.9±7.52	43.7±1.59	38.43±2.37
末重（kg）	62.33±9.61	70.7±8.11	59.77±4.14
总增重（kg）	21.63±0.96	25.00±8.06	24.33±3.16
ADG（g）	515.08±22.87	595.33±91.09	579.36±75.15

（2）营养物质消化 1.8%组犊牛对日粮干物质、粗灰分的摄入量较其余两组高，但差异不显著。对粗脂肪、粗蛋白质、钙及总磷的摄入量显著高于 1.35%组犊牛（$P<0.05$），2.25%组与 1.8%组犊牛之间差异不显著，然而数值偏低。犊牛对常规营养素的吸收量均以 1.8%组为高，2.25%组次之，1.35%组最低，且差异不显著。对日粮营养素摄入量和吸收量的差异，导致 1.8%组犊牛对常规营养素的表观消化率偏低，其中对干物质、粗脂肪和粗蛋白质的表观消化率显著低于其余两组（$P<0.05$）。1.35%组和 2.25%组犊牛对日粮常规营养素的表观消化率无显著差异（表 3－26）。

表 3－26 不同赖氨酸水平代乳品对犊牛常规营养素消化的影响

变 量	赖氨酸水平		
	低（1.35%）	中（1.80%）	高（2.25%）
干物质			
摄入量（g/d）	1260.10±160.70	1711.5±89.60	1574.15±347.70
吸收量（g/d）	1061.80±153.22	1339.59±74.32	1323.71±282.67
消化率（%）	84.14±1.87[a]	78.26±0.55[b]	84.18±1.10[a]

（续）

变 量	赖氨酸水平		
	低（1.35%）	中（1.80%）	高（2.25%）
粗脂肪			
摄入量（g/d）	128.22±8.19[b]	170.89±4.57[a]	161.95±17.73[a]
吸收量（g/d）	119.96±7.44	153.80±8.11	152.79±15.83
消化率（%）	93.57±0.18[a]	89.96±2.58[b]	94.39±1.01[a]
粗蛋白质			
摄入量（g/d）	267.17±30.37[b]	358.37±16.93[a]	339.92±65.71[ab]
吸收量（g/d）	208.88±26.10	257.84±25.02	272.6±48.32
消化率（%）	78.12±2.09[ab]	75.18±1.85[b]	80.37±1.45[a]
粗灰分			
摄入量（g/d）	114.11±15.92	153.15±8.87	139.17±34.45
吸收量（g/d）	82.14±15.10	101.62±7.36	97.24±28.52
消化率（%）	71.68±3.73	66.33±1.63	69.26±3.80
日粮钙			
摄入量（g/d）	15.82±1.62[b]	20.78±0.90[a]	18.91±3.51[ab]
吸收量（g/d）	9.11±2.48	10.72±2.04	10.13±2.04
消化率（%）	56.90±10.50	51.40±7.58	53.47±0.98
总磷			
摄入量（g/d）	7.82±0.95[b]	10.63±0.53[a]	9.83±2.05[ab]
吸收量（g/d）	5.37±1.59	6.95±1.48	7.68±1.59
消化率（%）	67.62±12.99	65.05±10.75	78.16±2.40

（3）血清生化指标 表3-27反映了日粮中不同赖氨酸水平代乳品对犊牛部分血清生化指标的影响。结果表明，日龄对犊牛血清尿素氮含量的影响，有随犊牛年龄增长而降低的趋势；代乳品中赖氨酸水平影响血清尿素氮的浓度，1.8%组犊牛血清尿素氮的含量最低，尤其在4周龄时，显著低于其余两组（$P<0.05$）；2.25%组犊牛血清尿素氮含量最高，1.35%组次之。日粮赖氨酸水平对血清葡萄糖含量的影响不大，各组犊牛组间分析差异不显著。血清总蛋白含量随犊牛年龄的增长而升高，1.35%组犊牛2周龄时血清总蛋白含量低于其余两组，4周龄和8周龄时以1.8%组犊牛最高，但差异不显著。

表3-27 不同赖氨酸水平代乳品对犊牛部分血清生化指标的影响

项 目	周 龄	赖氨酸水平		
		低（1.35%）	中（1.80%）	高（2.25%）
尿素氮（mg/dL）	2	6.29±0.05	6.29±0.05[a]	7.43±0.05
	4	4.38±0.99[B]	4.06±0.61[bB]	6.67±0.57[A]
	8	5.33±0.87	5.14±0.87[ab]	6.00±0.63

（续）

项　目	周　龄	赖氨酸水平		
		低（1.35%）	中（1.80%）	高（2.25%）
血糖（mmol/L）	2	8.25±0.05[a]	6.65±0.05	8.84±0.05
	4	6.32±1.09[b]	7.59±1.04	8.39±1.29
	8	8.16±0.55[a]	6.32±1.34	7.99±2.17
总蛋白（g/L）	2	36.48±0.05[b]	51.83±0.05[c]	55.16±0.05[b]
	4	58.49±8.89[a]	61.21±3.27[b]	57.02±2.78[b]
	8	65.11±4.50[a]	67.31±1.80[a]	64.07±1.69[a]

注：数据用“平均数±标准差”表示；同列上标不同小写字母表示差异显著（$P<0.05$），同列上标相同小写字母、同行上标相同大写字母、未标字母均表示差异不显著（$P>0.05$）。

（4）瘤胃发育　瘤胃占整个复胃的比重随日粮中赖氨酸水平的升高而升高。网胃的相对比重与瘤胃恰恰相反，随着日粮中赖氨酸水平的升高而降低，但3组犊牛间差异不显著。瓣胃的相对比重以1.35%组犊牛最高，1.8%组犊牛最低，但无显著差异。皱胃的相对比重随日粮中赖氨酸水平的升高而降低，且2.25%组犊牛显著低于1.35%和1.8%两组犊牛（$P<0.05$）（表3-28）。

表3-28　不同赖氨酸水平代乳品对犊牛瘤胃胃室相对比重的影响

部　位	赖氨酸水平		
	低（1.35%）	中（1.80%）	高（2.25%）
瘤胃	48.07[b]	50.70[b]	60.08[a]
网胃	13.78	12.52	11.98
瓣胃	11.75	11.12	11.30
皱胃	26.39[a]	25.66[a]	16.64[b]

日粮赖氨酸水平对瘤胃乳头高度的影响不一。在瘤胃前庭和前背盲囊部位，1.8%组犊牛的乳头高度明显高于其余两组，但差异不显著。后背盲囊和后腹盲囊部位，乳头高度有随日粮赖氨酸水平升高而降低的趋势。尤其是后腹盲囊部位，2.25%组和1.8%组犊牛的乳头高度显著低于1.35%组（$P<0.05$）。瘤胃前庭和前背盲囊部位的乳头宽度有随日粮中赖氨酸水平升高而加宽的趋势，但差异不显著。后背盲囊和后腹盲囊部位，乳头宽度的变化恰好相反，1.35%组高于其余两组，但无显著差异（表3-29）。

表3-29　不同赖氨酸水平代乳品对犊牛瘤胃乳头发育的影响（μm）

指　标	瘤胃部位	赖氨酸水平		
		低（1.35%）	中（1.80%）	高（2.25%）
乳头高度（μm）	瘤胃前庭	1904.32±92.16	2041.75±543.57	1708.74±709.26
	前背盲囊	880.16±222.13	1207.71±210.17	787.37±157.79
	后背盲囊	1238.17±280.25	1183.90±116.08	1015.46±299.98
	后腹盲囊	1673.37±110.78[a]	927.89±91.07[b]	869.14±257.38[b]

（续）

指　标	瘤胃部位	赖氨酸水平		
		低（1.35%）	中（1.80%）	高（2.25%）
乳头宽度（μm）	瘤胃前庭	289.45±10.11	330.99±67.73	547.03±371.48
	前背盲囊	303.65±71.77	343.46±39.05	364.19±61.08
	后背盲囊	321.48±144.82	306.06±46.73	309.89±84.05
	后腹盲囊	352.82±5.21	309.02±96.14	308.79±46.55

（5）瘤胃发酵参数　表 3-30 反映了不同赖氨酸水平代乳品对犊牛瘤胃内挥发性脂肪酸产生的影响。从此表可知，1.8%和 2.25%组犊牛瘤胃内挥发性脂肪酸含量均显著高于 1.35%组（$P<0.05$），1.8%组犊牛瘤胃内乙酸和丁酸含量高于 2.25%组，丙酸含量略低，但差异均不显著。而且可以看出，各组犊牛瘤胃内丁酸含量低于乙酸和丙酸含量，仅为 0.48～1.63 mmol/L。

表 3-30　不同赖氨酸水平代乳品对犊牛瘤胃挥发性脂肪酸的影响

挥发性脂肪酸（mmol/L）	赖氨酸水平		
	低（1.35%）	中（1.80%）	高（2.25%）
乙酸	3.16[b]	6.85[a]	5.83[a]
丙酸	2.68[b]	7.68[a]	8.12[a]
丁酸	0.48[b]	1.63[a]	1.19[a]

2. 犊牛代乳品赖氨酸、蛋氨酸和苏氨酸比例的研究　王建红（2010）以新生荷斯坦犊牛为实验动物，系统研究了犊牛代乳品及开食料中不同赖氨酸（Lys）、蛋氨酸（Met）及苏氨酸（Thr）比例对犊牛生长性能、营养物质消化代谢和血清生化指标的影响。试验采用氨基酸部分扣除法。将 24 头新生犊牛随机分为 4 个处理组：氨基酸相对平衡（PC）组代乳品中 Lys、Met、Thr 含量依次为 2.34%、0.72%和 1.80%；其余 3 个处理组依次将 PC 组中的 Lys、Met 和 Thr 扣除 30%，非扣除的氨基酸保持不变。试验持续 8 周，分别在试验的 0、2 周龄、4 周龄、6 周龄和 8 周龄晨饲前称重、测定体尺、采集血液样品，并分别在犊牛 2～3 周龄和 5～6 周龄期间进行二期消化代谢试验。

（1）生长性能　犊牛生长试验持续 8 周，不同氨基酸比例对犊牛生长性能的影响见表 3-31。从此表可以看出，各处理组代乳品的采食量无显著差异，PC-Lys 组开食

表 3-31　不同氨基酸比例对犊牛生长性能和粪便评分的影响

项　目	处理组				SEM	P 值		
	PC	PC-Lys	PC-Met	PC-Thr		PC 和 PC-Lys	PC 和 PC-Met	PC 和 PC-Thr
日增重（g）	503	448	405	483	75.26	0.57	0.32	0.83
饲料转化率	1.92	2.22	2.17	2.00	0.05	0.35	0.25	0.88
粪便评分	2.0	1.8	1.8	2.0	0.07	0.53	0.56	0.87
异常粪便天数（d）	8.8	8.3	8.6	8.9	1.7	0.67	0.58	0.89

注：1. SEM 列出 6 个重复中的最高值。

2. 粪便评分>2.0 为异常粪便。

料采食量有高于PC-Met组的趋势。在数值上，全期平均ADG以PC组最高，但差异不显著。各处理组F/G差异也不显著。整个试验期犊牛没有死亡。腹泻主要在试验期的前2周，有78%犊牛腹泻，平均腹泻时间为8.6 d。日粮因素及日粮与周龄的交互作用对粪便评分没有显著影响，所有犊牛的粪便评分均随周龄的增加呈现线性下降的趋势（表3-31）。

（2）营养物质消化　不同氨基酸比例对不同阶段犊牛营养物质消化代谢的影响见表3-32。DM的表观消化率在犊牛2～3周龄阶段受氨基酸处理组的影响较大，PC组显著高于PC-Lys组（$P<0.05$），而5～6周龄阶段不受氨基酸处理组的影响。OM和EE的表观消化率与DM的表观消化率规律类似，且从全期平均值来看，三者表观消化率PC组均显著高于PC-Lys组（$P<0.05$）。GE和Ca、P的表观消化率均不受氨基酸处理组的影响。5～6周龄各营养物质的表观消化率均高于2～3周龄，除PC-Thr组DM表观消化率和PC组Ca、P的表观消化率外，差异均不显著。

表3-32　不同氨基酸比例对不同阶段犊牛营养物质消化代谢的影响（%）

项目	周龄	处理组				SEM	P值		
		PC	PC-Lys	PC-Met	PC-Thr		PC和PC-Lys	PC和PC-Met	PC和PC-Thr
干物质表观消化率	2～3	85.26	79.80	83.99	82.59^{B}	0.87	0.03	0.56	0.23
	5～6	88.10	83.65	86.17	87.12^{A}	0.94	0.13	0.49	0.71
	平均	86.68	81.73	85.08	84.84	3.71	0.04	0.68	0.67
有机物表观消化率	2～3	88.29	83.83	89.04	86.61	0.63	0.01	0.37	0.23
	5～6	88.92	85.05	89.90	88.47	0.97	0.18	0.72	0.87
	平均	88.61	84.44	89.47	87.54	0.80	0.03	0.87	0.96
总能表观消化率	2～3	89.41	87.25	90.75	90.50	0.34	0.47	0.65	0.72
	5～6	87.86	86.61	93.38	92.19	0.25	0.82	0.34	0.45
	平均	88.64	86.93	92.06	91.35	1.55	0.54	0.62	0.96
粗脂肪表观消化率	2～3	95.79	91.94	94.72	93.47	0.58	0.02	0.44	0.11
	5～6	95.82	93.95	95.51	94.63	0.50	0.25	0.84	0.45
	平均	95.80	92.95	95.12	94.05	0.22	0.03	0.98	0.17
钙表观消化率	2～3	47.72^{B}	33.64	44.70	39.10	3.56	0.22	0.78	0.44
	5～6	71.02^{A}	56.17	63.71	60.65	3.11	0.13	0.43	0.27
	平均	59.37	44.91	54.21	49.87	6.24	0.79	0.96	0.81
磷表观消化率	2～3	73.63^{B}	69.18	71.03	70.71	1.49	0.37	0.59	0.55
	5～6	89.59^{A}	82.55	79.56	80.38	2.02	0.23	0.10	0.13
	平均	81.61	75.87	75.30	75.55	2.84	0.65	0.69	0.84

注：同列上标不同大写字母表示差异显著（$P<0.05$），相同小写字母和无字母均表示差异不显著（$P>0.05$）。

（3）血清生化指标　不同氨基酸比例对不同周龄犊牛血清生化指标的影响见表3-33。从此表可以看出，不同日粮及日粮与周龄的交互作用对血清TP含量无显著影响，但含量会随犊牛周龄的增加而呈线性升高。Glb含量随时间呈现线性和二次曲线的变化，10周龄时达到最高［(32.00±1.22)mg/dL］，2周龄时最低［(20.42±0.73)mg/dL］。

白蛋白/球蛋白随时间呈现线性和三次曲线的变化。无论是日粮、周龄，还是日粮与周龄的交互作用均对血糖浓度没有显著影响，SUN也不受固定效应的影响。

表3-33 不同氨基酸比例对不同周龄犊牛血清生化指标的影响

项 目	周龄					SEM	固定效应的P值		
	0	2	4	6	8		处理	周龄	处理×周龄
总蛋白（mg/dL）									
PC	53.83	53.17	55.50	59.50	62.83	3.42	0.8043	<0.001ˆ	0.2027
PC-Lys	49.50	50.17	54.17	59.67	63.83				
PC-Met	50.83	53.33	49.05	50.02	66.17				
PC-Thr	48.67	49.83	53.33	58.17	62.50				
白蛋白（mg/dL）									
PC	31.33	31.17	31.67	31.83	32.50	1.19	0.2156	0.0113ˆ	0.0628
PC-Lys	30.00	30.00	30.00	30.33	31.17				
PC-Met	30.50	30.83	27.22	26.42	31.00				
PC-Thr	29.33	30.33	31.17	31.67	32.67				
球蛋白（mg/dL）									
PC	22.50	22.00	23.83	27.67	30.33	3.32	0.9423	<0.001ˆ*	0.6242
PC-Lys	19.50	20.17	24.17	29.33	32.67				
PC-Met	20.33	22.50	25.07	26.83	35.17				
PC-Thr	19.33	19.50	22.17	26.50	29.83				
白蛋白/球蛋白									
PC	1.47	1.47	1.38	1.25	1.23	0.15	0.7051	<0.001ˆ#	0.7629
PC-Lys	1.65	1.55	1.38	1.17	1.08				
PC-Met	1.57	1.40	1.21	0.97	0.92				
PC-Thr	1.60	1.65	1.45	1.28	1.20				
血糖（mmol/L）									
PC	5.00	4.86	4.42	4.67	5.43	0.71	0.6009	0.4517	0.3084
PC-Lys	5.01	4.44	4.18	4.65	5.47				
PC-Met	4.64	4.13	6.50	6.74	5.15				
PC-Thr	4.54	4.48	4.27	4.33	5.59				
尿素氮（mmol/L）									
PC	2.74	3.02	2.57	2.55	3.15	0.80	0.1108	0.5688	0.2296
PC-Lys	2.92	3.19	2.95	2.87	2.87				
PC-Met	2.77	3.71	5.63	5.98	3.24				
PC-Thr	2.88	2.69	2.46	2.80	2.82				

注：1. SEM列出的是日粮和周龄交互作用平均值的最大标准误。

2. ˆ随周龄呈线性变化；*随周龄呈二次曲线变化；#随周龄呈三次曲线变化。

(4) 代乳品中氨基酸的适宜比例　表 3 - 34 给出了不同处理组犊牛每千克代谢体重(BW)每日摄入 N、沉积 N、N 表观消化率、表观生物学价值(apparent biological value,ABV)。其中,ABV=沉积 N/(摄入 N×N 的粪表观消化率)×100%。从此表可以看出,不同生理阶段犊牛 N 的摄入量均无显著差异。N 的沉积量均为 PC 组最高,其次为 PC - Thr 组,PC - Lys 组最低,但差异不显著。

表 3 - 34　不同氨基酸比例对犊牛氮摄入和沉积的影响 [g/(kg $W^{0.75}$ · d)]

处理组	2~3 周龄				5~6 周龄			
	PC_1	PC_1 - Lys	PC_1 - Met	PC_1 - Thr	PC_2	PC_2 - Lys	PC_2 - Met	PC_2 - Thr
摄入 N	1.25±0.06	1.20±0.08	1.18±0.09	1.23±0.11	2.14±0.17	2.25±0.09	2.09±0.10	1.97±0.03
沉积 N	0.77±0.09	0.51±0.09	0.57±0.08	0.60±0.12	1.80±0.10	1.44±0.10	1.48±0.07	1.69±0.04

表 3 - 35 是不同处理组犊牛单位代谢体重的氨基酸摄入量和相应的氮沉积量,以及为了便于计算氨基酸的需求比例而得出的相对于 PC 的比例。氨基酸需求比例的计算过程见表 3 - 36。表 3 - 36 中 S (slope) 为斜率,表示对照组代乳品 (PC) 中扣除 30%的某种氨基酸对氮沉积的影响程度,如 2~3 周龄对于 Lys,其 S=(1-0.664)/(1-0.696)=1.104。在 2~3 周龄和 5~6 周龄两个阶段,3 种氨基酸均是 Lys 的斜率最大,表明 Lys 始终为第一限制性氨基酸。P (proportion) 表示另外某种氨基酸与 Lys 等限制性时,该氨基酸在 PC 中所占的比例。其计算基于氨基酸等限制性时斜率相等的原理 (Wang 和 Fuller,1990)。如对于 5~6 周龄阶段的 Met:(1-0.827)/(1-0.658) (Met 的斜率)=(1-0.800)/(1-0.745) (Lys 的斜率)。经简单变换,P=[(1-0.827)+0.658×0.784]/0.784。此时,P=0.8788,1-P=1-0.8788=0.1212,即需要从 PC_2MR 中扣除 12.12%的 Met 就能使 Met 与 Lys 处于等限制性。C (concentration)为某一氨基酸与 Lys 等限制性的实际浓度。又如 Met 在 PC_2 中,Met 的摄入量为 339 mg/(kg $W^{0.75}$ · d)。在上述条件下,Met 的浓度为 339×P=339×0.8788=298.32 mg/(kg $W^{0.75}$ · d)。R (ratio) 表示在某一氨基酸与 Lys 等限制性时,该氨基酸的实际浓度 (C) 相对于 Lys 浓度的比例。例如,5~6 周龄阶段 Met 的 R 值=298.32:1007=0.2962:1.0000。由此得到两个阶段犊牛 3 种氨基酸的平衡模式 (表 3 - 37)。

表 3 - 35　犊牛单位代谢体重的氨基酸摄入量及相应的氮沉积量

处理组	NR [g/(kg $W^{0.75}$ · d)]	AAI [mg/(kg $W^{0.75}$ · d)]			相当于对应的 PC			
					NR	AAI		
		Lys	Met	Thr		Lys	Met	Thr
2~3 周龄								
PC_1	0.771	835	257	643	1.000	1.000	1.000	1.000
PC_1 - Lys	0.512	581	255	637	0.664	0.696	0.992	0.991
PC_1 - Met	0.572	835	178	642	0.742	1.000	0.693	0.998
PC_1 - Thr	0.604	844	260	455	0.783	1.011	1.012	0.708

（续）

处理组	NR [g/(kg $W^{0.75}$ • d)]	AAI [mg/(kg $W^{0.75}$ • d)]			相当于对应的 PC			
						AAI		
		Lys	Met	Thr	NR	Lys	Met	Thr
5～6 周龄								
PC_2	1.795	1007	339	759	1.000	1.000	1.000	1.000
PC_2 - Lys	1.436	750	324	735	0.800	0.745	0.956	0.968
PC_2 - Met	1.484	911	223	694	0.827	0.905	0.658	0.914
PC_2 - Thr	1.689	938	309	539	0.941	0.931	0.912	0.710

表 3-36　Lys、Met、Thr 平衡模式计算

处理组	*S*	*P*	*C*	*R*	*R*×100
2～3 周龄					
PC_1 - Lys	1.104	1.000	835.00	1.000	100.0
PC_1 - Met	0.840	0.926	238.08	0.285	28.51
PC_1 - Thr	0.741	0.904	581.14	0.696	69.60
5～6 周龄					
PC_2 - Lys	0.784	1.000	1007.00	1.000	100.00
PC_2 - Met	0.506	0.879	298.32	0.296	29.62
PC_2 - Thr	0.204	0.785	599.61	0.595	59.54

注：$S=(1-NR)/(1-AAI)$；$P=[(1-NR)+S\times AAI]/S$；C 为 PC 组中的 $AAI\times P$；R 指相对于第一限制性 AA 的比例。

表 3-37　Lys、Met、Thr 平衡模式

处理组	Lys	Met	Thr
2～3 周龄	100	29	70
5～6 周龄	100	30	60

不同阶段犊牛获得最大 ADG 和 G/F 时 Lys、Met、Thr 最优比例计算结果见表 3-38。从此表可以看出，以 ADG 为参考指标，0～2 周龄 PC-Lys 组和 PC-Met 组的斜率 S 数值接近，分别为 0.15 和 0.17；4～6 周龄 3 个处理组 S 值分别为 1.37、0.45 及 0.41。两阶段 Lys、Met 和 Thr 的适宜比例分别为 100∶35∶63 和 100∶27∶67。以 G/F 为参考指标，3 个处理组 S 值分别为 0.59、0.58、0.18 和 0.71、0.55、0.45。两阶段 Lys、Met 和 Thr 的适宜比例分别为 100∶26∶56 和 100∶23∶54。0～2 周龄和 2～4 周龄阶段犊牛达到最大 G/F 所需 Lys 的量比获得最大 ADG 时分别多 172 mg/(kg $BW^{0.75}$ • d) 和 278 mg/(kg $BW^{0.75}$ • d)。

表 3-38　不同阶段犊牛获得最大日增重和饲料转化率时 Lys、Met 和 Thr 的最优比例

处理组	日增重（g）				饲料转化率			
	S	P	C	R	S	P	C	R
0～2 周龄								
PC-Lys	0.15	0.87	729	100	0.59	1.00	1007	100
PC-Met	0.17	1.00	257	35	0.58	0.77	263	26
PC-Thr	0.04	0.71	456	63	0.18	0.74	562	56
4～6 周龄								
PC-Lys	1.37	1.00	835	100	0.71	1.00	1007	100
PC-Met	0.45	0.88	226	27	0.55	0.70	236	23
PC-Thr	0.41	0.87	560	67	0.45	0.72	544	54

注：S 指斜率，限制性氨基酸采食量对日增重和饲料转化率的影响；P 指处理组维持与对照组氨基酸同样的日增重和饲料转化率所需的氨基酸量占对照组的比例；C 指处理组维持与对照组氨基酸同样的日增重和饲料转化率所需的氨基酸量［mg/(kg $BW^{0.75}$ · d)］；R 指所有氨基酸相对于 Lys 的比例。

3. 犊牛代乳品赖氨酸、蛋氨酸、苏氨酸水平的研究　王建红（2010）以新生荷斯坦犊牛为实验动物，系统研究了犊牛代乳品及开食料中不同 Lys、Met 及 Thr 水平对犊牛生长性能、营养物质消化代谢和血清生化指标的影响。其选取 18 头新生荷斯坦犊牛进行 8 周饲养试验，按照 BW 和出生时间相近原则分为 3 组，分别饲喂低（1.87% Lys、0.55% Met、1.22% Thr）、中（2.34% Lys、0.69% Met、1.52% Thr）、高（2.81% Lys、0.83% Met、1.82%Thr）3 种不同 Lys、Met、Thr 水平的 MR，研究其对犊牛生长性能、物质代谢及血清学指标的影响。分别在试验 0、2 周龄、4 周龄、6 周龄和 8 周龄晨饲前称重、测定体尺、采集血液样品进行分析，并分别在犊牛 2～3 周龄和 5～6 周龄期间进行二期消化代谢试验。

（1）生长性能　犊牛生长试验持续 8 周，Lys、Met、Thr 水平对犊牛生长性能的影响见表 3-39。不同处理组对犊牛全期代乳品、开食料、羊草的总采食量均无显著差异。全期平均 ADG 为高水平组最高，低水平组最低，但各处理组间无显著差异。F/G 数值以高水平组最低、低水平组最高，统计分析差异显著。

表 3-39　不同赖氨酸、蛋氨酸、苏氨酸水平代乳品对犊牛采食量、日增重和饲料转化率的影响

项　目	氨基酸水平			SEM	*P* 值比较		
	低	中	高		低和中	低和高	中和高
采食量							
代乳品（g/d）	646	613	643	15.74	0.43	0.95	0.47
开食料（g/d）	525	538	550	51.91	0.93	0.87	0.94
羊草（g/d）	198	213	205	24.98	0.44	0.65	0.90
平均日增重（g）	494	508	535	66.30	0.90	0.69	0.79
饲料转化率	2.38	2.27	2.22	0.05	0.34	0.04	0.87

注："低"指 1.87% Lys、0.55% Met、1.22%Thr；"中"指 2.34% Lys、0.69% Met、1.52%Thr；"高"指 2.81% Lys、0.83% Met、1.82%Thr。表 3-40 和 3-41 注释与此相同。

（2）营养物质消化　代乳品中不同 Lys、Met、Thr 水平代乳品对犊牛营养物质

消化代谢的影响见表 3 - 40。低水平组 DM 表观消化率在犊牛 2～3 周龄时有低于中水平组的趋势，但显著低于高水平组；5～6 周龄时各处理组差异不显著。低水平组 OM 表观消化率在犊牛 2～3 周龄时有低于高水平组的趋势。除此之外，各处理组差异不显著。GE、EE、Ca 和 P 的表观消化率在不同阶段不同处理组间没有显著差异。

表 3 - 40 不同赖氨酸、蛋氨酸、苏氨酸水平代乳品对犊牛营养物质消化率的影响（%）

项 目	氨基酸水平			SEM	*P* 值		
	低	中	高		低和中	低和高	中和高
干物质表观消化率							
2～3 周龄	81.89	84.01	85.47	1.36	0.07	0.04	0.13
5～6 周龄	85.17	87.14	88.23	2.76	0.76	0.82	0.94
有机物表观消化率							
2～3 周龄^	81.01	83.46	86.44	0.75	0.37	0.06	0.73
5～6 周龄	83.23	83.19	84.76	1.76	0.96	0.73	0.86
总能表观消化率							
2～3 周龄	89.24	90.11	89.97	2.13	0.96	0.95	0.89
5～6 周龄	91.37	91.83	91.35	0.96	0.76	0.86	0.97
粗脂肪表观消化率							
2～3 周龄	92.47	93.94	93.47	0.76	0.95	0.75	0.79
5～6 周龄	94.16	95.47	96.05	0.82	0.86	0.87	0.94
钙表观消化率							
2～3 周龄	45.53	44.70	46.31	6.53	0.76	0.59	0.98
5～6 周龄	61.05	62.43	61.99	6.46	0.98	0.66	0.73
磷表观消化率							
2～3 周龄	70.18	72.43	71.93	3.69	0.86	0.46	0.68
5～6 周龄	80.41	81.28	82.11	2.76	0.79	0.59	0.79

注：^ 随周龄呈线性关系。

（3）血清生化指标 试验犊牛的血清代谢指标结果见表 3 - 41。从此表可以看出，不同处理组犊牛血清 Alb 含量出现显著差异，以高水平组最高、低水平组最低，且 Alb 含量随着日粮中赖氨酸、蛋氨酸、苏氨酸含量的增加呈现明显的上升趋势。除 Alb 外，表中列出的其他各项血清代谢指标均不受日粮中赖氨酸、蛋氨酸、苏氨酸含量的影响，但会随犊牛周龄的变化呈现一次、二次或三次曲线关系。日粮与周龄的交互作用对血清各项代谢指标均无显著影响。在 0～2 周龄，低水平和中水平两组犊牛的 TP、Alb 和 Glb 含量均下降，而高水平组稍有增加。高水平组 Glu 含量最高，尿素氮含量最低。

4. 犊牛开食料赖氨酸和蛋氨酸比例的研究 云强（2010）对 24 头健康荷斯坦断奶母犊牛，分别限量饲喂 4 种不同开食料，即对照组开食料（粗蛋白质为 19.64%）和 3 种赖氨酸、蛋氨酸比例分别为 2.5∶1、3.1∶1、3.7∶1 的开食料（粗蛋白质为 15.22%），试验期为 8 周。在试验开始和结束时对犊牛进行称重和采血，在试验第 3 周每组选取 4 头犊牛进行代谢试验。

表 3-41　不同赖氨酸、蛋氨酸、苏氨酸水平代乳品对犊牛血清生化指标的影响

项　目	周　龄					SEM	固定效应的 P 值		
	0	2	4	6	8		处理	周龄	处理×周龄
总蛋白（mg/dL）									
低	50.25	47.25	51.5	56	59	4.25	0.9313	0.0382*	0.1952
中	55.13	52	51.5	53.75	53.75				
高	48.25	49.25	50.89	54.75	55.75				
白蛋白（mg/dL）									
低	28.25	26.75	26.5	27	28	1.44	0.0747^	0.2055	0.3519
中	29.07	28	28.5	29	29				
高	30.19	30.25	30.81	30.25	30.5				
球蛋白（mg/dL）									
低	22	20.5	25	29	31	4.63	0.7799	0.0834^#	0.6736
中	28.1	24	23	24.75	24.75				
高	18.91	19	21.76	24.5	25.25				
白蛋白/球蛋白									
低	1.33	1.3	1.13	1.08	1.1	0.2	0.3894	0.2972^	0.7753
中	1.19	1.23	1.3	1.23	1.18				
高	1.74	1.7	1.46	1.28	1.25				
葡萄糖（mmol/L）									
低	5.5	4.02	4.95	4.97	5.72	0.34	0.0363	<0.0001*	0.0729
中	5.11	4.69	4.44	4.78	5.55				
高	5.87	5.28	5.65	5.26	5.56				
尿素氮（mmol/L）									
低	2.55	2.89	3.35	3.22	3.83	0.39	0.5136	<0.0001^#	0.7788
中	2.4	3.12	2.92	3.08	3.82				
高	1.9	3.02	2.46	2.68	3.6				

注：^随周龄呈线性关系；*随周龄呈二次曲线关系，#随周龄呈三次曲线关系。

资料来源：王建红（2011）。

（1）生长性能　表 3-42 所示为 Lys 与 Met 的比例对犊牛生长性能的影响。从此表可以看出，各组犊牛试验初始及结束时体重的平均值差异不显著。3.1∶1 组和 3.7∶1 组犊牛的增重比对照组分别高 10.21%和 3.30%，2.5∶1 组比对照组低 1.41%，但各组间犊牛增重并无显著性差异。3.1∶1 组犊牛平均日增重达 834.46 g，高于对照组的 757.14 g，同时也高于 3.7∶1 组和 2.5∶1 组。

试验前后犊牛体高、体斜长、胸围及体尺的变化均无显著差异。但从数值来看，3.1∶1 组犊牛体高增长略高于其他 3 组；对照组犊牛体高增长低于 3.1∶1 组和3.7∶1 组，仅高于 2.5∶1 组。对照组和 2.5∶1 组犊牛体斜长的增长较为接近，但都略低于 3.1∶1 组和 3.7∶1 组。与其他两项体尺指标相似，3.1∶1 组犊牛胸围增长最高，达到

14.83 cm；3.7∶1组和对照组次之；2.5∶1组最低，为13.75 cm。

表3-42　开食料中Lys/Met对犊牛生长性能的影响

项　目	对照组	2.5∶1组	3.1∶1组	3.7∶1组
初始体重（kg）	126.17±9.33	124.50±8.70	124.50±9.67	126.50±7.85
结束体重（kg）	168.57±15.10	166.30±23.95	171.23±15.38	170.30±5.88
总增重（kg）	42.40±11.39	41.80±16.87	46.73±8.04	43.80±6.46
平均日增重（g）	757.14±203.39	746.43±301.25	834.46±143.57	782.14±115.36
初始体高（cm）	94.48±2.26	92.83±2.98	93.17±1.10	93.78±1.26
结束体高（cm）	101.33±2.07	99.18±3.39	100.38±2.00	100.80±0.94
体高增长（cm）	6.85±1.24	6.35±1.96	7.22±1.90	7.02±1.09
初始体长（cm）	98.87±3.48	98.32±4.31	98.13±1.70	99.22±1.98
结束体长（cm）	105.83±3.13	105.16±3.50	106.08±3.47	106.65±1.52
体长增长（cm）	6.87±1.11	6.85±1.70	7.95±2.55	7.43±1.86
起始胸围（cm）	122.25±4.81	119.08±5.44	121.17±5.27	121.33±3.50
结束胸围（cm）	136.50±3.89	132.83±7.88	136.00±3.16	135.83±4.45
胸围增长（cm）	14.25±1.78	13.75±3.16	14.83±3.43	14.50±2.26

注：表中数据用“平均值±标准差”表示。

（2）营养物质消化　表3-43所示为开食料中Lys/Met对常规养分表观消化率的影响。Lys/Met对干物质、粗蛋白质、粗脂肪、中性洗涤纤维、酸性洗涤纤维的表观消化率没有显著影响。但在数值上看，3.1∶1组和3.7∶1组干物质的消化率要略高于2.5∶1组和对照组。2.5∶1组粗蛋白质的表观消化率要略低于其他3组。但2.5∶1组犊牛粗脂肪的消化率却高于其他3组。3.1∶1组和3.7∶1组NDF、ADF的消化率较高，在数值上要高于2.5∶1组和对照组。

表3-43　开食料中Lys/Met对犊牛常规养分表观消化率的影响（%）

项　目	对照组	2.5∶1组	3.1∶1组	3.7∶1组
干物质	74.27±2.16	72.89±7.80	77.06±5.88	76.76±3.01
粗蛋白质	70.94±3.06	67.28±11.49	71.00±8.25	70.45±7.96
粗脂肪	78.10±10.45	82.46±6.30	77.55±6.31	80.63±4.69
中性洗涤纤维	59.38±3.77	56.68±13.39	64.19±9.04	63.64±4.79
酸性洗涤纤维	61.50±7.17	59.10±10.58	66.83±8.18	63.53±8.15

开食料中Lys/Met对犊牛氨基酸表观消化率的影响如表3-44所示。开食料Lys/Met对犊牛各种氨基酸的表观消化率没有显著影响。试验中各组赖氨酸和甘氨酸表观消化率较为接近，对照组犊牛蛋氨酸和胱氨酸表观消化率在数值上低于试验组。3.7∶1组苏氨酸和丝氨酸表观消化率最低。对照组精氨酸表观消化率高于试验组，试验组间精氨酸表观消化率有随开食料中Lys/Met升高而降低的趋势。异亮氨酸、亮氨酸、缬氨酸3种支链氨基酸的消化规律与精氨酸的一致。试验组间苯丙氨酸和组氨酸的表观消化

率相似，对照组苯丙氨酸的表观消化率高于试验组，而对照组组氨酸的表观消化率则低于试验组。对照组酪氨酸、谷氨酸、天门冬氨酸表观消化率在数值上高于试验组，试验组间这 3 种氨基酸的表观消化率有随开食料中 Lys/Met 升高而降低的趋势，而各组丙氨酸的表观消化率基本一致。

表 3－44　开食料中 Lys/Met 对犊牛氨基酸表观消化率的影响（%）

项　目	对照组	2.5∶1 组	3.1∶1 组	3.7∶1 组
添加氨基酸				
赖氨酸	84.77±2.29	85.36±2.82	84.32±2.24	84.57±3.19
蛋氨酸	81.67±14.96	86.66±5.76	87.27±9.18	80.46±17.26
与蛋氨酸代谢有关的氨基酸				
苏氨酸	69.33±3.73	71.94±4.08	71.04±3.89	65.03±8.20
甘氨酸	77.83±0.76	78.35±3.22	77.39±3.76	77.56±8.91
丝氨酸	73.05±4.28	71.84±4.53	71.03±3.90	69.76±8.46
胱氨酸	76.13±13.99	80.23±15.25	82.62±10.53	82.00±11.75
参与尿循环的氨基酸				
精氨酸	76.02±6.29	71.75±7.44	70.30±6.40	68.39±7.09
支链氨基酸				
异亮氨酸	75.42±1.33	74.60±4.18	72.58±4.41	70.97±5.61
亮氨酸	77.33±17.83	76.24±4.41	74.31±3.84	73.46±5.12
缬氨酸	78.38±1.17	79.08±3.69	77.45±4.18	77.13±6.19
其他必需氨基酸				
苯丙氨酸	76.38±1.19	73.73±5.34	72.34±3.90	72.26±7.77
组氨酸	75.07±2.22[a]	82.49±2.27[b]	83.45±2.34[b]	83.24±2.79[b]
酪氨酸	78.18±8.74	77.52±11.08	75.15±8.22	70.23±8.96
其他非必需氨基酸				
谷氨酸	73.28±3.42	71.83±5.42	69.80±3.34	66.63±4.78
丙氨酸	77.04±1.10	78.45±4.23	78.10±4.13	77.58±7.86
天门冬氨酸	74.84±3.63	72.61±5.05	70.44±4.45	69.08±6.35
脯氨酸	69.61±3.58	74.69±6.97	73.12±6.88	72.11±87.16

（3）氮平衡　表 3－45 所示为开食料中 Lys/Met 对犊牛氮平衡的影响。由于代谢试验根据犊牛体重采取限饲，因此对照组犊牛氮的摄入量高于试验组，并且显著高于 3.1∶1 组。对照组由于犊牛采食氮较高，因此其粪氮和尿氮在数值上也高于其他 3 组。3 个试验组间，2.5∶1 组犊牛的粪氮较高，而 3 组尿氮则较为相似。对照组的吸收氮最高，2.5∶1 组最低，3.1∶1 组和 3.7∶1 组较为接近，介于二者之间。尽管差异性并不显著，但 3.1∶1 组和 3.7∶1 组的沉积氮分别比对照组高 6.06%和 7.81%，3.1∶1 组和 3.7∶1 组氮的总利用率分别比对照组高 18.32%和 17.56%，而 3.1∶1 组和 3.7∶1 组氮的表观生物学价值分别比对照组高 14.66%和 14.11%。

表 3-45 开食料中 Lys/Met 对犊牛氮平衡的影响

项 目	对照组	2.5∶1组	3.1∶1组	3.7∶1组
氮的摄入（g）	108.01±0[a]	97.59±8.13[ab]	95.66±7.05[b]	97.12±12.37[ab]
粪氮（g）	31.39±3.31	30.77±8.69	26.47±6.31	26.85±5.36
尿氮（g）	34.24±10.61	25.48±6.75	24.23±2.88	24.58±2.56
吸收氮（g）	76.63±3.31	66.81±16.16	69.20±12.40	70.27±14.03
沉积氮（g）	42.39±8.28	41.33±17.68	44.96±15.08	45.70±16.09
氮的总利用率（%）	39.24±7.66	41.56±15.46	46.43±12.09	46.13±11.54
氮的表观生物学价值（%）	55.58±12.22	59.82±16.46	63.73±9.51	63.42±10.83

（4）血清生化和游离氨基酸水平　各组犊牛血清中的血糖、总蛋白、白蛋白和球蛋白浓度无显著差异（表 3-46）。犊牛血清中的血糖处于 4.36～4.61 mmol/L 这一范围，对照组犊牛血清中的血糖浓度略低于试验组。3.1∶1 组犊牛血清总蛋白最低，而对照组则略高于试验组。对照组犊牛血清白蛋白为 31.50 g/L，在 4 个组中最低。但对照组球蛋白浓度则要高于试验组，在试验组间，3.1∶1 组犊牛球蛋白浓度低于其他两组。3 个试验组犊牛血清尿素氮浓度要显著低于对照组（$P<0.05$），试验组组之间并无显著差异。但从数值上来看，2.5∶1 组犊牛尿素氮浓度低于其他 2 组。

表 3-46 开食料中 Lys/Met 对犊牛血清生化指标的影响

项 目	对照组	2.5∶1组	3.1∶1组	3.7∶1组
血糖（mmol/L）	4.36±0.50	4.61±0.24	4.41±0.31	4.48±0.49
总蛋白（g/L）	66.83±3.25	66.00±4.60	64.67±2.73	65.50±5.36
白蛋白（g/L）	31.50±2.51	32.17±2.40	33.67±1.21	32.33±2.66
球蛋白（g/L）	35.33±5.13	33.83±5.74	31.00±3.03	33.17±6.79
尿素氮（mmol/L）	4.82±0.63[a]	3.04±0.49[b]	3.39±0.67[b]	3.21±1.01[b]

表 3-47 所示为犊牛血清中游离的氨基酸浓度。尽管差异并不显著，但试验组中 Lys 和 Met 浓度在数值上随日粮中 Lys/Met 的升高而升高，并且试验组 Lys 浓度低于对照组，但试验组 Met 浓度则高于对照组。不同处理组之间与 Met 代谢有关的氨基酸，如苏氨酸、甘氨酸、丝氨酸的浓度差异不显著。在数值上，试验组犊牛血清中的苏氨酸水平随 Lys/Met 水平升高而升高，但基本都低于对照组。而甘氨酸和丝氨酸浓度则以 3.1∶1 组最高，但试验组浓度低于对照组。对照组血清中的精氨酸浓度略高于 3.1∶1 组，显著高于 2.5∶1 组和 3.7∶1 组（$P<0.05$）。对照组支链氨基酸浓度有高于 3 个试验组的趋势。试验组的数据没有明显规律，3.7∶1 组异亮氨酸和缬氨酸浓度最低，而 2.5∶1 组亮氨酸浓度最低。对照组血清中的其他几种必需氨基酸（苯丙氨酸、组氨酸、酪氨酸）的浓度在数值上高于试验组，但差异不显著。3.1∶1 组苯丙氨酸和组氨酸的浓度在数值上略高于 2.5∶1 组和 3.7∶1 组，而酪氨酸浓度则随 Lys/Met 升高而升高。开食料中 Lys/Met 对犊牛血清中谷氨酸、丙氨酸、天门冬氨酸、脯氨酸等几种非必需氨基酸的影响规律与上述必需氨基酸类似，即对照组要高于试验组，3.1∶1 组

略高于其他两组。

表 3-47　开食料中 Lys/Met 对犊牛血清游离氨基酸浓度的影响（μmol/dL）

项　目	对照组	2.5∶1组	3.1∶1组	3.7∶1组
添加氨基酸				
赖氨酸	7.93±2.63	6.10±3.20	6.67±4.60	6.76±3.10
蛋氨酸	1.39±0.51	1.48±0.78	1.52±0.96	1.88±1.16
与蛋氨酸代谢有关的氨基酸				
苏氨酸	3.92±1.36	3.54±2.18	3.73±2.02	3.97±2.32
甘氨酸	29.47±11.14	21.13±8.59	27.10±13.71	24.07±9.67
丝氨酸	7.78±2.92	5.08±2.13	6.55±3.41	6.08±2.83
胱氨酸	—	—	—	—
参与尿循环的氨基酸				
精氨酸	16.66±4.17[a]	8.87±4.75[b]	12.95±8.69[ab]	10.26±3.55[b]
支链氨基酸				
异亮氨酸	9.08±2.38	7.18±3.81	7.67±4.82	6.88±3.75
亮氨酸	10.60±2.88	9.23±4.69	9.34±5.93	9.86±4.40
缬氨酸	18.39±5.33[a]	14.01±6.57[ab]	13.57±6.93[ab]	11.10±3.31[b]
其他必需氨基酸				
苯丙氨酸	4.20±1.68	3.12±2.03	3.20±2.47	2.67±1.42
组氨酸	4.04±1.66	3.28±1.96	3.79±1.94	3.78±2.17
酪氨酸	4.01±1.20	3.23±1.82	3.34±2.39	3.75±2.09
其他非必需氨基酸				
谷氨酸	6.21±2.21	5.29±3.99	5.79±5.17	4.98±2.56
丙氨酸	18.65±3.86	15.01±7.31	14.18±7.21	17.04±7.41
天门冬氨酸	0.79±0.21	0.64±0.36	0.84±0.54	0.75±0.27
脯氨酸	5.79±1.75	5.03±2.23	5.40±2.11	4.18±1.79

注："—"指测试未发现胱氨酸峰值。

综上所述，对于哺乳期犊牛而言，饲喂 22%蛋白质水平代乳品的犊牛可以取得较高的生长性能，高蛋白质水平可导致犊牛血清尿素氮含量升高，22%的蛋白质水平可促进犊牛瘤胃乳头发育，且有利于瘤胃内挥发性脂肪酸的产生，因此哺乳期犊牛代乳粉的适宜蛋白质水平为 22%。对于断奶后犊牛而言，饲喂 20.21%蛋白质水平的代乳品可以取得较高的生长性能，24.30%的蛋白质水平可导致犊牛血清尿素氮含量升高，犊牛瘤胃氨态氮、挥发性脂肪酸浓度，以及纤维素酶活性有随日粮中粗蛋白质水平升高而上升的趋势。因此，开食料中 20.21%的粗蛋白质水平对 8～16 周龄断奶犊牛较为适宜。对于 3～5 月龄中国荷斯坦犊牛而言，日粮粗蛋白质为 14.30%、消化能为 2.54 Mcal/kg、蛋白质/能量为 56.3∶1（g/Mcal）的饲粮就能满足 ADG 为 0.8 kg 的生长需要。

哺乳期犊牛代乳粉中的适宜赖氨酸水平为 1.80%。以最大氮沉积为指标时，Lys、

Met 和 Thr 的需求比例分别为 100∶29∶70（2～3 周龄）和 100∶30∶60（5～6 周龄）；以最大 ADG 为指标时，Lys、Met 和 Thr 的需求比例分别为 100∶35∶63（0～2 周龄）和 100∶27∶67（4～6 周龄）；以最大 F/G 为指标时，Lys、Met、Thr 分别为 100∶26∶56（0～2 周龄）和 100∶23∶54（4～6 周龄）。断奶后，给犊牛饲喂低蛋白质开食料时（粗蛋白质含量为 15.22%），赖氨酸和蛋氨酸的适宜比例为 3.1∶1。

参考文献

黄利强，2008. 犊牛开食料中适宜蛋白质水平的研究 [D]. 杨凌：西北农林科技大学.

李辉，2008. 蛋白水平与来源对早期断奶犊牛消化代谢及胃肠道结构的影响 [D]. 北京：中国农业科学院.

潘军，张永跟，王庆镐，1994. 高蛋白质水平的开食料对早期断奶犊牛生长发育的影响 [J]. 中国奶牛，3：24-25.

王建红，2010. 0～2 月龄犊牛代乳品中赖氨酸、蛋氨酸和苏氨酸适宜模式的研究 [D]. 北京：中国农业科学院.

云强，2010. 蛋白水平及 Lys/Met 对断奶犊牛生长、消化代谢及瘤胃发育的影响 [D]. 北京：中国农业科学院.

张伟，2007. 不同开食料对加拿大奶犊牛采食量及生长发育影响对比试验 [J]. 中国草食动物，27(3)：35-37.

张乃锋，2008. 蛋白质与氨基酸营养对早期断奶犊牛免疫相关指标的影响 [D]. 北京：中国农业科学院.

张卫兵，刁其玉，张乃锋，等，2009. 日粮蛋白能量比对中国荷斯坦犊牛生长性能及饲料利用率的影响 [J]. 中国畜牧兽医 (6)：5-10.

Abe M，Okada H，Matsumura D，et al，2000. Methionine imbalance and toxicity in calves [J]. Journal of Animal Science，78：2722-2730.

Abe M，Yamazaki K，1999. Absence of limiting amino acids in calves fed a corn and soybean meal diet past three months of age [J]. Journal of Animal Science，77：769-779.

Babella G A，Noval J，Schmidt I，1988. Influence of changing the casein/whey protein ratio on the feeding valve of calf milk replacers [J]. Milcbwissenschaft，43：551-554.

Bartley，E E，1973. Effects of a self-fed pelleted mixture of hay and calf starter on the performance of young dairy calves [J]. Journal of Dairy Science，56：817-820.

Bernard J K，Chandler P T，West J W，et al，2004. Effect of supplemental L-lysine and corn source on rumen fermentation and amino acid flow to the small intestine [J]. Journal of Dairy Science，87：339-405.

Branco-Pardal P，Lalles J P，Formal M，1995. Digestion of wheat gluten and potato protein by the preruminant calf：digestibility，amino acid composition and immunoreactive proteins in ileal digesta [J]. Reproduction Nutrition Development，35：639-654.

Brown L D，Jacobson D R，Everett J P，1960. Urea utilization by young dairy calves as affected by chlortetracycline supplementation [J]. Journal of Dairy Science，43：1313-1321.

Chalupa W，Chandler J E，Brown R E，1973. Abomasal infusion of mixtures of amino acids to growing cattle [J]. Journal of Animal Science，37：339.

Colin - Schoellen O，Laurent F，Vignon B，1995. Interactions of ruminally protected methionine and lysine with protein source or energy level in the diets of cows [J]. Journal of Dairy Science，78：2807 - 2818.

Davis C L，Drackley J K，1998. The development，nutrition，and management of the young calf [M]. Ames：Iowa State University Press.

Dawson D P，Morrill J L，Reddy P G，1988. Soy protein concentrate and heated soy flours as protein sources in milk replacer for preruminant calves [J]. Journal of Dairy Science，71：1301 - 1309.

Diana T，Davis C L，1980. Amino acid nutrition of young calf [J]. Journal of Dairy Science，63：441 - 450.

Donnelly P E，Bhutton J，1976. Effects of dietary protein and energy on growth of Friesian bull calves. I：Food and intake，growth，and protein requirements [J]. New Zealand Journal of Agricultural Research，19：289 - 297.

Foldager J，Huber J T，Bergen W G，1977. Methionine and sulfur amino acid requirement in the preruminant calf [J]. Journal of Dairy Science，60：1095 - 1104.

Klemesrud M J，Klopfenstein T J，Stock R A，2000. Effect of dietary concentration of metabolizable lysine on finishing cattle performance [J]. Journal of Animal Science，78：1060 - 1066.

Lalles J P，Toullec R，Branco P，1995. Hydrolyzed soy protein isolate sustains high nutritional performance in veal calves [J]. Journal of Dairy Science，78：194 - 204.

Lammers B P，Heinrichs A J，Aydin A，1998. The effect of whey protein concentrate or dried skim milk in milk replacer on calf performance and blood metabolites [J]. Journal of Dairy Science，81：1940 - 1945.

Leibholz J，Kang H S，1973. The crude protein requirement of the early - weaned calf given urea，meat meal or soya bean meal with and without sulphur supplementation [J]. Journal of Animal Production，17：257 - 263.

Montagne L，Toullec R，Lalles J P，2001. Intedtinal digestion of dietary and endogenous proteins along the small intestine of calves fed soybean or potato protein [J]. Journal of Animal Science，79：2719 - 2730.

Morrill J L，Melton S L，Dayton A D，1971. Evaluation of milk replacers containing a soy protein concentrate and high whey [J]. Journal of Dairy Science，54：1060 - 1063.

National Research Council，2001. Nutrient requirements of dairy cattle [M]. 7th ed. Washington，DC：National Academy Press.

Ortigues - Marty I，Hocquette J F，Bertrand G，2003. The incorporation of solubilized wheat proteins in milk replacers for veal calves：effects on growth performance and muscle oxidative capacity [J]. Reproduction，Nutrition，Development，43 (1)：57 - 76.

Piepenbrink M S，Overton T R，Clark J H，1996. Response of cows fed a low crude protein diet to ruminally protected methionine and lysine [J]. Journal of Dairy Science，79：1638 - 1646.

Reddy P G，Morrill J L，1988. Effect of acidification of milk replacers on nitrogen utilization by young calves [J]. Journal of Animal Science，71 (Suppl. 1)：126.

Roy J H B，1980. The calf [M]. 4th ed. Boston：Butterworths.

Rulquin H，Hurtaud C，Delaby L，1994. Effects of dietary protein level on lactational responses of dairy cows to rumen - protected methionine and lysine [J]. Acoustics Speech and Signal Processing Newsletter IEEE，43：245 - 251.

Sanz S M R，Ruiz I M，Gil E F，1997. The effect of different concentrations of protein and fat in milk replacers on protein utilization in kid goats [J]. Journal of Animal Science，64 (3)：485 - 492.

Schurman E W，Kesler E M，1974. Protein - energy ratios in complete feeds for calves at ages 8 to 18 weeks [J]. Journal of Animal Science，57：1381 - 1384.

Schwab C G，Muise S J，Hylton W E，et al，1982. Response to abomasal infusion of methionine of weaned dairy calves fed a complete pelleted starter ration based on by - product feeds [J]. Journal of Dairy Science，65：1950 - 1961.

Sissons J W，Smith R H，Hewitt D，1982. Prediction of the suitability of soyabean products for feeding to preruminant calves by an *in vitro* immunochemical method [J]. The British Journal of Nutrition. 47：311 - 318.

Socha M T，Putnam D E，Garthwaite B D，et al，2005. Improving intestinal amino acid supply of pre - and postpartum dairy cows with rumen - protected methionine and lysine [J]. Journal of Dairy Science，88：1113 - 1126.

Terosky T L，Heinrichs A J，Wilson L L，1997. A comparison of milk protein sources in diets of calves up to eight weeks of age [J]. Journal of Dairy Sciences，80：2977 - 2983.

Terui H，Morrill J L，Higgins J J，1996. Evaluation of wheat gluten in milk replacers and calf starters [J]. Journal of Dairy Sciences，79：1261 - 1266.

Tomkins T，Sowinske J，Drackley J K，1995. The influence of protein levels in milk replacers on growth and performance of male Holstein calves Ⅰ：All milk protein milk replacer as the sole source of nutrients [J]. Journal of Dairy Sciences，78 (Suppl. 1)：232.

Tzeng D，Davis C L，1980. Amino acid nutrition of the young calf [J]. Journal of Dairy Science，63：441 - 450.

Wright M D，Loerch S C，1988. Effects of rumen - protected amino acids on ruminant nitrogen balance，plasma amino acid concentrations and performance [J]. Journal of Animal Science，66：2014 - 2027.

Xu S，Harrison J H，Chalupa W，et al，1998. The effect of ruminal bypass lysine and methionine on milk yield and composition of lactating cows [J]. Journal of Dairy Science，81：1062 - 1077.

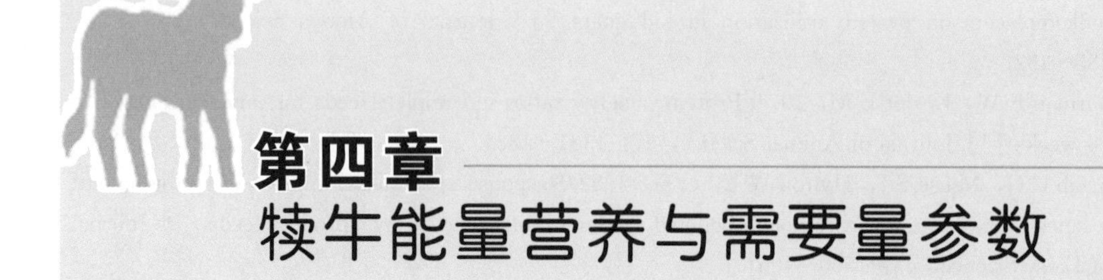

第四章 犊牛能量营养与需要量参数

第一节 概 述

动物所有的活动，包括呼吸、心跳、血液循环、肌肉活动、神经活动、生长、生产和使役等都需要能量，所需的能量主要来自饲料三大养分（碳水化合物、蛋白质和脂肪）中的化学能。反刍动物采食的营养物质提供的能量伴随消化代谢过程发生一系列转化，将饲料中的化学能转化为能被机体利用的能量形式（ATP、糖原等）沉积于机体组织，用于维持和生产。能量是维持生命、生长发育和生产性能的保证，是研究营养需要量和营养价值评定的重要参数，日粮能量水平影响反刍动物的能量、蛋白质及其他营养物质的采食量，进而影响生产性能及体内营养物质消化吸收。

幼龄反刍动物的能量需要，因品种、性别、年龄、体重、生产目的、生产水平的不同有所不同。能量来源主要是饲料中营养物质，尤其是碳水化合物和脂肪能够为犊牛、羔羊提供大量的能量。这些营养物质的消化、吸收和利用、合成或是分解，都伴随能量的转化及利用。能量代谢和物质代谢是一个过程的两个方面，能量和营养物质，二者始终相互依存，不可脱离。

犊牛的基础代谢率高，生长发育迅速，然而体贮能量不足，日粮、环境、管理等任何变化都会对其造成应激，从而影响其生产性能，甚至危及健康。有研究表明，初生犊牛体内以糖原和脂肪贮存的能量在严寒条件下仅能维持 1 d，需要及时由母乳提供所需能量。2～3 周龄，消化液分泌及酶活性功能发育增强。在此阶段，具有高消化率的液体饲料可更好地满足犊牛对能量的需要。与成年反刍动物不同，犊牛的复胃系统尚未发育成熟，尚不能有效利用日粮中的粗纤维，单糖、寡糖及部分多糖与脂肪是犊牛代乳品及开食料中常见的能量来源。下面将着重介绍犊牛能量需要量的研究现状及进展情况。

第二节 犊牛能量需要研究现状及进展

一、犊牛碳水化合物营养

（一）碳水化合物的分类

日粮中的碳水化合物在反刍动物营养中起重要的作用，它是动物能量的重要来源。

碳水化合物是多羟基的醛、酮、醇、酸及其多聚物和某些衍生物的总称。饲料概略营养分析中将这类营养素分为无氮浸出物和粗纤维两大类。无氮浸出物又可称为可溶性无氮化合物，它包括单糖及其衍生物、寡糖（含有 2～10 个糖单位）和某些多糖（如淀粉、糊精、糖原、果聚糖等）。粗纤维包括纤维素、半纤维素、多缩戊糖、木质素、果胶、角质组织等，其中纤维素、半纤维素等也属于多糖。

单糖是组成碳水化合物的基本单位，其化学功能基团是酮基或醛基，分为醛糖和酮糖两类，以含 4～6 个碳原子的单糖最为普遍。犊牛可利用的单糖包括葡萄糖和半乳糖。葡萄糖是蔗糖、乳糖等双糖的组成成分和多糖的糖苷，在生物体系中以游离形式存在，为动物提供能量，一些葡萄糖的衍生物在代谢过程起重要作用。半乳糖是乳糖、蜜二糖、棉子糖等寡糖的组成成分，也是阿拉伯树胶、琼脂及其他树胶、黏质等多糖的组成成分。通常是由乳糖水解的 D-半乳糖直接结晶获得。D-半乳糖多存在于与葡萄糖结合形成的双糖（如乳糖）中，它是哺乳动物乳汁的重要成分。

寡糖又称低聚糖，由 2～10 个分子的单糖通过糖苷键连接而成，在自然条件下以游离态或化合态存在。和多糖相比，寡糖分子质量较小。二糖是寡糖中的基本模式，它由 2 个单糖分子组成。常见的二糖有蔗糖、乳糖、麦芽糖等。蔗糖是由一分子葡萄糖和一分子果糖缩合而成的，酸处理或酶催化作用下水解成等量的葡萄糖和果糖的混合物，其水解产物称转化糖，甜度比蔗糖高。蔗糖广泛存在于植物中，在糖甘蔗、制糖甜菜和高粱及有甜味的果实中含量较高，而在饲料甜菜、其他块根及青绿饲料中的含量很低。乳糖是由一分子葡萄糖和半乳糖缩合失水形成，主要存在于乳制品中，以游离态或乳糖低聚糖的形态存在。牛奶中含乳糖 4%～5%，未加热的乳中，游离态和化合态乳糖的比例是 8∶1。乳糖的甜度是蔗糖的 1/6，并且溶解度也相对较低。麦芽糖又称饴糖或还原性双糖，由两分子葡萄糖缩合失水形成，通过淀粉和糖原的酶解获得，是淀粉的基本组成单位。麦芽糖天然存在于植物组织中，如高等植物的花粉、花蜜和谷物发芽的麦芽中。

多糖是自然界中分子结构复杂且庞大的糖类物质，它是由多个单糖分子或单糖衍生物缩合、失水，通过糖苷键连接而成的大分子聚合物，是植物的重要组成成分。淀粉是一种植物性多糖，植物的根、茎、叶、髓和种子中均含淀粉。马铃薯、木薯和玉米是淀粉的重要来源。淀粉由支链淀粉和直链淀粉组成，直链淀粉由 250～300 个葡萄糖单位通过 α-1,4-糖苷键相连而成的，分子质量约为 60 000 ku，比支链淀粉小，可被淀粉酶水解成为麦芽糖。

（二）犊牛代乳品中的碳水化合物

1. 乳糖 初生犊牛除乳糖外对碳水化合物的消化能力相对不足，乳糖是犊牛哺乳阶段主要的能量来源。牛奶和代乳品等液体饲料进入犊牛皱胃，酪蛋白在凝乳酶和胃蛋白酶的作用下形成凝块，并在体内缓慢降解，而乳清蛋白、乳糖和大多数矿物质与乳凝块分离并快速流入小肠，因此乳糖在小肠中快速被消化并立即为动物提供能量。

牛奶和代乳品中所含的乳糖顺食管沟进入皱胃后，经 β-半乳糖苷酶催化水解成为可被犊牛利用的半乳糖和葡萄糖。然而随着日龄的增加，犊牛体内乳糖酶活性逐渐降低。Huber 等（1961）研究发现，1 日龄犊牛乳糖消化酶的活性最高，22 日龄时降至一半，此后至44日龄阶段变化较少。乳糖利用率下降的部分原因可能是小肠内乳糖酶活性的降低引起的。仔猪体内乳糖酶活性也随日龄的增加而降低，但其出生时的活性是犊牛的5倍。Huber（1961）指出，乳糖的降低大部分是由于小肠末端1/3处小肠酶活性降低引起的。也有报道指出，1～5周龄羔羊体内的乳糖酶变化较少。

日粮中的乳糖含量也会影响动物体内乳糖酶的分泌水平。对试验小鼠的研究表明，饲喂日粮中乳糖含量为25%的小鼠在特定时间内吸收乳糖的数量要高于饲喂玉米淀粉的小鼠。同时，Fischer等（1953）指出，饲喂乳糖组小鼠的小肠黏膜重量显著增加，但是黏膜内的乳糖酶活性并无显著变化。将20头荷斯坦公犊牛随机分为4组，分别饲喂谷物、全乳、全乳+5%乳糖、全乳+15%乳糖，结果表明犊牛小肠内总的乳糖酶及其含量随日粮中乳糖含量的增加显著提升，并指出这可能是因为高水平的乳糖刺激了小肠黏膜的增生引起的。但是全乳中添加3%水平的乳糖并未引起小肠内乳糖酶活性的改变（Huber等，1961），可能与试验周期及乳糖梯度设计有关。此外，研究结果发现添加5%乳糖组犊牛表现出最佳的生长性能，这与Flipse等（1950）、Raven和Robinson（1958）的结果相符，而日粮中过高的乳糖水平则会引起犊牛腹泻率的升高。

乳糖对犊牛肠道还具有其他糖类不可替代的作用，如能够降低犊牛腹泻的发生率等。Flipse等（1950）指出，乳糖的这种优势作用可以归功于：①乳糖分子的稳定性及低溶解性，因此乳糖分子得以完整地进入小肠；②在肠道内，乳糖能促进乳酸菌的生长，有效抑制腐败菌。需要指出的是，日粮乳糖水平会影响犊牛肠道内的流动性，引起犊牛腹泻。Rojas等（1948）研究表明，在正常饲喂模式下，犊牛可以高效利用乳糖，只有当日粮中乳糖含量加倍时，腹泻才会发生，乳糖的利用率才会下降。Flipse等（1950）指出，犊牛对乳糖的需要量很少，5%与30%乳糖对犊牛生长性能的影响差异不显著；当乳糖水平为10%时，饲料转化率最高。

2. 葡萄糖 葡萄糖是机体所需的重要营养素，也是各种寡糖和多糖的基本组成单位，体内吸收的碳水化合物大多转化为葡萄糖。葡萄糖进入犊牛体内，无需消化酶的分解作用可直接被犊牛吸收利用，因此表现出了较高的消化代谢率，是幼龄犊牛较易利用的另一种碳水化合物。张蓉（2008）研究表明，使用10%葡萄糖替代部分乳糖饲喂犊牛，并未对犊牛的生长性能和消化代谢率造成任何负面影响；同时，减少乳糖、乳清粉等奶源性饲料原料的应用，还可有效降低犊牛的饲养成本。随之而来的代乳品价格下调，更有利于代乳品及早期断奶技术在全国范围内进一步推广，进而缩短犊牛的哺乳时间，节约大量鲜奶，促进瘤胃尽早发育，为培育高产奶牛奠定基础。

另外，葡萄糖及半乳糖是乳糖组成的亚单位。Britt和Huber（1972）研究犊牛小肠内二糖酶活性的变化时，向犊牛日粮（不含碳水化合物）中添加乳糖、半乳糖及葡萄糖，结果表明犊牛前1/3段小肠黏膜中每毫克蛋白乳每分钟乳糖酶水解量分别为0.102 μmol/L、0.078 μmol/L和0.058 μmol/L。

3. 淀粉 淀粉进入犊牛体内首先需被胰淀粉酶分解为麦芽糖，然后在膜消化期经麦芽糖酶的作用水解为葡萄糖后才能被犊牛吸收和利用。因此，犊牛肠道内胰淀粉酶及麦芽糖酶活性的高低是决定犊牛能否有效利用淀粉的关键。小肠麦芽糖酶和胰腺淀粉酶在犊牛出生时含量很低，但随年龄增加其活性增强，尤其是淀粉酶。犊牛体内麦芽糖酶水平随日龄变化不显著，且维持在低水平波动。另有研究认为，8周龄时犊牛体内麦芽糖酶较3周龄时显著提高（Dollar和Porter，1959）。Huber等（1961）指出，4周龄内犊牛对麦芽糖的利用率有限，而7周龄时会有较大改善。1～5周龄新生仔猪体内胰淀粉酶呈现线性增长（Hudman等，1957）；而犊牛则略有不同，其体内胰淀粉酶水平1日龄时最低，8日龄时增长了近2倍，此后一直维持较稳定的变化。在正常饲喂牛奶的模式下，犊牛体内较低水平的麦芽糖酶及淀粉酶活性并不会对犊牛造成任何影响。然而就实际生产而言，低的麦芽糖酶及淀粉酶水平限制了犊牛对淀粉的利用。血糖浓度的检测试验结果也表明，犊牛对淀粉的利用率较低（Huber等，1961）。日粮中淀粉含量对犊牛生长的影响主要发生在3～24日龄阶段，而对24～45日龄阶段的影响不显著。10～24日龄阶段，犊牛对淀粉的消化率显著上升，此后则变化较少。犊牛10日龄、24日龄、38日龄及52日龄时的淀粉消化率分别为70.3%、80.8%、76.5%及82.4%。除此之外，犊牛对淀粉的利用率还同日粮中淀粉含量密切相关。选用3～45日龄的犊牛进行试验，饲喂淀粉含量分别为0%、9%、18%和27%的日粮，乳糖水平则随淀粉含量的增加而下降，结果表明18%和27%组的犊牛的增重显著低于未添加组及9%组（$P<0.05$）。Huber等（1967）认为，3周龄内犊牛代乳品中淀粉含量应控制在10%以内，之后随犊牛消化系统的进一步发育，其对淀粉的利用能力也在逐渐增加。张蓉等（2008）研究指出，犊牛代乳品中添加10%复合淀粉替代乳糖会导致犊牛出现较高的腹泻率，主要是由于犊牛对淀粉消化利用的程度较低，致使未被消化的淀粉颗粒到达肠道末端，在肠道细菌作用下继续发酵产生腐败有毒气体所引起的。随着日龄的增加，犊牛体内分泌的酶活性逐渐提高，对淀粉的消化率表现出了快速上升的趋势。如表4-1所示，犊牛腹泻率从10～20日龄时的45%直线下降到30～40日龄时的7.5%。这也说明了犊牛对淀粉的利用率随日龄的增加逐渐增加，1月龄以上犊牛可以较为有效地利用日粮中的淀粉而不会引起腹泻。因此，配制1月龄以上犊牛代乳品，在原料的选择上具有更大余地。由此看来，分阶段配方代乳品的研发及配制是代乳品未来发展的趋势，它不仅更科学、更准确，其经济实用的特性也更加突出。随着犊牛消化机能的增强和生长发育的加速，及时调整幼畜代乳品配方，选用部分易于消化且安全经济的植物性原料应用于代乳品的配制，不仅能够满足幼畜生理营养的需要，还能降低犊牛培育成本及创造可观的经济效益。此外，犊牛对淀粉的消化能力与淀粉种类及加工方式有关，犊牛对支链淀粉的消化率较高（Huber等，1961）。

表4-1 不同碳水化合物组成对早期断奶犊牛腹泻率的影响

组　别	腹泻率（%）				
	10～20 d	20～30 d	30～40 d	40～50 d	平均值
乳糖组	7.5	7.5	2.5	7.5	6.25
葡萄糖组	12.5	5	0	10	6.88
淀粉组	45	25	7.5	7.5	21.25

总之，乳糖是牛奶中天然存在的碳水化合物。由于新生犊牛体内乳糖酶活性较高，因此乳糖进入犊牛体内能够被快速分解为单糖，是犊牛最易利用的营养物质，而不会引起犊牛消化不良或是腹泻。葡萄糖作为乳糖的组成单位，进入犊牛体内无需消化酶的作

用，可直接被吸收利用；且其价格便宜，经济效益显著，也是幼龄犊牛能够利用的碳水化合物种类。对于淀粉而言，建议将其应用于1月龄以上犊牛代乳品的生产，或额外补充足量外源酶制剂才可应用于1月龄以内犊牛代乳品的生产。新生犊牛体内消化酶系统的建立是一个逐渐发育的过程，只有犊牛能够分泌足量的消化酶后，更多的碳水化合物才可用于犊牛生产。

二、犊牛脂肪营养

（一）脂肪的分类

脂肪的主要成分是一分子甘油和三分子高级脂肪酸所形成的酯类，称为三脂酰甘油（或甘油三酯）。由相同脂肪酸组成的油脂称为单三脂酰甘油（或单甘油酯），由不同脂肪酸组成的油脂称为混合三脂酰甘油。

根据碳链中碳原子间双键的数目又可将脂肪酸分为单不饱和脂肪酸（含1个双键）、多不饱和脂肪酸（含1个以上双键）和饱和脂肪酸（不含双键）三类。富含单不饱和脂肪酸和多不饱和脂肪酸组成的脂肪在室温下呈液态，大多为植物油，如花生油、玉米油、豆油、菜子油等（椰子油常温下为固态）。以饱和脂肪酸为主要成分的脂肪在室温下多呈固态或半固态，多为动物脂肪，如牛油、羊油、猪油等。但也有例外，如深海鱼油虽然是动物脂肪，但它富含多不饱和脂肪酸，如20碳5烯酸（EPA）和22碳6烯酸（DHA），因而在室温下呈液态。

根据脂肪酸链的长短，又可将脂肪酸分为长链脂肪酸（碳链中碳原子超过12个）、中链脂肪酸（碳链中碳原子6～12个）和短链脂肪酸（碳链中碳原子少于6个）。

（二）脂肪的代谢

脂肪在反刍动物瘤胃中首先大量被脂肪酶水解形成游离脂肪酸和甘油，并进一步经微生物发酵而生成挥发性脂肪酸。由于瘤胃内为高度还原性环境，因此脂肪在瘤胃中可发生氢化作用。不饱和脂肪酸在微生物作用下氢化为饱和脂肪酸，其中主要是硬脂酸。不完全的氢化作用产生了多种顺反单烯游离脂肪酸的异构体，以及多不饱和脂肪酸的异构体，如共轭亚油酸。瘤胃中微生物的活性使得吸收的脂肪酸要比日粮中的饱和许多。吸收的游离脂肪酸还包含一些特定的菌体脂肪酸，如支链脂肪酸等。高脂肪的日粮一般会降低碳水化合物的消化，增加瘤胃中丙酸的含量。

哺乳期犊牛瘤胃并不具有消化功能，对脂肪的消化不同于成年奶牛。酪蛋白的凝固作用使得与代乳品中的甘油二酯一起作为不溶的凝块滞留在皱胃中达几个小时，因此犊牛脂肪吸收的最大值比单胃动物要推迟5～7 h。

牛奶和代乳品中含有大量的甘油三酯（220～280 g/kg DM），因此犊牛30%～45%的能量来源于长链脂肪酸。长链脂肪酸由小肠的上皮细胞吸收并被重新酯化（Bauchart等，1993）。甘油三酯用于合成的乳糜微粒和极低密度脂蛋白，大部分经淋巴转运，哺乳期犊牛小肠总乳糜微粒和极低密度脂蛋白在进食8 h后达峰值。肠道中乳糜微粒的合成及分泌受日粮因素的影响（Bach等，1996）。中链脂肪酸（C<12）都是经由小肠吸收，并主要以非酯化脂肪酸的形式分泌，特别是在门静脉中。

1. 肝脏 肝脏是代谢机能最复杂和最全面的器官，从肠道吸收的营养物质首先进入肝脏进行转变，体内能源物质的转运和互变也以肝脏为重要枢纽。肝脏摄取的物质大多不作为自身的能源，而作为向肝外组织输出的能源物质，如葡萄糖、脂肪和酮体等。

肝脏中长链脂肪酸（long chain fatty acid，LCFA）主要来源于血液中的非酯化脂肪酸（nonesterified fatty acid，NEFA）。向肝脏中提供的NEFA主要取决于血流速及NEFA的浓度。进入肝脏中的NEFA越多，就越会加速脂肪组织的动用。同时甘油三酯的水解也可以为肝脏提供部分少量的LCFA。在肝脏中，LCFA既可酯化也可用于氧化，脂肪酸结合蛋白（fatty acid binding protein，FABP）和酰基辅酶A结合蛋白（acyl-COA-binding protein，ACBP）对于LCFA在这两种途径中的分配具有关键作用。这两种酶可以将未被活化的脂肪酸或是活化的脂肪酸分别送往肝内酯化及氧化的场所。啮齿类动物肝中脂肪酸结合蛋白的转录受LCFA的影响，但与短链脂肪酸（short chain fatty acid，SCFA）无关，这一机制可能对于哺乳期的犊牛十分重要。肝脏中高流量的LCFA可以促使一系列代谢的改变，最终激活过氧化物酶体增殖剂激活受体（peroxisome proliferators-activated receptor，PPARs）。LCFA比VFA、SCFA和快速降解的脂肪酸更有利于过氧化物酶体增殖物激活受体的激活。PPARs与顺9-视黄酸受体（RXR）一起形成一个二聚体。激活的受体（PPARs/RXR）可以增加或抑制脂代谢调控中某些特定基因的表达。一般来说，用于编码脂肪酸氧化及生酮过程中酶的基因表达增加，而用于编码脂肪酸合成的酶的基因表达降低（Schoonjans等，1996）。并且基因表达调控的抑制似乎仅限于肝脏中，且仅受多不饱和脂肪的影响（Niot等，1997）。虽然这些分子机制并未在犊牛上得到证实，但是我们仍需考虑这些可能的机制，因为它们在脂肪代谢的调控中起重要作用。

脂肪酸酯化产生的甘油三酯既可以储存在胞内，也可转运至微粒体中以极低密度脂蛋白的形式分泌（Gruffat等，1996）。而脂肪酸既可以在过氧化物酶体中进一步氧化，也可在线粒体中氧化产能。脂肪酸氧化之前需要先进行活化，酯酰辅酶A合成酶催化这一反应。活化后的短或中链酯酰-辅酶A可以渗透通过线粒体内膜，酮体也可以自由进出肝脏线粒体。但是长链的酯酰-辅酶A不能透过线粒体内膜，需要特殊的转运机制。长链酯酰-辅酶A要与极性的肉碱分子结合，这一反应受肉碱棕榈酰转移酶-1（carnitine palmitoyl transferase-1，CPF-1）、肉碱棕榈酰转移酶-2（carnitine palmitoyl transferase-2，CPF-2）的调控。

进入线粒体中的脂肪酸经β-氧化，彻底氧化成CO_2和H_2O并释放出大量能量。β-氧化发生在线粒体内，其步骤是：脂肪酸经一系列氧化，每一轮氧化切下2个碳原子单元即乙酰辅酶A，乙酰辅酶A进入柠檬酸循环，继续被氧化最后脱出CO_2。其中，柠檬酸合成酶、异柠檬酸脱氢酶及α-酮戊二酸脱氢酶是关键酶。不饱和脂肪酸的氧化则还需要另外两种酶：一个是异构酶，另一个是还原酶。而多不饱和脂肪酸的氧化需2，4-二烯酰-辅酶A还原酶的参与。在肝脏线粒体中，草酰乙酸决定乙酰辅酶A的去向，它带动乙酰辅酶A进入柠檬酸循环。但在某些情况下，草酰乙酸参与糖异生，浓度下降，乙酰辅酶A进入柠檬酸循环的量也随之变少，从而进入酮体的合成途径。脂肪酸在氧化过程中产生的还原型电子传递分子——NADH和FADH2，将电子转运到线粒体呼吸链。伴随电子在呼吸链中的流动，ADP经磷酸化作用转化为ATP。ADP转运至线粒体及新合成的ATP运出均受线粒体腺苷酸转移酶的催化，这被认为是能量代谢最终的限速步骤（Faergeman 和 Knudsen，1997）。

肝脏中脂肪酸的分配若发生异常，则会导致肝脏中甘油三酯的积聚（脂肪肝）或是酮病的发生。这会导致肝功能受挫，犊牛采食减少，生长受到影响，对疾病的抵抗力降低。生成酮体及脂肪酸的氧化是将肝脏中多余脂肪酸移除的主要途径，酮体可以抑制脂肪组织的脂解作用，从而减少提供给肝脏中的脂肪酸（Emery 等，1992）。

犊牛及羔羊受采食的影响，肝脏和周围组织血液中胰岛素的含量会有规律性地上升，但在断奶后的反刍动物中并不会发生。这对犊牛而言很重要，因为胰岛素调控脂肪代谢，可以促使脂肪重新合成及脂肪酸的酯化，并能抑制脂肪酸的氧化。但同时，胰岛素可以降低阿朴脂蛋白B的分泌，因此胰岛素的影响需权衡多方面的调控机制。

瘦素（leptin，LP）是由成熟脂肪组织分泌到血液中的激素。动物采食情况、体脂水平及胰岛素水平都会促使LP分泌。LP可以抑制动物的采食量，降低体重并增加能量的支出，其在动物体内各个组织中均发挥作用。例如，LP可以促使长链脂肪酸氧化，而不是以甘油三酯的形式储存于肌肉中。牛*LP*基因的PCR扩增片断的限制性产物已经被确定。*LP*基因定位于牛的4号染色体上。随着对LP研究的深入发现，可以通过控制采食量提高生产效率并改进动物的体组成。

2. 肌肉 心肌的能源物质最主要是脂肪酸。心肌氧化酮体的酶活性很强，是利用酮体的重要组织。心肌是线粒体最丰富的组织，以单位重量计算，其氧耗量占全身各组织之首。因此在氧供应充足时，能源物质几乎全部被完全氧化。由于心肌对脂肪酸等能源物质的利用效率高，再加上脂肪酸氧化时又可产生较多的能量，因此保证了心脏不断跳动所需的能量供应。

骨骼肌的重量占体重的50%左右，其能量的大部分用于肌纤维的收缩。脂肪酸以甘油三酯的形式储存于肌细胞内脂肪组织、肌纤维内，或是在肌纤维过氧化物酶体和线粒体中降解。肌肉中氧化能力与其总线粒体含量相关，啮齿类动物比反刍动物的要高，活动的动物比静止的动物要高，红肌肉比白肌肉要高。

心肌、骨骼肌中的生化途径与肝脏中的类似，涉及脂肪酸的氧化和随后ATP的生成，脂肪酸的降解或储存也受激素的调节。例如，胰岛素能够降低长链脂肪酸的氧化速度，促使长链脂肪酸生成甘油三酯。长链脂肪酸及活化的脂肪酸同样受限速酶的调节从而调控能量的代谢。

肌肉利用的乙酸和酮体与动脉血中乙酸含量呈线性关系。β-羟丁酸脱氢酶将β-羟丁酸转化为乙酰乙酸，然后在线粒体中降解。脂蛋白酯酶水解循环中脂蛋白的甘油三酯，从而控制脂蛋白向肌肉中的能量转移。肌肉收缩时，甘油三酯储存量减少，而脂蛋白酯酶能够使甘油三酯含量增加。储存在肌纤维中的甘油三酯可以被激素敏感性脂肪酶（hormone-sensitive triglyceride lipase，HSL）水解。这与脂肪组织中存在的激素敏感脂肪酶一样。HSL和LPL协同作用，用于满足肌肉组织的能量需求（Cortright 等，1997）。

肌肉对NEFA的摄取直接取决于动脉血中NEFA的含量。休息中的肌肉，NEFA

直接用于氧化的水平很低。当流经肌内甘油三酯库时，NEFA 可被氧化或是以肉酰酯基的形式储存于肌纤维细胞中，尤其是反刍动物，其肌肉中含有大量的肉碱。肌肉细胞对 NEFA 的摄取机制与肝脏中的相似，NEFA 与白蛋白、质膜、细胞内 FABP 及 ACBP 不同位点结合对其分配具调控作用。FABP 可以将脂肪酸转移到过氧化物酶体、线粒体中氧化，或是转运到酯化位点，还可以将其用于储存。转移至过氧化物酶体的脂肪酸可以部分被降解产生酯酰辅酶 A，线粒体中的脂肪酸则可被完全直接降解产生 CO_2。脂肪酸转运至线粒体中需要 CPT 体系。肌肉中的肉碱可被看成为乙酰基的缓冲系统，它来源于循环中乙酸盐或是由 LCFA 降解而来。脂肪酸转移至线粒体受 CPT－1 活性的调控，丙二酰辅酶 A 对 CPT－1 具有抑制作用。

（三）犊牛代乳品中的脂肪

1. 常用脂肪 犊牛对代乳品中不同种类脂肪的利用效率不同。在犊牛代乳品中添加低级动物脂肪、加拿大菜籽油、皂角及食用油的副产品时发现，犊牛对这些油脂的利用效率不同。原因可能是所含脂肪酸的种类、含量及脂肪的加工工艺不同。

一般来说，牛油和猪油等动物性脂肪常被用来添加到代乳品中，牛油、猪油中所含的脂肪酸主要是棕榈酸、硬脂酸和油酸。因为二者的脂肪酸组成及饱和程度与牛乳中的相近，因此犊牛对这些脂肪的消化利用效率非常高。但是犊牛对某些植物油的利用效率却很有限。一些含有高不饱和植物油的代乳品不仅会影响犊牛的生产性能及饲料利用率，还会引起犊牛严重的腹泻。当豆油（富含 n－6 多不饱和脂肪酸）作为哺乳期犊牛唯一能量来源时，会明显降低犊牛的采食量和体增重。代乳品中添加玉米油，会导致犊牛体增重下降、饲料转化率下降，以及干物质、氮、脂肪的消化率降低，并且引起犊牛腹泻。当添加到代乳品中的脂肪种类为牛油与玉米油且二者比例为 1∶1 时，同样会引起犊牛腹泻。新生犊牛胃肠道的脂肪酶活性本来就很低，因此犊牛对脂肪酸的消化利用能力有限（Jenkins，1988），同时还降低了日粮蛋白质和脂溶性维生素的利用率，从而影响犊牛的生产性能（Raven，1970）。

植物油中高含量的亚油酸可能是引起犊牛腹泻的主要原因，可能是组织中合成的前列腺素过多造成的。亚油酸经去饱和、延长碳链后生成的二高 γ-亚麻酸和花生四烯酸是合成前列腺素的主要前体。花生四烯酸经环氧化作用形成的前列腺素 E2 是引起动物腹泻的主要原因。阿斯匹林是前列腺素合成的有效抑制剂，如果前列腺素 E2 引起犊牛腹泻，那么加入乙酰水杨酸后应该能够抑制犊牛腹泻。但是 Jenkins（1988）发现，给予乙酰水杨酸后并未改善犊牛的腹泻情况，因此他认为玉米油中亚油酸代谢产生的过量前列腺素并不会引起犊牛腹泻，引起犊牛腹泻的主要原因是油脂的分散方法不得当所致。他采用低压分散法得到的脂肪球直径为 10～20 μm，随后的试验分散得到的脂肪球直径小于 1 μm，犊牛的腹泻率大幅下降（Jenkins，1988）。

然而并非所有的植物油都会影响犊牛的生产性能和引发犊牛腹泻。例如，棕榈油和椰子油中含有大量的饱和脂肪酸（表 4－2），棕榈油中含量最多的脂肪酸是棕榈酸和油酸，二者之和超过脂肪酸总量的 80%。椰子油中最丰富的脂肪酸是月桂酸。椰子油 90%以上的脂肪酸是饱和脂肪酸，且大部分为中、短碳链。其中，月桂酸、肉豆蔻酸、棕榈酸含量大于 75%，常温下以固态、半固态存在。

表 4-2 椰子油脂肪粉和棕榈油脂肪粉的脂肪酸组成

项 目	全脂奶粉	椰子油	棕榈油
总脂肪酸	23.29	78.03	85.52
己酸 C6：0	1.37	0.49	0.04
辛酸 C8：0	0.99	6.24	0.02
癸酸 C10：0	2.79	5.42	0.04
月桂酸 C12：0	4.85	44.76	0.22
肉豆蔻酸 C14：0	13.57	18.13	1.18
十五烷酸 C15：0	1.46	0.01	0.06
十五烷烯酸 C15：1	0.04	0.03	0.01
棕榈酸 C16：0	35.98	10.66	51.84
棕榈油酸 C16：1	1.80	0.03	0.13
珍珠酸 C17：0	0.82	0.01	0.13
硬脂酸 C18：0	11.68	3.49	5.53
油酸 C18：1	20.57	8.28	32.33
亚油酸 C18：2	0.86	2.02	7.54
亚麻酸 C18：3	0.82	0.10	0.15
花生酸 C20：0	0.21	0.12	0.43
花生烯酸 C20：1	0.09	0.08	0.14
山嵛酸 C22：0	0.13	0.03	0.09
木焦油酸 C24：0	0.30	0.05	0.11

代乳品中添加椰子油不但不引起犊牛腹泻，还能够提高犊牛的生产性能。尽管椰子油和牛油的脂肪酸组成相差甚远，但是在代乳品中添加时，犊牛的生产性能和饲料利用率相差无几。另外，椰子油代替部分牛油用于犊牛代乳品中还能够增加犊牛体内的蛋白质沉积。椰子油中含有大量的中链脂肪酸，犊牛体内的唾液脂肪酶对中链脂肪酸具有特异性，因此代乳品中添加椰子油能够改善犊牛肠道内脂肪酸的消化率。

但是当椰子油作为唯一的脂肪来源并长期饲喂犊牛时，又会诱使肝中甘油三酯堆积，引起肝的脂肪变性，从而影响犊牛的生长性能。最近有报道指出，饲喂富含椰子油且不含牛油的代乳品的犊牛其肝脏中甘油三酯含量比饲喂添加牛油的标准代乳品高 12 倍。这可能是因为 C12：0 比 LCFA 的降解效率更高，尤其是在过氧化物酶体中。它们被降解为短链脂肪酸，然后转变为 LCFA，最终以甘油三酯的形式储存。除此之外，以椰子油为主的日粮中油酸的氧化速度要比在典型的代乳品中慢很多，这导致了油酸的酯化及甘油三酯的积累。因此，椰子油并不适合作为犊牛代乳品中的唯一脂肪来源。

Piot（1998）也指出，椰子油之所以会诱发脂肪肝其可能的原因有：①脂肪酸（尤其是月桂酸）直接酯化的效率过高；②肝中脂肪的重新合成或脂肪酸链延长的效率过高；③VLDL 分泌的效率过低。用小鼠进行的试验表明，月桂酸的酯化速率比油酸的要低。另有研究也表明，与豆蔻酸与棕榈酸相比，月桂酸形成甘油三酯的效率要低。因此第一种假设的可能性不大，推测含中链脂肪酸的甘油三酯可以促进长链脂肪酸的合成，第二种假设的可能性很大。

脂肪酸是否酯化对犊牛生产性能的影响也十分明显。饲喂三酰甘油，仔鸡和仔猪对脂肪酸的吸收率比游离脂肪酸的高。这可能是因为与 2-甘油酰酯相比，三酰甘油在消化过程中的非酯化形式降低了棕榈酸和硬脂酸的吸收。但是犊牛对于酯化脂肪酸的利用效率要比非酯化脂肪酸的高。这可能是因为游离脂肪酸胶囊在胃肠道中的消化率低，而脂肪被胰脂肪酶消化后的 2-甘油酰酸吸收很快。椰子油中甘油三酯部分替换为脂肪酸会降低犊牛采食量。这可能是因为高含量的非酯化辛酸、癸酸和月桂酸影响了代乳品的口感，犊牛不愿意采食，从而降低了饲料采食量和 ADG。当脂肪全部或部分被脂肪酸所取代时，饲料转化率和犊牛的生产性能很低。饲喂非酯化棕榈酸和硬脂酸与饲喂牛油相比犊牛的吸收效率不高，并且可能引起钙的吸收下降。椰子油和玉米油中的游离脂肪酸降低了饲料的适口性和采食量。游离脂肪酸与代乳品中的凝块相互作用，也影响了营养物质的利用。因此，对犊牛代乳品中脂肪的选择，应避免使用高含量的游离脂肪酸。因为这会影响犊牛的生产性能，降低饲料适口性、动物采食量及脂肪酸消化率。

脂质过氧化值是反映油脂氧化稳定性的指标，过氧化值升高是油脂酸败的早期指标，表明其过氧化物增多，将导致植物油的氧化劣变。当油脂酸败到一定程度时过氧化物会形成醛及酮，危及动物的健康。当过氧化值超出 20 meq/kg 时即表示酸败。犊牛可以接受较高的过氧化物氧化的脂肪酸（至少 20.6 meq/kg DM），犊牛的日增重、DM 采食量、饲料报酬不受影响，过氧化物也并未在肝脏、肾、心脏和脂肪组织中堆积。

2. 代乳品中添加脂肪的必要性和弊端

（1）代乳品中添加脂肪的必要性

① 提高代乳品能量水平　脂肪是机体储存能量的主要形式，通常幼龄反刍动物日粮的脂肪和能量含量低于母乳，添加脂肪或是油脂可以弥补代乳品能量含量低的缺陷。代乳品中脂肪每增加 5%，能量浓度就增加大约 6%。这在冬天为维持犊牛体温的稳定尤其重要。PennState 大学的研究发现，在 4 ℃条件下饲喂的犊牛，其维持能量需要比 10 ℃条件下增加了 32%。因此在寒冷的环境下，可以通过提高液体饲料饲喂量或是在液体饲料中添加额外的脂肪等措施满足犊牛增加的维持能量需要。

② 减少腹泻的发生　高含量的脂肪可以降低腹泻的发生率及严重程度，虽然机制尚不清楚，但是乳糖含量相应下降则会降低腹泻的发生率。

③ 减少应激　犊牛在断奶前因病原菌感染会发生腹泻及其他疾病，对于能量的需求会增加。因为体内能量的储存量不足，所以犊牛需要从食物中获得足够的能量。饲喂低脂肪的代乳品，当犊牛发生腹泻或其他应急时，会出现能量不足。这将导致犊牛体重降低，甚至引起死亡。相反，高含量脂肪的代乳品（包含额外的能量）能够为犊牛在应激条件下提供足够的能量以维持其对能量的需求。

④ 改善健康状况　合理添加脂肪能够提高犊牛体内关键组织器官的代谢效率，从

而达到改善犊牛健康的目的。同时生长激素（growth hormone，GH）和胰岛素样生长因子（insulin-like growth factor，IGH）对机体免疫系统也具有调节作用。对啮齿类动物的研究表明，IGF-1可以引起B细胞的生长和成熟，增大胸腺和脾脏的容积，增加B细胞的抗体产生量。因此对犊牛而言，提高代乳品的营养水平能够增加IGF-1的浓度，或许也能够提高犊牛的免疫活性。

⑤ 对乳腺发育的影响　目前，关于犊牛营养水平对随后乳腺的发育及产奶量影响的研究还较少，特别是早期犊牛的营养水平对乳腺发育影响的研究非常少。奶牛的乳腺在3月龄之前发育缓慢，3～9月龄时快速发育。因此，人们常通过提高青年牛日粮能量水平的方法，使得奶牛初次产犊日龄提前。但后来的研究表明，提高3～10月龄青年牛日粮能量水平虽然能明显提高奶牛体重，但却影响奶牛的乳腺发育，因此人们的研究重点又转移到了3月龄前的奶牛身上。就目前的研究表明，增加液体饲喂阶段犊牛的营养水平至少对以后乳腺的发育及产奶量没有负面影响，或许还能促使产奶量的增加。

（2）代乳品中添加脂肪的弊端

① 随着脂肪含量的增加，其他成分的含量必然下降。因此会引起犊牛对其他营养物质摄取的不足，并会引起犊牛体内脂肪的沉积，影响生产性能。有学者推测，低脂肪、高乳糖的代乳品可能比高脂肪、低乳糖的产品更能促进犊牛体内瘦肉组织的沉积。Bartlett（2001）研究结果证实，采食高脂肪代乳品的犊牛，其日增重和瘦肉率要比采食低脂肪的犊牛均低。许多的研究结果表明，除了在寒冷应激条件下添加脂肪对犊牛具有明显促生长等作用外，其他情况下添加脂肪对犊牛的生长并不显著。

② 代乳品中高含量的脂肪会降低开食料的采食量。开食料的采食量与代乳品的能量水平成反比。犊牛从代乳品中获得的能量越多，就越会限制犊牛开食料的采食量。采食高能量代乳品的犊牛，开始采食开食料的日龄将推后，瘤胃的发育及断奶的日龄都将推迟，这将对犊牛造成长期的影响。

③ 脂肪的添加量取决于使用的脂肪种类。含有高不饱和脂肪酸的油脂不仅会影响犊牛的生产性能及饲料利用率，还会引起严重的腹泻等问题。代乳品中脂肪含量通常较高，还需要避免氧化等问题。

④ 利用饲料中的高投入来维持高生产水平的生产模式已开始出现众多弊端。犊牛代乳品中添加脂肪，生产水平的提高所带来效益是否能够超过生产成本的投入还需综合考虑。

三、犊牛能量需要量

所有的动物都需要能量用以维持其正常的机体功能、生长、生产和繁殖。就犊牛而言，能量用于维持需要和生长需要。

饲料在弹式测热计中完全燃烧，彻底氧化以热的形式释放出来的能量称为总能（gross energy，GE）。动物采食饲料的总能减去未被消化而以粪便形式排出的饲料能量（feed energy，FE）称为该饲料的消化能（digestible energy，DE）。由于动物粪便中混有微生物及其产物、肠道分泌物及脱落细胞，因此又称为表观消化能（apparent digestible energy，ADE）。从粪能中扣除非饲料来源的那部分能量，测得的消化能为真消化能（rue digestible energy，TDE）。代谢能（metabolizable energy，ME）是指食入的饲料总能减去粪能、尿能及消化道气体的能量后的剩余能量，即食入饲料中能为动物体吸收和利用的营养物质的能量。净能（net energy，NE）指饲料中用于动物维持生命和生产产品的能量，是指饲料的代谢能扣去饲料在体内的热增耗剩余的那部分能量。维持净能指饲料中用于维持生命活动和运动所必需的能量，即机体器官必需的代谢能，如组织的修补、最少肌肉运动做功和在冷环境中维持体温恒定的那部分能量。生产净能指的是饲料中用于合成产品或沉积到产品中的那部分能量，也包括用于劳役做功所需的那部分能量。

1. 0～2 月龄犊牛代乳品能量水平的研究 张蓉（2008）用不同能量水平的代乳品对 0～2 月龄犊牛的生长性能、血液指标及营养物质的消化代谢进行了研究。试验将 12 头新生荷斯坦公犊牛，分为低能量、中能量、高能量 3 组，从 5 日龄起，分别饲喂蛋白质水平相同，总能分别为 18.51 MJ/kg、19.66 MJ/kg 及 20.80 MJ/kg 的 3 种代乳品。每日记录犊牛开食料的采食情况，并于犊牛 10 日龄、20 日龄、30 日龄、40 日龄、50 日龄、60 日龄清晨空腹测定体重及体尺指标，同时采集犊牛的血液样本进行分析。于犊牛 12～20 日龄、22～30 日龄、32～40 日龄、42～50 日龄和 52～60 日龄进行五期消化代谢试验。

（1）生长性能 10～30 日龄，各组犊牛体重均缓慢增长。20～30 日龄阶段，低能量组犊牛体重甚至出现负增长，平均日增重最低，仅为 45 g；中、高能量组犊牛的体重则分别为 200 g 和 160 g。表明 1 月龄前犊牛体重增长较慢，而低能量组代乳品更是抑制了犊牛体重的增长。30～60 日龄，3 组犊牛的体重均随日龄的增长呈线性上升趋势。其中，低能量组犊牛体重增长速度较快，平均日增重达 800 g；高能量组犊牛体重增长速度相对较慢，平均日增重仅为 707 g；中能量组犊牛体重增长速度居中，犊牛平均日增重为 773 g。全期平均日增重，以中能量组犊牛最高，达 543.75 g/d；较低能量组和高能量组犊牛分别高出 44.75 g/d 和 56.00 g/d（表 4－3）。代乳品能量水平对犊牛体尺各项指标的影响见表 4－4。试验期间犊牛的体高、体斜长及胸围的变化曲线与体重的变化趋势相一致，均随日龄的增加迅速增加。其中，胸围和体斜的增长幅度最大，平均增长了 16.80 cm 和 13.22 cm；体高平均增长了 7.34 cm；而管围的增幅则相对较低，平均仅增长 0.76 cm。日粮能量水平对犊牛体尺指标的影响较为明显，60 日龄时中能量组犊牛的体高、体斜长、管围分别达到 87.10 cm、83.48 cm 和 13.63 cm，显著高于其他两组（$P<0.05$）。

表 4－3 不同能量水平对犊牛 10～60 日龄阶段日增重的影响

处理组	日增重（g）					
	10～20 d	20～30 d	30～40 d	40～50 d	50～60 d	平均值
低（18.51 MJ/kg）	221.75	−129.50[a]	946.75	677.25	778.75	499.00
中（19.66 MJ/kg）	117.50	278.75[b]	536.25	1028.75	757.50	543.75
高（20.80 MJ/kg）	78.25	240.25[b]	689.00	815.00	616.25	487.75

注：同列上标相同小写字母或无字母表示差异不显著（$P>0.05$），不同小写字母表示差异显著（$P<0.05$）。

表 4-4　不同能量水平对早期断奶犊牛体重及体尺各项指标的影响

指　标	处理组	日龄（d）					
		10	20	30	40	50	60
体重（kg）	低（18.51 MJ/kg）	43.8±1.28^{A}	46.0±1.55^{A}	44.7±1.37^{A}	54.1±5.05^{B}	60.9±3.05^{C}	68.7±6.22^{D}
	中（19.66 MJ/kg）	46.6±2.43^{A}	47.8±2.54^{A}	50.6±2.67^{A}	55.9±4.90^{B}	66.2±5.93^{C}	73.8±5.70^{D}
	高（20.80 MJ/kg）	46.0±3.73^{A}	46.8±4.29^{A}	49.2±5.87^{A}	56.1±8.60^{B}	64.2±9.37^{C}	70.4±8.78^{D}
体高（cm）	低（18.51 MJ/kg）	80.63±2.48^{A}	81.35±1.45^{AB}	82.43±1.96^{BC}	83.10±2.09^{C}	84.78±1.48^{D}	86.60±1.21^{Eb}
	中（19.66 MJ/kg）	80.05±1.37^{A}	80.18±2.59^{A}	82.50±1.88^{AB}	83.98±1.13^{BC}	85.63±1.41^{C}	89.20±1.19^{Da}
	高（20.80 MJ/kg）	80.20±3.72^{A}	79.68±3.99^{A}	81.53±4.78^{AB}	82.25±3.55^{AB}	84.33±2.81^{BC}	87.10±0.96^{Cb}
体斜长（cm）	低（18.51 MJ/kg）	66.80±2.33^{A}	67.03±2.20^{A}	69.38±3.92^{AB}	71.78±1.38^{BC}	75.53±4.50^{C}	80.93±1.97^{Dab}
	中（19.66 MJ/kg）	69.63±2.99^{A}	71.05±1.90^{AB}	72.80±0.37^{AB}	75.25±1.81^{BC}	77.90±5.79^{C}	83.48±2.37^{Da}
	高（20.80 MJ/kg）	67.35±3.32^{A}	70.30±4.57^{AB}	70.45±4.82^{AB}	73.28±7.26^{BC}	76.15±5.13^{CD}	79.05±3.50^{Db}
胸围（cm）	低（18.51 MJ/kg）	88.45±1.09^{A}	88.75±1.58^{A}	89.05±1.53^{A}	92.78±1.31^{B}	97.08±4.55^{C}	102.83±3.45^{D}
	中（19.66 MJ/kg）	87.53±2.58^{A}	88.53±3.02^{A}	92.40±1.61^{B}	96.18±3.06^{C}	100.15±3.32^{D}	106.35±3.65^{E}
	高（20.80 MJ/kg）	86.00±4.53^{A}	86.93±4.73^{A}	89.88±4.65^{B}	93.93±5.54^{C}	97.28±6.38^{D}	103.20±5.20^{E}
管围（cm）	低（18.51 MJ/kg）	13.00±0.00	13.25±0.29	13.25±0.29	13.25±0.29	13.25±0.29	13.13±0.25^{b}
	中（19.66 MJ/kg）	13.25±0.29	13.38±0.25	13.25±0.29	13.38±0.25	13.50±0.41	13.63±0.25^{a}
	高（20.80 MJ/kg）	13.13±0.85	13.38±0.48	13.13±0.25	13.38±0.25	13.25±0.29	13.38±0.25^{ab}

注：1. 表中数据用“平均数±标准差”表示；表 4-5、表 4-7 和表 4-8 注释与此同。

2. 同行上标不同大写字母、同列上标不同小写字母均表示差异显著（$P<0.05$）；同行上标相同大写字母、同列上标相同小写字母、无字母均表示差异不显著（$P>0.05$）。表 4-5 至表 4-8 注释与此同。

（2）血液生化指标　犊牛血清葡萄糖水平受日龄因素的影响不显著。低能量组犊牛的血糖水平较为稳定，仅为 4.52～4.70 mmol/L；而中能量组与高能量组犊牛血糖浓度的变化范围则相对较大，且随日龄的增加呈现缓慢递增的趋势。就能量水平而言，21～41 日龄时低能量组犊牛血清葡萄糖含量均高于其他两组，但并未达显著水平。3 组犊牛甘油三酯浓度的变化曲线相似，均呈现上升趋势。其中，41～61 日龄阶段，低能量组犊牛甘油三酯浓度达 0.17 mmol/L 左右，显著高于 31 日龄前的浓度水平（$P<0.05$）；而日龄因素对中、高能量组犊牛甘油三酯浓度的影响也分别在 51 日龄和 61 日龄时达到显著水平（$P<0.05$）。能量水平及日龄因素对犊牛血清尿素氮浓度的影响均较小。31 日龄时，中能量组犊牛血清尿素氮含量下降了 1.02 mmol/L，之后随日龄的增加稳步回升；其他两组犊牛的血清尿素氮均呈曲线波动，变化范围为 3.33～4.00 mmol/L（表 4-5）。

表 4-5　不同能量水平对不同日龄阶段犊牛部分血液生化指标的影响

指　标	处理组	日龄（d）					
		21	31	41	51	61	平均值
葡萄糖（mmol/L）	低（18.51 MJ/kg）	4.70±0.30	4.52±0.65	4.85±0.63	4.58±0.84	4.64±0.67	4.65±0.13
	中（19.66 MJ/kg）	4.27±0.67	4.41±0.98	4.46±0.40	4.76±0.04	4.88±0.18	4.56±0.25
	高（20.80 MJ/kg）	4.05±0.89	4.15±0.57	4.41±0.54	4.55±0.53	4.93±0.76	4.42±0.35

（续）

指 标	处理组	日龄（d）					
		21	31	41	51	61	平均值
甘油三酯（mmol/L）	低（18.51 MJ/kg）	0.07±0.02^{B}	0.09±0.05^{B}	0.17±0.09^{A}	0.18±0.03^{A}	0.17±0.03^{A}	0.13±0.05
	中（19.66 MJ/kg）	0.06±0.03^{B}	0.10±0.03^{B}	0.12±0.03^{AB}	0.18±0.07^{A}	0.20±0.10^{A}	0.13±0.06
	高（20.80 MJ/kg）	0.08±0.03^{B}	0.09±0.05^{B}	0.15±0.07^{AB}	0.15±0.03^{AB}	0.18±0.04^{A}	0.13±0.04
尿素氮（mmol/L）	低（18.51 MJ/kg）	3.43±1.05	4.00±0.22	3.53±0.19	3.85±0.53	3.33±0.45	3.70±0.29
	中（19.66 MJ/kg）	4.00±2.45	2.98±0.62	3.15±1.01	3.53±0.44	3.58±0.70	3.41±0.40
	高（20.80 MJ/kg）	3.98±2.51	3.68±0.51	3.75±0.85	3.45±0.58	3.78±1.23	3.71±0.19

（3）开食料采食量试验　10～50 日龄，犊牛开食料的采食量随日龄的增长呈线性上升趋势，平均日增量 28.39 g；试验后期这一增长趋势逐渐稳定，平均日增量仅为 5.63 g。40 日龄后，低能量组及中能量组犊牛开食料的采食量均显著高于高能量组（$P<0.05$），低能量、中能量两组间差异不显著（表 4-6）。表明代乳品脂肪含量达 17%时，明显抑制犊牛对开食料的采食。

表 4-6　不同能量水平对不同日龄阶段犊牛开食料采食量的影响（g/d）

处理组	开食料采食量					
	10～20 d	20～30 d	30～40 d	40～50 d	50～60 d	平均值
低（18.51 MJ/kg）	199.3^{A}	379.4^{B}	669.8^{C}	1087.0^{aD}	1198.9^{aD}	706.9
中（19.66 MJ/kg）	132.9^{A}	305.9^{B}	711.6^{C}	1073.9^{abD}	1110.1^{abD}	666.9
高（20.80 MJ/kg）	152.8^{A}	380.5^{A}	648.6^{B}	821.9^{bB}	842.7^{Bb}	569.3

（4）营养物质消化　不同能量水平对不同日龄阶段犊牛营养物质表观消化率的影响见表 4-7，代谢试验结果见表 4-8。无论是不同日龄阶段还是全期平均值，代乳品能量水平对早期断奶犊牛 DM、OM、GE、N、EE、Ca 和 P 的表观消化率都有影响。12～20 日龄阶段，高能量组犊牛的有机物表观消化率仅为 71.08%，显著低于低、中能量组的相关值（$P<0.05$）。32～40 日龄阶段，中能量组犊牛 GE 和 N 的表观消化率分别为 82.14%和 81.27%，显著高于高能量组的 75.83%和 70.05%（$P<0.05$）。52～60 日龄，中能量组 N 的表观消化率达 86.47%，分别高出低能量组、高能量组 2.57 个百分点和 6.94 个百分点，差异达显著水平（$P<0.05$）。就全期平均值而言，其总的影响趋势是随代乳品能量水平的提高，主要营养物质的消化率下降。低能量组 DM 表观消化率比高能量组高出 5.53 个百分点，OM 高出 3.18 个百分点，差异达到显著水平。尽管差异统计不显著，然而低能量代乳品组和中能量代乳品组犊牛对 N、Ca 和 P 的存留率均高于高能量组。其中，中能量代乳品组犊牛 32～40 日龄、52～60 日龄阶段 N 的存留率分别为 80.00%和 83.12%，显著高于其他两组（$P<0.05$）。表明中能量水平代乳品比较适合这个时期犊牛的物质代谢。此外，低能量、中能量和高能量组代乳品的总能表观消化率分别为 81.48%、78.83%和 77.22%。通过消化能的计算可得，低、中、高三组代乳品的消化能分别为 15.07 MJ/kg、15.50 MJ/kg 和 16.06 MJ/kg。

表 4-7　不同能量水平对不同日龄阶段犊牛营养物质表观消化率的影响（%）

项　目	处理组	日龄（d）					
		12～20	22～30	32～40	42～50	52～60	平均值
干物质表观消化率	低（18.51 MJ/kg）	71.03 ± 2.65^{C}	75.50 ± 4.90^{BC}	74.29 ± 4.32^{C}	80.16 ± 1.17^{AB}	81.60 ± 1.77^{A}	76.52 ± 4.34^{a}
	中（19.66 MJ/kg）	67.58 ± 4.39^{C}	68.92 ± 5.52^{C}	74.89 ± 4.13^{B}	79.59 ± 4.26^{AB}	81.86 ± 1.74^{A}	74.57 ± 6.31^{ab}
	高（20.80 MJ/kg）	62.07 ± 1.54^{B}	69.73 ± 3.43^{A}	70.42 ± 4.95^{A}	76.07 ± 6.08^{A}	76.67 ± 5.29^{A}	70.99 ± 5.91^{b}
有机物表观消化率	低（18.51 MJ/kg）	77.50 ± 2.19^{Ca}	82.57 ± 3.45^{B}	81.16 ± 3.36^{B}	85.88 ± 0.81^{A}	86.28 ± 1.22^{A}	82.68 ± 3.62^{a}
	中（19.66 MJ/kg）	79.03 ± 2.82^{BCa}	78.28 ± 2.95^{C}	82.52 ± 1.84^{AB}	84.55 ± 3.45^{A}	85.81 ± 1.32^{A}	82.04 ± 3.32^{a}
	高（20.80 MJ/kg）	71.08 ± 1.60^{Bb}	81.52 ± 4.99^{A}	80.24 ± 3.79^{A}	82.55 ± 4.19^{A}	82.10 ± 4.17^{A}	79.50 ± 4.79^{b}
总能表观消化率	低（18.51 MJ/kg）	75.86 ± 4.20^{D}	80.82 ± 4.19^{BC}	79.94 ± 3.27^{aCD}	85.20 ± 0.36^{AB}	85.60 ± 1.59^{A}	81.48 ± 0.04
	中（19.66 MJ/kg）	68.09 ± 7.75^{C}	75.24 ± 4.31^{B}	82.14 ± 1.74^{aA}	84.36 ± 3.32^{A}	84.33 ± 3.27^{A}	78.83 ± 0.07
	高（20.80 MJ/kg）	65.39 ± 7.23^{B}	80.54 ± 5.55^{A}	75.83 ± 2.88^{bA}	82.22 ± 4.40^{A}	82.13 ± 3.97^{A}	77.22 ± 0.07
氮表观消化率	低（18.51 MJ/kg）	67.83 ± 8.29^{C}	76.57 ± 2.08^{AB}	73.22 ± 3.75^{BCb}	82.15 ± 3.01^{A}	83.90 ± 2.68^{Ab}	76.73 ± 6.57
	中（19.66 MJ/kg）	64.27 ± 6.74^{B}	65.67 ± 5.71^{B}	81.27 ± 0.89^{Aa}	83.94 ± 3.42^{A}	86.47 ± 2.78^{Aa}	76.32 ± 10.54
	高（20.80 MJ/kg）	65.53 ± 10.35^{C}	73.35 ± 6.23^{AB}	70.05 ± 4.82^{Bb}	80.69 ± 4.40^{A}	79.53 ± 3.86^{Ac}	73.83 ± 6.38
粗脂肪表观消化率	低（18.51 MJ/kg）	82.34 ± 4.50^{B}	87.64 ± 3.13^{B}	85.31 ± 4.31^{Bb}	93.95 ± 2.45^{A}	94.32 ± 1.51^{A}	88.71 ± 5.30
	中（19.66 MJ/kg）	78.07 ± 3.76^{B}	81.99 ± 6.78^{B}	91.72 ± 2.31^{Aa}	94.21 ± 2.46^{A}	96.03 ± 1.75^{A}	88.40 ± 7.92
	高（20.80 MJ/kg）	80.44 ± 1.95^{C}	88.83 ± 5.44^{B}	89.75 ± 0.48^{ABab}	93.04 ± 3.38^{AB}	94.74 ± 1.03^{A}	89.36 ± 5.53
磷表观消化率	低（18.51 MJ/kg）	59.76 ± 3.75^{B}	59.97 ± 10.89^{B}	63.23 ± 5.47^{B}	66.98 ± 0.57^{AB}	75.65 ± 3.92^{A}	65.12 ± 6.58
	中（19.66 MJ/kg）	53.24 ± 5.32^{CD}	47.72 ± 8.08^{D}	60.14 ± 3.47^{BC}	66.09 ± 4.04^{B}	75.10 ± 5.23^{A}	60.46 ± 10.73
	高（20.80 MJ/kg）	52.29 ± 5.88^{B}	62.11 ± 5.25^{AB}	59.19 ± 1.73^{AB}	63.64 ± 0.63^{A}	68.23 ± 10.70^{A}	61.09 ± 5.91
钙表观消化率	低（18.51 MJ/kg）	52.95 ± 3.02^{B}	59.06 ± 1.56^{AB}	58.71 ± 5.42^{AB}	66.88 ± 5.01^{A}	65.30 ± 7.89^{A}	60.58 ± 5.61
	中（19.66 MJ/kg）	53.85 ± 1.97	57.73 ± 1.99	56.97 ± 0.21	58.45 ± 4.39	60.25 ± 8.22	57.45 ± 2.35
	高（20.80 MJ/kg）	53.92 ± 2.23	55.09 ± 7.29	52.44 ± 6.96	61.15 ± 5.13	56.87 ± 4.39	55.90 ± 3.36

表 4-8　不同能量水平对不同日龄阶段犊牛代谢的影响（%）

项　目	处理组	日龄（d）					
		12～20	22～30	32～40	42～50	52～60	平均值
氮沉积率	低（18.51 MJ/kg）	64.17 ± 8.29^{B}	71.77 ± 0.66^{AB}	68.89 ± 4.38^{bB}	79.61 ± 3.13^{A}	78.46 ± 0.71^{bA}	72.58 ± 0.07
	中（19.66 MJ/kg）	60.62 ± 5.86^{B}	61.98 ± 5.60^{B}	80.00 ± 0.51^{aA}	80.93 ± 4.77^{A}	83.12 ± 2.40^{aA}	73.33 ± 0.11
	高（20.80 MJ/kg）	61.68 ± 9.36^{C}	66.23 ± 6.36^{BC}	66.52 ± 4.61^{bBC}	77.36 ± 6.67^{A}	73.93 ± 2.67^{cAB}	68.23 ± 0.05
磷沉积率	低（18.51 MJ/kg）	48.28 ± 6.23^{B}	53.22 ± 9.15^{B}	55.58 ± 3.15^{AB}	56.72 ± 3.40^{AB}	64.47 ± 0.56^{A}	55.66 ± 0.06
	中（19.66 MJ/kg）	48.48 ± 4.66^{BC}	43.40 ± 8.31^{C}	52.23 ± 3.28^{BC}	56.22 ± 5.18^{AB}	64.35 ± 11.72^{A}	52.95 ± 0.08
	高（20.80 MJ/kg）	45.67 ± 5.50^{B}	54.73 ± 3.24^{A}	50.50 ± 1.78^{AB}	53.27 ± 2.31^{AB}	57.17 ± 8.33^{A}	52.27 ± 0.04
钙沉积率	低（18.51 MJ/kg）	47.76 ± 3.73^{B}	49.53 ± 1.14^{AB}	52.06 ± 6.95^{AB}	56.65 ± 3.86^{A}	56.19 ± 4.79^{Aa}	52.44 ± 0.04^{a}
	中（19.66 MJ/kg）	48.43 ± 3.43	49.30 ± 5.57	48.89 ± 1.41	51.79 ± 2.44	50.28 ± 7.12^{b}	49.74 ± 0.01^{ab}
	高（20.80 MJ/kg）	48.85 ± 1.43	47.04 ± 8.22	48.25 ± 5.01	50.88 ± 7.85	46.75 ± 4.53^{b}	48.36 ± 0.02^{b}

2. 犊牛代乳品脂肪水平的研究　胡凤明（2018）以椰子油或棕榈油脂肪粉替代代乳品中的乳源脂肪，研究不同来源脂肪对哺乳期犊牛生长性能、免疫机能、屠宰性能及胃肠道发育的影响。试验将 60 头初生荷斯坦公犊牛分成 5 个处理组，分别饲喂等氮等能

量但脂肪组成不同的5种代乳品：①代乳品中脂肪全部来源于乳脂（W100）；②椰子油脂肪粉替代部分全脂奶粉提供50%的脂肪（C50）；③椰子油脂肪粉完全替代全脂奶粉提供100%脂肪（C100）；④棕榈油脂肪粉替代部分全脂奶粉提供50%的脂肪（P50）；⑤棕榈油脂肪粉替代全部全脂奶粉提供100%的脂肪（P100）。试验期56 d，其中预试期14 d，正试期42 d。通过饲养试验、消化代谢试验测定了犊牛生长性能和对营养物质的消化代谢，通过屠宰试验测定了胃肠道发育及组织形态结构，通过高通量测序技术测定了瘤胃微生物区系的变化。研究结果如下：

（1）生长性能 由表4-9可知，各处理组犊牛的初始重差异不显著（$P>0.05$），服从随机试验设计原则。试验期间，处理组间体重、ADG、代乳品DMI、开食料DMI、总DMI、FCR、粪便评分和腹泻天数差异均不显著（$P>0.05$）。但从数值上看，P50组和P100组ADG和FCR均低于其他处理组，C50组和C100组粪便评分和腹泻天数均低于其他处理组。P50组ADG与W100组、C50组和C100组相比分别降低了16.3%、11.6%和6.1%，P100组ADG与W100组、C50组和C100组相比分别降低了21.7%、21.1%和11.8%；P50组FCR与W100组、C50组和C100组相比分别降低了17.2%、12.7%和6.3%，P100组FCR与W100组、C50和C100组相比分别降低了17.2%、17.0%和7.8%；C50组粪便评分与W100组、P50组和P100组相比分别降低了4.9%、4.9%、9.9%，C50组腹泻天数与W100组、P50组和P100组相比分别降低了35.8%、42.2%、25.7%；C100组粪便评分与W100组、P50组和P100组相比分别降低了5.4%、5.4%、3.0%，C100组腹泻天数与W100组、P50组和P100组相比分别降低了63.0%、66.7%、57.1%。随着日龄的增加，体重、ADG、DMI、FCR均显著增加（$P<0.05$），粪便评分和腹泻天数显著降低（$P<0.05$）。处理组与日龄间的交互作用差异不显著（$P>0.05$）。由表4-10可知，试验全期各处理组间犊牛体高、体高增长、胸围、胸围增长、体斜长、体斜长增长、腰角宽和腰角宽增长差异均不显著（$P>0.05$）；随着日龄的增加，各项体尺指标均显著增加（$P<0.05$）。

表4-9 椰子油和棕榈油对哺乳期犊牛生长性能的影响

项 目	处理组					SEM	*P* 值		
	W100	C50	C100	P50	P100		Tr	Ds	Tr×Ds
初重（kg）	44.1	43.9	44.2	43.4	43.7	0.13	0.387	—	—
体重（kg）	57.1	56.8	56.0	56.9	54.3	3.92	0.949	<0.01	0.732
平均日增重（g）	680.7	644.8	604.3	569.4	532.6	69.99	0.234	<0.01	0.859
干物质日采食量（g）	1179.2	1178.4	1195.1	1179.4	1143.8	51.12	0.747	<0.01	0.728
代乳料日采食量（g）	586.3	594.1	594.0	584.6	579.2	18.19	0.921	<0.01	0.530
开食料日采食量（g）	592.9	584.3	601.1	594.8	564.6	35.22	0.788	<0.01	0.698
饲料转化率（G/F）	0.58	0.55	0.51	0.48	0.47	0.071	0.448	0.019	0.687
粪便评分	2.04	1.94	1.93	2.04	1.99	0.094	0.653	<0.01	0.960
腹泻天数（d）	0.81	0.52	0.30	0.90	0.70	0.427	0.904	<0.01	0.798

注：1. W100，乳脂组；C50，50%椰子油脂肪粉组；C100，100%椰子油脂肪粉组；P50，50%棕榈油脂肪粉组；P100，100%棕榈油脂肪粉组。表4-10至表4-20注释与此同。

2. Tr表示处理组的固定效应，Ds表示日龄的固定效应，Tr×Ds表示处理与日龄的交互作用。表4-10注释与此同。

表4-10 椰子油和棕榈油对哺乳期犊牛体况指标的影响

项 目	处理组					SEM	P 值		
	W100	C50	C100	P50	P100		Tr	Ds	Tr×Ds
体高（cm）	82.2	82.5	83.6	81.3	82.1	1.30	0.499	<0.01	0.655
体高增长（cm）	2.3	2.6	2.6	2.3	2.6	0.47	0.908	0.007	0.136
胸围（cm）	90.2	91.7	91.3	89.7	91.2	1.20	0.399	<0.01	<0.01
胸围增长（cm）	5.3	5.1	4.3	4.1	4.2	0.56	0.089	<0.01	0.002
体斜长（cm）	78.4	78.4	80.3	78.1	78.7	1.37	0.530	<0.01	0.125
体斜长增长（cm）	3.9	4.4	3.5	3.7	3.3	0.64	0.461	<0.01	0.049
腰角宽（cm）	19.8	18.8	19.3	19.0	19.3	0.46	0.803	<0.01	0.225
腰角宽增长（cm）	1.2	1.3	1.3	1.2	1.1	0.17	0.841	<0.01	0.068

（2）血清免疫和抗氧化指标　试验开始时，各处理组间血清GLU、UN、ALP、TP、ALB、IgG、IgM、IgA、INS、IGF-1、SOD、MDA差异均不显著（$P>0.05$）；试验结束时，P100组血清GLU浓度显著低于其他处理组（$P<0.05$），其他血清指标差异均不显著（$P>0.05$）（表4-11）。

表4-11 椰子油和棕榈油对哺乳期犊牛血清免疫及抗氧化指标的影响

项 目	指 标	处理组					SEM	P 值
		W100	C50	C100	P50	P100		
GLU（mmol/L）	初始重	3.67	4.16	3.54	3.82	3.45	0.47	0.181
	末重	4.56[a]	4.76[a]	4.43[a]	4.79[a]	3.40[b]	0.17	0.021
UN（mmol/L）	初始重	4.02	5.13	4.32	5.22	5.27	0.35	0.759
	末重	5.15	4.37	3.8	3.92	3.44	0.272	0.357
ALP（U/L）	初始重	162.65	177.15	144.92	161.39	133.86	7.22	0.523
	末重	245.21	224.53	225.28	209.8	187.17	11.18	0.567
TP（g/L）	初始重	57.63	60.21	59.16	58.61	56.55	0.59	0.445
	末重	60.61	60.83	59.87	57.12	58.48	0.66	0.346
ALB（g/L）	初始重	29.17	30.23	28.16	29.08	28.16	0.25	0.084
	末重	28.82	28.91	28.35	27.85	26.35	0.35	0.155
IgG（mmol/L）	初始重	10.54	11..67	10.52	10.46	9.49	0.28	0.19
	末重	11.62	11.47	11.1	10.63	11.21	0.21	0.66
IgM（mmol/L）	初始重	2.75	2.6	2.38	2.61	2.22	0.10	0.456
	末重	2.41	2.42	2.28	2.36	2.37	0.07	0.978
IgA（mmol/L）	初始重	0.74	0.75	0.61	0.92	0.74	0.03	0.083
	末重	0.7	0.68	0.58	0.65	0.64	0.02	0.278
INS（IU/mL）	初始重	5.58	6.43	5.73	4.29	5.45	0.25	0.093
	末重	4.91	5.04	4.91	4.1	4.98	0.14	0.208

（续）

项　目	指　标	处理组					SEM	P 值
		W100	C50	C100	P50	P100		
IGF-1（ng/mL）	初始重	72.05	80.15	72.58	58.97	64.43	2.84	0.182
	末重	62.29	67.15	65.1	59.9	62.29	1.13	0.31
SOD（μmol/L）	初始重	133.21	133.11	146.41	127.6	130.67	2.38	0.158
	末重	143.48	124.88	134.91	126.02	136.77	3.07	0.333
MDA（nmol/mL）	初始重	5.3	5.67	5.73	5.89	5.27	0.10	0.093
	末重	5.18	5.21	5.18	5.55	5.09	0.09	0.31

注：同行上标不同小写字母表示差异显著（$P<0.05$），相同小写字母或无字母均表示差异不显著（$P>0.05$）。表 4-21 和表 4-22 注释与此同。

（3）屠宰性能　宰前活重、空体重、胴体重、屠宰率处理组间均差异不显著（$P>0.05$）。但从数值上看，C50 组宰前活重、空体重、胴体重高于其他处理组，P100 组宰前活重、空体重、胴体重低于其他组（表 4-12）。

表 4-12　椰子油和棕榈油对哺乳期犊牛屠宰性能的影响

项　目	处理组					SEM	P 值
	W100	C50	C100	P50	P100		
宰前活重（kg）	75.8	78.1	74.5	76.2	69.4	1.27	0.254
空体重（kg）	71.2	72.0	68.5	69.9	63.6	1.24	0.193
胴体重（kg）	41.7	42.4	41.0	41.6	37.91	0.77	0.410
屠宰率（%）	54.99	54.32	54.86	54.46	54.66	0.33	0.973

（4）营养物质消化率　试验处理组间总 DMI 和粪便排出量没有显著差异（$P>0.05$）；DM、CP 和 OM 的表观消化率组间差异不显著（$P>0.05$）；EE 的表观消化率 P100 组与其他组相比有降低的趋势（$P=0.063$）（表 4-13）。由表 4-14 可知，试验处理组间能量利用率没有显著差异（$P>0.05$），粪能 P100 组与其他组相比有增加的趋势（$P=0.084$），总能消化率 P100 组与其他组相比有降低的趋势（$P=0.067$）。

表 4-13　椰子油和棕榈油对哺乳期犊牛营养物质表观消化率的影响

项　目	处理组					SEM	P 值
	W100	C50	C100	P50	P100		
采食量（kg/d）	1.69	1.69	1.68	1.66	1.64	0.02	0.961
粪便排出量（kg/d）	0.30	0.29	0.29	0.30	0.32	0.01	0.787
干物质（%）	82.17	82.74	83.01	81.81	80.72	0.35	0.301
粗蛋白质（%）	81.60	82.46	82.38	79.51	81.60	0.52	0.162
有机物（%）	85.55	85.77	86.43	85.36	84.45	0.32	0.492
粗脂肪（%）	88.72^{A}	89.97^{A}	84.01^{A}	87.66^{A}	76.79^{B}	1.60	0.063

注：同行上标不同大写字母表示有差异显著趋势（$0.05\leqslant P\leqslant 0.10$），无字母表示差异不显著（$P>0.10$），表 4-14 注释与此同。

表 4-14 椰子油和棕榈油对哺乳期犊牛能量利用的影响

项 目	处理组					SEM	P 值
	W100	C50	C100	P50	P100		
摄入总能 [MJ/(kg $W^{0.75}$ · d)]	1.59	1.62	1.62	1.62	1.68	0.02	0.557
粪能 [MJ/(kg $W^{0.75}$ · d)]	0.25^{B}	0.25^{B}	0.24^{B}	0.26^{B}	0.29^{A}	0.01	0.084
尿能 [MJ/(kg $W^{0.75}$ · d)]	0.05	0.05	0.04	0.05	0.04	0.00	0.353
消化能 [MJ/(kg $W^{0.75}$ · d)]	1.34	1.37	1.38	1.36	1.38	0.02	0.886
代谢能 [MJ/(kg $W^{0.75}$ · d)]	1.17	1.19	1.21	1.13	1.15	0.02	0.551
总能消化率 (%)	84.28^{A}	84.77^{A}	85.16^{A}	83.83^{A}	81.98^{B}	0.37	0.067
总能代谢率 (%)	73.91	73.64	75.46	73.25	72.85	0.40	0.289
消化能/代谢能 (%)	87.61	87.05	88.40	87.35	88.05	0.25	0.454

（5）哺乳期犊牛胃肠道发育　与其他 4 个组相比，P100 组犊牛的空肠鲜重显著降低（$P<0.05$）；P100 组空肠鲜重/活体重显示出低于 W100 组的趋势（$P=0.064$）；瘤胃容积组间差异不显著（$P>0.05$）；瘤胃、网胃、瓣胃、皱胃鲜重及其鲜重/复胃重组间差异均不显著（$P>0.05$）；十二指肠、回肠、大肠鲜重及其鲜重/活体重组间差异皆不显著（$P>0.05$）；瘤胃、皱胃及小肠各段食糜 pH 组间差异亦均不显著（$P>0.05$）（表 4-15）。

表 4-15 椰子油和棕榈油对哺乳期犊牛胃肠道发育的影响

项 目	指 标	处理组					SEM	P 值
		W100	C50	C100	P50	P100		
瘤胃	容积 (L)	5.10	7.24	6.92	7.40	6.65	0.64	0.818
	鲜重 (g)	1099.9	1199.0	1151.9	1173.2	1085.4	44.61	0.932
	鲜重/复胃重 (%)	56.31	56.43	58.73	58.01	58.01	0.78	0.838
网胃	鲜重 (g)	183.6	214.5	196.8	190.9	175.7	6.76	0.456
	鲜重/复胃重 (%)	9.55	10.18	10.11	9.60	9.53	0.25	0.879
瓣胃	鲜重 (g)	264.3	271.8	224.1	239.4	229.7	7.69	0.194
	鲜重/复胃重 (%)	13.70	13.03	11.56	12.15	12.51	0.38	0.459
皱胃	鲜重 (g)	393.9	418.4	383.0	402.3	361.9	8.41	0.288
	鲜重/复胃重 (%)	20.45	20.37	19.60	20.23	19.87	0.64	0.978
十二指肠	鲜重 (g)	116.9	118.6	109.2	116.7	102.5	4.39	0.851
	鲜重/活体重 (%)	0.16	0.14	0.14	0.16	0.15	0.01	0.910
空肠	鲜重 (g)	2024.8^{a}	1782.0^{a}	1873.8^{a}	1872.5^{a}	1404.0^{b}	68.21	0.025
	鲜重/活体重 (%)	2.67^{A}	2.30^{AB}	2.49^{AB}	2.53^{AB}	2.05^{B}	0.08	0.064
回肠	鲜重 (g)	560.8	482.6	547.5	472.5	461.0	25.74	0.670
	鲜重/活体重 (%)	0.74	0.64	0.73	0.67	0.66	0.04	0.879
大肠	鲜重 (g)	717.8	745.0	696.8	732.5	666.7	19.08	0.743
	鲜重/活体重 (%)	0.95	0.96	0.92	0.99	0.97	0.03	0.945

注：同行上标不同小写字母表示差异显著（$P<0.05$），不同大写字母表示有差异显著趋势（$0.06 \leqslant P \leqslant 0.10$），相同小写字母或无字母均表示差异不显著（$P>0.1$）。表 4-16 注释与此同。

C100组和P100组皱胃黏膜厚度趋向显著低于C50组（P=0.073），各处理组间皱胃肌层厚度的影响无显著差异（P>0.05）；试验处理组对瘤胃乳头长度、乳头宽度、肌层厚度无显著影响（P>0.05）；试验处理组对十二指肠、空肠、回肠组织绒毛长度、黏膜厚度、肌层厚度、隐窝深度、绒毛/隐窝的影响无显著差异（P>0.05）（表4-16）。

表4-16 椰子油和棕榈油对哺乳期犊牛胃肠道组织形态结构的影响

项 目	处理组					SEM	P 值
	W100	C50	C100	P50	P100		
瘤胃（μm）							
乳头长度	3049.5	3695	2780.9	2336.7	2582	182.08	0.109
乳头宽度	447.8	471.1	393.1	437.1	432.1	22.86	0.893
肌层厚度	1630.3	1905.1	1972.2	2158.1	1864.1	67.2	0.161
皱胃（μm）							
黏膜厚度	470.1^{AB}	504.5^{A}	439.1^{B}	473.6^{AB}	446.8^{B}	8.11	0.073
肌层厚度	2060.8	1858.9	2034.4	1897.9	1735.9	84.3	0.768
十二指肠（μm）							
绒毛长度	516.1	563.6	466.8	505.1	548.9	22.88	0.73
黏膜厚度	877.0	792.6	806.3	845.5	878.2	32.09	0.896
肌层厚度	521.1	643.1	554.5	561.2	580.2	35.71	0.887
隐窝深度	228.6	213.8	238.8	215.4	216.3	5.56	0.587
绒毛/隐窝	2.27	2.66	2.02	2.38	2.58	0.13	0.572
空肠（μm）							
绒毛长度	414.0	412.8	421.2	447.5	443.8	21.62	0.874
黏膜厚度	792.8	850.3	822.5	844.1	845.8	25.05	0.956
肌层厚度	365.0	502.4	497.8	402.6	483.3	25.17	0.302
隐窝深度	160.1	154.2	161	154.9	159.9	3.93	0.977
绒毛/隐窝	2.42	2.73	2.61	2.95	2.81	0.16	0.86
回肠（μm）							
绒毛长度	469.0	434.4	391.4	413.4	370.4	16.88	0.387
黏膜厚度	899.1	861.5	825.3	895.3	816.7	20.7	0.667
肌层厚度	357.3	445.4	436.9	404.9	426.8	28.6	0.897
隐窝深度	210.3	187.4	194.3	198.6	183.5	5.28	0.542
绒毛/隐窝	2.26	2.34	2.05	2.09	2.04	0.09	0.814

（6）哺乳期犊牛胃肠道酶活　试验处理组对瘤胃食糜总蛋白浓度、α-淀粉酶、中性蛋白酶、羧甲基纤维素酶、木聚糖酶的影响无显著差异；对皱胃食糜总蛋白浓度、凝乳酶、胃蛋白酶的影响差异不显著（表4-17）。犊牛瘤胃液中pH、NH_3-N和VFA浓度见表4-18，各组之间差异不显著。

表 4-17 椰子油和棕榈油对哺乳期犊牛瘤胃和皱胃食糜酶活的影响

项　目	处理组					SEM	*P* 值
	W100	C50	C100	P50	P100		
瘤胃食糜							
总蛋白（g/L）	1.44	1.45	1.40	1.41	1.37	0.02	0.805
α-淀粉酶（U/L）	73.78	69.86	66.75	94.61	69.34	7.29	0.775
中性蛋白酶（U/L）	112.59	114.79	105.18	104.70	114.21	2.18	0.406
羧甲基纤维素酶（U/L）	11.85	11.88	11.68	12.12	11.60	0.17	0.899
木聚糖酶（U/L）	23.70	23.75	23.81	21.91	23.55	0.72	0.924
皱胃食糜							
总蛋白酶（g/L）	1.56	1.51	1.52	1.63	1.42	0.03	0.297
凝乳酶（U/L）	109.78	109.19	99.22	96.35	105.50	2.48	0.335
胃蛋白酶（U/L）	33.07	29.34	32.34	30.10	27.35	1.27	0.647

表 4-18 椰子油和棕榈油对哺乳期犊牛瘤胃液中 pH、NH_3-N 和 VFA 浓度的影响

项　目	处理组					SEM	*P* 值
	W100	C50	C100	P50	P100		
pH	6.60	6.27	6.18	6.27	6.39	0.07	0.358
氨态氮（mg/dL）	7.71	7.19	7.38	7.47	7.41	0.11	0.660
总挥发性脂肪酸（mmol/L）	81.62	87.99	84.65	86.37	88.65	3.38	0.976
乙酸占比（%）	54.99	53.02	51.08	50.34	52.02	0.84	0.510
丙酸占比（%）	28.55	29.55	31.46	32.74	31.38	0.91	0.657
异丁酸占比（%）	1.55	1.44	1.75	1.55	1.49	0.112	0.958
丁酸占比（%）	7.67	8.73	7.36	6.67	7.34	0.34	0.399
异戊酸占比（%）	3.27	3.20	3.95	3.09	3.26	0.27	0.904
戊酸占比（%）	3.97	4.05	4.41	4.35	4.08	0.12	0.797
乙酸/丙酸（摩尔浓度）	1.99	1.82	1.70	1.55	1.71	0.08	0.492

（7）哺乳期犊牛瘤胃微生物区系　16 sRNA 高通量测序显示，30 个瘤胃内容物样品共获取 2 244 331 条有效序列，并以 97%的一致性将序列聚类为 11 245 个 OTU（operational taxonomic unit），覆盖率指数为 0.99，测序深度满足后续数据分析。由表 4-19可知，W100、C50、C100、P50、P100 组间瘤胃内容物微生物丰度（Chao1 指数）和多样性（Shannon 指数）组间差异均不显著（$P>0.05$），样品的平均序列数为 74 811 条，平均 OUT 为 375。

表 4-19 高通量测序结果和瘤胃微生物丰度和多样性指数

项　目	处理组					SEM	*P* 值
	W100	C50	C100	P50	P100		
测序数值	77263	74271	71338	73206	77978	991.91	0.181
OTUs 数量	357	356	393	397	372	17.26	0.920
Good's coverage 指数	0.99	0.99	0.99	0.99	0.99	0.00	0.989
Chao1 指数	346.4	351.7	414.8	380.8	364.4	19.92	0.843
Shannon 指数	4.57	4.62	4.66	4.59	4.68	0.07	0.989

OTUs物种注释结果显示，在门水平上主要是拟杆菌门(Bacteroidetes，48.41%)、厚壁菌门(Firmicutes，35.54%)、变形菌门(Proteobacteria，11.80%)、放线菌门(Actinobacteria，1.83%)、广古菌门(Euryarchaeota，0.85%)和柔膜菌门(Tenericutes，0.70%)(图4-1)；在科水平上主要细菌是普雷沃氏菌科(45.96%)、毛螺菌科(15.67%)、韦荣菌科(9.23%)、疣微菌科(4.63%)、琥珀酸菌科(3.74%)、氨基酸球菌科(3.56%)。由表4-20可知，在科水平上C100组红螺菌科相对丰度显著增加($P<0.05$)，其他瘤胃细菌在门水平和科水平上主要菌种组间差异均不显著($P>0.05$)。

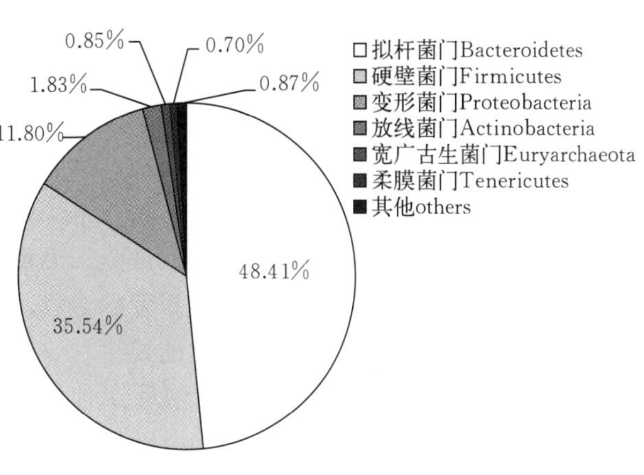

图4-1 门水平上的细菌相对丰度

表4-20 瘤胃细菌门和科水平上的细菌相对丰度

分类学水平	微生物(%)	处理组					SEM	P值
		W100	C50	C100	P50	P100		
门	拟杆菌门	44.66	44.81	54.56	51.47	46.55	1.98	0.43
	厚壁菌门	35.16	39.55	31.8	34.19	37.02	1.60	0.64
	变形菌门	16.00	10.59	9.33	9.52	13.59	2.01	0.821
	放线菌门	1.23	1.52	2.46	2.7	2.23	0.24	0.155
	广古菌门	0.61	1.82	0.52	0.59	0.39	0.15	0.428
	蓝藻细菌门	1.14	0.12	0.07	0.15	0.29	0.18	0.336
	无壁菌门	0.67	1.32	0.52	0.59	0.39	0.15	0.313
	酸杆菌门	0.00	0.00	0.44	0.29	0.00	0.10	0.552
	纤维杆菌门	0.43	0.18	0.15	0.16	0.18	0.06	0.624
	疣微菌门	0.00	0.00	0.05	0.03	0.00	0.01	0.562
	其他	0.11	0.1	0.15	0.13	0.21	0.02	0.451
科	普雷沃氏菌科	42.66	41.99	48.84	51.76	44.57	1.99	0.49
	毛螺菌科	18.25	21.59	12.13	13.29	13.08	1.59	0.264
	琥珀酸弧菌科	7.83	1.80	1.70	3.83	3.55	1.10	0.417
	韦荣氏菌科	7.33	7.7	10.59	10.52	9.99	0.98	0.746
	氨基酸球菌科	1.96	2.83	5.17	2.32	5.53	0.58	0.181
	疣微菌科	5.4.0	4.98	3.89	3.48	5.41	0.53	0.72
	甲烷杆菌科	0.61	1.81	0.76	0.52	0.52	0.25	0.428
	双歧杆菌科	0.86	1.06	1.21	1.94	0.63	0.24	0.493
	韦荣球菌科	1.36	1.72	1.93	1.67	2.33	0.13	0.195
	Bacteroidales _ S24 _ 7 _ group	0.91	1.18	1.35	0.85	0.90	0.12	0.645
	其他	12.83	13.34	12.43	9.82	13.49	1.45	0.935

3. 4～6日龄犊牛日粮能量水平的研究 崔祥（2014）对不同产奶净能的日粮对4～6月龄犊牛的生长性能、血液指标、营养物质的消化代谢及瘤胃微生物区系进行了研究。试验将98日龄中国荷斯坦断奶用母犊牛32头，随机分为A、B、C和D4个组，对应饲喂产奶净能分别为6.24 MJ/kg、7.04 MJ/kg、7.53 MJ/kg和7.85 MJ/kg的试验日粮，试验期82 d。分别于犊牛98日龄、120日龄、150和180日龄清晨空腹测定犊牛生长性能指标，采集血液样品进行分析。于犊牛151～157日龄和181～187日龄，每组随机选取4头犊牛进行二期消化代谢试验，采集样品，测定表观消化率、能量及氮的利用率。每月采集犊牛瘤胃液测定瘤胃发酵参数，并测定181日龄微生物区系和部分微生物数量变化及其随日龄增加而变化的规律。

（1）生长性能 4组犊牛平均日增重分别为0.64 kg、0.75 kg、0.78 kg和0.84 kg，组间差异不显著。但151～180日龄，D组犊牛平均日增重显著高于A组（$P<0.05$）。180日龄，D组犊牛的体斜长较A组显著提高（$P<0.05$），D组犊牛体况评分极显著高于A组（表4-21）。产奶净能为7.53 MJ/kg（C组）和7.85 MJ/kg（D组）的日粮可显著改善犊牛饲料转化率，不同日粮能量水平对各日龄犊牛乳头长度影响不显著。

表4-21 不同日粮能量水平对犊牛体况评分的影响

犊牛日龄（d）	产奶净能（MJ/kg）				SEM	固定效应 P 值		
	A（6.24）	B（7.04）	C（7.53）	D（7.85）		处理	日龄	处理×日龄
98～180	2.20	2.27	2.32	2.35	0.03	0.26	<0.01	0.35
98	2.12	2.17	2.15	2.12	0.03	0.65		
120	2.06	2.14	2.13	2.16	0.04	0.49		
150	2.19	2.24	2.37	2.37	0.05	0.12		
180	2.41^{b}	2.54^{ab}	2.62^{ab}	2.75^{a}	0.04	<0.01		

（2）血清生化指标 高产奶净能日粮组（C组、D组）犊牛血清胆固醇含量显著高于A组；血清低密度脂蛋白含量随日粮产奶净能升高呈升高的趋势，血清尿素氮含量则出现降低的趋势。饲喂产奶净能为7.04 MJ/kg（B组）的日粮，犊牛血清雌二醇和瘦素含量最高；饲喂产奶净能为7.85 MJ/kg（D组）的日粮，犊牛血清胰岛素和胰岛素样生长因子-1含量最低（表4-22）。

表4-22 不同日粮能量水平对犊牛血清激素及生长因子的影响

项 目	产奶净能（MJ/kg）				SEM	固定效应 P 值		
	A（6.24）	B（7.04）	C（7.53）	D（7.85）		处理	日龄	处理×日龄
生长激素（μg/L）								
98～180日龄	56.81	55.97	54.96	54.65	0.62	0.72	0.08	0.54
98日龄	54.25	56.38	55.37	55.20	1.09	0.54		
120日龄	62.31^{a}	58.69^{ab}	53.46^{b}	55.03^{b}	1.67	0.02		
150日龄	53.69	51.50	54.47	52.72	1.09	0.40		
180日龄	57.09	57.29	56.54	55.63	0.75	0.68		

（续）

项 目	产奶净能（MJ/kg）				SEM	固定效应 P 值		
	A（6.24）	B（7.04）	C（7.53）	D（7.85）		处理	日龄	处理×日龄
雌二醇（pmol/L）								
98～180 日龄	138.66	140.65	136.33	134.61	1.36	0.24	0.22	0.14
98 日龄	135.64	137.13	137.69	134.12	2.35	0.62		
120 日龄	149.37[ab]	152.29[a]	135.98[b]	131.32[c]	2.86	<0.01		
150 日龄	138.83	127.98	131.67	137.82	3.28	0.13		
180 日龄	130.81[b]	145.19[a]	139.96[ab]	135.18[ab]	2.02	0.04		
胰岛素（mU/L）								
98～180 日龄	36.77[a]	36.35[a]	37.47[a]	33.89[b]	0.48	0.03	<0.01	0.39
98 日龄	35.35	33.97	36.42	34.62	0.70	0.29		
120 日龄	40.41[a]	42.03[a]	39.31[a]	33.70[b]	1.14	<0.01		
150 日龄	35.01	32.34	36.33	32.63	0.99	0.08		
180 日龄	36.32	37.06	37.79	34.51	0.48	0.15		
胰高血糖素（ng/L）								
98～180 日龄	139.56	138.45	140.69	139.56	1.74	0.98	0.01	0.8
98 日龄	132.56	133.85	141.63	134.65	2.97	0.36		
120 日龄	150.23	151.57	146.94	137.87	2.71	0.17		
150 日龄	134.71	129.28	130.97	136.17	3.79	0.49		
180 日龄	140.76	139.1	143.21	149.57	3.51	0.29		
胰岛素样生长因子-1（μg/L）								
98～180 日龄	267.55	269.78	275.81	251.32	3.53	0.12	0.03	0.5
98 日龄	248.20	251.68	274.82	249.82	5.27	0.15		
120 日龄	278.02[ABab]	297.02[Aa]	281.55[ABa]	242.56[Bb]	7.08	<0.01		
150 日龄	252.17	251.33	271.27	246.18	8.57	0.18		
180 日龄	291.82	279.08	275.6	266.72	5.34	0.18		
瘦素（μg/L）								
98～180 日龄	9.01	9.58	9.20	8.88	0.14	0.17	0.19	0.45
98 日龄	8.54	9.04	9.27	8.80	0.17	0.34		
120 日龄	10.01	10.23	9.47	8.71	0.24	0.05		
150 日龄	8.67	8.26	9.01	8.83	0.25	0.33		
180 日龄	8.80[b]	10.78[a]	9.03[b]	9.16[b]	0.39	0.01		

（3）营养物质消化　随着日粮能量水平的提高，总能表观消化率呈先升高后降低的趋势。能量水平显著影响日粮中干物质、中性洗涤纤维和酸性洗涤纤维的表观消化率及消化能和代谢能值（表 4－23）。180 日龄时，犊牛氮沉积量、沉积氮/食入氮和沉积氮/消化氮随日粮产奶净能的升高呈先升高后降低的趋势，其中 C 组数值达到最高（表 4－24）。

表 4-23　不同日粮能量水平对断奶犊牛能量利用率的影响

项　目	月　龄	产奶净能（MJ/kg）				SEM	P 值
		A（6.24）	B（7.04）	C（7.53）	D（7.85）		
食入总能（MJ/d）	5	80.53^{Bd}	84.94^{Bc}	88.73^{Bb}	93.99^{Ba}	1.36	<0.01
	6	96.33^{Ac}	100.13^{Ab}	108.69^{Aa}	112.27^{Aa}	1.74	<0.01
粪能（MJ/d）	5	25.21	25.50	26.99	27.86	1.31	0.90
	6	29.37^{ab}	24.93^{b}	27.35^{b}	33.08^{a}	1.10	0.04
尿能（MJ/d）	5	1.65^{b}	2.48^{a}	1.61^{b}	2.38^{a}	0.13	<0.01
	6	1.77	1.77	1.74	2.35	0.14	0.41
消化能（MJ/d）	5	55.32^{Bb}	57.95^{Bb}	60.88^{Bab}	68.49^{Ba}	1.83	0.04
	6	66.96^{Ab}	75.19^{Aa}	81.35^{Aa}	79.20^{Aa}	1.69	<0.01
代谢能（MJ/d）	5	47.23^{B}	48.67^{B}	52.18^{B}	58.59^{B}	1.71	0.07
	6	57.48^{Ab}	65.41^{Aa}	70.91^{Aa}	67.87^{Aa}	1.58	<0.01
总能消化率（%）	5	68.65	68.29	68.60	72.86	1.52	0.72
	6	69.45	75.10	74.87	70.53	1.02	0.09
总能代谢率（%）	5	58.60	57.39	58.79	62.32	1.49	0.72
	6	59.61	65.34	65.26	60.44	1.06	0.08
消化能代谢率（%）	5	85.33^{B}	83.94^{B}	85.54^{B}	85.46^{B}	0.34	0.32
	6	85.78^{A}	87.00^{A}	87.14^{A}	85.65^{A}	0.30	0.15

注：同行上标不同小写字母表示差异显著（$P<0.05$），同列上标不同大写字母表示差异显著（$P<0.05$）。表 4-24 注释与此同。

表 4-24　不同日粮能量水平对断奶犊牛氮沉积率的影响

项　目	日龄（d）	产奶净能（MJ/kg）				SEM	P 值
		A（6.24）	B（7.04）	C（7.53）	D（7.85）		
食入氮（g/d）	150	112.33^{B}	111.87^{B}	111.67^{B}	111.96^{B}	0.62	0.99
	180	134.37^{A}	131.87^{A}	136.79^{A}	133.74^{A}	0.84	0.23
粪氮（g/d）	150	35.64	40.81	40.62	32.09	2.48	0.58
	180	41.36	37.31	36.99	39.40	1.20	0.59
尿氮（g/d）	150	23.82^{Ba}	21.69^{Ba}	20.35^{Bab}	15.61^{Bb}	1.05	0.02
	180	46.82^{A}	36.18^{A}	26.90^{A}	39.50^{A}	2.85	0.08
消化氮（g/d）	150	76.69^{B}	71.06^{B}	71.05^{B}	79.87^{B}	2.50	0.56
	180	93.01^{A}	94.57^{A}	99.80^{A}	94.33^{A}	1.46	0.40
氮表观消化率（%）	150	68.22	63.60	63.57	71.40	2.21	0.57
	180	69.20	71.71	70.53	72.97	0.91	0.55
沉积氮（g/d）	150	52.87	49.37	50.71	64.26	3.15	0.35
	180	46.19	58.39	72.90	54.84	3.89	0.09
沉积氮/食入氮（%）	150	47.00	44.24	45.31	57.46	2.80	0.34
	180	34.19	44.28	53.29	41.00	2.81	0.09
沉积氮/消化氮（%）	150	68.81^{A}	69.06^{A}	70.15^{A}	79.63^{A}	1.94	0.14
	180	48.90^{B}	61.75^{B}	72.45^{B}	58.20^{B}	3.40	0.09

（4）瘤胃微生物 日粮能量水平可显著提高瘤胃丙酸比例，降低乙酸和异丁酸比例，并极显著降低乙酸丙酸的值，但对总挥发性脂肪酸的浓度影响不显著。通过变性梯度凝胶电泳和实时定量 PCR 分析发现，相同日龄平行样本间及相同日龄（99 日龄、121 日龄和 151 日龄）犊牛瘤胃微生物区系具有较高的相似性，易聚合到一起，且瘤胃微生物多样性及数量逐渐趋于稳定状态（表 4-25）。

表 4-25 不同日粮能量水平对 181 日龄犊牛瘤胃微生物菌群数量的影响（log10 Copies/mL 瘤胃液）

微生物菌群	产奶净能				SEM	P 值
	A（6.24）	B（7.04）	C（7.53）	D（7.85）		
原虫 *Protozoan*	7.91	7.89	8.11	6.70	0.28	0.37
产琥珀丝状杆菌 *Fibrobacter succinogene*	6.21	5.27	6.38	6.57	0.23	0.27
黄色瘤胃球菌 *Ruminococcus flaefaciens*	9.53	9.24	9.81	9.47	0.09	0.15
白色瘤胃球菌 *Ruminococcus albus*	8.54	8.21	8.82	8.57	0.10	0.16
溶纤维丁酸弧菌 *Butyrivibrio fibrisolvens*	9.77	9.58	10.04	9.75	0.09	0.28
栖瘤胃普雷沃氏菌 *Prevotella ruminicola*	4.84	4.89	5.93	5.62	0.20	0.11
梭菌 *Clostridium*	10.75	10.46	10.96	10.63	0.09	0.22
多毛毛螺菌 *Lachospira multipara*	6.88	6.16	7.26	5.94	0.21	0.07

4. 小结 综上所述，哺乳期犊牛适合进食消化能为 15.50 MJ/kg 的代乳品（含大豆蛋白粉），高能量的代乳品（DE16.06 MJ/kg）明显抑制了犊牛开食料的采食。采食中能量代乳品（DE15.5 MJ/kg）的犊牛，其生长性能及营养物质消化代谢率均优于消化能为 15.07 MJ/kg 和 16.06 MJ/kg 的代乳品。代乳品中脂肪酸组成影响哺乳期犊牛生长性能、营养物质消化利用、胃肠道发育及瘤胃微生物区系。富含中链脂肪酸的代乳品可满足犊牛正常生长发育，富含棕榈油、油酸等长链脂肪酸的代乳品显著降低了空肠重量，并有降低粗脂肪表观消化率、总能消化率的趋势。以哺乳期犊牛生长性能及胃肠发育为依据，椰子油脂肪粉可达到完全替代乳脂的效果；棕榈油脂肪粉则需适量添加，完全替代乳脂减缓了哺乳期犊牛胃肠道发育。

4～6 月龄断奶后犊牛适宜进食 NE_L 水平为 7.53 MJ/kg，以及精粗比为 6∶4 的全混合日粮。与产奶净能为 6.24（A 组）、7.04（B 组）和 7.85 MJ/kg（D 组）的日粮相比，饲喂产奶净能为 7.53 MJ/kg（C 组）的日粮既可保持 4～6 月龄犊牛较高的平均日增重（0.78 kg），又不会影响犊牛健康及体型、乳腺的正常发育，同时具有均衡的营养水平和较高的消化代谢水平。

参考文献

崔祥，2014. 日粮能量水平对 4～6 月龄犊牛生长、消化代谢及瘤胃内环境的影响 [D]. 北京：中国农业科学院.

胡凤鸣，2018. 椰子油和棕榈油脂肪粉对哺乳期犊牛生长性能和胃肠道发育的影响 [D]. 北京：中国农业科学院.

张蓉，2008. 能量水平及来源对早期断奶犊牛消化代谢的影响研究 [D]. 北京：中国农业科学院.

Bach A C，Ingenbleek Y，Frey A，1996. The usefulness of dietary medium - chain triglycerides in body weight control：fact or fancy? [J]. The Journal of Lipid Research（37）：708 - 726.

Bauchart D，1993. Lipid absorption and transport in ruminants [J]. Journal of Dairy Science，76：3864 - 3881.

Britt D G，Huber J T，1974. Effect of adding sugars to a carbohydrate - free diet on intestinal disaccharidase activities in the young calf [J]. Journal of Dairy Science，57：420 - 426.

Chelikani P K，Ambrose D J，Keisler D H，et al，2009. Effects of dietary energy and protein density on plasma concentrations of leptin and metabolic hormones in dairy heifers [J]. Journal of Dairy Science，92（4）：1430 - 1441.

Cortright R N，Muoio D M，Dohm G L，1997. Skeletal muscle lipid metabolism：A frontier for new insights into fuel homeostasis [J]. Journal of Nutritional Biochemistry，8：228 - 245.

Emery R S，Liesman J S，Herdt T H，1992. Metabolism of long - chair fatty acids by ruminant liver [J]. The Journal of Nutrition，122：832 - 837.

Faergeman N J，Knudsen J，1997. Role of long - chain fatty acyl - coA esters in the regulation of metabolism and in cell signaling [J]. Biochemical Journal，323：1 - 12.

Flipse R J，Huffman C F，Webster H D，et al，1950. Carbohydrate utilization in the young calf. I. Nutritive value of glucose，corn syrup，and lactose as carbohydrate sources in synthetic milk [J]. Journal of Dairy Science，33：548.

Gruffat D，Durand D，Graulet B，et al，1996. Regulation of VLDL synthesis and secretion in the liver [J]. Reproduction Nutrition Development，36：375 - 389.

Huber J T，Jacobson N L，Allen R S，et al，1961. Digestive enzyme activities in the young calf [J]. Journal of Dairy Science，44：1494.

Hudman D B，Friend D W，Hartman P A，et al，1957. Digestive enzymes of the baby pig [J]. Journal of Agricultural and Food Chemistry，5：691.

Jenkins K J，1988. Factors affecting poor performance and scours in preruminant calves fed corn oil [J]. Journal of Dairy Science，71（11）：3013 - 3020.

Niot I，Poirier H，Besnard P，1997. Regulation of gene expression by fatty acids：special reference to fatty acid - binding protein（FABP）[J]. Biochimie，79：129 - 133.

Piot C，Veerkamp J H，Bauchart D，et al，1998. Contribution of peroxisomes to fatty acid oxidation in tissues from preruminant calves：effects of the nature of dietaryfatty acids [C]. Nancy：British - French - Meeting on Nutrition.

Raven A M，1970. Fat in milk replacers for calves [J]. Journal of the Science of Food and Agriculture，21：352.

Raven A M，Robinson K L，1958. Studies of the nutrition of the young calf [J]. British Journal of Nutrition，12：469.

Rojas J，Schweigert B S，Rupel I W，1948. The utilization of lactose by the dairy calf fed normal and modified milk diets [J]. Journal of Dairy Science，31：81.

Schoonjans K，Staels B，1996. Role of the peroxisome proliferators - activated receptor（PPAR）in mediating the effects of fibrates and fatty acids on gene expression [J]. Journal of Lipid Research，37：907 - 925.

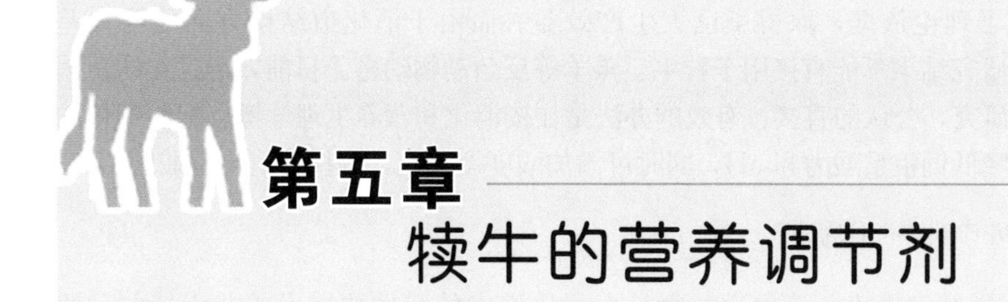

第五章 犊牛的营养调节剂

第一节 概　　述

近年来我国反刍动物养殖业，特别是奶牛养殖业发展迅速，人们对发挥反刍动物生产性能、保障动物健康养殖从而提高乳品等畜产品安全越来越关注。幼畜是畜牧业发展的后备力量，犊牛培育是奶牛养殖业的关键环节之一，是提高牛群质量和生产水平的一项重要技术措施。我国优质后备畜生产是产业发展的薄弱环节，有些牛场犊牛，对病原菌的抵抗力很弱，死亡率比较高，健康生长直接受到影响。

出生和断奶（断开母乳，饲用代乳品）对幼龄犊牛是一个巨大的生理应激。此时犊牛的消化系统发育尚不完善，体弱的犊牛会出现腹泻等症状，最终导致生长不良，甚至出现死亡。给犊牛提供平衡、适宜的营养物质及科学的饲养管理，可以最大限度地降低犊牛生理应激，并保障犊牛健康发育。近十年的时间里，国内研究者陆续探讨了多种营养调节剂，如酸度调节剂、微生态制剂和植物提取物等生物活性物质对犊牛的作用，取得了一系列进展，为犊牛早期培育提供了大量科学理论依据。

第二节 犊牛营养调节剂研究现状及进展

一、酸度调节剂

代乳品是早期断奶犊牛液体饲料阶段的主要日粮，其研制及应用是实施犊牛早期断奶技术的关键。然而出生犊牛的消化系统发育尚不完善，刚出生时皱胃是最大的胃室，瘤网胃的体积仅占 4 个胃的 1/3，并且只有皱胃具有消化功能，其功能与单胃动物的真胃相近。初生动物胃底腺不发达，只分泌少量盐酸，但盐酸很快与胃黏液中有机物结合，剩下的少量在胃肠道中形成游离酸，易造成胃肠道内容物 pH 过高。维持幼畜消化道适宜的酸度，可维持消化酶活性，提高营养物质的消化率，同时又可减少肠道内有害菌对动物的损害，避免酸度过高或过低造成的胃肠道疾病。

降低日粮 pH 有可能增加幼龄动物胃内酸度，提高消化酶活性，有利于肠道内乳酸菌等有益菌的生长，抑制大肠埃希氏菌等有害菌的繁殖，保持胃肠道微生态平衡，从而

提高幼龄动物的健康状况。这在幼龄单胃动物的生理营养方面已经取得了很大的进展，为生产实际提供了理论依据，取得了巨大生产效益。而由于消化道结构方面的巨大差异，单胃动物的研究结果不能直接用于犊牛、羔羊等反刍动物幼畜。目前，通过在幼畜消化道酸度方面的研究，公认的直接、有效的办法是在按消化和营养生理学特点配制饲粮的同时，最大程度降低饲粮系酸力和 pH，同时可添加酸度调节剂，调控好消化道酸度。

（一）酸度调节剂的作用机理

1. 犊牛消化道酸度规律 消化道酸度是由消化道内的酸性物质形成并维持的，适宜的酸度在维持动物消化系统正常功能上是必需的。哺乳期犊牛反刍功能尚不健全，消化机能仍然主要依靠皱胃，从某种程度上讲与乳仔猪相类似。

初生乳猪由于胃底腺不发达，盐酸分泌量较少而难以激活蛋白水解酶活性，从而造成了对植物性饲料的消化能力较低。适宜的胃肠道酸度可保持消化酶活性，提高营养物质消化率，同时又有可能降低肠道内有害菌的数量，避免酸度过高或过低造成的胃肠道疾病。杨富林等（2000）指出，哺乳期仔猪胃内酸度主要靠微生物发酵产生的乳酸来维持，其次才是盐酸，而且胃内乳酸量与盐酸的浓度成反比。胃内盐酸的分泌可以抑制微生物发酵，减少乳酸的产生量，同时乳酸的产生又抑制了盐酸的分泌。初生仔猪胃内 pH 为 2.1，1 周龄、2 周龄、3 周龄时分别为 3.7、3.9、3.4，补料后 pH 增至 4.9，而后逐渐降至 3.3。哺乳期仔猪十二指肠内的酸度取决于胃液的 pH 和胰液、胆汁的分泌情况，小肠后段和大肠内的酸度则依赖于微生物发酵产生的挥发性脂肪酸。杨琳等（2001）采用 17 d、21 d、28 d 和 35 d 断奶仔猪，分别在断奶后 12 h、1 周、2 周和 3 周屠宰测定食糜 pH，结果发现断奶后 12 h 胃食糜 pH 均高于同龄哺乳仔猪，并且达到该组整个试验期间的最高值，随后逐渐降低。仔猪在断奶后胃 pH 恢复到 3.5 所需的时间分别为 3 d、2 d、1 d 和 1 周。表明断奶日龄越早，胃中 pH 恢复到 3.5 所需要的时间越长。除十二指肠外，空肠和回肠食糜 pH 基本不受日龄和断奶的影响。张心如等（2003）测定了仔猪胃液 pH，20 d、30 d 及 40 d 时分别为 3.4、4.29 和 3.2～3.5；4 月龄时盐酸浓度达到成年猪水平。

犊牛胃液的分泌受到饲喂的刺激，在饲喂前皱胃的 pH 为 1～2，而采食后升到 6，随后又逐渐降低到饲喂前的水平。随着犊牛年龄的增长，分泌而流入皱胃的酸逐渐增多。Woodford 等（1987）以乳制品为基础的日粮（代乳品）饲喂犊牛，取得了犊牛皱胃 pH 的数据（图 5－1）。饲喂前，犊牛皱胃内容物的 pH 为 1.5～2.0，饲喂后马上升高到 6.0，随后又逐渐降低，6 h 后降低到饲喂前水平。pH 的降低显示出皱胃壁分泌的盐酸逐步与内

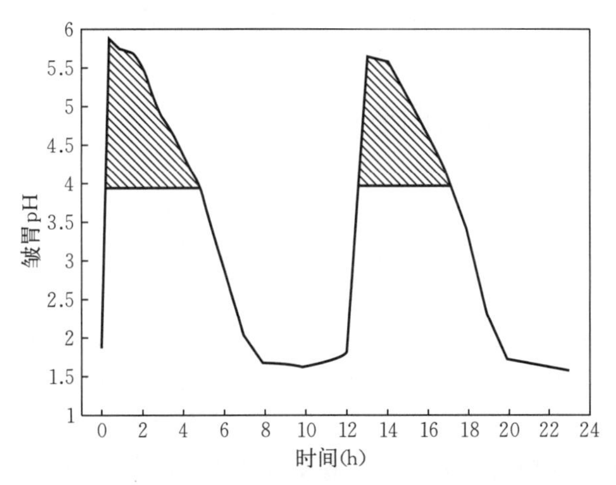

图 5－1 饲喂 5.4 L/d 常规代乳品犊牛的皱胃 pH
（阴影部分表示 pH 高于 4.0 的时间）

容物中和。研究证明，不论是饲喂代乳品还是饲喂牛奶，pH 的这种变化规律都十分相似，但这种变化与饲喂次数有关。

Quigley（2006）以实施了皱胃导管手术的 3 日龄小公牛为研究对象，液体饲料分别为牛奶、全乳蛋白代乳品、含有乳成分及大豆蛋白的代乳品。从犊牛 17 d 开始，在皱胃导管中插入电极测定 24 h 内每秒钟皱胃 pH 的变化（图 5－2）。同样，犊牛皱胃的 pH 在饲喂后 15 min 内从 1.5 迅速升高到 6.0，每天饲喂 2 次，每次都会出现这一规律。犊牛采食后皱胃需要马上处理大量的食物，食物与胃液混合，引起 pH 快速升高。pH 的过高会导致病原体（如沙门氏菌或大肠埃希氏菌）更易通过皱胃，而通常胃内低 pH 是动物的关键抵御机制。饲喂牛奶的犊牛其皱胃 pH 在饲喂后升高到 6 左右，然后快速降低，并且在第二顿饲喂后该组的 pH 较低，整个 24 h 的皱胃平均 pH 也较低（表 5－1），pH 高于 3 和 4 的时间也较少；而饲喂两种代乳品犊牛的皱胃 pH 没有显著差异。Colvin 等（1969）给犊牛饲喂 3 种代乳品，其中的蛋白分别来源于未经处理、酸处理、碱处理的豆粉。试验表明，饲喂 3 种处理大豆的代乳品时，犊牛的食糜 pH 和其中 DM、总 N 流速没有差异，但是其 DM、总 N 流速比饲喂牛奶的快，饲喂牛奶时食糜 pH 在采食后下降的速度较快。也就是说，饲喂牛奶和饲喂代乳品造成的犊牛皱胃 pH 变化是有差异的。要想使饲喂代乳品的效果尽量接近牛奶，降低代乳品 pH 或许是一条可行之路。

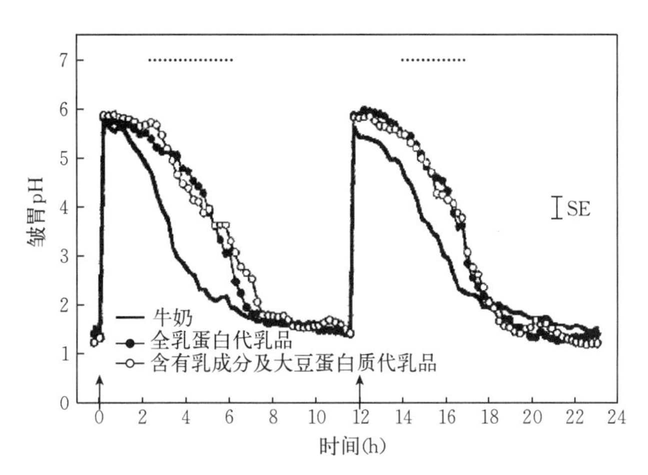

图 5－2 饲喂不同代乳品后犊牛皱胃 pH 的变化

表 5－1 饲喂牛奶、全乳代乳品、含大豆蛋白代乳品犊牛的皱胃特性

项 目	牛 奶	全乳蛋白代乳品	含大豆蛋白质代乳品	SEM
皱胃 pH	2.77[a]	3.22[b]	3.27[b]	0.08
>3/24 h（%）	37.7[a]	49.5[b]	51.6[b]	4.7
>4/24 h（%）	26.8[a]	41.8[b]	38.9[b]	4.7
pH=1 的时间（s）	320[a]	383[b]	399[b]	25

注：同行上标不同小写字母表示差异显著（$P<0.05$），相同小写字母或无字母均表示差异不显著（$P>0.05$）。表 5－2 至表 5－11、表 5－14 至表 5－19、表 5－22 至表 5－25、表 5－27 至表 5－29、表 5－34、表 5－41、表 5－43 至表 5－48、表 5－50 至表 5－52、表 5－54 和表 5－55、表 5－57、表 5－61 至表 5－64 注释与此同。

犊牛食入牛奶或代乳品后其皱胃的 pH 发生了变化。进食后皱胃开始分泌胃酸和消化酶来处理食物。其中的凝乳酶使牛奶在皱胃中产生了凝块，减缓了牛奶从皱胃中排出的时间，随后从皱胃中排出的部分大多为水分和矿物质，矿物质可以降低内容物的 pH。

国内也有学者作过犊牛消化道内容物 pH 的研究。佟莉蓉（2001）研究了犊牛 0、1

月龄、2月龄、3月龄、4月龄、5月龄、6月龄小肠内容物pH的变化规律。结果表明，随着月龄的增长，犊牛小肠内容物的pH没有明显变化；十二指肠、回肠前段和中段的内容物呈弱酸性，空肠后段和回肠段呈弱碱性，其中回肠和空肠pH显著高于十二指肠。

2. 酸度调节剂的种类及作用 酸度调节剂是用来调节饲料酸度（或pH）的一类物质，其种类包括了有机酸、无机酸及其盐类和混合酸，主要有盐酸、磷酸、柠檬酸（柠檬酸盐）、富马酸、乳酸、甲酸（甲酸盐）等。酸度调节剂的主要生理功能主要有两个方面：调节胃内pH，保证消化酶在正常pH环境下发挥活性；抑制消化道有害微生物增殖，优化肠道微生物菌群结构，减少病原菌感染。添加酸度调节剂可提高营养物质消化率，减少有害微生物的繁殖和有害产物的生成，如添加延胡索酸、甲酸或盐酸可降低小肠、胃或盲肠中的氨浓度；另外，胃肠道pH的降低及有机酸特有的杀菌功能，也抑制了有害微生物的生长繁殖。酸度调节剂在实际应用中存在很大差异，这与其种类和添加量都有密切的关系。

无机酸中的硫酸基本无效，盐酸的应用效果依其挥发性和强酸性而不稳定；磷酸在动物胃中可有效激活胃蛋白酶原，提高胃蛋白酶活力，同时也为幼畜提供磷源（陶常义等，2004），是目前应用于酸度调节剂的主要无机酸。有机酸的作用有多方面，包括酸化饲料、提供能量，以及一些特殊功能，如柠檬酸的螯合作用，富马酸的弱抗氧化性和乙酸、乳酸的抑菌能力等，都能提高饲料利用率和促进幼畜健康生长。但有机酸解离度小，酸性较弱，要达到同样的酸化能力，其添加量要比无机酸大得多，添加成本高。Kasprowicz-Potocka等（2009）比较了添加10 g/kg甲酸钠、苯甲酸、富马酸对28 d后仔猪的影响，与对照组相比，10 g/kg甲酸钠组十二指肠中甲酸、丁酸含量及回肠中乳酸含量显著增加，盲肠中甲酸含量降低、乳酸菌数量减少；苯甲酸组盲肠内容物和粪便中产气夹膜梭菌数量增长，十二指肠中乳酸含量和回肠中丁酸含量提高，而盲肠中甲酸含量降低；饲喂富马酸组消化道及粪便中酸浓度及细菌数皆无差异。因此可看出，这3种酸对仔猪胃肠道代谢产物及微生物区系的影响各不相同。Blank等（1999）在3～4周仔猪日粮中添加1%～3%的富马酸，回肠粗蛋白质（CP）、总能（GE）消化率均有所增长，主要氨基酸的回肠表观消化率从4.9%增长到12.9%，其中富马酸的添加量以2%最佳。日粮中添加富马酸对于仔猪粪便CP、GE、氨基酸（组氨酸）消化率没有影响。类似的研究报道还有很多。冷向军等（2002）在玉米-豆粕-膨化大豆型仔猪日粮中使用1.5%柠檬酸后降低了饲料pH和系酸力，明显降低了仔猪胃内容物pH，减少了结肠中大肠埃希氏菌的数量，使仔猪腹泻发生率下降。酸度调节剂对仔猪生长性能的改善与其降低胃肠道内容物pH、改变胃肠道微生物区系有关。而另有一些研究证实，在仔猪日粮中添加有机酸并不能显著降低小肠内容物pH。因此研究者们提出，也许降低肠道pH并非饲料有机酸的首要作用，而是可能会刺激动物胃中盐酸的分泌。

单独使用某一种有机酸或者无机酸都有其不足之处，目前生产中较常见的是采用复合酸，其中可包含有机酸（盐）、无机酸。不同酸之间的配伍既可充分发挥酸度调节剂的酸化作用，又可有效发挥未解离的小分子有机酸的杀菌作用。冷向军等（2002）在玉米-豆粕-膨化大豆型仔猪日粮中添加0.25%复合酸（其成分为磷酸、乳酸、柠檬酸及赋形剂等），有效降低了饲料pH和系酸力，对降低胃内容物pH有一定的效果；同时可刺激胃酸和胃蛋白酶分泌，提高十二指肠消化酶活性，减少腹泻发生率。

（二）酸度调节剂在犊牛生产中的应用

目前市场上酸度调节剂种类很多，主要应用在早期断奶仔猪、雏鸡等饲料中，用于反刍动物的较少，而专门用于犊牛代乳品中的产品更是尚未成型。而且有关这些酸度调节剂作用效果的报道也不一，主要是受目前评定方法限制。以动物试验来评定，不但周期长、投资大，而且也易受客观因素影响，结果差异较大。

屠焰等（2010年）选用48头新生中国荷斯坦公犊牛，采用双因子试验设计，2个因子分别为：代乳品乳液的pH（6.2、5.5、5.0、4.5）和代乳品中植物源性蛋白质占总蛋白质的比例（50%和80%），共分8个处理，进行犊牛饲养试验。试验期内第25～27天、第53～55天进行两期消化试验，63 d试验结束时每组选取3头犊牛进行屠宰试验，系统研究了酸度调节剂对犊牛生长发育各项指标的影响。

1. 日增重及饲料转化率 代乳品乳液pH变化对犊牛体重有影响，随着乳液pH的降低，犊牛21～63 d平均日增重呈现出直线变化规律。pH 5.5、pH 5.0和pH 4.5组犊牛平均日增重显著低于pH 6.2组（$P<0.05$）。其中，饲喂不同植物蛋白质比例代乳品的犊牛，在21～63 d平均日增重上的表现不一致。饲喂50%植物蛋白比例代乳品的犊牛，其平均日增重随代乳品乳液pH的降低而逐步升高，依次为处理pH 6.2组<pH 5.5组和pH 5.0组<pH 4.5组；饲喂80%植物蛋白比例代乳品的犊牛，在乳液pH由6.2降低到5.5、5.0时，平均日增重逐渐升高，但当代乳品乳液pH降低到4.5时其平均日增重反而降低。

全期干物质采食量各处理组间差异不显著，饲喂不同植物蛋白质比例代乳品的犊牛采食量上也有差异。饲喂50%植物蛋白代乳品的犊牛，其干物质采食量以pH 6.2组最高，pH 5.5组最低；饲喂80%植物蛋白代乳品者，在乳液pH由6.2分别降低到5.5、5.0时，采食量逐渐升高，但当代乳品乳液pH降低到4.5时采食量有所降低（表5-2）。

表5-2 不同酸度与植物蛋白质比例代乳品对犊牛体重、平均日增重、干物质采食量和饲料转化率的影响

项 目	pH					RVP			P 值		
	6.2	5.5	5.0	4.5	SEM	50	80	SEM	pH	RVP	pH×RVP
体重（kg）											
21 d	47.4	45.2	40.6	46.0	1.27	44.2	45.5	1.27	0.8364	0.8103	0.0518
35 d	47.7^{ab}	48.3^{a}	49.2^{a}	46.5^{b}	0.85	48.4	47.4	0.49	0.0403	0.1314	0.0095
49 d	54.3^{a}	53.7^{ab}	53.2^{ab}	51.7^{b}	1.20	55.1^{a}	51.3^{b}	0.69	0.0927	0.0003	0.0171
63 d	55.6^{b}	59.0^{a}	60.2^{a}	60.1^{a}	1.07	60.6^{a}	56.9^{b}	0.78	0.0029	0.0009	0.0400
平均日增重（g）											
21～63 d	281.9^{b}	372.5^{a}	399.9^{a}	374.7^{a}	20.53	402.0^{a}	312.5^{b}	14.40	0.0004^{L}	0.0002	0.0315
RVP=50%	338.4^{c}	400.0^{b}	397.8^{b}	471.7^{a}	21.76						
RVP=80%	225.4^{c}	344.9^{ab}	401.9^{a}	277.6^{bc}	37.82						
干物质采食量（kg）											
21～63 d	31.5	31.5	31.8	31.4	0.17	31.8^{a}	31.3^{b}	0.13	0.5081	0.0031	0.0001
RVP=50%	32.4^{a}	31.2^{c}	32.0^{ab}	31.6^{bc}	0.20						
RVP=80%	30.7^{b}	31.8^{a}	31.5^{a}	31.2^{ab}	0.31						

（续）

项目	pH					RVP			P 值		
	6.2	5.5	5.0	4.5	SEM	50	80	SEM	pH	RVP	pH×RVP
饲料转化率（F/G）											
21～63 d	2.6	2.2	2.4	2.0	0.30	1.9[b]	2.7[a]	0.21	0.1791	0.0072	0.447

注：pH 指代乳品乳液的 pH；RVP 指代乳品中植物蛋白质的比例。

2. 粪便评分 参试犊牛粪便评分的数值随代乳品乳液 pH 的降低呈现二次曲线变化规律。与 pH 6.2 组相比，pH 5.5 和 pH 5.0 组犊牛 21～63 d 的粪便评分降低，其中 pH 5.0组与之差异显著。而 pH 4.5 组犊牛的粪便评分又比 pH 5.0 组有所提高，同时与 pH 6.2 组持平（表 5 - 3）。代乳品中植物蛋白质不同比例下，犊牛粪便评分数值并未出现显著变化。

表 5 - 3 不同酸度与植物蛋白质比例代乳品对犊牛粪便评分的影响

粪便评分	pH					RVP			P 值		
	6.2	5.5	5.0	4.5	SEM	50	80	SEM	pH	RVP	pH×RVP
21～63 d	2.1[a]	2.0[ab]	2.0[b]	2.1[a]	0.04	2.1	2.1	0.03	0.020 8[Q]	0.817 9	0.128 5

注：[Q] 二次曲线。

3. 营养物质表观消化率 表 5 - 4 列出的是试验各组犊牛对干物质、粗蛋白质、粗脂肪、钙、磷的表观消化率。从此表可知，干物质、粗蛋白质、钙表观消化率随代乳品乳液 pH 的变化呈现出二次曲线关系，且代乳品 pH 对钙表观消化率有显著影响。从 4 个处理组的数值来看，犊牛对钙表观消化率，在 pH 6.2、5.5 和 5.0 组中随代乳品乳液 pH 的降低而升高，在 pH 5.0 组达到最高，而在 pH 4.5 组又有所降低，pH 5.5 和 5.0 组分别与 6.2 组差异显著；磷表观消化率有相似的规律，但代乳品乳液 pH 对其的影响未达到显著水平。干物质和粗蛋白质表观消化率数值变化也有相似的规律，pH 5.0 组数值最高，但未达到统计上的显著差异。粗脂肪表观消化率随代乳品乳液 pH 的变化规律与上述 4 个指标相反。

表 5 - 4 不同酸度与植物蛋白质比例代乳品对犊牛营养物质表观消化率的影响

项目	pH					RVP			P 值		
	6.2	5.5	5.0	4.5	SEM	50	80	SEM	pH	RVP	pH×RVP
干物质（%）	84.8	87.9	89.3	83.2	2.68	87.7	84.9	1.41	0.1927[Q]	0.1554	0.5013
粗蛋白质（%）	64.0	73.2	75.8	61.6	6.70	72.6[a]	64.8[b]	3.57	0.2198[Q]	0.0498	0.4201
粗脂肪（%）	91.2	90.0	88.3	92.5	3.98	92.1	88.8	2.01	0.7875	0.2227	0.4762
钙（%）	54.2[b]	62.5[a]	69.3[a]	60.8[ab]	3.49	63.6	59.8	2.36	0.0066[Q]	0.2205	0.0283
RVP=50%	61.2	62.9	64.2	66.2	4.23						
RVP=80%	47.2[c]	62.1[b]	74.5[a]	55.4[c]	5.61						
磷（%）	69.7	79.6	81.3	76.6	4.55	80.3[a]	73.3[b]	2.71	0.1288	0.0449	0.2045

注：[Q] 二次曲线。

4. 血清生化指标和血清免疫指标 犊牛血清生化指标见表 5 - 5，其中包括钠（Na）、钾（K）、氯（Cl）、总蛋白（TP）、白蛋白（ALB）、总胆固醇（TC）、甘油三酯（TG）、葡萄糖（GLU）、胰岛素（INS）、尿素氮（BUN）、总抗氧化能力（T-AOC）、谷丙转氨酶（GPT）、谷草转氨酶（GOT）、一氧化氮（NO）浓度。经统计分析检验得知，代乳品乳液 pH 对犊牛血清 Na、K、Cl、INS、GLU、BUN、GOT、ALP、TP、ALB、TC、TG、LZM、NO 含量的影响皆未达到显著水平。但 INS 含量，pH 5.0 和 pH 4.5 组的数值分别比 pH 6.2 组提高了 48.1%和 66.7%。TG 浓度，pH 5.0和 4.5 组分别比 pH 6.2 组高了 33.3%和 66.7%。而 T-AOC 含量，pH 5.0 组数值最高，pH 4.5 组最低，这两个组分别与 pH 6.2 和 5.5 组差异显著。GPT 和 GOT 含量皆以处理 pH 5.0 组最低、pH 4.5 组最高，其中 GPT 浓度中的差异显著，尤其是在饲喂植物蛋白质占 80%的代乳品时这个规律比较明显，而在饲喂植物蛋白质占 50%的代乳品时，犊牛的 GPT 和 GOT 皆以 pH 6.2 组最低。代乳品中植物蛋白质比例的影响，50%组犊牛血清 K、TG 含量高于 80%组，而 GPT、GOT 含量较低，其他指标上无明显差异。

表 5-5 不同酸度与植物蛋白质比例代乳品对犊牛血清生化指标的影响

项 目	pH					RVP			P 值		
	6.2	5.5	5.0	4.5	SEM	50	80	SEM	pH	RVP	pH×RVP
Na（mmol/L）	133.1	133.7	132.9	134.7	1.14	134.2	133.0	0.81	0.6395	0.2585	0.7416
K（mmol/L）	4.50	4.50	4.50	4.60	0.06	4.6^{a}	4.4^{b}	0.04	0.6724	0.0075	0.0386
Cl（mmol/L）	99.4	99.5	98.3	100.7	0.71	99.7	99.2	0.53	0.1146	0.4594	0.3988
INS（μIU/mL）	2.70	2.80	4.00	4.50	0.84	3.6	3.4	0.59	0.3105	0.8475	0.7803
GLU（mmol/L）	5.9	5.6	5.8	6.1	0.31	6.1	5.6	0.24	0.6513	0.1028	0.4992
BUN（mmol/L）	3.6	3.5	3.5	3.0	0.22	3.2^{b}	3.7^{a}	0.17	0.3103	0.0295	0.5352
GPT（U/L）	22.0^{b}	36.0^{a}	19.7^{b}	34.1^{a}	3.64	19.7^{b}	36.2^{a}	2.78	0.0034^{C}	<0.0001	0.0051
RVP=50%	11.9^{b}	23.8^{a}	22.8^{a}	20.5^{ab}	5.15						
RVP=80%	32.2^{ab}	48.3^{a}	16.7^{b}	47.7^{a}	6.08						
GOT（U/L）	94.4^{ab}	98.4^{ab}	83.2^{b}	116.9^{a}	11.66	66.0^{b}	130.4^{a}	8.87	0.2160	<0.0001	0.0025
RVP=50%	49.7^{b}	87.2^{a}	76.3^{ab}	50.9^{ab}	16.50						
RVP=80%	139.2^{ab}	109.6^{b}	90.2^{b}	182.8^{a}	18.98						
ALP（U/L）	127.3	143.9	127.6	128.7	19.58	146.3	117.5	14.67	0.8847	0.1272	0.1961
TP（g/L）	51.5	53.9	55.7	56.3	1.91	53.6	55.1	1.44	0.2993	0.4044	0.0613
ALB（g/L）	35.2	36.2	35.3	35.4	0.56	35.7	35.3	0.43	0.5129	0.4180	0.2703
TC（mmol/L）	3.3	3.0	2.7	3.2	0.27	3.3	2.8	0.21	0.4228	0.0875	0.1380
TG（mmol/L）	0.3	0.3	0.4	0.5	0.05	0.4^{a}	0.3^{b}	0.04	0.1175^{L}	0.0404	0.4969
T-AOC（IU/mL）	2.5^{b}	2.3^{b}	3.6^{a}	1.6^{c}	0.27				0.0003^{CQ}		
LZM（μg/mL）	4.5	4.2	4.4	4.2	0.48				0.9103		
NO（μmol/mL）	181.1	199.1	179.3	211.4	19.54				0.3861		

注：^{L}一次曲线；^{Q}二次曲线；^{C}三次曲线。表 5-6 至表 5-11 注释与此同。

代乳品乳液 pH 对 IgG、IL-1β 和 TNF-α 有显著影响，且分别呈现了直线、二次曲线、三次曲线关系。在四个处理组中，pH 5.5 与 pH 6.2 组之间各项指标都无显著差异；pH 5.0 组犊牛的 IgG、IL-1β、IL-6、TNF-α 的数值皆最低，而 IgA、IgM 值最高，其中 IgG、IL-1β 与 pH 6.2 组差异显著；pH 4.5 组 TNF-α 值高于 pH 6.2 组，IL-1β 值、TNF-α 值均高于 pH 5.0 组（表 5-6）。

表5-6　不同酸度与植物蛋白质比例代乳品对犊牛血清免疫指标的影响

项　目	pH				SEM	P 值
	6.2	5.5	5.0	4.5		
IgA（μg/mL）	4.6	4.9	5.3	4.0	0.30	0.1740
IgG（ng/mL）	139.9[a]	135.0[a]	53.0[b]	93.2[ab]	23.42	0.0165[LC]
IgM（μg/mL）	15.8	16.9	19.5	19.2	1.75	0.1726
IL-1β（pg/mL）	327.0[a]	338.9[a]	198.4[b]	393.5[a]	29.65	0.0003[QC]
IL-6（pg/mL）	278.7	307.3	261.5	421.5	52.53	0.1209
TNF-α（pg/mL）	43.7[bc]	54.3[ab]	35.9[c]	61.5[a]	6.47	0.0167[C]

5. 消化器官发育

（1）器官指数　从器官指数统计结果来看，饲喂不同 pH 的代乳品时，犊牛的肝脏、脾脏、胰腺、复胃、小肠占宰前活体体重的比例皆无显著变化，而其胸腺指数在 pH 6.2 组时显著高于其他 3 组（$P<0.05$）。网胃占宰前体重的比例以 pH 5.5 组最高，pH 4.5 组最低，pH 6.2 和 5.0 组介于两者之间，整体变化呈现直线线性关系；皱胃则相反，pH 5.5 组最低，pH 6.2 及 4.5 组最高，pH 5.0 组与上述 3 个处理组皆差异不显著，整体呈现了二次曲线反应。小肠中的回肠占宰前体重的比例，pH 6.2 组高于其他 3 组，4 个处理组随乳液 pH 降低呈现出了直线变化规律。

复胃中各胃室占复胃总重的比例，瘤胃的在 pH 4.5 组显著低于其他 3 组（$P<0.05$），并显示出二次曲线、直线变化规律；皱胃的则为二次曲线变化，以 pH 5.5 组最低，显著低于 pH 4.5 和 pH 6.2 组（$P<0.05$），pH 5.0 组低于 pH 4.5 组，而分别与pH 6.2和 pH 5.5 组差异不显著。

随着代乳品中植物蛋白质比例的提高，犊牛各器官占宰前活重的比例中，肝脏增高，脾脏、胸腺、皱胃、空肠降低。各胃室占复胃总重的比例中，皱胃增高，同时网胃降低。其余指标未见显著差异（表5-7）。

表5-7　不同酸度与植物蛋白质比例代乳品对犊牛消化器官指数的影响

项　目	pH					RVP			P 值		
	6.2	5.5	5.0	4.5	SEM	50%	80%	SEM	pH	RVP	pH×RVP
器官指数（g/kg）											
肝脏	18.6	18.3	18.7	19.8	2.28	17.7[b]	21.2[a]	1.12	0.5688	0.0004	0.0349
RVP=50%	17.6	18.2	17.7	16.6	1.54						
RVP=80%	20.1[b]	18.7[b]	21.6[ab]	24.6[a]	2.70						
脾脏	2.2	2.1	2.2	2.4	0.22	2.4[a]	1.8[b]	0.14	0.4702	0.0016	0.0399
RVP=50%	2.5[ab]	2.0[b]	2.5[a]	2.7[a]	0.18						
RVP=80%	1.8	2.2	1.5	1.9	0.30						
胸腺	3.1[a]	2.1[b]	2.2[b]	2.2[b]	0.62	2.7[a]	1.4[b]	0.25	0.0287[L]	<0.0001	0.0626
胰腺	1.2	1.2	1.1	0.9	0.21	0.1	0.1	0.13	0.4734	0.0664	0.3720
复胃	18.3	18.9	17.7	17.4	1.37	18.4	17.9	1.48	0.7668	0.6368	0.2423
瘤胃	8.4	8.3	8.2	7.8	0.56	8.4	7.6	0.58	0.8429	0.1241	0.7782

（续）

项 目	pH					RVP			P 值		
	6.2	5.5	5.0	4.5	SEM	50%	80%	SEM	pH	RVP	pH×RVP
网胃	2.1^{ab}	2.4^{a}	2.1^{ab}	1.7^{b}	0.18	2.2	1.9	0.17	0.1310^{L}	0.0981	0.6652
瓣胃	2.2	2.7	2.5	2.2	0.25	2.6	2.2	0.13	0.2245	0.1407	0.2027
皱胃	5.6^{a}	4.8^{b}	5.0^{ab}	5.6^{a}	0.66	5.8^{a}	4.9^{b}	0.39	0.0635^{Q}	0.0024	0.0085
小肠	23.7	23.5	24.3	22.0	1.60	24.2^{a}	21.9^{b}	1.24	0.4562	0.0506	0.0092
十二指肠	1.0	1.1	1.0	1.1	0.09	1.1	1.0	0.10	0.7081	0.5670	0.1068
空肠	19.7	20.8	21.6	19.2	1.54	21.3^{a}	18.7^{b}	0.90	0.2800	0.0268	0.0171
回肠	3.0^{a}	1.6^{b}	1.6^{b}	1.7^{b}	0.54	2.1	1.8	0.40	0.0629^{L}	0.6762	0.4586
复胃各部分占复胃总重的比例（%）											
瘤胃	46.1^{a}	48.8^{a}	47.2^{a}	42.9^{b}	2.23	46.9	46.4	2.30	0.0048^{QL}	0.6409	0.0023
网胃	11.3	11.2	11.6	10.1	0.73	11.6^{a}	10.1^{b}	0.43	0.4094	0.0358	0.9130
瓣胃	12.2	13.8	14.3	13.0	1.14	14.0	12.4	0.85	0.4161	0.1655	0.1388
皱胃	30.4^{ab}	26.4^{c}	28.4^{bc}	32.1^{a}	2.95	27.4^{b}	32.2^{a}	1.96	0.0121^{Q}	0.0018	0.0361

（2）消化道内容物 pH 及酶活试验　代乳品乳液 pH 对犊牛瘤胃、网胃、瓣胃内容物 pH 有显著影响，对皱胃、十二指肠、空肠后段、回肠、结肠内容物 pH 影响不大。随着代乳品乳液 pH 的降低，犊牛瘤胃内容物 pH 呈现直线降低的规律。其中，pH 4.5 组显著低于其他 3 组（$P<0.05$）；网胃内容物 pH 以 pH 6.2 组最高，pH 5.0 组次之，且与之差异不显著，pH 5.5 和 pH 4.5 组低于 pH 6.2 组；空肠前段内容物 pH，pH 6.2 组低于另外 3 个处理组，4 个组数值的变化成二次曲线或直线规律。代乳品中植物蛋白质比例对瘤胃、网胃、瓣胃内容物 pH 有显著影响，对空肠后段内容物 pH 有一定影响趋势。随着植物蛋白比例从 50%提高到 80%，瘤胃、网胃、皱胃、空肠后段内容物 pH 随之降低。

犊牛尿液、粪便 pH 受代乳品乳液 pH 变化的影响。犊牛尿液 pH 呈现直线降低的规律，尤其是 pH 4.5 组犊牛尿 pH 与另 3 组差异显著。粪便 pH 也受代乳品乳液 pH 的影响，且在 pH 5.0 组数值最低，与 pH 5.5 组差异显著，但与 pH 6.2 和 pH 4.5 组未达到显著水平。代乳品中植物蛋白比例的增长降低了犊牛粪便 pH，而对尿 pH 的影响不显著。

犊牛十二指肠脂肪酶活性数值以 pH 6.2 组最低，处理 pH 5.5 和 pH 5.0 组依次升高，而 pH 4.5 组又有所降低，但差异皆不显著。代乳品植物蛋白质比例从 50%提到 80%时，犊牛十二指肠脂肪酶活性显著降低（表 5－8）。

表 5－8　不同酸度与植物蛋白质比例代乳品对犊牛消化道内容物 pH 及酶活的影响

项 目	pH					RVP			P 值		
	6.2	5.5	5.0	4.5	SEM	50%	80%	SEM	pH	RVP	pH×RVP
消化道内容物 pH											
瘤胃	6.98^{a}	6.95^{a}	6.93^{a}	6.70^{b}	0.07	6.97^{a}	6.74^{b}	0.05	$<0.0001^{L}$	<0.0001	0.0392
网胃	6.90^{a}	6.72^{b}	6.87^{ab}	6.74^{b}	0.09	6.95^{a}	6.59^{b}	0.07	0.0372	<0.0001	0.2616
瓣胃	6.67^{a}	6.58^{ab}	6.52^{b}	6.49^{b}	0.08	6.60^{a}	6.50^{b}	0.05	0.0440	0.0383	0.0534
皱胃	3.55	3.87	3.70	3.50	0.29	3.68	3.66	0.15	0.3492	0.8893	0.0850

（续）

项　目	pH					RVP			P 值		
	6.2	5.5	5.0	4.5	SEM	50%	80%	SEM	pH	RVP	pH×RVP
十二指肠	6.20	6.22	5.95	6.22	0.32	6.23	5.82	0.19	0.8735	0.1420	0.9913
空肠前段	6.33[b]	6.50[a]	6.53[a]	6.46[a]	0.04	6.46	6.48	0.04	<0.0001[QI]	0.1032	0.0133
空肠后段	7.24	7.36	7.33	7.29	0.07	7.36[a]	7.22[b]	0.06	0.6091	0.0561	0.4871
回肠	7.23	7.17	7.20	7.17	0.08	7.19	7.20	0.06	0.9269	0.8812	0.0800
结肠	6.95	6.91	7.02	7.05	0.06	6.98	6.98	0.05	0.2206	0.9556	0.0801
粪尿 pH											
尿 pH	7.58[a]	7.32[a]	7.19[a]	6.40[b]	0.09	7.30	7.19	0.09	<0.0001[L]	0.5614	0.4692
粪 pH	7.15[ab]	7.23[a]	6.69[b]	6.80[ab]	0.11	7.12[a]	6.52[b]	0.11	0.0469	0.0006	0.0031
消化酶活性（U/mL）											
十二指肠脂肪酶活性	413.1	420.0	696.6	558.2	224.68	638.8[a]	286.0[b]	87.55	0.4168	0.0396	0.3604

（3）瘤胃组织形态发育　瘤胃形态结构的发育与瘤胃上皮组织的活性有关。瘤胃发育的指标通常用瘤胃乳头高度、乳头宽度和瘤胃壁厚度进行评价。犊牛瘤胃前背盲囊处的乳头高度、乳头宽度在 pH 5.0 组时高于其他 3 组，而其他 3 组间未见显著性差异；黏膜厚度从 pH 6.1 降至 4.5 时逐步升高，pH 5.5 组和 pH 6.2 组之间差异显著，pH 4.5组分别高于 pH 5.5 组和 pH 6.2 组，而 pH 5.5 组、pH 5.0 组及 pH 4.5 组相邻两组各差异不显著（表 5-9）。

表 5-9　不同酸度与植物蛋白质比例代乳品对犊牛瘤胃组织形态的影响（μm）

项　目	pH					P 值
	6.2	5.5	5.0	4.5	SEM	
乳头高度	1214.8[b]	1218.6[b]	1625.3[a]	1335.5[b]	71.37	<0.0001[CLQ]
乳头宽度	1403.2[b]	1449.8[b]	1816.4[a]	1502.0[b]	84.64	<0.0001[CQ]
黏膜厚度	310.1[c]	411.4[b]	435.7[ab]	475.1[a]	27.61	<0.0001[L]

（4）小肠组织形态发育　小肠绒毛是小肠特有的结构，是由小肠黏膜上皮和固有膜突到管腔形成的指状、圆锥状或者叶状的结构。绒毛的高矮、形状和密度随小肠部位不同而有差异。小肠内皱褶和绒毛大大增加了小肠消化和吸收的面积。小肠黏膜形态结构影响幼畜的消化吸收功能，绒毛变短、隐窝加深意味着肠道黏膜上皮绒毛萎缩，吸收能力下降；绒毛高度与隐窝深度的比值（V/C 值）加大则表明肠内膜面积较大，消化吸收能力可能增强。具体来说，小肠绒毛高度、隐窝深度及其比值直接反映了小肠黏膜形态结构和功能。一般认为，绒毛高度上升，意味着肠上皮组织细胞的数量增加或表面积增长，能促进对营养物质的吸收；隐窝深度降低，则黏膜分泌功能提高，预示小肠消化能力提升；V/C 值的提高则代表了小肠黏膜健康状况良好，消化吸收功能加强。

添加酸度调节剂在犊牛十二指肠绒毛高度、黏膜厚度、隐窝深度各处理组间未出现明显差异，但隐窝深度在 pH 5.5 组和 pH 5.0 组略低于 pH 6.2 组及 pH 4.5 组，

pH 4.5组的数值最高；V/C 值随代乳品乳液 pH 的变化而呈现二次曲线或直线变化，pH 5.5 组显著大于 pH 6.2 组，pH 5.5 组的数值处于前两者中间且分别差异不显著，而 pH 4.5 组与前三者规律不同，出现了急剧下降。从十二指肠黏膜组织切片上也可观察到，pH 5.5 组和 pH 5.0 组犊牛的十二指肠黏膜发育较好，绒毛完整。

犊牛空肠中段肠壁绒毛高度、黏膜厚度、V/C 值随代乳品乳液 pH 的降低而出现先升高后降低的二次曲线变化规律，数值上均以 pH 5.5 组最高；隐窝深度随代乳品 pH 的降低呈现出二次曲线变化规律，经方差检验，pH 4.5 组显著高于其他 3 组（$P<0.05$）。从空肠黏膜组织切片上也可观察到，处理 pH 5.5 组和 pH 5.0 组犊牛的空肠绒毛发育较为完整。

回肠中段的肠壁形态上，绒毛高度、黏膜厚度均随代乳品 pH 的降低呈现二次曲线变化，最高值出现在 pH 5.5 组；处理 pH 5.0 组和 pH 4.5 组有所降低，但仍与 pH 6.2 组差异不显著（绒毛高度、黏膜厚度）。隐窝深度各处理组间无显著性差异，但数值上以 pH 4.5 组最高。V/C 值同样以 pH 5.5 组最高，但统计上差异不显著。从回肠黏膜组织切片上也可观察到，pH 5.5 组和 pH 5.0 组犊牛的回肠绒毛发育较为完整（表 5－10）。

表 5－10 不同酸度与植物蛋白质代乳品对犊牛小肠组织形态的影响

项 目	pH					P 值
	6.2	5.5	5.0	4.5	SEM	
十二指肠						
绒毛高度（μm）	1282.7	1398.4	1354.3	1296.3	93.92	0.4151
隐窝深度（μm）	235.7	198.4	209.3	275.8	51.70	0.1969
黏膜厚度（μm）	1817.8	1786.7	1725.4	1855.6	81.92	0.4247
V/C	5.8^{b}	6.9^{a}	6.3^{ab}	4.8^{c}	0.50	0.0011^{QL}
空肠中段						
绒毛高度（μm）	1316.6^{b}	1597.2^{a}	1315.7^{b}	962.1^{c}	100.38	$<0.0001^{QL}$
隐窝深度（μm）	228.7^{b}	221.9^{b}	230.8^{b}	292.8^{a}	22.51	0.0066^{QL}
黏膜厚度（μm）	1827.9^{b}	2097.7^{a}	1998.3^{ab}	1835.8^{b}	63.74	0.0039^{Q}
V/C	5.8^{ab}	6.4^{a}	5.1^{b}	3.3^{c}	0.30	$<0.0001^{LQ}$
回肠中段						
绒毛高度（μm）	1352.1^{bc}	1730.4^{a}	1503.5^{b}	1274.9^{c}	60.54	$<0.0001^{QC}$
隐窝深度（μm）	237.8	230.8	247.2	254.8	25.11	0.7040
黏膜厚度（μm）	1937.2^{b}	2257.5^{a}	2008.2^{b}	1804.0^{b}	112.31	0.0002^{QC}
V/C	5.5	6.3	5.5	5.5	0.30	0.0873

（5）胃肠道内容物微生物计数 代乳品乳液 pH 与犊牛粪便大肠埃希氏菌计数之间有显著的三次曲线关系，pH 5.5 组显著低于 pH 6.2 组和 pH 5.0 组（$P<0.05$），而 pH 4.5 组与前 3 组差异都不显著；与直肠内容物中大肠埃希氏菌计数间具有显著的二次或三次曲线关系，其中 pH 4.5 组显著低于另外 3 组（$P<0.05$）。代乳品乳液 pH 与粪便、直肠内容物中乳酸菌计数皆存在显著的直线关系，pH 4.5 组数值最低。代乳品

中植物蛋白质比例对犊牛粪便大肠埃希氏菌和乳酸菌、直肠内容物乳酸菌计数皆有显著影响。无论是粪便中还是直肠内容物中，大肠埃希氏菌数皆以50%组低、80%组高；粪便乳酸菌计数上，80%组高于50%组（表5-11）。

表5-11　不同酸度与植物蛋白质比例代乳品对犊牛肠道菌群计数的影响［lg（CFU/g）］

项　目	pH					RVP			*P* 值		
	6.2	5.5	5.0	4.5	SEM	50%	80%	SEM	pH	RVP	pH×RVP
粪便											
大肠埃希氏菌数	6.9^{a}	6.6^{b}	6.9^{a}	6.7^{ab}	0.22	6.7^{b}	6.9^{a}	0.08	0.0456^{C}	0.0059	0.2321
乳酸菌数	7.8^{ab}	7.9^{a}	7.4^{bc}	7.1^{c}	0.44	7.3^{b}	8.4^{a}	0.16	0.0023^{L}	<0.0001	0.0083
直肠内容物											
大肠埃希氏菌数	6.6^{a}	6.6^{a}	6.9^{a}	6.1^{b}	0.23	6.4^{b}	7.0^{a}	0.18	0.0023^{QC}	0.0005	0.0017
乳酸菌数	7.9^{ab}	7.8^{ab}	8.0^{a}	7.5^{b}	0.21	7.8	7.8	0.21	0.1543^{L}	0.6134	0.0003

综上所述，适当降低代乳品乳液pH可通过改善犊牛血气指标、胃肠道黏膜形态和发育情况，提高犊牛对日粮部分营养物质的消化率，降低腹泻的发生，从而改善哺乳期犊牛生长性能。根据本试验各项指标的测定结果及实际饲用效果，哺乳期犊牛代乳品乳液的pH以调整到5.0为宜。

二、益生菌

抗生素自发现以来，大量用于人类和动物疾病的治疗，同时以亚治疗剂量长期添加于动物饲料中，具有促进动物生长和预防疾病的作用，极大地促进了畜牧业的发展。然而随着抗生素的广泛使用，其弊端也日益凸显。抗生素对动物生长及其产品质量的副作用主要有：使细菌产生抗药性，造成畜禽机体的免疫力下降，引起畜禽内源性感染和二重感染，导致肉蛋奶品质下降，在畜产品和环境中造成残留等，直接威胁人类健康与安全。目前世界各国已采取了一定的措施，在饲料业和养殖业中，限制或禁止抗生素的使用。比如，瑞典在1986年起禁止将抗生素作为饲料添加剂在动物饲料中使用；欧盟在2008年全面禁止抗生素作为添加剂使用；韩国于2010年颁布禁令；美国在2012年也出台相关政策，建议兽药生产商面对当前严峻的耐药性问题，在自愿的前提下，停止部分兽药的供给，养殖生产者可以在兽医指导下，在预防、控制及治疗疾病时适当使用抗生素，但不将抗生素用作生长促进剂。农业部先后发布了168号和193号公告，就抗生素的使用作了明确规定。但相关研究发现，饲料中抗生素的使用量减少后，肉鸡和猪的抗病能力下降，用于控制动物亚临床疾病的成本显著提高，给畜禽生产带来一定的负面影响。因此，积极寻求安全、高效的抗生素替代品已经成为研究热点。

益生菌具有无毒副作用、无耐药性、无残留、低成本、效果显著等优点，不仅能通过改善肠道微生态平衡进而促进机体健康，而且能够减少养殖环境及粪便中氨气、硫化氢、有机磷等有害物质的含量，减少畜牧业对环境造成的污染，保护生态环境，具有明显的经济效益和社会效益。

（一）益生菌的定义和种类

1. 益生菌的定义 “益生菌”最早起源于希腊文，其意思为“profile——有利于生命”。1899年，法国Tissier博士发现第一株菌种双歧因子。1908年，俄国诺贝尔奖获得者Metchnikof指出，乳酸菌可消除或代替肠道黏膜的有害微生物而促进身体健康。1989年，Fuller将益生菌定义为“能够改善肠道微生物平衡，而对动物产生有利影响的活的微生物制剂”。随着科学研究的深入，益生菌的研究得到不断发展，其概念全面描述为：在微生态学理论指导下，将从动物体内分离得到的有益微生物通过特殊工艺制成的只含活菌或者包含菌体及其代谢产物的活菌制剂，能改善动物胃肠道微生物生态平衡，有益于动物健康和生产性能发挥的一类微生物添加剂（陆庆泉，2000）。

2. 益生菌的种类 常用作益生菌的菌种有很多，主要有原核生物中的芽孢杆菌、乳酸杆菌、双歧杆菌，以及真核生物中的酵母菌、曲霉、木霉等。1989年，美国公布了44种饲用安全微生物菌种。我国农业部也公布了允许使用的饲料微生物添加剂（表5-12）。

表5-12 农业部第2045号公告饲料级微生物添加剂

微生物	地衣芽孢杆菌、枯草芽孢杆菌、双歧双歧杆菌、粪肠球菌、屎肠球菌、乳酸肠球菌、嗜酸乳杆菌、干酪乳杆菌、德式乳杆菌乳酸亚种（原名：乳酸乳杆菌）、植物乳杆菌、乳酸片球菌、戊糖片球菌、产朊假丝酵母、酿酒酵母、沼泽红假单胞菌、婴儿双歧杆菌、长双歧杆菌、短双歧杆菌、青春双歧杆菌、嗜热链球菌、罗伊氏乳杆菌、动物双歧杆菌、黑曲霉、米曲霉、迟缓芽孢杆菌、短小芽孢杆菌、纤维二糖乳杆菌、发酵乳杆菌、德氏乳杆菌保加利亚亚种（原名：保加利亚乳杆菌）	养殖动物
	产丙酸丙酸杆菌、布氏乳杆菌	青贮饲料、牛饲料
	副干酪乳杆菌	青贮饲料
	凝结芽孢杆菌	肉鸡、生长育肥猪和水产养殖动物
	侧孢短芽孢杆菌（原名：侧孢芽孢杆菌）	肉鸡、肉鸭、猪、虾

乳酸杆菌类制剂能调节肠道pH，维护肠道健康，增强免疫系统，提高营养物质的生物利用率，减少乳糖不耐症。乳酸菌可利用糖类发酵产生大量乳酸、乙酸和其他挥发性脂肪酸，从而降低肠道pH，抑制病原菌的生长，对维持消化道微生物平衡和消化机能的正常发挥起重要作用；乳酸杆菌可以通过调节肠道pH以激活蛋白酶，促进胃肠蠕动，帮助食物消化吸收，减轻胀气和促进肝功能等。另外，乳酸杆菌还可以刺激免疫系统，提高机体免疫力，增强肠组织对细菌侵袭的抵抗能力。

芽孢杆菌类在动物肠道中的存在数量极少，目前应用的主要是蜡样芽孢杆菌、枯草芽孢杆菌、巨大芽孢杆菌和地衣芽孢杆菌等。芽孢杆菌好氧、无害，能产生芽孢，耐酸碱、耐高温、耐挤压，在配合饲料制粒过程及肠道酸性环境中具有高度的稳定性，能促进有益菌的生长，颉颃肠道内有害菌，增强机体免疫力，提高动物的抗病能力，分泌多种消化酶及营养物质，明显提高动物对饲料的利用率并促进动物生长。

双歧杆菌类是人和动物生命活动中重要的微生物，对调整和维持正常微生物区系和稳定的消化道内环境起关键作用，特别是维持幼龄动物消化机能的正常发挥和防治腹泻有明显作用。能抑制肠内细菌产生氨等有害物质，并能中和肠内有毒物质，是应用最早的防治幼畜腹泻的生物制剂。与乳酸杆菌属相比，双歧杆菌的缺点主要有：对营养成分要求严格和复杂，培养基中必须含有生长素和酵母膏才能生长，厌氧条件严格，在低pH环境下存活时间短。

酵母菌类在动物肠道中的存在数量极少，具有很强的产酶活性，目前常用制剂有啤酒酵母、假丝酵母菌等。一般在消化道内参与营养物质代谢，特别是对复杂的细胞壁结构物质具有较强的降解能力，同时还产生丰富的B族维生素、麦角固醇、谷胱甘肽等，用作饲料添加剂具有提供营养物质、助消化、促生长、提高饲料利用率等功效。

（二）益生菌的作用及其机理

1. 维持动物肠道内微生态系统的平衡 通常，动物的消化道存在大量的益生菌，它们能够维持消化道内的菌群平衡，促进动物生长和饲料的消化与吸收。但在环境和饲料改变时引起的应激会造成消化道内微生物区系紊乱，使病原菌大量繁殖，引起消化道疾病，使动物生长受阻。益生菌可以调节动物肠道菌群，抑制有害菌生长。其机制主要有：①占据宿主消化道的定殖位点，形成生物屏障，减少病原微生物的侵染和定殖；②通过生物夺氧作用，抑制有害菌生长；③产生具有广谱作用的物质来抑制和灭杀有害菌；④产生胞外核苷酶，阻止致病菌对肠黏膜细胞的侵袭；⑤产生包括乳酸、乙酸、丙酸、丁酸等有机酸，下调pH，抑制病原细菌（Sara等，2009；阎新华等，1999）。

李灵平（2010）给仔猪饲喂含有乳酸菌和酵母菌等复合有益活菌后发现，该复合活菌制剂可以显著减少仔猪回肠、盲肠、结肠内容物中大肠埃希氏菌、沙门氏菌及需氧菌的数量，增强双歧杆菌和乳酸杆菌的增殖程度，使断奶仔猪肠道菌群在极短的时期恢复至动态平衡状态。于卓腾等（2007）将利用益生菌饲喂肉鸡后发现，肉鸡盲肠中挥发性脂肪酸浓度升高，pH降低，并且促进了肠道内菌群的增殖，其多态性比饲喂抗生素更加复杂和多样。

2. 提高动物机体免疫性能 益生菌能够通过抑制病原菌的生长而预防肠道感染疾病，在取代抗生素的使用中起到了重要的作用，并且为动物的健康生长和畜产品安全开辟了新的途径。

（1）促进免疫细胞、组织和器官的生长发育 马明颖等（2011）研究表明，给雏鸡饲喂益生菌后，法氏囊指数和脾脏指数有了显著提高。刘克琳等（1994）用益生菌饲喂雏鸡后发现，试验组雏鸡免疫器官的重量均高于对照组，面积大于对照组；胸腺的皮质较宽，皮质内T淋巴细胞明显增多；法氏囊褶皱数量多；盲肠扁桃体面积增大。表明试验组雏鸡的中枢免疫器官胸腺和法氏囊器官生长发育快和成熟度高。

（2）刺激机体产生抗体，提高免疫细胞的活性 马明颖等（2011）发现，给雏鸡饲喂益生菌后可以显著提高雏鸡血清中IgA、IgG、IgM的水平。司振书等（2007）的结果表明，饲喂益生菌后，10日龄及17日龄肉鸡脾脏T细胞百分数显著高于对照组。此外，王莉莉等（1999）利用嗜酸乳杆菌细胞壁提取成分对小鼠上皮淋巴细胞共同孵育后发现小鼠淋巴细胞杀伤活性明显增强。

3. 改善动物体内消化酶活性 益生菌自身可以分泌多种消化酶，或其代谢产物能提高消化酶的活性，从而提高动物对营养物质的消化和吸收。周韶等（2011）使用抗生素、酶制剂和益生菌饲喂仔猪后发现，与对照组相比，试验组可以显著提高仔猪对蛋白的利用率。此外，付立芝（2007）使用芽孢杆菌制剂饲喂雏鸡发现，试验组的蛋白酶、脂肪酶与淀粉酶活性均有显著性提高，其中蛋白酶提高最为明显（3个试验组分别提高95.16%、90.23%、98.32%）。

4. 改善动物生产性能 益生菌在动物肠道内生长繁殖，其代谢产物富含多种营养物质，如维生素、氨基酸、促生长因子等，这些代谢产物在动物机体的新陈代谢中发挥了重要的作用。此外，益生菌产生的一些重要促生长因子还能促进矿物质元素的利用，减少应激反应，为改善动物的生长性能及产品质量提供了保障。

邱凌等（2011）使用含有芽孢杆菌、乳酸杆菌及酵母菌等复合益生菌饲喂奶牛后发现，试验组极显著地提高了产奶量；牛乳品质没有较大影响，但乳蛋白、乳糖和非脂乳固体的含量有所提高，脂肪含量有所降低。石峰等（2011）研究发现，给肉仔鸡饲喂乳酸菌益生菌后可明显提高其体重，显著提高饲料转化率；并且能促进其免疫器官的发育，显著提高循环血液中抗体水平并能很好地保持。潘康成等（2009）证实，在不含抗生素添加剂的饲料中分别添加益生菌（蜡样芽孢杆菌）和益生元（甘露聚糖）后能显著促进家兔生长，联合使用后效果更佳，并且能促进HPA轴中5-HT分泌细胞的表达。

5. 净化畜禽圈舍环境 畜禽对饲料营养物质消化利用率不高或缺乏妥善管理时，其粪尿中含有大量的有害物质，对环境造成了重要影响，同时也影响了畜禽的安全生产和人们的食品安全。益生菌可以抑制肠道内腐败菌的生长，降低脲酶活性，减少蛋白质向胺和氨的转化效率，降低肠内和血液中氨及铵的含量，减少氨等有害气体的排出，改善舍内空气质量。此外，益生菌还能影响矿物元素的代谢，提高宿主对矿物元素的吸收，减轻生物病原污染及N、P对环境的污染。元娜等（2010）研究表明，使用益生菌饲喂蛋种鸡23 d后，试验组粗蛋白质、钙和磷消化率分别比对照组提高了10.37%、19.05%和7.80%；大肠埃希氏菌数量降低了37.51%，鸡舍内氨气浓度下降了2.01 mg/kg。此外，据赵芙蓉等（1998）报道，在猪饲料中添加复合益生菌后，试验开始第1～3周CO_2含量对照组极显著高于试验组，试验组比对照组的CO_2含量降低了58.3%；猪舍内NH_3浓度第1、2周试验组与对照组之间没有显著差异，在第3周试验组比对照组降低32.3%，且差异显著；试验组与对照组H_2S浓度虽没有显著差异，但试验组比对照组降低了28.12%。说明益生菌能够很好地净化畜舍环境，改善空气质量。

（三）影响益生菌产品性能的因素

1. 益生菌本身的特性 作为饲料添加剂使用益生菌菌株时，首先保证必须不能产生任何内外毒素，且无毒、无害、无副作用。由于多数益生菌是以活菌形式发挥作用，而且需要通过消化道途径发挥作用，因此要求所用菌株能够耐受胃酸、胆汁酸等肠内对益生菌不利的环境因素。此外，益生菌需要黏附在肠道中才能发挥作用，因此在选育益生菌时还应考虑其黏附性。

2. 宿主动物生理因素 宿主因素对益生菌的影响也是多方面的，宿主的生理状态改变，如年龄的改变（幼龄、育成期和老龄期等）都会影响益生菌的应用效果。宿主肠道内的正常菌群对外来菌群具有强烈的定殖抵抗力，作为非宿主原有正常菌群成员的益生菌很难在宿主肠道中黏附定殖。此外，一些应激因素等可诱使肠道习惯性产生激素，降低肠道黏膜层的厚度和益生菌的黏附力，减弱益生菌发挥其功效水平。

3. 宿主动物的日粮组成 饲料成分也会对益生菌功效的发挥产生影响，某些食物成分可以使胃酸或胆汁酸的分泌增多，影响益生菌在经过胃和十二指肠的存活率；另外，由于抗生素会抑制或杀死某些微生物，因此在给动物饲喂益生菌时，不宜与抗生素同时使用。

4. 益生菌的生产条件及保存条件 生产工艺条件对益生菌功效的发挥具有很大影响。目前常用的发酵技术，主要包括液体深层发酵和固体发酵。利用液体深层发酵效果比较稳定；使用固体发酵时，经常会混有杂菌污染，从而影响益生菌的功效，甚至无效。饲料在搅拌机内混合，尤其是在制粒过程中会出现暂时的高温，一些不耐热的活菌制剂在制粒过程中可能会丧失活性。在饲料混合时，活菌制剂还会受到来自饲料原料颗粒的摩擦和挤压，使菌体细胞壁破损导致死亡。贮存条件是影响益生菌存活的关键因素。一般情况下，微生物在干燥状态下存活状态较好。当湿度加大，随时间的延长，益生菌的存活率降低，功能受到影响。当贮存温度超过 30 ℃时，益生菌活性就会受到影响，因此益生菌一般都要求冷藏。除乳酸菌外，在低 pH 环境下（pH 低于 4.0），微生物极易死亡，因此不能将益生菌与酸化剂存放在一起（孙建广等，2008）。

5. 益生菌使用方法、使用剂量缺乏标准 益生菌的功效是通过有益微生物在动物体内的一系列生理活动来实现的，其最终效果同动物食入活菌的数量密切相关。目前对益生菌的使用剂量还没有形成一个统一标准。一般认为，在饲料中添加益生菌用于促生长或预防疾病，至少每克饲料中应含有 10^6 个有效活菌才能发挥明显的功效。

6. 益生菌应具备的条件 具有益生功能的菌种需要具备的特性很多，益生菌的筛选标准主要包括：①耐酸，以确保菌株通过胃和十二指肠后具有足够的存活率；②耐胆酸盐，保证益生菌能够通过小肠上部；③能够抵抗唾液分解酶和消化酶；④产酸，在肠道上部形成有效的“酸屏障”；⑤产生抗菌物质；⑥通过纤毛黏附于细胞刷状缘；⑦免疫调节；⑧抵抗一定程度的热应激；⑨能够抵抗饲料中的抗菌剂（Giang 等，2010）。

（四）益生菌在犊牛生产中的应用效果

新生反刍动物的消化道几乎是无菌状态，胃肠道 pH 接近中性，有利于肠道病原菌的生长。饲喂新生反刍动物益生菌可以促进瘤胃发育和调节瘤胃 pH，并能促进犊牛提前断奶。

目前，已经系统研究了植物乳酸杆菌、枯草芽孢杆菌、地衣芽孢杆菌和热带假丝酵母菌等对犊牛生长性能、营养物质的消化代谢、瘤胃发酵参数、瘤胃微生物区、免疫机能及抗应激能力的影响，为揭示益生菌在犊牛生产中的重要作用提供参考（符运勤，2012；周盟，2013；董晓丽，2013；杨春涛，2016；曲培斌，2016）。

1. 生长性能

（1）日增重、采食量与饲料转化率 周盟（2013）研究了益生菌对犊牛生长性能的影响，结果表明单独添加植物乳酸杆菌或复合益生菌（植物乳酸杆菌＋枯草芽孢杆菌）对犊牛干物质采食量及平均日增重均没有显著影响，但能显著改善犊牛的饲料转化率。8～10 周时，添加植物乳酸杆菌组的饲料转化率降低了 21.02％，添加复合益生菌（植物乳杆菌＋枯草芽孢杆菌）的饲料转化率降低了 23.01％；整个 0～12 周的试验期内，添加植物乳酸杆菌和添加复合益生菌（植物乳酸杆菌＋枯草芽孢杆菌）的饲料转化率分别降低了 11.47％和 10.39％（表 5－13）。

表 5－13 益生菌对犊牛干物质采食量、平均日增重及饲料转化率的影响

项 目	处理组			SEM	*P* 值
	CT	LB	LBS		
初始体重（kg）	42.31	42.06	42.75	1.47	0.90
干物质采食量（g/d）					
0～2 周	589.19	594.18	594.18	23.66	0.97
2～4 周	685.76	689.56	694.95	37.70	0.97
4～6 周	1035.70	1017.20	992.70	95.13	0.90
6～8 周	1395.80	1376.50	1383.60	103.63	0.98
8～10 周	1534.40	1383.30	1402.70	127.89	0.45
10～12 周	1816.40	1782.30	1717.30	161.03	0.82
0～12 周	1413.90	1372.80	1381.30	85.02	0.79
平均日增重（g）					
0～2 周	142.86	187.50	138.39	28.20	0.11
2～4 周	227.68	281.25	272.32	36.27	0.18
4～6 周	718.75	754.46	727.68	69.01	0.63
6～8 周	723.21	799.11	794.64	96.94	0.47
8～10 周	455.36	508.93	540.18	66.12	0.24
10～12 周	656.25	665.18	665.18	61.32	0.89
0～12 周	511.72	559.38	549.22	46.63	0.35
饲料转化率					
0～2 周	4.77	3.48	4.66	0.75	0.19
2～4 周	3.22	2.56	2.67	0.33	0.13
4～6 周	1.46	1.36	1.37	0.10	0.58
6～8 周	2.00	1.77	1.79	0.14	0.23
8～10 周	3.52^{a}	2.78^{b}	2.71^{b}	0.31	0.03
10～12 周	2.78	2.69	2.62	0.18	0.68
0～12 周	2.79^{a}	2.47^{b}	2.50^{b}	0.11	0.02

注：CT，对照组，基础日粮不添加抗生素和益生菌；LB，基础日粮＋植物乳杆菌 GF103 制剂（1.7×10^{10} CFU/d）；LBS，基础日粮＋植物乳杆菌 GF103 制剂（1.7×10^{10} CFU/ d）＋枯草芽孢杆菌 B27 制剂（2.0×10^{8} CFU/ d）。表 5－18 至表 5－21、表 5－24 至表 5－26、表 5－30 和表 5－31、表 5－33 和表 5－34 注释与此同。

符运勤（2012）研究表明，在 0～2 周龄、4～6 周龄和 6～8 周龄，各组犊牛的平均日增重均无显著差异；而在 2～4 周龄，单独添加地衣芽孢杆菌组的犊牛平均日增重

显著高于对照组和地衣+枯草芽孢杆菌组（$P<0.05$）。在整个试验期，单独添加地衣芽孢杆菌组的犊牛平均日增重显著高于对照组（$P<0.05$），另外 2 种复合益生菌组在数值上高于对照组，但差异不显著，各组间采食量均无显著性差异。在 2～4 周龄，单独添加地衣芽孢杆菌的饲料转化率（F/G）显著低于地衣+枯草芽孢杆菌组（$P<0.05$），与其他组间无显著差异。从试验全期来看，试验组与对照组相比，F/G 有一定改善，只是在统计上无显著差异（表 5-14）。

表 5-14　益生菌对犊牛平均日增重、干物质采食量、开食料和饲料转化率的影响

项　目	处理组				SEM	固定效应 P 值		
	A	B	C	D		处理	周龄	处理×周龄
平均日增重（g）								
0～8 周龄	523.50[b]	626.25[a]	541.93[ab]	564.90[ab]	36.13	0.22	<0.01	0.29
0～2 周龄	70.00	115.00	70.00	105.64	79.75			
2～4 周龄	278.00[b]	457.50[a]	232.00[b]	366.89[ab]	79.71			
4～6 周龄	700.00	830.00	813.06	783.09	79.30			
6～8 周龄	1046.00	1102.50	1052.65	1004.00	79.71			
干物质采食量（g/d）								
0～8 周龄	930.77	950.50	889.58	949.11	85.36	0.95	<0.01	0.72
0～2 周龄	527.61	543.32	530.16	535.44	99.53			
2～4 周龄	597.80	635.81	586.66	620.85	99.53			
4～6 周龄	1007.39	1047.58	863.43	1005.50	99.53			
6～8 周龄	1590.28	1575.30	1578.07	1634.63	99.53			
代乳品干物质采食量（g/d）								
0～8 周龄	628.35	654.26	650.27	652.61	35.05	0.94	<0.01	0.10
0～2 周龄	550.23	566.64	552.89	558.39	39.22			
2～4 周龄	562.72	583.69	566.64	574.89	39.22			
4～6 周龄	622.88	656.56	610.36	632.64	39.22			
6～8 周龄	777.56	810.15	871.20	844.53	39.22			
开食料（g/d）								
2～8 周龄	302.54	281.25	235.91	284.74	58.34	0.86	<0.01	0.86
2～4 周龄	58.21	71.48	43.31	64.96	70.24			
4～6 周龄	366.36	334.04	222.77	307.69	70.24			
6～8 周龄	785.58	719.46	677.56	766.31	70.24			
羊草干物质采食量（g/d）								
4～8 周龄	25.71	40.74	30.12	38.56	9.68	0.64	<0.01	0.11
4～6 周龄	43.76[b]	83.97[a]	55.38[ab]	91.17[a]	13.16			
6～8 周龄	59.09	78.98	65.12	58.50	13.16			

（续）

项　目	处理组				SEM	固定效应 P 值		
	A	B	C	D		处理	周龄	处理×周龄
饲料转化率（F/G）								
0～8 周龄	2.35	2.04	2.30	2.23	0.17	0.53	<0.01	0.88
0～2 周龄	4.37	3.39	3.53	3.58	0.45			
2～4 周龄	2.26[ab]	1.86[b]	2.85[a]	2.23[ab]	0.28			
4～6 周龄	1.32	1.35	1.19	1.45	0.28			
6～8 周龄	1.46	1.54	1.61	1.64	0.28			

注：A，对照组，基础日粮；B，基础日粮＋地衣芽孢杆菌（2×10^{10} CFU/d）；C，基础日粮＋地衣芽孢杆菌（2×10^{10} CFU/d)＋枯草芽孢杆菌（2×10^{10} CFU/d）；D，基础日粮＋地衣芽孢杆菌（2×10^{10} CFU/d)＋枯草芽孢杆菌（2×10^{10} CFU/d)＋植物乳酸杆菌（2×10^{10} CFU/d）。表 5－16、表 5－22、表 5－27、表 5－32 和表 5－35 注释与此同。

杨春涛（2016）研究表明，热带假丝酵母菌对断奶前后犊牛 ADG、DMI 和 F/G 均无显著影响。桑叶黄酮显著提高了 56～80 日龄犊牛 ADG，而对 DMI 和 F/G 无显著影响（$P>0.05$）。热带假丝酵母菌和桑叶黄酮对犊牛 56～80 日龄 ADG 和 42～80 日龄 F/G 存在显著的协同作用。其中，CT^-/MLF^+ 和 CT^+/MLF^+ 组 ADG 显著高于 CT^-/MLF^- 组（$P<0.05$），CT^+/MLF^- 和 CT^-/MLF^+ 组 F/G 显著低于 CT^-/MLF^- 组（$P>0.05$）（表 5－15）。

表 5－15　热带假丝酵母与桑叶黄酮对犊牛生长性能的影响

项　目	处理组				SEM	P 值		
	CT^-/MLF^-	CT^+/MLF^-	CT^-/MLF^+	CT^+/MLF^+		CT	MLF	CT+MLF
平均日增重（g）								
28～80 d	580.1	609.7	628.3	646.1	26.93	0.409	0.137	0.095
28～42 d	485.6	492.7	476.9	513.7	23.19	0.372	0.801	0.286
42～56 d	548.7	567.0	584.3	595.0	42.89	0.477	0.535	0.501
56～80 d	706.1[b]	769.4[ab]	825.4[a]	829.5[a]	43.86	0.323	0.034	0.043
总干物质采食量（g/d）								
28～80 d	1163.7	1118.9	1125.1	1222.9	20.04	0.638	0.489	0.869
28～42 d	912.0	910.3	869.5	942.7	16.64	0.321	0.674	0.437
42～56 d	1084.5	1046.0	996.2	1075.8	19.47	0.438	0.653	0.528
56～80 d	1494.6	1400.6	1509.6	1650.1	21.37	0.464	0.167	0.249
饲料转化率（F/G）								
28～80 d	2.0	1.8	1.8	1.9	0.29	0.783	0.912	0.659
28～42 d	1.9	1.8	1.8	1.8	0.33	0.368	0.873	0.923
42～56 d	2.0[a]	1.8[ab]	1.7[b]	1.8[ab]	0.27	0.493	0.621	0.032
56～80 d	2.1[a]	1.8[b]	1.8[b]	2.0[ab]	0.34	0.349	0.423	0.046

注：CT，热带假丝酵母（5×10^9 CFU/d）；MLF，桑叶黄酮（3 g/d）；CT^-/MLF^-，基础日粮均不添加 CT 与 MLF；CT^+/MLF^-，基础日粮添加 CT；CT^-/MLF^+，基础日粮添加 MLF；CT^+/MLF^+，基础日粮添加 CT 和 MLF。表 5－17、表 5－23、表 5－28 和表 5－29 注释与此同。

（2）体尺指数　在0～6周龄，各组犊牛体尺指数无显著性差异，但均随年龄增长而增长，且增长规律基本相似。到8周龄时，地衣芽孢杆菌组和复合菌组（地衣＋枯草芽孢杆菌＋植物乳酸菌）犊牛的体尺指数均显著高于对照组（$P<0.05$），地衣＋枯草芽孢杆菌组在数值上高于对照组，但两组间差异不显著。体长指数与体尺指数变化规律基本相似，组间在各个时间点差异均不显著（表5-16）。

表5-16　益生菌对犊牛体尺指数的影响

项　目	处理组				SEM	固定效应 P 值		
	A	B	C	D		处理	周龄	处理×周龄
体躯指数								
0～8周龄	121.25	124.47	122.18	121.21	1.26	0.23	<0.01	0.35
0周龄	119.02	121.95	117.81	119.09	2.11			
2周龄	121.23	124.81	121.35	121.87	2.11			
4周龄	121.42	121.63	122.00	120.54	2.06			
6周龄	123.26	125.72	124.61	120.31	2.23			
8周龄	122.00[b]	128.26[a]	125.24[ab]	128.20[a]	2.24			
体长指数								
0～8周龄	95.25	95.50	95.13	95.30	0.83	0.99	<0.01	0.65
0周龄	94.03	93.51	92.96	92.44	1.39			
2周龄	93.24	94.81	94.11	94.95	1.37			
4周龄	94.36	96.2	95.08	95.82	1.37			
6周龄	96.09	97.02	95.57	94.82	1.37			
8周龄	98.53	95.97	97.91	98.46	1.39			

2. 腹泻率　热带假丝酵母与桑叶黄酮分别显著降低了56～80日龄与42～56日龄犊牛腹泻率，而对粪便指数均无显著影响。热带假丝酵母和桑叶黄酮对42～56日龄在降低犊牛腹泻率存在显著的协同作用，其中CT^-/MLF^+和CT^+/MLF^+组显著低于CT^-/MLF^-和CT^+/MLF^-组（表5-17）。

表5-17　热带假丝酵母与桑叶黄酮对犊牛腹泻的影响

项　目	处理组				SEM	P 值		
	CT^-/MLF^-	CT^+/MLF^-	CT^-/MLF^+	CT^+/MLF^+		CT	MLF	CT+MLF
腹泻率（%）								
28～80 d	24.13	22.13	18.58	19.58	2.18	0.825	0.079	0.087
28～42 d	44.59	39.31	34.52	40.00	4.19	0.980	0.266	0.092
42～56 d	17.82[a]	20.26[a]	14.29[b]	13.17[b]	2.25	0.839	0.034	0.026
56～80 d	9.98	6.82	6.94	5.56	2.28	0.021	0.448	0.263
粪便指数								
28～80 d	1.30	1.28	1.23	1.26	0.03	0.891	0.155	0.131
28～42 d	1.54	1.50	1.41	1.51	0.07	0.655	0.405	0.176
42～56 d	1.21	1.25	1.18	1.18	0.05	0.663	0.297	0.297
56～80 d	1.16	1.11	1.09	1.08	0.04	0.443	0.304	0.199

3. 营养物质消化代谢

（1）营养物质表观消化率　由表5－18可以看出，饲喂植物乳酸杆菌及复合菌（植物乳酸杆菌＋枯草芽孢杆菌）具有提高断奶前犊牛营养物质表观消化率的趋势，但差异不显著。其中，干物质的消化率分别提高1.86％和2.05％；粗脂肪的消化率分别提高2.58％和2.61％；总能的有机物消化率分别提高2.01％和1.66％；Ca的消化率分别提高5.20％和5.89％；P的消化率分别提高7.73％和5.70％。

表5－18　试验犊牛营养物质表观消化率（％）

项　目	处理组			SEM	P 值
	CT	LB	LBS		
断奶前犊牛					
干物质	88.40	90.04	90.45	2.69	0.730
粗脂肪	91.13	93.53	93.51	2.53	0.572
总能	89.39	91.52	91.12	2.25	0.618
有机物	89.62	91.42	91.11	2.16	0.682
钙	69.75	73.38	73.86	6.86	0.812
总磷	76.98	82.93	81.37	5.96	0.428
断奶后犊牛					
干物质	76.98	80.76	79.12	2.00	0.222
粗脂肪	69.90	73.33	75.14	4.06	0.455
能量	78.10	81.76	80.56	1.90	0.201
有机物	80.29	83.67	82.40	1.89	0.250
钙	52.73	59.53	55.62	3.38	0.187
总磷	54.64[b]	66.91[a]	69.14[a]	3.60	0.006

犊牛断奶后，饲喂植物乳酸杆菌及其复合菌（植物乳酸杆菌＋枯草芽孢杆菌）也可以提高其对营养物质及矿物质元素的表观消化率，其中对P的表观消化率有显著性差异。植物乳酸杆菌组及复合菌（植物乳酸杆菌＋枯草芽孢杆菌）组犊牛对干物质的消化率分别提高4.91％和2.78％；有机物的消化率分别提高4.21％和2.63％；总能的消化率分别提高4.68％和3.15％；粗脂肪的消化率分别提高4.91％和7.50％；Ca的消化率分别提高12.90％和5.48％；P的消化率分别提高21.47％和26.54％。

犊牛日粮中添加热带假丝酵母显著提高了断奶后犊牛日粮总能代谢率（ME/GE）、消化能代谢率（ME/DE）和氮利用率；添加桑叶黄酮显著提高了断奶前犊牛对日粮能量的代谢率，以及沉积氮、氮利用率和氮的生物学价值，同时热带假丝酵母与桑叶黄酮在提高日粮代谢能、氮的生物学价值方面存在协同作用。

（2）氮的沉积率　由表5－19可以看出，在断奶前，饲喂益生菌具有提高犊牛对N的表观消化率、利用率及表观生物学价值的趋势，但差异不显著。在粪N的排出上，植物乳酸杆菌组和复合菌（植物乳酸杆菌＋枯草芽孢杆菌）组犊牛分别比空白组犊牛降低了9.88％和1.65％；尿N的排出分别比空白组降低了15.63％ 和16.19％；总N的排出分别此对照组降低了12.97％ 和9.53；N的表观消化率植物乳酸杆菌组比空白组提高了1.83%；N的利用率分别比空白组提高了6.57%和3.73%；N的表观生物学价值分别此对照组提高了4.57%和3.85%。

表5-19 试验犊牛N的消化和代谢

项 目	处理组			SEM	P 值
	CT	LB	LBS		
断奶前犊牛					
摄入N（g/d）	39.68	39.83	38.86	1.49	0.790
粪N（g/d）	6.07	5.47	5.97	1.23	0.877
尿N（g/d）	7.04	5.94	5.90	0.56	0.122
总N排出（g/d）	13.11	11.41	11.86	1.73	0.616
吸收N（g/d）	33.61	34.36	32.89	2.95	0.640
存留N（g/d）	26.57	28.42	26.99	1.51	0.580
N的表观消化率（%）	84.73	86.28	84.71	1.80	0.834
N的利用率（%）	66.97	71.37	69.51	4.09	0.577
N的表观生物学价（%）	78.96	82.57	82.00	2.12	0.241
断奶后犊牛					
摄入N（g/d）	73.58	74.57	74.96	5.30	0.965
粪N（g/d）	18.05	15.11	14.43	1.84	0.169
尿N（g/d）	10.78	9.06	8.97	0.91	0.134
总N排出（g/d）	28.84	24.17	23.40	2.37	0.149
吸收N（g/d）	55.53	59.46	60.53	4.75	0.562
存留N（g/d）	44.75	50.40	51.56	4.69	0.343
N的表观消化率（%）	75.26[b]	79.74[ab]	80.79[a]	2.24	0.035
N的利用率（%）	60.42[b]	67.59[ab]	68.87[a]	3.35	0.033
N的表观生物学价值（%）	80.1[b]	84.70[ab]	85.21[a]	2.04	0.035

在断奶后，复合菌（植物乳酸杆菌＋枯草芽孢杆菌）可显著提高犊牛对N的表观消化率、利用率及表观生物学价值。在粪N、尿N及总N的排出上，添加益生菌与空白组之间无显著性差异，但益生菌组有所降低，分别降低了16.29%和20.06%、15.96%和16.79%、16.19%和18.86%。N的表观消化率分别比空白组提高了5.95%和7.35%；N的利用率分别提高了11.87%和13.99%；N的表观生物学价值分别提高了5.70%和6.34%。

4. 血清指标

（1）生化指标 董晓丽（2013）研究了益生菌对犊牛血清生化指标的影响发现，与对照组相比，饲喂益生菌的犊牛血清中肌酸酐、谷草转氨酶和谷丙转氨酶差异不显著，但具有升高趋势。整个试验期，不同处理组犊牛总蛋白、白蛋白、球蛋白、白球比、葡萄糖、尿素氮和碱性磷酸酶均差异不显著（表5-20）。从表5-21可以看出，益生菌对断奶犊牛血清指标无显著性差异。但是与对照组相比，饲喂复合益生菌（植物乳酸杆菌＋枯草芽孢杆菌）的犊牛其血清葡萄糖和尿素氮具有升高趋势，而碱性磷酸酶具有降低趋势。

表 5-20 益生菌对断奶前犊牛血清生化指标的影响

项 目	处理组			SEM	P 值
	CT	LB	LBS		
总蛋白（g/L）	52.17	51.47	48.23	1.33	0.48
白蛋白（g/L）	26.39	27.73	24.41	0.79	0.24
球蛋白（g/L）	25.78	23.74	23.82	0.75	0.49
白蛋白/球蛋白	1.06	1.18	1.07	0.03	0.25
葡萄糖（mmol/L）	5.86	5.31	5.85	0.40	0.84
尿素氮（mmol/L）	2.40	2.90	2.38	0.15	0.29
碱性磷酸酶（U/L）	238.28	238.88	227.39	16.99	0.96
肌酸酐（μmol/L）	75.70	77.21	80.72	2.08	0.64
谷草转氨酶（U/L）	31.76	39.89	40.20	3.11	0.50
谷丙转氨酶（U/L）	6.78	11.81	8.53	1.11	0.18

表 5-21 益生菌对断奶后犊牛血清生化指标的影响

项 目	处理组			SEM	P 值
	CT	LB	LBS		
总蛋白（g/L）	54.57	52.99	52.47	1.21	0.79
白蛋白（g/L）	29.83	28.51	28.37	0.75	0.72
球蛋白（g/L）	24.74	24.62	23.96	0.60	0.87
白蛋白/球蛋白	1.20	1.15	1.20	0.03	0.79
葡萄糖（mmol/L）	5.90	5.96	6.47	0.30	0.74
尿素氮（mmol/L）	3.98	3.71	4.57	0.23	0.34
碱性磷酸酶（U/L）	192.11	195.00	183.81	16.48	0.96
肌酐（μmol/L）	67.81	67.21	66.85	2.31	0.99
谷草转氨酶（U/L）	30.07	35.29	30.84	1.70	0.44
谷丙转氨酶（U/L）	6.56	11.18	10.05	1.05	0.18

符运勤（2013）研究表明，与对照组相比，添加益生菌的犊牛其血清白蛋白水平在2周龄、4周龄、6周龄和8周龄各时间点也无显著差异。血清白球比各组间无显著差异，但地衣芽孢杆菌组的血清白球比在2周龄、4周龄、6周龄和8周龄各时间点均在数值上低于其他组。总体上，白球比随着试验的进行在逐渐降低，只在个别点出现反复。血清葡萄糖含量各组间无显著差异，但在犊牛0～8周龄时，各组血清葡萄糖含量均表现出先降低后升高的规律，其中地衣芽孢杆菌组和地衣＋枯草芽孢杆菌组犊牛血清葡萄糖含量在试验末期比2～6周龄显著升高。随着试验的进行，血清尿素氮含量各组各时间点间均有一定波动，但是对照组、地衣芽孢杆菌组和地衣＋枯草芽孢杆菌组的8周龄牛显著升高，各组间虽无显著差异。但从数值上可以看到，试验组在各时间点的血清尿素氮含量均低于对照组（表5-22）。

表 5－22　益生菌对犊牛血清生化指标的影响

项　目	处理组				SEM	固定效应 P 值		
	A	B	C	D		处理	周龄	处理×周龄
总蛋白（g/L）								
0～8 周龄	53.36	50.53	52.34	53.00	1.93	0.73	0.07	0.23
0 周龄	51.02	51.00^{b}	50.00^{b}	52.01^{b}	2.25			
2 周龄	52.60	48.20^{b}	50.60^{b}	52.40^{b}	2.17			
4 周龄	52.97	49.60^{ab}	52.90^{ab}	50.80^{b}	2.22			
6 周龄	54.80	51.60^{b}	53.15^{ab}	53.20^{b}	2.25			
8 周龄	55.40	52.26^{a}	55.05^{a}	56.60^{a}	2.30			
白蛋白（g/L）								
0～8 周龄	28.75	28.55	28.04	28.49	0.78	0.93	0.03	0.12
0 周龄	28.20^{bc}	28.20^{ab}	28.40^{ab}	27.60	0.91			
2 周龄	28.60^{abc}	28.20^{ab}	29.20^{a}	28.60	0.91			
4 周龄	27.75^{c}	27.60^{b}	27.99^{ab}	28.80	0.95			
6 周龄	29.20^{ab}	29.20^{a}	26.80^{b}	28.40	0.91			
8 周龄	30.00^{a}	29.55^{a}	27.80^{ab}	29.07	0.96			
球蛋白（g/L）								
0～8 周龄	24.56	22.00	24.07	24.85	1.99	0.74	0.06	0.17
0 周龄	22.60	22.80^{a}	21.60^{bc}	26.20^{a}	2.37			
2 周龄	24.00	20.00^{b}	21.40^{c}	23.80^{ab}	2.28			
4 周龄	25.21	22.00^{ab}	24.99^{b}	22.00^{b}	2.33			
6 周龄	25.60	22.40^{ab}	25.69^{ab}	24.80^{a}	2.37			
8 周龄	25.40	22.78^{ab}	26.68^{a}	27.45^{a}	2.43			
白蛋白/球蛋白								
0～8 周龄	1.25	1.32	1.26	1.18	0.12	0.87	0.12	0.16
0 周龄	1.36	1.28	1.44^{a}	1.10^{b}	0.14			
2 周龄	1.32	1.44	1.44^{a}	1.20^{ab}	0.14			
4 周龄	1.18	1.26	1.23^{b}	1.36^{a}	0.15			
6 周龄	1.18	1.32	1.12^{b}	1.16^{b}	0.15			
8 周龄	1.20	1.30	1.08^{b}	1.09^{b}	0.15			
葡萄糖（mmol/L）								
0～8 周龄	5.20	5.04	4.99	4.95	0.15	0.65	<0.01	0.83
0 周龄	5.49	4.94^{b}	5.12^{ab}	5.17	0.26			
2 周龄	4.98	4.59^{b}	4.78^{b}	5.06	0.26			
4 周龄	4.93	4.77^{b}	4.55^{b}	4.56	0.29			
6 周龄	5.01	4.92^{b}	4.87^{b}	4.68	0.26			
8 周龄	5.60	5.99^{a}	5.58^{a}	5.27	0.33			

（续）

项 目	处理组				SEM	固定效应 P 值		
	A	B	C	D		处理	周龄	处理×周龄
尿素氮（mmol/L）								
0～8 周龄	3.12	2.95	2.84	2.92	0.20	0.77	<0.01	0.80
0 周龄	2.24^{c}	2.95^{b}	2.46^{b}	2.57^{b}	0.30			
2 周龄	3.17^{b}	2.76^{b}	2.72^{b}	2.95^{ab}	0.30			
4 周龄	2.79^{bc}	2.43^{b}	2.32^{b}	2.52^{b}	0.33			
6 周龄	3.22^{b}	2.74^{b}	2.75^{b}	2.93^{ab}	0.38			
8 周龄	4.15^{a}	3.89^{a}	3.91^{a}	3.61^{a}	0.38			

（2）免疫相关指标 热带假丝酵母菌显著提高了犊牛血清中的 IgA 浓度，而对血清中 IgG、IgM、BHBA 和 EGF 浓度并无显著影响。桑叶黄酮显著提高了犊牛血清中 IgG 和 80 日龄血清中 BHBA 浓度，而对血清中 IgM、IgA 和 EGF 浓度无显著影响。热带假丝酵母和桑叶黄酮对血清中 IgG、IgM、IgA 和 BHBA 存在显著的交互作用，其中全期 IgG 浓度 CT^{-}/MLF^{+} 和 CT^{+}/MLF^{+} 组显著高于 CT^{-}/MLF^{-} 组（$P<0.05$）；IgA 浓度 CT^{+}/MLF^{+} 组显著高于其他处理组（$P<0.05$）；IgM 浓度在犊牛 80 日龄，CT^{+}/MLF^{-} 和 CT^{-}/MLF^{+} 组显著高于 CT^{-}/MLF^{-} 组（$P<0.05$）；BHBA 浓度在犊牛 80 日龄，CT^{-}/MLF^{+} 和 CT^{+}/MLF^{+} 组显著高于 CT^{-}/MLF^{-} 组（$P<0.05$）（表 5-23）。

表 5-23 热带假丝酵母与桑叶黄酮对犊牛血清指标的影响

项 目	处理组				SEM	P 值		
	CT^{-}/MLF^{-}	CT^{+}/MLF^{-}	CT^{-}/MLF^{+}	CT^{+}/MLF^{+}		CT	MLF	CT+MLF
Ig G（g/L）								
28～80 d	9.08^{b}	9.27^{ab}	9.74^{a}	9.78^{a}	0.19	0.564	0.010	0.025
28 d	8.65	8.77	9.59	9.65	0.33	0.798	0.236	0.051
42 d	8.84	9.08	9.91	9.17	0.35	0.483	0.123	0.051
56 d	9.31	9.50	9.43	10.21	0.56	0.406	0.470	0.278
80 d	9.53	9.74	10.00	10.08	0.31	0.668	0.222	0.257
Ig M/(g/L)								
28～80 d	0.84	0.86	0.86	0.87	0.01	0.106	0.407	0.092
28 d	0.81	0.81	0.83	0.86	0.01	0.110	0.131	0.216
42 d	0.87	0.82	0.80	0.82	0.02	0.321	0.154	0.311
56 d	0.85	0.86	0.85	0.89	0.02	0.187	0.497	0.163
80 d	0.84^{b}	0.96^{a}	0.95^{a}	0.90^{ab}	0.20	0.086	0.282	0.001
Ig A（g/L）								
28～80 d	2.02^{b}	1.98^{b}	1.93^{b}	2.21^{a}	0.05	0.019	0.161	0.001
28 d	1.92	1.94	1.93	2.03	0.03	0.726	0.351	0.391
42 d	1.89	1.96	1.89	1.99	0.05	0.091	0.673	0.134

（续）

项　目	处理组				SEM	P 值		
	CT⁻/MLF⁻	CT⁺/MLF⁻	CT⁻/MLF⁺	CT⁺/MLF⁺		CT	MLF	CT+MLF
56 d	2.08	1.98	1.93	2.13	0.11	0.684	0.966	0.238
80 d	2.18[ab]	2.16[ab]	1.97[b]	2.67[a]	0.21	0.124	0.481	0.034
β-羟丁酸（mmol/L）								
28～80 d	0.38	0.41	0.42	0.37	0.03	0.770	0.913	0.354
28 d	0.26	0.26	0.28	0.30	0.03	0.735	0.435	0.430
42 d	0.25	0.28	0.27	0.31	0.03	0.333	0.538	0.268
56 d	0.39	0.50	0.44	0.41	0.07	0.591	0.752	0.270
80 d	0.47[b]	0.59[ab]	0.67[a]	0.63[a]	0.08	0.596	0.043	0.025
表皮细胞生长因(pg/mL)								
28～80 d	29.44	27.23	34.89	28.57	3.11	0.196	0.297	0.108
28 d	26.23	26.09	35.47	27.27	3.35	0.237	0.146	0.071
42 d	31.07	26.25	37.22	27.86	3.95	0.098	0.046	0.346
56 d	32.20	27.08	33.46	29.01	3.75	0.226	0.678	0.252
80 d	28.26	29.51	33.41	30.13	3.52	0.779	0.429	0.322

由表 5-24 可以看出在断奶前，试验各组之间肌酸激酶酶活，皮质醇、肾上腺素、急性期蛋白含量及淋巴细胞转化率无显著性差异。在断奶期间，植物乳酸杆菌组及复合菌组犊牛淋巴细胞转化率显著高于空白组（$P<0.05$），分别提高了 48%和 48%；复合菌组犊牛皮质醇含量显著低于空白组（$P<0.05$），降低了 23.75%；植物乳酸杆菌组也有所降低，降低了 22.17%。在断奶后，植物乳酸杆菌组淋巴细胞转化率显著高于空白组（$P<0.05$），提高了 46.34%。

表 5-24　犊牛断奶前后抗应激能力指标

项　目	处理组			SEM	P 值
	CT	LB	LBS		
断奶前					
肌酸激酶（U/g）	150.85	169.42	152.33	12.11	0.284
淋巴细胞转化率（%）	45	57	50	8	37
皮质醇（μg/L）	14.48	13.26	14.23	1.27	0.611
肾上腺素（ng/L）	117.84	112.35	116.74	13.16	0.908
急性期蛋白（mg/L）	7.44	6.52	8.37	0.127	0.381
断奶中					
肌酸激酶（U/g）	182.75	197.92	174.4	11.31	0.164
淋巴细胞转化率（%）	25[b]	37[a]	37[a]	4	1.8
皮质醇（μg/L）	18.36[a]	14.29[ab]	14.00[b]	1.89	0.046
肾上腺素（ng/L）	151.48	137.51	133.01	15.84	0.491
急性期蛋白（mg/L）	9.4	7.58	9.17	1.35	0.385

（续）

项　目	处理组			SEM	*P* 值
	CT	LB	LBS		
断奶中后					
肌酸激酶（U/g）	200.8	164.72	162.45	18.67	0.124
淋巴细胞转化率（%）	41[b]	60[a]	48[ab]	8	4.7
皮质醇（μg/L）	14.41	13.06	11.97	1.19	0.176
肾上腺素（ng/L）	122.53	122.2	118.34	15.01	0.953
急性期蛋白（mg/L）	7.06	6.33	8.71	1.07	0.271

5. 瘤胃发育

（1）瘤胃发酵参数　董晓丽（2013）研究了益生菌对断奶前（表 5-25）及断奶后（表 5-26）犊牛瘤胃发酵参数，结果表明除断奶前添加复合菌（植物乳酸杆菌+枯草芽孢杆菌）组的戊酸显著高于其他两组外（$P<0.05$），代乳粉中添加植物乳酸杆菌及其与枯草芽孢杆菌的混合菌对瘤胃 pH、氨态氮及挥发性脂肪含量的影响均无显著性差异。

表 5-25　益生菌对断奶后犊牛瘤胃发酵参数的影响

项　目	处理组			SEM	*P* 值
	CT	LB	LBS		
pH	6.84	6.98	6.89	0.11	0.88
氨态氮（mg/dL）	6.78	7.22	8.67	0.89	0.69
总挥发酸（mmol/L）	57.42	53.57	62.98	4.63	0.75
乙酸（mmol/L）	39.46	36.30	36.81	3.56	0.94
丙酸（mmol/L）	8.59	9.76	13.73	1.12	0.14
丁酸（mmol/L）	3.69	4.75	7.03	0.79	0.20
异丁酸（mmol/L）	1.25	1.58	1.68	0.15	0.49
戊酸（mmol/L）	0.51[b]	0.78[b]	1.81[a]	0.20	0.001
异戊酸（mmol/L）	1.45	1.77	2.28	0.20	0.24
乙酸/丙酸	3.87	4.22	2.80	0.47	0.49

表 5-26　益生菌对断奶后犊牛瘤胃发酵参数的影响

项　目	处理组			SEM	*P* 值
	CT	LB	LBS		
pH	7.15	7.01	7.00	0.06	0.62
氨态氮（mg/dL）	6.08	6.41	6.61	0.55	0.94
总挥发酸（mmol/L）	55.07	56.43	67.23	4.62	0.55
乙酸（mmol/L）	30.88	32.70	37.70	2.47	0.55
丙酸（mmol/L）	9.64	10.83	12.59	1.22	0.65
丁酸（mmol/L）	4.17	4.43	5.38	0.53	0.66
异丁酸（mmol/L）	1.58	1.63	1.58	0.13	0.99
戊酸（mmol/L）	1.42	1.21	1.67	0.17	0.58
异戊酸（mmol/L）	1.88	1.81	1.81	0.16	0.98
乙酸/丙酸	3.17	3.56	3.12	0.24	0.75

符运勤（2012）的研究则指出，益生菌对2～8周龄犊牛瘤胃发酵参数有较显著影响（表5-27）。4周龄时，B组和D组pH显著高于A组（$P<0.05$），C组与A组无显著性差异，试验的全期及其他各周龄各组间差异不显著。在试验全期，C组TVFA显著低于A组（$P<0.05$）；在2周龄，C组TVFA显著低于B组（$P<0.05$）；而在6周龄，B组和C组的TVFA均显著低于A组（$P<0.05$）。在不同周龄，各组总挥发性脂肪酸含量有一定波动。在6周龄，B组乙酸含量显著高于A组（$P<0.05$），其他组间无显著性差异；在其他时间点，各组乙酸含量均无显著性差异。B组丙酸含量在第6周龄时显著低于A组，其他时间点，各组间均无显著性差异。在试验全期，C组丁酸含量显著低于A组（$P<0.05$）；在6周龄，B组丁酸含量显著低于A组（$P<0.05$）；其他时间点，各组间无显著性差异。在试验全期，C组、D组戊酸含量显著低于A组（$P<0.05$）；而在6周龄时，B组、C组、D组均显著低于A组（$P<0.05$）；异戊酸含量及乙酸/丙酸的值在各个时间点各组间均无显著性差异。

表5-27 益生菌对2～8周龄犊牛瘤胃发酵参数的影响

项目	处理组				SEM	固定效应 P 值		
	A	B	C	D		处理	周龄	处理×周龄
pH								
2～8周龄	6.80	7.00	6.95	6.97	0.04	0.4729	<0.0001	0.2559
2周龄	6.78	6.86	6.84	6.71				
4周龄	6.33[b]	6.96[a]	6.73[ab]	7.14[a]				
6周龄	6.82	7.01	6.96	6.81				
8周龄	7.27	7.19	7.28	7.21				
总挥发性脂肪酸（mmol/L）								
2～8周龄	55.90[a]	51.40[a]	39.75[b]	48.55[ab]	2.15	0.0157	0.0048	0.1522
2周龄	34.45[ab]	46.36[a]	21.59[b]	42.35[ab]				
4周龄	63.02	61.08	41.85	41.95				
6周龄	77.43[a]	47.20[b]	48.01[b]	59.73[ab]				
8周龄	48.71	50.98	47.55	50.19				
乙酸（mol/100 mol）								
2～8周龄	69.57	70.61	74.06	70.57	1.19	0.3324	0.0001	0.3291
2周龄	80.27	77.71	86.11	78.59				
4周龄	68.27	64.66	75.27	69.36				
6周龄	56.67[b]	70.83[a]	62.92[ab]	65.54[ab]				
8周龄	73.08	69.25	71.95	68.80				
丙酸（mol/100 mol）								
2～8周龄	20.34	20.61	18.22	20.89	0.87	0.5706	0.0017	0.3330
2周龄	14.96	16.43	10.67	14.92				

（续）

项 目	处理组				SEM	固定效应 P 值		
	A	B	C	D		处理	周龄	处理×周龄
4 周龄	20.63	24.38	16.70	22.85				
6 周龄	28.27[a]	18.21[b]	25.49[ab]	23.27[ab]				
8 周龄	17.49	23.42	20.04	22.52				
丁酸（mol/100 mol）								
2～8 周龄	6.14[a]	5.43[ab]	4.90[b]	5.30[ab]	0.30	0.1856	<0.0001	0.5588
2 周龄	3.23	3.58	1.93	3.68				
4 周龄	5.76	6.60	4.75	4.27				
6 周龄	9.52[a]	6.55[b]	7.59[ab]	7.50[ab]				
8 周龄	6.05	4.99	5.32	5.77				
戊酸（mol/100 mol）								
2～8 周龄	1.90[a]	1.54[ab]	1.17[b]	1.43[b]	0.13	0.0129	<0.0001	0.2436
2 周龄	0.61	0.75	0.28	0.42				
4 周龄	2.01	2.18	1.03	1.87				
6 周龄	3.62[a]	2.06[b]	2.13[b]	1.88[b]				
8 周龄	1.38	1.18	1.23	1.53				
异戊酸（mol/100 mol）								
2～8 周龄	1.97	2.02	1.89	1.57	0.11	0.4537	0.126	0.9880
2 周龄	1.65	1.79	1.30	1.14				
4 周龄	1.71	2.15	2.25	1.84				
6 周龄	2.53	2.51	2.39	1.77				
8 周龄	2.00	1.65	1.64	1.54				
乙酸/丙酸								
2～8 周龄	4.21	3.98	4.26	3.94	0.28	0.9616	0.024	0.5404
2 周龄	6.14	6.02	5.76	4.90				
4 周龄	3.17	2.61	4.83	4.28				
6 周龄	2.07	4.10	2.51	3.16				
8 周龄	5.47	3.20	3.94	3.43				

杨春涛（2016）的研究则表明，热带假丝酵母有显著提高瘤胃 pH 的作用，而桑叶黄酮对瘤胃 pH 无显著影响。对于瘤胃 NH_3-N 浓度，热带假丝酵母与桑叶黄酮均未产生显著影响。而两者交互作用显著影响了 56～80 日龄瘤胃 MCP，其中 CT^+/MLF^- 组显著高于 CT^-/MLF^- 组（表 5-28）。热带假丝酵母与桑叶黄酮对犊牛瘤胃 VFA 产生了一定的影响，热带假丝酵母在降低丙酸的浓度方面表现出显著作用，而桑叶黄酮在提高瘤胃 TVFA、丁酸浓度方面表现出了显著的作用。对于戊酸浓度和乙酸/丙酸，热带假丝酵母与桑叶黄酮均无显著性影响（表 5-29）。

表 5-28 热带假丝酵母与桑叶黄酮对犊牛瘤胃 pH、NH_3-N 和 MCP 的影响

项目	处理组				SEM	P 值		
	CT⁻/MLF⁻	CT⁺/MLF⁻	CT⁻/MLF⁺	CT⁺/MLF⁺		CT	MLF	CT+MLF
pH								
28～80 d	6.11[b]	6.62[a]	5.90[b]	6.14[b]	0.12	0.015	0.322	0.001
28 d	5.95	7.03	6.30	5.61	0.23	0.412	0.131	0.311
42 d	6.33[ab]	6.96[a]	5.69[b]	6.41[ab]	0.30	0.051	0.082	0.008
56 d	6.28	5.68	5.46	5.83	0.20	0.646	0.203	0.148
80 d	5.89	6.83	6.14	6.70	0.32	0.045	0.861	0.090
NH_3-N（mmol/L）								
28～80 d	12.43	11.74	11.85	13.22	0.63	0.792	0.755	0.259
28 d	15.92	14.07	10.89	12.73	2.53	0.891	0.137	0.437
42 d	11.15	13.58	16.03	16.55	2.38	0.107	0.058	0.138
56 d	6.27	5.59	6.30	8.19	1.04	0.307	0.210	0.736
80 d	16.37	13.73	14.20	15.42	1.70	0.392	0.715	0.452
微生物蛋白（mg/mL）								
28～80 d	1.42	1.89	1.78	1.79	0.10	0.833	0.655	0.4210
28 d	0.94	1.31	1.51	1.46	0.83	0.214	0.511	0.312
42 d	1.37	1.78	1.63	1.74	0.15	0.396	0.174	0.511
56 d	1.71[b]	2.02[a]	1.98[ab]	1.77[ab]	0.17	0.397	0.240	0.009
80 d	1.67[b]	2.45[a]	2.43[a]	1.97[ab]	0.22	0.453	0.737	0.037

表 5-29 热带假丝酵母与桑叶黄酮对犊牛瘤胃 VFA 的影响

项目	处理组				SEM	P 值		
	CT⁻/MLF⁻	CT⁺/MLF⁻	CT⁻/MLF⁺	CT⁺/MLF⁺		CT	MLF	CT+MLF
总挥发性脂肪酸（mmol/L）								
28～80 d	66.39	56.52	80.75	67.04	8.26	0.181	0.160	0.061
28 d	38.34	39.41	37.92	40.65	6.70	0.781	0.615	0.189
42 d	64.33	54.73	77.38	64.59	9.11	0.473	0.463	0.310
56 d	64.14	71.38	111.48	74.17	9.74	0.359	0.045	0.137
80 d	98.76	80.54	96.23	88.37	14.20	0.131	0.614	0.156
乙酸比例（%）								
28～80 d	58.58	59.83	56.98	55.90	1.58	0.963	0.142	0.161
28 d	63.19	65.77	63.98	57.25	4.32	0.638	0.385	0.184
42 d	53.35	58.49	57.96	56.07	3.71	0.669	0.773	0.341
56 d	60.76	61.31	52.14	53.74	3.80	0.738	0.020	0.146
80 d	57.03	53.76	53.83	56.52	2.71	0.923	0.942	0.414

（续）

项　目	处理组				SEM	P 值		
	CT⁻/MLF⁻	CT⁺/MLF⁻	CT⁻/MLF⁺	CT⁺/MLF⁺		CT	MLF	CT+MLF
丙酸比例（%）								
28～80 d	32.65	28.42	29.97	31.44	1.06	0.017	0.881	0.228
28 d	32.10	30.08	30.21	34.41	2.79	0.704	0.672	0.307
42 d	36.34	24.47	29.45	30.32	2.42	0.044	0.836	0.215
56 d	30.01	29.98	30.96	31.84	1.17	0.722	0.250	0.280
80 d	32.17	29.14	29.25	29.18	1.63	0.360	0.394	0.213
丁酸比例（%）								
28～80 d	6.51[b]	8.97[ab]	9.97[a]	9.21[ab]	1.04	0.431	0.036	0.102
28 d	4.64	6.05	4.93	5.51	0.84	0.254	0.886	0.254
42 d	7.64	10.31	8.18	8.42	2.60	0.586	0.799	0.482
56 d	5.88	7.75	13.44	11.07	2.91	0.933	0.041	0.086
80 d	7.90	11.78	13.35	11.82	1.78	0.520	0.148	0.051
戊酸比例（%）								
28～80 d	2.46	2.60	2.97	2.45	0.16	0.569	0.669	0.431
28 d	1.37	1.57	1.76	1.87	0.67	0.396	0.127	0.081
42 d	2.37	2.51	3.70	2.64	0.60	0.464	0.249	0.144
56 d	3.29	2.11	2.91	3.35	0.60	0.546	0.490	0.169
80 d	2.80	3.29	3.49	3.02	0.48	0.284	0.502	0.640
乙酸/丙酸								
28～80 d	1.80	2.26	2.11	1.81	0.27	0.878	0.692	0.249
28 d	2.14	2.33	2.60	1.69	0.59	0.554	0.876	0.297
42 d	1.47	2.57	2.28	1.80	0.44	0.497	0.960	0.106
56 d	2.08	2.26	1.76	1.69	0.33	0.858	0.200	0.242
80 d	1.80	1.88	1.81	2.04	0.240	0.525	0.720	0.484

（2）瘤胃微生物多样性　表 5－30 和表 5－31 表示的是饲喂植物乳酸杆菌和枯草芽孢杆菌对断奶前后犊牛瘤胃微生物多样性指数的影响。通常用到的表示生物多样性的指标有：种的数目或丰度（species richness）、香依-威纳多样性指数（Shannon－Weiner diversity index）、辛普森多样性指数（Simpson’s diversity index）及均匀度指数（evenness index）。丰度指的是一个群落或生境中物种数目的多寡，这个指标更客观地反映了多样性指标；香依-威纳多样性指数数值越大表示生态系统中物种越丰富也越趋近于稳定；辛普森多样性指数用以表示环境中有无优势物种出现，数值为 0～1，数值越小则表示有明显优势物种出现；均匀度指数指一个群落环境中全部物种个体数目的分配状况，反映的是各物种数目分配的均匀程度，当数值越接近于 1，优势种越不明显。从这两个表中可以看出，不同处理的多样性指数香依-威纳多样性指数、辛普森多样性指数、均匀度及丰度均无显著性差异。

表 5-30 益生菌对断奶前犊牛瘤胃细菌多样性指数的影响

项 目	处理组			SEM	P 值
	CT	LB	LBS		
香依-威纳多样性指数	3.35	3.32	3.22	0.04	0.49
辛普森多样性指数	0.039	0.040	0.045	0.00	0.45
均匀度指数	0.972	0.972	0.968	0.00	0.14
丰度	31.75	30.50	28.00	1.31	0.53

表 5-31 益生菌对断奶后犊牛瘤胃细菌多样性指数的影响

项 目	处理组			SEM	P 值
	CT	LB	LBS		
香依-威纳多样性指数	3.20	3.38	3.32	0.04	0.28
辛普森多样性指数	0.044	0.036	0.039	0.00	0.26
均匀度指数	0.98	0.98	0.98	0.00	0.31
丰度	26.75	31.00	29.50	1.14	0.34

从表 5-32 统计的结果上也可以看出，饲喂地衣芽孢杆菌及其复合菌对 8 周龄犊牛瘤胃液细菌多样性没有显著影响，但是添加参试益生菌组的香依-威纳多样性指数、辛普森多样性指数和丰度在数值上高于对照组，均匀度指数在数值上低于对照组。

表 5-32 益生菌对 8 周龄犊牛瘤胃细菌多样性指数的影响

项 目	处理组				SEM	P 值
	A	B	C	D		
香依-威纳多样性指数	3.728	3.782	3.823	3.800	0.07	0.98
辛普森多样性指数	0.026	0.024	0.024	0.024	0.00	0.99
均匀度指数	0.988	0.989	0.993	0.991	0.00	0.14
丰度	44.000	46.000	49.000	46.668	2.96	0.97

(3) 瘤胃内主要微生物的定量分析 应用 RT-PCR 可以定量检测瘤胃液中总菌和纤维分解菌类的数量变化。从表 5-33 中可以看出，饲喂植物乳酸杆菌或复合菌（植物乳酸杆菌＋枯草芽孢杆菌）对断奶前犊牛瘤胃总菌、牛链球菌、溶纤维丁酸菌、黄色瘤

表 5-33 哺乳期犊牛常见微生物的数量变化

项 目	处理组			SEM	P 值
	CT	LB	LBS		
总菌	10.07	10.11	10.06	0.04	0.88
牛链球菌	4.68	5.16	4.34	0.23	0.40
溶纤维丁酸弧菌	10.03	9.95	10.07	0.05	0.59
黄色瘤胃球菌	7.62	7.65	7.84	0.09	0.61
白色瘤胃球菌	6.91	5.77	6.21	0.23	0.10

胃球菌和白色瘤胃球菌均无显著差异。从表 5-34 中可以看出，饲喂复合菌（植物乳酸杆菌+枯草芽孢杆菌）的犊牛黄色瘤胃球菌的数量显著低于植物乳杆菌组和对照组（$P<0.05$），但是植物乳杆菌组与对照组差异不显著；复合菌组的白色瘤胃球菌的数量显著低于对照组（$P<0.05$），但是植物乳杆菌组与对照组差异不显著。

表 5-34 犊牛断奶后瘤胃常见细菌的数量变化

项目	处理组			SEM	P 值
	CT	LB	LBS		
总菌	10.13	9.99	10.22	0.05	0.11
牛链球菌	4.30	4.07	4.11	0.18	0.88
溶纤维丁酸弧菌	10.13	9.93	9.83	0.07	0.20
黄色瘤胃球菌	7.94[a]	7.68[a]	7.07[b]	0.14	0.01
白色瘤胃球菌	6.97[a]	6.36[ab]	6.01[b]	0.16	0.03

符运勤（2012）对 0～8 周龄犊牛瘤胃液中主要纤维分解菌的数量进行了测定（表 5-35）。试验开始，未检测到各组瘤胃液中的白色瘤胃球菌、黄色瘤胃球菌和产琥珀丝状杆菌，而溶纤维丁酸丁弧菌各组均有，但数量较少；试验第 2 周，B 组、C 组和 D 组开始检测到白色瘤胃球菌，A 组、B 组和 D 组开始检测到黄色瘤胃球菌，C 组、D 组开始检测到产琥珀丝状杆菌，而对照组第 6 周才检测到白色瘤胃球菌和产琥珀丝状杆菌（数量也比较少）；试验第 4 周，B 组、C 组和 D 组的溶纤丁弧菌数量极显著高于对照组（$P<0.05$）；试验第 8 周，D 组的黄色瘤胃球菌数量显著高于 A 组、B 组和 C 组（$P<0.05$），其他组间无显著性差异，B 组、C 组和 D 组的产琥珀丝状杆菌数量显著高于对照组（$P<0.05$）。

表 5-35 益生菌对 0～8 周龄犊牛瘤胃纤维分解菌的影响

项目	处理组			
	A	B	C	D
白色瘤胃球菌				
0 周龄	—	—	—	—
2 周龄	—	7.16	5.37	6.61
4 周龄	—	7.34	7.23	6.34
6 周龄	6.79	6.99	—	7.08
8 周龄	7.22	7.32	7.22	6.89
黄色瘤胃球菌				
0 周龄	—	—	—	—
2 周龄	6.03	5.41	—	5.40
4 周龄	6.45	6.38	6.98	6.51
6 周龄	5.41	6.75	6.95	6.71
8 周龄	6.70[b]	6.59[b]	6.57[b]	7.22[a]
产琥珀丝状杆菌				
0 周龄	—	—	—	—

（续）

项　目	处理组			
	A	B	C	D
2 周龄	—	—	6.43	6.73
4 周龄	—	7.54	7.41	—
6 周龄	6.73	6.45	7.05	7.37
8 周龄	6.53[b]	7.27[a]	7.26[a]	7.28[a]
溶纤丁弧菌				
0 周龄	6.74	6.74	6.74	6.74
2 周龄	7.54	7.50	7.51	7.51
4 周龄	6.78[B]	7.39[A]	7.52[A]	7.36[A]
6 周龄	7.57	7.56	7.47	7.58
8 周龄	7.57	7.55	7.55	7.53

注：1. “—” 指未检测到。

2. 不同大写字母表示差异极显著（$P<0.01$），不同小写字母表示差异显著（$P<0.05$），相同大写字母、相同小写字母或无字母均表示差异不显著（$P>0.05$）。

三、酶制剂

（一）酶制剂种类

根据剂型，可将饲用酶制剂分为单一酶制剂和复合酶制剂。单一酶制剂根据参与消化的方式可分为消化酶和非消化酶。淀粉酶、蛋白酶和脂肪酶等属于消化酶。这类酶结构和性质与内源酶有部分差异，但能强化内源酶的作用，提高动物对营养物质的消化。纤维素酶、半纤维素酶、果胶酶和植酸酶等，多来源于微生物，不能由动物自身合成，可用于消化畜禽自身不能消化的物质或降解抗营养因子，属于非消化酶。由于不同单酶的作用特点，因此配制和发酵复合酶制剂时可以根据实际需求考虑酶系组成。例如，对于消化道发育不完善、消化酶分泌不足的幼龄动物，可添加以蛋白酶、淀粉酶为主的复合酶。对于粗纤维含量较高、非淀粉多糖含量较高的日粮中可以添加以纤维素酶、木聚糖酶、果胶酶为主的复合酶。可发挥破坏植物细胞壁，释放细胞中营养物质，降低胃肠道内容物的黏度，消除抗营养因子，促进动物消化吸收的作用。常用的几种饲用酶制剂如下：

1. 淀粉酶　淀粉酶包括普通的 α-淀粉酶和 β 淀粉酶。α-淀粉酶家族成员较为庞杂，包括水解酶、异构酶、转移酶，共有 30 多种，均具有催化 α-糖苷键水解产生 α-异构型的单糖和寡糖，或通过转糖基作用形成 α-糖苷键。α-淀粉酶作用于直链淀粉时产物为麦芽糖、麦芽三糖和少量的葡萄糖，用于支链淀粉时不能切断支链淀粉的 α-1，6-糖苷键，产物除麦芽糖、葡萄糖外，还生成部分极限糊精。不同来源的淀粉酶对淀粉分解后的产物也不同。细菌来源的淀粉酶分解淀粉后，产物主要是糊精；而真菌来源的淀粉酶分解淀粉后，产物为麦芽糖和麦芽三糖。支链淀粉和支链淀粉经淀粉酶降解后，淀粉糊的黏度迅速降低。目前，多功能 α-淀粉酶的研究和开发受到了广泛重视。王阳（2009）指出，α 淀粉酶家族共有 4 个高度保守的区域，但在功能上又兼有糖苷水解酶和糖基转移酶的催化活性，主要包括麦芽糖淀粉酶（maltogenic amylase，MAase）

(EC3.2.1.133)、新普鲁兰酶（new pullulanase，NPase）（EC3.2.1.41）和环麦芽糊精酶（cyclomaltodextrinase，CDase）（EC3.2.1.54）3类。新普鲁兰酶是一种能够专一性切断支链淀粉分支中的α-1，6-糖苷键，形成直链淀粉的解支酶。Park等（2000）指出，多功能淀粉酶的最适催化温度一般为40～60℃、最适pH为6.0～7.0，分子质量一般为60～70 ku，但MAase、NPase和CDase的最适底物分别为淀粉、普鲁兰和环麦芽糊精。多功能α-淀粉酶能够以单酶形式直接催化淀粉转化，生成异麦芽寡糖。多功能淀粉酶的存在，提高了机体的代谢效率，使机体利用复杂底物的能力增加，提高了资源的利用率。对多功能淀粉酶的研究可以为α-淀粉酶家族以应用为导向的分子改造和功能重构提供新的途径。

2. 蛋白酶 蛋白酶是一种消化酶，一般不单独使用。根据最适作用pH一般将其分为酸性蛋白酶、中性蛋白酶和碱性蛋白酶，在饲料生产中可应用的一般是前两种。黄开华等（2006）指出，采用不同蛋白酶对植物来源蛋白质进行酶解后，蛋白质结构发生了重排，蛋白质分子内部的疏水区外露，提高了降解率。产物中包括不同分子质量的肽段，使蛋白质酶解产物的水溶性、结构性质及生物活性等功能呈现显著改变。酸性蛋白酶在微酸性环境下可分解动物蛋白质或植物蛋白质为小肽和氨基酸，可以补充动物体内同源酶的不足，促进动物的消化吸收和生长发育，提高饲料的利用率，降低成本。一般蛋白酶很少作为单酶添加在动物日粮中，通常作为复合酶的一种配伍添加在日粮中。对于幼畜和仔禽，蛋白酶能够发挥更大的作用。

3. 纤维素酶 纤维素酶系为糖苷水解酶，包括内切葡萄糖苷酶、外切葡萄糖苷酶（又称纤维二糖水解酶，CBH）和β葡萄糖苷酶三类。内切葡萄糖苷酶（EG）作用位点为糖苷键，水解后产物为大量带还原性末端的小分子纤维素。外切葡萄糖苷酶（CBH）作用位点为纤维素线状分子末端，水解产物为纤维二糖。β葡萄糖苷酶（BG）可将纤维二糖水解为葡萄糖分子。尹娟（2009）指出，纤维素酶表现出的多型性不是由酶分子结构变化造成的，而是因为酶分子与其他酶组分或效应物结合形成了复合体。Irwin等（1993）提出，在分解晶体纤维素时任何一种酶都不能单独裂解晶体纤维素，只有内切葡萄糖苷酶（EG）、外切葡萄糖苷酶（CBH）、β葡萄糖苷酶（BG）这3种酶共同存在并在协同的作用下方能完成对纤维素的水解。

纤维素酶催化的水解反应，遵循的是“酸/碱催化”的双置换作用机制。但天然结晶的纤维素很难被降解。纤维素和木质素主要存在于植物细胞次生壁的中层，大分子的酶无法直接进入次生壁。高培基（2003）指出，纤维素酶对纤维的降解主要是通过纤维素酶分子结构结合域对纤维素表面的吸附，使微纤维内部的氢键断裂。但电镜切片观察结果显示次生壁可首先发生降解，于是推断氧化性降解也是纤维素生物降解的一种方式。微纤维排列和取向的无序化是结晶纤维素难以被消化的主要原因。也有学者通过对内切纤维素酶和外切纤维素酶的木瓜蛋白酶酶切结果分析，提出了对纤维素酶结构进行糖基化改造可以避免其被蛋白酶降解的看法，更有利于发挥纤维素酶的功能。研究结果表明，任何单一的结构域，或者两个结构域混合液的水解或吸附能力，都远低于全酶分子。因此，纤维素酶复合酶系在降解纤维素类底物时的水解能力最强。

能分泌纤维素酶的微生物包括细菌、真菌及放线菌。细菌产生的酶属胞内酶或吸附于细胞壁上，产酶量低，但是生长速度快，发酵周期短。真菌主要是产酸性纤维素酶，分泌胞外酶，产生的酶系较完全，一般不聚集成复合体，酶产量相对较高，但是发酵周期较长，难以扩大生产。因此，提高纤维素酶产率最理想的途径是将真菌的纤维素酶基因克隆到细菌中进行高效表达。目前研究较为广泛的分泌纤维素酶的真菌，包括绿色木霉、李氏木霉、根霉、青霉等，其中木霉属产酶量最高。到目前为止国内外对里氏木霉的研究尤其深入，已克隆到了 *CBH* Ⅰ、*CBH* Ⅱ、*CBH* Ⅲ、*CBH* Ⅳ、*EG* Ⅰ、*EG* Ⅱ、*BG* 共 7 个基因，并测定了这些基因的核苷酸序列，且它们都在大肠埃希氏菌中得到了表达。Barnett（1991）报道了里氏木霉能合成大量的 EG 和 CBH，但葡萄糖苷酶（BG）活力很低。黑曲霉葡萄糖苷酶（BG）的活力却很高，将黑曲霉的 *BG* 基因克隆在里氏木霉中表达，可提高里氏木霉纤维素酶活力。

4. 半纤维素酶 半纤维素酶是分解半纤维素的一类酶的总称，主要包括木聚糖酶、甘露聚糖酶、β-纤葡聚糖酶和半乳糖苷酶等。木聚糖酶是一类可降解木聚糖的降解酶系，属于水解酶类，包括内切 β-聚木聚糖酶、外切 β-聚木聚糖酶和 β-木二糖苷酶。内切 β-木聚糖酶作用于木聚糖苷键，产物为寡糖；外切 β-聚木聚糖酶的主要作用是从非还原性末端切下单个的单糖；β-聚木二糖苷酶的作用是将木二糖水解成两个单糖。木聚糖酶能显著降低饲料中尤其是含有谷类的日粮中阿拉伯木聚糖含量，并将其分解成较小聚合度的低聚木糖，促进营养物质尤其是脂肪和蛋白质的消化和吸收，改善日粮的表观代谢能值，提高动物采食量和饲料转化率。β-葡聚糖酶属于水解酶类，可水解大麦、燕麦等谷物中的 β-麦葡聚糖。日粮中的葡聚糖含量影响营养成分的吸收利用，原因是葡聚糖溶于水后会引起食糜的很多理化性质改变，如黏度增大、表面活性增强、吸水性和持水性增高、吸附阳离子和有机物等，从而影响动物的消化过程。很多学者认为，葡聚糖的黏稠性是主要抗营养特性。日粮中添加葡聚糖酶，有利于动物对营养物质的消化和吸收，提高动物的生长性能和饲料的转化率。目前发现多种微生物能产生专一性降解 β-葡聚糖的酶，不同来源的葡聚糖酶的酶学性质差异很大。比如，由木霉分泌的 β-木葡聚糖酶 pH 为 3.0～5.0，黑曲霉、米曲霉分泌的 β-黑葡聚糖酶 pH 为 3.0～6.0，枯草杆菌分泌的 β-枯葡聚糖酶 pH 为 4.5～7.0，地衣芽孢杆菌分泌的 β-地葡聚糖酶 pH 为 5.5～7.0。其中，芽孢杆菌分泌的葡聚糖酶的热稳定性高于麦芽内源酶和真菌性 β-葡聚糖酶。

果胶是高等植物细胞壁的一种结构多糖，主要成分是半乳糖醛酸，含有鼠李糖、阿拉伯糖。果胶酶是分解果胶的酶的通称，也是一个多酶体系，通常包括原果胶酶、果胶甲酯水解酶、果胶酸酶 3 种酶。这 3 种酶的联合作用使果胶质得以完全分解。在豆科类植物蛋白质中存在着一些由 1 个蔗糖与 1 个或多个半乳糖以 α-1，6-糖苷键连接而成的不溶于水的低聚糖，如棉子糖（三糖）、水苏糖（四糖）和毛蕊花糖（五糖）等。它们不能被动物消化道的内源酶降解，只有经过消化道微生物发酵以后才能被利用。这样不仅消化能大大下降，而且在发酵过程中会产生 CO_2、CH_4 和 H_2 等气体，使畜禽的采食量下降。另外，这些低聚糖还能刺激动物肠道蠕动，提高饲料通过消化道的速度，从而降低营养物质的利用率。

（二）酶制剂在后备牛上的应用

国春艳（2010）研究了外源酶制剂对 3～7 月龄后备牛生长性能、消化代谢和瘤胃发酵的影响。其分别选取16头3月龄、4月龄、5月龄的后备荷斯坦奶牛，共48头。将3月龄犊牛随机分为2组，分别标记为CT和ET；将4月龄牛只随机分为2组，分别标记为CA和EA；将5月龄牛只随机分为2组，分别标记为CM和EM，共6个处理组。CT、CA、CM组犊牛饲喂对照组TMR，ET、EA、EM组犊牛饲喂加酶（木聚糖酶＋纤维素酶）TMR，剂量为20 g/(d·头)。每2周测定一次体重和体尺指标，以掌握后备牛的生长发育状况。在试验期第4和8周分别连续3 d采用全收粪法测定后备牛的消化利用率。

1. 生长性能试验 不同酶制剂处理组牛只的体重变化和日增重变化情况见表5-36。相同月龄同一试验期内各处理组牛只的体重差异不显著（$P>0.05$）。3月龄后备牛饲喂添加酶制剂TMR日粮的EF组与饲喂对照组TMR日粮的试验牛相比，整个试验期的平均日增重分别为593 g和639 g（CT组和ET组），对照组较试验组增加了7.8%，差异显著（$P<0.05$）；4月龄后备牛饲喂添加酶制剂的TMR日粮的EF组与饲喂对照组TMR日粮的试验牛相比，整个试验期的平均日增重分别为687 g和784 g（CA组和EA组），对照组较试验组增加了6.93%，差异显著（$P<0.05$）；5月龄后备牛饲喂添加酶制剂的TMR日粮的EF组与饲喂对照组TMR日粮的试验牛相比，整个试验期的平均日增重分别为829 g和863 g（CM组和EM组），对照组与试验组相比增加了4.1%，差异显著（$P<0.05$）。

表5-36 不同酶制剂处理组对不同月龄后备牛体重和日增重的影响

项 目	处理组	0	2 周	4 周	6 周	8周	全期增重
体重（kg）	CT	120.4	128.5	136.8	144.9	153.6	33.2
	ET	120.9	129.2	137.6	146.8	156.7*	35.8*
	CA	142.7	151.8	160.3	170.1	181.2	38.5
	EA	142.6	151.8	162.1	173.4	184.5*	41.9*
	CM	160	170.3	180.9	193.6	206.4	48.4
	EM	159.6	170.1	182.4*	194.5	207.9	52.3*
SEM		3.55	3.56	3.69	3.99	5.12	0.71
P 值		0.073	0.065	0.061	0.111	0.034	0.023
日增重（g）	CT		0.578	0.592	0.583	0.625	0.593
	ET		0.593	0.606*	0.657*	0.707*	0.639*
	CA		0.655	0.583	0.644	0.76	0.687
	EA		0.652	0.589	0.692*	0.793*	0.748*
	CM		0.736	0.825	0.836	0.914	0.829
	EM		0.751*	0.878*	0.864*	0.957*	0.863*
SEM			0.02	0.02	0.03	0.06	0.04
P 值			0.054	0.047	0.021	0.012	0.003

注：* $P<0.05$，其余差异不显著（$P>0.05$）。表5-37至表5-40注释与此同。

2. 消化代谢率 不同酶制剂处理组干物质采食量差异见表5-37。由结果可见，在试验4周后，加酶处理ET组与CT组相比，干物质采食量差异不显著（$P>0.05$）；加酶处理EA组与CA组相比，干物质采食量差异不显著（$P>0.05$）；加酶处理EM组与CM组相比，干物质采食量差异不显著（$P>0.05$），但是在数值上有增加的趋势。在试验第8周，加酶处理ET组与CT组相比，干物质采食量差异不显著（$P>0.05$）；加酶处理EA组与CA组相比，干物质采食量显著增加（$P<0.05$）；酶处理EM组与CM组相比，干物质采食量显著增加（$P<0.05$）。

表5-37 不同酶制剂处理组对不同日龄后备牛干物质采食量的影响

项 目	处理组	0	4周	8周
干物质采食量	CT	2.072	2.786	3.415
	ET	2.133	2.827	3.379
	CA	2.869	3.345	4.726
	EA	2.856	3.349	4.763*
	CM	3.59	4.862	5.487
	EM	3.604	4.885	5.555*
SEM		0.14	0.02	0.04
P 值		0.052	0.064	0.012

不同酶制剂处理组后备牛营养物质表观消化率的影响结果见表5-38。由此表可见，随着日龄的增加，不同月龄后备牛总能表观消化率升高。在试验第4周，ET组较CT组总能表观消化率高2.47%；在试验第8周，ET组较CT组总能表观消化率高1.99%，差异显著（$P<0.05$）。在试验第4周，EA组较CA组总能表观消化率高3.61%；在试验第8周，EA组较CA组总能表观消化率高2.92%，差异显著（$P<0.05$）。EM组较CM组总能表观消化率高，差异显著（$P<0.05$）。酶制剂处理对后备牛干物质表观消化率和有机物表观消化率的影响与对总能表观消化率影响的趋势相同，在试验第4周和第8周，ET组较CT组、EA组较CA组、EM组较CM组有机物表观消化率和干物质表观消化率均有显著增加（$P<0.05$）。添加外源酶对各处理组的粗蛋白质表观消化率和粗脂肪表观消化率没有显著影响（$P>0.05$），但是从整体分析，加酶处理组和对照组试验牛的蛋白表观消化率和粗脂肪表观消化率随着月龄的增加而呈现增加的趋势。

表5-38 不同酶制剂处理组对后备牛日粮营养成分消化率的影响

项 目	处理组	0	4周	8周
总能表观消化率（%）	CT	66.28	68.35	68.76
	ET	67.46	70.04*	70.13*
	CA	69.74	69.92	72.85
	EA	68.13	72.45*	74.98*
	CM	70.03	70.43	71.76
	EM	71.56	72.61*	73.68*

（续）

项 目	处理组	0	4 周	8 周
SEM		2.96	4.46	1.63
P 值		0.078	0.023	0.009
粗蛋白质表观消化率（%）	CT	64.33	64.43	67.04
	ET	65.24	63.75	66.59
	CA	67.21	69.62	68.16
	EA	68.58	70.34	72.94
	CM	72.41	73.09	71.45
	EM	72.86	74.24	73.57
SEM		2.35	4.26	1.51
P 值		0.491	0.056	0.083
干物质表观消化率（%）	CT	68.33	69.29	70.62
	ET	68.52	73.38*	75.96*
	CA	72.73	71.76	73.25
	EA	71.87	74.04*	77.62*
	CM	73.57	72.64	72.97
	EM	72.49	74.37*	76.29*
SEM		2.32	1.72	2.09
P 值		0.077	0.027	0.035
有机物表观消化率（%）	CT	69.38	67.64	68.87
	ET	68.37	71.49*	72.21*
	CA	72.11	71.65	72.92
	EA	73.5	74.36*	75.68*
	CM	70.87	72.57	71.8
	EM	71.98	75.64*	75.41*
SEM		3.82	3.67	4.57
P 值		0.281	0.034	0.021
粗脂肪表观消化率（%）	CT	81.16	77.33	82.69
	ET	79.71	78.58	83.68
	CA	80.24	84.43	79.45
	EA	82.74	85.65	81.69
	CM	83.25	83.55	85.67
	EM	85.67	82.72	84.26
SEM		4.27	3.64	4.31
P 值		0.321	0.531	0.629

不同酶制剂处理组后备牛 ADF、NDF 表观消化率的影响见表 5－39。由此表可见，随着试验牛只日龄的增加，NDF 表观消化率和 ADF 表观消化率呈线性增加。ET 组与

CT组相比，在试验第4和8周，NDF表观消化率分别增加6.52%和3.95%，差异显著（$P<0.05$）。EA组与CA组相比，在试验第4和8周，NDF表观消化率分别增加5.81%和5.31%，差异显著（$P<0.05$）。EM组与CM组相比，在试验第4和8周，NDF表观消化率分别增加2.29%和3.95%，差异显著（$P<0.05$）。由结果可见，随着试验牛只日龄的增加，ADF表观消化率的变化趋势与NDF的变化趋势基本一致。ET组与CT组相比，在试验第4和8周，ADF表观消化率分别增加2.53%和3.31%，差异显著（$P<0.05$）。EA组与CA组相比，在试验第4和8周，ADF表观消化率分别增加8.43%和7.03%，差异显著（$P<0.05$）。EM组与CM组相比，在试验第4和8周，ADF表观消化率分别增加4.73%和5.66%，差异显著（$P<0.05$）。

表5-39　不同酶制剂处理组对后备牛NDF、ADF利用率的影响

项　目	处理组	0	4周	8周
NDF表观消化率（%）	CT	53.84	58.32	64.84
	ET	54.63	62.12*	67.56*
	CA	58.18	65.22	70.79
	EA	60.01	69.01*	74.55*
	CM	70.48	72.75	73.43
	EM	69.15	74.42*	74.11*
SEM		1.64	2.73	1.34
P 值		0.153	0.037	0.042
ADF表观消化率（%）	CT	50.27	54.84	58.82
	ET	50.89	56.23	60.77*
	CA	54.27	55.62	58.12
	EA	53.19	60.31*	62.21*
	CM	62.81	61.08	64.87
	EM	61.38	63.97*	68.54*
SEM		1.21	1.42	1.11
P 值		0.062	0.028	0.029

3. 瘤胃发酵参数　添加酶制剂对不同月龄后备牛瘤胃pH、氨态氮浓度、总挥发性脂肪酸浓度、乙酸、丙酸、乙酸/丙酸等发酵参数的影响见表5-40。添加酶制剂后，瘤胃液pH在试验第4周，相同日龄后备牛差异不显著；在试验第8周，EM处理组pH显著低于CM处理组（$P<0.05$），其他各组差异不显著。在试验第4周，EA处理组和EM处理组的瘤胃液氨氮浓度与对照组相比显著增加，可能是由于添加酶制剂后提高了饲料在瘤胃内的水解作用，增强了碳水化合物的快速降解能力。在试验第8周，ET较对照组CT的氨氮浓度显著增加，其他各处理组与对照组相比差异不显著。可能是随着后备牛日龄的增加，瘤胃功能日趋完善，瘤胃壁对氨氮的吸收能力增强。在试验第4和8周，随着试验牛只日龄的增加，瘤胃液中挥发性脂肪酸浓度呈增加趋势。不同日龄后备牛只日粮中添加酶制剂也能影响挥发性脂肪酸的含量。在试验第4周，ET组较CT组，总挥发性脂肪酸含量增加8.69%，差异显著（$P<0.05$）；EA组较CA组，总挥发性脂肪酸含量增加4.55%，差异显著（$P<0.05$）；EM组较CM组，总挥发性

表 5-40　不同酶制剂处理组对后备牛瘤胃发酵参数的影响

项　目	处理组	0	4 周	8 周
pH	CT	6.54	6.61	6.59
	ET	6.66	6.72	6.6
	CA	6.72	6.64	6.6
	EA	6.69	6.82	6.72
	CM	6.62	6.76	6.84
	EM	6.64	6.59	6.76
SEM		0.09	0.02	0.03
P 值		0.631	0.664	0.038
氨氮（mg/dL）	CT	275.4	295.3	387.1
	ET	303.3	272.9	412.5*
	CA	348.4	408.1	421.4
	EA	376.7	441.5*	428.6
	CM	434.5	477.2	458.8
	EM	463.7	554.1*	437.6
SEM		38.4	45.2	33.1
P 值		0.065	0.047	0.22
TVFA（mmol/L）	CT	83.32	85.22	92.1
	ET	86.29	92.63*	92.33
	CA	84.79	80.59	92.34
	EA	79.52	84.26*	95.68*
	CM	77.93	99.07	114.3
	EM	82.21	107.83*	123.5*
SEM		7.98	11.21	10.34
P 值		0.073	0.027	0.031
乙酸（mmol/L）	CT	53.8	53.48	57.01
	ET	55.83	57.97	57.72
	CA	53.31	57.19	54.64
	EA	48.78	59.95	58.19*
	CM	53.71	66.01	74.06
	EM	51.78	71.38*	77.58*
SEM		4.12	3.77	5.64
P 值		0.056	0.013	0.042
丙酸（mmol/L）	CT	17.58	17.21	18.63
	ET	16.94	18.85	18.4
	CA	17.94	20.95	17.83
	EA	16.02	18.69	16.61
	CM	16.13	20.31	22.52
	EM	17.94	21.66	23.14
SEM		2.32	1.87	2.34
P 值		0.061	0.074	0.061

（续）

项　目	处理组	0	4周	8周
丁酸（mmol/L）	CT	11.94	14.53	16.45
	ET	13.52	15.81	16.2
	CA	13.54	12.45	11.62*
	EA	12.72	11.63	13.36
	CM	10.08	15.34	17.72
	EM	12.49	14.79	22.78*
SEM		1.73	2.45	1.89
P 值		0.084	0.182	0.235
乙酸/丙酸	CT	3.06	3.11	3.1
	ET	3.1	3.08	3.15
	CA	2.97	2.83	3.06
	EA	3.04	3.11*	3.20*
	CM	2.81	3.12	3.29
	EM	2.91	3.29*	3.35*
SEM		0.31	0.47	0.23
P 值		0.012	0.016	0.049

脂肪酸含量增加8.84%，差异显著（$P<0.05$）。各处理组挥发性脂肪酸中乙酸含量和比例的变化趋势与总挥发性脂肪酸变化趋势相同，但对丙酸和丁酸含量的变化无显著影响（$P>0.05$）。EA与CA处理组相比，在试验第4和8周，乙酸/丙酸均显著增加；EM处理组与CM处理组相比，在试验第4和8周，乙酸/丙酸的变化趋势与EA与CA处理组之间的差异相似，均显著（$P<0.05$）。该结果说明，酶制剂对后备牛瘤胃挥发性脂肪酸含量的影响主要是对乙酸，因此可以推测复合酶制剂中纤维素酶是主要影响因素。

综上所述，3～7月龄后备牛体增重随月龄的增加，差异变化显著；酶制剂处理组和对照组相比，日增重显著增加，腹围和胸围显著增加，促进了后备牛的生长。酶制剂处理显著影响了后备牛瘤胃液中挥发性脂肪酸含量的变化，显著提高了3～7月龄后备牛的NDF、ADF表观消化率和总能表观消化率，但对蛋白质表观消化率和粗脂肪表观消化率没有显著影响。

四、β-葡聚糖

当今世界，生物科学与人类的生产生活密切相关。根据美国统计，生物技术产业每年以12.5%的速度递增，2000年生物产业的市场总值为5 000亿美元。在生物技术产业中有着“生物技术明珠”美誉的多糖类生化制品正扮演着越来越重要的角色。在短短的几十年中，以葡聚糖及其衍生物为核心的多糖生化产品已经从一片空白发展到每年全球数百亿美元的巨大产业，而且其发展速度远远高于其他的生化产品行业。酵母β-葡聚糖因其具有增强免疫活力、抗肿瘤、降低胆固醇和血脂等多种生理功能而成为食品领域研究与开发的热点。我国在葡聚糖的科研和生产方面基本处于起步状态，现有的生产能力只能满足45%的市场需求，尚有6 300 t的市场缺口。2004年我国以β-葡聚糖为主开发的功能食品总产值达30亿～40亿元，以β-葡聚糖为原料的功能性产品的价格一直居高不下。这种状态导致了我国在该领域不仅无法参与国际竞争，而且在加入WTO之后面临国际各大企业的竞争和威胁。这一难题若不攻克将极大地制约我国多糖生物领域的发展。我国每年有3万～5万t的啤酒酵母，但占酵母干重6%～12%的酵母β-葡聚糖尚未被开发利用。酵母β-葡聚糖的提取方法主要是采用酸碱方法，在分离提取时酸碱用量大、工艺繁琐、劳动强度大、成本高，而且其生理活性受到影响。因此，利用我国丰富的啤酒酵母资源，开辟酵母资源利用途径、减少环境污染、发展循环经济、提升功能食品科技创新与产业水平，对酵母β-葡聚糖制备、检测与功能评价仍需进行系统研究与评价。

（一）β-葡聚糖的作用机理

由于酵母β-1，3-葡聚糖具有免疫调节和潜在的免疫治疗作用，因此人们将β-1，3-葡聚糖归为广谱免疫增强剂。当机体处于正常生理状态时，β-葡聚糖可以通过提高机体非特异性免疫机能来增强对病原菌的抵抗力。当动物处于应激状态时，体内糖皮质激素和皮质甾等激素水平急剧上升，由此引起血液中淋巴细胞、巨噬细胞、中性粒细胞和溶菌酶的活性下降，动物的免疫机能受到抑制，此时机体极易受到环境中病原菌的侵袭。体外试验研究表明，β-葡聚糖不仅可以影响巨噬细胞的形态，同时可以对细胞因子TNF-α、IL-6和IL-1的释放，NO的释放，以及溶菌酶的分泌量，过氧化氢的释放，花生四烯酸的代谢进行调节；此外，酵母β-葡聚糖也影响补体激活的替代途径和抗体水平的产生，其具体作用机制主要表现为：

1. 通过与免疫细胞表面多糖受体结合发挥作用 β-1，3-D-葡聚糖要发挥其免疫调节剂作用首先必须先通过结合到单核细胞、巨噬细胞、性粒细胞和NK细胞表面的葡聚糖受体。关于β-1，3-D-葡聚糖与细胞表面葡聚糖受体结合并发挥效力的机制有多种。Yan等（1999）认为，在巨噬细胞、NK细胞、中性粒细胞中存在一类补体3（CR3）受体，该受体含有2个活性中心，一个主要与补体3裂解片段（iC3b）结合，称为iC3b结合位点；另一个则是与β-葡聚糖结合，称作凝集素结合位点。免疫细胞通过补体3（CR3）受体结合位点，可以结合经iC3b调理的肿瘤细胞。但此状态下的免疫细胞并不具备杀伤肿瘤细胞的功能，只有当β-葡聚糖与免疫细胞的凝集素结合位点结合之后，才可以激活免疫细胞，使其处于预激活化状态。但是由酵母β-葡聚糖介导的细胞毒素作用可被一类抗CR3的抗体所抑制。此外，另一些学者认为，酵母β-葡聚糖的作用机制是通过调节免疫细胞表面的细胞受体而发挥作用（Engstad等，1993）。Joegensen等（1995）认为，哺乳动物巨噬细胞和单核细胞表面具有特异性的β-葡聚糖受体，当酵母β-葡聚糖与细胞受体结合后，能够产生一些具有免疫调节功能的物质（如白三烯、细胞因子和前列腺素等）。Mueller等（1996）研究表明，β-葡聚糖结合到单核细胞或巨噬细胞表面的β-1，3-D-葡聚糖特异性受体后，可激活NF-κB、IL-6 mRNA的表达，NF-κB启动*TNF-α*基因转录，进而促进*TNF-α*基因的产生。

2. 通过调节相关基因表达量发挥作用 β-葡聚糖可通过刺激巨噬细胞产生IL-6、IL-10、IL-12和PGE2等细胞因子来调节细胞免疫反应（Murata等，2002）。Suzuki

等（2001）报道，酵母β-葡聚糖的免疫调节作用可导致，如IL-12和TNF-α等细胞因子的释放。这些细胞因子和大量的其他免疫信号共同作用，通过调节Th1/Th2的平衡，使T细胞向Th1占优势的方向转化。有学者研究了酵母多糖促进巨噬细胞TNF合成的分子机制，结果表明酵母多糖可显著提高NF-κB活性，进而提高*TNF*基因启动子活性和TNF的表达。Tanja（2004）等通过分别应用LPS、1，3-β-D-葡聚糖和霉菌提取物刺激人的整个血细胞，应用ELISA和实时RT-PCR方法，检测全过程IL-1β、IL-8及其mRNA的表达水平。试验表明葡聚糖诱导3 h后，IL-1β及其mRNA达到最高表达水平，葡聚糖诱导3 h后可以检测到IL-8，但是LPS诱导后却不能产生。

3. 通过影响免疫细胞的信号传导发挥作用

（1）β-葡聚糖对NO产量的影响　多糖促进NO合成的机制可能是通过促进诱导型NO合成酶的基因表达，促使其合成增加，进而促进NO的合成与分泌。NO是一类具有广泛生物学活性的信息分子，它是在NO合成酶（NOS）的催化作用下将L-精氨酸（L-Arg）末端胍基中的1个氮原子氧化而生成的。NO生成后可以穿越生物膜和通过体液扩散的方式到达靶细胞内，激活鸟苷酸环化酶（GC），从而促进GMP合成增加并发挥其第二信使的生物学功能，参与神经、免疫等调节作用。NO的免疫调节作用包括：①通过杀灭病原微生物和肿瘤细胞来增强机体非特异性免疫功能；②调节T淋巴细胞和巨噬细胞的细胞因子分泌过程；③影响T淋巴细胞繁殖速度。

（2）β-葡聚糖对钙离子传导的影响　细胞内游离的Ca^{2+}水平既是信号转导过程中的关键环节，也是细胞发挥其生理功能的重要基础。细胞内Ca^{2+}浓度的升高，是淋巴细胞激活和增殖早期的一个重要表象。淋巴细胞Ca^{2+}水平不仅直接促进淋巴细胞的分裂，同时还促进细胞因子IL-2的释放。IL-2是强有力的淋巴细胞活化因子，在淋巴细胞增殖过程中发挥重要作用。磷脂酰肌醇（PIP2）代谢途径是T细胞活化的经典途径，而其中的Ca^{2+}是磷脂酰肌醇代谢途径中重要的第二信使，磷脂酰肌醇的代谢产物1，4，5-三磷酸肌醇（IP3）与内质网上膜受体结合后可促使内质网内贮存的Ca^{2+}释放，从而提高胞内Ca^{2+}的水平；而胞内Ca^{2+}浓度的升高又可以进一步促进NF-AT的生成，进而促进*IL-2*基因的表达。

酵母多糖可与鼠肺巨噬细胞表面受体结合，激活受体依赖的钙通道，引起Ca^{2+}内流（Zhang等，1997）。蛋白激酶C（PKC）的活性（Calphostin）可以被PKC抑制剂抑制，从而导致酵母多糖引起的Ca^{2+}内流速度显著下降，而PKC激活剂能模仿酵母多糖的作用促使Ca^{2+}内流速度上升。此外，酵母多糖也可促使PKC从细胞质转移到细胞膜，用酪氨酸蛋白激酶抑制剂（genistein）抑制蛋白质酪氨酸激酶（PTK），阻止了酵母多糖引起的Ca^{2+}内流和PKC转移。因此，多糖可提高巨噬细胞Ca^{2+}的原因可能是其具有PKC激活剂的功能。

（3）β-葡聚糖对cAMP、cGMP系统的影响　细胞内cAMP和cGMP的含量及其比值可以直接影响淋巴细胞多种生物学功能的发挥。cAMP主要参与免疫调控的负反馈机制，一般情况下，主要对免疫细胞活性起抑制性作用。cGMP主要参与免疫调控的正反馈机制，主要促进免疫细胞的活化，诱导免疫活性细胞的增殖、分泌。在细胞信号传导系统中，除上述的Ca^{2+}-肌醇磷脂-蛋白激酶信号系统外，cAMP-肌醇磷脂-蛋白激酶是另外一条信号体系。由于多糖具有独特的多羟基结构，因此可识别细胞膜表面的特异性分子并作为膜内 cAMP 环化酶的活化剂打开 Ca^{2+} 外流通道，启动免疫系统。香菇多糖能够增加小鼠血浆、脾脏、和胸腺中 cGMP 的含量，降低胸腺和脾脏中 cAMP 含量（白润江等，1997），可见香菇多糖可以通过调节 cAMP、cGMP 含量进而发挥其免疫调节作用。李明春等（2000）在对灵芝多糖对淋巴细胞信息传导作用影响的研究中发现，灵芝多糖能剂量依赖性引起小鼠腹腔巨噬细胞中 cAMP 浓度快速升高，5 min 达峰值，之后缓慢下降，至 30 min 时基本恢复原来水平。其作用机理可能是灵芝多糖与巨噬细胞表面特异性受体结合后，激活 G 蛋白，活化腺苷酸环化酶，进而促使巨噬细胞内 cAMP 浓度升高。

（4）β-葡聚糖对前列腺素分泌的影响　前列腺素在机体免疫反应中起重要作用，可以活化免疫细胞，抑制抗体的合成。其对免疫功能的调控分子机理可能与前列腺素调节细胞表面多糖受体有关。研究证实，酵母多糖与肺巨噬细胞表面的葡聚糖受体结合后可促进前列腺素的分泌（Falch 等，2000）。Czop 等（1985）报道，β-葡聚糖与人单核细胞表面特异受体结合后可以促进淋巴因子和 PGE2 的产生。Cisneros 等（1996）证实，β-葡聚糖可促进小鼠体内脾淋巴细胞前列腺素 PGE2 的产生。Konopski 等（1993）研究发现，IL-1、IL-2 和 IFN 能增强由 β-葡聚糖介导的吞噬细胞的吞噬能力；而前列腺素 E2 的作用相反，它可以降低细胞表面受体与多糖的结合能力。

（二）酵母 β-葡聚糖在犊牛生产中的应用

周怿（2010）在犊牛生长性能、营养物质消化率、部分免疫指标、肠道微生物菌群及肠黏膜形态等方面，系统研究了在正常生产条件和大肠埃希氏菌 K99 攻毒条件下酵母 β-葡聚糖对犊牛早期断奶的影响，以及通过体外培养评价了酵母 β-葡聚糖对大肠埃希氏菌的抑菌效果。其结果汇总如下：

1. 日增重、采食量及饲料转化率　酵母 β-葡聚糖对早期断奶犊牛日增重、采食量和饲料转化率的影响见表 5-41。在试验 0～28 d，酵母 β-葡聚糖添加量为 75 mg/kg 组的犊牛，ADG 与对照组相比分别提高了 14.81%，其余试验各组与对照组差异不显著；试验 28～56 d，25 mg/kg、50 mg/kg、75 mg/kg 组 ADG 比对照组分别提高了 17.84%、29.72%和 39.65%，其余两处理组与对照组差异不显著。从试验全期来看，50 mg/kg、75 mg/kg 组 ADG 比对照组分别提高 20.28%和 32.65%，其余处理组与对照组差异不显著。试验 0～28 d，各试验组 ADFI 与对照组差异不显著，但在试验 28～56 d，除 75 mg/kg 组比对照 ADFI 提高了 12.45%外，其余各处理组与对照组相比，从试验全期 0～56 d 来看，各处理组 ADFI 与对照组相比差异不显著。对于饲料转化率（F/G），在试验 0～28 d，75 mg/kg 组比对照组降低了 24.64%；在试验 28～56 d，与对照组相比，50 mg/kg、75 mg/kg 处理组 F/G 显著降低；同样，从全期来看，75 mg/kg 组显著降低了犊牛的 F/G。

2. 体尺指标　表 5-42 所示为酵母 β-葡聚糖对早期断奶犊牛体尺指数的影响。其中，体长指数可用以说明体长和体高的相对发育情况，此指数随年龄增长而增大；胸围指数表示体躯的相对发育程度，在草食家畜中，此指数随年龄增长而增大；体躯指数可

表 5-41　酵母β-葡聚糖对早期断奶犊牛日增重、采食量和饲料转化率的影响

项目		β-葡聚糖添加水平（mg/kg）					
		0	25	50	75	100	200
体重（kg）	0 d	39.43±7.07	41.73±1.36	41.40±0.44	42.78±2.43	37.43±0.73	40.90±4.24
	28 d	44.43±7.95[a]	46.95±4.31[a]	46.66±2.87[a]	49.96±3.03[b]	42.61±1.98[a]	46.20±5.40[a]
	56 d	53.05±1.28[a]	57.11±1.14[ab]	57.84±0.88[b]	61.99±2.38[b]	52.27±2.03[a]	55.46±3.12[a]
ADG（g）	0～28 d	178.57±28.15[a]	186.43±32.14[a]	187.93±41.09[a]	205.01±37.62[b]	185.00±23.66[a]	189.29±19.38[a]
	28～56 d	307.86±40.86[a]	362.79±46.96[ab]	399.36±45.37[b]	429.93±42.34[b]	344.79±52.65[a]	330.71±38.75[a]
	0～56 d	242.32±24.69[a]	280.16±27.16[a]	291.46±16.47[ab]	319.96±23.59[b]	259.77±18.52[a]	261.05±18.18[a]
ADFI（g）	0～28 d	492.50±6.19	521.32±7.88	517.57±4.74	534.36±10.02	467.43±9.81	511.17±8.13
	28～56 d	555.20±18.50[a]	586.75±14.29[a]	583.41±13.19[a]	624.32±18.02[b]	532.67±11.46[a]	578.01±10.84[a]
	0～56 d	526.64±10.38	553.14±12.64	548.05±9.73	580.51±14.11	503.94±9.09	544.91±15.01
F/G	0～28 d	2.76±0.18[b]	2.81±0.09[b]	2.75±0.27[b]	2.08±0.19[a]	2.52±0.20[b]	2.69±0.14[b]
	28～56 d	1.80±0.10[b]	1.61±0.11[b]	1.45±0.07[a]	1.44±0.12[a]	1.54±0.15[ab]	1.74±0.17[b]
	0～56 d	2.28±0.15[b]	2.19±0.14[b]	2.10±0.22[b]	1.76±0.32[a]	2.03±0.17[b]	2.21±0.24[b]

注：表中数据用“平均值±标准差”表示。表 5-42 至表 5-51、表 5-61 至表 5-65 注释与此同。

表 5-42　酵母β-葡聚糖对早期断奶犊牛体尺指数的影响

项目		β-葡聚糖添加水平（mg/kg）					
		0	25	50	75	100	200
肢长指数	0	60.78±7.00	60.44±5.04	60.95±4.89	60.76±3.93	61.14±5.39	61.06±4.73
	14 d	61.00±5.52	61.08±4.07	60.59±10.40	61.71±0.78	63.18±3.18	62.67±8.23
	28 d	63.46±6.24	62.73±2.73	63.00±2.33	62.13±1.25	64.30±12.52	62.10±7.57
	42 d	63.92±10.46	63.91±6.63	63.68±4.74	64.46±4.41	65.62±3.73	65.53±8.86
	56 d	66.19±7.07	64.70±8.24	65.81±4.60	65.09±2.06	65.51±4.30	66.38±5.99
体长指数	0	97.09±8.65	97.60±5.94	94.43±7.30	95.85±8.84	96.97±2.10	96.55±7.18
	14 d	97.68±5.98	98.26±3.43	96.04±2.79	97.70±4.59	97.38±1.56	96.93±4.74
	28 d	97.78±4.94	98.75±8.55	99.67±9.04	98.11±4.69	97.13±2.82	97.26±6.77
	42 d	99.21±13.54	100.97±5.66	99.58±2.65	98.92±7.34	99.22±4.58	97.79±8.49
	56 d	100.11±6.49	100.48±2.51	101.46±3.54	100.79±1.80	99.71±5.81	97.85±15.54
体躯指数	0	112.48±13.30	109.92±3.10	107.67±14.19	111.52±3.23	110.37±2.86	108.66±10.28
	14 d	111.66±6.83	111.99±0.99	109.72±4.73	111.24±2.40	111.63±7.56	108.48±8.25
	28 d	113.48±12.91	113.76±6.64	111.30±5.69	115.71±3.13	111.99±3.06	111.90±7.76
	42 d	116.52±7.89	114.14±6.25	112.15±3.98	115.94±8.93	113.75±9.52	112.42±12.02
	56 d	118.03±12.01	116.24±8.81	117.34±4.59	116.45±13.00	118.67±10.80	117.38±9.93

（续）

项 目		β-葡聚糖添加水平（mg/kg）					
		0	25	50	75	100	200
腿围指数	0	55.76±9.46	57.42±6.25	55.33±2.92	58.42±10.73	57.34±5.62	56.92±8.31
	14 d	56.80±7.12	61.03±2.95	55.32±2.34	61.27±15.05	58.06±12.08	57.35±14.50
	28 d	60.06±9.86	61.03±9.11	57.77±4.67	61.58±14.15	58.45±5.73	61.79±8.95
	42 d	61.81±5.74	62.65±6.31	61.92±2.86	62.89±5.42	61.93±7.22	62.48±6.77
	56 d	62.48±7.28	63.58±5.25	61.51±5.06	65.11±7.14	63.67±3.91	63.50±8.46
胸围指数	0	109.20±11.28	107.97±9.62	105.01±1.29	110.79±14.26	106.62±9.46	104.04±8.29
	14 d	108.96±4.82	110.32±5.25	106.95±14.08	109.31±5.59	108.85±15.11	106.00±10.56
	28 d	113.22±15.34	112.19±7.32	108.88±10.03	109.59±2.70	110.79±7.75	108.78±12.77
	42 d	113.13±4.88	114.77±4.64	110.70±8.48	113.28±10.86	112.92±9.10	109.52±8.50
	56 d	118.30±10.09	116.55±5.01	116.14±12.15	117.81±9.13	115.04±8.67	114.77±9.79

表示胸围和体斜长的发育程度，此指数与年龄变化关系不大；腿围指数可以说明腿围和体高的发育程度；肢长指数可表示四肢的相对发育情况，幼畜肢长指数大，若过小说明发育受阻，此指数随年龄增加而缩小。与对照组相比，试验各期各处理组间犊牛各体尺指数均无显著差异。

3. 粪便评分 表 5-43 所示为酵母 β-葡聚糖对早期断奶犊牛不同生长阶段粪便评分的影响。试验第 0～14 天，酵母 β-葡聚糖 50 mg/kg、75 mg/kg 处理组犊牛粪便指数显著低于对照组和 25 mg/kg、200 mg/kg 两个处理组（$P<0.05$），与 100 mg/kg 处理组相比差异不显著。在试验第 14～28 天和第 29～42 天两个阶段，50 mg/kg、75 mg/kg、100 mg/kg 3 个 β-葡聚糖处理组犊牛粪便指数显著低于对照组（$P<0.05$）。试验第 43～56 天，50 mg/kg、75 mg/kg、100 mg/kg 3 个 β-葡聚糖处理组犊牛粪便指数显著低于对照组（$P<0.05$），并且以 75 mg/kg β-葡聚糖处理组犊牛粪便指数显著低于对照组和其余各处理组（$P<0.05$）。

表 5-43 酵母 β-葡聚糖对早期断奶犊牛粪便指数的影响

试验阶段	β-葡聚糖添加水平（mg/kg）					
	0	25	50	75	100	200
0～14 d	$2.00±0.10^{b}$	$1.96±0.14^{b}$	$1.66±0.07^{a}$	$1.50±0.04^{a}$	$1.71±0.09^{ab}$	$1.91±0.21^{b}$
14～28 d	$1.91±0.16^{b}$	$1.64±0.06^{ab}$	$1.36±0.13^{a}$	$1.21±0.02^{a}$	$1.36±0.02^{a}$	$1.67±0.05^{ab}$
28～42 d	$1.83±0.19^{b}$	$1.54±0.11^{ab}$	$1.33±0.08^{a}$	$1.22±0.08^{a}$	$1.33±0.12^{a}$	$1.60±0.05^{ab}$
42～56 d	$1.67±0.09^{c}$	$1.44±0.08^{bc}$	$1.13±0.05^{b}$	$0.67±0.01^{a}$	$1.21±0.14^{b}$	$1.46±0.10^{bc}$

4. 营养物质表观消化率 表 5-44 为酵母 β-葡聚糖对早期断奶犊牛营养物质表观消化率的影响。从试验全程来看，随着日龄的增长，各处理组犊牛对干物质的表观消化

率均有下降趋势。其中，75 mg/kg 处理组犊牛在试验第 18～20 天期间干物质消化率为 79.42%，显著高于其余各处理组（$P<0.05$）。犊牛在试验第 46～48 天阶段，50 mg/kg、75 mg/kg 处理组干物质的表观消化率显著高于对照组（$P<0.05$）。

表 5-44　酵母 β-葡聚糖对早期断奶犊牛营养物质表观消化率的影响

项目		β-葡聚糖添加水平（mg/kg）					
		0	25	50	75	100	200
干物质	18～20 d	64.17±7.00[a]	62.41±6.33[a]	57.40±6.21[a]	79.42±9.46[b]	62.12±8.93[a]	67.75±6.52[a]
	46～48 d	53.30±4.36[a]	52.26±3.46[a]	66.07±2.52[b]	64.87±7.28[b]	58.28±11.00[a]	63.18±6.77[ab]
粗蛋白质	18～20 d	55.33±1.39[a]	58.19±1.45[a]	62.47±1.54[ab]	76.10±4.88[b]	64.77±2.82[ab]	55.83±12.21[a]
	46～48 d	50.83±1.16[a]	53.98±1.23[a]	53.87±2.00[a]	68.87±7.32[b]	66.27±7.18[b]	48.28±3.93[a]
粗脂肪	18～20 d	78.03±2.52[a]	89.03±0.58[b]	92.41±2.65[b]	94.77±8.48[b]	89.37±8.25[b]	92.34±7.86[b]
	46～48 d	65.08±3.06[a]	73.33±2.52[a]	80.24±4.59[b]	81.45±5.59[b]	70.45±3.06[a]	75.00±9.17[ab]
钙	18～20 d	66.75±4.73	71.15±2.31	71.51±3.51	74.84±7.75	70.46±12.02	73.28±2.34
	46～48 d	58.94±3.79	64.77±2.65	65.09±2.89	65.19±8.50	64.39±3.91	66.49±2.86
磷	18～20 d	65.93±1.53[a]	73.65±5.29[a]	71.11±6.74[a]	83.00±12.77[b]	68.63±4.73[a]	63.34±9.46[a]
	46～48 d	46.79±0.76[a]	53.51±2.65[a]	51.59±2.08[a]	57.05±2.83[b]	54.37±4.53[a]	46.38±7.12[a]

与干物质的消化规律相似，日粮中粗蛋白质和粗脂肪的消化率随犊牛日龄的增长表现下降趋势。试验第 18～20 天，75 mg/kg 处理组粗蛋白质的表观消化率为 76.10%，显著高于对照组的 55.33%（$P<0.05$）；试验第 46～48 天，75 mg/kg、100 mg/kg 处理组粗蛋白质的表观消化率为 68.87%和 66.27%，显著高于对照组（$P<0.05$）。犊牛对粗脂肪的表观消化率较高，试验第 18～20 天酵母 β-葡聚糖各处理组均显著高于对照组（$P<0.05$）。试验第 46～48 天 75 mg/kg 处理组粗脂肪的表观消化率为 81.45%，比对照组显著提高了 25.15%。

与对照组相比，酵母 β-葡聚糖对早期断奶犊牛各试验阶段日粮钙的表观消化率无显著影响。但是 75 mg/kg 处理组显著提高早期断奶犊牛各生理阶段对日粮磷的表观消化率，其中 18～20 d 和 46～48 d 犊牛对日粮磷的表观消化率分别为 83.00%和 57.05%，且显著高于对照组（$P<0.05$）。

5. 血液指标

（1）血清生化指标　由表 5-45 可知，日粮中添加 75 mg/kg 酵母 β-葡聚糖可显著降低试验各期血清白蛋白含量。与对照组相比，试验 14 d 时犊牛血清白蛋白含量降低 13.21%、试验 28 d 降低 14.62%、试验 42 d 降低 9.97%，但各酵母 β-葡聚糖处理组间差异不显著。血清中甘油三酯的含量随日粮中酵母 β-葡聚糖含量的增加而降低，其中 200 mg/kg 处理组在犊牛 28 d 和 42 d 分别比对照组显著降低了 33.33%和 38.10%。从试验各期来看，犊牛血清中总蛋白、尿素氮、血糖和总胆固醇含量基本稳定，酵母β-葡聚糖对犊牛血清中总蛋白、尿素氮、血糖和总胆固醇浓度均无显著影响。

表 5-45 酵母β-葡聚糖对早期断奶犊牛血清生化参数的影响

项 目		β-葡聚糖添加水平（mg/kg）					
		0	25	50	75	100	200
总蛋白 TP (g/L)	0 d	49.10±5.37	50.50±5.20	51.20±3.37	47.65±0.64	50.47±6.31	46.36±8.83
	14 d	51.73±4.80	51.43±0.81	51.03±1.44	52.27±6.33	49.60±4.16	53.10±5.86
	28 d	50.93±1.57	55.30±4.92	50.87±4.77	50.83±3.98	51.63±7.88	58.00±3.94
	42 d	57.37±5.81	51.75±5.16	54.30±3.76	52.03±4.18	50.65±2.61	56.37±4.69
白蛋白 (g/L)	0 d	37.00±4.58	36.70±2.17	36.40±3.80	36.13±2.37	36.70±3.00	33.10±1.68
	14 d	38.60±2.99[b]	36.37±0.95[ab]	36.80±1.22[ab]	33.50±0.17[a]	35.17±1.17[a]	36.37±2.61[ab]
	28 d	39.67±0.91[b]	35.67±1.66[ab]	36.13±2.83[ab]	33.87±0.58[a]	36.53±3.69[ab]	37.40±2.11[ab]
	42 d	38.40±1.61[b]	35.37±1.80[ab]	36.47±1.68[ab]	34.57±0.40[a]	34.97±1.28[a]	37.07±0.57[ab]
尿素氮 (mmol/L)	0 d	3.47±0.23	3.50±0.31	2.40±0.43	3.30±0.09	3.63±0.18	2.60±0.22
	14 d	2.80±0.26	3.50±1.18	2.40±0.78	3.40±0.95	3.30±0.92	3.33±0.51
	28 d	3.30±0.10	3.87±0.87	3.13±0.55	3.30±0.46	3.97±1.70	2.83±0.15
	42 d	3.70±0.56	3.37±1.10	3.97±0.87	3.33±0.33	3.17±0.45	2.83±1.21
血糖 (mmol/L)	0 d	4.60±0.30	4.97±1.16	5.53±0.55	4.97±0.55	5.36±0.50	5.67±0.57
	14 d	6.33±0.94	6.07±1.46	7.10±0.35	6.93±1.08	6.50±0.87	6.60±2.07
	28 d	5.67±1.40	5.17±0.25	5.30±0.62	5.63±0.60	4.03±1.68	5.07±0.85
	42 d	6.67±1.75	5.20±1.14	6.30±0.70	6.80±0.44	5.97±0.40	6.40±1.50
甘油三酯 TG (mmol/L)	0 d	0.32±0.09	0.30±0.04	0.33±0.01	0.29±0.05	0.35±0.03	0.33±0.02
	14 d	0.56±0.03[b]	0.31±0.02[ab]	0.25±0.06[a]	0.24±0.03[a]	0.34±0.07[ab]	0.37±0.01[ab]
	28 d	0.48±0.02[b]	0.45±0.03[b]	0.39±0.07[ab]	0.36±0.03[ab]	0.38±0.04[ab]	0.32±0.03[a]
	42 d	0.42±0.07[b]	0.36±0.13[ab]	0.37±0.06[ab]	0.35±0.04[ab]	0.30±0.05[ab]	0.26±0.02[a]
总胆固醇 TC (mmol/L)	0 d	1.61±0.71	2.04±0.60	2.08±0.55	1.81±0.37	1.62±0.30	1.71±0.87
	14 d	3.82±0.04	3.56±0.81	3.18±1.09	3.08±0.67	2.62±0.33	3.05±0.26
	28 d	3.37±0.76	3.10±1.11	3.71±0.90	2.78±0.19	2.88±0.24	2.51±0.64
	42 d	3.91±0.45	3.58±1.36	3.32±0.41	3.22±0.30	3.18±0.42	3.46±0.57

（2）血清免疫指标　酵母β-葡聚糖对早期断奶犊牛部分免疫指标的影响见表 5-46，试验各期酵母β-葡聚糖各处理组 IgA 水平与对照组差异均不显著。在 IgG 水平方面，试验 14 d 时，75 mg/kg、100 mg/kg、200 mg/kg 组与对照组相比分别显著提高了 59.73%、47.55%和 38.73%。试验 28 d 时，与对照组相比，50 mg/kg、75 mg/kg、100 mg/kg、200 mg/kg 组血清中 IgG 含量显著提高 49.93%、63.24%、54.74%和 50.26%。同样，试验 42 d 时，血清中 IgG 含量随β-葡聚糖含量的增加而增加，其中 50 mg/kg、75 mg/kg、100 mg/kg、200 mg/kg 组与对照组相比差异显著。试验各期血清中 IgM 含量也随β-葡聚糖含量的增加而呈规律性的变化。其中，试验 14 d 和 42 d，75 mg/kg 组 IgM 含量显著高于对照组（$P<0.05$）；试验 28 d，各处理组 IgM 含量与对照组间差异均不显著；试验各期，犊牛血清中 IgA 含量与对照组相比差异不显著。与对照组相比，血清中 ALP 含量随β-葡聚糖含量的增加而增加，试验各期 75 mg/kg 处理组 ALP 含量较对照组分别提高了 32.78%、47.46%和 69.96%。随着日粮中血清中酵母β-葡聚糖含量的增加犊牛血清中 LZM 含量逐渐升高。其中，试验 14 d，各处理组间差异不显著；试验 28 d，200 mg/kg 处理组 LZM 含量显著高于对照组和酵母β-葡聚糖 25 mg/kg、50 mg/kg处理组（$P<0.05$），但是与酵母β-葡聚糖 75 mg/kg、100 mg/kg 处理组差异

不显著；试验 42 d，各酵母 β-葡聚糖处理组犊牛血清中 LZM 含量均显著高于对照组（$P<0.05$），但各试验处理组间差异不显著。

表 5-46 酵母 β-葡聚糖对早期断奶犊牛部分免疫指标的影响

项 目		β-葡聚糖添加水平（mg/kg）					
		0	25	50	75	100	200
IgG（ng/mL）	0 d	36.19±1.04	36.83±1.03	32.36±0.93	34.91±1.30	33.64±1.21	40.19±1.76
	14 d	53.52±2.11[a]	56.74±1.09[a]	58.68±1.32[a]	85.49±0.95[b]	78.97±1.12[b]	74.25±0.82[b]
	28 d	88.11±2.64[a]	90.04±2.23[a]	127.69±2.18[b]	143.83±2.94[b]	136.34±2.89[b]	132.39±2.32[b]
	42 d	117.74±3.99[a]	128.37±3.41[a]	164.85±3.47[b]	175.41±3.82[b]	156.68±3.55[b]	143.87±3.97[b]
溶菌酸（μg/mL）	0 d	4.30±0.71	4.39±0.51	4.24±0.39	4.58±1.56	4.62±0.44	4.85±0.77
	14 d	5.15±1.09	4.60±1.48	4.72±0.38	4.90±0.95	5.38±0.56	5.45±0.56
	28 d	4.81±0.56	5.06±1.13	4.18±0.58	4.36±0.77	4.80±1.62	4.15±1.17
	42 d	4.38±1.01	4.97±0.63	5.02±0.63	4.81±1.64	4.83±1.54	5.07±0.86
IgM（μg /mL）	0 d	11.02±0.95	11.94±1.02	11.09±0.82	11.33±0.63	11.06±0.31	11.05±0.33
	14 d	14.09±0.99[a]	16.85±0.65[ab]	16.76±0.41[ab]	20.26±0.67[b]	17.99±0.82[ab]	17.36±0.32[ab]
	28 d	16.80±0.99	16.09±1.42	17.42±1.68	18.82±0.55	17.72±0.92	17.10±0.78
	42 d	20.80±1.23[a]	22.96±1.40[a]	24.29±1.42[ab]	25.04±1.71[b]	25.79±1.66[b]	23.49±1.43[ab]
碱性磷酸酶（U/L）	0 d	185.00±11.34	207.00±21.55	222.67±17.68	231.67±15.63	190.67±23.11	214.67±19.77
	14 d	138.33±21.95[a]	129.33±18.44[a]	125.67±11.34[a]	183.67±16.87[b]	128.33±20.68[a]	138.67±17.56[a]
	28 d	125.00±13.28[a]	113.00±15.97[a]	117.33±21.00[a]	184.33±18.75[b]	159.67±14.87[b]	156.33±21.90[b]
	42 d	123.33±12.18[a]	140.00±13.21[a]	139.33±14.56[a]	209.61±19.66[b]	167.67±16.43[b]	174.33±14.90[b]
溶菌酶（μg /mL）	0 d	6.04±1.47	6.18±2.04	6.63±0.74	6.48±1.68	6.15±1.27	6.51±1.93
	14 d	6.54±0.90	6.40±1.31	6.82±0.58	7.01±1.03	6.93±1.60	7.09±1.26
	28 d	6.60±2.02[a]	6.55±1.09[a]	6.98±1.66[a]	7.25±1.62[ab]	7.21±1.95[ab]	7.32±2.57[b]
	42 d	6.61±0.74[a]	7.40±1.69[b]	7.51±0.34[b]	7.60±1.39[b]	7.80±0.94[b]	7.66±2.49[b]

6. 消化系统的发育

（1）消化器官　表 5-47 为试验第 56 天犊牛活体重、屠宰解剖后胃肠道及部分器官的重量。试验结束时，各处理组犊牛体重随 β-葡聚糖添加量的增加呈现先增加而后降低的趋势。其中，添加 50 mg/kg 和 75 mg/kg 组犊牛体重显著高于其余各组和对照组（$P<0.05$），除 75 mg/kg 组犊牛瘤胃和皱胃重显著高于对照组外（$P<0.05$），各处理组中其余各肠段重或器官重与对照组相比差异均不显著。

表 5-47 56 日龄各组犊牛体重及胃肠道器官重（g）

项 目	β-葡聚糖添加水平（mg/kg）					
	0	25	50	75	100	200
体重（kg）	53.15±1.28[a]	57.19±1.14[ab]	58.01±0.88[b]	62.10±2.38[b]	52.21±2.03[a]	54.86±3.12[a]
瘤胃	466.84±10.63[a]	513.99±13.21[ab]	526.34±17.29[ab]	551.71±14.49[b]	465.20±25.68[a]	488.05±8.29[a]
网胃	111.40±1.57	125.64±1.45	127.25±5.46	130.18±2.90	114.00±2.72	116.47±0.81

（续）

项 目	β-葡聚糖添加水平（mg/kg）					
	0	25	50	75	100	200
瓣胃	153.84±3.43	165.62±5.52	150.38±5.61	179.77±4.44	146.35±4.89	160.83±3.62
皱胃	259.94±7.50[a]	279.84±8.81[a]	294.98±9.45[ab]	309.95±9.81[b]	261.35±11.68[a]	271.75±4.70[a]
十二指肠	58.36±1.01	62.82±0.85	63.62±2.30	61.99±1.52	57.50±0.28	61.01±0.04
空肠	1188.32±6.46	1233.58±37.44	1197.29±36.18	1307.98±40.22	1369.47±12.27	1253.40±10.66
回肠	53.05±0.54	62.82±3.58	63.62±7.77	68.18±7.17	57.49±0.81	61.01±1.80
胰脏	63.66±0.80	57.11±2.24	63.62±3.11	68.19±1.85	73.18±1.46	77.64±2.31
肝脏	997.34±24.30	1130.78±26.90	983.28±33.31	1066.23±33.09	998.36±6.49	1031.56±5.69
脾脏	122.02±1.58	131.35±5.29	138.82±4.02	136.38±4.64	120.22±4.77	122.01±1.14

各器官重量占体重百分比见表5-48。除肝脏比重外，各试验组犊牛胃肠道各段、脾及胰脏的器官比重之间，以及它们与对照组相比均无显著差异；添加50 mg/kg和75 mg/kg组犊牛肝脏的比重显著低于其余各组（$P<0.05$），分别比对照组减少了5.09%和4.53%。随着酵母β-葡聚糖添加量的增加，100 mg/kg和200 mg/kg两个处理组犊牛肝脏比重增加并显著高于50 mg/kg和75 mg/kg组（$P<0.05$），与对照组和25 mg/kg处理组的比重差异不显著。

表5-48 不同水平β-葡聚糖对早期断奶犊牛胃肠道器官发育的影响（占体重百分比）

项 目	β-葡聚糖添加水平（mg/kg）					
	0	25	50	75	100	200
瘤胃	0.88±0.06	0.90±0.05	0.91±0.01	0.89±0.04	0.89±0.07	0.88±0.03
网胃	0.21±0.02	0.22±0.01	0.22±0.01	0.21±0.02	0.22±0.02	0.20±0.01
瓣胃	0.29±0.02	0.29±0.04	0.26±0.01	0.29±0.03	0.28±0.00	0.29±0.04
皱胃	0.49±0.02	0.49±0.04	0.51±0.02	0.50±0.05	0.50±0.03	0.49±0.04
十二指肠	0.11±0.01	0.11±0.01	0.11±0.01	0.10±0.00	0.11±0.01	0.11±0.01
空肠	2.24±0.44	2.16±0.45	2.07±0.12	2.11±0.23	2.62±0.02	2.26±0.07
回肠	0.10±0.01	0.11±0.00	0.11±0.01	0.11±0.01	0.11±0.02	0.11±0.02
胰脏	0.12±0.01	0.10±0.01	0.11±0.02	0.11±0.01	0.14±0.01	0.14±0.01
肝脏	1.88±0.02[a]	1.98±0.05[b]	1.70±0.00[c]	1.72±0.02[c]	1.91±0.02[ab]	1.86±0.03[a]
脾脏	0.23±0.01	0.23±0.02	0.24±0.01	0.22±0.02	0.23±0.01	0.22±0.00

各组犊牛复胃胃室的相对比重见表5-49，瘤胃相对比重有随日粮中酵母β-葡聚糖添加量增加而增加的趋势，但各组差异不显著；而皱胃相对比重的变化规律与瘤胃正好相反，皱胃的相对比重以对照组为最高、以200 mg/kg组最低，但各组差异不显著。

表5-49 不同水平β-葡聚糖对早期断奶犊牛复胃发育的影响（占胃重百分比）

牛胃分类	β-葡聚糖添加水平（mg/kg）					
	0	25	50	75	100	200
瘤胃	45.85±0.13	46.62±1.60	47.32±1.52	47.33±0.37	47.39±3.70	47.45±0.12
网胃	10.99±1.06	11.04±0.07	11.38±0.11	11.63±0.83	11.73±0.91	11.82±1.28
瓣胃	15.83±0.03	15.22±0.15	14.57±0.71	14.35±0.35	14.25±0.17	14.14±0.92
皱胃	27.33±0.96	27.12±1.06	26.73±1.05	26.69±0.23	26.63±0.63	26.59±0.17

（2）消化器官组织形态　瘤胃和小肠各段组织形态发育见表5－50。2月龄时犊牛瘤胃乳头高度、宽度和黏膜厚度随日粮中酵母β－葡聚糖添加量的增加而增大，其中酵母β－葡聚糖75 mg/kg、100 mg/kg和200 mg/kg组犊牛瘤胃乳头高度、宽度和黏膜厚度显著高于其余各处理组和对照组（$P<0.05$），说明酵母β－葡聚糖可促进犊牛瘤胃组织发育。

与对照组相比，酵母β－葡聚糖添加量为25 mg/kg、50 mg/kg和75 mg/kg时可显著提高十二指肠绒毛高度，分别比对照组提高了31.35％、28.22％和31.92％；隐窝深度随日粮中酵母β－葡聚糖添加量的增加先减小后增大，其中75 mg/kg组显著小于其余各组，比对照组降低了20.84％；各组V/C也以75 mg/kg组显著高于对照组（$P<0.05$）；此外，25 mg/kg和50 mg/kg两处理组V/C显著高于对照组（$P<0.05$），但同时也显著低于75 mg/kg组（$P<0.05$）；各组十二指肠黏膜厚度差异不显著。

空肠及回肠中段与十二指肠变化趋势相同，绒毛高度以75 mg/kg组显著高于其余各处理组和对照组（$P<0.05$）；75 mg/kg组犊牛空肠和回肠中段隐窝深度显著小于其余各组和对照组，从而使得75 mg/kg组犊牛空肠及回肠中段绒毛高度与隐窝深度的比值显著大于其余各组；空肠黏膜厚度随日粮中酵母β－葡聚糖添加量的增加而增大，各处理组均显著高于对照组（$P<0.05$）。

表5－50　不同水平β－葡聚糖对早期断奶犊牛瘤胃和小肠形态发育的影响

项目		β－葡聚糖添加水平（mg/kg）					
		0	25	50	75	100	200
瘤胃前背盲囊	乳头高度	1059.05±26.86[a]	1219.20±10.74[b]	1240.92±14.11[b]	1521.82±11.69[c]	1459.51±14.42[c]	2780.01±24.18[d]
	乳头宽度	392.95±1.89[a]	402.23±9.20[a]	361.36±4.77[a]	457.16±7.53[b]	433.13±2.16[ab]	733.00±9.93[c]
	黏膜厚度	1310.77±13.43[a]	1394.33±6.37[a]	1463.96±25.09[ab]	1679.56±18.65[b]	1652.57±21.78[b]	3052.92±8.79[c]
十二指肠	绒毛高度	1039.84±20.72[a]	1365.86±40.31[b]	1333.26±5.47[b]	1371.71±37.37[b]	1122.61±19.37[a]	1112.26±61.93[a]
	隐窝深度	222.31±14.03[b]	201.86±2.43[b]	197.91±6.97[ab]	175.99±3.21[a]	235.56±2.83[b]	233.69±0.93[b]
	黏膜厚度	1707.60±27.12	1676.82±16.92	1668.78±20.06	1691.30±19.15	1650.12±11.17	1680.60±2.22
	V/C	4.68±0.20[a]	6.77±0.26[b]	6.74±0.21[b]	7.73±0.09[c]	4.76±0.13[a]	4.76±0.28[a]
空肠中段	绒毛高度	1060.11±46.04[a]	1269.07±24.24[ab]	1147.93±26.30[a]	1367.86±19.34[b]	1064.04±48.25[a]	1044.06±29.16[a]
	隐窝深度	222.86±0.56[b]	209.94±2.04[ab]	190.72±2.06[ab]	186.47±2.03[a]	198.78±1.10[ab]	198.38±1.85[ab]
	黏膜厚度	1239.24±46.98[a]	1759.34±17.06[b]	1737.68±18.59[b]	1865.30±27.03[b]	2280.73±5.60[c]	1939.35±17.57[c]
	V/C	4.76±0.22[a]	6.11±0.04[b]	6.02±0.18[b]	7.34±0.04[c]	5.35±0.27[ab]	5.26±0.19[ab]
回肠中段	绒毛高度	1549.24±23.42[a]	1628.09±8.15[ab]	1605.53±17.43[ab]	1752.94±18.38[b]	1627.47±12.24[ab]	1558.32±1.47[a]
	隐窝深度	247.23±3.68[b]	189.83±4.94[a]	182.26±6.06[a]	186.21±2.21[a]	193.83±0.49[a]	251.13±2.72[b]
	黏膜厚度	2158.06±31.08[b]	1832.37±23.64[ab]	1740.99±35.33[a]	2256.79±21.22[b]	2054.70±37.86[b]	1985.62±11.08[b]
	V/C	6.27±0.22[a]	8.33±0.04[b]	8.65±0.19[b]	9.40±0.04[c]	8.35±0.27[ab]	6.16±0.19[a]

7. 直肠微生物数量　从表5－51可看出，与对照组相比，酵母β－葡聚糖50 mg/kg、75 mg/kg、100 mg/kg和200 mg/kg组可显著抑制肠道中大肠埃希氏菌数量，分别比对照组降低了9.76％、13.82％、9.35％、10.30％，但50 mg/kg、75 mg/kg、100 mg/kg和200 mg/kg处理组间差异不显著。乳酸杆菌是肠道中的主要有益菌，其中以酵母

β-葡聚糖 75 mg/kg 组乳酸杆菌数显著高于其余各组和对照组（$P<0.05$），比对照组提高 10.05%。各组犊牛直肠内容物中均未检测出肠炎沙门氏菌。酵母 β-葡聚糖 75 mg/kg 组在抑制肠道大肠埃希氏菌和促进肠道有益菌生长方面都有显著作用。

表 5-51 不同水平 β-葡聚糖对直肠微生物的影响（$\log_{10}$ CFU/g）

项 目	β-葡聚糖添加水平（mg/kg）					
	0	25	50	75	100	200
乳酸杆菌	7.86±0.19[a]	8.17±0.09[a]	8.08±0.05[a]	8.65±0.03[b]	8.04±0.27[a]	7.90±0.14[a]
大肠埃希氏菌	7.38±0.19[b]	7.10±0.01[b]	6.66±0.23[a]	6.36±0.11[a]	6.69±0.08[a]	6.62±0.15[a]
肠炎沙门氏菌	—	—	—	—	—	—

注："—"指未检出。

综上所述，在早期断奶犊牛日粮中添加 75 mg/kg 的酵母 β-葡聚糖可有效改善犊牛胃肠道黏膜形态，增强犊牛的体液免疫功能，降低犊牛直肠中的大肠埃希氏菌数量，提高犊牛直肠中的乳酸杆菌数量，从而能降低犊牛腹泻发生频率，提高犊牛对营养物质的消化率，进而提高犊牛的生长性能。

五、植物提取物

（一）植物提取物的作用机理

几十年来的研究和应用实践证明，抗生素作为饲料添加剂，对畜禽有保健、促生长的作用。但是随着养殖业的迅猛发展，疾病发生的复杂化，抗生素的长期大量使用所导致的药物残留、耐药性等影响动物源性的食品安全，对人类健康造成的危害日益受到关注。因此，开发高效、无残留、无抗药性及无污染的饲料添加剂将会有很好的应用前景。天然植物提取物因其具有天然性、多功能性、低毒副作用、无抗药性等特性，而逐渐成为抗生素、激素、化学合成品等产品的理想替代品。

1. 血根碱 生物碱是一类源自微生物、植物和动物的结构复杂、种类繁多的天然产物。血根碱（C20H15O5N）是一种苯菲啶异喹啉类生物碱，相对分子质量为 332，呈红黄色粉末状，主要存在于罂粟科博落回的全草、白屈菜的全草、血水草的地上部分和紫堇的块、根中，由二氢苯并菲啶氧化酶氧化二氢血根碱而成，其单体在 1829 年就已被提纯。血根碱的化学活性是基于其亚胺基团的亲核特性，可以参与氧化剂清除和（或）氧化酶抑制，具有抗细菌、抗真菌、抗氧化、抗炎症的作用，并被用来控制血吸虫，此外血根碱还具有抗肿瘤特性。目前血根碱已在人医和兽医临床上得到应用，在我国于 2011 年被批准为国家二类新兽药。

（1）抗菌作用及其机制 血根碱显示出持续的抗菌活性。血根碱及其衍生物具有较强的细胞渗透性并对很多细菌具有抗性，其最低抑菌浓度 MIC=6.25 μg/mL。受到抑制的细菌有：金黄色葡萄球菌、大肠埃希氏菌、鸡沙门氏菌、克雷伯氏杆菌、包皮垢分枝杆菌、白念珠菌。另外也有研究报道，血根碱 MIC 范围在 1.6～6.3 μg/mL 内对革兰氏阳性菌具有抑制作用。在人的临床应用中，苯菲啶生物碱常被用来治疗牙周疾病，具有抗菌作用的牙膏和漱口水中一般含有浓度为 0.3%的水溶氯化血根碱。血根碱还能有效抑制形成口臭的挥发性硫化物的产生。在抗真菌方面，血根碱对一些真菌，如毛癣菌菌株、犬小孢子菌、絮状麦皮癣菌和烟曲霉菌等都具有抑制作用。血根碱对沙门氏菌、金黄色葡萄球菌和大肠埃希氏菌等病原菌的抑制效果强于盐酸金霉素，而对于正常菌群，如枯草芽孢杆菌、凝结芽孢杆菌等益生菌的抑制效果却很小。另外，血根碱还具有对沙门氏菌、金黄色葡萄球菌、大肠埃希氏菌生物被膜有较强的清除作用，这为解决畜牧养殖业抗生素滥用导致耐药性及生态污染问题提供了新的途径。

研究已经明确血根碱有两种抗菌作用机理，即：通过扰动 Z-环和抑制细胞分裂来发挥抗菌作用。支持证据包括：血根碱结合细菌细胞分裂蛋白细丝温度敏感蛋白 Z (filamentous temperature - sensitive protein Z，FtsZ)，抑制 Z-环形成和在不影响 DNA 复制、细菌拟核分离或膜结构的情况下诱导细胞生长。

（2）抗炎活性及其机制　炎症是具有血管系统的活体组织对损伤因子的防御性反应。在由角叉菜胶诱导引起的鼠爪水肿评估抗炎活性试验中，血根碱显示出了较强的抗炎活性。另外，盐酸血根碱还对作用于大肠埃希氏菌的 1017 和 T2 类型噬菌体具有直接灭活作用。核转录因子 NF-κB 是一个参与超过 200 个基因表达的调控因子，许多炎症性疾病包括癌症都与 NF-κB 的活性相关。NF-κB 在细胞质内是由 P50、P65 及 IκBa 亚基组成异质三联体复合物的方式以非活性状态存在。当复合物被活化后，IκBa 亚基依次顺序进行磷酸化、泛素化和降解，此后释放出 P50～P65 异质二聚体复合物，进而转运到细胞核内，受其他促炎因子，如脂多糖、肿瘤坏死因子（tumor necrosis factor，TNF）、白介素-1 等的刺激，产生炎症。用肿瘤坏死因子处理人类骨髓 ml-1a 细胞后，能迅速激活 NF-κB。这种激活完全被血根碱通过一定的剂量方式抑制。血根碱对 NF-κB 蛋白与 DNA 结合不起明显作用，它抑制 IκBa 亚基磷酸化。这是血根碱抗炎性的主要机制。

（3）抗氧化作用　ROS 是需氧生物体正常的代谢产物，在正常生理状态下，机体可维持 ROS 的动态平衡，从而对细胞及胞内信号转导、基因转录和组织生长发育起积极的作用。低剂量的 ROS 增强细胞增殖；中剂量的 ROS 会造成细胞生长抑制；而在高剂量 ROS 情况下，体内的抗氧化剂无法与之抗衡，造成机体氧化损伤，如蛋白质氧化、脂质过氧化和 DNA 氧化损伤等，进而诱发多种疾病，ROS 可能触发通过持续发生 DNA 损伤及 p53 突变（如皮肤、肝细胞和结肠癌中发现）导致的癌变。为了降低过度氧化对机体造成的损伤，一些天然抗氧化剂已受到研究者的广泛关注，如维生素 C、白藜芦醇和茶多酚等。血根碱也具有很强的抗氧化作用，其可有效清除自由基及保护蛋白氧化损伤和羰基化损伤，同时可显著抑制脂质及 DNA 氧化损伤。另外，血根碱还具有抑制佛波醇诱导的氧化裂解，在这个过程中最重要的酶就是 NADPH 氧化酶复合物。血根碱可能通过阻碍 NADPH 酶的活性发挥其抗氧化功能，这表明血根碱是一种酶抑制剂而不是活性氧清除剂。因为 NADPH 氧化酶（NOX2）在血管紧张素（angiotensin II，AngⅡ）诱导下 ROS 的生成过程起重要作用，推测血根碱通过降低 NADPH 氧化酶（NOX2）的表达来抑制 ROS 的产生。

（4）杀虫作用及其机制　血根碱对多种寄生虫均有良好的杀灭作用。血根碱对鱼类中型指环虫具有很好的杀灭作用，实验室条件下杀虫率可以达到 100%，有效的浓度 EC50 为 0.37 mg/L。血吸虫病是一种被忽视的热带疾病，是由血栖复殖吸虫属血吸虫引起的。在70多个国家中，该病仍然是一个主要寄生虫病问题。该疾病是仅次于疟疾的第二个最重要的人类寄生虫病，全球有超过2亿人感染，8亿人生活在感染的风险中。近年来，来自天然产物源的抗血吸虫病的新药物得到了越来越多的重视。血根碱具有强效的抗血吸虫作用，体外抗曼氏血吸虫成虫的浓度为10 μmol/L。扫描电镜研究表明，蠕虫体表受到严重侵蚀并瓦解。有报道称血根碱具有杀螺作用。其机制可能是血根碱可引起钉螺肝脏糖原含量及一些重要酶活性的改变而导致钉螺肝功能损伤。血根碱可以对指环虫的体表及体表超微结构造成损伤，同时还能影响指环虫抗氧化酶系统，使得抗氧化能力下降。

2. 白藜芦醇 白藜芦醇（resveratrol）是一种多酚化合物，化学名为3，4，5′-三羟基-反-二苯代乙烯。Langcake和Pryce于1976年在酿酒葡萄藤中发现了白藜芦醇。天然白藜芦醇存在于葡萄（葡萄皮、葡萄籽中含量最高）、花生及中药虎杖等植物中，是一种植物抗毒素，在恶劣环境（如紫外线照射）中或受到霉菌、真菌感染时产生。白藜芦醇与其他大多数酚类物质一样由苯丙氨酸经莽草酸途径合成。在这一途径中涉及3种限速酶，即苯丙氨酸解氨酶、辅酶A连接酶和1，2-二苯乙烯合成酶，这3种酶的生物合成能被应激诱导。白藜芦醇是无色针状晶体，难溶于水，易溶于乙醇、乙酸乙酯、丙酮等极性溶剂。熔点为256～257 ℃，在261 ℃升华。以反式和顺式两种同分异构体的形式存在，反式异构体可在紫外光照射下转化为顺式异构体。很久以来，白藜芦醇就被认为具有保护心脏的作用和有助于解释“法国悖论”（即：法国人和别的发达国家消费相似的食物，但是法国人的心血管疾病发生率却比相同国家很低）。此后大量研究表明，白藜芦醇具有多种生物活性和药理作用，如抗氧化、抗肿瘤、神经及心血管保护和抗衰老等作用。最近研究表明，白藜芦醇的这些作用大部分是参与基因DNA甲基化、组蛋白乙酰化、微小RNA（miRNA）等调控过程实现的。

（1）抗氧化机制 正常细胞代谢产生活性氧（ROS）（ROI活性氧中间物），如超氧化物、过氧化氢和羟基分子，它们经常被胞内酶（谷胱甘肽过氧化物酶、超氧化物歧化酶和过氧化氢酶）分解。然而，可能发生ROI非正常富集，即所谓的氧化应激。脂质、蛋白质和DNA等大分子物质暴露在ROI下，会有潜在的氧化反应。白藜芦醇具有的内在抗氧化能力可能与其化学防御功能有关。在体外，低剂量的白藜芦醇可以诱导解毒酶的产生。在体内，白藜芦醇已经显示出具有增加血浆抗氧化能力和降低脂质过氧化反应的能力。在鼠、猪和人体内的研究似乎指出，白藜芦醇能抑制过氧化反应脂质和一些大分子的病态增加，但是这种机制还并不清楚。

（2）心血管保护作用 白藜芦醇从多个方面保护心血管系统。最重要一点是在较低浓度时，白藜芦醇抑制凋亡细胞死亡，因此保护机体抵御一些疾病的危害，如心肌缺血再灌注损伤、动脉硬化症和心律不齐。而在高剂量时，它促进凋亡细胞死亡，表现出具有化学保护的选择性。白藜芦醇调控脂质和脂蛋白代谢，可抑制大分子过氧化反应的病态增加。血小板凝集是动脉硬化症的主要原因，白藜芦醇可在体外和体内防止血小板凝集。进一步研究表明，对于饲喂高胆固醇日粮的兔，白藜芦醇具有降低动脉粥样硬化斑块形成和恢复血流介导的舒张功能的作用。白藜芦醇通过多种机制促进血管舒张，主要是刺激内皮中Ca^{2+}活化的K^+通道和增强NO信号，因此具有血管舒张活性。在豚鼠上，饮水添加白藜芦醇16 d（14 mg/kg BW）能显著增加消除心肌中氧化物的能力。主要机制可能是通过增加一氧化氮合成酶表达和降低由于自由基造成的NO失活两种途径来增加浓度。

(3) 抗癌活性　白藜芦醇在多个阶段抑制肿瘤发生（起始、促进和进展），能通过多种补偿机制减缓肿瘤发育。首先，它能抑制环氧酶两种形式的活性，这就意味着降低了发展成多种肿瘤的风险。其次，白藜芦醇能诱导细胞周期停滞和细胞凋亡。一项白藜芦醇应用于结直肠癌的研究指出，25 μmol/L 白藜芦醇处理 CaCo－2 细胞后，结果抑制了 70%的细胞生长。小鼠通过饮水或者采食口服高剂量白藜芦醇，降低了肿瘤的发生率。白藜芦醇对结肠癌治疗作用的研究取得的令人满意的结论，已经对患有结肠癌的病人进行临床治疗，并且相关实验室研究也将检测到白藜芦醇对结肠癌和正常结肠黏膜的作用。这些研究结果将为白藜芦醇的作用机制提供数据，并且会为将来对白藜芦醇预防试验相关研究及临床治疗研究提供基础。然而，一些其他的体内试验没有发现白藜芦醇具有影响癌症的作用，这意味着其他因素，如剂量、施药方式、肿瘤起源及食物的其他成分都影响白藜芦醇的治疗效率。总之，体内试验结果清楚表明，白藜芦醇在治疗癌症上面大有前途。

(4) 抗糖尿病活性　白藜芦醇可能在预防糖尿病及其并发症上起一定作用。白藜芦醇以 50 mg/kg 体重剂量给予大鼠，30 min 后减少了血液中胰岛素的浓度，但并没有发生血糖升高的现象。这表明，白藜芦醇在大鼠上有直接的胰岛素抑制作用。

(5) 神经保护活性　白藜芦醇能穿过血脑屏障，即使在低剂量状态下也能发挥很强的神经保护作用。另外，白藜芦醇已经显示出具有通过 SIRT1 途径对抗由亨廷顿病和阿尔茨海默病引起的神经功能紊乱现象。白藜芦醇对由于大脑局部缺血造成的大脑损害具有潜在的有益作用。用临床治疗剂量的白藜芦醇饲喂小鼠 45 d，但在小鼠大脑中既没有发现白藜芦醇也没有发现其共轭代谢物。然而，白藜芦醇却降低了特定区域神经斑的形成。神经斑占据的区域以百分数表示，发现以下区域出现了大量减少：内侧皮质减少 48%，纹状体减少 89%，下丘脑减少 90%。这些变化发生，没有检测到 SITR－1 通路激活或 APP 过程的改变。然而，脑中谷胱甘肽减少 21%，半胱氨酸减少 54%，这可能与神经斑形成减少有关。这个研究结果支持下述观点：神经变性疾病的发生可能会因饮食中有化学保护成分而延迟或缓和，这些化学保护成分会防范 β-淀粉样蛋白斑的形成和氧化损害。

（二）植物提取物在犊牛生产中的应用

张卫兵（2018）研究了白藜芦醇（RES）和血根碱（SAG）对 0～2 月龄荷斯坦犊牛生长性能、血清指标及健康状况的影响。其将 54 头 5 日龄荷斯坦母犊牛，随机分成 3 个处理组，每个处理组 18 头，分别为：代乳粉组（MR 组），作为基础饲粮；血根碱组（基础饲粮＋SAG0.05 mg/kg 体重，SAG 组）和白藜芦醇组（基础饲粮＋RES4 mg/kg 体重，RES 组）。试验期 55 d。每日记录犊牛的腹泻情况，分别于 5 日龄、14 日龄、28 日龄、42 日龄和 56 日龄测定犊牛的体重和体尺，在 60 日龄采集血液，测定血清生化和免疫指标，试验结果如下：

1. 生长性能　血根碱和白藜芦醇对犊牛生长性能的影响结果见表 5－52，对腹泻率的影响结果见表 5－53。犊牛饲粮由代乳粉和开食料组成，添加白藜芦醇和血根碱使 56 日龄犊牛的总增重提高了 1 kg，但差异不显著；DMI 的差异也不显著；体重随着日龄增加而增加，但是日龄和处理之间不存在交互作用。

表 5-52　代乳粉、白藜芦醇和血根碱对犊牛体重和体尺的影响

项　目	日龄	处理组			SEM	P 值		
		代乳粉	白藜芦醇	血根碱		处理	日龄	处理×日龄
体重（kg）	5	42	42.17	42.5	1.343	0.7926	<0.0001	0.8539
	14	45.61	46.11	45.78	1.343	0.7926		
	28	49.83	51.03	50.31	1.343	0.5302		
	42	57.06	59.06	58.83	1.343	0.2905		
	56	66.94	68.64	69.07	1.343	0.409		
	总增重	25.03	26.47	26.88	1.272	0.6929		
体长（cm）	5	72.28[b]	73.25[b]	75.17[a]	0.682	0.0035	<0.0001	0.0775
	28	80.38	80.57	80.73	0.698	0.7268		
	56	87.47	88	87.54	0.698	0.5958		
	增长	15.15[a]	14.56[ab]	12.29[b]	0.519	0.075		
体高（cm）	5	76.75	77.19	76.92	0.455	0.4969	<0.0001	0.1525
	28	80.45	79.78	80.33	0.462	0.3095		
	56	82.69	83.5	83.18	0.455	0.2231		
	增长	5.8	6.31	6.26	0.419	0.7415		
胸围（cm）	5	82.74[a]	81.08[ab]	79.75[b]	0.759	0.008	<0.0001	0.0001
	28	87.33	87.22	86.89	0.759	0.6798		
	56	94.00[b]	95.72[ab]	96.35[a]	0.759	0.0361		
	增长	10.97[b]	14.40[a]	17.00[a]	0.84	<0.0001		
十字部高（cm）	5	82.06[a]	80.49[b]	80.79[ab]	0.535	0.0413	<0.0001	0.0009
	28	83.99	83.83	83.69	0.535	0.7125		
	56	87.27	88.77	88.4	0.544	0.0018		
	增长	5.23[b]	8.33[a]	7.64[a]	0.42	0.9769		
十字部宽（cm）	5	19.42	19.03	18.94	0.199	0.0969	<0.0001	0.4054
	28	21.64	21.06	21.5	0.199	0.051		
	56	23.68	23.31	23.62	0.199	0.197		
	增长	4.26	4.28	4.71	0.215	0.3339		
干物质采食量（g/d）	14～63	1088.03	1154.55	1099.56	40	0.0587		

在体尺方面，体长在5日龄时血根碱处理组显著高于其余两组（$P<0.05$），但是随着日龄增长，差异消失，到56日龄3组之间无显著差异。体高和十字部宽在处理间没有显著差异，并且日龄和处理之间不存在交互作用。5日龄时代乳粉组犊牛胸围显著高于血根碱处理组（$P<0.05$），但到56日龄时血根碱组犊牛胸围显著高于代乳粉组（$P<0.05$）。5日龄时，MR组犊牛十字部高显著高于白藜芦醇组（$P<0.05$），但是随着日龄增加各组之间差异消失，每组平均值均无显著差异。胸围和十字部高增长方面，白藜芦醇和血根碱组犊牛均显著高于代乳粉组（$P<0.05$）。

对于腹泻率，3个处理之间没有显著差异，但是各处理均显示出腹泻率有随日龄增加而降低的趋势。此外从数值上看，饲粮中添加血根碱后，犊牛腹泻率约低于对照组1.5%。

表5-53　代乳粉、白藜芦醇和血根碱对0～2月龄犊牛腹泻率的影响（%）

日龄（d）	处理组			SEM	P 值
	代乳粉	白藜芦醇	血根碱		
5～14	15.43	17.28	11.11	0.03	0.2894
15～28	9.52	714	7.54	0.02	0.6983
29～42	6.75	5.16	6.75	0.03	0.8541
43～56	8.33	9.13	7.94	0.03	0.9569
5～56	9.48	8.93	8.06	0.02	0.7696

2. 血清指标　饲粮添加白藜芦醇和血根碱对犊牛血清指标及内分泌指标、血清免疫指标和抗氧化指标的影响分别见表5-54和表5-55。添加白藜芦醇和血根碱，犊牛血清FFA浓度显著低于代乳粉组（$P<0.05$）。白藜芦醇组犊牛血清GH、EGF和IGF-1浓度显著高于其余两组（$P<0.05$）。血清免疫指标中，白藜芦醇组血清IgA浓度显著低于代乳粉组（$P<0.05$）。血清抗氧化指标中，血根碱组MDA浓度显著高于其余两组（$P<0.05$）。其余血清指标没有显著差异。

表5-54　代乳粉、白藜芦醇和血根碱对犊牛血清指标及内分泌指标的影响

项　目	处理组			SEM	P 值
	代乳粉	白藜芦醇	血根碱		
血清尿素氮（mmol/L）	6.41	4.56	7.50	0.64	0.2270
游离脂肪酸（mmol/L）	0.44[a]	0.36[b]	0.38[b]	0.01	0.0024
皮质醇（ng/mL）	16.55	16.23	19.52	0.83	0.3804
胰岛素（μIU/mL）	15.29[a]	8.61[b]	10.12[b]	1.10	0.0021
去甲肾上腺素（pg/mL）	398.74	430.1	370.6	28.18	0.3496
生长激素（ng/mL）	3.94[b]	4.55[a]	3.95[b]	0.09	0.0007
表皮生长因子（ng/mL）	0.81[b]	0.88[a]	0.64[c]	0.02	0.0001
胰岛素样生长因子-1（ng/mL）	167.44[b]	213.37[a]	168.57[b]	6.00	0.0001

表5-55　代乳粉、白藜芦醇和血根碱对犊牛血清免疫指标和抗氧化指标的影响

项　目	处理组			SEM	P 值
	代乳粉	白藜芦醇	血根碱		
免疫球蛋白A（g/L）	0.71[a]	0.63[b]	0.65[ab]	0.01	0.0368
免疫球蛋白G（g/L）	10.12	10.04	9.72	0.17	0.6261
免疫球蛋白M（g/L）	2.43	2.53	2.32	0.07	0.1526
肿瘤坏死因子（pg/mL）	54.8	57.9	51.56	1.39	0.0943

（续）

项　目	处理组			SEM	P 值
	代乳粉	白藜芦醇	血根碱		
γ干扰素γ（pg/mL）	34.02	35.42	33.64	0.34	0.3576
白介素-1b（pg/mL）	20.77	21.17	20.06	0.16	0.3833
超氧化物歧化酶（U/mL）	49.32	50.59	48.26	1.10	0.6469
谷胱甘肽过氧化物酶（U/mL）	1136.47	1166.73	1123.97	47.11	0.8691
总抗氧化力（U/mL）	10.85	10.78	10.86	0.24	0.9903
过氧化氢酶（U/mL）	42.68	43.55	42.03	0.36	0.1021
丙二醛（nmol/mL）	37.61^{b}	35.06^{b}	44.87^{a}	1.15	0.0032

3. 营养物质消化　由表5-56可见，白藜芦醇和血根碱对2月龄犊牛饲粮中DM、CP、有机物、NDF、ADF、Ca、P消化率的影响差异均不显著。

表5-56　代乳粉、白藜芦醇和血根碱对2月龄犊牛营养物质消化率的影响（%）

项　目	处理组			SEM	P 值
	代乳粉	白藜芦醇	血根碱		
DM	77.99	76.22	79.96	2.52	0.7605
CP	75.58	70.64	75.92	3.08	0.7281
有机物	81.20	79.75	83.13	2.43	0.7939
NDF	63.30	59.88	65.17	4.69	0.8366
ADF	47.08	51.83	47.40	4.22	0.8177
Ca	54.49	55.92	60.51	6.16	0.7950
P	73.40	62.19	70.50	3.84	0.5108

4. 瘤胃发酵参数　56日龄时，血根碱组犊牛瘤胃乙酸浓度显著高于代乳粉组($P<0.05$)，白藜芦醇组犊牛瘤胃液乙酸/丙酸的值显著高于代乳粉组（$P<0.05$）。犊牛瘤胃pH、氨态氮、丙酸、丁酸、异丁酸、戊酸、异戊酸和总挥发性脂肪酸浓度在处理间无显著差异。除异丁酸外，其余瘤胃液指标均显示，56日龄值显著高于28日龄值（$P<0.05$）（表5-57）。

表5-57　代乳粉、白藜芦醇和血根碱对犊牛瘤胃液发酵指标的影响

项　目	日龄(d)	处理组			SEM	P 值		
		代乳粉	白藜芦醇	血根碱		处理	日龄	处理×日龄
pH	28	6.48	6.41	6.45	0.13	0.6679	<0.0001	0.2073
	56	5.66	6.08	5.72	0.16	0.0645		
	平均值	6.07	6.25	6.08	0.10	0.3804		
氨态氮（mg/dL）	28	14.21	13.71	18.42	2.96	0.2583	0.0428	0.4667
	56	19.08	23.24	20.17	3.33	0.3508		
	平均值	16.65	18.47	19.3	2.18	0.6366		

（续）

项　目	日龄(d)	处理组			SEM	P 值		
		代乳粉	白藜芦醇	血根碱		处理	日龄	处理×日龄
乙酸（mmol/L）	28	12.72	16.01	16.76	2.29	0.2166	<0.0001	0.2404
	56	23.77[b]	29.25[ab]	34.68[a]	3.40	0.0205		
	平均值	18.25[b]	22.63[ab]	25.72[a]	2.39	0.0315		
丙酸（mmol/L）	28	8.22	9.08	10.99	1.76	0.2672	<0.0001	0.4137
	56	22.5	18.57	27.91	4.21	0.1175		
	平均值	15.36	13.83	19.45	2.47	0.245		
丁酸（mmol/L）	28	2.59	4.49	3.49	0.92	0.1475	0.0005	0.7754
	56	6.48	8.24	8.87	1.87	0.2646		
	平均值	4.54	6.37	6.18	1.04	0.3062		
异丁酸（mmol/L）	28	0.22	0.33	0.37	0.10	0.3089	0.2925	0.6523
	56	0.27	0.58	0.4	0.16	0.1531		
	平均值	0.69	0.77	0.62	0.05	0.2493		
戊酸（mmol/L）	28	0.76	1.66	0.77	0.37	0.0903	<0.0001	0.2612
	56	1.79	2.58	2.53	0.48	0.2158		
	平均值	1.28	2.12	1.65	0.36	0.2521		
异戊酸（mmol/L）	28	0.41	0.58	0.64	0.14	0.2486	0.0097	0.8865
	56	0.64	0.93	0.96	0.17	0.1491		
	平均值	0.52	0.76	0.8	0.12	0.2006		
总挥发性脂肪酸（mmol/L）	28	22.39	32.15	33	4.80	0.1328	<0.0001	0.3517
	56	55.67	58.22	75.21	7.66	0.073		
	平均值	39.03	45.19	54.11	5.36	0.1306		
乙酸/丙酸	28	1.67	1.83	1.64	0.14	0.3074	0.0206	0.328
	56	1.18[b]	1.78[a]	1.32[ab]	0.20	0.0327		
	平均值	1.43	1.81	1.48	0.13	0.1039		

综上所述，白藜芦醇或血根碱显著增加犊牛的胸围和十字部高并对犊牛采食量有促进的趋势；白藜芦醇和血根碱对犊牛血清主要免疫指标和抗氧化指标的影响不显著；白藜芦醇对生长激素、表皮生长因子、IGF－1具有增加作用；白藜芦醇和血根碱对犊牛营养物质消化率无显著影响；56日龄，血根碱组犊牛瘤胃乙酸浓度显著高于代乳粉组（$P<0.05$），白藜芦醇组犊牛瘤胃液乙酸/丙酸显著高于代乳粉组（$P<0.05$），白藜芦醇和血根碱有作为生长促进剂的潜质。

六、蜂花粉

近年来，花粉作为优良的全价营养食物被全世界广泛关注，也掀起了一股“花粉研究热”。多年来，我国深入开展了花粉的基础研究和应用研究，并取得了可喜的成果，有些研究成果已进入国际前沿。我国的花粉研究是从不同角度，在多学科、多领域的共同参与下综合开展的。在花粉资源，花粉有效成分和物质组成，花粉的保健、药理、药效、花粉的扩大应用，花粉的生产技术、加工工艺、新产品开发利用等方面都展开了广泛而深入的研究，获得了大量研究成果（方守兰等，1998；李建萍等，2003）。

我国花粉资源极其丰富，居世界第二位。由蜂花粉等天然物质取代抗生素、激素、化学合成饲料或饲料添加剂是动物营养与饲料工业的发展趋势。花粉多糖具有多种生物学功能，将花粉多糖开发为绿色环保的饲料添加剂应用于畜牧业，对真正意义上减少抗生素等药物添加剂在饲料中的使用，推进动物饲料“无抗生素化”或尽量少用抗生素的进程、保证畜产品的安全和我国畜牧业的可持续发展具有重大意义。

（一）蜂花粉中的常规营养成分及活性物质

花粉，是植物有性繁殖的雄性配子体，具有低脂肪、高蛋白的特点，含有多种维生素、微量元素和生物活性物质等（Kim 等，1992）。根据媒介的不同，花粉有风媒花粉和蜂花粉两类。

蜂花粉为蜜蜂采集的颗粒状物质，混有蜜蜂的唾液，其营养成分十分丰富，含有蛋白质、氨基酸、碳水化合物、脂类、多种维生素、胡萝卜素、生长素、微量元素、抗生素及激素和一些未知因子。此外，还含有黄酮类、多糖、有机酸、酶和辅酶等活性物质，在欧美国家被誉为地球上最完美的食品。同时它也有特殊的医疗功能，具有提高机体免疫功能和促进动物生长发育等作用。现代研究证明，蜂花粉能够提高机体 T 淋巴细胞和巨噬细胞的数量和功能，提高血清免疫蛋白 G 水平，增强机体免疫功能，从而起到抑瘤和抗癌的作用，并且能够有效阻止放疗、化疗损伤，保护机体。

蜂花粉主要来源于蜜源植物和粉源植物。有的蜜源植物，泌蜜量大且花粉丰富，如油菜、紫云英、向日葵和荞麦等；有的蜜源植物泌蜜量小且花粉量多，如蚕豆、紫穗槐、椰子树和柠檬树等；有的粉源植物不泌蜜只产花粉，如玉米、高粱、水稻及马尾松等。因此，蜂花粉的来源不同，其营养价值也存在着较大差异。

1. 常规营养成分 蜂花粉中富含蛋白质、脂肪、碳水化合物、维生素及矿物质。其中，蛋白质含量占到 10%～40%，随花粉采集时间的不同而变化，以 5—6 月采集的花粉蛋白质含量较高，夏季后半期最低。蜂花粉中富含 18 种氨基酸，如组氨酸、亮氨酸、苏氨酸、色氨酸、胱氨酸、蛋氨酸、苯丙氨酸、精氨酸、异亮氨酸、缬氨酸、甘氨酸、酪氨酸、丙氨酸、谷氨酸、脯氨酸、天门冬氨酸等（Abreu 等，1992；Almeida 等，2005）。一个活动量较强的成年人，每日食用 20～25 g 蜂花粉即可满足全天的氨基酸消耗量。蜂花粉中的氨基酸含量不仅高，而且种类多，很少有其他食物能与其相比。一般蜂花粉所含营养成分如表 5 - 58 所示，表 5 - 59 列举了不同种类花粉的化学成分（苏寿祁等，2005）。

表 5-58　蜂花粉的主要成分含量

成　分	每 100 g 花粉的平均含量（g）
水分	21.3～30.3
干物质	70.0～81.7
蛋白质	7.0～36.7
总糖含量	20.0～38.8
葡萄糖	14.4
果糖	19.4
脂质（脂肪和脂类物质）	1.38～20.0
灰分	0.9～5.5
维生素	有
生长因子	有
抗生素	存在

表 5-59　不同种类花粉的化学成分（%）

花粉来源	蛋白质	脂　类	碳水化合物	淀　粉	水　分	灰　分
蒲公英	11.12	14.44	34.92	1.99	10.96	0.91
白三叶	23.71	3.4	26.89	1.32	11.56	3.14
黑芥	21.74	8.58	25.83	2.66	13.22	2.54
桃树	26.48	2.71	32.44	1.63	8.47	2.81
李树	28.66	3.15	28.29	0.74	9.79	2.63
金丝桃树	26.9	2.85	30.27	0	11.1	3.04
桉树	26.22	1.38	29.96	1.96	9.06	2.71

不同种类植物花粉的脂肪含量一般为 1.3%～15%，呈小滴状遍布花粉的细胞质中，含有卵磷脂、溶血卵磷脂、磷脂酰胆碱、游离脂肪酸类。其中，脂肪酸有甲酸、乙酸、丙酸、苹果酸、琥珀酸、柠檬酸，以及α-酮戊二酸、棕榈酸、亚麻酸、油酸等多种丰富的不饱和脂肪酸，且虫媒植物花粉的脂肪含量高于风媒花粉（潘建国等，2003）。表 5-60 列举的脂肪含量最丰富的是桦树花粉、风铃草花粉、云杉花粉和蒲公英花粉。蜂花粉脂质主要是脂肪酸、磷脂、甾醇等（潘建国等，2004）。

表 5-60　部分植物花粉的脂肪含量

花粉来源	含量（%）	花粉来源	含量（%）
蒲公英	14.44	榛树	4.2
玉米	1.43	马栗	11.34
松树	5.93	峨参	6.03
风铃草	19.5	禾本科植物	2.79
云杉	15.72	桦树	31.33

花粉中的碳水化合物含量一般为25%～48%，主要是葡萄糖、果糖，另外还有双糖（麦芽糖和蔗糖）和多糖（淀粉、纤维素和果胶物质）。成熟花粉的内壁含有半纤维素与果胶，外壁含有苞粉素和纤维素。来源不同的蜂花粉其碳水化合物的含量也有差别，正常情况下，干蜂花粉中所含碳水化合物的平均值为：葡萄糖9.9%，果糖19%，总糖31%，半纤维素7.2%，纤维素0.52%，其他成分所占比例不尽相同。植物品种对其有直接影响。花粉中富含单糖、低聚糖、多糖，尤其是花粉多糖，具有很好的抑制肿瘤、抗衰老、提高机体免疫力功能的活性（Roulston等，2000）。

花粉含有大量维生素，主要包括维生素E、维生素C、维生素B_1、维生素B_2、烟酸、泛酸、维生素B_6、生物素、叶酸和肌醇等。所有花粉都含有胡萝卜素，每100 g干花粉中胡萝卜素的含量为0.66～212.5 mg。花粉中的激素类物质和胡萝卜素可以促进机体繁殖机能的成熟，延长畜禽的生产利用年限。花粉的许多生物活性与其含有的最具活性的β-胡萝卜素有直接关系。

花粉中的矿物质元素有30多种，除了钾、钙、钠、镁、磷、硫、硅、氯外，还有多种微量元素，如铜、铁、铅、锰、锌、钛、碘、钴、硒、铝、银等（曾志将等，2002）。这些元素都在生命有机体内起重要作用，是生理生化过程的重要刺激物质。不同蜂花粉中微量元素的含量不一，在某些蜂花粉中可能含量特别高，如枣花粉中铁的含量特别高，党参花粉中的铜、镍等含量特别高（曾志将等，2004）。

2. 活性物质 花粉中含酶类之多，可以说是自然界食品之最，花粉中富含100多种酶，如过氧化氢酶、过氧化物酶、超氧化物歧化酶（SOD）等。这些酶均具有抗氧化及抗自由基的作用，能调节有机体内最重要的生化过程。花粉的营养成分在性质上属于活性物质，易被动物吸收和利用，因此量虽然很少，服用后产生的效果却又快又好。

另外，花粉中还富含黄酮类化合物（常见的有黄酮醇、山萘酚、杨梅黄酮、木樨黄酮、异鼠李素、原花青素等）、激素（花粉含有植物六大生长调节激素）、核酸（脱氧核糖核酸DNA和核糖核酸RNA）、有机酸及一些未知成分（王开发等，1997）。花粉中既含有植物激素性质的化合物，也含有具有抗菌作用的物质（Linskens等，1997）。

（二）蜂花粉多糖的生理功能

我国从20世纪80年代起较大量地开发利用花粉资源，同时花粉的营养成分、保健、药用研究相应地开展起来，其中药用研究方面概括起来主要有：改善心血管系统，提高机体免疫功能，延缓衰老，抗辐射，抑制肿瘤，抗前列腺炎，治疗糖尿病，调节内分泌，治疗不育症等。

1. 降血脂作用 蜂花粉具有降血脂作用，有效清除血管壁上脂肪的沉积，从而起到软化血管的作用。其机理主要是蜂花粉中所含维生素、芸香苷和黄酮类化合物、常量元素和微量元素、多糖、不饱和脂肪酸及核酸等综合作用的结果。其中，黄酮类化合物可防止脂肪在肝上的沉积以保护肝脏（郭芳彬等，2005）。蜂花粉可用于防治动脉粥样硬化，防止脑出血、高血压、中风后遗症、静脉曲张等老年病的发生。花粉提取物多糖能显著降低大鼠血清中总胆固醇的含量，牛磺酸和核酸可以维持机体血液中的正常胆固醇水平。玉米花粉黄酮类物质对试验性高脂血症和高胆固醇血症均有显著的治疗作用（王开发等，1997）。

2. 增强免疫功能 蜂花粉中含有大量增强免疫功能的有效成分，如维生素C、多糖、酚类物质、牛磺酸、核酸及微量元素等。蜂花粉中黄酮类化合物可有效防止某些细菌病和病毒病的发生，而且不会产生抗药性（魏永生等，2005）。植物多糖和核酸能明显增强红细胞的免疫应答反应，加速抗体的产生，延缓抗体的消失。其中，某些活性物质可以明显增加吞噬细胞的数量，激活吞噬细胞的吞噬活动，提高机体抗病能力（张大伟等，2006）。吞噬细胞不仅能非特异性地吞噬多种病原微生物，消除损伤、衰老或死亡的细胞，还可以促进损伤组织的修复和再生。经测试发现，油菜蜂花粉各剂量组对小鼠脏器/体重值均无影响，但能提高脾淋巴细胞增殖能力，显著提高小鼠迟发型变态反应水平，促进抗体生成细胞的生成，升高小鼠血清溶血素抗体水平，增强小鼠碳廓清能力，并能显著增强小鼠腹腔巨噬细胞吞噬鸡红细胞的能力（杨晓萍等，2006）。玉米花粉、油菜花粉具有显著提高巨噬细胞功能的作用，巨噬细胞与淋巴细胞间通过释放的免疫因子形成一个调节环路，以调节免疫应答，促进抗体产生（耿越等，2001）。

3. 抗肿瘤作用 花粉中的脂溶性物质、多糖和微量元素是抗癌抑癌的有效成分，它们具有抑制癌细胞DNA的合成、阻止癌细胞扩散、抑制致癌基因同细胞DNA的紧密结合、阻止外来致癌物的活化，以及解除外来致癌基因的毒性等作用（任育红等，2001）。花粉中的不饱和脂肪酸与Mye－Max转录因子相结合，能抑制Myc－Max－DNA复合体的形成，而从花粉中提取的亚油酸也能抑制人SNU16胃癌细胞系的分裂增殖。Wu（2007）报道，蜂花粉的氯仿提取物类固醇可触发细胞凋亡，诱导前列腺癌PC－3细胞产生细胞毒素，进而抑制癌细胞生长，可作为治疗该疾病的候选药物。

玉米花粉多糖（pollen polysaccharides of maize，PPM）可以促进小白鼠非特异性的细胞免疫和特异性的体液免疫，剂量为50 mg/kg BW时其免疫效果明显高于剂量25 mg/kg BW，说明PPM的免疫效果与剂量有一定的正相关性。PPM可增加小白鼠血清溶血素含量，该作用也有一个最适剂量存在，这一点与其他一些来源的植物多糖具有相似性。PPM对S－180没有杀伤作用，其抑制肿瘤生长的机理与PPM激活小白鼠免疫功能、提高机体抗肿瘤的能力有关。王开发（1997）先给小白鼠皮下移植S180实体瘤，然后注射玉米花粉多糖发现，抑瘤率达到74%。党参花粉多糖也具有激活小白鼠腹腔巨噬细胞活性的功能。

花粉中多糖和微量元素是抗肿瘤的有效成分，它们具有抑制肿瘤细胞DNA合成、阻止癌细胞扩散、致癌基因同细胞DNA的紧密结合、阻止外来致癌物的活化及解除外来致癌基因的毒性等作用。蜂花粉的抗肿瘤率高达69.06%，具有良好的防癌效果（陆明等，2002）。裸麦花粉提取物中的糖甙Secalosides对小鼠体内S180肉瘤有显著抑制作用（Jaton，1997）。油菜蜂花粉对荷瘤小鼠肿瘤生长有明显抑制作用，可以明显增加荷瘤小鼠血清超氧化物歧化酶活性，降低荷瘤小鼠血清乳酸脱氢酶活性及血清丙二醛含量。油菜蜂花粉可通过增强机体抗氧化能力而抑制肿瘤生长，但具体哪种成分起作用有待进一步研究。李存德等（1987）发现，花粉对艾氏腹水瘤的生长有抑制作用，能增强淋巴细胞和巨噬细胞的免疫活性。从紫杉花粉中分离鉴定出的紫杉生物碱可能对肿瘤有抑制作用。

4. 防治辐射损伤、延缓衰老作用 蜂花粉中的活性酶可以延缓衰老，降低辐射引起的损伤，滋润营养肌肤，恢复皮肤的弹性和光泽（李雅晶等，2005）。花粉中的肌醇可使白发变黑，脱发渐生，保持头发乌黑亮丽。花粉可提高辐照动物外周血粒细胞数，增加辐照动物血浆超氧化物歧化酶的活性，有利于骨髓造血功能的改善，并能提高T淋巴细胞、巨噬细胞的数量和活性，降低辐照动物红细胞中多胺的水平，降低脂质过氧化物及其产物丙二醛含量等，具有多方面防止辐照损伤的效应。给大鼠喂饲蜂花粉一段时间后发现，其谷胱甘肽和总巯基化合物含量增加；相关的一些酶，如谷胱甘肽过氧化物酶、过氧化氢酶、谷胱甘肽还原酶和超氧化物歧化酶的活性增加，从而显示花粉对延缓衰老和防治辐射损伤有很好的作用（Liebelt等，1994）。

5. 治疗内分泌功能紊乱 花粉还能促进内分泌腺的发育，提高和调节内分泌功能，因而对一些由内分泌功能紊乱引起的疾病起到治疗作用。蜂花粉中的亚麻酸、黄酮类化合物和吲哚乙酸均为前列腺病的克星。蔡华芳等（1997）研究表明，花粉及其醇提物可抑制正常幼年小鼠前列腺生长和由丙酸睾丸素所致前列腺增长。花粉提取物对雄兔有增强排尿的作用，对雄性大鼠前列腺肥大和皮下炎性肉芽肿有抑制作用。目前，我国治疗前列腺疾病的有效药物“前列康”，就是以花粉为主要原料制成的。

6. 增强体力、调节神经系统和抑菌作用 花粉具有增强体力、调节神经系统和抑菌等功能。花粉中含有增进和改善组织细胞氧化还原能力的物质，可以加快神经与肌肉之间冲动传导速度，提高反应能力。翟凤国等（2004）研究发现，饲喂蜂花粉能明显延长小鼠负重游泳时间、降低运动时血清尿素氮水平、减少肝糖原的消耗量、减少运动后血乳酸的含量和增加乳酸脱氢酶的活力。蜂花粉对神经系统具有积极的调节作用，能促进脑细胞的新陈代谢、消除疲劳、增强智力。花粉制剂能显著升高脑衰老动物某些脑区SOD活性和降低NO水平，以及预防动物海马、纹状体、下丘脑等脑区DNA的损伤作用，提示花粉制剂具有调节神经、健脑益智等作用（雷群英等，2000）。高浓度蜜蜂花粉多糖对多杀性巴氏杆菌、猪丹毒杆菌、沙门氏菌有不同程度的抑制作用。

（三）蜂花粉多糖在犊牛生产中的应用

蜂花粉含有十分复杂的化学成分和丰富的活性物质。蜂花粉中的多糖类物质，具有较高的生物学活性和较好的药理作用，既可增强体液免疫，又能增强细胞免疫。它的主要作用是使参与细胞免疫的细胞数量增加、活性增强，使参与体液免疫的抗体增多。蜂花粉多糖作为一种新型饲料添加剂已越来越受到重视，应用于犊牛饲料中可起到促生长、增强免疫性能及杀菌等作用。

1. 日增重、采食量及饲料转化率 张国锋（2010）将25头新生荷斯坦犊牛，随机分成5组，每组5头，每天分别饲喂蜂花粉0 g（C组）、10 g（10BP组）、25 g（25BP组）、50 g（50BP组）和蜂花粉多糖5 g（5PS组），研究蜂花粉及其多糖对犊牛生长性能的影响。试验开始至42日龄时各组犊牛体重均无显著性差异。56日龄时，5PS组和25BP组犊牛体重显著高于C组（$P<0.05$），10BP和50BP组与C组、5PS组和25BP组差异皆不显著；70日龄时，5PS组、10BP组和25BP组犊牛体重显著高于C组（$P<0.05$），且3组之间差异不显著；50BP组犊牛体重也高于C组，但差异不显著。总增重中5PS、25BP和10BP组高于C组20.92%、15.25%和14.12%；50BP组提高8.64%，与各组之间差异不显著。对于F/G，25BP组显著低于C组（$P<0.05$），降低

了 12.85%；5PS 组、10BP 组、50BP 组与 C 组虽差异不显著，但数值上分别降低了 11.73%、8.38%、2.23%。整个试验期各试验组的 ADFI 与 C 组差异不显著，但比 C 组均有所提高，最高的是 10BP 组，为 1.15 kg，比对照组 1.09 kg 提高了 5.50%；5PS 组和 50BP 组均为 1.14 kg，高于 C 组 4.59%；25BP 组为 1.12 kg，高于 C 组 2.75%（表 5-61）。

表 5-61　蜂花粉及其多糖对犊牛生产性能的影响

处理组	体重（kg）					总增重（kg）	F/G	ADFI
	14 d	28 d	42 d	56 d	70 d			
C	41.20±6.70	45.48±3.17	51.50±6.98	62.25±7.85[a]	75.70±10.48[a]	34.50±4.29[a]	1.79±0.20[a]	1.09±0.09
5PS	42.08±4.75	46.88±5.06	55.20±7.94	69.35±9.06[b]	83.80±11.17[b]	41.72±3.98[b]	1.58±0.16[ab]	1.14±0.10
10BP	41.50±2.16	45.64±7.14	54.80±3.46	66.85±4.90[ab]	80.87±8.19[b]	39.37±2.59[b]	1.64±0.17[ab]	1.15±0.08
25BP	42.12±3.20	46.20±2.87	54.15±4.53	67.85±6.63[b]	81.90±5.85[b]	39.76±2.26[b]	1.56±0.24[b]	1.12±0.07
50BP	42.92±4.30	47.04±5.35	55.80±4.58	67.53±7.22[ab]	80.40±8.86[ab]	37.48±3.29[ab]	1.75±0.19[ab]	1.14±0.08

注：C 组为未添加蜂花粉；10BP 组为添加蜂花粉 10 g；25BP 组为添加蜂花粉 25 g；50BP 组为添加蜂花粉 50 g；5PS 组为添加蜂花粉多糖 5 g。

表 5-62 列出蜂花粉及其多糖对犊牛阶段 ADG 的影响。在 14～28 日龄、28～42 日龄、42～56 日龄，各组犊牛的 ADG 差异不显著；在 56～70 日龄，25BP 组的犊牛 ADG 与 C 组相比提高了 40.82%，5PS 组比 C 组提高了 33.65%，10BP 组、50BP 组分别提高了 31.61%、24.30%。全期平均 ADG 以 25BP 组为最高，达到 808.71 g，比 C 组的 656.63 g 高 23.16%；5PS 组次之，为 797.52 g，高于 C 组 21.46%；10BP 组、50BP 组分别是 763.64 g 和 745.22 g，高于 C 组 16.30%和 13.49%。

表 5-62　蜂花粉及其多糖对犊牛阶段日增重的影响（g/d）

处理组	14～28 d	28～42 d	42～56 d	56～70 d	全期平均值
C	343.18±51.90	511.90±22.96	838.10±59.47	933.33 ±88.71[a]	656.63±38.79[a]
5PS	379.89±61.26	594.18±50.02	987.62±50.82	1247.43 ±42.78[b]	797.52±65.03[b]
10BP	369.05±22.96	528.57±130.93	909.53±88.62	1228.37 ±75.36[ab]	763.64±141.24[ab]
25BP	373.63±52.55	573.02±116.68	973.91±95.96	1314.29 ±28.57[b]	808.71±41.07[b]
50BP	358.10±14.38	530.16±36.06	932.54±128.36	1160.10 ±43.16[ab]	745.22±27.25[ab]

2. 体尺指标　蜂花粉及其多糖对犊牛体尺指标的影响见表 5-63。由此表可知，各试验组犊牛体尺指标均随着日龄增加而升高。体高和胸围指标中，10BP 和 25BP 组在 70 d 时显著高于 C 组（$P<0.05$），5PS 组和 50BP 组在 42 d 和 70 d 时略高于 C 组。胸深指标中，42 d 时 5PS 组显著高于 C 组（$P<0.05$），10BP 组、25BP 组和 50BP 组也高于 C 组，但未达显著性水平；70 d 时除了 10BP 组显著高于 C 组外（$P<0.05$），5PS 组、25BP 组和 50BP 组略高于 C 组。体斜长、腰角宽、腿围和管围指标中，各处理组在 70 d 时均高于 C 组，但差异不显著。

表 5-63 蜂花粉及其多糖对犊牛体尺指标的影响

处理组		C	5PS	10BP	25BP	50BP
体高(cm)	14 d	76.95±1.70	75.53±1.44	77.87±2.35	77.50±3.72	77.65±3.05
	42 d	79.63±1.80	80.00±2.16	80.50±2.55	80.75±1.26	81.75±2.22
	70 d	83.13±2.66[a]	86.00±1.41[ab]	86.67±2.49[b]	87.25±1.26[b]	84.13±2.46[ab]
体直长(cm)	14 d	65.13±3.57	65.70±2.61	65.85±1.93	66.83±2.04	65.70±3.79
	42 d	67.25±2.63	69.63±3.77	71.17±2.78	71.25±3.23	68.63±1.11
	70 d	78.75±2.98	79.75±3.77	79.00±0.82	78.50±3.70	79.13±1.93
体斜长(cm)	14 d	70.57±3.83	70.00±3.56	70.13±1.11	70.43±3.46	69.97±3.27
	42 d	74.50±3.32	76.00±5.48	78.67±1.25	77.25±2.63	74.75±1.71
	70 d	85.25±3.22	86.00±5.10	86.33±3.09	85.88±3.69	85.50±1.08
胸深(cm)	14 d	28.15±1.66	28.88±2.39	28.78±0.63	29.35±1.94	29.05±0.88
	42 d	31.00±2.20[a]	34.00±2.94[b]	32.83±0.62[ab]	32.25±0.96[ab]	31.88±1.43[ab]
	70 d	34.75±0.96[a]	35.50±1.73[ab]	36.83±1.31[b]	35.88±0.85[ab]	35.63±1.11[ab]
腰角宽(cm)	14 d	18.23±1.29	18.68±1.16	18.36±0.94	18.08±1.35	18.58±0.51
	42 d	19.25±0.96	19.13±1.03	18.67±0.94	18.75±0.96	19.00±0.82
	70 d	20.13±1.55	21.25±0.96	20.33±2.05	20.25±2.22	20.25±1.50
腿围(cm)	14 d	43.92±4.97	45.63±3.09	43.58±3.56	44.25±2.22	45.63±5.12
	42 d	45.25±2.75	47.00±3.56	47.33±0.94	47.75±2.87	47.50±3.42
	70 d	53.50±3.11	55.75±5.19	55.67±2.62	55.50±3.11	54.75±2.22
胸围(cm)	14 d	79.58±4.22	80.63±3.73	79.92±2.15	79.38±1.38	82.00±1.15
	42 d	83.75±3.86	87.13±4.05	86.33±2.49	85.75±1.26	87.75±0.96
	70 d	93.50±3.00[a]	98.00±3.37[ab]	98.67±1.70[b]	98.25±1.71[b]	97.75±4.35[ab]
管围(cm)	14 d	11.75±0.86	11.63±0.48	11.67±0.47	11.75±0.64	11.63±0.75
	42 d	11.88±0.75	11.88±0.63	11.92±0.80	11.95±0.63	11.75±0.65
	70 d	12.13±0.63	12.38±0.48	12.33±0.47	12.30±0.24	12.25±0.64

3. 营养表观消化率 从表 5-64 可以看出，与对照组相比，21～28 日龄时犊牛干物质的表观消化率 25BP 和 5PS 组分别提高 8.38%和 7.66%，显著高于 C 组和 50BP 组（$P<0.05$）；10BP、50BP 组分别提高 5.68%和 1.42%，与 C 组差异不显著。42～49 日龄时干物质的表观消化率各组之间差异不显著，以 25BP 组最高，5PS 组次之。粗蛋白质的表观消化率 21～28 日龄时 25BP 组为 78.71%，显著高于 C 组 66.35%（$P<0.05$），提高 18.63%；5PS、10BP、50BP 组分别提高 13.98%、7.34%、6.83%，与 C 组差异不显著。42～49 日龄时，各处理组粗蛋白质的表观消化率也高于 C 组，25BP 组提高了 13.29%；5PS 组、10BP 组和 50BP 组分别提高 11.77%、5.14%和 6.03%，但差异不显著。粗灰分的表观消化率 21～28 日龄时以 10BP 组最高，25BP 和 5PS 组次之，3 组显著高于 C 组和 50BP 组（$P<0.05$）；粗脂肪、钙和磷的表观消化率在各处理组未出现显著性差异，但表现都高于对照组。

4. 血液生化指标 蜂花粉及其多糖对犊牛血清生化指标的影响见表 5-65。从此表

表 5-64 蜂花粉及其多糖对犊牛日粮营养表观消化率的影响

项 目	日龄（d）	处理组				
		C	5PS	10BP	25BP	50BP
干物质	21～28	79.02±2.26[a]	85.07±1.46[b]	83.51±0.88[ab]	85.64±2.87[b]	80.14±3.72[a]
	42～49	67.56±4.06	73.44±10.60	65.43±2.54	75.20±5.34	68.34±4.86
粗蛋白质	21～28	66.35±4.48[a]	75.63±5.40[ab]	71.22±3.71[ab]	78.71±7.63[b]	70.88±10.36[ab]
	42～49	62.69±6.60	70.07±9.04	65.91±8.48	71.02±8.47	66.47±5.75
粗脂肪	21～28	91.46±6.19	93.89±1.73	91.84±2.64	92.03±2.58	93.16±0.02
	42～49	89.29±3.87	89.40±5.05	90.97±1.26	92.84±3.34	89.38±3.05
粗灰分	21～28	60.76±5.15[a]	68.14±5.16[b]	74.68±1.44[b]	74.16±4.06[b]	67.67±6.05[a]
	42～49	36.46±6.85	49.68±11.22	46.28±8.38	46.74±6.51	43.79±5.71
钙	21～28	49.20±6.52	59.34±4.13	62.84±0.97	65.63±9.85	54.02±10.79
	42～49	35.93±7.16	43.98±1.04	47.21±3.09	51.95±2.85	34.94±3.23
总磷	21～28	68.39±6.36	77.17±4.41	74.30±1.32	70.98±8.10	67.81±7.43
	42～49	52.89±6.73	62.59±11.06	62.87±4.45	63.33±5.09	55.64±9.17

表 5-65 蜂花粉及其多糖对犊牛血清生化指标的影响

项 目	日龄（d）	处理组				
		C	5PS	10BP	25BP	50BP
AKP (IU/L)	14	257.00±42.88	244.33±69.18[A]	189.00±77.31	220.33±38.03	220.67±109.44[A]
	42	275.50±113.98	303.25±99.49[AB]	242.00±78.47	294.50±142.17	266.25±92.18[AB]
	70	419.25±149.94	436.50±142.67[B]	342.00±135.72	337.00±62.93	389.75±42.65[B]
TP (g/L)	14	41.87±8.03	46.90±3.99	44.43±2.59[B]	40.70±3.06[A]	42.53±11.59
	42	47.75±12.12	49.12±10.84	56.13±7.33[A]	48.78±12.54[AB]	53.20±10.18
	70	54.63±1.65	58.15±3.89	55.45±3.93[A]	58.38±6.43[B]	55.03±14.97
ALB (g/L)	14	32.67±4.92	34.13±0.91	34.40±0.85	31.37±1.86	31.67±5.23
	42	32.70±3.26	31.40±6.33	36.30±6.23	33.55±5.85	34.33±3.82
	70	34.68±2.81	35.67±2.75	34.85±1.36	35.55±2.29	35.13±3.36
BUN (mmol/L)	14	3.43±0.59	3.43±0.67[B]	3.70±0.46	3.37±0.90[B]	3.57±0.35[B]
	42	2.87±0.93	2.33±0.49[A]	3.10±0.79	2.20±0.37[A]	2.48±0.46[A]
	70	3.73±0.39	3.17±0.79[B]	3.33±0.26	3.13±0.83[B]	3.40±0.88[AB]
CHO (mmol/L)	14	1.69±0.51[A]	1.53±0.91[A]	1.52±0.62[A]	1.76±0.72[A]	1.66±0.38[A]
	42	3.95±0.82[B]	3.82±0.83[B]	4.61±1.39[B]	4.79±1.43[B]	4.24±0.75[B]
	70	3.61±0.57[B]	3.08±1.13[B]	3.27±0.41[B]	3.18±0.84[B]	3.45±0.53[B]
TG (mmol/L)	14	0.077±0.032[A]	0.073±0.027	0.103±0.045	0.067±0.038	0.097±0.048
	42	0.085±0.036[A]	0.093±0.051	0.103±0.029	0.088±0.033	0.098±0.039
	70	0.178±0.043[bB]	0.115±0.022[a]	0.153±0.021[a]	0.126±0.052[a]	0.120±0.041[a]
GLU (mmol/L)	14	4.10±0.26[A]	3.30±0.80[A]	3.67±0.25[A]	3.97±0.47[A]	4.10±1.06
	42	3.80±0.84[A]	4.20±0.74[AB]	4.50±0.49[B]	4.13±1.12[A]	4.32±0.78
	70	4.95±0.26[B]	4.87±0.32[B]	4.63±0.21[B]	5.25±0.17[B]	5.05±0.91

注：同行上标不同小写字母、同列上标不同大写字母均表示差异显著（$P<0.05$），同行上标相同小写字母、同列上标相同大写字母或无字母均表示差异不显著（$P>0.05$）。

可以看出，各处理组 AKP、TP 和 TG 含量随犊牛日龄增长有增加趋势。5PS 组和 50BP 组 AKP 在犊牛，70 日龄时显著高于 14 日龄（$P<0.05$），添加蜂花粉的处理组 AKP 在 70 日龄时均低于 C 组，5PS 组高于 C 组，各组之间差异不显著。TP 指标在 42 日龄和 70 日龄时各处理组均高于 C 组，70 日龄时 25BP 组提高 6.86%，5PS 组、10BP 组和 50BP 组分别提高 6.44%、1.50%和 0.73%，未达到显著性差异。ALB 指标的变化趋势类似于 TP，70 日龄时 25BP 组和 5PS 组分别为 2.51%和 2.85%，差异不显著。BUN 的含量在 42 日龄时低于 14 日龄，70 日龄高于 42 日龄，5PS 和 25BP 组表现显著；在犊牛 70 日龄时，各处理组的 BUN 均低于 C 组。CHO 和 TG 指标在犊牛 70 日龄时各处理组均低于 C 组，5PS 组降低 35.39%，10BP 组、25BP 组和 50BP 组分别降低 14.04%、29.21%和 32.58%。CHO 指标在整个试验期变化较大，在犊牛 70 日龄和 42 日龄时各试验组均显著高于 14 日龄（$P<0.05$）。GLU 的变化有随犊牛日龄增长有增加趋势，在 70 日龄时除 50BP 组外其余各组均显著高于 14 日龄（$P<0.05$）；在 42 日龄，各处理组高于 C 组；在 70 日龄，25BP 组和 50BP 组高于 C 组 6.06%和 2.02%，5PS 组和 10BP 组降低 1.64%和 6.91%，各处理组间变化不显著。

综上所述，在犊牛日粮中添加蜂花粉和多糖可提高犊牛的生长性能及对干物质和粗蛋白质的表观消化率，能够显著降低血液中甘油三酯水平。蜂花粉添加量为 25 g/d、蜂花粉多糖添加量为 5 g/d 时，犊牛生长性能和对营养物质的消化率有明显改善。

参考文献

白润江，马端端，1997. 香菇多糖对小鼠血浆、胸腺、脾脏 cAMP、cGMP 含量的影响 [J]. 西安医科大学学报，18 (6)：58-59.

蔡华芳，陈凯，李兰妹，等，1997. 花粉及醇提物抗前列腺增生与炎症的比较研究 [J]. 中国养蜂 (4)：4-5.

丁洪涛，张宏福，丁保森，等，2005. 断奶仔猪日粮系酸力模型的研究 [J]. 中国畜牧杂志，41 (6)：18-20.

董晓丽，2013. 益生菌的筛选鉴定及其对断奶仔猪、犊牛生长和消化道微生物的影响 [D]. 北京：中国农业科学院.

方守兰，1998. 蜂花粉在家禽饲料中的应用 [J]. 饲料研究 (6)：22-23.

符运勤，2012. 地衣芽孢杆菌及其复合菌对后备牛生长性能和瘤胃内环境的影响 [D]. 北京：中国农业科学院.

付立芝，2007. 微生态制剂对雏鸡体内消化酶活性与免疫功能的影响 [J]. 中国畜牧杂志，43 (11)：22-23.

高有领，胡福良，朱威，等，2003. 蜂胶、蜂花粉、蜂王浆抗肿瘤效果的比较研究 [J]. 蜜蜂杂志 (7)：3-4.

耿越，王开发，张玉兰，等，2001. 玉米花粉多糖的免疫学作用分析 [J]. 动物学报，47：250-254.

郭芳彬，2005. 浅析蜂花粉降血脂作用机理 [J]. 蜜蜂杂志 (12)：11-13.

国春艳，刁其玉，乔宇，屠焰，2010. 饲料用产酸性木聚糖酶的筛选和酶学性质研究 [J]. 中国农业科学，43 (7)：1524-1530.

侯永清，2001. 饲料酸结合力的测定方法及其应用的研究 [J]. 饲料研究 (3)：1-3.
雷群英，蒋滢，2000. 花粉制剂对脑衰老动物各脑区的 SOD 和 NO 水平的影响 [J]. 氨基酸和生物资源，22 (1)：35-37.
冷向军，王康宁，杨凤，等，2002 酸化剂对早期断奶仔猪胃酸分泌、消化酶活性和肠道微生物的影响 [J]. 动物营养学报，14 (4)：44-48.
李存德，朱新华，李泽，等，1987. 党参花粉对正常小鼠免疫功能、血象及血浆蛋白电泳的观察 [J]. 中国养蜂 (4)：16-18.
李辉，刁其玉，张乃锋，等，2009. 不同蛋白质来源对早期断奶犊牛消化及血清生化指标的影响 (一) [J]. 动物营养学报，21 (1)：47-52.
李建萍，张小燕，2003. 蜂花粉的营养价值及其花粉饮料的开发 [J]. 食品研究与开发 (1)：65-66.
李灵平，2010. 微生态制剂对仔猪断奶应激的影响 [J]. 饲料广角 (1)：23-24.
李明春，梁东升，2000. 灵芝多糖对小鼠巨噬细胞 cAMP 含量的影响 [J]. 中国中药杂志，25 (1)：41-43.
李雅晶，胡福良，冯磊，2005. 蜂花粉抗氧化的机理与应用 [J]. 蜜蜂杂志 (3)：9-11.
刘克琳，何明清，余成瑶，等，1994. 鸡微生物饲料添加剂对肉鸡免疫功能影响的研究 [J]. 四川农业大学学报，12：606-612.
陆明，王开发，2002. 花粉、花粉多糖、灵芝孢子抑制肿瘤作用的对比研究 [J]. 蜜蜂杂志 (11)：5-6.
陆庆泉，柴家前，2000. 动物微生态制剂在畜牧业中的应用 [J]. 饲料博览 (3)：28-30.
马明颖，钟权，于永军，2011. 微生态制剂对雏鸡生产性能及免疫功能的影响 [J]. 中国兽医杂志，2：67-68.
潘建国，段怡，吴惠勤，等，2003. 油菜蜂花粉中脂肪酸的 GC-MS 分析 [J]. 分析测试学报，22 (1)：74-75.
潘建国，郑尧隆，段怡，等，2004. 山楂蜂花粉中脂肪酸的 GC-MS 分析 [J]. 中国野生植物资源，23 (5)：45-47.
潘康成，冯轼，崔恒敏，等，2009. 微生态制剂对幼兔生长及 HPA 轴 5-HT 能细胞的表达 [J]. 动物营养学报，21 (6)：945-952.
邱凌，曾东，倪学勤，等，2011. 微生态制剂对奶牛产奶量和乳品质与肠道菌群的影响 [J]. 中国畜牧杂志，47 (3)：64-66.
曲培斌，2016. 桑叶黄酮和热带假丝酵母对犊牛生长性能、屠宰性能、肉品质及血清指标的影响 [D]. 邯郸：河北工程大学.
任育红，刘玉鹏，2001. 蜂花粉的功能因子 [J]. 食品研究与开发，22 (4)：44-46.
石峰，王涛，牛钟相，2011. 乳酸菌微生态制剂对肉鸡生产性能及免疫机能的影响 [J]. 山东农业大学学报，42 (1)：79-83.
司振书，孟喜龙，2007. 微生态制剂对肉鸡免疫器官发育的影响 [J]. 河南农业科学 (9)：104-105.
苏寿祁，2005. 蜂花粉的化学组成 [J]. 中国养蜂，56 (9)：42-43.
孙建广，张石蕊，2008. 影响微生态制剂作用效果的因素及其科学使用 [J]. 养殖与饲料 (6)：88-91.
陶常义，李瑾瑜，2004. 影响酸化剂使用效果的因素分析 [J]. 饲料博览 (3)：44-45.
佟莉蓉，2001. 0～6 周龄犊牛胰腺和小肠主要消化酶发育规律的研究 [D]. 太谷：山西农业大学.

屠焰，2010. 代乳品酸度及调控对哺乳期犊牛生长性能、血气指标和胃肠道发育的影响［D］. 北京：中国农业科学院.
王开发，耿越，1997. 花粉中黄酮类研究［J］. 养蜂科技（3）：8-12.
王开发，张玉兰，蒋滢，1997. 花粉中生长素的研究［J］. 蜜蜂杂志（10）：4-6.
魏永生，郑敏燕，2005. 油菜蜂花粉黄酮类物质的提取及抗氧化性研究［J］. 西北农业学报，14（3）：123-126.
阎新华，阎喜军，赵传芳，等，1999. 蜡样芽孢杆菌 BC983 的鉴定及生态效应的研究［J］. 中国预防兽医学报，21（3）：169-170.
杨春涛，刁其玉，曲培滨，等，2016. 热带假丝酵母菌与桑叶黄酮对犊牛营养物质代谢和瘤胃发酵的影响［J］. 动物营养学报，28（1）：224-234.
杨琳，张宏福，李长忠，等，2001. 不同断奶日龄仔猪消化道酸度和胃蛋白酶活性的动态变化［J］. 畜牧兽医学报，32（4）：299-305.
杨晓萍，吴谋成，2006. 油菜蜂花粉多糖抗肿瘤作用的研究［J］. 营养学报，28（2）：160-163.
于卓腾，毛胜勇，朱伟云，2007. 微生态制剂和饲用抗生素对肉鸡盲肠 VFA 和微生物区系的影响［J］. 南京农业大学学报，30（3）：110-114.
元娜，陈奇，刘从敏，等，2010. 复合微生态制剂对蛋种鸡舍内氨气浓度、养分吸收率及肠道菌群的影响［J］. 饲料工业，31（20）：42-44.
曾志将，汪礼国，饶波，等，2004. 蜂花粉多糖对大鼠降血脂效果研究［J］. 江西农业大学学报，26（3）：406-408.
曾志将，王开发，颜伟玉，2002. 蜜蜂花粉中 Fe，Zn，Cu，Mn 元素初级形态分析研究［J］. 经济动物学报（2）：47-50.
翟凤国，周福波，付惠，2004. 蜂花粉抗疲劳作用的实验研究［J］. 牡丹江医学院学报，25（5）：8-10.
张大伟，刘松财，李兆辉，等，2006. 多糖在畜牧兽医中的应用［J］. 中兽医医药杂志，3：62-64.
张国锋，2010. 蜂花粉多糖提取技术及其在犊牛生产中的应用研究［D］. 阿拉尔：塔里木大学.
张心如，罗宜熟，杜干英，等，2003. 猪消化道酸度与调控［J］. 养猪（4）：51-53.
赵芙蓉，王建平，仝克勤，1998. 益生菌制剂对猪生产性能及猪舍环境的影响［J］. 中国饲料（22）：27-28.
周盟，2013. 植物乳杆菌和枯草芽孢杆菌及其复合菌在断奶仔猪和犊牛日粮中的应用研究［D］. 乌鲁木齐：新疆农业大学.
周韶，黄华山，杨维仁，2011. 酶制剂和微生态制剂对断奶仔猪养分利用率和生长性能影响的研究［J］. 饲料工业，32（2）：40-43.
周怿，2010. 酵母β-葡聚糖对早期断奶犊牛生长性能及胃肠道发育的影响［D］. 北京：中国农业科学院.
Abreu M，1992. Food use of pollen in relation to human nutrition［J］. Alimentaria，235：45-46.
Almeida-Muradiana L B，Pamplonaa L C，2005. Chemical composition and botanical evaluation of dried bee pollen pellets［J］. Journal of Food Composition and Analysis（18）：105-111.
Blank R，Mosenthin R，Sauer W C，et al，1999. Effect of fumaric acid and dietary buffering capacity on ileal and fecal amino acid digestibilities in early-weaned pigs［J］. Journal of Animal Science，77：2974-2984.

Cisneros R L, Gibson F C, Tzianabos A O, 1996. Passive transfer of poly - (1 - 6) - beta - glucotriosyl - (1 - 3) - beta - glucopyranoseglucan protection against lethal infection in an animal model of intra - abdominal sepsisi [J]. Infection and Immunity, 64: 2201 - 2205.

Colvin B M, Lowe R A, Ramsey H A, 1969. Passage of digesta from the abomasum of a calf fed soy flour milk replacers and whole milk [J]. Journal of Dairy Science, 52: 687 - 688.

Czop J K, Austen K F, 1985. A β - glucan inhibitable receptor on human monocytes: its identity with the phagocytic receptor for particulate activators of the alternative complement pathway [J]. Journal of Immunology, 134: 2588 - 2593.

Engstad R E, Robersen B, 1993. Recognition of yeast cell wall glucan by *Atlantic salmon* (*Salmo salar L.*) macrophages [J]. Developmental and Comparative Immunology, 17: 319 - 330.

Falch BH, Espevik T, Ryan L, et al, 2000. The cytokine stimulating activity of (1 - 3) - β - D - glucans is dependent on the triple helix conformation [J]. Carbohydrate Research, 329: 587 -596.

Fuller R, 1989. Probiotics in man and animals [J]. The Journal of Applied Bacteriology, 66 (5): 365.

Giang H H, Viet T Q, Ogle B, et al, 2010. Growth performance, digestibility, gut environment and health status in weaned piglets fed a diet supplemented with potentially probiotic complexes of lactic acid bacteria [J]. Livestock Science, 129 (1): 95 - 103.

Jaton J C, Roulin K, Rose K, et al, 1997. The secalodides, novel tumor cell growth inhibitory glycosides from a pollen extract [J]. Journal of Natural Products, 60 (4): 356 - 360.

Joegensen J B, Robertsen B, 1995. Yeast glucan stimulates respiratory burst activity of Atlantic salmon (*Salmosalar* L.) macrophages [J]. Developmental and Comparative Immunology, 19: 43 - 57.

Kasprowicz - Potocka M, Frankiewicz A, Selwet M, et al, 2009. Effect of salts and organic acids on metabolite production and microbial parameters of piglets' digestive tract [J]. Livestock Science, 126: 310 - 313.

Konopski Z S, Helset E, Sildnes T, et al, 1993. Endothelin - 1 stimulates human monocytes *in vitro* to release TNF - α, IL - 1β and IL - 6 [J]. Mediators of Inflammation, 2 (6): 417 -422.

Liebelt R A, Lyle D, Walker J, 1994. Effects of a bee pollen diet: survival and growth of inbred strains of mice [J]. The American Bee Journal, 134 (9): 615 - 620.

Linskens H F, Jorde W, 1997. Pollen as food and medicine: a review [J]. Economic Botany, 51: 77 - 78.

Mueller A, Rice P J, Ensley H E, 1996. Receptor binding and internalization of a water - soluble1, 3 -b -D - glucan biologic response modifier in two monocyte/macrophage cell lines [J]. Journal of Immunology, 156: 3418 - 3425.

Murata Y, Shimamura T, Tagami T, et al, 2002. The skewing to Th1 by lentinan is directed through the distinctive cytokine production by macrophages with elevated intracellular glutathione content [J]. International Immunopharmacology, 2: 673 - 689.

Quigley J D, Drewry J J, Murray L M, et al, 1997. Body weight gain, feed efficiency, and fecal scores of dairy calves in response to galactosyl - lactose or antibiotics in milk replacers [J]. Journal of Dairy Science, 80: 1751 - 1754.

Roulston T H, Cane J H, 2000. Pollen nutritional content and digestibility for animals [J]. Plant Systematics and Evolution (222): 187 - 209.

Sara E J, James V, 2009. Probiotic Lactobacillus reuteri biofilms produce antimicrobialand anti - inflammatory factors [J]. BMC Microbiology, 9: 35 - 43.

Suzuki Y, Adachi Y, Naohito O, et al, 2001. Th1/Th2 - balancing immunomodulating activity of gelforming (1 - 3) β - glucans from fungi [J]. Biological Phamacological Bulletin, 24: 811 - 819.

Tanja K, Torben S, Bonefeld - Jorgensen E C, 2004. Ex vivo induction of cytokines by mould components in whole blood of atopic and non - atopic volunteers [J]. Cytokine, 25: 73 - 84.

Woodford S T, Whetstone H D, Murphy M R, et al, 1987. Abomasal pH, nutrient digestibility, and growth of Holstein bull calves fed acidified milk replacer [J]. Journal of Dairy Science, 70: 888 - 891.

Wu Y D, Lou Y J, 2007. A steroid fraction of chloroform extract from bee pollen of *Brassica campestris* induces apoptosis in human prostate cancer PC - 3 cells [J]. Phytotherapy Research, 21 (11): 1087 - 1091.

Yan J, Vetvicka, Xia Y, 1999. Beta - glucan, a "specifi" biologic response modifier that uses antibodies to targVet tumors for cytotoxic recognition by leukocyte complement receptor type 3 (CDllb/CDl8) [J]. The Journal of Immunology, 163: 3045 - 3052.

Zhang GH, Helmke RJ, Mörk A - C, et al, 1997. Regulation of cytosolic free Ca^{2+} in cultured rat alveolar macrophages (NR8383) [J]. Journal of Leukocyte Biology, 62: 341 - 348.

第六章 犊牛早期培育理论与技术及其应用

第一节　犊牛早期培育技术概述

一、犊牛初生前后环境的变化

犊牛初生前后，生存环境发生了巨大变化。犊牛出生前在胎盘中处于恒温保护中，而出生后将独自面对周围环境的温湿度变化，承受天气转换带来的冷、热、风、雨等的影响，同时饲养环境中的病菌、污染物也都会直接影响犊牛的健康。因此，犊牛需要依靠自身的能力来维持体温和机体正常的生理功能。而此时的营养物质来源，从胎盘血液供给转变成依靠犊牛消化器官的消化吸收，能量消化从被动转为主动。总而言之，犊牛出生后，来自母体保护的环境被破坏，必须依靠自身机能调节功能来适应外界环境的变化。另外，犊牛刚刚出生，其组织器官发育不完全，消化酶系统发育不健全，对环境适应性差；而相对生长速度又较快，对营养和环境的要求又较高。因此，尽快人工辅助，建立起温暖舒适、清洁卫生的饲养环境，对于保障犊牛健康和提交成活率极其重要。

二、犊牛断奶前后饲料供给的变化

与成年反刍动物不同，以液体饲料（牛奶、代乳品）为主要饲料的新生犊牛只有一个胃即真胃来发挥功能，瘤网胃还没有发育成熟。当犊牛以牛奶或代乳品为食时，食管沟闭合，牛奶避开瘤网胃而直接进入真胃。等到犊牛开始采食固体饲料后，食管沟逐渐失去功能，瘤胃壁开始发育，瘤胃中的微生物群系迅速建立和繁殖，此时小牛便可以采食、消化纤维性饲料。2～4 月龄小牛反刍时瘤胃已具有功能。随着生长，其所需要的畜栏面积和饲喂空间显著增加。此外，许多管理措施（包括疫苗接种、寄生虫治疗、人工授精、体高和体重测量等）也需要额外空间，圈养较大年龄育成牛的设施应符合它们的要求并便于饲养人员工作，较大年龄育成牛的畜舍特点应便于饲喂、铺垫草、清理、上枷套等。

尽早提供和饲喂固体食物、创造良好环境可加速犊牛瘤胃的发育和及早断奶（5～8 周龄），但要在瘤胃发挥正常功能并能提供犊牛所需的营养时才实施断奶。固体食物的摄入对瘤胃的发育至关重要，瘤胃发酵产生的最终产物 VFA 是瘤胃发育的刺激剂，缺乏固体食物刺激的犊牛瘤胃将不发育。从犊牛采食固体食物起，瘤胃中正常的细菌、原虫和真菌群系就自然建立起来。虽然瘤胃中有上百种微生物黏附在饲料颗粒上，但只有十几种微生物是主要类群。只有那些在厌氧环境下能够发酵碳水化合物的细菌（厌氧菌）才能在瘤胃中快速生长，碳水化合物发酵产生的最终产物（特别是丙酸和丁酸）是瘤胃发育的重要刺激物。因此，高淀粉饲料的摄入比粗饲料对瘤胃发育更重要。尽早饲喂高度适口性好的犊牛饲料（各类谷物混合饲料）对促进瘤胃快速发育和顺利通过断奶期十分重要。

三、使用代乳品饲喂犊牛

随着动物生理营养和消化生理研究的不断深入，行业人员对犊牛的消化代谢生理和营养需要有了更深的了解，犊牛的饲养方式发生了根本改变。现代奶牛业的工厂化和集约化发展要求犊牛早期断奶并快速生长，世界各国也随之对奶牛代乳品开展了广泛的研究，用代乳品饲喂犊牛已经成为奶牛场犊牛的常规培育饲养方式。采用营养全面、易于消化吸收的代乳品可以促进犊牛瘤胃和肠道等消化器官的发育，为后天的高生产性能奠定基础，使用代乳品对犊牛实施早期断牛奶具有以下优势。

（一）节约大量牛奶，降低饲养成本，提高经济效益和社会效益

我国传统的犊牛培育方法是用鲜牛奶饲喂犊牛，一般在60～90日龄断奶后实施。犊牛在2个月的饲养期间需要消耗牛奶350～450 kg，占奶牛产奶量的5%～10%。如果鲜奶按4元/kg来计算，培养一头犊牛的成本为1 400～1 800元，犊牛培育成本很高。应用犊牛代乳品进行早期断奶时，平均一头犊牛用代乳品40～50 kg，成本在800～1 000元，比牛奶饲喂的方法节省400～1 000元/头，明显降低了犊牛培育成本达28%以上，能提高牛场的经济效益。

（二）给犊牛提供一种绿色、健康、安全的食物

由于鲜奶价格高，因此为了降低养殖效益，饲养者一般不舍得用鲜奶饲喂犊牛，通常把奶牛场的病牛奶和抗生素奶作为饲喂犊牛的一种廉价资源。然而，随着科技的发展，人们越来越关注病牛奶和抗生素奶可能引起的危险。病牛奶中含有大量的细菌、病毒，有的甚至具有传染性。当用这种奶饲喂犊牛时，由于犊牛体质较弱，免疫系统尚未发育健全，因此很可能将疾病传染给犊牛。而抗生素奶含有大量的药物残留，长期使用则会增加犊牛的耐药性。因此，使用代乳品是经济、安全、有效的方法，将成为犊牛生长不可缺少的食物。

（三）促进犊牛瘤胃发育，为奶牛高产打下基础

改变传统的犊牛培育方式，施行早期断奶，饲喂犊牛专用代乳品，选用易消化、适口性好、含有犊牛生长发育所需的蛋白质、脂肪、维生素、微量元素及各种免疫因子的优质原料，能使犊牛较早采食植物性饲料，锻炼和增强犊牛瘤胃等消化机能和耐粗性。另外，早期断奶还可以促进犊牛消化器官发育，增大瘤胃容量，提早建立瘤胃微生物区

系，刺激早期瘤胃发育，增强消化力，使犊牛提前反刍，避免由于断奶采食量突然下降情况的发生，使犊牛在整个生长期平稳生长发育，能够增强犊牛免疫力和抗病能力，有利于改善成年母牛的进食量和乳房发育等，为培育高产奶牛打下基础。国内外无数试验表明，犊牛时期饲养管理的好坏，对其日后能否充分发挥产奶潜力起决定作用，因为犊牛瘤胃的发育关系成年母牛消化系统的容量和消化能力。成年母牛只有具备足够大的瘤胃容量和消化能力，才能充分发挥产奶潜力。犊牛代乳品含有优质植物蛋白质和奶制品，碳水化合物含量丰富，对促进瘤胃快速发育及日后高产奶量的发挥十分重要的作用。

（四）加快犊牛生长发育，使犊牛提前断奶

犊牛代乳品基于根据犊牛生理营养需要而研制。以经红外膨化、微波灭菌、加热灭酶和喷雾干燥等先进技术处理的优质植物蛋白粉、乳源蛋白相配合，辅以脂肪、乳糖、钙、磷和多种维生素、微量元素等营养物质，产品易消化；并补充了多种氨基酸，能满足犊牛快速生长的需要，使犊牛充分发挥生长潜力，提早达到断奶的各项要求，因此成为奶业工厂化、集约化生产的措施之一。

（五）增强机体免疫力，减少疾病发生

犊牛对外界环境的适应和对疾病的抵抗力，最终要靠提高自身免疫力来解决。在犊牛代乳品中加入非特异性免疫调节因子，可激活免疫细胞活性，增强机体抗病能力和巨噬细胞活性；加入益生菌制剂、低聚糖等免疫因子，能抑制致病菌群的生长繁殖，从而保持菌群平衡，有效防止疾病发生，直接增强犊牛自身免疫系统，减少感染疾病的概率。

四、犊牛早期断奶技术

（一）概述

犊牛平均断奶时间为7～8周龄，也有一些养殖场或牧场会在犊牛9周龄以上断奶。在美国，25%的牧场犊牛断奶在9周龄，70%犊牛断奶在7周龄前后。但是传统的做法并不一定就好，如通常在8周龄断奶，并不意味着8周龄就一定是一个好的、有效的断奶时间点。确定断奶时间应以谷物饲料或固体饲料采食量、瘤胃发育充分为指标，而不是仅仅依照惯例。

早期断奶不是一个新兴的概念。犊牛在3周龄时瘤胃发育已经比较充分，从生理结构上达到了可以断奶的要求。如果提前实施断奶，就可以节省饲养费用和哺乳时间，这样有利于牛场的管理和提高经济效益。1994年美国宾夕法尼亚州比较了犊牛饲喂到112 d的饲养成本，相对于60日龄断奶来说，30日龄断奶每头犊牛将节省30美元以上，而45日龄断奶则节省20美元以上；相对于45日龄断奶来说，则30日龄断奶可节省20美元以上。如果使用代乳品饲喂，以当年的代乳品价格计算，比起8周龄断奶的犊牛，4周龄断奶每头犊牛的饲养费用可节省约50美元，45日龄断奶比60日龄断奶每头可降低成本约30美元。另外，实施早期断奶后，犊牛对开食料采食量快速增长（图6-1）。

一般情况下，日开食料采食量在犊牛断奶时会成倍增长，并延续2～3周，直至顶峰。

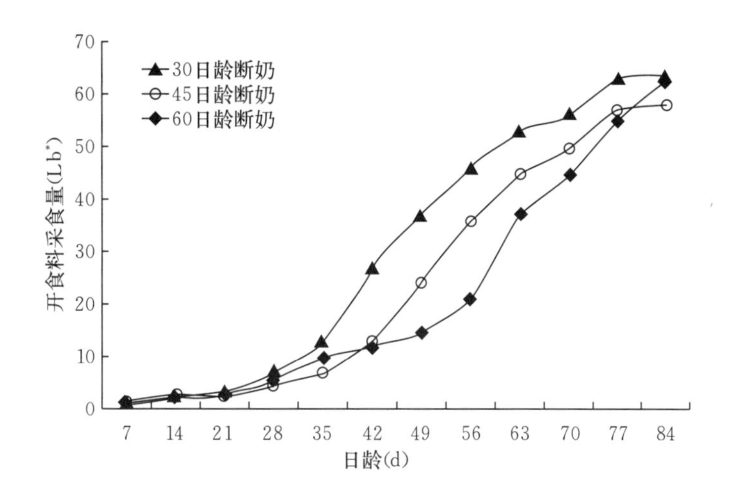

图6-1 不同断奶日龄下犊牛的开食料采食量变化
（资料来源：Heinrichs，2007）

（二）实施早期断奶的必要条件

瘤胃发育的程度是能否实施早期断奶的必要条件。当犊牛开始采食固体干饲料时，特别是为犊牛特制的开食料，瘤胃开始对营养物质进行发酵，瘤胃微生物也开始增殖。发酵谷物饲料中的淀粉产生 VFA，尤其是其中的丙酸和丁酸能刺激瘤胃上皮组织的生长发育，促进瘤胃微生物的代谢活性。理论上讲，犊牛 3 周龄以后采食谷物，瘤胃将会具备足够的微生物发酵饲料，给犊牛提供足够的能量。同时瘤胃微生物自身也为犊牛提供了重要的营养来源，即微生物蛋白。当瘤胃微生物流出瘤胃时，可在小肠中被消化和吸收，微生物蛋白的氨基酸组成可满足生长期犊牛的需要，是优良的蛋白质来源。

从管理的角度来看，在出生后几日内给犊牛供给充足、自由的饮水和优质的谷物，可帮助瘤胃尽快发育，到 3～4 周龄犊牛瘤胃就可以发育到能够消化固体饲料的程度。无论是 2 日龄还是 20 日龄开始饲喂谷物，其后 21 日龄瘤胃乳头开始增长。越早给犊牛提供淀粉，瘤胃发育就越早出现。因此，帮助犊牛尽早采食谷物对瘤胃发育具有积极的促进作用。

（三）早期断奶时机的选择

瘤胃发育之后犊牛才能够断奶。无论犊牛的日龄大小，如果在瘤胃尚未准备好消化固体饲料的时候就断奶，犊牛会出现 10 d 到 3 周的生长下降或停滞。因此要想成功进行早期断奶，就必须在犊牛出生后第 1 周内开始给其供给谷物和饮水。最早在 3～4 周龄时就可以开始断奶，但在 3 周龄后断奶需要额外多加关注。为慎重起见，可在 4 周龄断奶。

何时实施早期断奶，不应该通过日龄来确定，而是要将开食料的采食量作为首要指

---

* 非法定计量单位。1 Lb≈0.45 kg。

标。当犊牛连续 3 d 每天可以采食 0.7～1 kg 谷物时就可以开始断奶。这个判断方法可以每头犊牛单独来衡量，注意给不健康的犊牛继续饲喂牛奶，而给健康的犊牛饲喂固体饲料。在犊牛 1～2 日龄时就供给它们优质的开食料，让它们自由采食，5～7 日龄时采食到一定量的开食料。如果犊牛不吃，则需人工诱食。比如，手拿着开食料接近犊牛，或者喂完奶后在奶桶底部撒上一些开食料。

（四）犊牛代乳品饲喂技术

每次饲喂时应严格按照事先确定的饲喂量进行，不可过量饲喂。并且每次饲喂时的顺序尽可能保持一致。饲喂快结束时，应注意让犊牛将奶桶内的代乳粉全部吃干净。

（1）代乳粉配制方法是用 1 份代乳粉干粉加上 7 份煮沸过并晾凉至 40 ℃左右的水。饲喂给小牛时温度应在 38 ℃左右，也就是用手摸温热但不烫手。

（2）小牛出生后饲喂 5 d 初乳，然后逐步过渡到饲喂代乳粉，过渡时间要求 5～6 d。开始 2 d 用 1/3 代乳粉＋2/3 牛奶，随后 2 d 用 1/2 代乳粉＋1/2 牛奶，最后 2 d 用 2/3 代乳粉＋1/3 牛奶。不要过急，犊牛需要适应新的饲料，过急容易造成犊牛腹泻。

（3）过渡期以后，每天每头小牛代乳粉干粉的饲喂量是其体重的 1.2％～1.3％，将代乳粉干粉平均分成两顿或者三顿饲喂。或者按照牛奶的喂量，按以前的经验喂同等量的代乳粉液体（按 1∶7 冲泡）。

（4）一头奶牛一只桶，注意煮沸消毒。

（5）代乳粉要即冲即喂，不能预先用水泡料，也不要给犊牛喂剩下的代乳粉，以防犊牛发生腹泻。

第二节　以代乳品替代牛奶的适宜时间

一、荷斯坦犊牛以代乳品替代牛奶的适宜日龄

新生犊牛刚出生的前几周，其胃肠道消化系统及免疫系统都非常脆弱，而且还会经历从一个类似于单胃动物的阶段逐渐成为一个功能性反刍动物的巨大生理转变。尽早进食足够且适宜的干物质才能使犊牛及时建立瘤网胃功能。犊牛从采食全奶到全部干饲料的过渡期内，平缓的过渡方案对维持犊牛瘤胃的早期健康发育非常必要。目前，利用代乳品对犊牛进行早期断奶已成为世界奶牛养殖常用的技术手段之一。而中农科反刍动物实验室的研究结果表明，在初生犊牛采食 5 d 初乳后，利用代乳品代替母乳不影响犊牛的体增重和体尺发育。使用代乳品实施早期断奶，有利于提早锻炼犊牛的消化道，及早增强犊牛适应粗饲料的能力，促使犊牛的消化功能得到较早发育，从而充分发挥犊牛的生产潜能。

采用营养全面、易于消化吸收的代乳品可以促进犊牛瘤胃和肠道等消化器官的发育，为后天的高生产性能奠定基础。中农科反刍动物实验室研究证实，当分别在 6 日龄、16 日龄、26 日龄、36 日龄断奶并使用植物蛋白源的代乳品饲喂时，犊牛生产性能发挥正常，代乳品对犊牛的生长发育未造成不良影响。到 70 日龄时，6 日龄开始饲喂

代乳品的犊牛其 ADG 均显著高于饲喂牛奶的犊牛（$P<0.05$），达到了 572 g；16 日龄开始饲喂代乳品的犊牛，其体重和 ADG 也高于饲喂牛奶的犊牛，但低于 6 日龄断奶犊牛；26 日龄和 36 日龄断牛奶的犊牛，其增重速度和强度均与饲喂牛奶的犊牛持平（表 6-1）。说明较早使用代乳品可以促使犊牛体重的快速增长。而随日龄的增长，犊牛体重和 ADG 都明显上升，各组犊牛 ADG 表现为先慢后快，尤其在 30 日龄以后，各组犊牛体重的上升幅度均加大。说明该阶段液体饲料（牛奶、代乳品）不能给犊牛提供足够的营养以满足较高的 ADG，而固体饲料的补饲可以明显促进体重的增长（李辉，2008）。

表 6-1　代乳品替代牛奶的时间对犊牛各阶段日增重的影响

犊牛开始采食代乳品替代牛奶的日龄（d）	各日龄阶段的日增重（kg）			
	10～30 d	30～50 d	50～70 d	平均值
全程饲喂牛奶	301.8±47.2	559.7±93.03	691.2±132.08[ab]	456.5±41.23[b]
6	371.1±52.34	673.7±84.32	857.9±39.97[a]	572.1±14.92[a]
16	323.7±13.84	707.9±12.98	631.6±62.46[b]	500.0±19.26[b]
26	343.2±15.56	540.0±29.99	717.9±32.85[ab]	473.9±13.72[b]
36	308.8±36.63	587.7±35.61	654.4±49.40[ab]	465.2±33.12[b]

注：1. 表中数据用“平均数±标准差”表示，表 6-2、表 6-17 和表 6-18、表 6-21、表 6-30 至表 6-32 注释与此同。

2. 同行上标不同小写字母表示差异显著（$P<0.05$），相同小写字母或无字母表示差异不显著（$P>0.05$）。表 6-2 至表 6-4、表 6-7 至表 6-16、表 6-18 至表 6-20、表 6-22、表 6-27 和表 6-28、表 6-30 和表 6-31、表 6-33 和表 6-34、表 6-37、表 6-40 至表 6-45 注释与此同。

以代乳品替代牛奶的日龄不同，犊牛的体尺可会出现一定的差异。6 日龄、16 日龄断奶犊牛的体斜长要高于饲喂牛奶的犊牛，这是由于前者后期生长强度较大；而 26 日龄、36 日龄断奶犊牛因为使用代乳品的时间较晚，其体斜长的变化与用牛奶饲喂的犊牛并无较大差异。体高的变化与体斜长的变化趋势相同（表 6-2）。饲喂代乳品的犊牛，在胸围变化上较明显，6 日龄、16 日龄断牛奶犊牛的平均胸围值显著大于饲喂牛奶的犊牛，并且采食粗饲料的时间较早，对干草的喜爱程度要高。可以推断，干草采食量的增加对犊牛瘤网胃的发育、胸围的扩充有一定的作用。只要合理饲养便可以提早建立瘤胃微生物区系，刺激瘤胃早期发育，增强消化力，使犊牛在整个生长期得到平稳生长和发育。

表 6-2　断奶日龄对犊牛体尺的影响

日龄（d）	犊牛开始采食代乳品替代牛奶的日龄（d）	体斜长（cm）	体高（cm）	胸围（cm）	管围（cm）
10	全程饲喂牛奶	72.8±1.18[ab]	78.0±0.71[ab]	83.0±0.58[b]	12.0±0.35
	6	73.8±0.48[a]	80.3±0.85[a]	85.0±0.91[ab]	12.0±0.49
	16	73.3±0.85[ab]	80.0±0.71[a]	85.8±0.85[a]	12.2±0.15
	26	70.6±1.03[b]	76.6±0.87[b]	83.4±0.98[ab]	12.1±0.25
	36	72.8±0.48[ab]	79.5±0.50[a]	82.8±0.63[b]	11.9±0.33

（续）

日龄（d）	犊牛开始采食代乳品替代牛奶的日龄（d）	体斜长（cm）	体高（cm）	胸围（cm）	管围（cm）
30	全程饲喂牛奶	75.7±0.67[a]	81.0±0.00[a]	87.0±0.00[b]	12.0±0.00
	6	75.5±0.65[a]	81.3±0.75[a]	87.0±1.00[b]	12.0±0.29
	16	75.5±0.29[a]	81.8±0.75[a]	89.5±0.96[a]	12.2±0.13
	26	75.4±0.24[a]	78.8±0.66[b]	87.4±0.40[ab]	12.1±0.19
	36	74.0±0.00[b]	81.0±0.00[a]	86.3±0.33[b]	11.9±0.33
50	全程饲喂牛奶	79.7±0.67[a]	83.0±0.58[ab]	91.3±0.33[bc]	12.2±0.17
	6	79.0±1.58[ab]	83.8±0.25[a]	93.0±0.91[ab]	12.3±0.43
	16	79.3±0.75[ab]	84.0±0.00[a]	93.8±0.75[a]	12.3±0.20
	26	78.4±0.40[ab]	81.4±0.75[b]	91.0±0.32[bc]	12.2±0.26
	36	76.3±0.33[b]	82.7±0.33[ab]	90.7±0.67[c]	12.0±0.33
70	全程饲喂牛奶	83.3±0.33[a]	86.7±0.67[ab]	96.7±0.67[b]	13.0±0.00
	6	84.3±0.48[a]	87.8±0.25[a]	100.5±1.19[a]	12.5±0.29
	16	83.5±0.65[a]	88.5±0.29[a]	99.8±0.75[a]	12.5±0.20
	26	82.4±0.60[ab]	83.8±0.66[c]	96.6±0.68[b]	12.7±0.19
	36	81.0±0.58[b]	85.7±0.88[b]	96.7±0.88[b]	12.5±0.29

以上研究结果证实，犊牛可在出生后喂足初乳，6 日龄即可不再饲喂牛奶，而以代乳品逐步替代，最终完全以代乳品进行饲喂，直至 45～60 日龄可逐步减少代乳品饲喂量直至不喂。期间，需要尽早训练犊牛采食开食料和饲草。

二、红安格斯杂交肉用犊牛以代乳品替代母乳的日龄

我国消费者对草食畜产品的需求日趋增加，而存栏肉用母牛数量的下降和牛肉的供应不足加剧了牛肉供求矛盾。母牛分娩后犊牛提前断奶，可缩短母牛休情期，及早发情配种，提高终身产犊数，达到提高生产力、改善母牛体况及提高生产效率的目标。早期断奶虽然有不少好处，但也存在一些问题。比如，犊牛过早断奶会引起营养应激，干物质采食量下降从而导致 ADG 受到影响，血液中代谢物和激素发生变化。因此，探索适宜的断乳日龄非常必要。但不同品种、不同地域牛采食量、生长发育特点差异较大，适宜断奶日龄也会产生差异，因此需要根据实际情况进行针对性的研究。

中农科反刍动物实验室以 60 头新生红安格斯与西门塔尔杂交犊牛为试验对象，分别在犊牛 28 日龄、42 日龄、56 日龄、70 日龄实施母仔分离并断乳，开始按体重的 1.2%饲喂代乳品至 90 日龄断代乳品，所有犊牛皆在 29 日龄开始自由采食开食料和粗饲料（郭峰，2015）。研究发现，犊牛早期断母乳时对饲料的采食量和饲料转化比有明显的改善（表 6－3）。一方面，早期断奶产生的应激反应，直接影响了犊牛开食料的采

表 6-3　断奶日龄对犊牛采食量及饲料转化比饲料转化比的影响

项　目	犊牛开始采食代乳品替代牛奶的日龄（d）				随母哺乳	SEM	P 值
	28	42	56	70			
平均日增重（g）							
0～70 d	480.7^{c}	540.7^{b}	634.5^{ab}	728.0^{a}	610.7^{ab}	23.05	0.0005
71～90 d	630.4^{a}	573.2^{a}	425.6^{b}	392.9^{b}	677.1^{a}	24.00	<0.0001
91～150 d	732.5^{b}	785.8^{a}	745.8^{ab}	680.6^{bc}	631.9^{c}	16.32	0.0027
0～150 d	635.0	673.7	673.9	685.3	664.2	15.08	0.3160
开食料采食量（g/d）							
71～90 d	531.5^{b}	659.2^{a}	681.8^{a}	551.3^{b}	525.0^{b}	13.20	<0.0001
91～150 d	1827.7^{c}	2062.1^{ab}	2266.9^{a}	2152.5^{ab}	1923.2^{bc}	40.86	0.0047
71～150 d	1475.7^{b}	1681.1^{ab}	1836.4^{a}	1717.6^{ab}	1543.4^{b}	44.01	0.0095
粗饲料采食量（g/d）							
71～90 d	821.6^{b}	945.5^{a}	918.9^{a}	777.0^{b}	—	14.81	<0.0001
91～150 d	2129.7	2256.7	2201.7	1983.0	—	47.11	0.1913
71～150 d	1774.4	1900.6	1853.3	1655.4	—	46.80	0.0646
饲料转化比（F/G）							
71～90 d	1.46^{c}	1.81^{b}	2.47^{a}	2.30^{a}	—	0.06	<0.0001
91～150 d	2.49^{b}	2.62^{b}	3.03^{a}	3.16^{a}	—	0.06	<0.0001
71～150 d	2.05^{b}	2.25^{b}	2.73^{a}	2.79^{a}	—	0.06	<0.0001

食量，这从一定程度上说明肉用犊牛 28 日龄断奶可能过早；另一方面，28 日龄断奶组的饲料转化比（F/G）较好，表明早期断奶采食代乳品和颗粒饲料，犊牛的消化能力增强，对非乳源性饲料的利用率提高。42 日龄和 56 日龄断奶的犊牛，基本具备了自由采食的能力，采食量比较高，可以通过饲料供给营养物质。鉴于前者的饲料转化比优于后者，因此推荐 42 日龄断奶为宜。

0～70 日龄阶段，断奶日龄早的犊牛 ADG 较低，而随后 70～90 日龄则反之，28 日龄、42 日龄断奶的犊牛 ADG 较高。不同处理组犊牛在 150 日龄期间的 ADG 分别为 635.0 g、673.7 g、673.9 g、685.2 g，随母哺乳的犊牛 ADG 为 664.6 g。表明不论是 28 日龄还是 70 日龄断奶均能获得类似于随母哺乳的效果。但在 0～70 日龄阶段，28 日龄断奶的犊牛增重效果最差，体增重数值低于随母哺乳组犊牛，对犊牛 70 日龄时的体重有一定影响。在 70～90 日龄阶段的增重，28 日龄断奶的犊牛有明显的优势，增重效果高于 42 日龄、56 日龄和 70 日龄断奶的犊牛。体现出犊牛已经适应了代乳品，能够从代乳品和开食料中获取生长所需的营养。在 90～150 日龄阶段，早期断奶犊牛的营养依靠开食料和粗饲料的供给，其增重都高于随母哺乳的犊牛。表明早期断奶对犊牛在断奶后具有明显的增重优势，体现出早期断奶的后效应，将对奶牛整个一生有益。

另外，早期断奶饲喂代乳品还促进了犊牛体尺的增长（表 6-4）。随后在 90 日龄断代乳品后，犊牛开食料采食量增长。说明前期的断奶和饲喂代乳品促进了消化器官的发育，犊牛完全可以从开食料中获得足够的营养供给机体的生长发育。

表 6-4　断奶日龄对犊牛体尺的影响

项　目	犊牛开始采食代乳品替代牛奶的日龄（d）				随母哺乳	SEM	P 值
	28	42	56	70			
体高（cm）							
0	63.50	64.40	64.65	63.25	65.06	0.49	0.2531
70 d	76.43[b]	81.04[a]	79.81[ab]	80.62[a]	78.36[ab]	0.62	0.0177
71～90 d	79.78[b]	83.79[a]	82.64[ab]	82.79[ab]	80.98[ab]	0.56	0.0248
91～150 d	86.37[b]	90.10[a]	88.89[ab]	89.16[ab]	86.62[b]	0.53	0.0265
体斜长（cm）							
0	57.82	57.88	58.86	59.07	58.05	0.32	0.2222
70 d	73.60[ab]	74.16[ab]	75.95[a]	76.16[a]	71.50[b]	0.64	0.0226
71～90 d	78.13	80.54	79.39	78.58	77.28	0.57	0.0801
91～150 d	90.41	92.51	90.86	89.70	90.58	0.54	0.0961
胸围（cm）							
0	74.90	75.04	74.47	75.24	76.05	0.31	0.1121
70 d	90.54[c]	95.28[ab]	95.83[a]	98.91[a]	91.60[bc]	0.74	0.0002
71～90 d	95.77[b]	98.85[ab]	97.95[ab]	100.08[a]	95.14[b]	0.68	0.0225
91～150 d	107.96	111.13	108.60	110.02	107.60	0.71	0.1266
腹围（cm）							
0	77.55	77.95	78.14	78.57	79.02	0.24	0.0600
70 d	89.46[ab]	90.00[ab]	92.91[a]	92.20[a]	86.91[b]	0.82	0.0174
71～90 d	96.40[ab]	92.92[ab]	94.56[ab]	96.56[a]	91.94[b]	0.73	0.0398
91～150 d	110.36	109.17	108.50	111.33	107.78	0.77	0.1423
腰角宽（cm）							
0	14.50	14.72	14.66	15.24	15.05	0.15	0.1187
70 d	16.90[b]	18.04[a]	18.05[a]	19.08[a]	16.80[b]	0.20	0.0001
71～90 d	18.01[b]	18.68[ab]	18.71[ab]	19.27[a]	18.18[b]	0.16	0.0133
91～150 d	22.55	22.15	22.53	21.64	22.73	0.18	0.0657

尽管犊牛断母乳后饲喂代乳品到 90 日龄，以及 90 日龄到试验结束时的腹泻率和腹泻频率各组间均无显著差异（$P>0.05$）。但可以看出，较早断奶的犊牛其腹泻率和腹泻频率数值最高（表 6-5）。

表 6-5 断奶日龄对犊牛腹泻率和腹泻频率的影响

项 目	犊牛开始采食代乳品替代牛奶的日龄（d）				随母哺乳	SEM	P 值
	28	42	56	70			
腹泻率（%）							
断奶至 90 d	33.3	25.0	25.0	16.7	16.7	3.83	0.6819
91～150 d	16.7	16.7	8.3	0	8.3	3.14	0.6554
腹泻频率（%）							
断奶至 90 d	5.4	2.9	3.8	5.0	1.1	0.74	0.4185
91～150 d	2.5	0.8	0.6	0	1.1	0.40	0.3961

因此，鉴于红安格斯杂交犊牛初生重、生长速度及驯化程度，建议在 42 日龄母仔分离实施断母乳，而后以代乳品饲喂至 90 日龄。期间需要补饲精饲料及干草，以促进其消化系统、骨骼和肌肉的发育。

第三节 犊牛全部饲喂固体日粮的适宜日龄

一、犊牛对固体饲料的采食及消化特点

哺乳期犊牛的食物包括液体饲料（初乳、牛奶、代乳品等）和固体饲料（开食料、精饲料、牧草等）。随日龄的增长，犊牛开始采食固体饲料，对瘤胃及整个“前胃”产生包括物理机械刺激、生物刺激（瘤胃微生物）、化学刺激（固体饲料发酵产物，如乙酸、丙酸、丁酸等有机酸），以促使前胃尤其是瘤胃的加快发育。

（一）固液饲料饲喂水平对犊牛生长状况的影响概述

1. 采食量 如果不对液体饲料喂量进行限制，适龄犊牛在固体开食料缺乏的情况下，会产生异食癖，并随着日龄的增加对固体饲料的采食欲望愈发强烈。犊牛在 14 日龄时便可采食适量的固体饲料，而且其固体饲料的采食量随液体饲料所占比例的减少而大幅度增加（Khan 等，2007）。在断奶期内，若犊牛液体饲料采食量仅为体重的 10%，其固体饲料采食量是自由采食情况下液体饲料的 2 倍（Cowles 等，2006），因为采食大量液体饲料引起的化学（高血糖、胰岛素）及机械因素（凝乳造成的连续性肠道填充）会使犊牛产生饱腹感。若断奶前期全液体饲料饲喂量较高，则会严重影响犊牛时期对固体饲料的采食量，并在断奶前后造成较大的断奶应激，影响犊牛健康。

断奶后，犊牛对固体饲料的采食量受犊牛消化能力（瘤胃容积、瘤胃上皮吸收代谢能力、发酵模式、瘤胃容积及瘤胃食糜流量）、固体饲料的物理化学属性（碳水化合物属性、饲料加工方式），以及消化代谢产物变化等的影响（Lesmeister 等，2004）。在断奶前饲喂大量液体饲料会延迟犊牛瘤胃生理及代谢方面的生长发育（Hill 等，2010），减少犊牛断奶前后对固体饲料的摄入量（Sweeney 等，2010），进而影响犊牛生长时期尤其是断奶后总干物质的采食量。

2. 生长发育 表6-6中总结了近年来国内外针对液体饲料高饲喂水平对犊牛断奶前后生长状况的影响。结果表明，犊牛早期自由采食液体饲料时，其营养物质消化率较高，可以达到正常饲喂组犊牛体重（液体饲料喂体重的10%）的2倍。自由采食液体饲料时，断奶前犊牛日增重可以达到1.0 kg，而正常饲喂组日增重约为0.45 kg。由于幼龄动物会优先利用可溶性营养物质来维持生命，而只有过剩的营养物质才用于类似组织器官和骨骼的生长（NRC，2001），因此在断奶前提高液体饲料饲喂量能够提高饲料转化比。

表6-6 高液体饲料饲喂量对犊牛生长状况的影响

影响因素	结　果	资料来源
断奶前		
总营养物质采食量	+	Diaz 等（2001）；Jasper 和 Weary（2002）；Brown 等（2005a）；Bartlett 等（2006）；Cowles 等（2006）；Khan 等（2007a，2007b）；Terré 等（2007）；Borderas 等（2009）；Hill 等（2010）；Sweeney 等（2010）
固体饲料采食量	−	
营养物质消化率	+	
体增重	+	
骨骼生长	+	
饲料转化比	+	
断奶后		
总营养物质采食量	−	Jasper 和 Weary（2002）；Khan 等（2007a，2007b）；Terré 等（2007）；Roth 等（2008）；Borderas 等（2009）；RaethKnight 等（2009）；Hill 等（2010）；Sweeney 等（2010）
固体饲料采食量	−	
营养物质消化率	−	
体增重	−	
骨骼生长	+	
饲料转化比	−	

注：总营养物质采食量包括固体饲料和液液饲料；骨骼生长包括臀高、体高、胸围、腰角宽等。

断奶后犊牛生长的快慢主要取决于其对固体饲料的适应性及消化吸收能力。提高液体饲喂量可以提高断奶前犊牛体重增长及骨骼发育等，然而此种饲喂模式下，断奶后犊牛对固体饲料的采食量下降，生长受到严重影响。尤其是当采食高液体饲料的犊牛突然断奶时，由于瘤胃容积较小，瘤胃乳头短、小，吸收能力差，瘤胃上皮代谢功能不完善等，因此犊牛增重缓慢，体重下降。早期饲喂颗粒料可以提高犊牛断奶前后的干物质消化率。自由采食液体饲料的犊牛在断奶后期干物质消化率要低于采食固体颗粒料犊牛的7%左右，且自此种饲养情况下犊牛极不耐粗饲，对固体颗粒料的采食量较低，进而造成瘤胃容积及前胃规模较小，胃壁厚度，瘤胃上皮绒毛直径和长度均较短（Hill 等，2010）。在全喂液体饲料的情况下，犊牛瘤胃发育极缓慢，6月龄时前胃体积严重小于同龄犊牛，甚至只占同龄犊牛的一半，且瘤胃乳头短小，胃肠道绒毛稀少、短、细，瘤胃上皮半角质化严重，颜色苍白，甚至犊牛由于营养物质摄入不足而死亡。增加固体饲料饲喂量可促进瘤胃提早发育，促进营养物质消化，从而使犊牛生长潜力得到充分发挥，明显提高平均日增重，促进体尺指标的增长（闫晓刚，2005）。因此，犊牛断奶前增加固体饲料饲喂量可以减少断奶后的营养供需差，减轻断奶应激，缓解生长压力，很大程度地提高犊牛断奶后的生长性能及健康水平。

3. 胃肠道发育　瘤胃的生长发育需要包括固体饲料的采食刺激、微生物发酵系统的完善、发酵及吸收机制的协调等一系列过程（Vi 等，2004）。犊牛在刚出生后的几周内，瘤网胃发育不全，主要依靠“食管沟”结构摄取液体饲料来吸收营养物质。因此饲喂液体饲料（鲜奶、代乳品等）比例较高的犊牛，其瘤胃所占比例随生长发育而上升。但由于饲喂液体饲料的犊牛，缺少瘤胃发育必要的物理刺激和化学刺激，因此导致发育迟缓，瘤胃肌层软弱，瘤胃上皮半角质化，颜色苍白，新陈代谢活性低；瘤胃绒毛短细，对挥发性脂肪酸的吸收能力低。而在早期采食适量固体饲料的犊牛，瘤胃发酵产生的挥发性脂肪酸的浓度较高，尤其是丁酸在为瘤胃提供必要的化学刺激中起决定性作用。固体饲料的形态及大小也能为瘤胃发育提供一定的物理刺激，促进瘤胃乳头长度和宽度增加，适宜营养物质吸收，进而促进瘤胃及机体的正常发育。肝脏及肠道相关机制也会发生相应的变化，使犊牛能够消化利用瘤胃发酵产物，用于机体的生长所需。断奶前后犊牛要完成两个方面的转变：即从牛奶提供氨基酸到饲料蛋白质提供氨基酸，从小肠吸收葡萄糖、长链脂肪酸提供能量到瘤胃吸收短链脂肪酸和酮体等来提供能量（王永超等，2013）。另外，肝脏也会实现从糖分解到糖原合成的变化。限制液体饲料的饲喂量能够促进固体饲料的采食量而被视为促进犊牛瘤胃发育的关键因素。犊牛采食固体饲料产生的挥发性脂肪酸尤其是丁酸（Tamate 等，1962）能够促进瘤胃乳头的生长（Sander 等，1959），固体饲料采食量会促进肌肉生长及瘤胃体积增大（Stobo 等，2005）。

提高固体饲料采食量有诸多益处，但关于液体饲料饲喂量是否会通过影响固体饲料采食量进而对瘤胃形态产生影响的系统研究较少。因此，有学者曾经怀疑过通过限制液体饲料饲喂量来提高固体饲料采食量的正确性（Quigley，2006）。Kristensen（2007）等在给犊牛饲喂以大麦为基础的开食料条件下，改变液体饲料饲喂量发现，每日液体饲料饲喂量为 3.1 L 的犊牛，其瘤胃 pH 较低，VFA 浓度较高，前胃重量要远远大于饲喂量为 8.3 L 的犊牛。由此认为，液体饲料限制饲喂组前胃重量增加的原因是较高的固体饲料采食量。

当然，影响瘤胃发育的不仅仅是丁酸等，饲料中能量及营养物质的供应及吸收均能直接促进瘤胃上皮及瘤胃乳头的生长发育。与液体饲料采食量相关的内分泌激素，如胰岛素、IGF-1 等在一定程度上会促进瘤胃上皮的发育（Gerrits 等，1997），初乳中的生长因子对犊牛胃肠道的生长成熟也起到一定的促进作用（Blum，2006）。但是要了解这些因素在促进瘤胃发育过程中发生的具体作用还需要进一步的研究。

（二）犊牛固液饲料饲喂模式及存在的问题

初生犊牛瘤胃尚未发育，生理机能不完善。微生物区系的建立、固体饲料的刺激、发酵过程及吸收机制的完善均为瘤胃发育的必要条件。早期固液饲料的正确饲喂是犊牛生长及身体各器官尤其是胃肠道发育的重要步骤。犊牛断奶时间与固液饲料的饲喂紧密相关。国内外对犊牛断奶方法的研究很多。Quigley（2006）等报道，犊牛按照体重和年龄实施断奶时（一般 6～8 周），通常还要考虑固体饲料的采食量。犊牛 2 d 连续采食 700 g 固体饲料才可实施断奶，一般在 24～35 日龄。周贵等（2010）对乳用犊牛的早期断奶提供了两种与固液体饲料采食量相关的实施方案：①犊牛 6 周龄，健康活泼，每天采食 600 g 以上的开食料，能采食定量的干草和充足的饮水，便可断奶。②较先进的奶牛场，在减少犊牛的哺乳量、缩短哺乳期（哺乳期为 42～60 日龄）、累积哺乳量达 200～250 kg 时断奶。然而由于国内犊牛在前期的饲养管理较粗放，实际养殖中大多采取 60 日龄断奶完毕，忽视了断奶时重要的固液饲料采食量的问题，甚至 90～120 日龄断奶或断代乳品。断奶时由于营养物质采食量不足，产生断奶应激，因此犊牛腹泻率高，有的甚至出现生长停滞。戚建允（2011）等在犊牛出生后 4 d，即训练其采食开食料，35 d 测定开食料日采食量，连续 3 d 采食量达到 1 kg 以上，准备 40 日龄断奶；若到 37 日龄日采食量还未达到 1 kg 以上，则减少哺乳量，以促使犊牛采食更多的开食料，结果表明犊牛生长性能良好。石光建（2011）等研究了犊牛早期断奶对其后期生长速度的影响，结果表明 4 周龄断奶犊牛比 6 周龄断奶犊牛在断奶后的生长速度快。犊牛进行早期断奶进而提早固体饲料的采食量能刺激消化器官发育，尤其是瘤胃、网胃的发育，降低消化道疾病的发生率，提高犊牛的培育质量、生产性能和成活率，为犊牛将来充分发挥生产性能打下基础。因此，规范固液饲料饲喂水平，使液体饲料向固体饲料的平稳过渡是减小犊牛体重损失及降低犊牛断奶应激的重要因素，适当的断奶日龄是保证犊牛后期健康生长的前提。

二、犊牛固液饲料供给模式及全部饲喂固体日粮的适宜日龄

哺乳期犊牛消化系统的增长和发育都处于变化较大的阶段，瘤胃尚未发育成熟，犊牛采食液体饲料时由条件反射引导食管沟闭合，使乳液直接进入皱胃，形成凝块，经消化酶作用，营养物质进入肠道吸收（Berends 等，2015）。液体饲料也会因食管沟闭合不全、皱胃回流等原因进入瘤胃（Guilhermet 等，1975），但对瘤胃产生的影响未作深入探究。犊牛采食固体饲料时，在消化道中和液体饲料的路径不一样。固体饲料直接进入瘤胃，在瘤胃中发酵消化然后再进入皱胃和肠道，在瘤胃期间发酵产生的 VFA 直接刺激犊牛瘤胃发育。牛奶及代乳品等液体饲料能较好地满足犊牛生长及营养需要，但是因缺少刺激作用会延滞瘤胃的发育，因此固体饲料的饲喂一直是犊牛饲喂中的关键步骤。在肉牛生产中，调整固体饲料和液体饲料的饲喂量可以使犊牛获得与完全饲喂液体代乳品相同的生长性能，并能减少成本，提高犊牛的健康状况（Webb 等，2012）。合理提高早期犊牛固体饲料的采食量，有助于促进犊牛的采食能力和前胃发育，有利于犊牛后期生长性能的发挥和饲料的消化利用（Franklin 等，2003）。我国规模化奶牛场的犊牛断液体饲料的通用规则是，犊牛固体饲料采食量连续 3 d 达到 1.0 kg/d；或是在液体饲料（鲜奶或代乳品）饲喂至犊牛 7 周龄左右开始降低液体饲料饲喂量，逐渐至 8 周左右完全断奶，然而这种饲喂模式仍然会使断奶（液体饲料）犊牛产生应激反应，进而造成犊牛疾病及生长发育迟缓，给生产带来损失，更不利于后备牛的早期培育。中农科反刍动物实验室马俊南（2017）在总体营养物质饲喂量保持相同的前提下，研究不同的固液饲料比例对犊牛生长发育、腹泻和血清学指标的影响，探索其影响机理，提出犊牛 28 日龄后，可每周增加 400 g 固体饲料供给量，使其在 42 日龄达到固体饲料采食量 1.0 kg/d，并完全断液体饲料，改为全部采食固体饲料，比现有的 56 日龄或 60 日龄断奶提早 2 周。

（一）研究方案

1. 试验设计 该项研究将自然分娩、初生重（36±2.5）kg、饲喂足量初乳的(7±2）日龄中国荷斯坦公犊 36 头随机分为 3 个组，每组 12 头。犊牛采用犊牛岛单独饲养，每个犊牛岛占地面积 1.6 m×3.6 m。犊牛 7 日龄开始全部采食液体代乳品，21 日龄开始训练采食固体颗粒料，21～27 日龄为试验过渡期，28 日龄时液体代乳品采食量为体重的 1.2%、固体颗粒料饲喂量达到 200 g/d，56 日龄后各组犊牛自由采食。

采用单因素随机设计，分为 3 个处理。犊牛 28 日龄时，各处理组固体饲料饲喂量为 200 g/d，具体试验设计和日粮比例如下：

（1）对照组（LS） 参照目前国内规模化牛场犊牛的饲喂方案。液体饲料干物质饲喂量为体重的 1.2%，固体饲料饲喂量以 28 日龄时 200 g/d 为基础，以每周提高 200 g/d的速度增加饲喂量；在 56 日龄时固体饲料采食量约达到 1.0 kg/d，完全断奶（代乳品）。

（2）高液体饲料、低固体饲料比例组（HL） 试验期内以液体代乳品为主。固体饲料饲喂量以 28 日龄时 200 g/d 为基础，以后每周增加 100 g/d；液体饲料则按照与对照组同期总干物质饲喂量一致的原则，扣除固体饲料饲喂量后进行调整；在 56 日龄时固体饲料采食量约为 0.5 kg/d（液体饲料采食量为 1.0 kg/d），断奶（代乳品）。

（3）高固体饲料比例组（HS） 试验期以固体颗粒料为主。固体饲料饲喂量以 28 日龄时 200 g/d 为基础，后每周增加量为 400 g/d；液体饲料则按照与对照组同期总干物质饲喂量一致的原则，扣除固体饲料饲喂量后进行调整；在 42 日龄（固体饲料采食量约为 1.0 kg），断奶（代乳品）。

为避免营养素影响的干扰，上述饲料中液体饲料和固体饲料的营养水平保持一致，皆为（干物质基础）：干物质，95.13%；有机物，91.81%；粗蛋白质，21.88%；粗脂肪，17.17%；中性洗涤纤维，4.03%；酸性洗涤纤维，2.29%；钙，1.17%；磷，0.58%；总能，18.49 MJ/kg。

2. 关注的指标与测定 本研究过程中测定了以下几个方面的指标。

（1）试验饲粮营养水平 试验过程中选择不同时间段采集具有代表性的饲料样品，以《饲料分析及饲料质量检测技术》中的方法测定 DM、CP、EE、粗灰分（ash）、Ca、P、NDF、ADF 含量。

（2）生长性能 每天记录犊牛采食量，并分别于犊牛 28 日龄、42 日龄、56 日龄、84 日龄当天晨饲前称重，并测量其体斜长、体高和胸围等体尺指标。计算平均 ADG 及 F/G。每天记录腹泻情况，并以下列公式计算犊牛试验全期腹泻情况：

腹泻率（%）=100×腹泻头数/总头数

腹泻频率（%）=100×Σ［(腹泻头数×腹泻天数)/(试验头数×试验天数)］

（3）血清指标 分别于犊牛 28 日龄、42 日龄、56 日龄、84 日龄当天晨饲前采用颈静脉真空管穿刺的方法，每头犊牛采血 2 管，每管 10 mL，3 000 r/min 离心 14 min，收集血清、血浆并分装于 1.5 mL 离心管中，−20 ℃下冻存待测。血清样品采用全自动生化仪（日立 7 160，日本）和酶联免疫吸附测定法（ELISA）测定相关指标。测定指标包括血清代谢物含量，即葡萄糖（GLU）、总蛋白（TP）、甘油三酯（TG）、尿素氮

(UN)、胆固醇（CHO）含量；血清免疫球蛋白含量，即免疫球蛋白 A（IgA）、IgG、IgM 含量；血清总抗氧化能力（TAOC）及一氧化氮（NO）浓度、表皮生长因子（EGF）和胰岛素样生长因子（IGF-1）含量。

（4）营养物质表观消化率和代谢率　采取全收粪尿法分别于犊牛 35 日龄和 63 日龄利用自行设计的消化代谢笼（专利号：ZL 201 420 358 189.7）进行犊牛消化代谢试验。每组选取接近平均体重的健康犊牛 6 头，试验期均为 7 d，其中预试期 3 d、正试期 4 d。正试期中，每天 8：00 收集日粪便总量并称重，取出粪便总量的 10%混合，在每天取出的每 100 g 鲜粪中加入 10 mL 10%的稀硫酸用于固氮。同时每天收集每头犊牛日排尿总量，并用量筒称量总尿量，取出总尿量的 1%作为混合样品，在取出的样品中添加 10%稀硫酸于尿样中。正试期每天采集具有代表性的饲料样品。收集后的饲料、粪、尿样品于－20 ℃冷冻保存待测。计算饲粮表观消化率、消化能、代谢能、总能表观消化率和代谢率、消化能代谢率。

表观消化率＝（营养物质摄入量－粪中营养物质排出量）/营养物质摄入量×100%

消化能＝摄入 GE－粪能

代谢能＝摄入 GE－粪能－尿能－甲烷能

总能表观消化率＝消化能/摄入 GE×100%

总能代谢率＝代谢能/摄入 GE×100%

消化能代谢率＝代谢能/消化能×100%

式中，甲烷能按总能的 8%计算。

（5）瘤胃液样品　每组选取接近组平均体重的 6 头犊牛，分别于 28 日龄、42 日龄、56 日龄和 84 日龄晨饲后 2 h，采用灭菌口腔导管采集瘤胃内容物 100 mL，用 4 层纱布过滤后，立即用便携式 pH 计（Testo-206-pH2）测定瘤胃液 pH，然后分装于 10 mL 灭菌离心管中，放入液氮带回实验室，－80 ℃保存待测。瘤胃液 4 ℃解冻，取上清液 1 mL，加入 25%偏磷酸溶液 0.3 mL，振荡 3～5 s 混匀后，静置 30 min。15 000 r/min 离心 15 min 后，将上清液按 0.5 mL 分装。瘤胃液中 VFA 含量参照 Cao 等（2011）方法测定；氨态氮（NH_3-N）浓度采用靛酚比色法（Verdouw 等，1978）测定；MCP 含量参照 Makkar 等（1982）方法测定。提取瘤胃细菌 DNA——瘤胃细菌的 16SrDNA 序列 V_4～V_5 区进行 MiSeq 测序，分析物种的丰度及分布。

（6）屠宰性能及消化器官发育　犊牛 84 日龄当天，每组选取接近平均体重的 6 头健康犊牛早晨空腹、颈静脉放血屠宰。按照《家畜解剖学及组织胚胎学》，屠宰前空腹称重，记录试验犊牛宰前活重（live weight before slaughter，LWBS）。屠宰后，称量并记录各个器官重，用于器官指数的计算（胴体、心脏、肝脏、肾脏、脾脏）。分离并记录各消化器官重量（瘤胃、皱胃、网胃、瓣胃）及复胃总重（total complex stomach weight，TCSW）。

屠宰后，测定胃肠道内容物 pH，观察瘤胃乳头绒毛长度、发育情况、颜色，以及瘤胃、皱胃发育情况。取瘤胃背囊处瘤胃上皮，用大头针固定后放入 10%的甲醛溶液中固定；小肠则按解剖位置分成十二指肠、空肠、回肠三段。十二指肠近端（5 cm 处）、空肠近端 1/4 处、回肠远端 1/4 处分别用手术剪连续取下近 1 cm 的肠管两段，用大头针固定后，迅速放入 10%的甲醛溶液中，摆匀，待进行胃肠道组织切片。

计算胴体重及屠宰率，主要计算心脏、肝脏、脾脏、肾脏及腹围和肠道占宰前活重的比例，以及各胃室占复胃总重的比例。

胴体重（carcass weight，CW，kg）=宰前活重−头、蹄、皮、尾、生殖器官的重量

屠宰率（dressing percentage）=胴体重/宰前活重×100%

内脏器官指数（internal organ indexes）=各内脏器官鲜重/宰前活重×100%

于犊牛64日龄晨饲前，用4%戊巴比妥钠溶液（40 mg/kg）将犊牛完全麻醉后屠宰。打开腹腔，将瘤胃、网胃、瓣胃、皱胃前后连接处结扎，取出，置瓷盘中。将瘤胃、皱胃食糜混合均匀后各取瘤胃、皱胃食糜于50 mL灭菌离心管中，随后放入液氮中保存，用于消化酶活性的测定。将瘤胃、网胃、瓣胃、皱胃按解剖学特征进行分割，倾出内容物，用生理盐水清洗干净，并用纱布吸干水分，分别称取记录瘤胃、网胃、瓣胃和皱胃重量。随后分别从瘤胃前背囊、皱胃各剪取2份1 cm^2组织块放入装有10%中性福尔马林溶液的250 mL广口瓶中固定，用于制备组织切片。取出小肠，清除十二指肠、空肠和回肠内容物后剪取十二指肠、空肠和回肠中段2份1 cm^2组织块，随即放入装有10%中性福尔马林溶液的250 mL广口瓶中固定，用于制备组织切片。

清除小肠和大肠中食糜后，分别称取重量并记录，然后根据犊牛胴体、头、蹄、皮+毛、心脏、肝脏、肾脏、肺和脾脏重，计算犊牛空体重和复胃总重。

3. 统计分析　以SAS 9.2软件进行统计。单因素方差分析（One - Way ANOVA）和关于重复测量数据的Mixed模型进行分析。差异显著（$P<0.05$）时分别采用Duncan’s进行多重比较，或最小显著差数法（least significant difference，LSD）法进行比较。

One - Way ANOVA 模型为：

$$Yij=\mu+Ti+\varepsilon ij$$

式中，μ为平均值；T为处理（$i=1, 2, 3$），固定效应；ε为残差；$j=1, 2, 3, \cdots, 18$。

Mixed 模型为：

$$Yijk=\mu+Ti+Dj+TDij+C(T)ik+\varepsilon ijk$$

式中，μ为平均值；T为处理（$i=1, 2, 3$），固定效应；D为日龄（$j=35$、63），固定效应；C为犊牛（$k=1, 2, 3, \cdots, 18$），随机效应；ε为残差。

（二）不同固液比例饲喂模式对犊牛生长性能的影响

在本试验中，高液体饲料比例组、对照组犊牛均在56日龄断奶，但对照组犊牛断奶时固体颗粒料采食量达到1.0 kg/d，高液体饲料比例组则为0.5 kg/d。由表6 - 7可知，对照组犊牛ADG在各个阶段均高于高液体饲料比例组；体尺指标，如体高及胸围变化趋势与ADG相似。84日龄时，对照组胸围显著高于高液体饲料比例组（$P<0.05$），这与Khan（2007）等研究结果一致。表明在DMI一致的情况下，固体颗粒料采食量增加对犊牛的生长发育有促进作用。部分原因是固体颗粒料采食量影响瘤胃微生物及瘤胃乳头发育，进而促进营养物质的吸收及转化，最终影响反刍动物的生长性能。另外，“瘤胃通道动力学”的概念认为，固体颗粒料采食可以通过改变瘤胃通道动力的方式来促进能量代谢（Berends，2014），而犊牛体重及日增重与机体能量的供给与代谢

表 6-7　不同固液比例饲喂模式对犊牛生长性能的影响（$n=36$）

项　目	日龄（d）	处理组			SEM	固定效应 P 值		
		高液体比例组（HL）	对照组（LS）	高固体比例组（HS）		处理	日龄	处理×日龄
平均日增重（kg）	21～84	0.86	0.89	0.89	0.10	0.462	<0.0001	0.097
	21～28	0.51	0.54	0.57	0.06	0.380		
	28～42	0.85	0.83	0.75	0.07	0.118		
	42～56	1.05	1.07	1.02	0.07	0.489		
	56～84	1.04^{b}	1.12^{ab}	1.23^{a}	0.06	0.002		
饲料转化比	21～84	1.46	1.42	1.41	0.97	0.686	<0.0001	0.568
	21～28	1.35	1.37	1.31	0.12	0.618		
	28～42	1.22	1.19	1.28	0.13	0.462		
	42～56	1.43	1.42	1.47	0.12	0.763		
	56～84	1.85^{a}	1.68^{ab}	1.59^{b}	0.09	0.032		
体高（cm）	28～84	86.71	87.38	87.71	0.45	0.5590	<0.0001	0.2442
	28	81.22	82.04	81.42	0.49	0.5361		
	42	84.21	84.04	83.96	0.66	0.3773		
	56	86.58	87.00	87.67	0.58	0.1425		
	84	90.83^{b}	92.42^{ab}	93.79^{a}	0.56	0.0384		
体斜长（cm）	28～84	84.16	85.63	85.87	0.67	0.3690	<0.0001	0.7470
	28	75.53	75.50	75.58	0.63	0.8510		
	42	81.67	83.08	82.75	0.81	0.4254		
	56	87.42	90.00	90.33	0.72	0.1026		
	84	92.00	93.92	94.83	0.71	0.1126		
胸围（cm）	28～84	106.16	108.80	108.46	0.92	0.2166	<0.0001	0.6312
	28	94.33	95.08	96.50	0.95	0.3531		
	42	102.33	103.83	104.25	0.85	0.4111		
	56	110.50	113.08	112.50	0.74	0.3912		
	84	117.46^{b}	123.21^{a}	120.58^{ab}	1.28	0.0150		
腹围（cm）	28～84	117.54	120.73	118.15	1.49	0.3901	<0.0001	0.8698
	28	98.42	100.75	100.08	1.01	0.6285		
	42	113.00	117.33	118.83	3.14	0.0627		
	56	124.25	128.25	128.00	1.47	0.4074		
	84	134.50	136.58	135.67	1.40	0.6657		
腹泻率（%）		18.75^{a}	6.18^{b}	6.18^{b}	12.61	0.0107		
腹泻频率（%）		1.15^{a}	0.38^{b}	0.51^{b}	7.63	0.0425		

密切相关。因此，适量提高固体颗粒料饲喂量能够提高犊牛的体重及日增重。犊牛的体尺指标则与日增重有很强的相关性，其中胸围与体重的相关性最为显著（张蓉等，2008）。本试验中对照组、高固体饲料比例组犊牛在 84 日龄时，体高及胸围相对高液体饲料比例组有显著优势，同体重变化相似。这更加说明了固体饲料饲喂量对犊牛生长发育的重要性。

在实施断奶方案时，足量的固体饲料供给量是一个比日增重更重要的参数，因为它决定了犊牛断奶后的生长与健康（Greenwood 等，1997）。本试验中提高犊牛的固体颗粒料采食量，使之在 42 日龄达到 1.0 kg/d，比对照组提前 14 日龄断奶，犊牛表现先低后高的生长态势。28～56 日龄内，本阶段生长所需营养物质以皱胃对液体饲料的消化为主，增加液体代乳品的饲喂量能促进犊牛生长发育（许先查等，2011），导致其 ADG、F/G 略差于 56 日龄断奶组；但在 57～84 日龄内，该组犊牛的 ADG、F/G 均增长明显，并在 84 日龄时高于高液体饲料比例组、对照组。原因是犊牛在断奶前采食大量的液体代乳品会导致其在转换为固体颗粒料时发生较大应激作用，从而导致其之前的增重优势流失，并有可能导致生长的滞后性，这与 Jasper（2002）等研究结果一致。而限制液体饲料的饲喂时，犊牛的生长速度与固体颗粒料的采食量呈现正比关系（Kertz 等，1997）。这进一步验证了 Greenwood（1997）关于固体颗粒料采食量影响犊牛断奶后期生长与健康的说法，有力地证明了 42 日龄前高固体饲料比例饲喂模式的优势。同时，与高固体饲料比例组犊牛相比，高液体饲料比例组犊牛因液体饲料饲喂较多，固体颗粒料采食量较少，使得犊牛瘤胃发育不完善，进而影响犊牛对固体饲料营养物质的消化率，造成消化不良等，最终导致犊牛出现营养性腹泻，且腹泻率及腹泻频率较高。因此，适量增加固体颗粒料饲喂比例有助于犊牛的健康生长。

综上，高固体饲料饲喂比例组饲喂模式在促进犊牛特别是断奶后期犊牛的生长方面较优。

（三）不同固液比例饲喂模式对犊牛营养物质消化代谢的影响

由表 6－8 可知，断奶前 HL 组犊牛 EE 的表观消化率显著高于其他两组（$P<0.05$）；

表 6－8　不同固液比例饲喂模式对犊牛营养物质表观消化率的影响（%）

项　目	处理组			SEM	P 值
	高液体比例组（HL）	对照组（LS）	高固体比例组（HS）		
35 d					
干物质表观消化率	80.97	80.97	81.27	1.33	0.988
粗蛋白质表观消化率	74.49	71.69	73.46	1.23	0.669
粗脂肪表观消化率	73.57[b]	77.21[b]	84.82[a]	2.15	0.003
有机物表观消化率	83.32	84.43	80.85	1.31	0.548
63 d					
干物质表观消化率	86.32	86.70	85.74	0.72	0.872
粗蛋白质表观消化率	87.70	87.91	84.43	0.78	0.119
粗脂肪表观消化率	92.15	86.16	87.80	1.25	0.095
有机物表观消化率	86.72	87.03	86.23	0.72	0.912

而断奶后 HS 组犊牛 EE 的表观消化率增加，有高于其他两组的趋势（P=0.095）。其他营养物质的消化率在断奶前后差异不显著。由此可推断，适量增加固体饲料饲喂比例有助于改善断奶前后犊牛瘤胃发酵，促进瘤胃微生物蛋白的合成，显著提高断奶后犊牛饲粮代谢能和氮的生物学价值，提高断奶后犊牛总能代谢率和氮的利用率。

随着犊牛的生长，其消化机能逐渐增强，对固体饲料的采食量增加，瘤胃逐渐发育。本试验固液饲料均为同一种日粮，此条件下 CP 及 EE 表观消化率便显得尤为重要。断奶前 HL 组 EE 的表观消化率显著高于其他两组（P<0.05），原因可能为液体饲料进入皱胃发挥消化吸收的主要作用，而瘤胃作用稍弱。断奶后，HS 组 EE 及 CP 表观消化率均有提高，这与 HS 组高固体饲料比例促进了瘤胃发育的假设相符合，并为断奶后犊牛生长性能的变化提供了依据。

由表 6-9 和表 6-10 可知，断奶前高液体饲料比例组总能及氮的表观消化率较高，这一阶段犊牛对营养物质的消化吸收对皱胃的依赖性较强。液体饲料采食量较高且采食持续时期较长时，大量的液体饲料到达皱胃后，通过皱胃分泌的凝乳酶、蛋白酶、淀粉酶等进行消化吸收。另外，与液体营养物质吸收相关的内分泌激素，如胰岛素、IGF-1 等可以激发犊牛肠道局部反应，刺激其肠道吸收，从而提高营养物质的代谢能。而在此期间犊牛瘤胃尚未发育，固体饲料到达瘤胃后，营养物质不能被充分吸收，从而导致

表 6-9　不同固液比例饲喂模式对犊牛能量消化代谢的影响（干物质基础，n=18）

项　目	处理组			SEM	P 值
	高液体比例组（HL）	对照组（LS）	高固体比例组（HS）		
断奶前犊牛					
摄入总能 [MJ/(kg $W^{0.75}$ · d)]	1.01	0.99	0.92	0.02	0.065
粪能 [MJ/(kg $W^{0.75}$ · d)]	0.13	0.22	0.17	0.02	0.081
尿能 [MJ/(kg $W^{0.75}$ · d)]	0.08	0.07	0.06	0.00	0.431
消化能 [MJ/(kg $W^{0.75}$ · d)]	0.87	0.77	0.75	0.03	0.120
代谢能 [MJ/(kg $W^{0.75}$ · d)]	0.79	0.70	0.69	0.03	0.228
总能表观消化率（%）	86.61[a]	77.39[b]	81.57[ab]	0.02	0.013
总能代谢率（%）	78.78	70.14	74.69	0.02	0.202
消化能代谢率（%）	90.91	90.56	91.55	0.07	0.835
断奶后犊牛					
摄入总能 [MJ/(kg $W^{0.75}$ · d)]	1.18	1.21	1.18	0.01	0.358
粪能 [MJ/(kg $W^{0.75}$ · d)]	0.15	0.15	0.16	0.01	0.526
尿能 [MJ/(kg $W^{0.75}$ · d)]	0.07[a]	0.06[ab]	0.04[b]	0.01	0.023
消化能 [MJ/(kg $W^{0.75}$ · d)]	1.04	1.06	1.02	0.01	0.356
代谢能 [MJ/(kg $W^{0.75}$ · d)]	0.87	0.90	0.88	0.01	0.423
总能表观消化率（%）	87.53	87.41	86.36	0.00	0.457
总能代谢率（%）	73.36	74.44	74.69	0.01	0.593
消化能代谢率（%）	83.79[b]	85.13[ab]	86.48[a]	0.00	0.035

表 6-10　不同固液比例饲喂模式对犊牛氮消化代谢的影响（干物质基础，$n=18$）

项　目	处理组			SEM	*P* 值
	高液体比例组 (HL)	对照组 (LS)	高固体比例组 (HS)		
断奶前犊牛					
摄入氮 [g/(kg $W^{0.75}$ · d)]	1.90	1.88	1.74	0.03	0.084
粪氮 [g/(kg $W^{0.75}$ · d)]	0.40[b]	0.48[a]	0.37[b]	0.03	0.001
尿氮 [g/(kg $W^{0.75}$ · d)]	0.63	0.63	0.64	0.05	0.969
总排出氮 [g/(kg $W^{0.75}$ · d)]	1.03	1.11	1.00	0.06	0.070
吸收氮 [g/(kg $W^{0.75}$ · d)]	1.50	1.40	1.37	0.04	0.156
沉积氮 [g/(kg $W^{0.75}$ · d)]	0.87[a]	0.77[b]	0.73[b]	0.08	0.007
氮利用率（%）	45.93[a]	40.90[b]	42.06[b]	0.04	0.012
氮的生物学价值（%）	58.00	55.00	53.45	0.04	0.080
断奶后犊牛					
摄入氮 [g/(kg $W^{0.75}$ · d)]	2.25	2.30	2.23	0.02	0.366
粪氮 [g/(kg $W^{0.75}$ · d)]	0.28	0.28	0.26	0.01	0.705
尿氮 [g/(kg $W^{0.75}$ · d)]	0.79	0.63	0.59	0.04	0.073
总排出氮 [g/(kg $W^{0.75}$ · d)]	1.07[a]	0.91[b]	0.84[b]	0.04	0.026
吸收氮 [g/(kg $W^{0.75}$ · d)]	1.97	2.02	1.97	0.02	0.658
沉积氮 [g/(kg $W^{0.75}$ · d)]	1.18[b]	1.39[a]	1.39[a]	0.04	0.030
氮利用率（%）	52.40[b]	60.51[a]	62.48[a]	1.69	0.023
氮的生物学价值（%）	60.08[b]	68.88[ab]	70.78[a]	1.96	0.048

在高固体饲料饲喂下的消化能较低。从氮的消化利用结果可以看出，液体代乳品饲喂量的增加显著提高了断奶前犊牛沉积氮和氮的利用率。

对固体饲料的采食能够提高断奶后犊牛对固体饲料及总干物质的采食量。在高固体比例饲喂条件下，断奶后犊牛的 DMI 显著提高。另外断奶后，瘤胃承担主要的消化作用。哺乳期固体饲料饲喂量较高的犊牛，其瘤胃发育较为完善，在断奶后采食量明显增长，对 GE 消化率和代谢率都较高，同时碳水化合物的消化吸收增加。原因是固体饲料可以通过刺激胃肠道，进而促进胃肠道内各种消化酶的分泌，并提高各种消化酶的活性，最终降低尿能的排出量，提高营养物质的能氮利用率。从本试验还可以看出，哺乳期饲喂高比例固体饲料的犊牛，其胃肠道微生物得到较快发育，进而改善了胃肠道代谢活动，在断奶后（63～84 日龄）总氮排出量减少，沉积氮、氮利用率及氮的生物学价值提高。结合断奶后 MCP 浓度的变化（表 6-11），原因可能是，固体饲料的采食及消化刺激了胃肠道内微生物，使其产生了多种蛋白质分解菌，这些蛋白质分解菌可以将饲粮中 CP 降解后合成为 MCP；另外，胃肠道消化酶的活性也较高，各种消化酶与代谢产物间相互作用，改善了氨基酸等的平衡，从而提高了氮的利用率，减少了粪尿中氮的排出量。结合能量与氮的消化代谢结果可以发现，高固体比例饲喂在犊牛断奶后促进了机体对能量和氮的利用。

表 6-11 不同固液比例饲喂模式对犊牛瘤胃液中 pH、液态氨浓度、微生物蛋白及 VFA 含量的影响（干物质基础，n=18）

项 目	日龄（d）	处理组			SEM	P 值		
		高液体比例组（HL）	对照组（LS）	高固体比例组（HS）		处理	日龄	处理×日龄
pH	28～84	5.62	5.57	5.41	0.67	0.124	<0.01	0.033
	28	5.15	5.39	5.26	0.07	0.285		
	42	5.57	5.68	5.64	0.08	0.605		
	56	5.82	5.95	5.53	0.10	0.061		
	84	5.95[a]	5.26[b]	5.20[b]	0.12	0.001		
氨态氮（mmol /L）	28～84	4.32	4.58	4.14	0.62	0.610	<0.01	0.574
	28	2.47	3.19	2.78	0.28	0.367		
	42	4.66	5.99	4.70	0.31	0.099		
	56	3.14	2.58	2.68	0.29	0.489		
	84	7.00	6.55	6.38	0.37	0.439		
微生物蛋白（mg /mL）	28～84	1.78	1.93	1.98	0.61	0.227	<0.01	0.239
	28	1.09	1.01	0.99	0.06	0.625		
	42	1.83	1.89	1.77	0.09	0.569		
	56	1.81	2.13	2.23	0.09	0.051		
	84	2.40[b]	2.70[ab]	2.94[a]	0.10	0.013		
总挥发性脂肪酸（mmol/L）	28～84	36.31[b]	37.23[b]	41.54[a]	0.62	0.044	<0.01	0.049
	28	29.74	32.81	36.92	2.28	0.193		
	42	35.94	31.23	31.05	1.71	0.373		
	56	40.79	34.40	43.91	1.65	0.087		
	84	42.75[b]	53.16[a]	54.29[a]	3.26	0.006		
乙酸占比（%）	28～84	20.63[b]	19.50[b]	23.02[a]	0.62	0.044	<0.01	0.342
	28	18.69	17.67	21.09	1.28	0.249		
	42	19.24	17.05	17.81	1.04	0.459		
	56	22.23	18.13	23.34	0.85	0.082		
	84	22.36[b]	25.13[ab]	29.82[a]	1.68	0.014		
丙酸占比（%）	28～84	9.89	10.61	11.01	0.62	0.469	<0.01	0.218
	28	9.96	10.85	11.32	0.72	0.454		
	42	9.08	7.81	7.31	0.53	0.329		
	56	12.33	11.20	13.27	0.60	0.081		
	84	12.18	12.59	13.14	1.03	0.532		

（续）

项　目	日龄（d）	处理组			SEM	P 值		
		高液体比例组（HL）	对照组（LS）	高固体比例组（HS）		处理	日龄	处理×日龄
丁酸占比（%）	28～84	4.22	4.13	5.17	0.62	0.070	<0.01	0.117
	28	2.96	2.76	3.21	0.45	0.689		
	42	5.05	3.99	3.72	0.39	0.236		
	56	4.35	3.70	5.37	0.33	0.142		
	84	4.52[b]	6.06[b]	8.38[a]	0.67	0.001		
戊酸占比（%）	28～84	1.28	1.47	1.66	0.62	0.121	<0.01	0.067
	28	0.84	0.85	0.77	0.09	0.843		
	42	1.46	1.67	1.42	0.13	0.503		
	56	1.31	1.00	1.47	0.11	0.212		
	84	2.50	2.36	2.96	0.27	0.235		
乙酸/丙酸	28～84	2.19	1.90	2.19	0.62	0.140	<0.01	0.033
	28	1.64	1.66	1.88	0.08	0.463		
	42	2.31	2.21	2.58	0.189	0.269		
	56	1.85	1.65	1.78	0.07	0.545		
	84	1.84[b]	2.06[ab]	2.52[a]	0.16	0.008		

（四）不同固液比例饲喂模式对犊牛瘤胃液发酵参数和微生物蛋白产量的影响

提高断奶前犊牛固体饲料的进食量，由于固体饲料聚集在瘤胃发酵产酸，因此可降低断奶前后犊牛瘤胃液 pH。而瘤胃上皮细胞对发酵产生的 VFA 的吸收速度及程度和代谢水平随 pH 的变化而改变，进而可引起瘤胃 VFA 比例的变化。瘤胃 VFA 尤其是丁酸是瘤胃发育的关键刺激物，因此瘤胃 pH 会间接影响瘤胃发育。随着瘤胃 pH 的下降，丁酸的吸收进行增加。本研究中在高比例固体饲料饲喂模式下，瘤胃 pH 下降，有可能瘤胃上皮对 VFA 尤其对丁酸的吸收加强，会促进犊牛瘤胃迅速发育。

随着犊牛日龄的增加瘤胃液总 VFA 浓度显著提高，其中乙酸、丙酸、丁酸为主要组成成分。VFA 作为反刍动物瘤胃内碳水化合物发酵的重要产物，其浓度由发酵产量、发酵速度、瘤胃上皮吸收速度和瘤胃排空速度决定，是衡量瘤胃发育成熟度的重要指标。VFA 是刺激瘤胃发育的关键因素，随着犊牛采食固体饲料的逐渐增加，犊牛瘤胃功能逐渐发育完善，同时断奶后犊牛瘤胃发酵状况逐渐改善，其中84 日龄饲喂高固体比例饲料的犊牛瘤胃液 TVFA 达到 54.29 mmol/L，与饲喂高液体比例饲料的犊牛相比，乙酸、丙酸及 TVFA 浓度分别提高了 33.36%、48.41%和 40.10%。这是因为固体饲料的饲喂不但能为瘤胃提供必要的化学刺激，也能提供一定的物理刺激，最终促进挥发性脂肪酸的产生或浓度的增加。其中，乙酸在参与三羧酸循环的过程中被分解为 CO_2 和 H_2O，同时释放出 ATP 来供应能量；丙酸则作为唯一的生糖 VFA（Reynolds，2003），作用于糖异生过程，促进饲粮中营养物质的高效利用。另外，在高固体饲料饲喂模式下，丁酸的比例也显著增加，且断奶后仍有增长。这是由于在固体饲料刺激下，瘤胃内微生物相互作用刺激瘤胃微生物快速繁殖，增加了 VFA 尤其是丁酸的产生，这也解释了高固体饲料饲喂的犊牛其瘤胃内 pH 降低的原因。

固体饲料的采食状况关系犊牛整个生长时期尤其是断奶后营养物质吸收及代谢状况。犊牛采食高比例的固体饲料时，固体饲料在其瘤胃中通过发酵产生较多的 VFA。VFA 尤其是丁酸，不仅可以刺激瘤胃的发育，还可以通过调节瘤胃 pH 等方式改善瘤胃发酵环境，进而促进犊牛的胃肠道特别是瘤胃发育，提高营养物质中能量及氮的利用率，从而减少营养物质的损耗。

（五）不同固液比例饲喂模式对犊牛瘤胃微生物多样性的影响

采用高固体饲料饲喂模式时，从犊牛的消化性能及胃肠道发酵状况可知，LS 及 HS 饲喂模式具有提高营养物质消化率、调整瘤胃 pH、改善瘤胃微生物区系、改善瘤胃内环境的优势。

不同固液比例饲喂模式对犊牛瘤胃微生物多样性指数的影响见表 6 - 12。HS 组及 LS 组饲喂模式显著降低了犊牛 84 日龄的 Chao 1 指数、Observed _ species 指数、PD _ whole _ tree 指数；Shannon 指数在 84 日龄时，HS 组及 LS 组有低于 HL 组的趋势（P=0.084），但差异不显著。

表 6 - 12　不同固液比例饲喂模式对犊牛瘤胃液微生物多样性指数的影响（干物质基础，n=18）

项　目	日龄（d）	处理组			SEM	P 值		
		高液体比例组（HL）	对照组（LS）	高固体比例组（HS）		处理	日龄	处理×日龄
Shannon 指数	28～84	4.34	4.35	4.25	0.13	0.265	0.0290	0.2671
	28	3.49	4.38	3.83	0.13	0.231		
	42	4.50	4.25	3.83	0.13	0.877		
	56	4.85	4.64	4.38	0.06	0.276		
	84	4.50	4.11	4.06	0.18	0.084		
Chao 1 指数	28～84	320.81[a]	271.94[b]	262.07[b]	14.64	0.023	<0.001	<0.001
	28	257.76	281.42	255.69	9.20	0.413		
	42	314.05	259.72	268.01	14.52	0.088		
	56	356.08	323.09	338.38	13.38	0.296		
	84	355.36[a]	223.54[b]	186.20[b]	21.45	<0.001		
Observed _ species 指数	28～84	235.09[a]	193.73[b]	188.76[b]	11.82	0.024	0.006	0.014
	28	189.40	208.88	202.25	7.924	0.455		
	42	229.85	182.85	177.90	12.22	0.076		
	56	262.23	228.92	217.47	11.53	0.090		
	84	258.88[a]	154.28[b]	157.42[b]	15.61	<0.001		
PD _ whole _ tree 指数	28～84	23.89[a]	20.29[b]	19.22[b]	1.04	0.024	0.001	0.007
	28	19.78	20.84	19.47	0.71	0.540		
	42	24.28	19.65	19.91	1.13	0.057		
	56	25.92	23.51	22.33	1.00	0.115		
	84	25.58[a]	17.16[b]	15.17[b]	1.33	<0.001		

由彩图 1 可知，处理组犊牛瘤胃微生物在门水平的优势菌群为厚壁菌门（Firmicutes）、拟杆菌门（Bacteroidetes）、放线菌门（Actinobacteria）、变形菌门（Proteobacteria），而在属水平的优势菌群为奇异菌属（*Olsenella*）和普雷沃氏菌属（*Prevotella*）（彩图 2）。由表 6－13 及表 6－14 可知，不同的固液饲料饲喂模式会对断奶后（56 日龄及 84 日龄）犊牛的微生物菌群组成产生显著的影响。

表 6－13 不同固液比例饲喂模式对犊牛瘤胃液微生物组成的影响（门水平，干物质基础，$n=18$，%）

项 目	处理组			SEM	P 值
	高液体比例组（HL）	对照组（LS）	高固体比例组（HS）		
56 d					
厚壁菌门 Firmicutes	60.29	53.91	64.99	2.31	0.146
拟杆菌门 Bacteroidetes	28.42^{b}	37.96^{a}	15.54^{c}	2.45	<0.001
放线菌门 Actinobacteria	9.10^{b}	6.04^{c}	12.27^{a}	0.73	<0.001
变形菌门 Proteobacteria	1.84^{b}	1.62^{b}	6.93^{a}	0.61	<0.001
84 d					
厚壁菌门 Firmicutes	63.71^{a}	52.39^{a}	21.70^{b}	2.38	<0.001
拟杆菌门 Bacteroidetes	25.20^{a}	9.10^{b}	1.88^{c}	1.20	<0.001
放线菌门 Actinobacteria	9.57^{c}	37.34^{b}	76.04^{a}	2.02	<0.001
变形菌门 Proteobacteria	1.28^{a}	0.64^{b}	0.28^{c}	0.38	<0.001

表 6－14 不同固液比例饲喂模式对犊牛瘤胃液微生物组成的影响（属水平，干物质基础，$n=18$，%）

项 目	处理组			SEM	P 值
	高液体比例组（HL）	对照组（LS）	高固体比例组（HS）		
56 d					
欧陆森氏菌属 *Olsenella*	2.32^{b}	2.62^{b}	3.12^{a}	0.12	0.010
普氏菌 *Prevotella*	10.88^{b}	30.62^{a}	12.81^{b}	2.42	<0.001
巨球形菌 *Megasphaera*	3.55^{c}	5.57^{b}	8.89^{a}	0.61	<0.001
韦荣球菌 *Erysipelotrichaceae* _ UCG-002	4.39^{b}	3.19^{c}	8.73^{a}	0.60	<0.001
毛螺菌 *Lachnospiraceae* _ NK3A20	7.39^{b}	2.78^{c}	8.09^{a}	0.58	<0.001
84 d					
欧陆森氏菌属 *Olsenella*	6.72^{c}	32.18^{b}	73.88^{a}	2.78	<0.001
普氏菌 *Prevotella*	11.46^{a}	5.74^{b}	1.19^{c}	0.92	<0.001
巨球形菌 *Megasphaera*	5.63^{a}	6.61^{a}	3.01^{b}	1.25	<0.001
韦荣球菌 *Erysipelotrichaceae* _ UCG-002	18.39^{a}	17.06^{a}	6.04^{b}	2.34	<0.001
毛螺菌 *Lachnospiraceae* _ NK3A20	9.47^{a}	1.97^{b}	2.52^{b}	1.75	<0.001

反刍动物瘤胃发酵能力的建立主要依赖于微生物区系的建立。新生反刍动物瘤胃内微生物的定殖能引起宿主一系列的生长和发育变化，最终使其成为真正的反刍动物。微生物种类随反刍动物日龄及日粮的变化而变化。随着犊牛的生长，瘤胃功能逐渐完善，

营养物质的消化吸收等均会对微生物群落产生影响。84 日龄时，各组中拟杆菌门的比例降低。可能的原因为拟杆菌能量产生的主要途径是由日粮纤维发酵代谢食物链网互养作用完成的；而本试验犊牛阶段饲粮均由代乳品制成，纤维含量较低。84 日龄时，HS 组放线菌门所占的比例显著升高（彩图 2）。放线菌作为一类具有经济价值和多种用途的微生物，广泛分布于自然界，绝大多数为腐生菌，少数为寄生菌，具有独特的合成多种结构复杂的次生代谢产物的能力，是多种抗生素及其他生物活性物质的来源，可以保护宿主免受病原微生物的感染。本研究结果表明，HS 饲喂模式可能有助于放线菌在瘤胃中定殖，放线菌门比例的升高可能与 HS 组血清指标一致，可提高犊牛的抗病能力，改善其健康状况。

雷普沃氏菌属属于厚壁菌门，是瘤胃细菌中数量最多的一类细菌，可降解和利用瘤胃中的淀粉和植物细胞壁多糖，不降解纤维素。本试验的代乳品饲粮中，淀粉含量较高，这也解释了其比例较高的原因。奇异菌属是放线菌门的一种，其变化情况与放线菌门一致，可能原因为随日龄的增加，犊牛的抗病能力增加。而在提高固体饲料饲喂比例的条件下（LS 及 HS 组）更能促进该菌种的定殖生长。

（六）不同固液比例饲喂模式对犊牛消化器官发育的影响

物理形态、颗粒大小等饲料性质可对犊牛瘤胃发育及其消化机能等产生直接影响。其中，固液体饲料作为反刍动物摄取营养物质的主要来源，因饲料性质及食管沟的存在，所以其消化过程不同，进而二者对胃肠道发育的影响不同。本研究通过解剖学方法，记录犊牛屠宰性能，评定犊牛胃肠道的形态发育状况，对相关指标进行对比分析，探讨不同固液饲料饲喂比例条件下的饲喂模式对犊牛屠宰性能及胃肠道发育的影响。以保证犊牛的生长性能得到最大潜力的发挥，以及根据犊牛不同生长发育阶段，采用不同的固液饲料饲喂模式，促进犊牛瘤胃发育，建立起比较强大的消化系统，达到犊牛培育的预期目标。

瘤胃是反刍动物重要的消化器官，在不影响其正常发育的前提下，促进其尽早发育，充分发挥其生产性能是犊牛培育的重点。瘤胃的生长发育需要包括固体饲料的采食刺激，微生物发酵系统的完善、发酵及吸收机制的协调等一系列过程。表 6 - 15 显示，中高固体饲料比例组犊牛在试验结束时的瘤胃重分别比高液体饲料比例组、对照组升高了 39.11%和 13.34%。说明固体饲料比例的增加，很大程度上促进了瘤胃的增重。这是因为固体饲料的饲喂增加了 VFA 的浓度（见前述），为瘤胃发育提供了必要的化学刺激，其中的丁酸起决定性作用（Tamate，1962），其能够促进瘤胃乳头的生长（Sander，1959）。另外，颗粒的大小也能提供一定的物理刺激，促进瘤胃肌肉生长及体积增加（Quigley，2006），促进瘤胃增重。而高液体饲料比例组犊牛则因断奶前饲喂大量液体饲料，这些液体饲料占据复胃空间，使犊牛产生饱腹感，导致犊牛对固体饲料的采食减少，延迟了犊牛瘤胃生理及代谢方面的生长发育（Hill 等，2010）。

犊牛具有独特的食管沟结构，所以液体饲料会直接经网胃到达皱胃。本试验结果中，高固体饲料比例组犊牛皱胃重量虽高于其他两组，但其占复胃总重的比例显著低于高液体饲料比例组。这是由于随着犊牛对固体饲料采食量的逐渐增加，瘤胃、网胃的容积和比例迅速增大，而皱胃则基本不变。高液体饲料比例组犊牛由于其断奶前对液体饲

表 6-15 不同固液比例饲喂模式对犊牛胃肠道内容物 pH 的影响（$n=6$）

项 目	组 织	处理组			SEM	P 值
		高液体比例组（HL）	对照组（LS）	高固体比例组（HS）		
pH	瘤胃	7.06	6.68	6.81	0.09	0.217
	皱胃	7.21	6.88	6.86	0.07	0.068
	十二指肠	7.24	7.14	7.00	0.05	0.165
	空肠	6.12[a]	5.26[b]	5.20[b]	0.14	0.005
	回肠	2.74	3.04	2.58	0.14	0.435
瘤胃	鲜重（g）	1446.08[b]	1774.78[ab]	2011.57[a]	88.43	0.021
	占复胃总重比例（%）	52.75[b]	57.54[ab]	60.36[a]	1.36	0.048
皱胃	鲜重（g）	672.50	683.25	773.45	31.70	0.384
	占复胃总重比例（%）	25.36[a]	22.09[ab]	19.90[b]	0.99	0.038
网胃	鲜重（g）	241.20	249.27	241.65	9.08	0.929
	占复胃总重比例（%）	9.04[a]	8.07[ab]	6.91[b]	0.33	0.019
瓣胃	鲜重（g）	346.83	382.27	475.42	23.67	0.063
	占复胃总重比例（%）	12.85	12.30	13.64	0.63	0.705
复胃	鲜重（g）	2706.62[b]	3089.57[ab]	3502.08[a]	12.00	0.015
	占宰前活重比例（%）	2.57[b]	2.89[b]	3.32[a]	0.10	0.005
肠道	鲜重（g）	5140.15	4748.23	5059.87	0.11	0.929
	占宰前活重比例（%）	5.12[a]	4.42[b]	4.79[ab]	0.12	0.047

注：1. 复胃包括清空内容物后的瘤胃、网胃、瓣胃、皱胃；

2. 肠道指清除内容物后大肠、小肠。

料的采食量较高，皱胃承担着液体饲料中营养物质的前期消化作用；另外，皱胃重占复胃重比例在逐渐降低。高固体饲料比例组犊牛网胃重占复胃重比例最高，高液体饲料比例组比例最低，瓣胃鲜重高出高液体饲料比例组的 37.08%。本试验条件下，高固体饲料饲喂比例促进了瘤网胃及瓣胃的增重及犊牛的生长发育。

肠道特别是小肠是营养物质消化吸收的主要部位，犊牛出生时肠道发育已经较为完善，与皱胃共同承担消化作用，其重量的改变影响营养物质的消化吸收。由于经由瘤胃消化后进入肠道的营养物质数量和类型发生改变，因此肠道消化吸收的营养物质类型及数量也发生了改变。本试验中高液体饲料比例组犊牛肠重占宰前活重比例最高，这是因为断奶前后犊牛营养物质吸收及利用方面要完成两个方面转变：即由液体饲料提供氨基酸到固体饲料中蛋白质提供氨基酸，从小肠吸收葡萄糖、长链脂肪酸提供能量到瘤胃吸收短链脂肪酸和酮体等来提供能量（王永超等，2013）。高液体饲料比例组犊牛液体采食量及液体采食持续时期较长，与液体饲料营养物质吸收相关的内分泌激素，如胰岛素、IGF-1 等激发肠道局部反应，引起肠道组织形态改变；而其他两组犊牛则集中为瘤胃发挥营养功能，肠道增重减少。

瘤胃乳头的长度、宽度和瘤胃壁的肌层厚度在近来反刍动物瘤胃发育程度评定中，是重要的代表性指标（Lesmeister，2004）。其中，对瘤胃乳头长度的比较最为广泛且最具代表性。饲料的物理形态对犊牛瘤胃的形态发育有显著影响。本试验结果中高固体饲料比例组犊牛瘤胃乳头长度、肌层厚度分别比高液体饲料比例组高出 61.11%、66.15%。表明在高固体比例饲喂模式下，对固体饲料的采食及消化所产生的 VFA 会对瘤胃产生化学刺激，其形态则会对瘤胃产生物理刺激，会使瘤胃乳头长度和肌层厚度显著增加，瘤胃壁肌肉层厚度也会增加，瘤胃容积增大。而由于反刍动物特有的食管沟结构，液体饲料在一段时间内会不经由瘤胃直接到达皱胃，采食高比例液体饲料的犊牛，营养物质的吸收过程对皱胃化学消化的依赖能力依然较强，因此液体饲料的采食量在一定程度上会促进皱胃发育。本试验结果中高液体饲料比例组犊牛皱胃肌层厚度显著高于高固体饲料比例组也验证了这一说法。结果表明，高固体饲料比例组饲喂模式可以促进犊牛瘤胃形态发育，进而改善营养物质的吸收及相关代谢。犊牛幼龄时期不宜长期使用高比例液体饲料，适量提高固体饲料的饲喂比例可能更有利于犊牛的良好过渡。

本试验结果中，隐窝深度的变化与绒毛高度类似。各组犊牛肠道各部位绒毛高度与隐窝深度的比值均无显著差异，为 2.17～2.72（表 6-16），高于周爱民等（2015）对犊牛十二指肠的研究结果，即高液体饲料饲喂犊牛十二指肠肌层厚度变薄。说明在本试验条件下，犊牛肠道发育良好，能够有效促进营养物质的吸收，且提高固体饲料的饲喂比例可以在一定程度上促进十二指肠的发育。

表 6-16　不同固液比例饲喂模式对犊牛胃肠道形态发育的影响（n=6）

组　织	项　目	处理组			SEM	P 值
		高液体比例组（HL）	对照组（LS）	高固体比例组（HS）		
瘤胃	乳头长度（μm）	1238.97^{b}	1848.08^{ab}	1996.09^{a}	134.31	0.001
	乳头宽度（μm）	375.96	378.86	407.52	14.77	0.656
	肌层厚度（μm）	1252.66^{b}	1153.07^{b}	2081.29^{a}	125.17	0.001
皱胃	黏膜厚度（μm）	602.00	635.70	559.45	20.05	0.316
	肌层厚度（μm）	2762.69^{a}	2572.23^{a}	1788.51^{b}	134.65	0.001
十二指肠	绒毛高度（μm）	390.30	397.26	353.79	17.27	0.561
	隐窝深度（μm）	153.79	147.42	144.57	2.97	0.480
	绒毛高度/隐窝深度	2.56	2.69	2.44	0.17	0.654
	黏膜厚度（μm）	720.14	673.10	706.67	17.50	0.560
	肌层厚度（μm）	365.00^{b}	494.34^{a}	493.57^{a}	25.20	0.045
空肠	绒毛高度（μm）	425.92	406.71	367.93	18.36	0.448
	隐窝深度（μm）	161.45	151.60	146.07	3.54	0.206
	绒毛高度/隐窝深度	2.65	2.67	2.53	0.11	0.126
	黏膜厚度（μm）	733.87	715.98	663.51	23.37	0.469
	肌层厚度（μm）	424.16	482.69	427.16	19.76	0.420
回肠	绒毛高度（μm）	364.42	318.30	322.35	16.78	0.081
	隐窝深度（μm）	135.07	141.56	148.59	2.85	0.165
	绒毛高度/隐窝深度	2.72	2.27	2.17	0.11	0.873
	黏膜厚度（μm）	782.81	622.28	610.14	40.31	0.171
	肌层厚度（μm）	441.18	469.39	420.55	15.92	0.461

（七）结论

本研究证实了犊牛在断奶前适量增加固体饲料饲喂量，有助于提高机体的抗氧化能力、免疫能力、抗应激能力及减少腹泻等疾病；有助于促进犊牛组织器官尤其是瘤胃的形态发育，保障犊牛的健康生长。高固体比例饲喂模式通过改善瘤胃 pH、改善瘤胃微生物区系、促进瘤胃 MCP 合成，提高了断奶后犊牛日粮代谢能、氮生物学价值，降低了断奶后粪能和粪氮的排出量，促进了营养物质的消化和利用，提高了饲料转化比，进而提高了犊牛的日增重等。

因此提出，犊牛 28 日龄后，可每周增加 400 g 固体饲料供给量，使犊牛在 42 日龄对固体饲料的采食量达到 1.0 kg/d，并断液体饲料。

第四节　哺乳期犊牛日粮蛋白质原料选择

在规模化奶牛养殖场，犊牛出生后可与母牛分离，开始人工饲喂初乳。而小型养殖场或肉牛养殖场尚未采取母仔分离饲养的方式，犊牛依旧随母哺乳。在保证犊牛采食到足量、优质的初乳后，即可使用犊牛代乳品替代牛奶进行饲喂。

犊牛阶段的生长发育强度大，绝对生长速度和相对生长速度都很快，对营养物质的需求也较高，而对这一阶段日粮适宜营养水平的研究尚不成体系。犊牛从出生后，日粮的类型包括了液体型的牛奶、代乳品，以及固体型的开食料、精饲料、干草等。蛋白质营养历来都是动物营养研究中最重要的内容之一，而蛋白质来源又是限制犊牛代乳品应用的最大因素。在美国，由于代乳品主要以乳制品生产而成，价格逐步提高，因此只有高投入牛场才考虑使用代乳品，这就促使了人们对代乳品中蛋白质饲料的应用开展更为广泛和深入的研究，以提高利用率，降低生产成本。限制幼龄犊牛对蛋白质利用的因素包括消化率、氨基酸平衡状态及抗营养因子的存在等。

代乳品中常用的蛋白质包括乳蛋白质和非乳蛋白质两大类，而犊牛可消化蛋白质和粗蛋白质需要量的建立，是以饲粮中含有消化率和生物学效价均较高的乳蛋白质为基础的，犊牛对代乳品中以非乳蛋白质作为代用品的利用效率可能没有那样高。当利用非乳蛋白类蛋白质时，为了确保犊牛生长所需足够的氨基酸供应，可能需要对利用效率进行适当调整。另外，在 2～3 周龄阶段，即使是优质乳蛋白，犊牛对其消化也不完全。正因为如此，在犊牛饲喂液体饲料的早期阶段，可能过高地估计了乳蛋白的营养价值。

犊牛代乳品生产中最早使用的蛋白源就是乳制品。由于乳蛋白类具有消化率高、氨基酸平衡且基本不含抗营养因子等优点，因此乳蛋白成为新生 3 周龄内犊牛的最佳蛋白质来源（NRC，2001）。然而，乳制品常常因为乳糖含量过高而导致犊牛腹泻发生率上升，而且乳制品蛋白源价格昂贵。我国是一个蛋白质饲料匮乏的国家，蛋白质原料尤其是乳蛋白源价格居高不下的态势不可能在短时间内缓解。为了在不影响动物生长性能和健康的同时达到降低代乳品成本的目的，中农科反刍动物实验室在寻找可替代乳蛋白源的蛋白质饲料方面开展了一系列的研究。

一、大豆蛋白质与乳源蛋白质对犊牛影响的研究

大豆蛋白质因其价格低廉、氨基酸成分相对平衡、利用率较广等特点成为替代乳蛋白使用最有潜力的植物性蛋白质来源（大豆蛋白特性，详见第三章）。

中农科反刍动物实验室李辉（2008）利用不同比例乳源性及非乳源性蛋白源配制成3种不同代乳品，研究了日粮蛋白质来源对早期断奶犊牛生长性能、消化代谢、体组织参数，以及胃肠道结构与功能的影响。各种代乳品的营养成分相同，其中乳源蛋白质和植物性蛋白质源提供日粮蛋白的比例分别为80∶20、50∶50及20∶80。犊牛8～13日龄为代乳品过渡期；14日龄之后每日代乳品饲喂量达到体重的8%；3周龄时开始补饲精饲料，3～4周、5～6周及7～8周内每头犊牛每日的精饲料饲喂量分别为300 g、500 g及700 g，干草自由采食。结果显示，乳源蛋白质∶植物性蛋白质源为80∶20的代乳品饲喂犊牛后，ADG均高于其余两组，但差异不显著（$P>0.05$，表6-17）。

表6-17　代乳品中不同蛋白质来源对犊牛生长性能的影响

项　目	乳源蛋白质∶植物性蛋白质源		
	80∶20	50∶50	20∶80
初始重（kg）	45.95±4.00	46.55±2.91	46.73±5.30
末重（kg）	65.50±4.12	64.90±7.51	62.80±21.50
总增重（kg）	19.55±4.82	18.35±6.57	13.47±11.72
平均日增重（g）	465.48±14.77	436.91±56.37	331.11±70.31

该研究还显示，犊牛对干物质的摄入量随日粮中植物性蛋白质含量的升高而逐渐下降，但差异不显著（$P>0.05$）。饲喂的代乳品中植物蛋白质占总蛋白质的80%时，犊牛由于干物质进食量降低导致其余营养物质的进食量均略低于其余两组，对日粮营养物质的消化率也略低于其余两组。饲喂的代乳品中植物蛋白质占总蛋白质的20%和50%时，犊牛对各种日粮营养物质的摄入量均极为接近，但50%组犊牛的吸收量略高于20%组犊牛，因而导致消化率也略高。总体来看，不同蛋白质来源对日粮干物质、粗蛋白质、粗灰分、钙和磷的消化率均无显著影响（表6-18）。

表6-18　代乳品不同蛋白质来源对营养物质消化代谢的影响

项　目	乳源蛋白质∶植物性蛋白质源		
	80∶20	50∶50	20∶80
干物质			
摄入量（g/d）	1551.88±91.68	1496.24±58.1	1358.63±197.69
吸收量（g/d）	1095.09±156.08	1155.04±87.13	938.46±151.14
消化率（%）	70.39±5.90	77.15±4.09	70.18±5.03

（续）

项目	乳源蛋白质：植物性蛋白质源		
	80：20	50：50	20：80
粗脂肪			
摄入量（g/d）	122.90±3.30	129.26±2.09	121.15±16.24
吸收量（g/d）	106.65±7.92	121.10±2.74	108.50±14.89
消化率（%）	86.73±4.11[b]	93.68±0.97[a]	89.54±0.29
粗蛋白质			
摄入量（g/d）	273.37±6.05	272.05±3.83	240.56±29.66
吸收量（g/d）	200.65±15.90	214.47±11.64	169.82±26.90
消化率（%）	73.36±4.19	78.82±3.92	71.34±4.46
粗灰分			
摄入量（g/d）	100.11±4.21	102.56±2.68	91.08±33.81
吸收量（g/d）	44.17±9.50	57.56±9.35	44.98±14.43
消化率（%）	43.96±7.63	56.10±9.03	49.88±2.67
钙			
摄入量（g/d）	14.71±0.34	15.59±0.22	14.23±2.88
吸收量（g/d）	6.38±1.45	9.34±1.32	7.02±1.03
消化率（%）	43.22±8.86	59.91±8.9	49.60±2.85
磷			
摄入量（g/d）	8.43±0.16	8.13±0.10	6.99±2.47
吸收量（g/d）	5.46±1.12	6.04±0.57	4.12±1.68
消化率（%）	64.61±12.10	74.31±7.26	58.35±3.37

犊牛的体组织发育也在一定程度上受到代乳品蛋白质来源的影响。采食乳源蛋白质代乳品的犊牛，其复胃内瘤网胃的相对比重有低于进食植物性蛋白质源代乳品犊牛的趋势，且皱胃的相对比重稍高于后者，以乳源蛋白质占总蛋白质80%的组稍高。说明采食乳源蛋白质代乳品的犊牛对皱胃化学消化的依赖能力依然较强；采食植物性蛋白质源代乳品的犊牛，其肝脏、胰脏与体重的比值均低于采食乳源蛋白质代乳品的犊牛，胰脏的比重随日粮植物性蛋白质含量的升高而下降；肝脏比重在植物蛋白质占总蛋白质50%时显著低于20%组（$P<0.05$）（表6-19）。犊牛复胃胃室的相对比重，尽管在数值上差异不显著，但采食植物性蛋白质日粮的犊牛其皱胃占的比重稍低于采食乳源蛋白质代乳品日粮的犊牛，而瘤网胃的比重显示出相反的规律。植物蛋白质源在一定程度上刺激了瘤网胃的增长。犊牛从类似于单胃动物向成熟反刍动物转化过程中，伴随着瘤胃功能的成熟，犊牛机体内最明显的代谢变化就是肝脏从糖分解型转变为糖合成型，进而由肝脏组织提供了动物机体大部分的葡萄糖需要。新生反刍动物在反刍现象出现之前，肝脏占空体重的比例高于成年反刍动物。采食植物性蛋白质源代乳品的犊牛其肝脏和胰脏与体重的比值均显著低于采食乳源蛋白质代乳品的犊牛，瘤网胃的比重却稍高，而各组犊牛的生长性能和对日粮营养物质的消化率均无显著差异。这一结果是否可以表明采

食植物性蛋白质源代乳品的犊牛其肝脏的成熟度和代谢活性强于后者有待进一步的探讨研究。

表 6-19　代乳品中不同蛋白质来源对犊牛体组织比重的影响（%）

项　目	乳源蛋白质：植物性蛋白质源		
	80：20	50：50	20：80
犊牛体组织鲜重占活重的比例			
瘤胃	1.03	0.93	1.01
网胃	0.28	0.26	0.23
瓣胃	0.32	0.21	0.29
皱胃	0.56	0.49	0.37
十二指肠	0.11	0.10	0.09
空肠	2.13	1.90	2.39
回肠	0.05	0.11	0.06
胰脏	0.09[a]	0.08[ab]	0.07[b]
肝脏	2.16[a]	1.72[b]	1.85[ab]
脾脏	0.22	0.31	0.22
犊牛各胃室占复胃的重量比例			
瘤胃	46.95	49.14	53.22
网胃	12.66	13.96	12.07
瓣胃	14.56	11.28	15.15
皱胃	25.83	25.62	19.56

代乳品中蛋白质来源也直接影响犊牛瘤胃、皱胃、空肠和回肠食糜的 pH。犊牛整个胃肠道内，自皱胃以后，pH 逐渐升高，这符合动物机体的消化吸收机制。瘤胃内 pH 随植物性蛋白质含量的升高而降低，饲喂乳源蛋白质占 80%的代乳品时，犊牛瘤胃的 pH 显著低于饲喂植物蛋白质占 80%的组（$P<0.05$）（表 6-20）。皱胃是新生反刍动物主要的消化器官，也是类似于非反刍动物胃的机能器官，它可以分泌胃酸、胃蛋白酶等物质对日粮营养素进行化学性消化，因而呈现酸性状态。但当饲喂乳源蛋白质占总蛋白质 80%的代乳品时，犊牛皱胃 pH 显著低于其余两组（$P<0.05$），达到 3.92，说明犊牛对乳蛋白的消化依然主要是在皱胃内进行的。

表 6-20　代乳品中不同蛋白质来源对犊牛胃肠道各部位 pH 的影响

部　位	乳源蛋白质：植物性蛋白质源		
	80：20	50：50	20：80
瘤胃	6.18[a]	6.15[a]	5.55[b]
皱胃	3.92[b]	5.39[a]	5.53[a]
十二指肠	5.60	6.01	5.98
空肠前段	6.32	6.51	6.00
空肠后段	6.56[b]	7.05[a]	6.30[b]
回肠中段	6.16[b]	6.94[a]	6.36[b]

反刍动物采食饲料后，日粮中的碳水化合物在瘤胃中发酵产生 VFA，使 pH 下降。通常瘤胃的 pH 为 6～7（冯仰廉，2004）。从表 6－20 可知，犊牛瘤胃内容物的 pH 随日粮中植物性蛋白质含量的升高而降低，说明植物性蛋白质源代乳品更容易停留在瘤胃内供微生物发酵而产生挥发性脂肪酸。

瘤胃发育完全是犊牛适宜断奶的最佳评判标准，因为犊牛断奶后需要通过采食干饲料来提供充分的营养物质以满足需要，而所有食入的这些营养物质均需经过瘤胃发酵，故而瘤胃功能发育的完全与否对瘤胃生长性能的发挥和犊牛的健康至关重要。瘤胃功能的建立是瘤胃内容物经发酵产生的 VFA 刺激的结果，而瘤胃乳头的发育成熟度显然是影响这些 VFA 吸收量的最重要因素。饲喂植物性蛋白质源代乳品的犊牛其瘤胃单位面积上的乳头数较少，乳头较大、较长，乳头发育更为成熟，而且瘤胃壁颜色较深，褶皱较多，网胃已经形成典型的蜂窝状结构。这些因素均可增加胃壁与胃内容物的接触面积，进而增加对 VFA 等营养物质的吸收概率。

在犊牛反刍前阶段，小肠对营养物质的消化吸收起到了重要作用。虽然 8 周龄时犊牛的瘤网胃已经初步发育，然而此时瘤网胃的功能远未达到成熟程度。因而，此时小肠的形态结构正常与否是保证犊牛对营养物质进行良好消化吸收的关键。小肠绒毛越长，发育越正常，分布越均匀整齐，隐窝深度就越浅，其小肠的分泌功能和吸收功能就越好。肠细胞自隐窝处向上迁移，并逐渐分化成熟，到达绒毛顶端时分化为完全成熟的肠细胞，具有完全的分泌和吸收功能。肠绒毛损伤、萎缩或者断裂均影响其刷状缘的酶含量及活性，进而影响肠道的消化吸收性能。小肠绒毛高度、隐窝深度、二者的比值是反映小肠组织形态结构和功能的最直接指标。健康幼畜肠道的绒毛高度与隐窝深度的比值在 3～4 时，小肠才具有最强的吸收能力（徐永平等，2001）。Lalles 等（1995）利用脱脂乳、大豆水解蛋白、热处理大豆粉配制代乳品饲喂犊牛发现，101 日龄时热处理大豆粉代乳品组的犊牛其小肠绒毛高度比脱脂乳代乳品组低 43%，比大豆水解蛋白代乳品组低 14%；热处理大豆代乳品组犊牛的隐窝深度比脱脂乳代乳品组深 1%，比大豆水解蛋白代乳品组浅 5%。犊牛对大豆蛋白中抗营养因子尤其是抗原蛋白敏感，进食未处理的大豆粉常引起肠道出现超敏反应，主要包括肠黏膜绒毛萎缩，同时还可能伴随隐窝增生等现象。隐窝增生可导致肠细胞分裂数增加，而大量的不成熟肠细胞可严重影响犊牛对日粮营养物质的吸收，并增加腹泻发生的危险性。而李辉（2008）证实，犊牛的空肠前段及回肠中段，采食乳源蛋白质代乳品犊牛的绒毛高度与采食植物性蛋白质源代乳品的犊牛相比均无显著差异；在空肠后段，采食植物性蛋白质源代乳品犊牛的绒毛高度虽然低于采食乳源蛋白质代乳品犊牛的绒毛高度，然而差异不显著。说明代乳品日粮中的植物性蛋白质没有对犊牛肠道造成不良影响，进一步证明犊牛采食植物性代乳品日粮不会影响肠道的正常消化吸收。DNA 是生物细胞的基本组成成分和细胞遗传的物质基础，且绝大部分存在于细胞核中，动物机体组织中 DNA 的含量能够有效反映组织器官的发育状态。本研究中，代乳品蛋白质来源对各肠段黏膜 DNA 含量的影响不大（表 6－21）。采食乳源蛋白质代乳品的犊牛其十二指肠部位的 DNA 含量较高，可能是由于该组犊牛更依赖于肠道消化，进而促使该组犊牛肠道功能发育相对成熟所致。

表 6-21 代乳品不同蛋白质来源对犊牛肠道黏膜 DNA 含量的影响（μg/mg）

肠道部位	乳源蛋白质：植物性蛋白质源		
	80：20	50：50	20：80
十二指肠	1.02±0.09	0.91±0.14	0.88±0.11
空肠前段	0.91±0.12	0.94±0.07	0.93±0.16
空肠后段	0.98±0.09	0.93±0.08	0.89±0.05
回肠中段	0.95±0.09	0.94±0.09	0.97±0.01

综上所述，日粮蛋白质来源对犊牛的生长性能及常规营养物质的表观消化率无显著影响，犊牛 46 日龄后对 50%植物蛋白质代乳品的消化利用能力较强。犊牛瘤胃内容物的 pH 随代乳品日粮中植物性蛋白质含量的升高而降低，皱胃内容物 pH 恰好相反。各处理组间十二指肠和空肠前段内容物 pH 无显著差异，饲喂混合代乳品日粮的犊牛其空肠后段和回肠内容物的 pH 高于其余两组。通过以上研究可以得出结论，犊牛阶段日粮中可以使用大豆来源的蛋白质替代 50%的乳源蛋白质。

在日粮中添加大豆源蛋白质以替换乳源蛋白质饲喂犊牛时，对犊牛生长性能影响的研究在国外也有很多报道。Drackley 等（1998）认为，植物源蛋白质的应用效果不及乳源蛋白质，且以植物蛋白质为蛋白质源的代乳品替代牛乳或者全乳蛋白质日粮饲喂犊牛时，根据植物蛋白质的种类及替代乳蛋白质量多少的不同，其对犊牛生长性能的影响也不同。Abe 等（1976）配制了添加 0、15%、35%大豆粉的 3 种代乳品饲喂犊牛，指出饲喂 35%大豆粉的犊牛组其生长性能比其他两组差。Hill 等（2010）用粗蛋白质含量为 80%的小麦面筋蛋白和大米浓缩蛋白作为犊牛日粮的蛋白质来源以替换日粮中的乳源蛋白质，随着两种植物蛋白质替换量的提高，试验组犊牛的 ADG 不断减少。然而植物蛋白质对犊牛生长性能的影响并不是一成不变的。Nitsan 等（1972）发现，饲喂大豆蛋白质的犊牛在新生 2 周内，其生长速度与饲喂全乳蛋白质犊牛相比降低了将近 20%。这种差距在犊牛采食开食料后会逐渐减小到 10%左右；试验开始 4 周后，两组犊牛的生长速度没有差异。

二、植物蛋白质对犊牛相关指标的影响

本内容主要介绍植物蛋白质，如小麦蛋白、大米蛋白、花生蛋白等对犊牛的相关指标的影响，小麦蛋白、大米蛋白、花生蛋白等蛋白质的特性（详见本书第三章）。

中农科反刍动物实验室黄开武等（2015）利用植物源性和乳源性蛋白质原料配制出 5 种不同蛋白质来源的代乳品，在主要限制性氨基酸相对平衡的条件下，系统研究了代乳品中不同来源蛋白质对早期断奶犊牛生长性能和部分血清代谢物参数的影响，探索各种植物蛋白质源的利用效果。试验中利用 4 种植物源蛋白质和乳源蛋白质为主要蛋白质来源配制 5 种犊牛代乳品，其 CP 占 22%、GE 为 19.66 MJ/kg、Lys 占 1.84%、Lys：Met：Thr：Trp=100：29.5：65：20.5。其中，各组氨基酸水平均是在基础日粮的基础上通过添加晶体氨基酸调控而实现的。对照组犊牛饲喂全乳源蛋白代乳品，记为 M

组；试验组代乳品分别由植物源蛋白质和乳源蛋白质按 CP 总量 70∶30 的比例提供蛋白质，4 种植物蛋白质依次来源于大豆浓缩蛋白（CP＝65.2％）、小麦蛋白（CP＝77.8％）、花生浓缩蛋白（CP＝54.7％）、大米蛋白（CP＝82.0％），分别记为 S 组、W 组、P 组、R 组。各组犊牛同时饲喂同一种开食料。各组犊牛 15～20 日龄是代乳品过渡期，过渡期内饲喂代乳品与牛奶的比例逐渐由 1∶3 增加到 3∶1，至犊牛 21 日龄时全部饲喂相应代乳品。犊牛 3 周龄后即补饲开食料，4～5 周及 6 周内每头犊牛每日的饲喂量分别为 400 g、800 g，7～9 周龄自由采食。在 21 日龄、28 日龄、35 日龄、42 日龄、49 日龄、56 日龄、63 日龄晨饲前对每头犊牛进行称重，在 21 日龄、35 日龄、49 日龄、63 日龄时测量体尺（体高、胸围、体斜长），21 日龄、35 日龄、49 日龄、63 日龄晨饲前静脉采血制备血清。数据显示，以大豆和大米为蛋白质源时，犊牛表现出与乳源蛋白质组相似的生长性能；而以小麦和花生为蛋白质源时，犊牛在生长性能上的表现要差于乳源蛋白质组。在 50～63 日龄期间内，大豆和大米组开食料采食量显著高于乳源组（$P<0.05$）。可能是这一时期大豆和大米组犊牛瘤胃发育较为完全，与李辉（2008）饲喂植物蛋白质源代乳品有利于犊牛瘤网胃发育的结论一致。在整个试验期内，4 种植物蛋白质组的饲料转化比（F/G）均比乳源组的高，ADG 均比乳源组的低（表 6－22），大豆、大米两组的 F/G 与乳源组的差异不显著，小麦、花生两组则显著高于乳源组（$P<0.05$）。试验中 5 种代乳品依据等能、等蛋白、相同氨基酸模型原则配制，基本上消除营养水平对犊牛生长性能的影响。大豆和大米两组犊牛良好的生长性能表明，大豆蛋白和大米蛋白可以作为犊牛日粮中一种优良的蛋白质来源。小麦和花生两组犊牛开食料 DMI 和乳源蛋白质组没有显著性差异，而全期 ADG 分别为 626.7 g 和 554.2 g，显著低于乳源组 775.6 g（$P<0.05$），这与该代乳品中植物蛋白质提供了 70％的 CP 有关。表明在现有营养调控水平下，用小麦蛋白或花生蛋白提供代乳品中 70％的粗蛋白质对犊牛的生长性能造成了不利影响。在主要氨基酸水平一致的情况下，本试验选用的大豆浓缩蛋白和大米分离蛋白可能更加符合犊牛的消化特性，满足犊牛的营养需要；而小麦蛋白和花生蛋白可能由于抗营养因子等的存在，降低了犊牛的蛋白质消化率，同时导致机体发生应激反应，增加了机体营养的维持需要，降低了犊牛的生产性能。而 4 种植物蛋白质组犊牛体尺各项指标（表 6－23）与乳源组差异不显著，说明植物蛋白在保证犊牛体貌生长方面具有和乳源蛋白质相似的作用。

表 6－22　代乳品中不同蛋白质来源对早期断奶犊牛干物质采食量及饲料转化比的影响

项　目	蛋白质源（占总蛋白质的 70％）					SEM	P 值		
	乳蛋白	大豆蛋白	小麦蛋白	花生蛋白	大米蛋白		蛋白质源	日龄	蛋白源×日龄
初始平均体重（kg）									
21 d	44.8	45.2	45.2	44.9	45.3	0.74	0.8775		
平均日增重（g）									
21～63 d	775.6^{a}	698.2^{ab}	626.7b^{c}	554.2^{c}	711.6^{ab}	13.39	<0.0001	<0.0001	0.9870
21～28 d	516.3	485.0	442.5	400.0	510.0	28.34	0.2089		
29～35 d	651.3^{a}	552.5^{ab}	490.0b^{c}	447.5^{c}	537.5^{b}	18.36	0.0003		
36～42 d	741.7^{a}	680.0^{ab}	593.3b^{c}	523.3^{c}	663.3^{ab}	22.94	0.0021		
43～49 d	1016.3^{a}	892.5^{ab}	820.0b^{c}	722.5^{c}	937.5^{ab}	32.52	0.0038		
50～56 d	888.6^{a}	825.7^{ab}	742.9^{bc}	657.1^{c}	862.9^{ab}	22.38	0.0005		
57～63 d	965.7^{a}	874.3^{ab}	774.3^{bc}	662.9^{c}	874.3^{ab}	21.76	<0.0001		

（续）

项　目	蛋白质源（占总蛋白质的70%）					SEM	P 值		
	乳蛋白	大豆蛋白	小麦蛋白	花生蛋白	大米蛋白		蛋白质源	日龄	蛋白源×日龄
开食料干物质采食量（g）									
22～63 d	695.2	680.2	660.6	670.6	738.9	16.55	0.7308	<0.0001	0.8462
22～28 d	380.0	380.0	380.0	385.0	398.6	27.96	0.8413		
29～35 d	487.1	468.6	448.6	442.1	463.6	7.45	0.0612		
36～42 d	535.7	517.9	516.4	510.7	535.7	4.67	0.0936		
43～49 d	748.6	773.6	730.7	780.0	869.3	36.14	0.2429		
50～56 d	882.1	961.4	885.0	842.1	985.7	36.59	0.2303		
57～63 d	893.6[a]	1054.3[b]	895.7[a]	874.3[a]	1071.4[b]	28.14	0.0226		
饲料转化比（F/G）									
22～63 d	1.79[b]	2.05[ab]	2.20[ab]	2.47[a]	2.03[ab]	0.028	<0.0001	<0.0001	0.9999
22～28 d	2.04[a]	2.13[ab]	2.27[ab]	2.55[ab]	2.12[b]	0.075	0.0315		
29～35 d	1.82[a]	1.97[ab]	2.13[b]	2.29[b]	2.02[b]	0.062	0.0008		
36～42 d	1.72[a]	1.79[a]	1.99[ab]	2.22[b]	1.86[ab]	0.063	0.0113		
43～49 d	1.59[a]	1.78[ab]	1.90[b]	2.22[c]	1.80[ab]	0.050	<0.0001		
50～56 d	2.10[a]	2.25[a]	2.46[ab]	2.74[ab]	2.32[b]	0.068	0.0013		
57～63 d	1.99[a]	2.15[b]	2.39[bc]	2.75[c]	2.27[b]	0.066	<0.0001		

表6-23　代乳品中蛋白质来源对早期断奶犊牛体尺的影响

项　目	蛋白质源（占总蛋白质的70%）					SEM	P 值		
	乳蛋白	大豆蛋白	小麦蛋白	花生蛋白	大米蛋白		蛋白质源	日龄	蛋白源×日龄
体高（cm）									
21～63 d	81.4	82.8	80.9	81.1	81.5	0.34	0.7873	<0.0001	0.7079
21 d	77.3	79.1	77.5	77.1	77.4	0.50	0.2874		
35 d	78.9	80.7	79.4	79.5	79.4	0.42	0.2847		
49 d	83.3	84.5	81.7	82.7	82.8	0.51	0.1007		
63 d	86.1	86.9	85.1	85.4	86.3	0.63	0.2768		
体斜长（cm）									
21～63 d	78.0	78.0	77.5	77.7	77.5	0.35	0.9950	<0.0001	0.3571
21 d	73.4	74.2	73.5	74.6	72.7	0.40	0.2690		
35 d	75.7	76.2	75.4	76.1	76.2	0.44	0.6448		
49 d	80.1	79.4	79.0	78.5	79.4	0.59	0.3964		
63 d	82.7	82.3	82.0	81.3	81.9	0.69	0.4288		
胸围（cm）									
21～63 d	88.8	88.4	87.7	87.1	88.1	0.42	0.9602	<0.0001	0.7754
21 d	79.7	80.5	80.2	79.5	78.9	0.52	0.4381		
35 d	86.9	86.8	85.4	85.5	85.7	0.58	0.4678		
49 d	91.4	91.0	91.0	89.8	92.3	0.73	0.2230		
63 d	97.4	95.3	94.4	93.6	95.4	0.82	0.3663		

日粮蛋白质来源对血清尿素氮（BUN）浓度没有显著影响（表 6-24），但 4 种植物蛋白组血清 BUN 浓度均低于乳源组，其中又以小麦和花生组的浓度最低，显示出犊牛对植物蛋白质的消化率没有乳源蛋白质高。而不同植物来源蛋白质之间消化率也存在差异，相同粗蛋白质营养水平条件下，蛋白质低消化率意味日粮可消化蛋白质水平低，这与李辉（2009）报道饲喂低蛋白日粮犊牛血清 BUN 低于饲喂高蛋白质日粮的结果一致。因此，在以植物蛋白质为主要蛋白质来源配制犊牛代乳品时，其 CP 水平应高于仅以乳蛋白质为蛋白质源的代乳品。当摄入营养不足或应激条件下，会引起血清总蛋白浓度下降。表 6-24 显示，代乳品的蛋白质来源对犊牛血清总蛋白（TP）、白蛋白（ALB）、球蛋白（GLO）浓度及白蛋白/球蛋白的影响不显著。而犊牛血清 β-羟丁酸浓度无显著变化，基本上维持在 50～61 mmol/L 水平。由此可见，代乳品的蛋白质来源对犊牛糖与脂类代谢没有影响。

表 6-24 代乳品中蛋白质来源对早期断奶犊牛血清代谢物含量的影响

项 目	蛋白质源（占总蛋白质的 70%）					SEM	*P* 值		
	乳蛋白	大豆蛋白	小麦蛋白	花生蛋白	大米蛋白		蛋白质源	日龄	蛋白源×日龄
尿素氮（mmol/L）									
21～63 d	3.16	3.02	2.79	2.75	2.99	0.06	0.3616	0.7494	1.0000
21 d	3.20	3.05	2.87	2.86	3.00	0.06	0.3922		
35 d	3.22	3.13	2.85	2.83	3.03	0.15	0.3138		
49 d	3.04	2.99	2.70	2.63	2.90	0.11	0.3018		
63 d	3.17	2.93	2.74	2.69	3.05	0.12	0.2269		
总蛋白（g/L）									
21～63 d	57.18	59.01	54.48	52.78	58.18	0.54	0.1329	<0.0001	0.9999
21 d	48.38	53.20	47.10	47.43	51.93	0.75	0.4289		
35 d	61.25	62.35	55.63	54.48	60.83	0.89	0.1715		
49 d	61.55	60.85	56.68	55.05	60.30	0.87	0.3202		
63 d	57.55	59.63	58.50	54.15	59.68	0.43	0.2208		
白蛋白（g/L）									
21～63 d	35.5	35.0	32.9	32.6	34.8	0.37	0.0642	<0.0001	0.9999
21 d	31.7	32.3	30.7	30.6	31.3	0.49	0.3607		
35 d	35.3	34.3	32.4	32.1	34.9	0.56	0.0957		
49 d	38.3	37.8	34.9	34.7	37.3	0.59	0.1810		
63 d	36.8	35.4	33.5	33.0	35.8	0.33	0.1362		
球蛋白（g/L）									
21～63 d	19.77	19.93	19.87	19.64	20.06	0.23	0.9531	<0.0001	1.0000
21 d	17.40	17.90	17.68	17.63	18.15	0.39	0.5326		
35 d	19.70	19.78	19.48	19.40	19.97	0.41	0.6350		
49 d	21.50	22.05	21.80	21.58	21.50	0.33	0.6469		
63 d	20.48	19.98	20.53	19.95	20.60	0.19	0.5884		

（续）

项　目	蛋白质源（占总蛋白质的 70%）					SEM	P 值		
	乳蛋白	大豆蛋白	小麦蛋白	花生蛋白	大米蛋白		蛋白质源	日龄	蛋白源×日龄
白蛋白/球蛋白（A/G）									
21～63 d	1.80	1.76	1.68	1.68	1.74	0.01	0.0730	0.3294	0.9996
21 d	1.83	1.83	1.74	1.73	1.74	0.04	0.2415		
35 d	1.81	1.74	1.67	1.66	1.75	0.03	0.0724		
49 d	1.78	1.72	1.65	1.66	1.74	0.02	0.1161		
63 d	1.78	1.77	1.67	1.69	1.74	0.02	0.1984		
β-羟丁酸（mmol/L）									
21～63 d	0.54	0.56	0.55	0.54	0.55	0.00	0.3865	<0.0001	0.9917
21 d	0.51	0.53	0.52	0.50	0.51	0.01	0.1946		
35 d	0.53	0.55	0.56	0.53	0.55	0.01	0.1946		
49 d	0.56	0.58	0.57	0.55	0.58	0.01	0.1211		
63 d	0.57	0.57	0.57	0.56	0.58	0.01	0.2977		

代乳品蛋白质来源对早期断奶犊牛血清 GH 浓度的影响不显著（表 6－25），从整个试验期来看，乳源、大豆、大米蛋白 3 组犊牛血清 GH 浓度随日龄变化不断提高，而小麦和花生蛋白组犊牛随日龄变化先下降后升高，说明蛋白质来源对机体相应的蛋白质合成代谢有一定影响。70%大豆和大米蛋白添加组犊牛能获得和全乳源蛋白质组相似的蛋白质代谢水平，而 70%小麦和花生蛋白替换组可能对机体的蛋白质利用情况产生影响。但随着年龄增长，犊牛对小麦和花生蛋白利用能力的增强，机体的蛋白合成代谢可以逐渐恢复上升到乳源蛋白组水平。蛋白质来源对犊牛血清 IGF－1 的影响不显著（表 6－25），虽然乳源组浓度最高，其次是大豆和大米组，小麦和花生组最低，但各组 IGF－1 浓度并未出现较大的波动。因而从血清中 IGF－1 浓度的表现来看，利用植物蛋白作为犊牛代乳品中主要的蛋白质源是可行的。

表 6－25　代乳品中蛋白质来源对早期断奶犊牛血清生长激素、胰岛素样生长因子－1 含量的影响

项　目	蛋白质源（占总蛋白质的 70%）					SEM	P 值		
	乳蛋白	大豆蛋白	小麦蛋白	花生蛋白	大米蛋白		蛋白质源	日龄	蛋白源×日龄
生长激素（ng/mL）									
21～63 d	3.46	3.37	3.08	3.14	3.31	0.08	0.4824	0.0107	0.9914
21 d	3.04	3.27	3.02	3.16	3.11	0.16	0.6148		
35 d	2.95	3.07	2.82	2.98	3.01	0.14	0.6118		
49 d	4.04	3.77	3.43	3.44	3.87	0.16	0.2200		
63 d	3.81	3.37	3.07	2.96	3.27	0.13	0.0896		
胰岛素样生长因子－1（ng/mL）									
21～63 d	210.61	211.51	203.09	198.77	204.53	3.97	0.9308	0.025	0.9704
21 d	210.47	223.44	233.76	224.13	212.29	7.99	0.3768		
35 d	209.10	207.18	186.73	181.24	202.76	6.89	0.6712		
49 d	217.46	219.15	215.13	203.42	210.31	8.15	0.4149		
63 d	205.41	196.29	176.73	186.31	192.76	7.37	0.6521		

从上述结果可以分析出，在相同营养水平下，与乳源蛋白相比，利用大豆浓缩蛋白或大米分离蛋白提供犊牛代乳品中70%的CP时，未对犊牛的生长性能产生不利影响；而用小麦蛋白或花生浓缩蛋白作为主要蛋白质源的代乳品饲喂犊牛时，显著降低犊牛的ADG和饲料利用率。在相同的氨基酸模式下，不同来源的蛋白质对犊牛血清中代谢物的影响不显著，未造成超出机体承受范围的应激。大豆浓缩蛋白和大米分离蛋白对血清代谢物的影响要比小麦蛋白和花生浓缩蛋白的小。因此确定，大豆蛋白或大米蛋白可作为代乳品中的主要蛋白质源，替代70%的乳源蛋白；小麦蛋白或花生蛋白替代代乳品中70%乳源蛋白质时，会对犊牛的部分生长性能产生不利影响，需要更深入研究其解决方法。

三、植物蛋白质替代乳源蛋白质的优劣分析及解决方法

1. 植物蛋白质替代乳源蛋白质的优劣分析 虽然相较于乳源蛋白质，目前植物蛋白质在犊牛日粮中应用的效果欠佳，但是植物蛋白质来源丰富且广泛，粗蛋白质含量高，相同粗蛋白质水平的代乳品，植物蛋白质的配制成本要低廉很多；而且更早接触植物蛋白质，可以促进犊牛消化系统尽早发育。因此，研究如何将植物蛋白质较好地应用于犊牛日粮中，具有广阔的前景。

相对于乳源蛋白质，植物蛋白质对犊牛生长性能的影响，存在先天的不足；但是对植物蛋白质进行适当加工后，会对犊牛生长性能产生良好的影响。有学者用大豆浓缩蛋白、大豆分离蛋白和经瘤胃发酵处理的大豆粉作为主要蛋白质源饲喂犊牛，犊牛获得与乳源蛋白质相当的生长速度；然而以未处理或简单处理的大豆粉作为代乳品蛋白质源时，犊牛的生长性能出现明显下降。

犊牛生长性能的良好表现，需要日粮中的蛋白质及氨基酸含量满足其营养需要。此外，代乳品蛋白质含量和饲喂量与能量水平也有密切关系。NRC（2001）指出，蛋白质的摄入量不要超过由能量摄入量所决定的目标增重所需的蛋白质数量。因此将植物蛋白质应用于犊牛日粮时，适当的能量水平也是必须考虑的。

一般研究认为，与乳源蛋白质相比，植物蛋白质会降低犊牛对营养物质的消化利用率。造成这种现象的原因主要有三点：①植物蛋白质结构致密，分子大且缺乏酪蛋白，不能像乳蛋白一样被凝乳酶作用产生凝乳反应，以致其在皱胃中停滞的时间短，未能被胃蛋白酶充分的酶解就排入十二指肠，造成消化率低。②植物蛋白质中氨基酸较差的平衡性，也会严重制约犊牛对日粮营养物质的消化和利用。③植物蛋白质中的抗营养因子成分是阻碍犊牛利用植物蛋白质的因素之一，如蛋白酶抑制因子、免疫活性蛋白抗原和致病毒素等。以蛋白酶抑制因子为例，这种因子不仅可以抑制丝氨酸蛋白酶类的活性，还可以与消化道中的胰岛素结合，抑制其活性或将其灭活。胰岛素灭活的信号可以导致小肠中的内分泌细胞分泌胆囊收缩素（CCK），进而刺激胰腺分泌更多的消化酶，蛋白酶抑制因子引起的连锁反应会造成富含限制性氨基酸的内分泌蛋白流失（Verstegen 等，1989）。免疫活性蛋白抗原引起的过敏反应会增强肠道的异常蠕动，食糜沿肠道加速向后流动，同时造成肠道的损伤和内源性蛋白质的流失。植物源蛋白质的表观消化率低，很大程度是因为植物蛋白质提高了犊牛自身和菌体蛋白等内源蛋白质的损失。

相比植物蛋白质，饲喂鲜奶或乳源蛋白质代乳品的犊牛其瘤网胃发育呈现滞后性。尽管瘤网胃也会增长，但是胃壁会变薄，乳头发育受到抑制。从犊牛培育的进程来看，胃肠道能够直接消化利用植物蛋白质和粗纤维是犊牛培育的一个目标；而植物蛋白质含有一定量的纤维素，因而让犊牛尽早接触植物蛋白质，可以促进胃肠道发育，对犊牛生长而言是有利的。然而犊牛纤维消化功能发育不完全，所以植物蛋白质中纤维素含量不宜过高。

在反刍前阶段，皱胃和肠道被认为是犊牛消化吸收营养物质的重要器官，适宜的pH是维持胃肠道消化酶分泌和活性的主要因子。皱胃内的酸性食糜进入小肠后，会刺激肠壁细胞分泌碱性黏液来维持小肠的碱性环境。而且食糜的酸性越强，刺激作用越大，促进小肠发育的力度越大。然而进食代乳品乳液，会使皱胃的pH升高，相比于饲喂乳源蛋白质代乳品，饲喂植物蛋白质犊牛的皱胃pH在采食后恢复得慢。从这一点讲，植物蛋白质对维持胃肠道的pH稳定、促进胃肠发育是不利的。此外，植物蛋白质在维持犊牛肠道结构和功能的完整性上，要弱于乳源蛋白质饲喂植物蛋白质的犊牛常出现肠黏膜绒毛萎缩，同时可能伴随隐窝增生等症状。

蛋白质作为动物机体一种重要的营养素，是维持和调控动物免疫功能的直接参与者。蛋白质缺乏会降低犊牛对环境和断奶应激的耐受力，提高犊牛的死亡率和患病率。一般来说，植物蛋白质对犊牛的生长和饲料效率比乳源蛋白质的要低，同等粗蛋白质水平的日粮条件下，植物蛋白质能为犊牛提供的可利用蛋白质的量相对偏低。因此，这也要求以植物蛋白质为蛋白源的日粮，其粗蛋白质水平要高于乳源蛋白质。动物采食植物蛋白质也是肠道在接受高浓度抗原的过程，会导致机体产生相应的防御反应。哺乳期犊牛主动免疫尚未完全建立，肠道抗体浓度很低，往往不足以中和进入肠道的免疫抗原。此外，犊牛对植物蛋白质的消化能力和年龄也有密切关系。犊牛3周龄前对植物蛋白质的消化能力有限。植物蛋白质进入肠道后仍有抗原活性，常可引起过敏反应，如由特异性IgE抗体介导的Ⅰ型过敏反应、由IgE和IgM与过敏原形成可溶性免疫复合物介导的Ⅱ型变态反应，以及有特异性T细胞介导的Ⅳ型过敏反应等。这些免疫应答反应常造成肠道的组织形态和免疫机能损伤，并引发犊牛过敏性腹泻和消化吸收障碍。然而也有部分犊牛对植物蛋白质抗原表现一定的免疫耐受性，这可能与T细胞的分化有关。细菌学试验表明，在犊牛肠道发生致敏反应的同时，往往伴随着肠道病原性微生物感染的继发症。这可能与肠道消化和免疫机能破坏有关，为肠道病原性微生物提供了营养底物和合适的生殖环境。

氨基酸特别是限制性氨基酸对犊牛免疫的影响越来越受到关注，多数情况下，动物的健康和特定的氨基酸营养供给状况有直接关系。例如，蛋氨酸可抑制体液免疫功能，引起胸腺退化，并降低脾脏淋巴细胞对促细胞分裂素的反应。由于植物蛋白质平衡性差和犊牛自身对植物蛋白质消化能力的限制，植物蛋白质的氨基酸供应相对犊牛的免疫需求可能不足，这就需要对相应的植物蛋白质制定合适的日粮氨基酸模型。

2. 提高植物蛋白质生物学价值的方法与途径 虽然犊牛对植物蛋白质消化利用的能力存在缺陷，但随着对犊牛消化利用植物蛋白质机理研究的不断加深，发现可以对犊牛消化利用植物蛋白质的能力进行调控，如通过改变植物蛋白质的物理化学性质、添加营养成分补偿植物蛋白质的先天不足等技术和手段，让植物蛋白质为犊牛提供主要的蛋白质营养成为可能，也为犊牛的蛋白营养培育提供了新的选择。

（1）植物蛋白质的改性加工处理　植物蛋白质是农作物为了维持自身生长繁殖而合成和储备的，这也决定了植物蛋白质的成分和理化性质有别于乳源蛋白质，它们会阻碍犊牛对植物蛋白质的消化利用，甚至会威胁犊牛的健康。对植物蛋白质的改性加工处理被认为是破除这些障碍和威胁的有效途径之一。针对植物蛋白质中含有的抗营养因子，有蒸汽加热、热乙醇水溶液提取、酸沉碱提、微波灭菌等处理方法；针对植物蛋白质结构致密、分子大、难消化、溶解性差、乳化能力弱等特点，有红外灭菌、微生物发酵、蛋白酶解、添加双亲基团、磷酸化等处理方法。应用不同的改性加工处理方法时，同一类植物蛋白质制品对犊牛的生物效价都会出现巨大差异。以由大豆蛋白得到的大豆粉、改性大豆粉、大豆浓缩蛋白及大豆分离蛋白为例，Dawson 等（1998）在犊牛中分别添加等粗蛋白质水平的市售改性大豆粉、特制改性大豆粉和大豆浓缩蛋白，结果显示在促进犊牛生长性能的作用上，大豆浓缩蛋白＞特制改性大豆粉＞市售改性大豆粉。Akinyele等（1983）也得出类似的结论，2 周龄的犊牛对脱脂奶粉、大豆分离蛋白和大豆粉的干物质表观消化率分别为 87.5%、66.6%、47.9%，粗蛋白质表观消化率分别为 80.5%、57.2%、28.5%。产生这种差异的主要原因是对植物蛋白质原料进行加工处理后，降低了原料中抗营养因子等物质对犊牛消化、免疫功能的影响，从而打破植物蛋白质应用于犊牛代乳品中的障碍。通过不断改进植物蛋白质的加工工艺，使植物蛋白质更加符合犊牛的消化特性，可以保证植物蛋白质能够更好地应用于犊牛代乳品中。

（2）氨基酸平衡　反刍动物因瘤胃的特殊存在，所以日粮过瘤胃进入后消化道时，日粮的营养成分发生了巨大的变化，其中约 65%日粮蛋白质转化为微生物蛋白，瘤胃微生物可以利用日粮中的非必需氨基酸合成必需氨基酸。然而哺乳期犊牛瘤胃未发育完全，功能不完善，且犊牛在采食奶和代乳品乳液时，机体会产生食管沟反射。食管沟自动闭合，乳液饲料就会由食管经食管沟和瓣胃管直接进入皱胃进行消化，不会受到瘤胃的影响，因此日粮中的氨基酸组成近似反映了机体氨基酸营养的供应。相对于犊牛的氨基酸营养需要而言，植物蛋白质的氨基酸组成是不平衡的。针对这个现实问题，在以植物蛋白质为蛋白质来源的犊牛日粮中补充相应的限制性氨基酸，可以促进犊牛生长，加强机体免疫力。与没有添加的犊牛日粮相比，在以大豆蛋白为蛋白质源的犊牛日粮中添加赖氨酸、蛋氨酸、苏氨酸可以显著提高犊牛的 ADG、氮沉积量和干物质、氮、氨基酸回肠消化率，提高犊牛对营养物质的消化率，显著改善犊牛日粮的品质，促进犊牛的生长发育（Kanjanapruthipong 等，1988）。然而，犊牛对不同植物蛋白质和氨基酸的消化率不一样，因此针对不同植物蛋白质建立适宜的氨基酸添加模型就显得很重要。

（3）添加酸度调节剂　犊牛对植物蛋白质和乳蛋白质在消化率上的差异，本质上是这两类蛋白的蛋白质结构决定的。乳蛋白质中占蛋白质 90%的酪蛋白，在皱胃可以得到有效消化和降解。日粮蛋白质在皱胃内的降解依赖于胃蛋白酶的活性，而胃蛋白酶的分泌、酶原的激活、消化酶活性都依赖于胃酸的刺激。胃酸分泌的不足阻碍了幼龄家畜有效利用日粮中的植物蛋白质，而且犊牛采食牛奶或代乳品乳液后，乳液会对皱胃液进行稀释中和，使皱胃内的 pH 升高。饲喂前犊牛皱胃内容物的 pH 为 1.5～2.0，饲喂后 pH 马上升高到 6.0，随后又逐渐降低，6 h 后降低到饲喂前水平（Woodford 等，1987）。相比于饲喂植物蛋白源代乳品乳液，饲喂牛奶时犊牛皱胃内食糜 pH 在采食后的恢复也较为迅速。因为植物蛋白质不能形成凝乳块，在皱胃内停留时间短，采食植物蛋白质代乳品乳液后，犊牛皱胃内 pH 的快速变化会影响胃蛋白酶对植物蛋白的降解效率，降低消化系统对植物蛋白质的消化利用率。皱胃内较低的 pH 有利于消化道内有益菌群的生长，以抑制有害菌的繁殖，而且皱胃内酸性食糜进入十二指肠，刺激十二指肠酸化学感受器，反射性地抑制皱胃排空，延长了食糜在胃内的停留时间，增加了胃蛋白酶作用植物蛋白质的时间。在植物蛋白质源代乳品中添加酸度调节剂，维持犊牛皱胃的酸性环境，可增高犊牛对植物蛋白质的消化利用能力（屠焰，2011），增加植物蛋白质应用于犊牛日粮中的安全性和有效性。

（4）生物学方法　目前，利用益生菌提高犊牛体增重和饲料转化比（Schwab 等，1980），降低犊牛的腹泻率和死亡率（Quigley 等，1985）的报道已有很多。而如何提高犊牛的体增重、饲料转化比，降低犊牛腹泻率和死亡率，也是将植物蛋白质应用于犊牛代乳品日粮中的研究重点。因此，在如何提高植物蛋白质替代乳源蛋白质的安全性和有效性研究上，益生菌将是一个突破口。益生菌是指投入后通过改善宿主肠道菌群生态平衡而发挥有益作用，达到提高宿主健康水平和健康状态的活菌制剂及其代谢产物。益生菌通过调节犊牛胃肠道的 pH 环境，分泌消化酶和代谢产物，以及自身增殖等途径，来促进肠道有益菌增殖、消灭有害菌、中和肠道毒素、提高日粮的消化率，另外自身的菌体蛋白还可以改善日粮中氨基酸组分。在犊牛日粮中添加植物乳酸杆菌和地衣芽孢杆菌，可以改善犊牛对营养物质的消化利用情况，减少犊牛腹泻的发生（董晓丽等，2013）。益生菌可以促进犊牛瘤胃的发育，调节瘤胃微生物区系，提高纤维分解菌的数量（符运勤，2012）。因此，通过生物学方法来调节犊牛对植物蛋白的利用是一个不错的尝试。

（5）其他方法　应激一直是犊牛培育过程避不开的话题，科学的饲养管理和舒适的圈舍环境可以帮助犊牛顺利渡过应激；相反，不当的饲养管理和不利的环境会加强犊牛的应激，降低其免疫力，甚至威胁犊牛的健康和生命。利用代乳品对犊牛实行早期断奶，以及利用植物蛋白质替换代乳品中的乳源蛋白质，对犊牛而言都是一个强烈的应激，这也要求饲喂植物蛋白质代乳品的犊牛要在饲养管理和圈舍环境上加强投入。

植物蛋白质作为一种应用广泛的蛋白质饲料资源，在犊牛日粮上的应用虽然存在一定的争议，但在不断深入的研究中发现，依据犊牛的生理特点，通过对植物蛋白质加工改性处理，配以适当的营养调控手段，可以逐渐提高犊牛对植物蛋白质的消化利用率，增强植物蛋白质在犊牛日粮中应用的安全性和有效性。扩大植物蛋白质在犊牛代乳品日粮中的应用，使更多种类的植物蛋白质纳入到犊牛的蛋白质营养体系中，可以有效地将农产品加工业中闲置的蛋白质资源利用起来，能节省更多的乳源优质蛋白质；同时，可以有效降低代乳品成本，推广代乳品在犊牛培育中的应用，促进畜牧业的发展。

第五节　代乳品在华北地区奶牛场的应用

目前，我国大多数养殖场在犊牛培育上采用传统的养殖模式，即用鲜牛奶饲喂犊牛，一般一头犊牛从出生到断奶需要消耗牛奶 300～400 kg，占奶牛一个泌乳期奶量的 5%～10%。不仅培育成本较高，易造成疾病传播，而且不利于犊牛消化系统的发育，已不适应现代养殖业安全、高效发展的需要。大量研究表明，应用犊牛早期断奶技术，用营养全面、易消化吸收的代乳品替代牛奶饲喂犊牛，既可以促进犊牛的生长发育，阻断疾病在母牛与犊牛之间的传播，为犊牛后天的高生产性能奠定基础；又可以节约大量鲜奶，降低饲养成本，取得更大的经济效益。为此，中农科反刍动物实验室 2014 年以北京市 5 个区（县）23 家规模奶牛养殖场的 460 头初生犊牛作为对象，研究犊牛早期断奶技术对规模牛场犊牛体尺发育及培育成本的影响，以使犊牛早期断奶技术在牛场中得到普及和应用，提高经济效益。

一、应用范围

2014 年 3—10 月，在北京市大兴、昌平、房山、密云、延庆 5 个区（县）中的 23 家规模奶牛养殖场（存栏量均在 200 头以上），根据犊牛的出生日期、体重、体高、胸围基本相同或相近的原则，在每个牛场随机选择 20 头健康的荷斯坦母犊，分为示范组和对照组，每组 10 头。参试犊牛共 460 头，单栏饲养。示范组犊牛 10 日龄开始饲喂代乳品，对照组犊牛参照牛场原有方法饲喂牛奶，试验期为 50 d。试验期间，示范组每头犊牛平均饲喂代乳品（37.60±5.97）kg；对照组每头犊牛平均饲喂牛奶（299.69±21.28）kg，奶价平均为 4.14 元/kg。各组精饲料采食量为（31.89±5.35）kg/头。每个养殖场的示范组和对照组犊牛自由采食相同牧草和精饲料，防疫等其他饲养管理办法执行各牛场原有饲养程序。

二、代乳品饲喂方法

代乳品（营养水平见表 6-26）由中农科反刍动物实验室提供。代乳品配制方法：1 份代乳品干粉用 7 份煮开晾凉到 40 ℃左右的温水冲兑，饲喂给小牛时的温度在 38 ℃左右。小牛出生后饲喂 5 d 初乳，然后逐步过渡到饲喂代乳品。过渡时间为 6 d，开始 2 d用 1/3 代乳品+2/3 牛奶，随后 2 d 用 1/2 代乳品+1/2 牛奶，最后 2 d 用 2/3 代乳品+1/3 牛奶，使犊牛逐步适应新的饲料。过渡期后，示范组犊牛完全饲喂代乳品，代乳品的饲喂量与对照组犊牛鲜奶的用量相对应，即用 200 g 代乳品代替 1 600 g 鲜奶，每天早、中和晚饲喂 3 次。犊牛饲喂完毕后，用毛巾将犊牛口部擦干净。

表 6-26 代乳品营养水平（干物质基础）

项　目	干物质（%）	总能（MJ/kg）	粗蛋白质（%）	粗脂肪（%）	粗灰分（%）	钙（%）	总磷（%）
含量	97.58	17.39	19.58	3.77	8.52	0.95	0.70

注：营养水平均为实测值。

三、测定指标

犊牛分别于 10 日龄、30 日龄、60 日龄晨饲前空腹测量胸围、体高和体斜长，记录鲜牛奶、代乳品和精饲料补充料的采食量，依据犊牛采食量、牛奶、代乳品等价格进行犊牛培育经济效益分析。

试验数据先用 Excel 作初步整理后，用 SAS 软件 Mixed 程序进行，对差异显著者进行 LSD 比较。

四、应用效果

1. 饲喂代乳品对早期断奶犊牛生长发育的影响 本研究中参试牛场数目众多，牛只数量大，且品种统一，均为荷斯坦母犊，具有很强的代表性。试验过程中，两组犊牛生长发育良好，无异常情况和死亡事件发生。犊牛的生长性能主要表现在体重的增加和体尺的增长。出于参试犊牛数量大及增加牛场工作量考虑，未测量体重指标。从试验结果上看，在 10～30 日龄，示范组犊牛体高、体斜长和胸围的日增长显著高于对照组（$P<0.05$），而 30～60 日龄对照组和示范组差异不显著（$P>0.05$）。可能是由于犊牛出生后饲喂完初乳，逐步饲喂代乳品这一过程的过渡很顺利，没有应激产生；且代乳品中的各种营养物质模拟了牛奶中各营养素的模式，营养素全面易消化，同时含有充足的免疫物质的缘故，故示范组体高、体斜长和胸围增长较快（表 6－27）。随着犊牛日龄的增长，30 日龄后犊牛对颗粒料和优质干草的采食量逐步上升，弱化了代乳品的效应，犊牛体尺差异不显著（$P>0.05$）。说明较早使用代乳品可以促使犊牛快速增长。30 日龄内的犊牛体尺主要表现为纵向生长，以骨骼生长为主；30 日龄以后，犊牛瘤胃开始快速发育，胸围则得到迅速扩充（表 6－28）。可见，犊牛出生后及时进食初乳，经过合理过渡，使用本试验的代乳品实施早期断奶，可以取得优于牛奶的生长性能。

2. 经济效益分析 从经济效益分析的角度来看，试验期间，鲜奶的收购价格较高，平均 4.14 元/kg。示范组用代乳品替代牛奶，每头犊牛比对照组节约成本 300.72 元，平均每天每头牛节约成本 6.13 元（表 6－29）。由此可见，奶牛养殖场利用代乳品采取犊牛早期断奶技术势在必行，会为企业创造丰厚的经济效益。

表 6－27 不同日龄犊牛的体高、体斜长和胸围

项 目	处理组			P 值		
	示范组	对照组	SEM	处理	日龄	日龄×处理
体高（cm）	84.6	84.8	0.44	0.690	<0.001	0.032
10 d	77.5	78.0	0.51	0.452		
30 d	84.2	83.7	0.50	0.479		
60 d	92.0	92.7	0.52	0.318		
体斜长（cm）	82.1[a]	80.8[b]	0.44	0.034	<0.001	0.051
10 d	71.9	72.0	0.59	0.918		
30 d	81.3	79.8	0.58	0.063		
60 d	93.0[a]	90.6[b]	0.64	0.004		
胸围（cm）	93.4	92.3	0.51	0.128	<0.001	0.083
10 d	83.1	83.1	0.61	0.999		
30 d	92.4	90.9	0.60	0.063		
60 d	104.6	103.0	0.64	0.056		

表 6-28　不同阶段犊牛的体高、体斜长和胸围日增长

项　目	处理组			日　龄				P 值		
	示范组	对照组	SEM	10～30 d	30～60 d	10～60 d	SEM	处理	日龄	日龄×处理
体高（cm）	0.30	0.29	0.01	0.31[a]	0.27[b]	0.30	0.010	0.302	0.006	0.020
10～30 d	0.34[a]	0.29[b]	0.01					0.010		
30～60 d	0.27	0.28	0.02					0.347		
体斜长（cm）	0.43[a]	0.39[b]	0.02	0.43[a]	0.39[b]	0.41	0.017	0.014	0.147	0.357
10～30 d	0.47[a]	0.39[b]	0.02					0.008		
30～60 d	0.40	0.37	0.03					0.518		
胸围（cm）	0.43[a]	0.38[b]	0.01	0.41	0.40	0.41	0.014	0.015	0.808	0.084
10～30 d	0.45[a]	0.39[b]	0.02					0.001		
30～60 d	0.40	0.39	0.02					0.786		

表 6-29　经济效益分析

组　别	鲜奶消耗（kg）	代乳品消耗（kg）	鲜奶价格（元/kg）	代乳品价格（元/kg）	成本（元）
对照组	299.69	0	4.14	0	1240.72
示范组	0	37.60	0	20	940.0
成本变化					−300.72

第六节　犊牛开食料和TMR适宜营养水平

一、断奶后犊牛开食料的适宜蛋白质水平研究

犊牛断奶前后需要采食固体饲料以刺激瘤胃发育，因此开食料的营养水平及其配制方法引起了人们的关注。中农科反刍动物实验室云强（2010）针对8～17周龄荷斯坦犊牛进行研究，分别饲喂产奶净能一致（6.95 MJ/kg）而粗蛋白质水平（风干物质基础）分别为16.22%、20.21%和24.30%的精饲料（折算成干物质基础则分别为18.58%、23.06%、27.63%），同时补饲苜蓿干草，精饲料和苜蓿干草的比例为6∶4。

犊牛的增重及ADG如表6-30所示。尽管差异并不显著，但20.21%组和24.30%组犊牛的ADG分别达到513.93 g、517.50 g，比16.22%组高17.4%和18.2%。关于这一点，Schurman等（1974）、Jahn等（1976）、黄利强（2008）等也都予以了证实。动物摄入的蛋白质不足会导致生长受到抑制。开食料中16%的粗蛋白质水平较为适宜，但在某些条件下可能12%的粗蛋白质水平即可满足动物的营养需要（Brown等，1958；Everett等，1958；Gardner，1968）。但开食料中粗蛋白质水平的作用受到一些因素的影响，如饲料中的其他营养成分、加工方式、动物的日龄、采食量等。正因如此，对适

宜粗蛋白质水平的研究结果并不一致。对于这个阶段的犊牛，粗蛋白质为 15.3%～24.0%（Traub 等，1971）或 13%～16.2%（Morrill 等，1973）抑或 14.5%和 17.6%（Schingoethe 等，1982）并无显著影响。而我国犊牛的开食料中蛋白质水平则较高，一般为 20%左右（嘎尔迪，1990；潘军，1994；黄利强，2008），这与我国犊牛的饲养技术水平及饲料质量有关。

表 6-30　开食料中粗蛋白质水平对犊牛增重和血清尿素氮含量的影响

项　目	周　龄	开食料粗蛋白质水平（%）		
		16.22	20.21	24.30
总增重（kg）	8～16	24.52±3.36	28.78±4.90	28.98±6.48
平均日增重（g）	8～16	437.86±60.06	513.93±87.45	517.50±115.65
血清尿素氮含量（mmol/L）	10	6.10±1.65	5.57±0.85	7.70±0.87
	12	6.63±1.37	6.20±0.61	8.23±1.10
	14	5.93±0.47	6.16±1.81	8.03±0.40
	16	7.33±1.21[ab]	6.20±1.75[b]	8.13±0.10[a]

不同粗蛋白质水平对犊牛血清总蛋白、白蛋白、球蛋白、葡萄糖含量的影响不显著。通常来说，动物在正常情况下，血糖浓度在机体的调节下总是保持在一定的范围之内，这对于维持机体各组织细胞的能耗和功能具有重要作用。而 24.30%组血清尿素氮高于 16.22%和 20.21%组，16 周龄时差异显著。表明该组犊牛有较多的蛋白质被氧化，日粮中的粗蛋白质水平偏高，造成了蛋白质饲料的浪费。

在限饲的情况下，犊牛的采食量小于自由采食的量，蛋白质的实际摄入低于其最大摄入量。因此，随开食料粗蛋白质水平的提高，13 周龄时犊牛的粗蛋白质表观消化率差异显著，10 周龄时 NDF 和 ADF 表观消化率有降低的趋势，而到 13 周龄则反之。除此之外，其他各项营养物质的表观消化率差异均不显著（表 6-31）。通常提高日粮中

表 6-31　开食料中粗蛋白质水平对犊牛营养物质表观消化率的影响（%）

项　目	周　龄	开食料粗蛋白质水平		
		16.22	20.21	24.30
干物质表观消化率	10	66.24±10.25	61.40±9.23	57.08±3.81
	69.45±4.22	13	68.07±4.10	70.26±1.00
粗蛋白质表观消化率	10	73.60±6.90	76.61±0.49	77.24±1.85
	79.13±2.73[b]	13	73.77±2.22[a]	77.66±0.73[ab]
粗脂肪表观消化率	10	64.61±3.84	51.36±7.79	51.72±14.64
	53.01±13.52	13	64.49±7.76	67.29±0.64
中性洗涤纤维表观消化率	10	49.68±3.85	46.89±5.85	44.03±4.09
	54.41±5.62	13	45.72±7.73	48.61±4.97
酸性洗涤纤维表观消化率	10	42.58±5.93	39.23±5.08	37.51±4.59
	47.67±7.14	13	41.00±6.03	44.47±7.94

的蛋白质水平，可为瘤胃微生物提供充足的氮源，促进瘤胃微生物的合成，从而提高微生物对碳水化合物的发酵能力，进而提高碳水化合物的消化率。例如，Griswold 等（2003）证实，提高日粮中瘤胃可降解蛋白质水平或添加尿素可以提高瘤胃微生物的生长效率，并提高 VFA 的浓度。随开食料粗蛋白质水平的升高，犊牛的摄入氮增加，吸收氮提高，沉积氮增长，氮的总利用率逐渐提高，但对氮的表观生物学价值没有显著影响。粪氮、尿氮、表观可消化氮（吸收氮）、沉积氮均随日粮中蛋白质水平的升高而升高（云强，2009），氮的沉积量、利用率直接与氮的摄入量有关。氮沉积的下降主要是日粮蛋白质水平降低，引起氨基酸不平衡，从而影响氮的吸收和沉积（Han 等，2001）。

开食料粗蛋白质水平对犊牛瘤胃发酵的影响并不显著。瘤胃液 pH 在犊牛 12 周龄时随开食料粗蛋白质水平的升高而下降（$P<0.05$），但 16 周龄时组间无显著差异。对于瘤胃液氨态氮浓度来说，12 周龄时 24.30%组犊牛达到 47.54 mg/100 mL，要高于 16.22%组的 37.91 mg/100 mL 和 20.21%组的 38.74 mg/100 mL。瘤胃液中的大部分氨态氮是饲料中含氮物质的分解产物，当摄入的蛋白质水平较高时，会有较多的蛋白质发生降解，使瘤胃液中的氨态氮浓度升高。瘤胃液中 VFA 的浓度差异并不显著，但有随精饲料中粗蛋白质水平升高而升高的趋势。VFA 主要来自碳水化合物的降解，同时也是衡量碳水化合物发酵情况的指标。开食料中较高的粗蛋白质水平为瘤胃微生物提供了充足的氮源，有利于瘤胃微生物的繁殖，而微生物数量的增多则提高了瘤胃对碳水化合物的发酵能力。

淀粉、蛋白质和纤维素在瘤胃中被微生物细胞表面的酶，以及微生物分泌的胞外酶降解，其降解率与微生物的酶活性息息相关。随着日龄的增长和固体饲料的摄入，犊牛瘤胃逐渐发育，瘤胃微生物区系日趋成熟，其酶活性也逐渐增加。饲料中的淀粉颗粒进入瘤胃后，即被瘤胃细菌、原虫和真菌作为碳源利用。瘤胃中主要的淀粉利用菌有嗜淀粉瘤胃杆菌、栖瘤胃普雷沃氏菌、牛链球菌、溶淀粉琥珀酸单胞菌，以及反刍兽新月形单胞菌、溶纤维丁酸弧菌、反刍兽真杆菌和梭菌属的一些菌株。另外，瘤胃中所有大型内毛虫和瘤胃厌氧真菌都具有降解淀粉的能力。其中，具有较强淀粉酶活性的细菌主要为牛链球菌、丁酸梭菌和嗜淀粉瘤胃杆菌。这 3 种菌都能产生 α-淀粉酶，该酶的特性与来自哺乳动物和其他微生物的 α-淀粉酶相似。而且不同淀粉降解菌产生的 α-淀粉酶的作用方式基本一致，都是将淀粉水解成麦芽糖，而麦芽糖可为非淀粉降解菌提供碳源（冯仰廉，2004）。蛋白酶方面，除了主要的纤维降解菌外，大多数瘤胃细菌都具有某些蛋白酶活性。蛋白酶可以将日粮中的蛋白质分解为肽、氨基酸、氨。而瘤胃内纤维素酶是指具有分解纤维素功能的一类酶的总称，其中包括内切葡聚糖酶、β-葡萄糖苷酶和木聚糖酶等。开食料粗蛋白质水平对犊牛瘤胃微生物 α-淀粉酶、蛋白酶、内切葡聚糖酶、β-葡萄糖苷酶和木聚糖酶活性都有随之升高而提高的趋势（云强，2009）。高的开食料粗蛋白质水平为瘤胃微生物的合成提供了充足的氮源，使瘤胃微生物数量和活性增加，这与犊牛粗蛋白质、NDF 和 ADF 的表观消化率随开食料中粗蛋白质水平升高而增加的趋势一致。

开食料中粗蛋白质水平对犊牛瘤胃的发育并无显著影响。此阶段犊牛的瘤网胃均已发育，瘤胃出现较多的褶皱，并有较为成熟的乳头，胃壁颜色较深表明瘤胃功能已经开始发育；网胃已经出现网格（云强，2009）。日粮中的纤维含量似乎是影响瘤胃发育的主要因素。对于早期断奶的犊牛来说，高比例的精饲料会加速瘤胃微生物区系的建立，进而通过增加 VFA 和氨态氮的浓度来增加瘤胃的消化活性。此外，精饲料促使瘤胃 pH 的降低，而较低的 pH 有利于犊牛瘤胃上皮细胞的发育。饲喂较多的精饲料可以使犊牛瘤胃中的 VFA，如乙酸、丙酸、丁酸等的浓度增加，而它们是刺激瘤胃发育的必要成分。并且在刺激瘤胃上皮细胞发育的过程中丙酸和丁酸的作用较大，而丙酸主要来自精饲料的发酵（Tamate 等，1962）。

综合各项指标，开食料中 20.21%（23.06%干物质基础）的粗蛋白质水平对 8～16 周龄断奶犊牛较为适宜。

二、断奶后犊牛全混合日粮适宜蛋白质能量比的研究

粗饲料是反刍动物不可缺少的饲料原料，优质粗饲料可以提供较高的粗蛋白质和能量。上述研究提出了断奶后犊牛开食料的适宜粗蛋白质水平为 23.06%（干物质基础），是在固定精粗比日粮的基础上得到的结论。张卫兵（2009）指出，断奶后犊牛，饲喂量是其体重的 2.45%（干物质基础），并控制 ADG 为 800 g/d，饲喂消化能为 2.54 Mcal/kg 而粗蛋白质分别为 14.30%、14.88%、15.70%（干物质基础）的全混合日粮（蛋白能量比（CP∶DE）为 56.3∶1、57.2∶1、60.9∶1），犊牛的生长性能（表 6－32）、体尺、乳头长度无显著变化；粗蛋白质表观消化率随着日粮粗蛋白质水平的增加而显著提高；干物质、有机物、总能、酸性洗涤纤维等的表观消化率差异不显著；犊牛血清尿素氮含量随着日粮粗蛋白质水平的增加而显著升高，而雌激素、孕激素等相关指标没有受到日粮粗蛋白质水平的影响。因此，粗蛋白质为 14.30%、消化能为 2.54 Mcal/kg、蛋白质∶能量为 56.3∶1（g/Mcal）的饲粮就能满足 3～5 月龄中国荷斯坦犊牛 ADG 为 0.8 kg 的生长需要。

表 6－32　不同蛋白质能量比对 3～5 月龄中国荷斯坦犊牛生长性能的影响

项　目	全混合日粮粗蛋白质水平（干物质基础，%）		
	14.30	14.88	15.70
平均日增重（kg）	0.84±0.15	0.80±0.16	0.81±0.09
干物质采食量（kg/d）	3.25±0.78	3.23±0.79	3.26±0.76
饲料转化比（F/G）	3.89±2.12	4.05±1.46	4.04±1.21

三、日粮能量水平对断奶犊牛生长发育的调控

1. 日粮能量水平对生产性能的影响　4～6 月龄是犊牛由采食液体饲料到固体饲料过渡及后续生长发育的关键时期，研究其生长发育及生理机制具有重要的理论价值和实用价值。提高饲粮营养水平可提高犊牛 ADG，但过高的 ADG 会使初情期提前，减少生长母牛乳腺早期发育所用的时间，导致乳腺发育不够充分。

崔祥（2014）以可消化粗蛋白质约 9.30%，产奶净能分别为 6.24 MJ/kg、7.04 MJ/kg、7.53 MJ/kg 和 7.85 MJ/kg 干物质的 4 种全混合日粮饲喂 4～6 月龄荷斯坦母犊牛，饲喂量控制在犊牛体重的 3%，以此为基础全方位研究了日粮能量水平对断

奶后犊牛生长发育的调控作用。发现给4～6月龄断奶后中国荷斯坦母犊牛供给产奶净能为7.53 MJ/kg、精粗比为6∶4的全混合日粮，就可保持犊牛较高的ADG（0.78 kg），但又不会影响犊牛健康及体型、乳腺的正常发育。日粮的能量水平影响犊牛瘤胃发酵中乙酸、丙酸和异丁酸含量、乙酸/丙酸及微生物多样性，使瘤胃液中具有数值较高纤维分解菌量，犊牛可维持较高的消化代谢水平，显著改善饲料转化比。

采食较高能量水平的日粮，犊牛体重出现升高的趋势，且在151～180日龄，采食产奶净能为7.85 MJ/kg日粮的犊牛其ADG显著高于采食产奶净能为6.24 MJ/kg日粮的犊牛（$P<0.05$），达到1.11 kg/d（表6-33），增重效果最佳。若再提高能量水平，犊牛增重可能更快，但持续保持高能量水平会影响乳腺的发育和营养物质的消化利用。断奶后后备奶牛ADG保持在0.82～0.93 kg范围内体重可呈线性增长，体高在6月龄时达到104 cm，提高生长效率，降低培育成本（Kertz等，1998）。

犊牛6月龄前体重150～200 kg、体况评分为2.00～2.50（Shamay等，2005）。采食不同能量水平日粮的犊牛，在180日龄以前，体况评分没有出现显著差异；在180日龄，提高日粮能量水平显著增加了犊牛的体况评分。

表6-33　饲粮能量水平对断奶后犊牛体重和日增重的影响

项　目	日粮能量水平（干物质基础，MJ/kg）				SEM	固定效应P值		
	6.24	7.04	7.53	7.85		处理	日龄	处理×日龄
平均日增重（kg）								
98～180 d	0.64	0.75	0.78	0.84	0.04	0.22	<0.01	0.69
98～120 d	0.34	0.48	0.58	0.53	0.04	0.10		
121～150 d	0.80	0.86	0.91	0.88	0.06	0.44		
151～180 d	0.77[b]	0.91[ab]	0.86[ab]	1.11[a]	0.05	0.02		
饲料转化比（F/G）	5.77[a]	5.04[ab]	4.69[b]	4.08[b]	0.45	0.02	0.02	0.02
体斜长（cm）								
180 d	104.14[b]	107.72[ab]	109.01[ab]	110.10[a]	1.12	0.03		
体况评分								
180 d	2.41[b]	2.54[ab]	2.62[ab]	2.75[a]	0.04	<0.01		

2. 日粮能量水平对断奶犊牛瘤胃内环境的调控　日粮能量水平可显著提高瘤胃丙酸比例，降低乙酸和异丁酸比例，并极显著降低乙酸/丙酸的值，但对总VFA浓度的影响不显著（表6-34；崔祥，2014）。

瘤胃氨态氮浓度反映了微生物蛋白质合成与蛋白质降解的动态平衡关系。断奶后犊牛瘤胃液氨态氮浓度随日粮粗蛋白质摄入量的升高而升高（云强等，2010），随日粮能量水平的升高而略有降低（崔祥，2014）。张英慧等（2008）试验结果表明，低能量水平（代谢能=7.0 MJ/kg）组肉羊瘤胃氨态氮浓度显著高于高能量水平组（9.0 MJ/kg）和中能量水平组（8.0 MJ/kg）。万发春等（2003）在肉牛上的研究也得到类似规律。提高日粮非结构性碳水化合物含量可提高微生物氮的合成量，降低瘤胃氨态氮的浓度（Herrera-Saldana等，1990）。

表 6-34　饲粮能量水平对 4～6 月龄犊牛瘤胃发酵参数的影响

项　目	日粮能量水平（干物质基础，MJ/kg）				SEM	固定效应 P 值		
	6.24	7.04	7.53	7.85		处理	日龄	处理×日龄
pH								
99～181 d	6.88	7.00	6.94	6.84	0.04	0.75	0.72	0.74
99 d	6.85	6.81	6.96	6.79	0.07	0.45		
121 d	6.96	7.16	6.87	6.88	0.09	0.21		
151 d	6.80	7.01	6.87	6.96	0.08	0.38		
181 d	6.89	7.04	7.07	6.72	0.08	0.14		
氨态氮（mg/100 mL）								
99～181 d	9.02	9.54	8.77	6.99	0.41	0.40	0.53	0.96
99 d	7.62	8.73	7.49	6.45	0.73	0.36		
121 d	9.36	8.62	8.43	7.78	0.83	0.53		
151 d	8.74	9.99	8.74	6.33	0.90	0.11		
181 d	10.36	10.81	10.41	7.41	0.85	0.17		
总挥发性脂肪酸（mmol/L）								
99～181 d	35.93	31.68	36.61	33.18	1.48	0.90	0.89	0.98
99 d	33.33	34.06	38.00	34.98	2.76	0.62		
121 d	34.59	28.32	36.53	32.17	3.34	0.38		
151 d	37.65	30.03	35.65	34.49	3.10	0.42		
181 d	38.17	34.29	36.25	31.10	2.79	0.47		
乙酸占比（%）								
99～181 d	68.54^{a}	68.61^{a}	67.08^{ab}	64.78^{b}	0.50	0.03	0.29	0.69
99 d	69.36	68.72	66.56	68.85	0.76	0.31		
121 d	68.59^{a}	69.02^{a}	68.06^{ab}	62.72^{b}	1.28	0.03		
151 d	68.74^{a}	64.49^{ab}	65.40^{ab}	62.68^{b}	1.09	0.03		
181 d	67.46	70.21	68.30	64.86	0.77	0.06		
丙酸占比（%）								
99～181 d	16.84^{b}	16.73^{b}	18.82^{b}	21.29^{a}	0.44	<0.01	0.16	0.57
99 d	16.95	17.51	20.74	19.34	0.81	0.09		
121 d	16.82^{b}	17.48^{b}	19.48^{ab}	22.89^{a}	0.96	<0.01		
151 d	16.50^{b}	17.36^{b}	18.48^{b}	23.58^{a}	1.04	<0.01		
181 d	17.11^{ab}	14.57^{b}	16.57^{ab}	19.36^{a}	0.64	0.03		
丁酸占比（%）								
99～181 d	9.17	8.86	8.55	9.44	0.25	0.73	0.02	0.90
99 d	8.32	8.12	7.82	7.99	0.27	0.73		
121 d	8.26	8.12	7.92	9.28	0.62	0.35		
151 d	9.75	10.42	10.02	9.69	0.39	0.61		
181 d	10.38	8.79	8.44	10.82	0.30	0.11		

（续）

项　目	日粮能量水平（干物质基础，MJ/kg）				SEM	固定效应 P 值		
	6.24	7.04	7.53	7.85		处理	日龄	处理×日龄
异丁酸占比（%）								
99～181 d	2.55[a]	2.62[a]	2.34[a]	1.41[b]	0.13	0.03	0.65	0.67
99 d	2.50	2.31	1.94	1.46	0.28	0.14		
121 d	3.12[a]	2.36[ab]	1.82[ab]	1.54[b]	0.29	0.03		
151 d	2.26	2.59	2.62	1.229	0.22	0.06		
181 d	2.34[ab]	3.23[a]	2.99[a]	1.34[b]	0.26	<0.01		
戊酸占比（%）								
99～181 d	0.70	0.76	0.79	1.12	0.05	0.26	0.37	0.16
99 d	0.67	0.90	0.82	0.71	0.04	0.44		
121 d	0.68[b]	0.72[ab]	0.70[ab]	1.30[a]	0.13	0.04		
151 d	0.70	0.78	0.84	1.02	0.05	0.31		
181 d	0.76[b]	0.66[b]	0.80[b]	1.45[a]	0.16	0.01		
异戊酸占比（%）								
99～181 d	2.19	2.42	2.42	1.97	0.08	0.35	0.63	0.57
99 d	2.19	2.45	2.14	1.66	0.23	0.11		
121 d	2.55	2.31	2.02	2.28	0.14	0.29		
151 d	2.07	2.38	2.64	1.75	0.13	0.08		
181 d	1.97	2.56	2.90	2.18	0.18	0.06		
乙酸/丙酸								
99～181 d	4.11[a]	4.10[a]	3.73[a]	3.14[b]	0.09	<0.01	0.41	0.64
99 d	4.15	3.96	3.36	3.63	0.16	0.10		
121 d	4.09[a]	4.06[a]	3.70[ab]	2.80[b]	0.22	<0.01		
151 d	4.19[a]	3.87[a]	3.69[ab]	2.77[b]	0.20	<0.01		
181 d	4.01[ab]	4.51[a]	4.16[ab]	3.36[b]	0.16	0.04		

对于断奶犊牛来说，饲喂较多的精饲料可以使犊牛瘤胃中的 VFA，如乙酸、丙酸和丁酸等的浓度增加。而这些 VFA 是刺激瘤胃发育的必要成分，并且在刺激瘤胃上皮细胞发育的过程中丁酸的作用最大，其次是丙酸（Tamate 等，1962）。高比例的精饲料会加速瘤胃微生物区系的建立，进而通过增加 VFA 和氨态氮的浓度来增加瘤胃代谢活性。瘤胃发酵速率过快，丙酸转化为乳酸含量增加。虽然乳酸也可进一步转化为葡萄糖，但容易造成瘤胃酸中毒，影响纤维物质等的消化率、采食量及机体健康（Russell 等，1992）。日粮因素直接影响瘤胃 VFA 的浓度和组成。研究表明，采食日粮纤维含量较高时，发酵产生的乙酸浓度增加，总 VFA 浓度降低（符运勤，2012）；日粮淀粉含量增加则丙酸比例升高时，乙酸所占比例相对降低（冯仰廉，2004）。日粮能量水平对瘤胃发酵产物中的乙酸、丙酸、异丁酸和戊酸的影响显著，并显著降低乙酸/丙酸的值，但总 VFA 变化差异不显著（崔祥，2014）。这因为高能量水平日粮中往往玉米

(淀粉)含量较高,所以瘤胃发酵产生的丙酸比例要高;而低能量水平日粮纤维成分添加量较高,故其乙酸比例会有所提高。

瘤胃发酵产生的 VFA 可供组织氧化功能,用于犊牛的生长发育,是反刍动物获得能量的主要形式(Russell 等,1992;王久峰等,2007)。乙酸由胞质进入线粒体基质,透过线粒体壁与肉碱形成复合物可供组织细胞氧化供能。丁酸在经过瘤胃、瓣胃壁的过程中转变为β-羟丁酸(王久峰等,2007),通过三羧酸循环通路用于骨骼肌、心肌脑组织的能量消耗。异丁酸是纤维分解菌的生长因子,可促进日粮纤维的消化(Allison 等,1962)。丙酸通过瘤胃壁吸收后,除少量转化为乳酸外,其余则在肝脏糖异生为葡萄糖氧化供能。能量摄入量的提高引起丙酸浓度的增加,给 4～6 日龄犊牛饲喂较高能量水平的日粮后,可改变瘤胃中 VFA 的组成,提高丙酸的含量,降低乙酸/丙酸的值,丙酸异生葡萄糖含量增加,机体则能获得较快的生长。反映在生产性能上,饲喂高能量水平日粮的犊牛会拥有较高的 ADG(崔祥,2014)。

相同日龄平行样本间,以及相同日龄(99 日龄、121 日龄和 151 日龄)犊牛瘤胃微生物区系具有较高的相似性,易聚合到一起,且瘤胃微生物多样性及数量逐渐趋于稳定状态。

能量水平对瘤胃微生物多样性的影响虽不显著(表 6-35;崔祥,2014),但数值均随能量水平的提高稍有增加,即随日粮能量水平的升高,香依-威纳多样性指数、均匀度指数和丰富度指数逐渐升高,可能是能量水平的升高引起了菌种的竞争生长,影响了优势菌群的数目。

表 6-35 日粮能量水平对 181 日龄犊牛瘤胃微生物多样性指数的影响

项 目	日粮能量水平(干物质基础,MJ/kg)				SEM	P 值
	6.24	7.04	7.53	7.85		
香依-威纳多样性指数(H)	3.388	3.395	3.481	3.488	0.03	0.550
均匀度指数(E)	0.990	0.986	0.986	0.987	0.00	0.275
丰度(R)	30.750	31.500	34.250	34.750	1.01	0.444

从 RT-PCR 检测部分微生物优势菌的数量变化上看,提高日粮能量水平对瘤胃原虫、产琥珀丝状杆菌、黄色瘤胃球菌、白色瘤胃球菌、溶纤维丁酸弧菌、栖瘤胃普雷沃氏菌和梭菌均无显著差异,产奶净能 7.53MJ/kg 日粮下犊牛瘤胃多毛毛螺菌有高于 7.85MJ/kg 日粮组的趋势($P<0.10$)(表 6-36)。

表 6-36 日粮能量水平对 181 日龄犊牛瘤胃微生物菌群数量的影响(log10 Copies/mL 瘤胃液)

项 目	日粮能量水平(干物质基础,MJ/kg)				SEM	P 值
	6.24	7.04	7.53	7.85		
原虫 *Protozoan*	7.91	7.89	8.11	6.70	0.28	0.37
产琥珀丝状杆菌 *Fibrobacter succinogene*	6.21	5.27	6.38	6.57	0.23	0.27
黄色瘤胃球菌 *Ruminococcus flaefaciens*	9.53	9.24	9.81	9.47	0.09	0.15
白色瘤胃球菌 *Ruminococcus albus*	8.54	8.21	8.82	8.57	0.10	0.16

（续）

项　目	日粮能量水平（干物质基础，MJ/kg）				SEM	P 值
	6.24	7.04	7.53	7.85		
溶纤维丁酸弧菌 *Butyrivibrio fibrisolvens*	9.77	9.58	10.04	9.75	0.09	0.28
栖瘤胃普雷沃氏菌 *Prevotella ruminicola*	4.84	4.89	5.93	5.62	0.20	0.11
梭菌 *Clostridium*	10.75	10.46	10.96	10.63	0.09	0.22
多毛毛螺菌 *Lachospira multipara*	6.88	6.16	7.26	5.94	0.21	0.07

3. 日粮能量水平对断奶犊牛营养物质消化代谢的调控　日粮能量水平影响营养物质的消化代谢，高能量水平显著影响日粮干物质、中性洗涤纤维和酸性洗涤纤维的表观消化率、消化能及代谢能值（崔祥，2014）。日粮的能量浓度影响微生物及消化酶对饲料的消化降解效率，高能量水平可通过改变微生物区系及菌群数量，或是提高新陈代谢速率，引起犊牛对营养成分的代谢需求增加，提高干物质表观消化率。中性洗涤纤维和酸性洗涤纤维是犊牛瘤胃纤维分解菌等的作用底物，经发酵后产生的 VFA 又可为犊牛提供大量能量。因此，中性洗涤纤维和酸性洗涤纤维的消化程度可反映瘤胃消化机能发育的优劣（Gouet 等，1984）。提高日粮能量浓度加快了断奶犊牛新陈代谢速率，提高了瘤胃对 VFA 的吸收，纤维分解菌对纤维的降解速率加快，从而提高消化率。

日粮提供的能量超出维持需要的部分将用于不同形式的生产。幼龄生长动物主要将能量贮存于新生的组织蛋白中，而成年动物则会在脂肪中存积更多的能量，泌乳动物则把日粮能量转化为乳成分中的能量。表 6－37 数据显示，提高日粮的能量水平并没有显著影响能量的消化率，但改善了犊牛对能量的利用效率，提高了 ADG（崔祥，2014）。

表 6－37　日粮能量水平对断奶犊牛营养物质消化利用的影响

项　目	日龄（d）	日粮能量水平（干物质基础，MJ/kg）				SEM	P 值
		6.24	7.04	7.53	7.85		
DM 表观消化率（%）	150	65.28	67.11	67.87	72.65	1.60	0.45
	0.02	180	62.89^{b}	73.90^{a}	73.84^{a}	70.07^{ab}	1.57
OM 表观消化率（%）	150	66.60	66.92	68.05	72.58	1.64	0.59
	0.11	180	67.19	74.68	74.14	70.73	1.26
NDF 表观消化率（%）	150	50.95	53.89	55.07	64.36	2.25	0.17
	＜0.01	180	44.75^{b}	63.53^{a}	62.90^{a}	62.33^{a}	2.52
ADF 表观消化率（%）	150	49.24^{b}	49.60^{b}	54.10^{ab}	64.48^{a}	2.25	0.04
	0.02	180	42.81^{b}	58.64^{a}	57.92^{a}	58.81^{a}	2.35
EE 表观消化率（%）	150	90.14	87.64	88.46	87.07	0.53	0.49
	0.16	180	89.61	89.52	89.06	86.01	0.66
总能消化率（DE/GE，%）	150	68.65	68.29	68.60	72.86	1.52	0.72
	0.09	180	69.45	75.10	74.87	70.53	1.02
消化能代谢率（ME/GE，%）	150	85.33	83.94	85.54	85.46	0.34	0.32
	0.15	180	85.78	87.00	87.14	85.65	0.30

（续）

项　目	日龄（d）	日粮能量水平（干物质基础，MJ/kg）				SEM	*P* 值
		6.24	7.04	7.53	7.85		
氮表观消化率（%）	150	68.22	63.60	63.57	71.40	2.21	0.57
	0.55	180	69.20	71.71	70.53	72.97	0.91
沉积氮（g/d）	150	52.87	49.37	50.71	64.26	3.15	0.35
	0.09	180	46.19	58.39	72.90	54.84	3.89
沉积氮/食入氮（%）	150	47.00	44.24	45.31	57.46	2.80	0.34
	0.09	180	34.19	44.28	53.29	41.00	2.81
沉积氮/消化氮（%）	150	68.81	69.06	70.15	79.63	1.94	0.14
	0.09	180	48.90	61.75	72.45	58.20	3.40

日粮中能量和蛋白质含量，除了要满足犊牛的需要外，还应保持合适的比例，不当的比例会降低犊牛对营养物质的利用效率（张蓉，2008）。表 6-37 显示，180 日龄时 7.53 MJ/kg 组犊牛的沉积氮、沉积氮/食入氮及沉积氮/消化氮数值最高，7.85 MJ/kg 组犊牛的沉积氮/食入氮有所降低。可能是因为 7.53 MJ/kg 组的日粮能量和蛋白质比例更适合该阶段犊牛生长发育的需求；而 7.85 MJ/kg 组的日粮能量浓度过高影响了日粮整体的营养平衡，降低了蛋白质的利用效率。150 日龄时 7.85 MJ/kg 组氮沉积率较高，用于合成体蛋白的含量增加相对应。但是如前所述，过高的 ADG 可能会影响乳腺或其他器官的健康发育（Brown 等，2005）。因此，对于断奶后犊牛需要提供一个适宜能量水平的日粮。

4. 断奶犊牛乳腺发育的调控　对于后备奶牛培育，除了需要关注 ADG 和体尺的增长、瘤胃发育状况外，还需要关注瘤胃乳腺组织的增长。衡量乳腺发育优劣的指标包括乳腺的表观指标，乳腺实质重量 DNA 含量，乳腺实质及脂肪垫营养成分沉积量，与乳腺发育相关的血清代谢产物、激素及因子水平，相关基因表达量，乳腺细胞的增殖速率和数量，以及成年后的产奶量等。研究日粮营养对后备牛乳腺发育的影响，需要采集乳腺组织样品，多通过屠宰试验获取，但也因此造成了后续产奶量跟踪记录的缺失。通过活体乳腺的穿刺采样，样品量较少，只能从分子细胞水平进行研究，营养因素对乳腺发育的作用受到限制。基因表达量的变化可揭示营养调控乳腺发育的作用机制，但营养因素可通过多种途径影响乳腺发育，涉及基因数量庞大，单一试验结果并不能代表整个作用过程。体外细胞培养虽不能代表真实的动物机体环境，但与其他方法相比，可以更有针对性的对单一营养因素进行探究。

奶牛头胎产奶量与犊牛阶段体高、体长（刘正伦等，1984）、乳房外观尺寸（刘正伦等，1984；Lammers 等，1999；Jabbar 等，2009）和初产体重呈显著正相关（Lin 等，1987）。要达到理想初产体重，需要后备牛阶段 ADG 达到一定的水平；但过快的 ADG 容易对乳腺发育产生不利影响，进而降低产奶量（Sejrsen 等，2000）。有学者指出，产前 ADG 超过 700 g 就会对乳腺发育和成年后的产奶量产生影响（van Amburgh 等，1998；Lammers 等，1999；Rincker 等，2008）。但也有研究表明，提高 ADG（725～950 g/d）不会影响产奶量（Waldo 等，1998）。崔祥（2014）、张卫兵等（2009）

发现，断奶后犊牛前后乳头长度随日龄增加而显著增加，但日粮能量或蛋白质水平对此并无显著影响（表6-38）。乳腺发育受某些日粮营养水平、日粮诱导的代谢和激素等变化的影响较大（Berryhill等，2012），日粮能量可通过激素及生长因子调节这些代谢过程进而调控乳腺发育。其中，乳腺发育与生长激素含量具正相关关系（Sejrsen等，1983）。9月龄前生长母牛采食过高营养影响乳腺发育，其原因可能是高营养水平导致血清生长激素含量降低（陈银基，2007）；4～6月龄犊牛处于快速生长发育期，但未达到初情期，体内雌二醇含量较低，对乳腺发育的影响可能会较小，因此血清雌二醇含量受日粮能量或蛋白质水平的影响不显著（崔祥，2014；张卫兵，2009）；IGF-1和瘦素等在乳腺发育过程中发挥了重要作用（Block等，2003；Garcia等，2003），但其对乳腺发育的调节机制尚待研究（Rincker等，2008）。

表6-38　日粮能量水平对断奶后犊牛乳头长度的影响（cm）

项　目	日粮能量水平（干物质基础，MJ/kg）				SEM	固定效应 *P* 值		
	6.24	7.04	7.53	7.85		处理	日龄	处理×日龄
左前乳头								
98～180 d	1.89	1.96	2.03	2.08	0.05	0.80	<0.01	0.58
98 d	1.37	1.28	1.49	1.46	0.06	0.36		
120 d	1.79	1.79	1.89	1.97	0.06	0.43		
150 d	2.05	2.13	2.23	2.34	0.06	0.21		
180 d	2.34	2.54	2.59	2.57	0.06	0.28		
右前乳头								
98～180 d	1.87	1.98	2.05	2.11	0.05	0.73	<0.01	0.11
98 d	1.42	1.32	1.56	1.48	0.08	0.32		
120 d	1.74	1.73	1.92	1.96	0.09	0.34		
150 d	1.99	2.12	2.29	2.37	0.09	0.11		
180 d	2.35	2.58	2.63	2.62	0.09	0.23		

四、犊牛开食料适宜NDF水平研究

在反刍动物日粮与营养中，精饲料和粗饲料的配比是一个很有意义的参数，大致上给出了动物的日粮营养素水平。犊牛的传统饲喂方式是给其提供定量的液态饲料，如鲜牛奶和代乳品奶，鼓励其采食固体饲料，以促进瘤胃发育和早期断奶。通常精饲料比粗饲料更利于刺激瘤胃发育，在瘤胃发酵中提供精饲料可以发酵碳水化合物产生VFA进而刺激瘤胃乳头发育。但是犊牛采食高水平易发酵碳水化合物会降低瘤胃pH和引起瘤胃乳头角质化，可严重损害胃肠功能，影响饲料的利用效率，并对犊牛的健康和福利产生不利影响。犊牛采食粗饲料可以促进瘤胃肌肉发育，维持上皮细胞的完整性，促进瘤胃pH和瘤胃容积增大，防止瘤胃乳头凝集和分支，对瘤胃内环境产生积极影响，进而促进犊牛生产性能的增加和健康。

开食料中补充粗饲料对犊牛影响的研究结果不尽相同。一些研究人员认为，在开食料中补充粗饲料可降低犊牛的生产性能，可能是因为减少了饲粮能量密度。然而其他研究人员认为，在开食料中补充粗饲料可增加开食料的采食量和提高饲料利用率。有学者认为，粗饲料对犊牛的生长性能受粗饲料水平、来源、物理形态及饲喂方式等因素的影响，其中粗饲料的添加水平被认为影响犊牛生长性能最重要的因素，而且认为补充粗饲料可以增加断奶后干物质采食量。但是在饲喂一定来源的粗饲料情况下，犊牛开食料中最适的添加水平还未确定。因此，中农科反刍动物实验室任春燕（2018）通过评价粗饲料和精饲料混合制粒的不同 NDF 水平开食料对犊牛的开食料采食量、日增重、挥发性脂肪酸组成和血清生化指标的影响，为犊牛开食料中适宜 NDF 添加水平的确定提供了数据支持，为犊牛开食料的合理配制、提高奶牛养殖业经济效益提供了理论依据。

（一）试验方案

1. 试验设计　试验在山东银香伟业有限公司第二牧场开展。选用初生重为（42±2.5）kg、饲喂足量初乳的中国荷斯坦犊牛 60 头，其中公犊牛 36 头、母犊牛 24 头。采用完全随机区组设计，将 60 头犊牛随机分为 4 组（10%NDF、15%NDF、20%NDF 和 25%NDF），每组 15 头（9 头公犊牛、6 头母犊牛），试验设计见表 6-39。

表 6-39　试验设计

处理组	NDF 水平	每组犊牛头数（只）
10%NDF	10%（100%精饲料+0%粗饲料）	15
15%NDF	15%（86%精饲料+14%粗饲料）	15
20%NDF	20%（72%精饲料+28%粗饲料）	15
25%NDF	25%（58%精饲料+42%粗饲料）	15

1 日龄开始，犊牛每日饲喂巴氏杀菌牛奶两次（6:30 和 17:00），1～28 日龄饲喂 5L/d，28～65 日龄饲喂 8L/d，65 日龄后减至 4L/d，70 日龄断奶。15 日龄开始，4 个处理组分别饲喂 NDF 水平分别为 10%、15%、20%和 25%的开食料，每日饲喂两次（7:00 和 16:30），保证料盆每日有剩料，犊牛自由饮水，试验期 112 d。开食料 NDF 来源为苜蓿干草和燕麦干草，制成颗粒（直径为 6 mm），通过调整各成分添加比例使蛋白质水平保持为 18.40～18.97。

2. 测定指标及方法

（1）采食量和饲料转化比　试验第 15 天开始，详细记录每天每头犊牛的投料量和剩料量，计算开食料采食量。试验期间每 2 周晨饲前空腹测定每头犊牛的体重并计算每组 ADG 和饲料转化比（增重∶耗料=G∶F）。

（2）犊牛屠宰性能指标　试验结束后，空腹称活体重，每组选取体重接近每组平均体重的 6 头公犊牛，犊牛通过颈静脉放血，去掉头、蹄、尾、皮、内脏（不含肾脏和肾周围脂肪）、生殖器官称胴体重。对胴体完全剔骨后称量其全部肉重及骨重。屠宰率、净肉率、胴体出肉率、肉骨比等计算公式如下：

屠宰率=胴体重（kg）/宰前活重（kg）×100%

净肉率=净肉重（kg）/宰前活重（kg）×100%

胴体出肉率=净肉重（kg）/胴体重（kg）×100%

肉骨比＝净肉重（kg）/骨骼重（kg）×100％

内脏组织器官比重＝内脏组织器官重量（kg）/胴体重（kg）×100％

（3）犊牛内脏器官和胃肠道指标　犊牛屠宰后，立即结扎贲门，取出整个胃肠道，再结扎皱胃和十二指肠结合处分开胃和肠道，分别取各胃室及肠道内容物样品倒入15 mL离心管，立即用 PHB－2 型便携式 pH 计测定瘤胃、皱胃、十二指肠、空肠、回肠和盲肠内容物的 pH，去除肠道内容物后称重。先将瘤胃、网胃、瓣胃和皱胃剪开，再把胃内全部食糜清除洗净后分别称重，称量内脏器官鲜重及胃肠道在去除内容物后的鲜重。

（4）血清生化指标　正式试验第 35 天、70 天、90 天和 112 天，每组选取6 头犊牛于晨饲前 1 h 颈静脉采血 10 mL，3 000 r/min 离心 20 min，收集血清分装于 1.5 mL 离心管中，－20 ℃下保存。用全自动生化分析仪测定血清总蛋白、白蛋白、球蛋白、甘油三酯、葡萄糖、谷丙转氨酶、谷草转氨酶、碱性磷酸酶及 β－羟基丁酸浓度。

3. 统计分析　采用 SAS 9.1 统计软件中的方差分析（One－Way ANOVA）和关于重复测量数据的 Mixed 模型进行分析。统计分析以 $P<0.05$ 为差异显著，$P<0.01$ 为差异极显著，P 为 0.05～0.10 为有提高或降低的趋势。

（二）不同 NDF 水平开食料对犊牛生长性能的影响

表 6－40 为不同 NDF 水平开食料对犊牛日增重和饲料转化比的影响。从此表可以看出，随犊牛日龄的增加，开食料采食量和 ADG 均显著增加。犊牛断奶前（0～70 日龄）各处理组间犊牛 ADG、开食料采食量、干物质采食量及 NDF 采食量均无显著差异。由于此阶段犊牛以牛奶为主要能量来源，开食料采食量较低，因此对 ADG 影响较小，此阶段 10％NDF 组饲料转化率显著高于其他 3 组（$P<0.05$）。断奶后（70～112 d）15％NDF 组犊牛 ADG 显著提高，较其他 3 组分别提高 4.01％、20.6％和 19.41％。适宜的 NDF 水平和淀粉含量，利于改善瘤胃内环境，使开食料在瘤胃中具有适宜的流通速率，进而促进犊牛对营养物质的消化吸收，利于 ADG 的增加。断奶后 20％NDF 组犊牛开食料和干物质采食量均显著提高，可能是由于补充粗饲料通过物理摩擦增加了犊牛瘤胃容积，促进了瘤胃壁肌肉发育，进而增加了采食量。断奶后 10％NDF 和 15％NDF 组饲粮转化率得到显著改善，较 20％NDF 和 25％NDF 组分别提高了 28.57％、33.33％和 21.43％、25.93％，提高了饲料利用效率。因此，给 15～112 日龄犊牛提供以苜蓿和燕麦干草为来源的 15％NDF 有利于提高犊牛生产性能的发挥。

表 6－40　不同 NDF 水平开食料对犊牛日增重和饲料转化比的影响

项　目	处理组				SEM	P 值
	10％NDF	15％NDF	20％NDF	25％NDF		
0～42 d						
日增重（g）	699.27^{ab}	744.96^{a}	705.17^{ab}	627.83^{b}	60.78	0.046
开食料采食量（g/d）	198.55	187.86	224.60	177.17	119.70	0.684
干物质采食量（kg/d）	0.89	0.88	0.89	0.86	0.11	0.988
NDF 采食量（g/d）	51.64	51.14	66.82	57.58	33.39	0.617
饲料转化率（G/F）	0.79^{ab}	0.83^{a}	0.79^{ab}	0.71^{b}	0.04	0.004

（续）

项　目	处理组				SEM	*P* 值
	10%NDF	15%NDF	20%NDF	25%NDF		
42～70 d						
日增重（g）	970.00	876.10	866.00	852.58	60.78	0.163
开食料采食量（g/d）	620.91	720.36	744.69	677.08	119	0.300
干物质采食量（kg/d）	1.51	1.60	1.61	1.54	0.11	0.893
NDF 采食量（g/d）	163.09	196.07	225.21	219.33	33.39	0.063
饲料转化率（G/F）	0.63	0.66	0.58	0.60	0.042	0.050
断奶前（0～70 d）						
日增重（g）	711.91	762.14	681.83	688.67	60.78	0.201
开食料采食量（g/d）	409.91	454.29	484.60	427.17	116.40	0.531
干物质采食量（kg/d）	1.14	1.16	1.18	1.13	0.112	0.958
NDF 采食量（g/d）	107.64	123.71	155.63	138.33	33.38	0.150
饲料转化率（G/F）	0.66[a]	0.57[b]	0.54[b]	0.56[b]	0.04	0.007
断奶后（70～112 d）						
日增重（g）	862.27[ab]	897.60[a]	744.31[b]	751.67[b]	64.75	0.013
开食料采食量（g/d）	2341.73[b]	2596.93[a]	2594.21[a]	2734.00[a]	119.70	0.001
干物质采食量（kg/d）	2.37[b]	2.60[a]	2.65[a]	2.71[a]	0.11	0.001
NDF 采食量（g/d）	615.00[d]	707.29[c]	809.92[b]	885.75[a]	33.39	<0.01
饲料转化率（G/F）	0.36[a]	0.34[a]	0.28[ab]	0.27[b]	0.045	0.038

（三）不同 NDF 水平开食料对犊牛屠宰性能的影响

屠宰率和净肉率是衡量动物生长性能和屠宰性能的重要指标（表 6－41）。10%NDF 组和 15%NDF 组犊牛屠宰率和净肉率显著高于 25%NDF 组（$P<0.05$），对应的 10%NDF 组分别为 51.53%、38.27%，15%NDF 组分别为 52.81%、39.66%，说明犊牛开食料中 NDF 水平过高对犊牛的屠宰性能有一定降低。给 3～6 月龄中国荷斯坦断奶公犊牛分别饲喂 4 种精粗比分别为 75∶25、70∶30、65∶35 和 60∶40 的全价颗粒饲料发现，其对犊牛屠宰性能无显著影响，与本研究结果不一致。可能是因为本研究饲喂

表 6－41　不同 NDF 水平开食料对犊牛屠宰性能的影响

项　目	处理组				SEM	*P* 值
	10%NDF	15%NDF	20%NDF	25%NDF		
胴体重（kg）	63.66	64.61	62.44	59.11	1.09	0.319
净肉重（kg）	47.30	48.49	46.75	44.32	0.81	0.332
骨重（kg）	16.37	16.13	15.69	14.79	0.28	0.301
肉骨比	2.89	3.02	2.98	3.00	0.02	0.161
屠宰率（%）	51.53[a]	52.81[a]	48.95[ab]	47.17[b]	0.63	<0.01
净肉率（%）	38.27[a]	39.66[a]	36.65[ab]	35.37[b]	0.47	<0.01
胴体出肉率（%）	74.26	75.09	74.86	74.99	0.14	0.167

的犊牛是1～3月龄，不同生长阶段犊牛对NDF的需要量不同。15%NDF组的犊牛胴体重、净肉重、肉骨比、胴体出肉率表观数值均高于其他3组，有利于提高犊牛的屠宰性能。

（四）不同NDF水平开食料对犊牛器官发育指数的影响

器官指数是评价动物机体的一种生物学特性指标，可在一定程度上反映机体功能的强弱。器官重量的变化与饲粮可消化吸收的营养物质有直接关系。有研究证实，饲粮精粗比对荷斯坦公牛器官重量有一定的影响，高精饲料饲粮能够促进牛心脏、肝脏、脾脏、肺脏和肾脏的器官发育，尤其是重量和重量占体重比例。本试验中，精饲料较高的10%NDF组和15%NDF组犊牛肺脏指数和心脏指数显著高于20%NDF组和25%NDF组（$P<0.05$），15%NDF组犊牛肾脏指数显著高于20%NDF组和25%NDF组（$P<0.05$）（表6-42）。脾脏属于外周免疫器官，脾脏指数在一定程度上可以反映其功能的强弱。在本试验中，饲喂不同NDF水平的开食料对犊牛脾脏指数无显著影响，由此说明开食料中的NDF水平对犊牛的免疫功能无负面影响。小肠的良好发育对营养物质的消化利用具有重要作用。本试验中，犊牛采食不同NDF水平开食料对十二指肠指数、空肠指数和回肠指数均无显著影响，但其中15%NDF组空肠指数和回肠指数均高于其他3组。本试验中20%NDF组和25%NDF组犊牛脏器指数均低于10%NDF组和15%NDF组，可能是20%NDF组和25%NDF组开食料NDF水平较高，降低其在胃肠道中的流通速度，造成有机物、非纤维性碳水化合物、粗蛋白质及脂肪等营养物质的消化率降低，从而影响了组织器官的发育。

表6-42 不同NDF水平开食料对犊牛器官指数的影响（%）

项目	处理组				SEM	P值
	10%NDF	15%NDF	20%NDF	25%NDF		
心脏指数	0.66[a]	0.62[a]	0.56[b]	0.55[b]	0.02	0.02
肝脏指数	2.03	2.01	1.94	1.87	0.03	0.31
脾脏指数	0.23	0.23	0.21	0.24	0.01	0.59
肺脏指数	1.26[a]	1.04[a]	0.96[b]	0.95[b]	0.05	0.04
肾脏指数	0.48[ab]	0.52[a]	0.44[b]	0.42[b]	0.01	0.01
复胃指数	3.97	4.34	4.00	3.68	0.09	0.08
十二指肠指数	0.12	0.11	0.11	0.10	0.01	0.10
空肠指数	1.57	1.90	1.64	1.70	0.06	0.30
回肠指数	0.25	0.31	0.27	0.27	0.01	0.21

幼龄反刍动物复胃发育良好与否直接关系成年后的干物质采食量和养分消化能力，其中最为重要的就是瘤胃的发育，发育良好的瘤胃是反刍动物充分发挥生产性能、提高饲料转化率的基础。给犊牛饲喂NDF水平较低的开食料，能保持犊牛瘤胃内微生物区系的平衡，提高瘤胃内多聚糖酶的活性，进而促进瘤胃发育。本试验中10%NDF组、15%NDF组和20%NDF组瘤胃重占复胃总重比例显著高于25%NDF组（$P<0.05$）。此外，本试验中采食量的增加与复胃和瘤胃重量的增加基本一致。15%NDF组复胃重

较10%NDF组、20%NDF组和25%NDF组依次提高8.1%、3.9%和14.4%，瘤胃重依次提高6.1%、7.3%和33.6%。可能是15%NDF组适宜的NDF和CP水平提供了瘤胃发育所需的营养物质，建立了适宜的瘤胃内环境，提高了DMI，促进了瘤胃发育。本试验中，随开食料NDF水平的提高，各组皱胃重和瓣胃重依次增加，其中25%NDF组瓣胃重占复胃总重比例极显著高于10%NDF组和15%NDF组（$P<0.05$）（表6-43）。可能是因为随犊牛采食NDF水平的增加，其对胃肠道中的物理刺激作用加强，使消化器官容积和肌肉发育，增加了胃肠道重量。因此，在犊牛开食料中添加适宜水平粗饲料，提高NDF水平，利于促进犊牛消化系统发育；而消化系统的良好发育将会有利于营养物质的消化吸收，从而促进犊牛的健康生长。

表6-43 不同NDF水平开食料对犊牛复胃发育的影响

项 目	处理组				SEM	P 值
	10%NDF	15%NDF	20%NDF	25%NDF		
复胃重（kg）	5.12	5.32	5.12	4.65	0.16	0.509
瘤胃重（kg）	3.44	3.65	3.40	2.73	0.13	0.49
瘤胃重占复胃总重比例（%）	67.45[a]	68.44[a]	66.26[a]	58.81[b]	1.00	<0.01
网胃重（kg）	0.41	0.37	0.36	0.33	0.01	0.139
网胃重占复胃总重比例（%）	8.00	6.97	6.42	7.89	0.27	0.107
瓣胃重（kg）	0.60	0.68	0.73	0.88	0.05	0.176
瓣胃重占复胃总重比例（%）	12.28[b]	12.86[ab]	14.24[ab]	18.49[a]	0.76	<0.01
皱胃重（kg）	0.61	0.62	0.66	0.68	0.02	0.646
皱胃重占复胃总重比例（%）	12.45	11.73	13.09	14.81	0.52	0.186

（五）不同NDF水平开食料对犊牛胃肠道pH的影响

动物胃肠道内适宜的酸度是保障其消化系统发挥正常功能的重要因素之一，也是调节体内环境酸碱平衡和电解质平衡的基础条件。瘤胃中pH通过影响挥发性脂肪酸比例的变化，进而影响瘤胃的发育，对犊牛的正常生长、瘤胃发育和机体健康至关重要。瘤胃中pH受饲粮结构、唾液分泌、挥发性脂肪酸发酵和吸收速率、食物在消化道的流通速率及胃肠内容物缓冲能力的影响，正常变化范围是5.5～7.5。保持pH在一个正常范围是保证瘤胃正常发酵的前提，而pH变动的规律性主要取决于饲粮性质和采食后的时间。10%NDF、15%NDF、20%NDF和25%NDF组的瘤胃中pH分别为6.22、6.25、5.58和5.55，均在正常范围之内（表6-44）。有学者研究发现，全混合日粮粉碎粒度和粗饲料颗粒大小对反刍动物的咀嚼时间、瘤胃中pH有较大的影响。由于4组犊牛所饲喂开食料粒度大小基本一致，因此可排除粒度大小对瘤胃中pH的影响，说明提高犊牛开食料NDF水平，对瘤胃中pH有很大影响。20%NDF组和25%NDF组瘤胃中pH降低可能由于采食NDF水平高的开食料，发酵产生大量的酸。而犊牛瘤胃壁尚未发育完全，发酵产生过量的酸超出了瘤胃壁的吸收能力，导致pH降低。另外，纤维素分解菌在pH低于6.2时，其活性就会受到抑制，不利于纤维素的消化和流通，影响犊牛生长发育。

表 6-44 不同 NDF 水平开食料对犊牛胃肠道 pH 的影响

项 目	处理组				SEM	P 值
	10%NDF	15%NDF	20%NDF	25%NDF		
瘤胃	6.22[a]	6.25[a]	5.83[b]	5.55[c]	0.08	<0.01
皱胃	3.61	4.10	4.05	3.54	0.22	0.76
十二指肠	6.21	6.39	6.15	6.28	0.09	0.80
空肠	6.79	6.63	6.69	6.35	0.08	0.27
回肠	7.49	7.51	7.63	7.54	0.05	0.77
盲肠	6.88	6.82	6.90	6.68	0.67	0.07

一般来说，胃肠道具有一个相对稳定的内环境，具有一定的缓冲能力。本试验中，各组之间十二指肠、空肠、回肠、盲肠和皱胃中 pH 无显著差异，说明 NDF 水平对瘤胃之外的其他胃肠道 pH 无不利影响。

（六）不同 NDF 水平开食料对犊牛血液生化指标的影响

血液生化指标是动物体生命活动的物质基础，不仅反映动物的营养状况，还可以反映部分组织器官机能的变化情况，主要受日粮营养水平犊牛发育阶段、自身内分泌状况等因素的影响。血清 GLU 含量对于犊牛各组织器官的生理功能非常重要，是各组织细胞活动的重要能量供给者。断奶后犊牛难以或很少消化饲粮中碳水化合物获取机体所需血清 GLU，而是利用糖异生方式，主要由丙酸合成，一般血清 GLU 含量低于 6.1mmol/L。本试验中血清 GLU 含量在 3.82～4.35mmol/L（表 6-45），组间差异不显著。血清 TP 是机体蛋白质合成代谢的一个重要指标，是各种蛋白的复杂混合物，其含量高低可以反映蛋白质的代谢情况。本试验中，血清 TP 含量基本维持在 69g/L，说明机体摄入蛋白质的量并无太大差异。血清 ALB 和 GLB 的变化范围分别是 27.52～30.45g/L、37.8～41.98g/L，均在正常范围之内。血清 TG 含量是代表机体脂类代谢情况的重要指标之一，受营养水平和饲养管理等因素的影响，个体间波动比较大。试验第 35、70 和 90 日龄，随 NDF 水平的升高，各组间血清 TG 含量无显著差异，说明犊牛不同 NDF 水平日粮对血清中的 TG 含量影响较小。然而血清 TG 含量随犊牛日龄的增大，出现先升高后降低的变化。可能由于断奶前犊牛主要以牛奶为主要日粮来源，其中含有较多的 TG，而且 28～64 日龄，牛奶饲喂量增加，犊牛摄入的脂肪含量也相应增加，因此引起血清 TG 含量升高。此外，犊牛采食高脂肪的牛奶既可以激活体内脂肪转运机制，也可以提高血清 TG 含量。犊牛断奶后其主要营养来源为颗粒料，与牛奶脂肪相比含量较低，因此引起血清 TG 含量下降。

血清 ALT、AST 和 ALP 是动物机体代谢过程中不可或缺的“催化剂”，在正常范围内，这 3 种酶对机体蛋白质代谢过程中具有关键作用，能够促进蛋白质合成，减少蛋白质分解。35～112 日龄，随犊牛日龄的增加，血清 ALT 和 AST 含量显著增加。主要是由于随犊牛的生长发育，肝脏功能趋于完善，而使体内蛋白质代谢活性加强，进一步提高了转氨酶活性。本试验犊牛 112 日龄时，10%NDN 组血清 3 种转氨酶活性显著高

表 6-45 不同 NDF 水平开食料对犊牛血液生化指标的影响

项 目	处理组				SEM	P 值		
	10%NDF	15%NDF	20%NDF	25%NDF		处理	日龄	处理×日龄
血糖（g/L）								
0～112 d	4.78	4.94	4.76	4.56	0.81	0.968	0.025	0.991
35 d	3.74	4.21	4.03	4.72	1.64	0.306		
70 d	5.92	5.67	5.63	5.38	1.38	0.480		
90 d	4.19	4.29	4.35	3.82	1.43	0.713		
112 d	5.26	5.59	5.05	4.31	1.35	0.686		
总蛋白（g/L）								
0～112 d	69.94	70.13	69.57	68.56	1.97	0.856	0.592	0.794
35 d	67.97	67.77	67.73	69.83	3.37	0.536		
70 d	69.07	71.28	68.36	69.72	3.71	0.391		
90 d	70.79	72.57	71.50	67.21	3.38	0.103		
112 d	71.91	68.90	70.70	67.49	3.59	0.225		
白蛋白（g/L）								
0～112 d	29.31	28.96	28.87	29.31	0.78	0.907	0.098	0.607
35 d	27.60	27.76	27.52	30.01	1.46	0.083		
70 d	29.73	29.58	28.44	28.30	1.46	0.330		
90 d	29.97	29.35	30.45	29.42	1.33	0.411		
112 d	29.95	29.15	29.09	29.51	1.41	0.546		
球蛋白（g/L）								
0～112 d	40.62	41.17	40.65	38.96	1.55	0.515	0.919	0.805
35 d	40.37	40.04	40.21	38.70	2.84	0.541		
70 d	39.32	41.70	39.89	41.37	3.01	0.387		
90 d	40.83[ab]	43.21[a]	40.89[ab]	37.80[b]	2.72	0.042		
112 d	41.98	39.75	41.61	37.98	2.90	0.174		
白蛋白/球蛋白								
0～112 d	0.73	0.71	0.72	0.76	0.03	0.284	0.791	0.556
35 d	0.69	0.70	0.69	0.79	0.06	0.065		
70 d	0.76	0.72	0.72	0.70	0.06	0.248		
90 d	0.74[ab]	0.69[b]	0.75[ab]	0.78[a]	0.05	0.045		
112 d	0.72	0.74	0.71	0.78	0.05	0.134		
甘油三酯（mmol/L）								
0～112 d	0.75	0.71	0.68	0.52	0.16	0.514	0.300	0.547
35 d	0.71	0.78	0.30	0.40	0.26	0.064		
70 d	0.77	0.83	0.86	0.61	0.27	0.424		
90 d	0.68	0.70	0.90	0.55	0.27	0.200		
112 d	0.84	0.51	0.68	0.54	0.24	0.924		

（续）

项 目	处理组				SEM	P 值		
	10%NDF	15%NDF	20%NDF	25%NDF		处理	日龄	处理×日龄
谷丙转氨酶（U/L）								
0～112 d	15.82	13.91	12.14	10.88	1.63	0.034	<0.01	0.004
35 d	9.35	10.15	8.10	9.65	2.72	0.437		
70 d	10.74	9.72	9.33	10.42	2.88	0.607		
90 d	16.78	16.35	14.81	13.31	2.61	0.171		
112 d	26.43[a]	19.47[b]	16.31[c]	10.15[d]	10.11	<0.01		
谷草转氨酶（U/L）								
0～112 d	125.66	118.79	113.79	111.52	6.24	0.145	<0.01	0.025
35 d	101.66	107.04	98.74	104.99	10.92	0.433		
70 d	103.46	108.68	106.12	109.02	10.92	0.613		
90 d	135.27	127.77	119.74	123.03	10.52	0.146		
112 d	162.26[a]	131.66[b]	130.57[b]	109.04[c]	11.60	<0.01		
碱性磷酸酶（U/L）								
0～112 d	189.47	175.91	174.82	173.4	9.33	0.304	0.166	0.112
35 d	181.69	167.51	184.88	197.51	17.72	0.097		
70 d	196.73	191.44	172.35	182.83	16.84	0.132		
90 d	177.94	178.75	181.73	155.48	15.27	0.092		
112 d	201.52[a]	165.94[b]	160.32[b]	157.77[b]	15.27	0.006		
β-羟基丁酸（g/L）								
0～112 d	0.63	0.59	0.64	0.61	0.014	0.017	<0.01	<0.01
35 d	0.73[ab]	0.69[b]	0.77[a]	0.70[ab]	0.03	0.006		
70 d	0.54[c]	0.51[c]	0.62[a]	0.65[a]	0.03	0.000		
90 d	0.65[a]	0.59[b]	0.55[c]	0.55[c]	0.03	0.001		
112 d	0.62[a]	0.57[ab]	0.60[a]	0.55[b]	0.03	0.028		
尿素氮（g/L）								
0～112 d	5.92	5.92	5.96	6.18	0.20	0.184	<0.01	0.700
35 d	5.26	5.08	4.98	5.65	0.35	0.091		
70 d	5.83	5.80	5.78	5.76	0.40	0.890		
90 d	6.26	6.43	6.83	6.58	0.38	0.873		
112 d	6.71	6.40	6.27	6.71	0.38	0.227		

于其他3个处理组。可能是10%NDF组由于NDF水平较低提高了瘤胃排空速率，使进入小肠中的食糜量和营养物质增加，进入血液和肝脏中的氨基酸含量增加，氨基酸在肝

脏中的代谢活性加强，引起转氨酶含量的升高。

血清 BHBA 浓度是瘤胃上皮代谢活性的重要标志，可通过瘤胃壁将丁酸转化为 BHBA。本试验中随日龄增加各处理组血清 BHBA 浓度呈显著增加，与 Khan 等（2011）研究结果一致。是由于犊牛瘤胃发育和代谢逐渐完善，能量来源由初期的葡萄糖供能转变为挥发性脂肪酸供能。此外，本试验中每个阶段犊牛各处理组间血清BHBA浓度均具有显著差异，造成这种结果的原因可能是瘤胃壁的发育和对粗饲料纤维发酵代谢能力不同。血清 BUN 是蛋白质分解的最终产物，能够较准确地反映体内蛋白质的代谢情况和饲粮氨基酸的平衡状况。蛋白质代谢良好时，血清 BUN 含量较低，表明机体对饲料蛋白质的利用率提高。本试验中，血清 BUN 浓度受 NDF 水平的影响不明显，是由于各处理组开食料蛋白质水平相一致。

（七）结论

15～112 日龄犊牛处于生长发育的旺盛期，在这个生理阶段开食料中 NDF 水平是一个重要的指标，显著影响犊牛的日增重、采食量、屠宰性能、心脏、肺脏、肾脏、瘤胃和瓣胃的发育。其中，15%NDF 开食料显著提高犊牛断奶后日增重、改善瘤胃内环境及促进瘤胃发育。因此，建议 15～112 日龄犊牛开食料 NDF 的适宜水平为 15%。

参考文献

陈银基，2007. 不同影响因素条件下牛肉脂肪酸组成变化研究［D］. 南京：南京农业大学.

崔祥，2014. 日粮能量水平对 4～6 月龄犊牛生长、消化代谢及瘤胃内环境的影响［D］. 北京：中国农业科学院.

崔祥，刁其玉，屠焰，等，2014. 不同能量水平日粮对 3～6 月龄犊牛生长及瘤胃发酵的影响［J］. 饲料工业，35（13）：44-48.

董晓丽，2013. 益生菌的筛选鉴定及其对断奶仔猪、犊牛生长和消化道微生物的影响［D］. 北京：中国农业科学院.

冯仰廉，2004. 反刍动物营养学［M］. 北京：科学出版社.

冯仰廉，方有生，莫放，等，2004. 中国奶牛饲养标准［M］. 北京：中国农业出版社.

符运勤，2012. 地衣芽孢杆菌及其复合菌对后备牛生长性能和瘤胃内环境的影响［D］. 北京：中国农业科学院.

嘎而迪，敖日格乐，金曙光，等，1990. 犊牛开食料的研制及其犊牛生长发育规律的研究［J］. 内蒙古农牧学院学报，8：8-22.

郭峰，屠焰，司丙文，等，2015 断母乳日龄对犊牛营养物质消化和血清生化指标的影响［J］. 动物营养学报（2）：426-435.

黄开武，屠焰，司丙文，等，2015. 代乳品蛋白质来源对早期断奶犊牛营养物质消化和瘤胃发酸的影响［J］. 动物营养学报，27（12）：3940-3950.

黄利强，2008. 犊牛开食料中适宜蛋白质水平的研究［D］. 杨凌：西北农林科技大学.

李辉，2008. 蛋白水平与来源对早期断奶犊牛消化代谢及胃肠道结构的影响［D］. 北京：中国农业科学院.

李辉，刁其玉，张乃锋，等，2008. 不同蛋白水平对犊牛消化代谢及血清生化指标的影响 [J]. 中国农业科学，41 (4)：1219－1226.
李辉，刁其玉，张乃锋，等，2009a. 不同蛋白质来源对早期断奶犊牛消化及血清生化指标的影响 (一) [J]. 动物营养学报，21 (1)：47－52.
李辉，刁其玉，张乃锋，等，2009b. 不同蛋白质来源对早期断奶犊牛胃肠道形态发育的影响 (二) [J]. 动物营养学报，21 (2)：186－191.
刘正伦，唐宗南，蒋炯琳，1984. 犊牛乳腺生长发育和外貌性状与产乳量的相关研究 [J]. 中国奶牛 (1)：8－14.
马俊南，刁其玉，齐志国，等，2017. 不同固液比例饲喂模式对断奶前后犊牛营养物质代谢及瘤胃发酵的影响 [J]. 动物营养学报 (6)：1930－1939.
潘军，张永跟，王庆镐，1994. 高蛋白质水平的开食料对早期断奶犊牛生长发育的影响 [J]. 中国奶牛 (3)：24－25.
戚建允，李妍，2011. 犊牛早期断奶的饲养管理工作实践 [J]. 中国奶牛 (21)：36－37.
石光建，2011. 犊牛早期断奶对后期生长速度影响的研究 [J]. 养殖技术顾问 (7)：242－243.
屠焰，2011. 代乳品酸度及调控对哺乳期犊牛生长性能、血气指标和胃肠道发育的影响 [D]. 北京：中国农业科学院.
屠焰，孟书元，刁其玉，等，2010. 复合酸度调节剂对犊牛生长性能、血气指标的影响 [J]. 饲料工业 (增刊)：42－46.
万发春，吴乃科，宋增福，等，2003. 不同能量水平对肉牛瘤胃代谢的影响研究 [J]. 山东农业大学学报 (自然科学版)，34 (1)：54－58.
王久峰，李同洲，2007. 动物营养学 [M]. 6 版. 北京：中国农业大学出版社.
王永超，姜成钢，崔祥，等，2013. 添加颗粒料对小牛肉用奶公犊牛生长性能、屠宰性能及组织器官发育的影响 [J]. 动物营养学报，25 (5)：1113－1122.
王章存，聂卉，2006. 酶水解法提高大米蛋白溶解性的研究 [J]. 食品科学 (12)：371－373.
徐永平，李淑英，布莱恩·米恩，2001. 哺乳期补料对仔猪胃肠道发育和生产性能的影响 [J]. 饲料研究 (2)：6－8.
许先查，刁其玉，王建红，等，2011. 液态饲料饲喂量对 0～2 月龄犊牛生长性能的影响 [J]. 畜牧与兽医 (2)：4－8.
闫晓刚，2005. 酵母培养物和颗粒精饲料对荷斯坦犊牛生长发育的影响 [D]. 长春：吉林农业大学.
云强，2010. 蛋白水平及 Lys/Met 对断奶犊牛生长、消化代谢及瘤胃发育的影响 [D]. 北京：中国农业科学院.
云强，刁其玉，屠焰，等，2010. 开食料中粗蛋白质水平对荷斯坦犊牛瘤胃发育的影响 [J]. 动物营养学报，22 (1)：57－62.
张蓉，2008. 能量水平及来源对早期断奶犊牛消化代谢的影响研究 [D]. 北京：中国农业科学院.
张蓉，刁其玉，2008. 碳水化合物组成对犊牛生长性能及消化代谢的影响 [J]. 塔里木大学学报，20 (3)：14－20.
张卫兵，2009. 蛋白能量比对不同生理阶段后备奶牛生长发育和营养物质消化的影响 [D]. 北京：中国农业科学院.
张英慧，贾志海，胡雅洁，等，2008. 日粮不同能量水平对肉羊瘤胃消化代谢的影响 [C]. 中国畜牧兽医学会养羊学分会会议论文集：227－230.
周爱民，王威，王之盛，等，2015. 不同蛋白质水平补饲料对早期断奶犊牦牛生产性能和胃肠道发育的影响［J］. 动物营养学报，27（3）：918－925.

周贵，房兆民，于国华，等，2010. 乳用犊牛的早期断奶［J］. 吉林畜牧兽医，31（5）：33－34. Akinyele I O，Harshbarger K E，1983. Performance of young calves fed soybean protein replacers［J］. Journal of Dairy Science，66（4）：825－832.

Allison M J，Bryant M P，Katz I，et al，1962. Metabolic function of branched－chain volatile fatty acids，growth factors for ruminococci II. Biosynthesis of higher branched－chain fatty acids and aldehydes［J］. Journal of Bacteriology，83（5）：1084－1093.

Berends H，van den Borne J J G C，Mollenhorst H，et al，2014. Utilization of roughages and concentrates relative to that of milk replacer increases strongly with age in veal calves［J］. European Journal of Entomology，97（10）：6475－6484.

Berends H，van den Borne J J G C，Stockhofe－Zurwieden N，et al，2015. Effects of solid feed level and roughage－to－concentrate ratio on ruminal drinking and passage kinetics of milk replacer，concentrates，and roughage in veal calves［J］. Journal of Dairy Science，98（8）：5621－5629.

Berryhill G E，Gloviczki J M，Trott J F，et al，2012. Diet－induced metabolic change induces estrogen－independent allometric mammary growth［J］. Proceedings of the National Academy of Sciences，109（40）：16294－16299.

Block S S，Smith J M，Ehrhardt R A，et al，2003. Nutritional and developmental regulation of plasma leptin in dairy cattle［J］. Journal of Dairy Science，86（10）：3206－3214.

Blum J W，2006. Nutritional physiology of neonatal calves［J］. Journal of Animal Physiology and Animal Nutrition，90（90）：1－11.

Brown E G，Vandehaar M J，Daniels K M，et al，2005. Effect of increasing energy and protein intake on body growth and carcass composition of heifer heifers［J］. Journal of Dairy Science，88（2）：585－594.

Brown L D，Lassiter C A，Everett J P，et al，1958. Effect of protein level in calf starters on growth rate and metabolism of young calves［J］. Journal of Dairy Science，41：1425－1433.

Cowles K E，White R A，Whitehouse N L，et al，2006. Growth characteristics of calves fed an intensified milk replacer regimen with additional lactoferrin［J］. Journal of Dairy Science，89（12）：4835－4845.

Davis C L，Drackley J K，1998. The development，nutrition，and management of the young calf［M］. Ames：Iowa State University Press.

Davis R L E，Weber N M S，Chapin L T，et al，2008. Effects of feeding prepubertal heifers a high－energy diet for three，six，or twelve weeks on feed intake，body growth，and fat deposition［J］. Journal of Dairy Science，91（5）：1913－1925.

Dawson D P，Morrill J L，Reddy P G，et al，1988. Soy protein concentrate and heated soy flours as protein sources in milk replacer for preruminant calves 1，2，3［J］. Journal of Dairy Science，71（5）：1301－1309.

Everett J P，Brown L D，Lassiter C A，et al，1958. Aureomycin as a protein－sparing agent and its influence on minimum starter protein level satisfactory for normal growth of dairy calves［J］. Journal of Dairy Science，41：1407－1416.

Fluharty F L，Loerch S C，1997. Effects of concentration and source of supplemental fat and protein on performance of newly arrived feedlot steers［J］. Journal of Animal Science，75（9）：2308－2316.

Franklin S T, Amaral - Phillips D M, Jackson J A, et al, 2003. Health and performance of Holstein calves that suckled or were hand - fed colostrum and were fed one of three physical forms of starter [J]. Journal of Dairy Science, 86 (6): 2145 - 2153.

Garcia M R, Amstalden M, Morrison C D, et al, 2003. Age at puberty, total fat and conjugated linoleic acid content of carcass, and circulating metabolic hormones in beef heifers fed a diet high in linoleic acid beginning at four months of age [J]. Journal of Animal Science, 81 (1): 261 - 268.

Gardner R W, 1968. Digestible protein requirements of calves fed high energy rations ad libitum [J]. Journal of Dairy Science, 51: 888 - 897.

Gouet Ph, Nebout J M, Fonty G, et al, 1984. Cellulolytic bacteria establishment and rumen digestion in lambs isolated after birth [J]. Canadian Journal of Animal Science, 64 (5): 163 - 164.

Greenwood R H, Morrill J L, Titgemeyer E C, 1997. Using dry feed intake as a percentage of initial body weight as a weaning criterion [J]. Journal of Dairy Science, 80 (10): 2542 - 2546.

Greenwood R H, Morrill J L, Titgemeyer E C, et al, 1997. A new method of measuring diet abrasion and its effect on the development of the fore - stomach [J]. Journal of Dairy Science, 80 (10): 2534 - 2541.

Griswold K E, Apgar G A, Bouton J, et al, 2003. Effects of urea infusion and ruminal degradableprotein concentration on microbial growth, digestibility, and fermentation in continuous culture [J]. Journal of Animal Science, 81: 329 - 336.

Guilhermet R, Mathieu C M, Toullec R, et al, 1975. Transit des aliments liquides au niveau de la gouttière œsophagienne chez le veau préruminant et ruminant [J]. Annales de Zootechnie (1): 69 - 79.

Guilloteau P, Huërou Luron I L, Chayvialle J A, et al, 1997. Gut regulatory peptides in young cattle and sheep [J]. Zentralblatt Für Veterinärmedizin Reihe A, 44 (1): 1 - 23.

Han I K, Lee J H, Piao X S, et al, 2001. Feeding and management system to reduce environmental pollution in swine production [J]. Asian - Australasian Journal of Animal Science, 14: 432 - 444.

Heinrichs A J, 1993. Raising dairy replacements to meet the needs of the 21st century [J]. Journal of Dairy Science, 76 (10): 3179 - 3187.

Herrera - Saldana R, Gomez - Alarcon R, Torabi M, et al, 1990. Influence of synchronizing protein and starch degradation in the rumen on nutrient utilization and microbial protein synthesis [J]. Journal of Dairy Science, 73 (1): 142 - 148.

Hill T M, Bateman I H G, Aldrich J M, et al, 2010. Effect of milk replacer program on digestion of nutrients in dairy calves [J]. Journal of Dairy Science, 93 (3): 1105 - 1115.

Jabbar L, Cheema A M, Jabbar M A, et al, 2009. Effect of different dietary energy levels, season and age on hematological indices and serum electrolytes in growing buffalo heifers [J]. The Journal of Animal and Plant Science, 22: 279 - 283.

Jahn E, Chandler P T, 1976. Performance and nutrient requirements of calves fed varying percentages of protein and fiber [J]. Journal of Animal Science, 42: 724 - 735.

Jasper J, Weary D M, 2002. Effects of ad libitum milk intake on dairy calves [J]. Journal of Dairy Science, 85 (11): 3054 - 3058.

Kanjanapruthipong J, 1998. Supplementation of milk replacers containing soy protein with threonine, methionine, and lysine in the diets of calves [J]. Journal of Dairy Science, 81 (11): 2912 - 2915.

Kertz A F, Barton B A, Reutzel L F, 1998. Relative efficiencies of wither height and body weight increase from birth until first calving in Holstein cattle [J]. Journal of Dairy Science, 81: 1479 - 1482.

Kertz A F, Reutzel L F, Barton B A, et al, 1997. Body weight, body condition score, and wither height of prepartum Holstein cows and birth weight and sex of calves by parity: a database and summary [J]. Journal of Dairy Science, 80 (3): 525-529.

Khan M A, Lee H J, Lee W S, et al, 2007. Structural growth, rumen development, and metabolic and immune responses of Holstein male calves fed milk through step-down and conventional methods [J]. Journal of Dairy Science, 90 (7): 3376-3387.

Kristensen N B, Sehested J, Jensen S K, et al, 2007. Effect of milk allowance on concentrate intake, ruminal environment, and ruminal development in milk-fed Holstein calves [J]. Journal of Dairy Science, 90 (9): 4346-4355.

Lalles J P, Toallec R, Pardal P B, et al, 1995. Hydrolyzed soy protein isolate sustains high nutritional performance in veal calves [J]. Journal of Dairy Science, 78 (1): 194-204.

Lammers B P, Heinrichs A J, Kensinger R S, 1999. The effects of accelerated growth rates and estrogen implants in prepubertal Holstein heifers on estimates of mammary development and subsequent reproduction and milk production [J]. Journal of Dairy Science, 82 (8): 1753-1764.

Lesmeister K E, 2004. Development and analysis of a rumen tissue sampling procedure [J]. Journal of Dairy Science, 87 (5): 1336-1344.

Lesmeister K E, Heinrichs A J, 2004. Effects of corn processing on growth characteristics, rumen development, and rumen parameters in neonatal dairy calves [J]. Journal of Dairy Science, 87 (10): 3439-3450.

Lin C Y, Lee A J, Mcallister A J, et al, 1987. Intercorrelations among milk production traits and body and udder measurements in Holstein heifers [J]. Journal of Dairy Science, 70 (11): 2385-2393.

Makkar H P S, Sharma O P, Dawra R K, et al, 1982. Simple determination of microbial protein in rumen liquor [J]. Journal of Dairy Science, 65 (11): 2170-2173.

Morrill J L, Melton S L, 1973. Protein required in starters for calves fed milk once or twice daily [J]. Journal of Dairy Science, 56: 927-931.

National Research Council, 2001. Nutrient requirements of dairy cattle [M]. Washington, DC: Natl Acad Press.

Nitsan Z, Volcani R, Hasdai A, et al, 1972. Soybean protein substitute for milk protein in milk replacers for suckling calves [J]. Journal of Dairy Science, 55 (6): 811-821.

Quigley J D, Wolfe T A, Elsasser T H, 2006. Effects of additional milk replacer feeding on calf health, growth, and selected blood metabolites in calves [J]. Journal of Dairy Science, 89 (1): 207-216.

Raeth-Knight M, Chester-Jones H, Hayes S, et al, 2009. Impact of conventional or intensive milk replacer programs on Holstein heifer performance through six months of age and during first lactation [J]. Journal of Dairy Science, 92 (2): 799-809.

Reynolds C K, Aikman P C, Lupoli B, et al, 2003. Splanchnic metabolism of dairy cows during the transition from late gestation through early lactation [J]. Journal of Dairy Science, 86 (4): 1201-1217.

Rhoads M L, Meyer J P, Kolath S J, et al, 2008. Growth hormone receptor, insulin-like growth factor (IGF) -1, and IGF-binding protein-2 expression in the reproductive tissues of early postpartum dairy cows [J]. Journal of Dairy Science, 91 (5): 1802-1813.

Russell J B, O'connor J D, Fox D G, et al, 1992. A net carbohydrate and protein system for evaluating cattle diets: I. Ruminal fermentation [J]. Journal of Animal Science, 70 (11): 3551-3561.

Sander E G, Warner R G, Harrison H N, et al, 1959. The stimulatory effect of sodium butyrate and sodium propionate on the development of rumen mucosa in the young calf [J]. Journal of Dairy Science, 42 (9): 1600 - 1605.

Schingoethe D J, Voelker H H, Ludens F C, 1982. High protein oats grain for lactating dairy cows and growing calves [J]. Journal of Animal Science, 55: 1200 - 1205.

Schurman E W, Kesler E M. 1974. Protein - energy ratios in complete feeds for calves at ages 8 to 18 weeks [J]. Journal of Animal Science, 57: 1381 - 1384.

Schwab C G, Moore J J, Hoyt P M, et al, 1980. Performance and fecal flora of calves fed a nonviable *lactobacillus bulgaricus* fermentation product 1, 2 [J]. Journal of Dairy Science, 63 (9): 1412 - 1423.

Sejrsen K, Purap S, Vestergaard M, et al, 2000. High body weight gain and reduced bovine mammary growth: Physiological basis and implications for milk yield potential [J]. Domestic Animal Endocrinology, 19 (2): 93 - 104.

Sejrsen K, Huber J T, Tucker H A, 1983. Influence of amount fed on hormone concentrations and their relationship to mammary growth in heifers [J]. Journal of Dairy Science, 66 (4): 845 - 855.

Shamay A, Werner D, Moallem U, et al, 2005. Effect of nursing management and skeletal size at weaning on puberty, skeletal growth rate, and milk production during first lactation of dairy heifers [J]. Journal of Dairy Science, 88 (4): 1460 - 1469.

Sweeney B C, Rushen J, Weary D M, et al, 2010. Duration of weaning, starter intake, and weight gain of dairy calves fed large amounts of milk [J]. Journal of Dairy Science, 93 (1): 148 - 152.

Tamate H, Mcgilliard A D, Jacobson N L, et al, 1962. Effect of various dietaries on the anatomical development of the stomach in the calf [J]. Journal of Dairy Science, 45 (3): 408 - 420.

Traub D A, Kesler E M, 1971. Effect of dietary protein - energy ratios on digestion and growth of Holstein calves at ages 8 to 18 weeks, and on free amino acids in blood [J]. Journal of Dairy Science, 55: 348 - 352.

van Amburgh M E, Galton D M, Bauman D E, et al, 1998. Effects of three prepubertal body growth rates on performance of Holstein heifers during first lactation [J]. Journal of Dairy Science, 81 (2): 527 - 538.

Verdouw H, Echteld C J A V, Dekkers E M J, et al, 1978. Ammonia determination based on indophenol formation with sodium salicylate [J]. Water Research, 12 (6): 399 - 402.

Verstegen M W A, Hel V D W, 1989. Nutrition and digestive physiology in monogastric farm animals [J]. Animal Feed Science and Technology, 34 (3/4): 353 - 354.

Vi R L B, Mcleod K R, Klotz J L, et al, 2004. Rumen development, intestinal growth and hepatic metabolism in the pre - and post - weaning ruminant [J]. Journal of Dairy Science, 87 (1): 55 - 65.

Vicari T, Borne J V D, 2008. Postprandial blood hormone and metabolite concentrations influenced by feeding frequency and feeding level in veal calves [J]. Domestic Animal Endocrinology, 34 (34): 74 - 88.

Waldo D R, Capuco A V, Rexroad Jr C E, 1998. Milk production of Holstein heifers fed either alfalfa or corn silage diets at two rates of daily gain [J]. Journal of Dairy Science, 81 (3): 756 -764.

Weary D M, Huzzey J M, von Keyserlingk M A, 2008. Board - invited review: using behavior to predict and identify ill health in animals [J]. Journal of Animal Science, 87 (2): 770 - 777.

Webb L E, Bokkers E A M, Engel B, et al, 2012. Behaviour and welfare of veal calves fed different amounts of solid feed supplemented to a milk replacer ration adjusted for similar growth [J]. Applied Animal Behaviour Science, 136 (2): 108 - 116.

Woodford S T, Whetstone H D, Murphy M R, et al, 1987. Abomasal pH, nutrient digestibility, and growth of Holstein bull calves fed acidified milk replacer [J]. Journal of Dairy Science, 70 (4): 888 - 891.

Zitnan R, Voigt J, Wegner J, et al, 1999. Morphological and functional development of the rumen in the calf: influence of the time of weaning. Morphological development of rumen mucosa [J]. Archives of Animal Nutrition, 52 (4): 351 - 362.

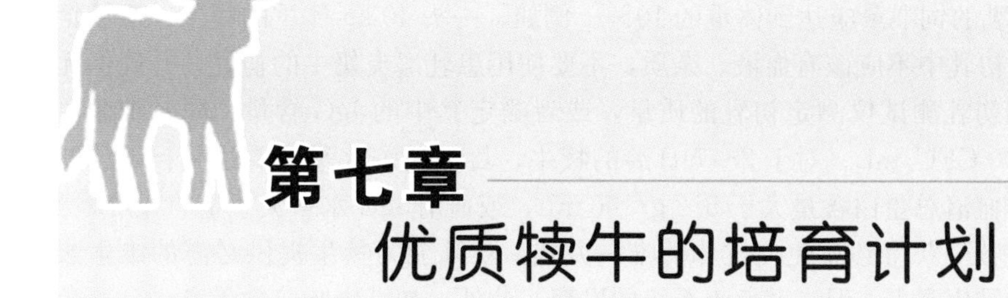

第七章 优质犊牛的培育计划

第一节 犊牛的目标培育

荷斯坦奶牛犊牛从出生到6月龄、小母牛从6月龄到初产，可将其生产和生长性能分为六个大的方面，包括死亡率、发病率、生长速度、营养、圈舍等。

一、荷斯坦犊牛从初生到6月龄的生长性能标准

1. 死亡率 鉴于一些犊牛出生不久可能会因心跳和呼吸问题而死亡，因此将出生后24 h作为一个时间点，区别出生后即死亡的犊牛和犊牛阶段死亡的犊牛。

所有新生的犊牛应该立即被转移到安全的场所，避免受到成年牛的伤害，或者传染疾病。每一头新生犊牛都应该接受治疗，防止脐带感染。管理良好的牛场，犊牛的死亡率应控制在：出生后1～60 d，低于5%；61～120日龄，低于2%；121～180日龄，低于1%（表7-1）。

2. 发病率 犊牛阶段最常见的疾病是消化道疾病和呼吸道疾病。犊牛是否发生了腹泻，确认腹泻发病至少需要观察24 h。其发病率应控制在：出生后1～60日龄，低于25%；61～120日龄，低于2%；121～180日龄，低于1%。是否出现了肺炎，需要在使用抗生素药物治疗之后，通过犊牛的反映情况确认。肺炎的发病率应控制在：出生后1～60日龄，低于10%；61～120日龄，低于15%；121～180日龄，低于2%（表7-1）。

3. 生长速度 荷斯坦犊牛的目标生长速度应达到：出生后1～60 d，体重达到出生重的2倍；61～120日龄，平均日增重1 kg；121～180日龄，平均日增重0.9 kg（表7-1）。

表7-1 管理条件良好的犊牛应达到的指标

类 型	应达到的标准		
	出生后1～60 d	61～120 d	121～180 d
死亡率（%）	<5	<2	<1
腹泻率（%）	<25	<2	<1
肺炎发病率（%）	<10	<15	<2
生长速度	体重达到出生的2倍	平均日增重1 kg	平均日增重0.9 kg

4. 初乳的管理 犊牛出生后应尽快饲喂足量的优质初乳。第一次饲喂应在犊牛出生后 2 h 内，初乳的饲喂量应达到体重的 10%。例如，一头 40 kg 体重的犊牛，应该饲喂 4 L 的初乳。初乳中不应该有血液、杂质，不要使用患乳房炎奶牛的初乳，并确保无疾病传染。使用初乳测试仪测定初乳的质量，或者测定其中的 IgG 含量。同时细菌总数应小于 100 000 CFU/mL。对于 2～7 日龄的犊牛，目标免疫水平需要达到：母体初乳饲喂的犊牛，血清总蛋白含量大于 5.2 g/100 mL，或血清 IgG 水平大于 10.0 g/L。

饲喂初乳是犊牛获得必需免疫抗体的唯一方式，初乳能为犊牛提供必需的维生素 A、维生素 D 和维生素 E，促进其免疫系统的发育。此外，初乳中脂肪含量高，含有免疫球蛋白和必需氨基酸，这些对于犊牛最初的健康和生长都至关重要。

在生后的几天，犊牛每天可按体重的 1/5 左右计算初乳的供应量，每天 3 次等量饲喂。饲喂时温度保持在 35～38 ℃，温度过低需要温热，但明火加热会破坏初乳中的营养成分。

当奶牛乳头过大或乳房过低时要人工辅助犊牛吃初乳。最初犊牛由铝盆哺饮初乳，通常采用的方法是饲养员一只手持盆，另一只手指将初乳涂在牛鼻镜和口腔内，反复几次使犊牛吮吸手指，当吮吸手指时，慢慢将手指放入铝盆中；待吮奶正常后，可将手指从中拔出。如遇母牛产后患病或死亡，应用同期分娩母牛的初乳喂犊牛，目前可以用灌服的方法将初乳 4 L 直接灌入消化道。

初乳质量优劣、饲喂犊牛后是否完成被动免疫，其评价指标包括 IgG 水平、生物学品质、被动免疫转移的充分性。

（1）IgG 水平 可以用初乳测定仪鉴定初乳的品质（彩图 3）。在室温（22 ℃）下测定，温度过高时测定的数值会低于实际值，而温度过低数值会较高。可以使用公式进行校正，即：校正 IgG（mg/mL）=(IgG－13.2)＋0.83（℃）。将初乳测定仪放到充满初乳的容器中，使初乳溢出一部分，测定仪保持悬浮，然后读取测定仪上的刻度。测定完成后立即将测定仪清理干净，以便检测下一份初乳。

（2）生物学品质 主要是测定初乳中的细菌总数。初乳营养成分含量高，细菌滋生很容易，并快速繁殖。因此需要特别注意，使用清洁干净的容器，盛装、冷冻贮藏初乳。评价初乳的生物学品质，指标包括标准平皿计数（standard plate count，SPC）、细菌总数（total bacterial count，TBC）、粪大肠菌群数（faecal coliform counts，FCC），并且可在初乳采集、饲喂、贮藏的各个时间进行检测。要求 SPC＜5 000 CFU/mL、TBC＜100 000 CFU/mL、FCC＜1 000 CFU/mL。为了保证初乳的品质，不要采集带血的初乳和患有乳房炎奶牛产的初乳。

（3）被动免疫转移的充分性 可以用血试剂盒折射计检测。这种检测可检测 5 日龄以内的犊牛，在犊牛出生后 12～24 h 间或者是饲喂初乳后 6 h 以上进行。研究发现，血清总蛋白（TG）与动物体的 IgG 水平有很强的相关关系，要求 TG＞5.5 g/100 mL，或血液 IgG＞10 g/L。

当初乳不足时可使用初乳替代品，如牛血清、来自免疫接种牛的喷雾干燥初乳、干酪乳清、鸡蛋抗体等。替代品需要能够在混合饲料中提供＞100 mg 的 IgG，以及充足的脂肪、蛋白质、维生素和矿物质。

初乳的采集、保存与解冻过程中，需要特别关注对其中营养物质的保护，避免受到外来污染。一般 1～2 L 装一瓶或一袋，最多不要超过 4 L，以方便使用。采集后的初乳首先要在 30 min 内快速冷却到 15 ℃以下，可以将干净的冰袋放在初乳上，推荐比例为 1∶4（冰∶初乳）。然后在 2 h 内降低到 4 ℃，随后贮藏在冰箱中，在 1～2 ℃可存放 7 d。如果存放期超过 3 d，要考虑添加细菌生长抑制剂，如山梨酸钾等。将初乳冷冻可贮存 1 年左右，冷冻时冰柜的温度达到－20 ℃，并且需要给每个容器做好标记，记录保存的时间和 IgG 水平。

初乳在给犊牛饲喂前，需要解冻。解冻时要以热水浴缓慢进行，如果使用微波炉解冻，则一定要低功率、短时间，温度过高会破坏初乳中的抗体。所有与初乳接触的容器都需要清洗干净。每次使用后，要用温水冲洗，然后用肥皂水擦洗，冲干净后使用消毒剂冲洗，最后倒置、晾干。

总结起来，饲喂犊牛初乳的基本原则是，保证所有犊牛正确吃到初乳，做到“优质、保量、快速”。其中，优质指初乳中的 IgG 水平大于 50 mg/mL，且控制细菌总数；保量指初生犊牛需要吃到 4～6 L 初乳；快速指犊牛出生后 6～8 h 内必须要吃到足量的初乳。

5. 营养 建立起自己牛场的营养程序，保证犊牛死亡率和发病率控制在上面标注的范围内，监控其生长性能，经常与兽医和营养学家沟通。从 3 日龄开始需要给犊牛提供清洁的水和开食料，并且保证每天更新，不要让犊牛喝剩水和吃剩料。

6. 圈舍 出生后 1～60 日龄的犊牛，圈舍应清洁、干燥，有充足的垫料，空气良好，圈舍大小足够犊牛转身；61～120 日龄的犊牛，圈舍应清洁、干燥，有充足的垫料，空气良好，每头牛至少有 3 m^2 的休息场地，食槽数量足够所有犊牛同时采食；121～180 日龄的犊牛，圈舍应清洁、干燥，有充足的垫料，空气良好，每头牛至少有 3.7 m^2 的休息场地，或者采用单栏饲养（每个栏一头牛），食槽数量足够所有犊牛同时采食。

二、荷斯坦小母牛从 6 月龄到初产的生长性能标准

1. 死亡率 保障小母牛健康，降低发病率、死亡率。总体死亡率（特别是肺炎）应控制在：6～12 月龄，小于 1%；12 月龄至初产，小于 0.5%。

2. 发病率 是否发生肺炎，需要在使用抗生素之后方可确认。其发病率应控制在：6～12 月龄，低于 3%；12 月龄至初产，低于 1%。

出现其他需要治疗的疾病，如结膜炎、乳腺炎、腹泻、胀气、病毒性腹泻、创伤性胃炎和意外伤害等，发病率应控制在：6～12 月龄，低于 4%；12 月龄到初产，低于 2%。

3. 生长速度和营养 如本书前文所述，小母牛的目标平均日增重应控制在 0.7～1.0 kg。要定期测量体重，至少应每 3 个月测定一次。日粮总蛋白质应达到：6～9 月龄，15%～16%；9～13 月龄，14%～15%；13 月龄到初产，13.5%～14%。需要经常性监控日粮配制，根据饲料原料的情况调整配方。使小母牛 13～15 月龄体重达到370～410 kg，腰角高高于 1.27 m，体高（鬐甲处）高于 1.2 m，或达到本品种成年牛体重的 55%；产犊前体重达到 610 kg，或达到本品种成年牛体重的 85%；初产时体况评分达到 3.5（5 分制评分方法）。

4. 圈舍

（1）饲养空间　对小母牛饲养，需要注意饲养密度，平均每头牛的饲养空间要达到：6～12 月龄 0.45 m，12～18 月龄 0.5 m，18 月龄到初产 0.6 m，初产至产后 3 周 0.75 m。休息场地和栏位大小见表 7－2。

表 7－2　小母牛休息场地和栏位大小

生长阶段	休息场地（m²）	栏位大小（m²）
6～9 月龄	4.2，或每头一个栏位	0.76×1.4
9～12 月龄	4.6，或每头一个栏位	0.86×1.5
12～18 月龄	5.6，或每头一个栏位	0.90×1.75
18 月龄至初产前 2～4 周	9.3，或每头一个栏位	1.0×2.1
初产	9.3，或每头一个栏位	1.1 头一个栏位

无论是自由散养还是开放的舍饲，应有充足的食槽，保证所有犊牛能够同时采食。使用颈夹时也要保证动物和栏位的比例达到 1∶1，或者提供足够的料槽空间。

特别要注意的是，小母牛与成年牛应隔离，单独饲养。

（2）圈舍环境　小母牛饲养中要注意避免受到阳光直射。圈舍湿度指数：6～12 月龄小母牛要达到或超过 77，12 月龄至初产时需要达到或超过 72。奶牛养殖时，其湿度指数见图 7－10。

温度(℃)　　相对湿度

华氏度(℉)* F	0	5	10	15	20	25	30	35	40	45	50	55	60	65	70	75	80	85	90	95	100
75														72	72	73	73	74	74	75	75
80							72	72	73	73	74	74	75	76	76	77	78	78	79	79	80
85			72	72	73	74	75	75	76	77	78	78	79	80	81	81	82	83	84	84	85
90	72	73	74	76	76	77	78	79	79	80	81	82	83	84	85	86	86	87	88	89	90
95	75	76	77	78	79	80	81	82	83	84	85	86	87	88	89	90	91	92	93	94	95
100	77	78	79	80	82	83	84	85	86	87	88	90	91	92	93	94	95	97	98	99	
105	79	80	82	83	84	85	87	88	89	91	92	93	95	96	97						
110	81	83	84	86	87	89	90	91	93	94	96	97									
115	84	85	87	88	90	91	93	95	96	97											
120	88	88	89	91	93	94	96	98													

1 THI＝(Dry－Bulb Temp C)＋(0.36 dew point Temp C)＋41.2

图 7－1　奶牛湿度指数

注：浅灰色区域（mild stress）为轻度应激，深灰色区域（medium stress）为中度应激，黑色区域（severe stress）为严重应激。

温度在－6 ℃以下时，要特别为小母牛提供遮蔽场所以抵抗风雨，其中对 6～12 月龄小母牛需要加盖顶棚，而对 12 月龄至初产的小母牛则至少需要防风墙。为小母牛提供的圈舍，要保持清洁、干燥、防风、防晒，并且空气清新。

5. 接种疫苗和控制寄生虫　需要在专业兽医指导下，按照当地疾病发生情况确定适宜的接种疫苗程序和操作方法。可注射疫苗预防的疾病包括黑腿病、牛呼吸合胞体病毒病、布鲁氏菌病、牛病毒性腹泻病（1 型和 2 型）、梭菌病、冠状病毒病、急性大肠杆

* 非法定计量单位。1 ℉＝－17.22 ℃。

菌乳房炎、沙门氏菌引起的肠道疾病、牛传染性鼻气管炎、细螺旋体病、乳头状瘤（疣）、传染性极性结膜炎、多杀性巴氏杆菌和溶血性曼氏杆菌引起的肺炎、轮状病毒病、滴虫病、弧菌性流产等。并且依据兽医的建议预防本地区、本品种可能发生的寄生虫疾病。

6. 配种 从13～15月龄开始配种，体重达374～408 kg，腰角高超过1.27 m，体高（肩部）超过1.22 m，或者达到本品种牛成年体重的55%，这样可以使小母牛在22～24月龄初产。在配种前至少30 d，给所有动物再次接种减毒活疫苗。配种时可以使用普通精液，力争使第一次受胎率大于70%，而使用性控精液则一次受胎率应该达到58%～63%。

在转移到繁育舍的最初21 d内，至少应该给80%小母牛进行人工授精，在3个发情期后应该有85%的小母牛怀孕。从繁育舍转出时，要给所有的小母牛进行妊娠检查，确保妊娠成功。

7. 妊娠小母牛 有些小母牛在妊娠检查后可能会流产，这个比例正常情况下不要超过3%。在初次妊娠检查后的70～100 d再次确认是否妊娠，而且在将小母牛转到初产舍之前还要确认其是否妊娠。产犊前4～8周再次接种疫苗，提高初乳抗体质量。

如果需要的话，每隔6个月对公牛进行常规的健康维护，包括接种、除蠕虫、指标考核，必要时轮换、替换公牛。

三、初生到初产小母牛的福利标准

1. 兽医的工作 与固定的兽医保持不间断的联系，保证奶牛的安全和福利。兽医需要至少每月到场，检查牛体是否健康，并提供建议、制定目标，协助场主改进饲养管理的各个环节，提高奶牛福利。

2. 初乳管理 犊牛出生时自身没有抵抗疾病的免疫力，优质的初乳管理就显得非常重要。初乳的饲喂直接影响犊牛一生的健康、福利和生产性能。

（1）初乳的质量 在干奶牛饲养程序中应该有一个由兽医完成的接种计划。给干奶牛提供一个适当的营养平衡非常重要，包括能量、蛋白质、维生素和矿物质等。另外，需要注意给待产牛提供充足的休息场所、足够的食槽和水槽，这些对牛体的健康是必需的。

（2）初乳的收集 初乳收集过程要保证清洁，初乳要求要无病原菌且细菌含量低。

（3）初乳的处理和饲喂 新生犊牛的饲喂程序应建立在抗体生物学吸收率基础上，在犊牛出生的2 h内饲喂清洁、高质量的初乳，饲喂量最少达到10%的体重。在无法提供清洁、优质的初乳时，可用商业初乳代乳品替代母牛初乳。比如，牛场如果之前给犊牛饲喂4 L初乳，则使用初乳代乳品需要饲喂到200 g IgG的量。也可以使用食管导管饲喂器来确保犊牛接受到足够量的初乳，但是必须由经过训练的人员操作。

关于初乳是否能保证犊牛获得足够的免疫力，可以通过犊牛死亡率、发病率和生长速度来评价。

3. 圈舍 圈舍对奶牛是非常重要的福利设施。相对于大母牛来说，270 kg体重以下的小母牛需要更多的保护，以帮助它们抵抗天气变化。

（1）对于所有月龄的犊牛和后备母牛，要求圈舍干净、干燥，无粪便，有良好的垫料（15～25 cm厚、干燥），在寒冷的天气可使用长稻草或麦秸。

（2）对于出生 24 h 到 2 月龄的犊牛，无论饲养在室内还是室外，都要保证良好的空气质量。如果是室内饲养，每 2.8 m^3 空间下每分钟的通风换气次数，在热天要达到 3.4 m^3/min，冷天要达到 0.42 m^3/min，一般温度下达到 1.42 m^3/min。

每头犊牛有 2.2 m^2 的休息空间，保证其可以自由转身。而建筑材料要符合卫生、安全的要求，不易滋生病原菌和传染疾病，如可以使用无孔的塑料作为圈舍材料。保持牛体清洁，经常消毒；常乳和代乳品饲喂设备也要保持清洁并每日消毒。

群饲条件下，需要经常观察犊牛，保证每头牛都能吃到足够的饲料。在寒冷的天气需要给犊牛增设厚垫料，并提供额外的能量来保持其体温稳定。

（3）针对 2～6 月龄犊牛，要求圈舍保持良好的空气质量。如果是室内饲养，每 2.8 m^3 空间下每分钟的通风换气次数，在热天要达到 3.68 m^3/min，冷天要达到0.57 m^3/min，一般温度下达到 1.70 m^3/min。

注意地面要作防滑处理，并保持清洁。保证充足的饮水，每 10 头牛要确保 0.3 延米的水槽，或者每 20 头牛至少一个自动饮水器，每圈至少 2 个饮水器。确保足够的饲槽面积，所有牛能够同时采食饲料。要给奶牛提供足够大的休息场地：2～4 月龄小母牛，每头牛需要休息场地 3.2 m^2；4～6 月龄小母牛，每头牛需要休息场地 3.7 m^2。在散养下，需要确保每头牛至少 1 个栏位。

（4）对于 6 月龄到初产的奶牛，要注意保持圈舍空气质量优良，地面要作防滑处理。保证充足的饮水，每 10 头牛要确保 0.3 延米的水槽，或者每 20 头牛至少 1 个自动饮水器，每圈至少 2 个饮水器。确保足够的饲槽面积，以便所有牛能够同时采食饲料。

在湿度指数达到或超过以下数值时，一定要给小母牛提供遮阳棚：6～12 月龄时，77；12 月龄至初产，72。当温度低于零下 6 ℃时，需要给小母牛提供庇护，以躲避风雨袭击。0～6 月龄的小母牛需要顶棚，而 12 月龄至初产牛至少要有防风墙。

要保证足够的休息场地：6～12 月龄，每头牛需要休息场地 4.0 m^2；12～18 月龄，每头牛需要休息场地 4.6 m^2；18 月龄至产前 2～4 周，每头牛需要休息场地 5.6 m^2；产前 2～4 周以后，每头牛需要休息场地 9.3 m^2，也可以用单栏饲养。

要确保足够的畜栏空间：6～9 月龄，每头牛需要饲养空间 0.8 m^3；9～12 月龄，每头牛需要饲养空间 0.85 m^3；12～18 月龄，每头牛需要饲养空间 0.9 m^3；18 月龄至产前 2～4 周，每头牛需要饲养空间 1.0 m^3；产前 2～4 周以后，每头牛需要饲养空间 1.1 m^3。

圈舍内要清洁，并能够将小母牛分组饲养。隔离用的材料要安全，并能防止疾病传播。

4. 营养　在动物福利、生长和免疫系统发育中，营养供给起重要作用。

（1）断奶前犊牛和小母牛的营养管理需要　与当地环境条件相结合，建议与营养技术服务人员保持联系。营养的良好与否要看牛的死亡率、发病率和生长性能等指标。

（2）断奶前犊牛的营养管理需要

① 饲养程序　给犊牛提供足量的、清洁的牛奶或代乳品，饲喂时要定时、定次数、定量，每天饲喂不少于 2 次，牛奶和代乳品饲喂时的温度要尽可能接近体温。需要明确所提供的营养在当时气候条件下是否能满足犊牛生长。

② 饮水　1 周龄之内的犊牛，要给其提供清洁、足量的饮水。要注意水不能结冰，

也不要太烫。每天应至少检查2次，看犊牛饮水供给是否正常，在炎热或者寒冷时更需要增加检查次数。

③ 犊牛开食的谷物饲喂　犊牛1周龄开始，即可不间断地给其提供可口、优质的开食料。要注意保持饲槽中开食料新鲜，并及时更换，不要出现污染或者霉变现象。

（3）断奶犊牛

① 在确认犊牛瘤胃发育足够健全，可以从开食料中获取所需的营养时，才可以断奶或断代乳品。一般情况下，犊牛饲喂开食料至少3周以上，并且采食量满足营养需要。

② 断奶时会产生断奶应激，需要注意尽量避免在此时去角、接种、换到大群饲养或者重新分组、改变饲养方式、改变环境等。

（4）断奶后犊牛　小母牛需要足够的能量和蛋白质，每天至少要采食0.77～0.9 kg饲料，才能满足它在特定环境下的维持和生长需要。保证清洁、足量、不间断的饮水，水温适宜，不要结冰也不能太烫。饲料要保持新鲜，不能给其提供污染或霉变的饲料。饲料要不间断供给，使小母牛一直能处于吃饱状态。

5. 管理　人性化的管理可提高小母牛对饲养员有安全感，减少应激。对待所有的牛都要尽可能的温和，绝对不要击打它们。想办法保持牛群安静，减少噪声，在驱赶牛群时不要大喊大叫。只有在确实需要的时候才能使用机器、设备，并且只能由受过训练的人员操纵。

必须要给饲养员们制定牛群管理要求，明确标出哪些是可以做的，哪些是不可以做的，并且要每季度检查是否合适。建立起对虐待动物零容忍的制度，一旦发现员工有不当行为就自动解雇。

对生病或不爱动的牛要给予特别关注，立即将病牛转移到隔离区域或单独的栏位中，不断观察病牛情况。如果牛不能走动，就只能用推车或雪橇类的东西挪动。一定按照兽医的要求照顾病牛。

6. 运输　正确的运输方法可降低动物应激，减少损失。

（1）犊牛出生后要马上擦干其身上的黏液，能够站立后至少24 h后方可运输。

（2）清洗、消毒运输的车辆。

（3）安装合适的底板，保证小牛站立安全；同时为了吸收尿、粪，可垫上锯末、刨花、干草或砂子。

（4）在运输前1周之内要避免接种疫苗、去角等。但是可接种鼻内疫苗，因为其可以提高干扰素水平，在船运过程中有助于预防呼吸道疾病。

（5）尽量减少小牛在货车上的时间。

（6）在炎热的天气下，尽量安排晚上或一天中比较凉快的时间装车。

（7）运输4月龄或更大的牛，如果时间超过24 h，要停靠在干净的地方，填喂饲料和饮水，至少停5 h。

（8）避免其他不需要的停靠。

（9）寒冷天气下，要将拖车上1/2～2/3的洞孔盖上，以减少冷风。但是不要全部都盖上，以保持空气流通。

（10）货车内多设隔断，将牛隔离成几个小组，减少运输过程中的碰撞和挤压。

（11）当装运10 d以内的犊牛时，拖车里至少每头犊牛要有0.5 m^2 的空间，寒冷天气下还需要铺设厚厚的长稻草。

（12）确保所有牛在装车前、卸载时马上喝到清洁的饮水，吃到优质的饲料。

7. 接种　接种可以帮助动物抵抗疾病，减少生病时的痛苦。

（1）按照兽医的要求，根据犊牛年龄、饲养环境、最佳管理措施更新接种和健康管理计划。

（2）按照生产厂家标签上的要求，对疫苗妥善存储、处理。采用正确的储藏温度、避免阳光照射和微波辐射，远离消毒剂，按照标签要求进行预处理（混合、摇匀和补液）。

（3）确认免疫的适当时间、犊牛年龄，以及标签上的其他措施，如针的大小和药物剂量、是否使用助推器接种等。

（4）每注射5～10针或者针头弯曲、污染、有血时就需要更换注射器。

（5）注意不要给正处在应激状态的牛接种。

（6）不要在环境温度超过29.4℃时接种。

（7）夏季可在早晨等较凉爽的时间接种。

（8）尽量不要混合接种，即不用2种以上疫苗接种，特别是有革兰阴性菌苗时。

（9）将肾上腺素、消炎镇痛药、含铁载体受体和蛋白疫苗等放在工具包里，随时准备在接种过程中治疗牛产生的不良反应。

（10）丢弃过期的疫苗和污染的疫苗瓶。

（11）按照当地的规定处理用过的针头、注射器和疫苗。

（12）记录所有接种程序。

8. 药物治疗　药物可以帮助治疗炎症，减少病痛。

（1）使用药物治疗疾病、减缓疼痛，需要严格遵照兽医的要求进行。

（2）依照相关规定、指南使用药物。建立兽医药物使用记录，对新饲养员进行疾病诊断、治疗过程等的培训，依照药物标签上的说明决定使用剂量、次数、方法、适用年龄段、禁忌和贮存条件；如果用药后48 h没有见效，则需要请兽医检查；丢弃过期和被污染的药物。

9. 防治寄生虫　有效控制内源寄生虫病和外源寄生虫病，对后备牛的生长、疾病防治、健康福利都非常重要。应在兽医和专家的帮助下，根据当地的地理位置、气候、季节建立寄生虫防治计划。

（1）制订一套具体、完整的寄生虫防治计划，主要包括：

① 采用化学控制方法驱虫，如采用驱肠虫剂、杀虫剂、昆虫生长调节剂、抗球虫药。

② 采用生物学方法驱虫，以防治外寄生虫。

③ 采用一些管理措施，打破寄生虫的生命周期，减少寄生虫繁殖区。例如，在饲料里添加昆虫生长调节剂；适时清理粪便或其他可供飞虫繁殖的材质；轮种，减少蠕虫的生长；注意采用生物安全措施，防治随进场牛群带入新的寄生虫。

（2）采集实验室样品，识别和量化寄生虫，进行驱肠虫剂和杀虫剂的敏感性测定。如果使用了寄生蜂，要注意杀虫剂的使用。

（3）使用药物时要严格遵照说明书执行，特别要注意适用年龄、次数、剂量、方法和停药期。

（4）药物的标签上如果没有注明可用于奶牛小母牛寄生虫防治，应禁止使用该药物。

（5）定期对新饲养员进行疾病诊断、治疗过程等的培训。

（6）每周对牛体进行检查，确认寄生虫控制计划是否得到充分实施。

（7）丢弃过期或被污染的药物。

（8）保存好用药、处理记录。

10. 择期手术和护理方法 很多方法可以减少动物治疗过程或生病时的疼痛。

（1）给动物提供可抵御伤害、疼痛等的舒适圈舍。

（2）为所有的工作建立标准操作程序，工作人员一经录用就要接受培训，兽医和场长主要定期检查。

（3）给动物治疗、手术、给药时要人性化，不要粗暴。

（4）在应激（断奶、运输期间，炎热或寒冷气候或恶劣天气）下不要实施手术。

（5）手术最好在年龄小时进行，以保证犊牛恢复得较快，减少并发症。

（6）术前，使用局部麻醉，使牛进入睡眠；术后，任何需要的时候可使用止痛剂。

（7）一旦需要，立即请兽医检查。

（8）按照正确剂量、方法、年龄阶段、停药期使用抗炎药物。

（9）保留治疗记录。

第二节 犊牛的行为学

在犊牛的培育上，大型奶牛场为了方便管理，犊牛出生后就与母牛进行隔离。这固然可以掌握犊牛的情况，但犊牛与母牛分开之后行为上却会产生很大的变化。犊牛在母牛的哺乳下，不会出现相互吮吸等异常行为（Lidfors 等，2010）。在出生到 9 周龄的时间里，母牛每天哺乳 2 次，犊牛表现出自然的吮吸行为（de Passillé 等，2006），防止相互吮吸行为的发生（Roth 等，2009）。而在人工饲喂条件下，犊牛表现出诸如相互吮吸和舔舐物体的口部行为（Fröberg 等，2008），如果采用奶瓶给犊牛饲喂牛奶可以减少相互吮吸行为发生的时间（Jensen 和 Budde，2006）。

当代乳品越来越多地运用在犊牛培育上时，对犊牛行为是否也有影响？研究发现，在人工饲养下，全乳和非全乳的代乳品均会刺激犊牛的非营养性吮吸，甚至在断奶后 14 d，见到代乳品乳液还会刺激犊牛发生吮吸行为（de Passillé 等，1997）。鲜奶或代乳品的饲喂方式关系犊牛如何采食营养物质，不同的饲喂方式对犊牛采食液体饲料后的行为有不同的影响。哺乳期犊牛在单圈、配对或者合圈饲养环境中用奶桶、奶瓶或者带乳头的奶桶饲喂后，相互吮吸等行为都有一定的变化。

一、犊牛的采食行为

食道沟是起始于贲门，向下延伸至网瓣胃间的半开放孔道，是食管的延续。初生犊牛吮奶时反射性引起食管沟闭合，形成管状结构，避免牛奶流入瘤胃，牛奶经过食管沟和瓣瘤管直接进入皱胃被消化（图 7－2）。犊牛出生后 3 周龄以内，主要靠皱胃进行消化（莫放，2010）。

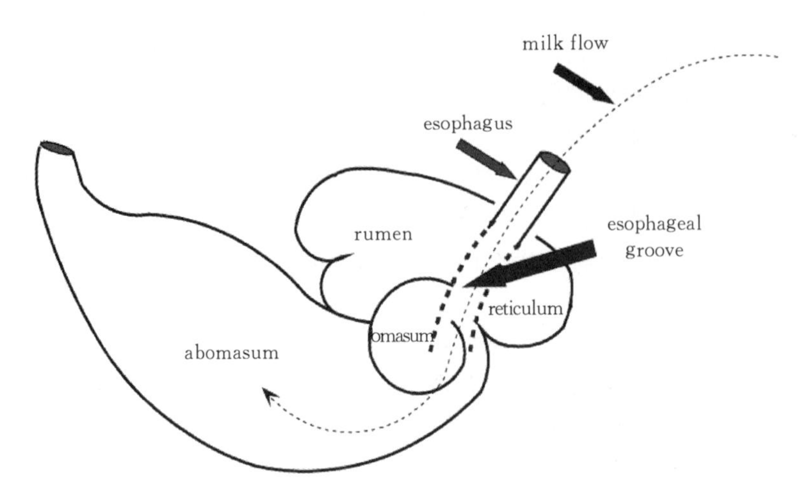

图 7-2　犊牛采食乳液进入复胃的情况

注：milk flow，奶流；esphagus，食管；rumen，瘤胃；abomasum，真胃；omasum，瓣胃；reticulum，网胃；esophageal groove，食管沟。

（资料来源：Costello，2005）

食管沟的闭合是一种条件反射（Ørskov 等，1970）。犊牛吮乳时产生条件反射，分布于唇、舌、口腔和咽部黏膜内的感受器，通过神经传入到延髓的反射中枢，由迷走神经传出，作用于食管沟，使其收缩呈管状，让乳汁或流体自食管输往皱胃。食管沟的闭合与吮吸刺激或液体中的固体悬浮物刺激有关，一些盐类也能够刺激食管沟闭合，如铜和钠对绵羊有部分作用，而对牛则更有效，葡萄糖也具有刺激作用（韩正康等，1988）。也有人认为食管沟的闭合与液体饲料的成分或者饲喂的方式（直接乳头饲喂或奶桶饲喂）无关，视觉或其他方式的刺激（如饲养员的出现、哺喂器具的噪声）都会诱使犊牛食管沟闭合，抑制自由饮水从而导致牛奶或代乳品乳液进入前胃而不是皱胃（Ørskov 等，1970）。随着年龄的增长，犊牛的食管沟闭合反射功能会逐渐减弱以至消失。但若持续喂奶，则这一功能可保持较长时间，小白牛肉的生产就是利用这一生理特点。

可以通过训练来加强食管沟闭合的条件反射。经过训练的动物，对饮液的期待可以引起食管沟的闭合。受过调教的羔羊，看到奶瓶可提高食管沟反射的兴奋性，使喂乳后流入皱胃的乳量增加 2～3 倍，以奶瓶逗引羔羊也可使食管沟闭合，证明食管沟闭合的条件反射在哺乳中起重要作用。而与羔羊相比，犊牛的食管沟反射较差，乳汁容易进入瘤网胃（韩正康等，1988）。假如幼畜对于常规使用的喂奶容器没有表现出特有的兴奋，则说明它没有记住这种刺激（le Huerou-Luron 等，1992）。如果牛奶进入瘤胃后，可能需要长达 3 h 才能最终进入皱胃（Leadley 等，1996）。这就造成了牛奶的浪费，降低了牛奶的营养价值，甚至导致犊牛消化系统异常，导致瘤胃鼓气及腹泻的发生。

二、犊牛的吮吸行为及异常行为

犊牛各项行为观测及其方法见表 7-3。

表 7-3 犊牛各项行为观测及其方法

行为类别	行为定义
摄入乳液	犊牛通过奶桶或者奶瓶接触乳液并将乳液摄入
顶乳行为	犊牛用头部顶撞空桶或者奶瓶
吮吸空桶或者乳头	犊牛吮吸空桶或者乳头，把整个乳头包裹在嘴里，但是没有乳液的摄入
吮吸桶边缘或者奶瓶	桶喂犊牛吮吸空桶的边缘，瓶喂犊牛吮吸奶瓶，但是没有乳液的摄入
吮吸栏杆	犊牛把舌头伸出并舔舐、吮吸栏杆
自我梳理	犊牛把舌头伸出并舔舐自己的身体
相互梳理	犊牛把舌头伸出并舔舐另一头犊牛的头、颈或者身体
磨蹭栏杆	犊牛的头部或者身体在栏杆上来回磨蹭
嗅地	犊牛的鼻子离地较低，并且伴随呼吸的变化
嗅其他牛	犊牛的鼻子靠近其他犊牛，并且伴随呼吸的变化
躺卧	犊牛躺卧在地上
相互吮吸（包括嘴、耳朵、颈部、脐部、体躯）	犊牛把另一头犊牛的嘴、耳朵、颈部、脐部或者身体的其他部分含在嘴中，并有吮吸的动作

资料来源：Jensen 和 Budde（2006）；Nielsen 等（2008a，2008b）。

（一）吮吸动机

动机是引起动物行为变化的一类可逆的体内生理变化过程，动机使动物在达到目的以前始终保持高水平的冲动（尚玉昌，2005）。因为动物的行为直接表达动物的动机（包军，1997），所以机行为受外界刺激影响较小，主要受内部刺激、激素水平、生物节律、成熟状态和经验的影响（李世安等，1985）。吮吸动机不仅仅来自饥饿和感官（看到母牛或者其他牛喝奶）刺激，而且摄入乳汁后会进行负反馈调节（de Passillé 等，1997）。另外，犊牛的胆囊收缩素（CCK）与饱足感息息相关，如果犊牛通过奶桶摄入乳汁之后给犊牛提供干燥橡胶乳头使其吮吸则会发现，犊牛在采食完牛奶之后，胰岛素迅速增加（de Passillé，1993）。在犊牛采食牛奶的 10 min 之内，吮吸动机会自然降低。

影响犊牛吮吸动机正常表现的因素主要有以下三个方面：

（1）乳汁的口味和组成　在偏好测试中表明，犊牛喜欢吮吸乳头上牛奶的味道，而不是一个干净的乳头，全脂牛奶、代乳品同样都会刺激犊牛的非营养性吮吸，其中主要是乳糖在起作用（Jung 等，2001）。

（2）犊牛的饥饿程度　限饲的犊牛表现特别明显，会花费更多的时间站立、较高频率地吮吸乳头或叫声更多。延长吮吸的持续时间和牛奶消耗量的增多均可加强犊牛的采食动机（Thomas 等，2001）。

（3）非营养性吮吸　在犊牛无法正常表现吮吸行为时，会出现非营养性吮吸，通过非营养性吮吸（吮吸栏杆等）来降低自身的吮吸动机阈值，一般在采食牛奶之后的 10 min左右可以降低（Rushen 等，1995）。

（二）吮吸行为

采食是动物的基本行为，也是其他行为的基础。犊牛在断奶之前，其主要的采食行为是吮吸行为。犊牛吮吸行为的正常表达不仅能够使其满足自身的需求，而且与其福利相关（De Passillé 等，2001）。像其他反刍动物的幼仔一样，犊牛寻找乳头是沿母牛身体的无毛区来进行的，最容易接触到的是腋下和腹股沟，母性好的母牛通过移动身躯让犊牛更容易地找到乳头。哺乳时，母牛表现出授乳侧伸前后腿的特殊姿势。新生犊牛每天哺乳 5～7 次，每次吮乳时间为 8～10 min（包军，2008），每天的吮吸时间达到40～60 min（Costa 等，2006）。肉犊牛每顿吮吸乳液 1～2 kg（Nielsen 等，2008a，2008b），每天共吮乳 6～7 kg（Ansotegui 等，1991）；奶犊牛每天自由吮吸乳汁能达到 8～14 L（Appleby 等，2001），但随着月龄的增长，哺乳时间缩短。犊牛在吮吸时，头部用力顶撞母牛的乳房，这种动作是由乳汁流出减少而激起的。顶撞可以进一步刺激乳房，引起乳流量的增加。安静吮吸时，犊牛常伴有“摇尾”动作（包军，2008）。

由于牛的品种、泌乳量、乳房的形状、吸乳的方法、乳汁中有形成分的含量、犊牛的月龄、犊牛的体格、犊牛的活力及犊牛的头数等诸多因素的影响，犊牛的吮乳次数、每次吮乳的时间、吮乳量亦相差悬殊。吮乳多在白天进行，通过对自然哺乳犊牛的观察发现，犊牛每天集中的吮吸乳汁的时间为：5:00～8:00、10:00～13:00、16:00～20:00（Nielsen，2008a）。犊牛吸乳时产生的最大负压为 250～400 mmHg，乳汁随负压流出（郑星道等，1998）。犊牛吮吸的速度及吸乳量与犊牛的日龄、体型大小、品种（肉牛或乳牛）、吮吸方式（自然吮吸、人工奶头饮奶器或桶喂）、母牛是否容易放乳，以及犊牛是否持久吮吸等因素有关（包军，2008）。改变犊牛的采食动机和乳房中奶的充盈程度对于犊牛吮吸行为和牛奶的摄入有明显影响（de Passillé 等，2006）。

（三）异常行为

在奶牛场进行犊牛饲养时，为了提高母牛的生产性能，并方便对犊牛进行管理，在犊牛出生后不久，即将母犊分离，对犊牛进行牛奶或者代乳品乳液的喂养。这种饲养方法有其优点，但如果饲喂方式不当，就会对犊牛的生长性能、行为和福利会产生深刻影响（Appleby 等，2001）。由于乳液的供给方式存在区别，因此犊牛采食乳液也存在一定的差异。当犊牛的吮吸行为受挫时，就会表现出行为的差异，主要表现为非营养性吮吸（non - nutritive sucking）。非营养性吮吸指的是犊牛有吮吸动作，但没有乳汁的摄入。当犊牛喝奶时，如果没有乳头来满足其吮吸动机时，就容易出现非营养性吮吸行为（Jung 等，2001）。犊牛在喝完奶比喝完水之后表现出更多的非营养性吮吸行为（de Passillé 等，1997）。有研究指出，牛奶的摄入会引起非营养性吮吸，刺激非营养性吮吸的主要因素是牛奶中乳糖的浓度，而不是脂肪或蛋白质（de Passillé 等，2001）。关于非营养性吮吸在猪（Illmann 等，1998）和牛（de Passillé 等，1997）上有过研究，但这很有可能在其他的哺乳动物中也会出现。

在自然环境下，母牛哺乳犊牛的时间达 7～10 月，这远远长于集约化奶牛场的 6～10 周。当犊牛自然的行为在集约化生产下受到抑制时，就会表现出一些相应的异常行为（Nielsen，2008a），如出现相互吮吸、吮吸栏杆、过度自我修饰等。据报道，后备牛和奶牛的相互吮吸发生率为 1%～11%（de Passillé 等，2001）。相互吮吸起源于自然吮吸行为的重新选择，与牛奶的饲喂方式有很大的关系（Jensen 和 Holm，2003），在喂奶后的 10 min 之内会有较多的出现频率（Lidfors 等，1993；Margerison 等，2003）。与用奶瓶饲喂相比，用奶桶饲喂犊牛时，犊牛会出现更多的相互吮吸（Jensen 和 Budde，2006），特别是脐部吮吸（Nielsen，2008a）。对于犊牛出现的下腹部吮吸行为要特别关注，因为这可能导致后备牛的相互吮吸和母牛的偷奶行为。

（四）导致异常行为的因素及解决或减少异常行为发生的研究

1. 导致异常行为的因素 在犊牛培育过程中，人工饲喂的环境下，当犊牛正常的行为动机无法得到满足时，就会出现一些异常行为（abnormal behaviours），导致犊牛出现异常行为的因素主要是（包军，2008）：

（1）动机行为 可看作是一类特殊的本能行为，主要由内部环境所决定。在动机行为中，动机既是行为的驱动力，又决定了行为的方向、行为的持续时间和行为的强度。当动物无法进行正常行为，它们的内在动机无法释放时，可能就会从正常的行为转变为不恰当的行为模式，导致异常行为。

（2）圈禁环境和刺激的匮乏 高等动物的多数本能行为不取决于外界刺激，能否表现这些行为，主要取决于环境条件是否允许。

异常行为与正常行为的差异只是“量”而非“质”的差异，在形式上或频率上不同于正常行为。因为外在栅栏等限制环境中，正常行为无法表达出来，异常行为的出现是对自然条件下正常行为的重新定向表达（Nielsen，2008a）。

2. 解决或减少异常行为发生的研究 针对人工饲养环境中，犊牛容易出现异常行为的问题，众多学者对这些问题进行了研究，主要包括：

（1）饲喂方式 减缓牛奶的流速（Loberg 等，2001），延长奶桶、乳头的保留时间，增加牛奶的供给量（Jensen 和 Holm，2003）；运用逐步断奶的方式（Lidfors 等，1993）；增加合圈犊牛饲喂用具的乳头个数（Loberg 等，2001）；在犊牛采食完牛奶之后给予提供干草（de Passillé，2001）；与桶喂犊牛相比，奶瓶饲喂的犊牛在摄完奶之后，会花费较多时间吮吸乳头，因此减少了相互吮吸的时间（Jensen 和 Budde，2006）。这些方式均可有效减少相互吮吸的持续时间。

（2）犊牛断奶日龄 断奶期间，由于条件变化，犊牛产生应激，相互吮吸会增加，特别是在 22 日龄断奶时，相互吮吸持续时间最多（de Passillé 等，2010）。

（3）饲养规模 单圈饲养的犊牛，由于无法接触到其他犊牛，其相互吮吸行为受到限制，但会出现其他异常行为。而在合圈饲养条件下，2 头合圈饲养和 6 头合圈饲养的犊牛出现相互吮吸的时间无差异（Jensen 和 Budde，2006）；在犊牛断奶后，合圈规模为 4 头、8 头和 16 头犊牛的试验也得出相同的结论（Færevik 等，2007）。对桶喂犊牛来说，更多的相互梳理有可能是引起出现更长时间相互吮吸的一个原因（Jensen 和 Budde，2006）等。

三、饲养模式与犊牛行为的关系

生产中犊牛出生后饲喂牛奶或者代乳品常见的有 2 种饲喂方式（奶桶、奶瓶饲喂）和 2 种饲养方式（单圈、合圈饲养），这对犊牛的增重及体尺增长都没有显著的影响。

奶瓶饲喂时犊牛摄乳时间比奶桶饲喂的长，摄乳速率降低；单圈饲养环境中犊牛顶乳行为的次数较多。奶瓶饲喂犊牛能有效减少非营养性吮吸行为的持续时间，减少相互吮吸的异常行为时间；合圈饲养环境下，犊牛会出现相互吮吸的异常行为，其中用奶瓶饲喂的犊牛相互吮吸行为的持续时间有所降低（许先查，2010）。

（一）代乳品的饲喂方式对犊牛生长性能及粪便指数的影响

许先查（2010）采用奶桶或奶瓶饲喂代乳品，在犊牛单圈或合圈饲养的条件下，证实代乳品饲喂方式对犊牛平均日增重和体尺没有显著影响（表 7－4），但平均日增重、体斜长数值上以单圈奶瓶组增长最快。单圈和合圈的饲养环境对犊牛粪便形态有一定的影响，合圈组犊牛的粪便指数显著高于单圈组犊牛（$P<0.05$）（表 7－5 和图 7－3）。

表 7－4 代乳品的饲喂方式对犊牛生长性能的影响

项目	周龄	饲喂方式				SEM	P 值		
		单圈饲养奶桶饲喂	单圈饲养奶瓶饲喂	合圈饲养奶桶饲喂	合圈饲养奶瓶饲喂		饲喂方式	周龄	饲喂方式×周龄
平均日增重（g）	全期 0～8	525.1	550.2	544.1	523.0	43.6	0.9587	<0.0001	0.9436
	0～2	144.6	147.9	177.1	159.3	63.6	0.7075		
	3～4	278.0	314.3	313.6	291.4	63.6	0.6751		
	5～6	710.1	788.6	688.6	685.0	63.6	0.2550		
	7～8	967.9	950.0	997.1	956.4	63.6	0.6025		
体斜长（cm）	全期	76.83	78.18	75.22	75.55	1.07	0.2252	<0.0001	0.5640
	0	71.40	72.70	69.80	70.10	1.22	0.0986		
	2	73.48	74.58	72.76	73.61	1.27	0.3123		
	4	75.33	77.67	74.37	75.28	1.30	0.0766		
	6	79.67[ab]	81.02[a]	78.31[ab]	77.04[b]	1.31	0.0358		
	8	83.65[ab]	84.93[a]	80.86[b]	81.71[ab]	1.32	0.0330		
体高（cm）	全期	80.12	80.47	79.86	79.28	0.88	0.8041	<0.0001	0.8248
	0	76.17	76.65	75.07	75.13	0.96	0.2491		
	2	78.53	78.61	77.71	76.70	0.99	0.1769		
	4	79.80	79.80	79.78	78.93	1.01	0.5362		
	6	81.62	82.56	81.91	81.61	1.02	0.5028		
	8	84.50	84.74	84.85	84.00	1.02	0.5606		
胸围（cm）	全期	93.22	94.61	94.14	92.68	1.14	0.6317	<0.0001	0.0267
	0	83.92	85.67	84.80	83.72	1.26	0.2764		
	2	89.08	89.81	90.26	88.41	1.30	0.3169		
	4	92.00	94.34	92.81	90.78	1.32	0.0608		
	6	97.50	98.85	96.68	95.56	1.33	0.0848		
	8	103.58	104.36	106.16	104.95	1.34	0.1643		

注：SEM 为所有 SEM 中的最大值，P 值为所有 P 值中的最小值；同行上标不同小写字母表示差异显著（$P<0.05$），上标相同小写字母或无字母均表示差异不显著（$P>0.05$）。表 7－5 至表 7－7、表 7－9 至表 7－13、表 7－15 至表 7－17、表 7－19 至表 7－21、表 7－23 至表 7－27、表 7－30 注释与此同。

资料来源：许先查等（2011）。

表 7-5 代乳品的饲喂方式对犊牛粪便指数的影响

周龄	饲喂方式				SEM	P 值		
	单圈饲养奶桶饲喂	单圈饲养奶瓶饲喂	合圈饲养奶桶饲喂	合圈饲养奶瓶饲喂		饲喂方式	周龄	饲喂方式×周龄
全期	1.72[b]	1.73[b]	1.98[a]	1.89[a]	0.04	<0.0001	<0.0001	<0.0001
1	2.31	2.29	2.36	2.31	0.11	0.6468		
2	2.26	2.23	2.43	2.18	0.11	0.1067		
3	1.93	1.89	1.89	1.89	0.11	0.6468		
4	1.71	1.74	1.89	1.71	0.11	0.2722		
5	1.29[c]	1.29[c]	2.26[a]	1.94[b]	0.11	<0.0001		
6	1.26[b]	1.26[b]	1.74[a]	1.74[a]	0.11	0.0021		
7	1.29[b]	1.37[b]	1.74[a]	1.74[a]	0.11	0.0038		
8	1.69	1.80	1.54	1.66	0.11	0.3442		

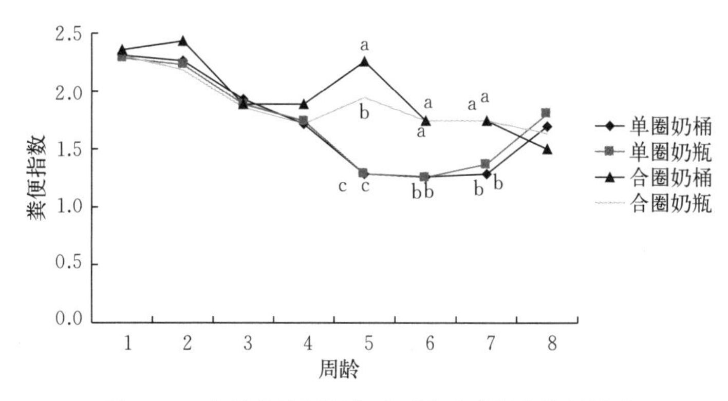

图 7-3 代乳品的饲喂方式对犊牛粪便指数的影响

用奶桶饲喂的犊牛其采食方式为低头吮吸乳液进入食管，用奶瓶饲喂的犊牛其采食方式与自然状态下吮吸母牛乳头方式一样是仰头吮吸乳液进入食管。犊牛的食管沟很发达，吮吸乳汁时通过反射性调节闭合成管，因此乳汁可由贲门经食管沟、瓣胃直达皱胃（韩正康，1988）。但犊牛食管沟的开闭与乳液饮入姿势有一定关系（包军，2008）。这种采食乳汁方式的差别导致乳液进入犊牛体内消化道有所区别。使用奶瓶或是奶桶饲喂犊牛，对体重的影响尚有争议。Appleby 等（2001）发现，自由采食牛奶的犊牛在 2～4 周龄时，使用奶瓶饲喂的犊牛其体重比使用奶桶饲喂的增长快；但 Veissier（2002）、许先查（2010）的结论则相反。犊牛的食管沟反射是神经与生理共同调节的作用，用奶瓶饲喂的犊牛有较强的吮吸行为，但用奶桶饲喂的犊牛也表现出一定的吮吸行为。因此，犊牛都能表现出较好的生长性能，应该都有较强的食管沟反射，特别是在犊牛出生后采用了人工诱导犊牛吮吸奶桶中的乳汁，犊牛习惯这种吮吸方式之后，在后续的用奶桶或者奶瓶饲喂时，犊牛仍保持较强的食管沟反射，能够使乳汁直接进入皱胃。可见食管沟反射不仅与乳液饲喂方式有关，还与饲养员的定时出现及规律性声音的刺激有关，以及与犊牛前期的饲喂有很大的关系。

是群饲还是单圈饲养，对犊牛增重影响的结论也不一致。一般来说，食管沟闭合反射受到摄乳方式、无机盐类刺激和葡萄糖刺激的影响（韩正康，1988）。对某些动物，采用带乳头的瓶子或桶饲喂，停止几周后再行采用这样的饲喂方式时，它们仍能认识这样的瓶或桶，并表现出明显的兴奋，有效地使食管沟闭合。而对于其他的动物，停止使用这样的用具仅几天就可以使这种食管沟反射消失。应用定期的加强方法，能使大多数反刍动物的食管沟反射终生得以适当的维持。Ørskov（1992）指出，桶喂的羔羊采用不同的姿势，并且喝奶的速度比吸奶的羔羊快，但是均能有效地闭合食管沟，使采食的液体流入皱胃里。当人工饲喂动物时，动物以自身的方式采食液体，食管沟的闭合逐渐加强；同样，知道必须以什么样的刺激间隔来加强食管沟的反射性闭合也是重要的。也就是说，无论在什么样的环境中，只要让犊牛形成条件反射，那么乳液均能有效地进入皱胃，让犊牛有效地吸收。

腹泻是影响断奶犊牛生长的重要原因之一，造成犊牛腹泻的原因很多，其中饲料是消化道最直接的接触物，因而是犊牛腹泻的原发性原因。Chua（2002）研究发现，单圈和配对饲喂的犊牛对腹泻没有差异。而许先查（2010）发现，这在犊牛 4 周龄之前也是没有差异的，但在第 5 周龄时，合圈犊牛有较大的波动，这可能与犊牛出现较多的吮吸栏杆和相互吮吸有关。因为在犊牛出现腹泻后，其他犊牛嗅、舔污染的地方时也容易造成传染，导致腹泻，这应该是合圈比单圈犊牛出现较高粪便指数的原因。因而，在合圈饲养犊牛的情况下，更应该加强圈舍内外的清洁和消毒，同时对犊牛皮毛的清理也不容忽视，避免因地面、器具、围栏、皮毛上污物造成交叉感染。

（二）代乳品的饲喂方式对犊牛行为学参数的影响

1. 犊牛采食行为 犊牛的采食行为包括了摄乳时间、摄乳速率及顶乳行为等。代乳品的饲喂方式（奶瓶或奶桶）、合圈或单圈饲养，均会对犊牛的采食行为产生一定影响。许先查（2010）发现，用奶瓶饲喂的犊牛与用奶桶饲喂的犊牛相比，前者对代乳品乳液的摄乳时间较长，摄乳速率则相反；而与合圈饲养相比，顶乳行为的次数以单圈饲养环境中的犊牛居多。单圈饲养时用奶瓶饲喂代乳品的犊牛每天要花费更长的时间吮吸空瓶，合圈饲养时用奶桶饲喂代乳品的犊牛则花费的时间最少；出现吮吸桶边缘、吮吸栏杆的行为均以单圈饲养奶桶饲喂的犊牛出现的时间最长，奶瓶饲喂的犊牛出现的时间则较短（表 7－6）。

表 7－6 代乳品的饲喂方式对犊牛摄乳时间及速率的影响

项目	周龄	饲喂方式				SEM	P 值		
		单圈饲养奶桶饲喂	单圈饲养奶瓶饲喂	合圈饲养奶桶饲喂	合圈饲养奶瓶饲喂		饲喂方式	周龄	饲喂方式×周龄
摄乳时间（s）	全期	35.90[c]	48.82[a]	39.24[bc]	52.61[a]	1.66	<0.0001	0.0005	0.0044
	1	45.16[b]	53.70[a]	37.87[b]	57.94[a]	2.62	<0.0001		
	3	34.11[c]	53.02[a]	42.64[b]	47.66[ab]	2.81	<0.0001		
	5	29.49[b]	46.16[a]	36.78[b]	50.82[a]	2.82	<0.0001		
	7	34.85[b]	42.43[b]	39.69[b]	54.02[a]	2.86	<0.0001		

（续）

项 目	周 龄	饲喂方式				SEM	P 值		
		单圈饲养奶桶饲喂	单圈饲养奶瓶饲喂	合圈饲养奶桶饲喂	合圈饲养奶瓶饲喂		饲喂方式	周龄	饲喂方式×周龄
摄乳速率（mL/s）	全期	50.74[a]	36.75[c]	44.46[b]	33.20[c]	1.78	<0.0001	<0.0001	0.0005
	1	34.67[ab]	28.87[bc]	40.18[a]	26.57[c]	2.58	0.0003		
	3	48.35[a]	29.79[b]	36.36[b]	32.66[b]	2.78	<0.0001		
	5	59.29[a]	38.47[c]	48.71[b]	34.36[c]	2.79	<0.0001		
	7	60.64[a]	49.86[b]	52.61[b]	39.21[c]	2.81	<0.0001		
顶乳行为（次）	全期	11.48[b]	20.42[a]	4.36[c]	5.53[c]	0.32	0.0002	<0.0001	<0.0001
	1	35.46[a]	24.32[a]	7.93[b]	12.98[b]	0.43	<0.0001		
	3	12.27[b]	29.23[a]	4.25[c]	4.57[c]	0.47	<0.0001		
	5	5.00[b]	25.69[a]	3.39[b]	4.05[b]	0.47	<0.0001		
	7	3.02	6.79	2.38	2.65	0.47	0.1545		

在犊牛采食固体饲料之前，其采食方式只有吮吸行为；在采食固体饲料之后、断奶之前，吮吸行为也是犊牛主要的采食方式，这是由于犊牛本身特有的生理结构决定的。因为在瘤胃发挥主要功能之前，饲料主要在皱胃进行消化，因此犊牛的吮吸行为是为了使食管沟闭合并且使营养物质到达皱胃从而更好地进行消化。只有当动物自愿地饮液并处于幼年动物所特有的兴奋状态时，食管沟才能充分闭合。食管沟反射与动物摄取液体的化学组成无关（甚至水也可能引起食管沟的闭合），也与动物饮液的方式（从乳头或桶中）无关。假如强迫动物吞食液体，或其摄取液体是为了解渴，则食管沟不闭合，摄入的液体进入瘤胃（Ørskov，1992）。这就说明吮吸行为是犊牛的一个重要行为，因为它可能会影响激素的代谢分泌和吮吸行为的表现，进而降低吮吸动机（de Passillé 等，2001）。增加采食牛奶中的营养性吮吸过程可以有效减少非营养性吮吸行为发生的时间，主要是通过减缓牛奶的流速和延长奶桶乳头的保留时间来延长牛奶供应的时间，可以确定能大幅度减少相互吮吸行为的发生（Jensen 和 Holm，2003）。因此，用奶瓶饲喂代乳品的犊牛其摄乳时间均较长，可以有更长时间的吮吸行为，降低吮吸动机，才能较少或者不出现异常行为（许先查，2010）。

犊牛的顶乳行为动作对母牛的乳房有刺激作用，能够促使母牛乳房分泌乳汁（Lidfors 等，1994）。当反刍动物在幼年兴奋状态（用头顶撞、摇尾等）下摄取液态饲料时饲料能有效地通过瘤胃；但当它为了止渴而饮或被强迫灌服时，液体通常流入瘤胃（韩正康，1988）。顶乳行为与吮吸行为息息相关，当犊牛满足其吮吸动机时，能够表现出更多的顶乳行为，以获得更多的乳汁。但在人工饲养环境下，因为犊牛的顶乳行为没有获得相应的回报时，顶乳行为次数下降得特别明显。特别是合圈犊牛，由于犊牛之间的互相影响，而且喝奶较快的犊牛可以去寻找附近的乳头而偷取喝奶较慢的犊牛所吸的乳液，因此犊牛出现顶乳行为的次数比单圈饲养的少（Ørskov，1970；许先查，2010）。

2. 犊牛的其他相关行为 在单圈或合圈饲养条件下，使用奶瓶或者奶桶饲喂犊牛，犊牛出现磨蹭栏杆、自我修饰行为的持续时间所占百分比均在 2.5%以下。单圈饲养环境下，犊牛无法表现出嗅其他牛、相互梳理等的社交行为，吮吸空桶或空奶瓶的时间较长。合圈组犊牛出现这些行为的持续时间均较短，但会出现相互吮吸的异常行为，其中用奶瓶饲喂的犊牛相互吮吸行为的持续时间有所降低。由此可见，奶瓶饲喂犊牛能有效减少非营养性吮吸行为的持续时间，减少相互吮吸的异常行为时间（表 7－7；许先查，2010）。

表 7－7　代乳品的饲喂方式对犊牛其他行为的影响（%）

项目	周龄	饲喂方式				SEM	P 值		
		单圈饲养奶桶饲喂	单圈饲养奶瓶饲喂	合圈饲养奶桶饲喂	合圈饲养奶瓶饲喂		饲喂方法	周龄	饲喂方法×周龄
吮吸空桶或吸舔乳头	全期	21.78^{a}	27.73^{a}	7.74^{b}	11.83^{b}	2.05	<0.0001	<0.0001	<0.0001
	1	23.75	22.41	21.90	14.60	2.61	0.0714		
	3	37.14^{a}	43.13^{a}	6.67^{c}	18.29^{b}	2.80	<0.0001		
	5	19.23^{b}	34.15^{a}	4.32^{c}	13.40^{b}	2.81	<0.0001		
	7	10.13^{ab}	14.08^{a}	2.86^{c}	3.78^{bc}	2.82	0.0024		
吮吸桶边缘或奶瓶	全期	4.89^{a}	2.07^{b}	2.07^{b}	0.71^{b}	1.00	0.0013	<0.0001	<0.0001
	1	5.45^{a}	2.21^{b}	8.09^{a}	1.72^{b}	1.35	<0.0001		
	3	7.03^{a}	1.58^{b}	0.68^{b}	0.27^{b}	1.47	<0.0001		
	5	5.09^{a}	2.09^{b}	0.76^{b}	0.60^{b}	1.47	0.0006		
	7	2.47	2.45	0.46	0.43	1.47	0.0548		
吮吸栏杆	全期	6.49^{a}	2.69^{bc}	5.50^{ab}	2.21^{c}	1.31	0.0143	0.0006	0.2446
	1	4.36	2.82	4.81	1.35	1.96	0.0674		
	3	9.48^{a}	5.05^{ab}	8.56^{a}	1.89^{b}	2.14	0.0021		
	5	10.82^{a}	2.08^{b}	5.34^{ab}	4.66^{b}	2.14	0.0008		
	7	2.74	1.25	3.70	1.39	2.14	0.1997		
磨蹭栏杆	全期	1.26^{a}	0.71^{a}	0.11^{b}	0.10^{b}	0.29	<0.0001	0.6042	0.4757
	1	0.87^{a}	0.69^{ab}	0.12^{b}	0.14^{b}	0.55	0.0215		
	3	1.41^{a}	0.40^{b}	0.09^{b}	0.08^{b}	0.60	0.0004		
	5	1.91^{a}	0.79^{b}	0.12^{bc}	0.08^{c}	0.60	<0.0001		
	7	0.94^{a}	0.98^{a}	0.11^{b}	0.10^{b}	0.60	0.0166		
自我梳理	全期	1.25^{ab}	1.87^{a}	1.06^{b}	1.25^{ab}	0.44	0.0243	0.4155	0.0161
	1	0.78^{b}	2.34^{a}	1.07^{b}	0.57^{b}	0.73	0.0015		
	3	1.92^{a}	1.67^{ab}	0.78^{b}	0.90^{ab}	0.80	0.0458		
	5	1.06^{b}	2.31^{a}	0.83^{b}	1.43^{ab}	0.80	0.0409		
	7	1.29	1.22	1.60	2.29	0.80	0.0972		
嗅地	全期	1.60^{b}	3.08^{a}	1.94^{b}	2.34^{ab}	0.59	0.0086	<0.0001	0.0027
	1	0.85	1.82	2.13	1.96	0.60	0.1278		
	3	0.42^{b}	3.59^{a}	2.97^{a}	2.30^{a}	1.10	0.0009		
	5	2.95^{bc}	5.90^{a}	2.21^{c}	5.34^{ab}	1.20	0.0045		
	7	2.63^{a}	1.63^{ab}	0.71^{b}	0.57^{b}	1.20	0.0210		

（续）

项 目	周 龄	饲喂方式				SEM	P 值		
		单圈饲养奶桶饲喂	单圈饲养奶瓶饲喂	合圈饲养奶桶饲喂	合圈饲养奶瓶饲喂		饲喂方法	周龄	饲喂方法×周龄
嗅其他牛	全期	—	—	0.38	0.39	0.32	0.9544	0.3354	0.8109
	1	—	—	0.42	0.60	0.47	0.5271		
	3	—	—	0.56	0.39	0.51	0.5751		
	5	—	—	0.20	0.28	0.51	0.7823		
	7	—	—	0.33	0.29	0.51	0.8811		
躺卧	全期	1.92	3.46	3.91	4.96	1.70	0.3345	0.6405	0.6561
	1	2.67[ab]	1.08[b]	5.66[ab]	9.12[a]	3.00	0.0169		
	3	1.56	2.11	2.30	3.76	3.28	0.4458		
	5	1.57	5.34	4.73	4.68	3.28	0.2293		
	7	1.96	6.33	3.28	3.02	3.28	0.1940		
相互梳理	全期	—	—	0.82	0.80	0.57	0.9523	0.0727	0.3447
	1	—	—	1.88	1.09	0.87	0.2435		
	3	—	—	0.42	1.17	0.96	0.2349		
	5	—	—	0.58	0.60	0.96	0.9766		
	7	—	—	0.57	0.40	0.96	0.7670		
相互吮吸	全期	—	—	7.36	3.65	1.62	0.0865	0.0101	0.8371
	1	—	—	10.11[a]	4.74[b]	1.99	0.0499		
	3	—	—	8.99	4.48	2.13	0.1094		
	5	—	—	6.44	3.30	2.13	0.2039		
	7	—	—	4.44	2.27	2.13	0.3117		

自然环境下，犊牛可以自由采食母牛的乳汁，并且可以与母牛自由交流。因此，犊牛基本不会出现异常行为，特别是很少出现相互吮吸行为（de Passillé 等，2010）。但在规模化奶牛场的饲养环境中，犊牛的采食时间相对较短，并且饲养环境较为单一（特别是单圈环境中），因此很容易在采食后出现一些异常行为。为了解决犊牛异常的吮吸行为，特别是相互吮吸行为，诸多学者进行了一系列的研究，如调整牛奶的流速和供给量、饲喂后奶瓶和奶桶留在原位让犊牛舔舐、选择恰当的断奶方式、设计适宜的乳头性状、注重干草供给、调整群饲犊牛的规模大小等。

当犊牛通过乳头吮吸牛奶时，人为地限制牛奶的流速和在犊牛喝完牛奶之后给其供给干草可以降低非营养性吮吸的发生频率，防止合群饲养的犊牛发生相互吮吸行为（Haley 等，1998）。在合圈饲养中，以奶瓶采食牛奶的犊牛喜欢吮吸乳头要胜过吮吸其他犊牛，并且相互吮吸的发生频率减少 75%（de Passillé，2001）。许先查（2010）也证实，合圈用奶瓶饲喂的犊牛相对合圈用奶桶饲喂的犊牛，相互吮吸行为的持续时间较低；在单圈环境下，由于环境的单一性，犊牛无法相互吮吸到对方，这时犊牛就表现出非营养性吮吸。牛奶中乳糖含量影响了非营养性吮吸的频率，在产后的第 1 天，母牛的初乳中乳糖的含量平均为20～40 g/L，随后的全脂牛奶中乳糖浓度逐渐增加至50 g/L，这可能是犊牛在后期的发展中吮吸动机变强的原因。至少在周龄较大的犊牛上发现，牛奶中较高浓度的乳糖会导致犊牛出现非营养性吮吸（de Passillé等，2006；许先查，2010）。

用桶饲喂的犊牛比用奶瓶饲喂的犊牛会出现更多的吮吸栏杆和相互梳理行为（Jensen和Budde，2006）。用奶瓶饲喂犊牛可以有效减少犊牛出现非营养性吮吸行为持续的时间，但却无法完全避免（许先查，2010）。另外，休息场所面积的大小对牛只的休息时间有一定影响，当可供母牛休息的空间增加时，其休息和反刍的时间延长；如果休息空间很拥挤，则会影响母牛的产乳量和肉用公牛的增重。每头成年牛的临界面积应在5 m^2 左右，而犊牛则2 m^2 就足够了（韩正康等，1984）。

用单圈饲养可以避免犊牛相互吮吸，但这也会导致犊牛无法满足其社会交往的需求，主要是相互梳理。而犊牛间的相互梳理不仅可以帮助犊牛保持本身无法梳理到的部位的皮毛健康，还可以通过降低社会紧张关系程度来起到镇定作用（Færevik等，2007）。对于年幼的动物来说，比如犊牛，社会生活可以有机会表达出游戏行为，这能促进犊牛的运动和社会技能的发展，是正常行为表达的关键（Babu等，2004）。

第三节　还原奶（纯奶粉）和被污染鲜奶的营养强化

一、还原乳（纯奶粉）的营养强化

随着我国奶牛养殖规模化、集约化的迅猛发展，奶牛平均单产大幅提升。但由于生鲜乳收购价格和收购定额的问题，有鲜奶表面过剩的现象出现。牧场为避免倒奶造成资源浪费，多将未能售出的鲜奶喷粉储存。为节省成本和消化奶粉库存，牧场多选用奶粉代替牛奶或代乳品进行犊牛的早期培育。鲜牛奶在热处理加工过程中经高温高压环境喷雾干燥，造成大量营养成分缺失，特别是氨基酸、维生素等容易损失，造成营养物质的不平衡，一定程度上影响犊牛生产潜力的发挥和成年后的产奶性能，因此亟待采用相关技术措施解决这些现实问题，为犊牛的培育提供技术指导。

鉴于奶粉饲喂犊牛可能存在的问题，中农科反刍动物实验室创制了还原奶营养素平衡剂，并将其添加于奶粉中，以补充氨基酸、维生素等营养物质，改善纯奶粉中因营养破坏、损失及某些营养素不足对犊牛生长造成的不良影响，从而促进犊牛快速健康生长。

（一）试验方案

本试验在河北张家口市现代牧业察北牧场完成。将28头刚出生、体重为40 kg左右的健康中国荷斯坦犊牛，按照体重和日龄相一致的原则分成对照组和试验组，每组14头犊牛，公母各半。

采用单因素随机设计，对照组（control，CON）组犊牛饲喂纯奶粉兑成的还原乳；试验组（nutrient balance，NB）犊牛饲喂还原乳（纯奶粉）＋营养素平衡剂兑成的奶液。试验期98 d。

还原乳及营养素平衡剂的配制及饲喂方法：①还原乳饲喂方法，即纯奶粉干粉与

45 ℃左右巴氏杀菌温水重量体积比按 1∶7.5 的比例配制，饲喂给犊牛时温度在 39 ℃左右；②纯奶粉＋营养素平衡剂饲喂方法，即营养素平衡剂按 10%加入到纯奶粉中，然后与 45 ℃左右巴氏杀菌温水重量体积比按 1∶7.5 的比例配制，饲喂给犊牛时温度在 39 ℃左右。

试验用营养素平衡剂由北京精准动物营养研究中心配制，纯奶粉及犊牛开食料为现代牧业察北牧场饲喂犊牛专用料。纯奶粉、营养素平衡剂和开食料营养水平见表 7－8。

表 7－8 纯奶粉、营养素平衡剂和开食料营养水平（风干物质基础）

营养水平	纯奶粉	营养素平衡剂	开食料
总能（MJ/kg）	23.56	16.17	17.49
干物质（%）	96.76	95.87	93.36
粗蛋白质（%）	24.92	17.28	18.02
粗脂肪（%）	11.05	0.76	3.43
粗灰分（%）	5.43	6.42	5.03
钙（%）	1.01	1.76	0.73
磷（%）	0.69	0.48	0.42

注：营养水平均为实测值。

营养素平衡剂产品的特点是：①强化了纯奶粉中维生素的含量（包括脂溶性维生素 A、维生素 D、维生素 E、水溶性 B 族维生素，以及缓解应激的维生素 C 等），其中维生素 A 含量为 100 000～350 000 IU/kg，维生素 E 含量≥600 IU/kg；②强化了纯奶粉中的氨基酸含量，尤其是蛋氨酸、色氨酸、谷氨酸等，其中蛋氨酸含量≥2%；③添加了促进犊牛消化吸收的各种酶制剂（脂肪酶、蛋白酶、葡聚糖酶和纤维素酶等）；④添加了益生菌（地衣芽孢杆菌和乳酸杆菌等），提高犊牛消化吸收能力及免疫力；⑤添加了复合酸化剂，降低了纯奶粉的 pH，使犊牛采食奶液后，真胃中酸度降低，奶液停留时间长，有利于蛋白质凝固，同时减少了细菌繁殖的机会和腹泻的发生概率。

试验犊牛采用犊牛岛单栏饲养，每头犊牛占地约 3 m^2，保持圈舍卫生干净。饲喂过程中认真执行“四定”原则，即定时、定量、定温、定人。试验犊牛在出生后 1 h 内饲喂 4 L 初乳，第 12 小时再饲喂 2 L 初乳，第 1 周饲喂牛奶。各组犊牛在 8～13 日龄是奶液过渡期，过渡期内饲喂各组奶液与牛奶的比例逐渐由 1∶2 增加到 2∶1，至犊牛 14 日龄时全部饲喂各组相应奶液。犊牛自出生后第 2 天，每天饲喂 2 次奶液（6：30、16：30），每次奶液饲喂量为 4 L；犊牛自 14 日龄供给开食料和 39 ℃左右温水，自由采食和饮水，并记录开食料每日采食量。

（二）测定指标与分析方法

每隔 14 d 采集纯奶粉、营养素平衡剂和开食料样品，于 4 ℃保存。试验结束后带回实验室，分别测定样品中干物质、粗蛋白质、粗脂肪、粗灰分、钙、磷及总能含量。

1. 生长性能 称量犊牛出生重及犊牛 70 日龄和 98 日龄晨饲前空腹重，测量犊牛体尺（体高、体斜长和胸围），计算 ADG、体高变化率、体斜长变化率和胸围变化率。记录犊牛每天纯奶粉、营养素平衡剂和开食料的摄入量，计算两组 DMI 和 G/F。

2. 血清指标 试验42日龄和98日龄晨饲前，每组随机选取6头公犊牛，颈静脉采血约10 mL，3 000 r/min离心10 min，收集血清并分装于1.5 mL离心管中，−20 ℃保存待测。采用全自动生化仪（科华ZY KHB-1 280）测定血清中总蛋白（TP）、白蛋白（ALB）、球蛋白（GLB）、尿素氮（UN）、葡萄糖（GLU）和甘油三酯（TG）含量；采用半自动生化分析仪（L-3180）测定血清中总抗氧化能力（T-AOC）、超氧化物歧化酶（SOD）、谷胱甘肽过氧化物酶（GSH-Px）、丙二醛（MDA）和过氧化氢酶（CAT）含量。

（三）试验结果

1. 营养素平衡剂对断奶前后犊牛生长性能的影响 营养素平衡剂对断奶前后犊牛体重和体尺的影响见表7-9。在初生和70日龄阶段，CON组和NB组犊牛体重和体尺指标差异均不显著；在98日龄阶段，NB组犊牛体重显著高于CON组。NB组犊牛在初生至70日龄、初生至98日龄阶段，体高变化率和胸围变化率均显著高于CON组（表7-10）。

表7-9 营养素平衡剂对断奶前后犊牛体重及体尺的影响

项　目	处理组		SEM	*P* 值
	还原乳（CON）	还原乳+营养平衡剂（NB）		
初生				
体重（kg）	40.48	39.50	0.88	0.588
体高（cm）	76.14	74.12	0.63	0.110
体斜长（cm）	69.10	67.86	0.55	0.274
胸围（cm）	76.87	75.31	0.70	0.270
70日龄				
体重（kg）	90.41	92.83	1.01	0.237
体高（cm）	90.91	92.42	0.60	0.215
体斜长（cm）	94.56	95.44	0.50	0.388
胸围（cm）	103.98	105.45	0.52	0.159
98日龄				
体重（kg）	116.97^b	124.65^a	1.65	0.017
体高（cm）	97.37	99.01	0.53	0.127
体斜长（cm）	102.80	103.77	0.56	0.397
胸围（cm）	113.70	115.64	0.73	0.187

营养素平衡剂对断奶前后犊牛平均日增重、干物质采食量和饲料转化率的影响见表7-11。在ADG方面，NB组犊牛在71～98日龄、初生至98日龄阶段均显著高于CON组（$P<0.05$）；在DMI方面，NB组犊牛在初生至70日龄、初生至98日龄阶段均显著高于CON组（$P<0.05$）。两组犊牛在饲料转化率方面差异不显著。

表 7-10 营养素平衡剂对断奶前后犊牛体尺变化率的影响（cm/d）

项 目	处理组		SEM	P 值
	还原乳（CON）	还原乳+营养平衡剂（NB）		
初生至 70 日龄				
体高变化	0.21[b]	0.26[a]	0.01	0.003
体斜长变化	0.36	0.39	0.01	0.115
胸围变化	0.39[b]	0.43[a]	0.01	0.002
71～98 日龄				
体高变化	0.23	0.24	0.01	0.855
体斜长变化	0.29	0.30	0.02	0.941
胸围变化	0.35	0.36	0.02	0.661
初生至 98 日龄				
体高变化	0.22[b]	0.25[a]	0.01	0.002
体斜长变化	0.34	0.37	0.01	0.131
胸围变化	0.38[b]	0.41[a]	0.01	0.020

表 7-11 营养素平衡剂对断奶前后犊牛平均日增重、干物质采食量和饲料转化率的影响

项 目	处理组		SEM	P 值
	还原乳（CON）	还原乳+营养平衡剂（NB）		
初生至 70 日龄				
平均日增重（kg）	0.71	0.76	0.01	0.077
干物质采食量（kg/d）	1.04[b]	1.10[a]	0.01	0.042
饲料转化率（G/F）	0.68	0.69	0.01	0.729
71～98 日龄				
平均日增重（kg）	0.95[b]	1.14[a]	0.03	0.005
干物质采食量（kg/d）	2.18	2.39	0.07	0.118
饲料转化率（G/F）	0.44	0.48	0.01	0.083
初生至 98 日龄				
平均日增重（kg）	0.78[b]	0.87[a]	0.02	0.003
干物质采食量（kg/d）	1.37[b]	1.47[a]	0.02	0.018
饲料转化率（G/F）	0.57	0.59	0.01	0.113

鲜牛奶在喷粉过程中经高温、高压、喷雾干燥后造成氨基酸、维生素等大量营养成分缺失，营养物质的不平衡必将严重影响犊牛的早期生长发育。而营养素平衡剂补充或强化了有利于犊牛生长发育的氨基酸、维生素等营养素，并添加了益生菌、酸度调控剂、外源性酶制剂等非营养添加剂，可满足犊牛快速生长发育的需要。

犊牛早期增重主要是骨骼的生长发育，犊牛阶段的体尺指标可反映犊牛生长阶段受饲养管理水平和遗传因素的影响，而满足犊牛早期营养需要量是饲养管理水平的重要因素。蛋白质是犊牛生长发育的基础，其营养价值的高低主要取决于饲粮中的氨基酸组成，尤其是必需氨基酸的组成。王建红等（2010）采用氨基酸扣除法，在犊牛代乳品中分别扣除一定比例的赖氨酸和苏氨酸后发现，相对于氨基酸平衡组，2 组氨基酸扣除组犊牛体高变化率和胸围变化率均有降低趋势。本试验中营养素平衡剂显著提高了 NB 组犊牛初生至 70 日龄、初生至 98 日龄阶段体高变化率和胸围变化率，这与上述结果相似。王建红等（2010）试验中氨基酸扣除组未显著影响犊牛体尺变化率可能是氨基酸扣除比例较低所致。本试验中饲喂纯奶粉组犊牛体高变化率和胸围变化率低于 NB 组，可能是牛奶喷粉造成氨基酸含量的极度缺乏，抑制了犊牛早期的骨骼发育。提高干物质采食量可促进犊牛胃肠道发育，提高犊牛胸围变化率。本试验中 NB 组犊牛在整个试验期干物质采食量显著提高，这可能也是 NB 组犊牛在整个试验期胸围变化率显著提高的原因之一。

符运勤等（2009）研究发现，犊牛代乳品中添加益生菌可加快犊牛胃肠道菌群的建立，促进消化器官的发育，增加干物质采食量，显著提高犊牛平均日增重。董晓丽等（2012）在犊牛代乳品中添加植物乳杆菌和枯草芽孢杆菌也获得相似结果。本试验中 NB 组犊牛在整个试验期干物质采食量显著高于 CON 组（$P<0.05$），干物质采食量的增加促进了试验全期 NB 组犊牛 ADG 水平的显著提高（表 7－11），这与上述研究一致。犊牛增重主要受干物质采食量的影响，而益生菌本身就是生长促进剂，营养素平衡剂中益生菌的添加也可能是 NB 组犊牛体重快速增加的原因之一。

饲料转化率是评价饲料报酬的重要指标，提高饲料转化率可以节省饲养成本。犊牛饲粮中添加外源性酶制剂和酸度调控剂可提高饲料转化率。本试验中，营养素平衡剂对 NB 组纯奶粉奶液补充有外源性酶制剂和酸度调控剂，但试验期间营养素平衡剂对 2 组犊牛的饲料转化率无显著影响（表 7－11）。可能是本试验中 NB 组犊牛在试验全期干物质采食量显著高于 CON 组（$P<0.05$），采食量的大幅增加影响了其在犊牛胃肠道的消化吸收，造成了犊牛饲料转化率的短期降低。

2. 营养素平衡剂对断奶前后犊牛血清生化指标的影响　营养素平衡剂对断奶前后犊牛血清生化指标的影响见表 7－12。动物的血清指标有着评价机体物质代谢及健康状况的指导作用，而氨基酸摄入不足或吸收障碍最直接的表现就是血清 TP 和 ALB 含量降低。本试验中 NB 组犊牛血清 TP 含量在 42 日龄和 98 日龄时均高于 CON 组，尤其在 42 日龄时显著高于 CON 组（$P<0.05$），另外 NB 组犊牛血清中 ALB 和 GLB 含量在 42 日龄和 98 日龄时均高于 CON 组。这可能是由于牛奶喷粉造成氨基酸营养损失，营养素平衡剂补充了纯奶粉所缺失的 Met 等必需的氨基酸，使机体氨基酸达到平衡状态，满足了犊牛正常生长所需的氨基酸营养。

NB 组犊牛在 42 日龄和 98 日龄阶段血清尿素氮浓度比 CON 组分别降低 11.62%和 7.03%。这可能是由于营养素平衡剂补充的 Met、Lys 等必需氨基酸促进了机体氨基酸平衡，从而提高了犊牛氮在体内的代谢。

NB 组犊牛在 42 日龄和 98 日龄阶段血清 GLU 含量均显著高于 CON 组（$P<0.05$）。这可能是由于 CON 组犊牛饲粮中必需氨基酸补充不充足，破坏了机体糖代谢的动态平衡，进而影响胰岛素的分泌释放，减少了体内蛋白质的合成，可能也是 CON

组犊牛生长性能低于NB组的原因之一。以上血清相关指标的结果更进一步说明，营养素平衡剂补充的牛奶喷粉所缺失的氨基酸、维生素等营养物质有利于提高饲粮蛋白质的代谢利用状况，但有关氨基酸、维生素在犊牛机体内的代谢机理还有待进一步研究。

表7-12 营养素平衡剂对断奶前后犊牛血清生化指标的影响

项 目	处理组		SEM	P 值
	还原乳（CON）	还原乳+营养平衡剂（NB）		
42日龄				
总蛋白（g/L）	65.64[b]	68.79[a]	0.75	0.027
白蛋白（g/L）	27.43	28.17	0.70	0.619
球蛋白（g/L）	38.22	40.63	0.88	0.180
尿素氮（mmol/L）	5.51	4.87	0.23	0.177
葡萄糖（mmol/L）	4.88[b]	7.13[a]	0.49	0.012
甘油三酯（mmol/L）	0.25	0.36	0.04	0.244
98日龄				
总蛋白（g/L）	71.35	72.54	1.39	0.690
白蛋白（g/L）	25.30	25.82	1.15	0.833
球蛋白（g/L）	46.05	46.71	1.55	0.843
尿素氮（mmol/L）	7.40	6.88	0.25	0.319
葡萄糖（mmol/L）	3.50[b]	4.61[a]	0.28	0.037
甘油三酯（mmol/L）	0.32[b]	0.54[a]	0.05	0.029

3. 营养素平衡剂对断奶前后犊牛血清抗氧化指标的影响 营养素平衡剂对断奶前后犊牛血清抗氧化指标的影响见表7-13。NB组犊牛在42日龄时血清T-AOC显著高于CON组。这可能是由于营养素平衡剂补充的维生素改善了犊牛血清抗氧化性能，增强了机体抗氧化防御能力。营养素平衡剂未显著影响犊牛其他血清抗氧化指标。可能是由于营养素平衡剂补充维生素不足所致，也可能是物种的差异导致维生素在动物机体血清抗氧化功能的影响不同。另外，营养素平衡剂补充的氨基酸也可能是犊牛血清抗氧化指标提高的原因之一。

表7-13 营养素平衡剂对断奶前后犊牛血清抗氧化指标的影响（U/mL）

项 目	处理组		SEM	P 值
	还原乳（CON）	还原乳+营养平衡剂（NB）		
42日龄				
总抗氧化能力	8.07[b]	8.82[a]	0.16	0.009
超氧化物歧化酶	97.26	99.06	1.74	0.629
谷胱甘肽过氧化物酶	931.10	960.44	24.34	0.572
过氧化氢酶	8.30	8.55	0.16	0.461
丙二醛（nmol/mL）	5.13	5.11	0.07	0.882

（续）

项　目	处理组		SEM	P 值
	还原乳 (CON)	还原乳+营养平衡剂 (NB)		
98 日龄				
总抗氧化能力	9.52	9.47	0.33	0.942
超氧化物歧化酶	103.62	97.36	1.82	0.085
谷胱甘肽过氧化物酶	1105.10	1075.72	38.77	0.724
过氧化氢酶	12.60	11.33	0.38	0.099
丙二醛（nmol/ml）	4.73	4.93	0.07	0.135

（四）结论

纯奶粉中添加营养素平衡剂可有效补充和完善牛奶喷粉所缺失的营养成分，提高犊牛干物质采食量和日增重，改善犊牛体尺，增强犊牛抗氧化能力，促进犊牛早期生长发育。

二、被污染的鲜奶营养强化

在奶牛场，抗生药常被用于治疗乳房炎、子宫炎等疾病，导致牛奶中含有抗生素残留，这种奶通常被称为有抗奶。长期摄入含有抗生素残留的牛奶会严重影响人的健康，如过敏反应、破坏人体肠道内的正常菌群，并增加人体的抗药性。为确保消费者健康，乳制品加工业拒收抗生素残留超标牛奶，牧场为减少经济损失，通常选用这些有抗奶结合鲜奶经巴氏灭菌后饲喂犊牛。有抗奶中抗生素的残留和相关营养物质的缺乏势必会对犊牛的健康生长和成年后的产奶性能产生巨大影响。因此，亟待采用相关技术措施解决这些现实问题，为后备牛的培育提供技术指导。

中农科反刍动物实验室研制了有抗奶专用的营养增强剂，含有营养素与微生态制剂，可补充有抗奶营养素的不足，如完善犊牛快速生长过程中所需的维生素、氨基酸等营养物质，补充益生菌、酸度调控剂、外源性酶制剂等可促进犊牛消化和健康的非营养添加剂，改善有抗奶中因抗生素残留和营养破坏、损失及某些营养素不足对犊牛生长造成的不良影响，从而促进犊牛快速、健康生长。

（一）试验方案

试验选取刚初生体重为 40kg 左右、健康的 42 头荷斯坦犊牛，公母各半。试验于河北省张家口市现代牧业察北牧场开展。

有抗奶、营养增强剂和代乳品的配制及饲喂方法：①有抗奶，即现代牧业察北牧场将泌乳牛休药期（泌乳牛生病治疗期间所用抗菌药有氟尼辛葡甲胺注射液、土霉素注射液、盐酸头孢噻呋注射液等）所产有抗奶和鲜牛奶按 1∶2 混匀，经巴氏灭菌后饲喂犊牛，饲喂时的温度在 39 ℃左右；②营养增强剂配制方法，即每 100 kg 巴氏灭菌有抗奶中添加 1.307 kg 营养增强剂和 9.803 L 巴氏杀菌温水，使用犊牛饲喂器将营养增强剂和有抗奶搅拌均匀，饲喂时的温度在 39 ℃左右；③代乳品，即代乳品干粉与 45 ℃左右巴氏杀菌温水重量体积比按 1∶7.5 配制，饲喂时温度在 39 ℃左右。

试验用营养增强剂和代乳品由北京精准动物营养研究中心配制，有抗奶及犊牛开食料为现代牧业察北牧场饲喂犊牛专用料。有抗奶、营养增强剂、代乳品和开食料的营养水平见表 7－14。

表 7－14　有抗奶、营养增强剂、代乳品和开食料的营养水平（风干物质基础，%）

营养水平	有抗奶	营养增强剂	代乳品	开食料
总能（MJ/kg）	23.56	16.09	20.74	17.49
干物质	96.76	95.77	96.32	93.36
粗蛋白质	24.92	12.41	27.76	18.02
粗脂肪	11.05	0.90	7.34	3.43
粗灰分	5.43	5.33	6.28	5.03
钙	1.01	1.35	1.13	0.73
磷	0.69	0.20	0.66	0.42

注：1. 代乳品为专利产品，专利编号 CN105192391A；
2. 营养水平均为实测值。

营养增强剂产品的特点是：①强化了有抗奶中维生素的含量（包括脂溶性维生素 A、维生素 D、维生素 E、水溶性 B 族维生素，以及缓解应激的维生素 C 等），其中维生素 A 含量为 100 000～350 000 IU/kg，维生素 E 含量≥600 IU/kg；②强化了有抗奶中微量元素（铜、铁、锌、硒）的不足，尤其是铁、锌的不足，其中铁含量为 200～1 200 mg/kg，锌含量为 200～1 000 mg/kg（微量元素采用氨基酸螯合物形式）；③强化了有抗奶中的氨基酸含量，尤其蛋氨酸、色氨酸等，其中蛋氨酸含量≥2%；④添加了促进犊牛消化吸收的各种酶制剂（蛋白酶、纤维素酶等）；⑤添加了益生菌（芽孢杆菌、乳酸菌等），提高犊牛消化吸收能力及免疫力；⑥添加了复合酸化剂，降低了奶粉 pH，使犊牛采食奶液后真胃中的酸度降低，奶液停留时间长，有利于蛋白质凝固；⑦减少了细菌繁殖和腹泻发生的概率。

将初生健康、体重、日龄相近的荷斯坦犊牛 42 头，采用单因素完全随机试验设计分为 3 组，每组 14 头，公母各半，3 组犊牛初始体重经方差分析差异不显著。试验分 2 个阶段进行：第 1 阶段（初生至 70 日龄），对照（control，CON）组犊牛饲喂巴氏灭菌有抗奶和开食料，营养增强剂（nutrition enhancers，NE）组犊牛饲喂巴氏灭菌有抗奶、营养增强剂和开食料，代乳品（milk replacer，MR）组犊牛饲喂代乳品和开食料；第 2 阶段（71～98 日龄），3 组犊牛进行断奶过渡 1 周后停止饲喂奶液，至试验结束饲粮仅喂开食料。

试验犊牛的饲喂方式同本节“一、还原乳（纯奶粉）的营养强化”中的饲喂方式，但整个试验期间记录犊牛每日腹泻情况。

（二）测定指标和分析方法

1. 营养增强剂、代乳品、开食料和有抗奶营养水平 每隔 14 d 采集营养增强剂、代乳品和开食料样品及奶牛场有抗奶喷粉后纯奶粉干粉样品，4 ℃保存。试验结束后带回实验室，测定样品中干物质、粗蛋白质、粗脂肪、粗灰分、钙、磷及总能含量。

2. 犊牛的体重与体尺指标 称量犊牛初生重及犊牛 70 日龄和 98 日龄晨饲前空腹重，测量犊牛体尺（体高、体斜长和胸围），计算 ADG、体高变化率、体斜长变化率和胸围变化率。记录犊牛每天有抗奶、营养增强剂、代乳品和开食料摄入量，计算犊牛 DMI 和 G/F。每天根据 Lesmeister 等的方法进行粪便评分，犊牛粪便流动性和黏滞性均超过 3 分的记为腹泻，每头犊牛每腹泻 1d 记为 1 个发病日数。试验过程中，记录犊牛腹泻天数和腹泻头数，计算腹泻率：

$$腹泻率=\Sigma 腹泻头数\times 腹泻天数/（试验头数\times 试验天数）\times 100\%$$

3. 血清指标测定 血清指标测定方法同本节“一、还原乳（纯奶粉）的营养强化”中的方法。

（三）试验结果

1. 营养增强剂对饲喂有抗奶犊牛断奶前后生长性能的影响 抗生素的滥用导致牛奶中抗菌药物残留，犊牛采食有抗奶会破坏其胃肠道内正常菌群，使犊牛对抗生素产生耐药性，再加上营养物质的不平衡，因此将严重影响犊牛的早期生长发育。而营养增强剂针对有抗奶中抗生素残留和巴氏灭菌处理等造成牛奶营养物质损失缺陷，完善了犊牛快速生长过程中所需的维生素、氨基酸等营养物质，补充了益生菌、酸度调控剂、外源性酶制剂等可促进犊牛消化和健康的非营养添加剂，从而促进了犊牛快速、健康生长（表 7－15）。

本试验中相对于 CON 组，营养增强剂显著提高了 NE 组犊牛试验全期体高变化率和初生至 70 日龄阶段胸围变化率。这可能是营养增强剂补充完善了有抗奶中所缺乏的氨基酸，进而促进了 NE 组犊牛机体内氨基酸平衡，提高了 NE 组犊牛体尺变化率。犊牛干物质采食量的增加可促进其胃肠道发育，进而提高胸围变化率（表 7－16），本试验初生至 70 日龄阶段 NE 组犊牛干物质采食量显著高于 CON 组，这可能也是此阶段中 NE 组犊牛胸围变化率显著提高的原因之一。

饲粮中添加一定益生菌、酸度调控剂、外源性酶制剂等均可促进犊牛胃肠道发育，提高饲料转化率。而本试验中 NE 组犊牛奶液中补充了益生菌、酸度调控剂、外源性酶制剂等非营养添加剂，但试验全期 CON 组和 NE 组犊牛饲料转化率无显著差异（表 7－17）。这可能是由于试验期间犊牛饲粮以奶液为主，犊牛采食大量奶液影响了犊牛胃肠道发育，减少了开食料采食，导致两组犊牛饲料转化率无显著差异。

NE 组犊牛腹泻率在初生至 70 日龄阶段比 CON 组降低 54.60 %，在初生至 98 日龄阶段比对照组降低 46.13%（表 7－18）。这可能是营养增强剂补充了有抗奶所缺乏的维生素等营养物质，维生素的添加提高了犊牛的免疫力，减少了腹泻的发生。另外，犊牛饲粮中添加益生菌可促进瘤胃中有益菌的生长，抑制有害菌，从而促进瘤胃发育，降低犊牛腹泻率。营养增强剂中益生菌的添加可能也是 NE 组犊牛腹泻发病率降低的重要原因。

表 7-15 营养增强剂对饲喂有抗奶犊牛断奶前后体重和体尺的影响

项 目	处理组			SEM	P 值
	污染奶 (CON)	污染奶+增强剂 (NE)	代乳品 (MR)		
初生					
体重 (kg)	40.92	40.47	39.51	0.57	0.595
体高 (cm)	77.07	75.98	77.73	0.43	0.255
体斜长 (cm)	69.98	69.43	69.84	0.50	0.900
胸围 (cm)	77.43	76.11	77.31	0.41	0.349
70 日龄					
体重 (kg)	99.82[b]	105.14[a]	97.83[b]	1.14	0.021
体高 (cm)	95.91[ab]	97.22[a]	94.56[b]	0.45	0.048
体斜长 (cm)	97.65	99.40	97.27	0.51	0.197
胸围 (cm)	108.89[ab]	109.92[a]	107.14[b]	0.45	0.036
98 日龄					
体重 (kg)	126.67	132.25	128.28	1.43	0.264
体高 (cm)	99.65	101.31	98.68	0.52	0.110
体斜长 (cm)	104.83	106.48	105.49	0.71	0.650
胸围 (cm)	116.87	118.20	116.89	0.48	0.445

表 7-16 营养增强剂对饲喂有抗奶犊牛断奶前后体尺变化率的影响 (cm/d)

项 目	处理组			SEM	P 值
	污染奶 (CON)	污染奶+增强剂 (NE)	代乳品 (MR)		
初生至 70 日龄					
体高变化	0.27[b]	0.30[a]	0.24[b]	0.01	<0.001
体斜长变化	0.40	0.43	0.39	0.01	0.080
胸围变化	0.45[b]	0.48[a]	0.43[b]	0.01	0.005
71~98 日龄					
体高变化	0.13	0.15	0.15	0.01	0.881
体斜长变化	0.26	0.25	0.29	0.02	0.704
胸围变化	0.28	0.30	0.35	0.01	0.127
初生至 98 日龄					
体高变化	0.23[b]	0.26[a]	0.21[b]	0.01	0.001
体斜长变化	0.36	0.38	0.36	0.01	0.504
胸围变化	0.40	0.43	0.40	0.01	0.053

表 7－17　营养增强剂对饲喂有抗奶犊牛断奶前后平均日增重、干物质采食量和饲料转化率的影响

项　目	处理组			SEM	P 值
	污染奶（CON）	污染奶＋增强剂（NE）	代乳品（MR）		
初生至 70 日龄					
平均日增重（kg）	0.84^{b}	0.92^{a}	0.83^{b}	0.01	0.011
干物质采食量（kg/d）	1.08^{c}	1.21^{b}	1.32^{a}	0.02	＜0.001
饲料转化率（G/F）	0.78^{a}	0.77^{a}	0.63^{b}	0.01	＜0.001
71～98 日龄					
平均日增重（G/F）（kg）	0.96^{b}	0.97^{b}	1.09^{a}	0.02	0.031
干物质采食量（kg/d）	2.52^{b}	2.52^{b}	3.08^{a}	0.07	＜0.001
饲料转化率（G/F）	0.38^{a}	0.38^{a}	0.35^{b}	0.01	0.027
初生至 98 日龄					
平均日增重（kg）	0.88	0.94	0.91	0.01	0.170
干物质采食量（kg/d）	1.49^{b}	1.58^{b}	1.82^{a}	0.03	＜0.001
饲料转化率（G/F）	0.59^{a}	0.59^{a}	0.50^{b}	0.01	＜0.001

表 7－18　营养增强剂对饲喂有抗奶犊牛断奶前后腹泻率的影响（%）

项　目	处理组		
	污染奶（CON）	污染奶＋增强剂（NE）	代乳品（MR）
初生至 70 日龄	3.37	1.53	3.57
71～98 日龄	1.53	1.53	1.02
初生至 98 日龄	2.84	1.53	2.84

2. 营养增强剂对饲喂有抗奶犊牛断奶前后血清指标的影响　NE 组和 CON 组犊牛在 98 日龄阶段血清 IgA、IgM 含量均显著高于 MR 组（P＜0.05）。可能是两组犊牛在初生至 70 日龄阶段均采食有抗奶的缘故。饲喂有抗奶组犊牛在哺乳阶段没有表现出类似的效果，可能是抗生素的作用较缓，需要一定时间才能表达出来。3 组犊牛血清 IgG 含量差异不显著，但 98 日龄阶段 NE 组犊牛血清 IgG 含量高于 CON 组（表 7－19）。可能是营养增强剂添加的益生菌在动物肠道定殖后，其分泌的活性成分可刺激肠道免疫应答机制，进而通过相应的免疫细胞、器官和系统来调节机体的免疫力，最终改善了 NE 组犊牛机体免疫力。

NE 组犊牛在 42 日龄和 98 日龄阶段血清 SOD 活性均显著高于 CON 组（P＜0.05），NE 组犊牛在 98 日龄阶段血清 MDA 含量显著低于 CON 组（P＜0.05），犊牛其他血清抗氧化指标上无显著变化（表 7－20）。可能是犊牛机体在维生素缺乏时期主要通过血清中 SOD 活性和 MDA 含量两个指标反映机体清楚自由基的能力，而其他抗氧化酶活性表现不明显。

目前为止，关于维生素、氨基酸水平对犊牛抗氧化防御系统的作用了解较少，缺乏

相关报道，需要更多的试验进行研究。

表 7-19 营养增强剂对饲喂有抗奶犊牛断奶前后血清免疫指标的影响（g/L）

项 目	处理组			SEM	P 值
	污染奶（CON）	污染奶+增强剂（NE）	代乳品（MR）		
42 日龄					
IgA	0.95	1.00	0.96	0.02	0.596
IgG	11.95	10.39	10.44	0.33	0.084
IgM	2.45	2.67	2.39	0.05	0.051
98 日龄					
IgA	0.96^a	0.91^a	0.83^b	0.02	0.003
IgG	11.17	12.37	12.37	0.26	0.080
IgM	2.26^a	2.41^a	2.04^b	0.05	0.003

表 7-20 营养增强剂对饲喂有抗奶犊牛断奶前后血清抗氧化指标的影响

项 目	处理组			SEM	P 值
	污染奶（CON）	污染奶+增强剂（NE）	代乳品（MR）		
42 日龄					
T-AOC（U/mL）	7.19^a	7.51^a	6.63^b	0.12	0.003
SOD（U/mL）	83.88^b	96.96^a	86.65^b	2.09	0.015
GSH-PX（U/mL）	924.50	880.48	826.58	23.84	0.256
CAT（U/mL）	7.89	8.05	8.31	0.17	0.646
MDA（nmol/mL）	5.96	5.58	5.80	0.12	0.480
98 日龄					
T-AOC（U/mL）	9.90	10.16	8.99	0.24	0.100
SOD（U/mL）	106.87^b	116.59^a	120.42^a	1.93	0.005
GSH-PX（U/mL）	1081.68	1129.43	1153.63	33.40	0.696
CAT（U/mL）	11.78	12.27	11.51	0.25	0.494
MDA/（nmol/mL）	4.71^a	4.17^b	4.63^a	0.08	0.002

（四）结论

有抗奶中补充营养增强剂可在一定程度上促进犊牛生长发育，增强犊牛抗氧化性能，降低犊牛腹泻率。

有抗奶的大量库存是奶牛场现状，犊牛最适宜的营养源是母乳，而代乳品可促进犊牛早期瘤胃发育，使犊牛更快适应断奶后粗饲料。因此，研究关于有抗奶+营养增强剂和代乳品共同对犊牛的早期培育，不仅可解决奶牛场的现实问题，也可促进犊牛早期发育健康生长。

第四节　奶公犊的育肥

小牛肉生产起源于20世纪的欧洲。对于小牛肉，很多人存在着误解，认为小牛肉是来源于很小的牛所产的肉。实际上，小牛肉是相对于成年牛或大牛所产的牛肉来说的，其来源于犊牛。尽管小牛肉可以产自于不同性别和种类的犊牛，但大多数的小牛肉是由奶公犊牛产出的。成年奶牛每年必须通过产犊才能持续生产出我们需要的牛奶，而接近50%的新生犊牛为公犊，尤其伴随着人工授精技术的发展，奶牛场产生了大量的奶公犊牛，其中仅有很少一部分用作育种需要，其他公犊牛不能产奶。随着小牛肉产业发展，这些奶公犊牛被出售到给小牛肉生产者用于生产小牛肉。

一、小牛肉特点及分类

（一）小牛肉的特点

与普通牛肉相比，小牛肉最明显的特点表现在肉色上。由于饲喂低铁日粮和屠宰时日龄较早，犊牛肌肉中肌红蛋白的含量较少，因而肉色较浅。值得注意的是，虽然低铁日粮饲喂可以产出人们想要的浅色小牛肉，但铁水平降低容易造成犊牛贫血，导致犊牛自然免疫系统降低、易感疾病，加上抗生素等药物的过量使用，因此反而影响了犊牛生长发育和肉品质（昝林森等，2008）。考虑到动物的健康和福利要求，用于生产小牛肉的犊牛要严格饲养。

小牛肉特别嫩，肌纤维纹理较细、致密、有弹性，肌肉易咀嚼和消化；含有较高的水分、较低的脂肪和胆固醇；蛋白质含量高于一般的牛肉并且富含人体所必需的氨基酸；脂肪含量低于普通牛肉且呈乳白色；含有其他丰富的营养元素，如维生素 B_{12} 和矿物元素（锌、硒、锰、铜等）等。总之，小牛肉是一种营养美味、鲜嫩可口的肉品（孙宝忠，2006）。

（二）小牛肉的分类

根据日粮组成的不同、饲养管理的区别及肉质（主要是肉色）的差异，小牛肉大致分为五类。

1. 鲍布小牛肉　是指3周龄以内，犊牛完全用牛奶饲喂，当体重达到32～68 kg时屠宰所得的牛肉。此种牛肉肉质松软，肉色呈浅粉红色（Denoyelle等，1999）。

2. 配方饲料生产小牛肉　指以配方饲料饲养的小牛。这种平衡的日粮包括犊牛健康生长所需的所有营养元素。近些年，伴随着消费者对乳加工产品，如奶酪、冰激凌等需求的增加，乳加工副产品——乳清粉等也越来越多。以这些加工副产品为主要原料，在保证犊牛健康所需的必需蛋白质和其他营养物质的前提下，经过科学配比，可以生产出能代替牛乳来饲喂犊牛生产小牛肉的新型产品——代乳品。在小牛肉产业中，对犊牛来说，这种类型的日粮也是当今小牛肉生产中最普通的日粮之一。

用鲜乳或代乳品作为日粮饲喂奶公犊牛所产的小牛肉被美国农业局定级为特殊饲喂

的犊牛（“Special－fed veal”，SFV）。此类犊牛一般在喂养到18～20周龄，体重达到200～220 kg时进行屠宰。此时所得的牛肉呈现的是象牙白色（乳白色）或乳脂状的粉红色，并且肉质柔软，富有韧性，肉味鲜美（Vermeire等，2002）。

3. 谷物饲养生产小牛肉 首先以鲜奶（包括代乳品）为基础的日粮饲喂犊牛6～8周龄，再以谷物类饲料（如玉米、大麦等）、牧草或青贮作为日粮饲喂22～26周龄，当犊牛体重达到295～320 kg时屠宰所得的一种小牛肉即为谷物饲养生产的小牛肉。这种肉的颜色相对较暗，并含有了一定量明显的大理石花纹和脂肪。

4. 散放饲养生产小牛肉 犊牛在牧场上饲养，可以不受限制地采食母乳、牧草及禁止使用激素和抗生素，这种饲养模式生产出的是安全、绿色的小牛肉（Miltenburg等，1992）。犊牛一般到24周龄左右屠宰，此时肉的颜色呈较深的粉红色，并且相对其他种类的小牛肉，此种小牛肉含有较低的脂肪。

5. 玫红小牛肉 指产于农场上自由采食食物的犊牛，肉色为浅粉红色，在35周龄左右屠宰。

二、国外小牛肉业的发展现状

小牛肉是伴随奶牛养殖业和乳品加工业的蓬勃发展而发展起来的，世界上奶业发达的国家，如欧洲的荷兰、法国和意大利，北美洲的美国、加拿大，大洋洲的澳大利亚、新西兰等国的小牛肉产业都很发达（Gerard等，2000）。

（一）欧盟小牛肉产业

小牛肉生产起源于欧洲，欧盟是小牛肉最主要的生产和消费区域。其中，最大的消费国是法国，最大的进口国是意大利，最大的出口国是荷兰（王敏等，2005）。传统的小牛肉生产国主要是法国、意大利、荷兰和比利时，最为主要的是荷兰。在欧洲，很多小牛肉产业不是很发达的同家都将犊牛出口到荷兰。

荷兰小牛肉业的发展值得参考借鉴。荷兰是典型的人口密集、国土面积狭小的国家，也因此限制了牛的品种向乳肉兼用型方向发展。荷兰每年生产110万头的奶公犊牛，除部分留作种用外，大部分用于生产小牛肉，其乳用品种牛肉产量占到牛肉总产量的90%左右（李胜利，2009）。荷兰产的小牛肉以柔嫩多汁、味美色白而享誉世界，是世界主要的小牛肉出产国（陈银基等，2003）。荷兰小牛肉生产者首次应用以乳清粉为基础的特殊代乳品去饲喂公犊牛，这种配方日粮经济、合理，并可适当控制日粮中微量元素铁的含量，在不影响犊牛健康的情况下使犊牛保持轻度贫血状态，以此来生产颜色较淡的小牛肉（Webb等，2012）。

荷兰小牛肉的生产遵照严格的条例。目前，全国小牛肉的生产由两个“农工联合体”控制，一个负责生产配方饲料生产小牛肉，一个负责谷物饲养生产小牛肉。他们对动物的福利、健康、食品安全及肉品质量等严格把关，从而对小牛肉生产、加工和出口的全过程进行控制；同时，严格遵循欧盟的饲料和食品卫生标准，并全面推行质量监控制度和HACCP规范。因此，整个产业处于一个高度组织化、规模化和规范化发展的阶段（李胜利，2009）。

近些年，荷兰小牛肉的产量逐渐增加。2009 年的一项数据显示，当年小牛肉产量 23.3 万 t，比 2008 年增加 2%。其中，犊牛小于 8 月龄屠宰生产的小牛肉占到 74%，8～24月龄屠宰生产的小牛肉占 26%。同时，进口量也有所增加，2009 年进口 83 万头犊牛，比 2008 年增加 8%，这些犊牛更多的来自于爱尔兰和波兰。伴随着小牛肉产量的增加，出口量也有所增长，2009 年出口 20.7 万 t，占生产总量的近 90%，且比 2008 年有少量的增加（2.5%）。这些年来，荷兰大量的小牛肉稳定出口到三个国家——意大利、德国、法国，出口量的约 80%进入这些国家的市场，其中意大利占 40%，德国和法国各占 20%。尽管如此，小牛肉生产部门正在努力开拓世界范围内的更多市场，如中东地区一些国家的市场。

荷兰生产的小牛肉具有比较稳定的价格，且比较昂贵，近几年略微有些波动。2008 年，由年初的 5.50 欧元/kg 降到了秋季的 3.30 欧元/kg，而 2009 年一直保持在 4.00～4.50 欧元/kg，这是由于 2009 年初生犊牛价格较之 2008 年有很大的增加（17%）。同时，荷兰本国小牛肉的消费量表现出略微增加的趋势，每年人均消费量可达到 1.7 kg。

在诸如北美、欧盟等一些小牛肉业发达的国家，都有一套普遍适用的小牛肉分级标准和自己的一套小牛肉分级系统，从犊牛的育肥、屠宰到小牛肉的分级、市场定价，都起到一定的规范和指导作用，对小牛肉业的发展做出了很大贡献（陈银基等，2003）。这些国家的体系评价原理类似。犊牛胴体主要按体型构造（主要反映胴体瘦肉、脂肪和骨的比例）及肉质（包括质地、肉色和肋部内表面羽状脂肪含量等）两种评分指标进行评级（孙宝忠等，2002）。

欧盟小牛肉分级标准与成年牛的相比没有“大理石花纹”这一项的评判，主要是犊牛生长还没有达到体脂贮存的生理年龄就被屠宰，肌间脂肪不可能沉积，因此主要评判的依据是肌肉颜色、胴体形态和脂肪覆盖程度。

小牛肉的分级中，肌肉颜色是一个特殊的指标，为 1～13，数值越大表示肉色越深；胴体形态是对胴体上肌肉组织数量的主观评定，分为 S（super—超级，极少能达到）、E（excellent—优秀）、U（very good—非常好）、R（good—好）、O（fair—般）和 P（poor—差）六级，其中每一级又分为三级；脂肪覆盖程度是对胴体上脂肪组织数量的主观评价，根据胸腔内肋间肌上的脂肪附着程度和特定部位（臀部、脊背、肩部）皮下脂肪的覆盖程度进行评价，用数字 1（low—非常少）、2（slightly—少量）、3（moderate—适中）、4（fat—丰富）、5（very fat—非常丰富）表示，分值越高则表示脂肪越厚（田甲春等，2010）。

（二）北美洲小牛肉产业

1. 美国　在美国，小牛肉主要是由配方饲料生产，即用代乳品饲喂。代乳品原料主要来自于奶酪生产的副产品——乳清粉和乳清蛋白，然后对它们进行了营养化的调制。这种特殊饲喂生产小牛肉的产业是在充分利用奶公犊牛和乳清粉的基础上逐渐形成的，该产业在美国农业生产中充当了重要角色（USDA，1980）。

在美国，家庭犊牛育肥场为主要的生产模式，每个家庭大约饲养 250 头犊牛，1 300多个家庭式犊牛场主要集中在纽约、印第安纳和威斯康星州等六个奶业大州（欧宇，2002）。这些犊牛场一般是购买体重 45 kg 左右的荷斯坦公犊牛，饲养至 20～23 周龄或 4.5～5 月龄、体重达 180～225 kg 时屠宰。按照小牛肉评级标准，全美国所产小牛肉中 93%的肉质为最优或上等。全美国每年有 75 万头犊牛用于小牛肉生产，产量在 1.36 亿～1.82 亿 kg，产值达 6.4 亿～7.0 亿美元。美国奶牛业在两方面从小牛肉生产中获利，一是充分利用了多余的奶公犊牛，开拓了市场并创造了巨大的经济效益；二是可以出售乳品加工副产品，用作奶公犊饲养的饲料。全国的奶牛业从这两方面获得近 2.5 亿美元的附加值，其中包括 5 千万美元的乳清粉和 1 亿美元的乳蛋白贸易（Cozzi 等，2002）。

美国农业部自 1928 年提出首部犊牛胴体分级标准以来，经七次修改、增补后得到现行的 1980 年犊牛胴体分级标准。其中，肉色、肌肉坚挺和肋部内表面羽状脂肪的数量分别分 3 个、11 个和 12 个类别。肉质对分级的重要程度高于体型结构（USDA，1980）。

依据肉质和体型结构两个指标进行综合评级，小牛肉共分为最优（prime）、上等（choice）、良好（good）、标准（standard）和可用（utility）5 个等级（USDA，1980；张静等，2011）。

2. 加拿大 小牛肉产业在加拿大过去经常被忽视，被认为仅占畜牧业生产的很小部分比例，但在过去的几年中，却成长为一个蒸蒸日上的产业，并对加拿大的农业做出了很大贡献。在加拿大，安大略省和魁北克省因拥有最大数量的奶牛场，因此也是加拿大最大的小牛肉生产区，加拿大小牛肉产量的 97%由这两个省产出。其中，魁北克省占 52%、安大略省占 45%。在安大略省，每年存栏犊牛 10 万头，小牛肉产业每年为农场贡献 1.1 亿美元的收入和对本省经济有 4.5 亿美元的影响（李胜利，2009）。

加拿大的小牛肉生产主要以家庭饲养为主，每个家庭饲养 150～200 头，且主要采用两种饲喂方式生产小牛肉，以鲜乳为基础的日粮饲喂犊牛用于生产特殊饲喂的小牛肉和以谷物饲喂犊牛用于生产谷物饲养生产小牛肉，两者分别占全部小牛肉产量的 70%和 30%。加拿大在小牛肉生产中严格遵守抗生素的使用规范及遵循动物、肉品的检疫检验制度，其生产的小牛肉大约有 70%是在省内进行加工处理，30%运送到联邦内处理或出口到美国。

加拿大现行的犊牛胴体分级最新法规由食品检验局颁布，于 2009 年 10 月 1 日起实施。法规中犊牛胴体是指不满 180 kg 的牛胴体，根据肉色、肌肉度和脂肪覆盖度进行等级评定，小牛肉分为 A1、A2、A3、A4，B1、B2、B3、B4，C1 和 C2 三等共 10 个级别（张静等，2011）。

三、我国小牛肉业的发展现状和趋势

近年来，随着人民生活水平的提高，我国的牛肉消费量逐年增加。2009 年中国牛肉进口量由上年的 0.73 万 t 增加到 1.04 万 t，增长 1.4 倍。但总体发展水平还很低：首先从牛肉消费的总体来看，中国目前人均消费还不足 3 kg，与世界人均消费约 9 kg 来说相差甚远，每年牛肉供应的缺口有几百万吨；其次，国际牛肉市场交易量的 50%为高档牛肉，而我国目前高档牛肉生产还很少，每年都需大量进口，由此可见国内牛肉市场的潜力巨大（王卫国，2002）。

现如今，我国人民对肉的种类和质量都有了更高的要求。小牛肉因营养丰富而成为畜禽肉中的精品，其生产将有助于满足中高档消费者的需求（王敏等，2005）。利用优质小牛肉生产方式转变奶公犊牛低经济效益的利用状态，产出更加优质、营养的肉类，对提高我国牛肉生产资源利用效益具有深远意义。

目前国内大部分用全乳饲喂奶公犊牛生产小牛肉。相关研究报道中付尚杰等（2000）以全乳饲喂奶公犊探讨小牛肉生产的技术，180 日龄时出栏体重达到 210 kg，屠宰率为 55%左右。王文奇等（2006）研究表明，奶公犊饲养期 120 d 时屠宰率和净肉率分别为 60%和 45.68%。这与世界上主要的小牛肉生产国家充分利用乳业加工副产品生产小牛肉的生产方式差距很大。随着国内鲜奶需求量的日益紧张，以全乳饲喂生产小牛肉既不合理，又是一种浪费。乌日娜等（2005）研究代乳品+代乳料饲喂对奶公犊牛生产性能的影响（饲养期 6 个月）发现，以代乳品+代乳料饲喂犊牛，虽然胴体重、屠杂率和净肉率均显著低于全乳饲喂组（$P<0.05$），但肉质无显著差异。

相对发达国家，我国犊牛代乳品的发展利用比较晚，虽然其已经在实际生产中开始普遍应用，但很少用于饲喂奶公犊牛用以生产优质牛肉。少许的研究报道中，杨再俊等（2010）研究全乳和代乳品对荷斯坦公犊的生长性能、胴体性状的影响，结果表明全乳组公犊增重效果较好，但在屠宰率及优质肉块率上差异并不显著，认为用代乳品饲喂奶公犊牛生产小牛肉是完全可行的。孙芳等（2003）以代乳品和代乳料饲喂奶公犊牛后认为，饲喂代乳料的犊牛日增重占优势，而屠宰率和净肉率方面差异不大。国外经验证明，代乳品因营养价值高、价格低而优于用全乳饲养。统观各国小牛肉生产，也主要以代乳品饲喂为主，尤其在欧洲国家，使用大量的代乳品和仅少量的颗粒料来生产小牛肉（Webb 等，2012）。我国丰富的植物蛋白质资源，经过和乳清粉等合理的配制而生产的代乳品，作为鲜奶的最佳替代品饲喂奶公犊牛生产小牛肉，必将展现出更大的优势和成为一种趋势。

虽然我国小牛肉产业的发展拥有巨大潜力，但是实际生产中还有很多的问题有待于解决。影响小牛肉发展的因素主要体现在以下几方面：

1. 认识不足，饲养管理落后 目前，人们没有很好意识到生产小牛肉产生的经济效益，奶公犊饲养设备陈旧，管理技术落后，没有饲养专门技术，因此严重阻碍了小牛肉产业的发展（曹兵海，2009）。基于此，要调动农牧企业和奶农饲养奶公犊牛的积极性，让他们更深入地了解小牛肉业发展带来的经济效益和社会效益，学习和借鉴欧美等小牛肉业发达国家的一些宝贵经验和技术（昝林森等，2008）。

2. 饲料研发的力度不够 我国奶牛饲料研发相对较晚，而对于奶公犊牛育肥饲料，如脱脂乳、代乳品和颗粒料的研发更是薄弱。对乳品加工业副产品的充分利用及加大对代乳品等专用育肥饲料的研发至关重要。

3. 牛肉品质不高，向制品转化率低 我国高档牛肉产品数量不足，致使我国每年都需要大量进口。目前我国牛肉向制品的转化率较低（仅为 3%～4%），肉制品仅二三十种，牛肉消费还以鲜肉为主，生产有中国特色风味且适合中国人口味的牛肉产品不多。相对肉牛业发达国家牛肉制品转化率 30%～40%、肉制品种类达上千种，我国的情况均不利于小牛肉业的发展。

4. 小牛肉分级体系不健全 国外小牛肉的市场价是小牛肉经过分级以后按质论价的，而我国目前市场价格远没有这么高的原因是目前尚无一套完整的小牛肉分级系统，不能引导奶公犊正确的育肥、屠宰和分级，更不能正确指导消费者选购小牛肉，因此也就无法形成优质优价的市场氛围，这反过来又会挫伤部分养殖者的生产积极性（陈银基等，2003）。

5. 优势产业匮乏 在我国，无论企业的数量、规模，还是加工能力，牛肉加工企业的水平都比较低，尤其是缺乏一批规模大、带动力强和产品市场占有率高的重点龙头企业。一方面，难以形成对全国肉牛产业整体发展的有效拉动；另一方面，在引导消费和开拓市场方面开展的工作较少，对市场的开发明显不足（林莉等，2009）。牛肉产品在销售时，不分品种、性别和年龄，不能体现不同档次牛肉的不同价格（田甲春等，2010）。另外，我国的肉牛养殖场和肉牛加工企业间还没有真正建立起共担风险、互利共赢的完整产业链。因此，肉牛产业的整体发展滞后阻碍了小牛肉业的发展。

小牛肉产业在我国是一个朝阳产业，尤其是利用奶公犊牛生产优质、高档小牛肉的发展才刚起步。我国是发展中的世界养牛大国，小牛肉生产资源丰富、种类繁多，犊牛生产成本低，具有充足的劳动力资源等优势（李胜利，2009）。在国内外市场小牛肉产品极度短缺的情况下发展我国小牛肉生产，首先可提高我国犊牛资源的利用率；其次可解决我国小牛肉逐渐增多的需求，提高自给能力和牛肉产品的质量，改善我国人民膳食结构；再次对于促进养牛业向优质、高效商品生产发展，提升我国牛肉类产品在国际市场中的竞争力具有重要意义（马爱进等，2002；昝林森等，2008）。

因此，我国进行高档小牛肉生产的时机和条件都日渐成熟，接下来的主要工作是结合我国实际，借鉴国外小牛肉生产的先进饲料生产工艺和科学饲养技术推进我国小牛肉业的发展。

四、日粮组成对奶公犊的影响

在传统饲养方式下，犊牛仅用以代乳品为基础的液体饲料育肥达 6 个月之久而不饲喂任何固体物质，对犊牛的影响很大，将会影响瘤胃的生理发育，同时抑制咀嚼和反刍等正常行为的形成。从动物福利方面考虑，欧洲理事会（1997）颁布了一个 97/2/EC 规范，规定了 8～20 周龄的犊牛日粮中纤维素性饲料的最小供给量，但该规范中对纤维素性饲料的添加量没有特殊规定。

饲料的组成及其物理形态对犊牛瘤胃的发育至关重要，瘤胃的饲料发酵速率、发酵程度，以及对挥发性脂肪酸的吸收和代谢都会因犊牛对固体饲料采食量的增加而加快，饲料对犊牛瘤胃发育的刺激作用包括物理刺激和化学刺激两方面。瘤胃发酵产生的乙酸、丙酸、丁酸等挥发性脂肪酸也是刺激瘤胃发育的重要因素之一（刘扬等，2008）。饲喂液体饲料的犊牛，瘤胃缺少必要的物理刺激和化学刺激而发育迟缓，颗粒饲料的饲喂可增加挥发性脂肪酸的浓度，其中丁酸起决定性的作用，能为瘤胃提供必要的化学刺激，颗粒的大小也能提供一定的物理刺激，从而促使瘤胃正常发育。粗饲料对刺激瘤胃发育也产生一定的效果，因此促进瘤胃发育还包括精饲料和干草两方面共同发生的营养作用。饲喂颗粒饲料能促进犊牛瘤胃的发育，只饲喂干草和牛奶的犊牛，瘤胃发育非常缓慢（Morisse 等，1999，2000；Heinrichs 等，2005）。

粗饲料对犊牛的行为和福利有很大影响。饲养过程中让犊牛自由采食干草可减少犊牛舔癖，若日粮中缺乏足够的粗饲料，则往往会对犊牛造成慢性应激。Mattiello 等（2002）以代乳料、代乳料＋麦秸和代乳料＋甜菜渣饲喂肉犊牛，研究犊牛行为和生理方面的变化，结果表明对犊牛安全的行为养成习惯，粗饲料起重要作用。Cozzi 等（2002）研究了仅饲喂代乳料、饲喂液体饲料＋干草和液体饲料＋甜菜渣对犊牛胃肠道的发育情况，结果发现添加干草对瘤胃发育起促进作用，而甜菜渣促进了网胃的发育，均比仅饲喂代乳料组效果好。另有研究表明，只饲喂牛乳而不饲喂粗饲料的情况下会抑制犊牛瘤胃发育（Wiepkma 等，1987）。

在犊牛整个瘤胃黏膜表面，由上皮和固有膜向胃腔内突出形成叶片状或舌状突起而形成无数密集的圆锥状或舌状的瘤胃乳头，瘤胃靠近左右侧肉柱和前后侧肉柱处，黏膜呈束状突起，其他部位的则呈网状突起。瘤胃乳头表面由复层扁平上皮细胞组成，浅层上皮角化。乳头的活动在瘤胃物理性消化中起揉搓和磨碎的作用，并增加了营养物质的吸收面积，从而有利于瘤胃上皮对养分的吸收和离子的转运。犊牛瘤胃乳头高度均不超过 1 cm，肉柱表面较平坦而无瘤胃乳头存在（孔令强，2011）。在评定瘤胃发育的指标中，用统计学方法进行分析可以得出，瘤胃乳头的高度最重要，其次是乳头宽度和胃壁厚度。对于瘤胃乳头的生长发育，挥发性脂肪酸有显著的促进作用，尤其是对瘤胃上皮的发育（Lesmeister 等，2004）。饲喂牛奶或代乳料的犊牛，其瘤胃所占比例上升，但其瘤胃乳头发育缓慢，瘤胃上皮新陈代谢活性低，对挥发性脂肪酸的吸收能力低，且吸收能力不随日龄增加而有所提高（Vazquez 等，1993）。而早期采食开食料的犊牛，其瘤胃乳头长度适宜。

影响肉品质的最终因素很多，日粮中能量、蛋白质水平是影响肉质的两个重要因素，既对动物的生长育肥性能和胴体瘦肉率起关键作用，又对肉的风味、嫩度、多汁性等特性产生影响（吴宏忠等，2003）。在小牛肉生产中，肉色是评定小牛肉品质的一项重要指标。肉色实质上是肉品内在特性的外观表现，是牛肉本身发生生理、生化变化引起的，变化范围很大，肉的保水性、pH、风味和营养品质等都与其有直接的关系。肉色在正常范围内的变化不影响其营养价值，但显著影响感官判断和购买决定（Faustman 等，1990；Kropr 等，1980）。影响肉色的因素有很多，主要包括动物品种、性别、年龄、饲养情况、肌肉的部位和宰后变化（王永辉等，2006），放血、冷却、冻结和解冻，环境中的氧含量、湿度、温度、pH、营养水平和微生物等。

pH、嫩度、熟肉率和滴水损失是评价肉品质的常见指标。pH 主要与牛肉中葡萄糖发酵产生的乳酸有关，是衡量牛肉品质的一个重要参数，不仅对肉的嫩度、适口性、烹煮损失和货架时间有直接影响，还与肉色和系水力等显著相关（Veary 等，1991）。嫩度是最重要的感官特征，决定肉的品质，即指肉的老嫩程度，对其主观评定主要根据其柔软性、易碎性和可咽性来判定，而借助于仪器是对其作客观评定（Boleman 等，1997）。日粮蛋白质水平不影响肉的口感和质量特征。肌肉在蒸煮过程中的损失可用熟肉率来衡量，加热熟制带来的肌肉收缩和重量减轻主要包括水分的损失，以及脂肪和可溶性蛋白质的损失，直接影响肉质的多汁性和口感。熟肉率越高则烹调损失愈少，肉的品质也较好。因此，熟肉率是关系胴体经济效果的重要指标之一（林立亚，

2008)。

为了获得品质较优的小牛肉，但又不因贫血而影响生长发育，处理好肉色和血红蛋白之间的关系至关重要。因此，在用代乳品生产小牛肉时，在保证肉色与健康生长发育的前提下，进一步研究需要探讨铁的最佳添加量（张保云，2010）。铁是机体 Fe-SOD 的重要组成部分，能将超氧阴离子还原为羟自由基。当饲料中铁的添加量提高时，铁会增强肌肉中超氧化物歧化酶的活性，从而减少自由基对肉品的损害，改善肉品品质。然而，铁可通过 Fenton 类反应催化肌肉中脂质的氧化，大大加速脂质氧化速度，当提高饲料中铁的添加量时会加快肉及肉制品的酸败速度。因此，在犊牛育肥后期，为保护肉品质量，饲料中应少添加或不添加铁，（吴宏忠等，2003）。有学者研究发现，育肥前 7 周代乳品中铁含量对屠宰后肌肉中铁和色素的含量影响较大；而 Cozz 等（2002）研究认为饲料中铁含量与肉色没有直接关系，肉色主要取决于动物对饲料中铁的利用能力。

五、颗粒料替代部分代乳品对犊牛健康和产品质量的影响

饲养奶公犊用以生产小牛肉时，经典的饲喂方式是以用牛奶或代乳品乳液饲喂（昝林森等，2008）。国外经验证明，代乳品因其营养价值高、价格低而优于用全乳饲养。在欧洲，使用大量的代乳品和仅少量的颗粒料来饲喂犊牛以生产高档牛肉（Webb 等，2012）。但近年来，仅使用液体饲料饲喂奶公犊在动物健康和福利上存在一些问题（田甲春等，2010）。而固体饲料的添加对满足动物自身生理需要起重要作用，以液态饲料为主同时添加固体饲料，尤其是颗粒饲料是一种趋势和发展方向。国外对饲喂固体饲料后奶公犊牛的生长、健康、屠宰性能，特别是肉品质是否会产生变化进行了研究（Webb 等，2012）。通过调整饲粮结构来合理饲喂奶公犊牛并且生产高档品质的小牛肉，逐渐成为人们关注的重点（Stanley 等，2002）。我国对犊牛代乳品的研究发展本来起步就较晚，用于饲喂奶公犊牛生产小牛肉的报道较少，至于如何添加颗粒料替代部分代乳品，以及添加颗粒料后对奶公犊牛生产性能及健康等方面的影响更是鲜有报道。中农科反刍动物实验室王永超（2013）研究了添加颗粒料对奶公犊牛生长性能、健康状况、血液指标、营养物质消化代谢、屠宰性能、组织器官发育及肉品质指标的影响，并对经济效益作了计算，提出了利用奶公犊牛资源生产高档小牛肉的饲养技术。试验证实，颗粒料替代 40%的代乳品饲喂奶公犊牛，在控制其干物质采食量保持不变的情况下，犊牛即可获得与代乳品饲喂同等的生长性能、屠宰性能及肉品质，不影响相关营养物质的消化利用及相关血液指标，能促进犊牛各胃室的发育，降低腹泻率，并显著降低生产成本，提高养殖经济效益。

（一）饲养管理日程

采用单栏饲养奶公犊。犊牛 0～14 日龄为过渡期，15 日龄后所有犊牛均采食代乳品。

1. 全程代乳品饲喂的方法 每天三次定时、按量饲喂犊牛。犊牛 15～21 日龄时代乳品干物质（DM）饲喂量为 0.7 kg/d，以后每周增加 0.1 kg DM，其中28～35日龄达

到0.9 kg/d DM，176～180日龄时达到3.0 kg/d DM。代乳品的使用方法为：代乳品用烧开后冷却到50 ℃左右的水按比例进行冲泡，使之成为乳液。其中，15～42日龄犊牛代乳品与水按1∶7稀释，43～98日龄犊牛代乳品与水按1∶6稀释，99～154日龄犊牛代乳品与水按1∶5稀释，155～180日龄犊牛代乳品与水按1∶4稀释。冲泡后立即搅拌均匀，待乳液温度降低到38～39 ℃时给犊牛饲喂。

犊牛从15日龄开始自由饮水，到50日龄时各组逐渐饲喂一定量的羊草（2月龄，50 g/d；3月龄，150 g/d；4月龄，300 g/d；5月龄，450 g/d；6月龄，600 g/d）。颗粒料和羊草均在饲喂完代乳品后添加。

要注意确保犊牛晒到太阳，每日清扫圈舍，每周刷拭牛体1～2次，每隔半月依次选择一种消毒药（2%火碱、0.5%聚维酮碘、0.2%氯异氰脲酸钠）进行消毒。

2. 以颗粒料替代部分代乳品饲喂的方法 每天3次定时、按量饲喂犊牛。犊牛15～21日龄时代乳品干物质饲喂量为0.7 kg/d，28～35日龄达到0.9 kg/d DM，36～77日龄代乳品饲喂量保持为0.9 kg/d DM。同时每周增加含0.1 kg/d DM的颗粒料，直至71～77日龄时代乳品和颗粒料的DM饲喂比例达到3∶2（即0.9∶0.6）。此后每周增加0.1 kg总干物质采食量直至180日龄，其中代乳品和颗粒料的DM比例保持在3∶2。代乳品的使用方法同上。

犊牛从15日龄开始自由饮水，到50日龄时各组逐渐饲喂一定量的羊草（2月龄，50 g/d；3月龄，150 g/d；4月龄，300 g/d；5月龄，450 g/d；6月龄，600 g/d）。颗粒料和羊草均在饲喂完代乳品后添加。

要注意确保犊牛晒到太阳，每日清扫圈舍，每周刷拭牛体1～2次，每隔半月依次选择一种消毒药（2%火碱、0.5%聚维酮碘、0.2%氯异氰脲酸钠）进行消毒。

（二）颗粒料替代部分代乳品对犊牛健康的影响

在小牛肉生产发达的国家，更加关注颗粒饲料和粗饲料对犊牛福利健康及其生产性能的影响。不论使用鲜乳还是代乳品，配合饲喂一定量的颗粒料和干草，所饲养的奶公犊其生长性能都较好（Webb等，2012）。奶公犊饲养中通过调整颗粒料的添加量可获得相同的生长性能并能提高犊牛的健康状况和福利。Xiccato等（2002）报道，以代乳品加玉米颗粒饲喂能显著提高犊牛的生长性能，末体重比单一代乳品饲喂时高出10.0 kg，8周龄前更表现出极显著的差异。欧洲一些国家在饲养奶公犊生产小牛肉时同样以大量代乳品添加少量颗粒料的饲喂方式为主（Webb等，2012）。及早地促进犊牛采食颗粒料将有助于犊生产性能的发挥（Franklin等，2003），而颗粒料采食量低不利于犊牛的生长发育。

无论以代乳品全程饲喂，还是以颗粒料替代部分代乳品进行饲喂，犊牛在干物质采食量一致的情况下，0～180日龄的增重、体高、体长、胸围、管围、腰角宽没有表现出差异（表7-21）。但添加一定比例的颗粒料饲喂奶公犊牛生产小牛肉，更利于犊牛的健康成长，在腹泻状况上要明显好于单以代乳品和羊草饲喂的犊牛，符合犊牛的福利要求（王永超，2013）。相比于液体的代乳品，颗粒料在犊牛瘤胃中通过瘤胃发酵，能产生更多的挥发性脂肪酸，刺激犊牛复胃发育，提高营养物质的消化率，降低消化不良的发生率，从而减少了营养性腹泻的发生率和频率。

表 7-21 不同饲料类型对奶公犊生长性能的影响（$n=24$）

项 目	日龄（d）	饲料类型		SEM	固定效应 P 值		
		全程代乳品	60%代乳品+40%颗粒料		饲料类型	日龄	饲料类型×日龄
体重（kg）	0～180（平均值）	87.11	87.51	3.36	0.9026	<0.0001	0.0850
	0	41.08	41.15	1.55	0.9748		
	14	43.47	42.91	1.48	0.7840		
	30	49.07	47.58	1.85	0.5619		
	60	64.51	64.81	2.00	0.9140		
	90	88.07	85.25	2.56	0.4272		
	120	109.49	108.52	3.28	0.8305		
	150	135.64	136.64	4.00	0.8558		
	180	165.57	173.22	4.64	0.2315		
平均日增重（kg）	0～180（平均值）	0.74	0.73	0.03	0.7069	<0.0001	0.0557
	0～30	0.28	0.22	0.04	0.2944		
	30～60	0.50	0.57	0.04	0.1970		
	60～90	0.80	0.68	0.04	0.0484		
	90～120	0.82	0.78	0.05	0.4087		
	120～150	0.96	0.94	0.05	0.6862		
	150～180	1.10	1.22	0.05	0.0538		
饲料转化比	0～180（平均值）	2.36	2.39	0.08	0.8516	<0.0001	0.2828
	0～30	3.20	3.26	0.53	0.9320		
	30～60	1.85	1.85	0.09	0.9708		
	60～90	1.85[b]	2.11[a]	0.08	0.0312		
	90～120	2.26	2.18	0.10	0.5288		
	120～150	2.58	2.58	0.15	0.9818		
	150～180	2.41	2.35	0.16	0.7610		
粪便评分	0～180（平均值）	2.16	2.00	0.06	0.4911	<0.0001	0.8249
	0～30	2.64	2.50	0.18	0.5963		
	30～60	2.56	2.33	0.19	0.3949		
	60～90	2.40	2.08	0.19	0.2347		
	90～120	2.13	1.92	0.19	0.4113		
	120～150	1.70	1.66	0.19	0.8928		
	150～180	1.52	1.49	0.19	0.8959		
腹泻率（%）	0～180（平均值）	21.92	17.05	1.55	0.0257		
	0～30	33.00	25.00				
	30～60	25.00	16.67				
	60～90	25.00	16.67				
	90～120	18.18	16.67				
	120～150	20.00	18.18				
	150～180	10.00	9.09				
腹泻频率（%）	0～180（平均值）	3.50	2.19	0.35	0.0139		
	0～30	8.06	6.11				
	30～60	5.56	3.06				
	60～90	3.61	1.94				
	90～120	2.12	1.11				
	120～150	1.00	0.61				
	150～180	0.67	0.30				

体现在营养物质消化率方面，50～55 日龄时，用代乳品＋颗粒料饲喂的犊牛对能量、干物质、氮及脂肪的消化利用均普遍高于全程代乳品饲喂的犊牛，以颗粒料替代部分代乳品促进了犊牛对营养物质的消化吸收；110～115 日龄及 170～175 日龄时，用代乳品＋颗粒料饲喂的犊牛，对氮的表观消化率和代谢率高于全程代乳品饲喂的犊牛（表 7－22）。可以推测，代乳品的蛋白水平较高，造成了氮的浪费，同时长期大量液体饲料饲喂不利于犊牛对氮的消化代谢。固体饲料替代部分代乳品对犊牛的胃肠道起促进作用，从而有利于犊牛对氮的消化利用。

表 7－22　不同饲料类型对奶公犊营养物质消化代谢的影响（n＝12）

日龄（d）	项　目	饲料类型		SEM	P 值
		全程代乳品	60％代乳品＋40％颗粒料		
50～55	代谢能（MJ/kg）	14.75	15.10	0.65	0.6704
	总能表观消化率（％）	79.36	82.22	2.94	0.4429
	消化能代谢率（％）	88.45	88.92	0.75	0.6202
	干物质表观消化率（％）	78.56	81.62	2.87	0.4027
	氮表观消化率（％）	63.64	71.25	5.04	0.1815
	氮表观代谢率（％）	43.45	46.72	4.80	0.5422
	脂肪表观消化率（％）	86.81	88.85	4.29	0.6836
110～115	代谢能（MJ/kg）	14.49	11.96	1.04	0.0735
	总能表观消化率（％）	77.39	67.41	4.71	0.1103
	消化能代谢率（％）	90.26	88.82	1.09	0.2842
	干物质表观消化率（％）	75.56	64.45	5.01	0.1073
	氮表观消化率（％）	64.43	69.82	8.29	0.5570
	氮表观代谢率（％）	52.42	54.33	11.45	0.8750
	脂肪表观消化率（％）	91.63	88.77	2.21	0.3413
170～175	代谢能（MJ/kg）	14.41	13.05	1.39	0.8310
	总能表观消化率（％）	78.58	74.84	2.02	0.2135
	消化能代谢率（％）	86.87	86.35	0.69	0.5406
	干物质表观消化率（％）	78.74	72.88	4.62	0.4210
	氮表观消化率（％）	73.46	76.66	2.41	0.2393
	氮表观代谢率（％）	40.99	48.67	6.43	0.2276
	脂肪表观消化率（％）	93.67	89.80	3.20	0.3208

注：甲烷能（Eg）按进食总能（GE）的 6.0％计算。

资料来源：Johnson 等（1995）。

小牛肉的肉色是一项很重要的指标，而血红蛋白的含量与变化状态对肉的颜色起一定作用（王永辉等，2006），颗粒料替代部分代乳品并未造成犊牛红细胞计数和血红蛋白含量的变化。因而从这个指标看，以同样铁含量的颗粒料替代部分代乳品，并未对犊牛血红蛋白的含量造成影响，因此对肌肉的颜色应不会产生影响。与体重和体型增长有

关的 IgG 和 IGF－1 浓度也没有因饲料类型的变化而产生变化（表 7－23；王永超，2013）

表 7－23　不同饲料类型对奶公犊血液相关指标的影响

项　目	日龄 (d)	饲料类型		SEM	固定效应 P 值		
		全程代乳品	60%代乳品＋40 颗粒料		饲料类型	日龄	饲料类型×日龄
红细胞计数（$\times 10^{12}$个/L）	0～180	9.57	9.70	0.16	0.6823	<0.0001	0.2633
	15	8.94	9.25	0.64	0.8887		
	28	8.49	7.65	0.65	0.9257		
	56	9.06	9.66	0.40	0.5639		
	84	10.13	11.05	0.46	0.6527		
	112	10.61	9.87	0.38	0.5253		
	140	9.46	9.37	0.56	0.7764		
	180	10.28	11.13	0.63	0.8521		
血红蛋白含量（g/L）	0～180	103.65	107.35	1.46	0.4148	<0.0001	0.0158
	15	109.44	103.23	6.11	0.4659		
	28	103.50	95.08	4.99	0.2350		
	56	87.92[b]	98.92[a]	3.67	0.0361		
	84	91.83	106.33	3.97	0.0109		
	112	105.42	113.83	3.80	0.1196		
	140	112.56	107.26	6.85	0.5781		
	180	114.90	126.81	5.19	0.0993		
IgG（g/L）	0～180	10.69	10.49	0.34	0.6056	<0.0001	0.7220
	15	9.83	10.91	0.88	0.4398		
	28	8.11	8.04	0.75	0.9506		
	56	12.02	11.60	1.05	0.7587		
	84	13.63	12.75	0.97	0.1994		
	112	9.25	9.28	1.15	0.9709		
	140	8.89	9.80	1.12	0.2457		
	180	13.07	11.06	1.47	0.5334		
IGF－1（μg/L）	0～180	192.66	186.69	2.52	0.1415	<0.0001	0.4488
	15	165.08	169.87	10.57	0.7265		
	28	185.61	174.22	8.92	0.3571		
	56	169.28	158.63	7.54	0.3100		
	84	200.86	195.79	5.65	0.5270		
	112	228.51	204.65	8.59	0.0521		
	140	211.37	219.30	6.17	0.3539		
	180	187.89	184.35	4.16	0.5297		

（三）颗粒料替代部分代乳品对犊牛组织器官发育的影响

以颗粒料替代部分代乳品后，犊牛的肝脏和生殖系统的鲜重和占空体重的比例降低，其原因可能与颗粒料中粗脂肪含量（3.74%）低于代乳品（18.23%）而导致犊牛采食脂肪总量降低，脂肪分布到这些易脂肪沉积的组织器官较少有关。但与消化有关的脾脏、复胃和大小肠的重量及占空体重的比例提高（表7-24），尤其是复胃，饲喂颗粒料对犊牛胃肠道的发育起很大的促进作用，饲料的种类和营养价值直接影响繁殖器官及消化器官等的发育。

表7-24　不同饲料类型对180日龄奶公犊组织器官鲜重及相对比例的影响（$n=10$）

组织（器官）	项　目	饲料类型		SEM	P 值
		全程代乳品	60%代乳品＋40颗粒料		
头＋蹄	鲜重（kg）	12.62	12.56	0.75	0.9407
	0.8299	相对比例（%）	8.32	8.46	0.57
皮	鲜重（kg）	12.42	11.84	0.61	0.4154
	0.6028	相对比例（%）	8.16	7.97	0.32
心脏	鲜重（kg）	1552.38	1405.42	126.07	0.4322
	0.4717	相对比例（%）	1.02	0.94	0.08
肝脏	鲜重（kg）	3362.50^{a}	2760.62^{b}	161.04	0.0200
	0.0672	相对比例（%）	2.23	1.86	0.16
脾脏	鲜重（kg）	474.02	500.24	21.64	0.4116
	0.2685	相对比例（%）	0.31	0.34	0.02
肺脏	鲜重（kg）	2561.54	2528.98	171.26	0.8900
	0.8823	相对比例（%）	1.68	1.70	0.09
生殖器官	鲜重（kg）	750.86^{a}	573.60^{b}	46.64	0.0180
	0.0407	相对比例（%）	0.50^{a}	0.39^{b}	0.04
食管	鲜重（kg）	217.02	197.40	28.46	0.5673
	0.6418	相对比例（%）	0.14	0.13	0.02
复胃	鲜重（kg）	2748.56^{b}	3600.34^{a}	108.87	<0.0001
	<0.0001	相对比例（%）	1.81^{b}	2.42^{a}	0.04
肠道	鲜重（kg）	5172.04	5417.82	187.61	0.2870
	0.1883	相对比例（%）	3.41	3.65	0.12
胃肠附属物	鲜重（kg）	2383.22	2079.24	161.68	0.1382
	0.2904	相对比例（%）	1.58	1.40	0.15

注：1. “相对比例”指各器官组织鲜重占空体重的比例；

2. 复胃指清除内容物后瘤胃、网胃、瓣胃、皱胃体重之和；

3. 肠道指清除内容物后大肠、小肠体重之和；

4. 胃肠附属物指肠系膜、大网膜和肠道脂肪等。

以颗粒料替代一定比例的代乳品极大地促进了犊牛胃室的发育（表 7－25；王永超，2013）。饲喂颗粒料可同时通过物理刺激和化学刺激促进瘤胃发育，颗粒料能增加瘤胃中挥发性脂肪酸的浓度（表 7－26；王永超，2013）。而在犊牛瘤胃菌群尚未完全建立时，虽然添加一定量的干草对瘤胃有物理性的刺激，但干草主要是增加了乙酸的浓度，而乙酸在刺激瘤胃发育方面并不起关键性作用（仁瑞清，2012）。只喂精饲料或只喂粗饲料都会影响瘤胃容积和瘤胃的乳头正常生长发育，同时也会降低犊牛日增重。固体饲料对刺激瘤胃发育所产生的效果还包括精饲料和干草两方面共同发生的营养作用。高水平代乳品饲喂犊牛时会减缓瘤胃的发育，不利于犊牛对干物质的采食，并影响营养物质的消化。饲粮缺乏粗纤维会导致犊牛消化系统不能正常发育，相对于仅饲喂代乳品而言，补充部分不同类型富含纤维的精饲料可以降低动物异食癖（郭艳青等，2006）。Webb 等（2012）也提出，颗粒料的饲喂与否会影响犊牛反刍等的相关行为。因此，饲喂一定比例的颗粒料有利于犊牛的健康和消化系统的发育，而消化系统的完善将会有利于犊牛对营养物质的消化吸收，从而促进自身的生长发育。

表 7－25 不同饲料类型对 180 日龄奶公犊各胃室的影响（$n=10$）

胃 室	重量或比例	饲料类型		SEM	P 值
		全程代乳品	60%代乳品＋40%颗粒料		
各胃室比例					
瘤胃	鲜重（g）	1447.78^{b}	1882.92^{a}	69.34	0.0005
	占空体重的比例（%）	0.95^{b}	1.27^{a}	0.03	<0.0001
	占复胃总重的比例（%）	52.60	52.33	1.20	0.8474
网胃	鲜重（g）	322.70^{b}	405.08^{a}	20.74	0.0130
	占空体重的比例（%）	0.21^{b}	0.27^{a}	0.01	0.0032
	占复胃总重的比例（%）	11.76	11.24	0.65	0.4951
瓣胃	鲜重（g）	432.36^{b}	646.10^{a}	37.72	0.0024
	占空体重的比例（%）	0.28^{b}	0.43^{a}	0.02	0.0017
	占复胃总重的比例（%）	15.72	17.96	1.10	0.1451
皱胃	鲜重（g）	545.72^{b}	666.24^{a}	38.89	0.0207
	占空体重的比例（%）	0.36^{b}	0.45^{a}	0.02	0.0052
	占复胃总重的比例（%）	19.92	18.47	0.86	0.1909
黏膜上皮组织结构					
瘤胃背囊	乳头长度（μm）	874.20	901.28	70.57	0.7694
	0.3231	乳头宽度（μm）	336.97	403.82	61.14
瘤胃腹囊	乳头长度（μm）	649.75^{b}	924.99^{a}	104.63	0.0435
	0.8578	乳头宽度（μm）	354.30	366.79	64.75
十二指肠	绒毛高度（μm）	297.35	331.75	30.32	0.3138
	0.8760	绒毛宽度（μm）	108.33	111.28	15.11
	0.0232	隐窝深度（μm）	105.31^{b}	130.79^{a}	7.40
	0.0745	肠壁厚度（μm）	617.29	745.17	49.37
	0.1519	毛高度/隐窝深	2.86	1.53	0.16

表 7-26　不同饲料类型对奶公犊瘤胃发酵的影响（$n=10$）

项　目	饲料类型		SEM	P 值
	全程代乳品	60%代乳品+40%颗粒料		
瘤胃背囊 pH	7.05	7.12	0.05	0.3647
瘤胃腹囊 pH	7.09	7.09	0.06	0.9777
总酸（mmol/L）	38.24	41.44	4.97	0.5902
乙酸（mmol/L）	28.85	28.80	3.15	0.9907
丙酸（mmol/L）	6.84	7.96	1.18	0.4568
丁酸（mmol/L）	0.80[b]	2.32[a]	0.48	0.0170
异丁酸（mmol/L）	0.79	0.92	0.12	0.4039
戊酸（mmol/L）	0.14[b]	0.30[a]	0.06	0.0307
异戊酸（mmol/L）	0.83	1.13	0.20	0.2536
乙酸/丙酸	4.35	3.85	0.45	0.4069

刺激瘤胃发育的效果取决于所摄取饲料发酵成 VFA 的情况，饲料的物理形态并不重要，但是精饲料比粗饲料更能有效刺激瘤胃乳头发育。饲喂较多的精饲料可使犊牛瘤胃中的 VFA，如乙酸、丙酸和丁酸等的浓度增大。所有脂肪酸都对瘤胃上皮细胞有丝分裂有促进作用，是促进瘤胃上皮细胞发育的必需因子，但是丁酸是发挥这方面作用的最重要挥发性脂肪酸，其次是丙酸。反刍幼畜瘤胃功能的发育受日粮种类的影响，日粮中的纤维含量似乎是影响瘤胃发育的主要因素。虽然此阶段饲草对瘤胃发育不是必要的，但是瘤胃需要经过一定阈值的磨耗刺激，防止形成异常乳头和瘤胃组织过度角质化。因此，虽然摄取精饲料可促进瘤胃生长发育，但日粮中还应提供最低标准的粗饲料促进瘤胃功能性的发育（国春艳，2010）。

相对于全程饲喂代乳品的犊牛，饲喂颗粒料对犊牛瘤胃腹囊乳头的发育起积极作用（表 7-25；王永超，2013）。颗粒料增加了物理刺激，从而促进了腹囊乳头发育。十二指肠隐窝深度较深，这可能是由于大量液体饲料饲喂促使十二指肠更多地分泌相关消化液，从而对十二指肠的发育起到了一定促进作用；抑或是大量液体饲料饲喂后，犊牛因瘤胃发育不足而代偿性地通过十二指肠的发育来保证对营养物质的吸收。

瘤胃中挥发性脂肪酸是衡量碳水化合物发酵情况的重要指标，其浓度是衡量反刍动物瘤胃成熟的重要指标，产生量和每种酸的比例受日粮粗饲料与精饲料比值的影响。相对于全程饲喂代乳品的 180 日龄犊牛，添加了颗粒料后，犊牛瘤胃中对瘤胃发育起重要促进作用的丁酸含量提高，这与其胃肠道发育较好相符。

瘤胃微生物中最主要的是细菌，如具有分解糖类、纤维素、蛋白质和乳酸的细菌，以及合成蛋白质、维生素的细菌。另外，细菌还能利用瘤胃内的有机物作为碳源和氮源，转化为自身的成分。当细菌在皱胃和小肠内被消化时，这些营养物质可供宿主利用。黄色瘤胃球菌和白色瘤胃球菌属于严格厌氧型革兰氏阳性球菌，是瘤胃中主要的纤维降解菌，能产生大量的纤维素酶和半纤维素酶，其中主要为木聚糖酶，生长都需要异戊酸、异丁酸和生物素；溶纤维丁酸弧菌是一种严格厌氧型革兰氏阳性菌，是瘤胃主要的蛋白降解细菌之一，可分解纤维素、半纤维素、果胶、蛋白质及可以利用脂肪，发酵产物主要有乙酸、丁酸等；牛链球菌在瘤胃中广泛存在，能降解淀粉，但不能降解纤维素，发酵产物为乳酸，是淀粉降解菌中最能降解谷类淀粉的一种酸，另外还可分解果胶及蛋白质（冯仰廉，2004）。添加颗粒料后犊牛瘤胃液中白色瘤胃球菌、黄色瘤胃球菌及牛链球菌的数量均显著或极显著低于全程饲料代乳品的犊牛（表 7－27；王永超，2013），这与代乳品及颗粒料的营养成分含量差异有关。代乳品与颗粒料原料的蛋白质、脂肪组成等都有所差异，这或许也是影响分解菌数量的原因之一。但通过瘤胃组织发育及瘤胃挥发性脂肪酸含量的分析表明，虽然瘤胃分解菌在瘤胃功能及营养物质消化利用中起重要作用，但日粮因素对犊牛瘤胃功能及营养物质消化吸收的影响更不可忽视，颗粒料的使用有利于犊牛瘤胃组织更好地发挥其功能。

表 7－27　不同饲料类型对奶公犊瘤胃常见分解菌的影响（$n=10$）

常见分解菌	饲料类型		SEM	P 值
	全程代乳品	60%代乳品＋40%颗粒料		
黄色瘤胃球菌	8.46[a]	7.52[b]	0.25	0.0095
白色瘤胃球菌	7.40[a]	6.49[b]	0.33	0.0333
溶纤维丁酸弧菌	9.43	8.68	0.36	0.0953
牛链球菌	7.14[a]	6.22[b]	0.25	0.0125

（四）颗粒料替代部分代乳品对犊牛肉质生产的影响

添加颗粒料后，犊牛 180 日龄的屠宰率、净肉率分别为 56.95%、40.54%，而全程饲喂代乳品的犊牛为 56.98%、41.58%，屠宰性能并未因采食不同饲料类型而表现出显著差异（$P<0.05$）（表 7－28；王永超，2013）。犊牛采食日粮（包括混合日粮）后，屠宰率的变化主要与由液体或固体饲料提供而摄入的干物质含量有关（Xiccato 等，2002）。另外从胃肠道发育情况看，颗粒料的使用对犊牛胃肠道的良好发育起一定积极作用，利于营养物质的消化吸收，可得到与大量代乳品饲喂奶公犊牛同等的屠宰性能。这充分证实了可以用颗粒料替代部分代乳品，两者的干物质投料量为代乳品∶颗粒料＝3∶2 时，犊牛的屠宰性能并没有受到影响。

表 7－28　不同饲料类型对 180 日龄奶公犊屠宰性能的影响（$n=10$）

项　目	饲料类型		SEM	P 值
	全程代乳品	60%代乳品＋40%颗粒料		
宰前活重（kg）	168.18	166.86	5.00	0.8149
空体重（kg）	152.20	148.61	3.94	0.4588
胴体重（kg）	95.92	95.04	3.73	0.8381
眼肌面积（cm^2）	63.09	62.75	3.79	0.9416
净肉重（kg）	70.05	67.65	3.19	0.5195
骨重（kg）	24.52	25.96	0.79	0.2114
屠宰率（%）	56.98	56.95	0.73	0.9782
净肉率（%）	41.58	40.54	0.87	0.3771
胴体净肉率（%）	72.95	71.17	0.85	0.1303
肉/骨	2.86	2.62	0.11	0.1209

而该饲喂模式下不同饲料类型对于小牛肉品质理化性质的影响也不显著（表 7-29）。小牛肉的理化性质指标中，肉色至关重要。肉色通常用色差 L*、a*、b* 值来表示，L* 表示亮度、a* 表示红度、b* 表示黄度。a* 值与肌肉颜色深浅有关，值越低，肉色越淡（Miltenburg 等，1992）。机体铁含量对肉色的形成有决定性作用，铁在机体内大部分以有机化合物的形式存在，其中血铁类主要有血红蛋白、肌红蛋白等。日粮中缺铁则会降低肌肉中血红蛋白和肌红蛋白的含量，从而使肌肉颜色降低（何若方等，2008）。固体饲料对胴体和肉色的影响主要取决于饲粮的种类和组成（如铁的浓度和利用率），以及更大地依赖于摄食固体饲料的数量（Gariepy 等，1998）。王永超（2013）制订的饲养方法中，代乳品和颗粒料的铁含量基本保持一致，避免了因铁采食量不同而造成的肉色变化，从而添加颗粒料替代部分代乳品饲喂亦不影响肌肉颜色。同样，颗粒料的使用对牛肉 pH、剪切力、熟肉率和滴水损失的影响不显著。张保云等（2010）研究了在全乳中添加部分精饲料与单饲喂全乳对肉品质影响，所得结果亦无显著差异。

表 7-29 不同饲料类型对小牛肉肉品质理化性质的影响（$n=10$）

项 目	肌肉部位		饲料类型		SEM	*P* 值
			全程代乳品	60%代乳品+40%颗粒料		
肉色	背最长肌	L*	40.90	38.67	1.80	0.3310
		a*	15.10	15.19	1.58	0.9621
		b*	10.23	8.75	1.09	0.2594
	臀中肌	L*	37.82	38.29	1.62	0.8302
		a*	14.52	15.80	1.28	0.4390
		b*	9.67	9.10	1.16	0.7047
剪切力（kg/cm^2）	背最长肌		4.56	4.66	0.60	0.9068
	臀中肌		4.89	6.06	0.92	0.3272
pH	背最长肌		6.03	6.11	0.13	0.6647
	臀中肌		6.32	6.22	0.07	0.3216
熟肉率（%）	背最长肌		69.97	69.77	2.33	0.9414
	臀中肌		68.88	69.38	2.50	0.8817
滴水损失（%）	背最长肌		21.21	22.20	1.25	0.5752
	臀中肌		21.40	18.71	1.85	0.3377

小牛肉的常规营养物质含量均未因使用颗粒料而表现出差异（表 7-30；王永超，2013），且数值上都接近或高于相关报道结果（王玉杰等，2011），符合高档小牛肉营养价值丰富的特点。

表 7-30　不同饲料类型对小牛肉肉品质常规营养成分含量的影响（$n=10$）

项　目	肌肉部位	饲料类型		SEM	P 值
		全程代乳品	60%代乳品+40%颗粒料		
水分（%）	背最长肌	73.38	73.76	0.90	0.7136
	臀中肌	72.93	72.65	0.80	0.7789
总能（MJ/kg）	背最长肌	5895.70	5721.00	423.43	0.7126
	臀中肌	5922.40	6078.30	268.97	0.6753
粗蛋白质（%）	背最长肌	20.86	20.72	0.49	0.8307
	臀中肌	20.49	20.12	0.36	0.4745
粗脂肪（%）	背最长肌	2.30	1.93	1.18	0.7852
	臀中肌	2.36	2.75	0.65	0.6601
粗灰分（%）	背最长肌	1.24	1.45	0.16	0.2656
	臀中肌	1.43[a]	1.29[b]	0.05	0.0468
钙（mg/kg）	背最长肌	67.69	55.08	5.77	0.0833
	臀中肌	61.32	63.14	3.84	0.7016
磷（mg/kg）	背最长肌	88.27	92.45	4.37	0.4624
	臀中肌	91.69	92.70	1.56	0.6581
铁（mg/kg）	背最长肌	18.67	17.69	1.94	0.6840
	臀中肌	18.79	17.95	2.01	0.7517

（五）颗粒料替代部分代乳品对犊牛饲养成本的影响

以颗粒料替代 40%代乳品饲喂，除了提高犊牛胃肠道发育、降低腹泻发病率外，至犊牛 180 日龄出栏全期每头可以降低生产成本近 810 元（表 7-31）。

表 7-31　不同饲料类型饲喂奶公犊的经济效益比较

饲料消耗（元）	饲料类型	
	全程代乳品	60%代乳品+40%颗粒料
代乳品	4803.7	3585.0
颗粒料	0.0	410.1
羊草	44.5	44.1
总共	4848.2	4039.2
节省	0	809.0

综合以上可以确定，以颗粒料替代部分（40%）代乳品饲喂犊牛并未造成最终肉品质的显著变化，颗粒料替代部分代乳品饲喂所得小牛肉亦可达到与大量液体饲喂近似的品质。因此，以颗粒料替代 40%的代乳品饲喂是合适的。

参考文献

包军，1997. 动物福利学科的发展现状 [J]. 家畜生态，18 (1)：33 - 39.
曹兵海，2009. 我国奶公犊资源利用现状调研报告 [J]. 中国农业大学学报，14 (6)：23 - 30.
陈银基，周光宏，高峰，2003. 浅述奶公犊牛的利用兼论增补中国犊牛肉分级体系的意义 [J]. 中国草食动物 (5)：32 - 33.
冯仰廉，2004. 反刍动物营养学 [M]. 北京：科学出版社.
付尚杰，王曾明，刘文信，2000. 小白牛肉生产技术的研究总结报告 [J]. 黑龙江畜牧科技 (3)：1 - 4.
郭艳青，许尚忠，孙宝忠，等，2006. 欧盟犊牛福利养殖措施及其效果分析 [J]. 中国牛业科学，32 (5)：90 - 92.
国春艳，2010. 外源酶的帅选及对后备奶牛生长代谢、瘤胃发酵及微生物区系的影响 [D]. 北京：中国农业科学院.
韩正康，陈杰，1988. 反刍动物瘤胃的消化和代谢 [M]. 北京：科学出版社.
韩正康，许振英，等，译. 1984. 家畜行为学研究进展——“动物行为学在畜牧业的应用” [M]. 北京：科学出版社.
何若方，李绍钰，金海涛，等，2008. 常见微量矿物元素对肉品质的影响 [J]. 中国畜牧兽医 (9)：12 - 15.
胡东伟，孙芳，吴民，等，2011. 奶公牛犊屠宰试验及肉品质研究 [J]. 中国牛业科学，37 (4)：10 - 14.
孔令强，2011. 不同饲喂条件下犊牛胃解剖组织学结构的比较研究 [D]. 兰州：甘肃农业大学.
李胜利，2009. 国内外小白牛肉的生产研究现状综述 [J]. 乳业科学与技术 (5)：201 - 204.
李世安，1985. 应用动物行为学 [M]. 哈尔滨：黑龙江人民出版社.
林莉，吴克选，刘书杰，2009. 犊牛肉开发现状与影响因素 [J]. 肉类研究 (2)：7 - 9.
林立亚，2008. 饲养方式对奶牛公犊生长、肉质及血液生化指标的影响 [D]. 杨凌：西北农林科技大学.
林立亚，昝林森，刘扬，等，2009. 饲养方式对荷斯坦公犊生长、肉质及血液生化指标的影响 [J]. 西北农林科技大学学报（自然科学版），37 (2)：59 - 63.
马爱进，孙宝忠，杨季，2002. 乳犊牛肉的市场前景分析 [J]. 计算机与农业 (7)：53.
毛建文，徐恢仲，2011. 小白牛肉及产业发展的影响因素 [J]. 中国牛业科学 (4)：56 - 58.
莫放，2010. 养牛生产学 [M]. 北京：中国农业大学出版社.
欧宇，2002. 欧美小牛肉生产现状 [J]. 中国草食动物 (6)：44.
仁瑞清，2012. 不同饲喂模式对犊牛生长以及胃肠道发育的影响 [D]. 保定：河北农业大学.
尚玉昌，2005. 动物行为学 [M]. 北京：北京大学出版社.
孙宝忠，2006. 犊牛肉质量特点与消费地位 [J]. 中国食品 (18)：42 - 43.
孙宝忠，马爱进，杨喜波，等，2002. 牛肉质量评定分级标准现状、制定原则及作用 [J]. 中国食物与营养 (5)：15 - 16.
田甲春，余群力，孙志昶，2010. 欧盟犊牛福利养殖措施及犊牛肉分级标准 [J]. 肉类研究 (11)：3 - 6.
王敏，孙宝忠，张利宇，2005. 国内外犊牛肉发展现状 [J]. 中国食物与营养 (7)：36 - 37.
王卫国，2002. 我国奶公犊牛育肥肉用的现状与前景 [J]. 中国乳业 (7)：4 - 5.
王文奇，余雄，蔺宏凯，等，2006. 荷斯坦公犊牛生产小白牛肉的研究 [J]. 草食家畜 (1)：43 - 46.
王永超，2013. 日粮组成对奶公犊牛生长性能、营养物质消化代谢及肉品质的影响 [D]. 北京：中国农业科学院.

王永辉，马俪珍，2006. 肌肉颜色变化的机理及其控制方法初探［J]. 肉类工业（4）：18－21.

王玉杰，孙芳，王君，等，2011. 奶公牛犊与育肥牛的屠宰性能及肉品质比较分析［J]. 中国奶牛（19）：54－57.

乌日娜，王小林，周春立，等，2005. 小白牛肉规模化生产初探［J]. 中国畜牧杂志，41（7）：46－48.

吴宏忠，袁涛，徐继成，等，2003. 饲料营养成分对畜禽肉品品质的影响［J]. 饲料博览（7）：27－29.

许先查，2011. 代乳品的饲喂量和饲喂方式对犊牛生长代谢、采食及相关行为的影响［D]. 乌鲁木齐：新疆农业大学.

许先查，刁其玉，2010. 犊牛采食行为的研究进展［J]. 中国奶牛（6）：19－21.

杨秀平，2002. 动物生理学［M]. 北京：中国农业出版社.

杨再俊，李胜利，邓磊，等，2010. 饲喂全乳和代乳品对小白牛生长性能和胴体性状的影响［J]. 中国畜牧杂志，46（1）：31－33.

昝林森，刘扬，林立亚，等，2008. 国内外利用奶牛公犊生产小白牛肉现状及展望［C]. 中国奶业协会 2008 年年会.

张保云，2010. 荷斯坦公犊牛生产小牛肉效果及牦牛 CAST 基因多态性分析［D]. 兰州：甘肃农业大学.

张保云，罗玉柱，王继卿，等，2010. 不同饲喂方式下荷斯坦公犊牛生产小牛肉的效果分析［J]. 甘肃农业大学学报，45（6）：23－27.

张静，张佳程，李海鹏，等，2011. 国内外犊牛肉分级体系分析［J]. 肉类工业（3）：41－43.

张沅，张雅春，张胜利，2007. 奶牛科学［M]. 4 版. 北京：中国农业大学出版社.

郑星道，董玉梅，陈东人，1998. 家畜行为学的概况［J]. 宁夏农学院学报（1）：64－70.

Ørskov E R，Ryle M，1992. 反刍动物营养学［M]. 周建明，等，译. 北京：中国农业科技出版社.

Ansotegui R P，Havstad K M，Wallace J D，et al，1991. Effects of milk intake on forage intake and performance of suckling range calves［J]. Journal of Animal Science（69）：899－904.

Appleby M C，Weary D M，Chua B，2001. Performance and feeding behaviour of calves on adlibitum milk from artificial teats［J]. Applied Animal Behaviour Science，74（3）：191－201.

Babu L K，Pandey H N，Sahoo A，2004. Effect of individual versus group rearing on ethological and physiological responses of crossbred calves［J]. Applied Animal Behaviour Science，87（3/4）：177－191.

Boleman S J，Boleman S L，Miller R K，et al，1997. Consumer evaluation of beef of known categories of tenderness［J]. Journal of Animal Science，75：1521－1524.

Chua B，Coenen E，van Delen J，et al，2002. Effects of pair versus individual housing on the behavior and performance of dairy calves［J]. Journal of Dairy Science（85）：360－364.

Costa M J R P，Albuquerque L G，Eler J P，et al，2006. Suckling behaviour of Nelore，Gir and Caracu calves and their crosses［J]. Applied Animal Behaviour Science（101）：276－287.

Cozzi G，Gottardo F，Mattiello S，et al，2002. The provision of solid feeds to veal calves：I. Growth performance，forestomach development，and carcass and meat quality［J]. Journal of Animal Science，80：357－366.

de Passillé A M B，Christopherson R，Rushen J，1993. Nonnutritive sucking by the calf and postprandial secretion of insulin，CCK，and gastrin［J]. Physiology and Behavior，54（6）：1069－1073.

de Passillé A M B, Rushen J, 2006. Calves' behaviour during nursing is affected by feeding motivation and milk availability [J]. Applied Animal Behaviour Science, 101 (3/4): 264 - 275.

de Passillé A M B, Rushen J, Janzen M, 1997. Some aspects of milk that elicit non - nutritive sucking in the calf [J]. Applied Animal Behaviour Science, 53 (3): 167 - 173.

de Passillé A M B, Sweeney B, Rushen J, 2010. Cross - sucking and gradual weaning of dairy calves [J]. Applied Animal Behaviour Science, 124 (1/2): 11 - 15.

de Passillé A M, Rushen J, 1997. Motivational and physiological analysis of the causes and consequences of non - nutritive sucking by calves [J]. Applied Animal Behaviour Science, 53 (1/2): 15 - 31.

de Passillé A M, Rushen J, 2006. What components of milk stimulate sucking in calves? [J]. Applied Animal Behaviour Science, 101 (3/4): 243 - 252.

de Paula V A, Guesdon V, de Passillé A M, et al, 2008. Behavioural indicators of hunger in dairy calves [J]. Applied Animal Behaviour Science, 109 (2/4): 180 - 189.

Denoyelle C, Berny F, 1999. Objective measurement of veal color for classification purposes [J]. Meat Science, 53 (3): 203 - 209.

Faustman C, Cassens R G, 1990. The biochemical basis for discoloration in fresh meat: a review [J]. Muscle Foods, 1: 217 - 243.

Feh C, de Mazires J, 1993. Grooming at a preferred site reduces heart rate in horses [J]. Animal Behaviour, 46 (6): 1191 - 1194.

Franklin S T, Amaral - Phillips D M, Jackson J A, et al, 2003. Health and performance of Holstein calves that suckled or were hand - fed colostrum and were fed one of three physical forms of starter [J]. Journal of Dairy Science, 86 (6): 2145 - 2153.

Fröberg S, Gratte E, Svennersten - Sjaunja K, et al, 2008. Effect of suckling ('restricted suckling') on dairy cows' udder health and milk let - down and their calves' weight gain, feed intake and behaviour [J]. Applied Animal Behaviour Science (113): 1 - 14.

Færevik G, Andersen I L, Jensen M B, et al, 2007. Increased group size reduces conflicts and strengthens the preference for familiar group mates after regrouping of weaned dairy calves (*Bos taurus*) [J]. Applied Animal Behaviour Science, 108 (3/4): 215 - 228.

Gariépy C, Delaquis P J, Pommier S, et al, 1998. Effect of calf feeding regimes and diet EDTA on physico - chemical characteristics of veal stored under modified atmosphere [J]. Meat Science, 49, 101 - 115.

Haley D B, Rushen J, Duncan I J H, et al, 1998. Effects of resistance to milk flow and the provision of hay on nonnutritive sucking by dairy calves [J]. Journal of Dairy Science, 81 (8): 2165 - 2172.

Heinrichs J, 2005. Rumen development in the dairy calf [J]. Advances in DAIRY Technology, 17: 179 - 187.

Illmann G, Špinka M, Štětkov Z, 1998. Influence of massage during simulated non - nutritive nursings on piglets' milk intake and weight gain [J]. Applied Animal Behaviour Science, 55 (3/4): 279 - 289.

Jensen M B, 2003. The effects of feeding method, milk allowanced and social factors on milk feeding behaviour and cross - sucking in group housed dairy calve [J]. Applied Animal Behaviour Science, 80: 191 - 206.

Jensen M B, Budde M, 2006. The effects of milk feeding method and group size on feeding behavior and cross - sucking in group - housed dairy calves [J]. Journal of Dairy Science, 89 (12): 4778 - 4783.

Jensen M B, Holm L, 2003. The effect of milk flow rate and milk allowance on feeding related behaviour in dairy calves fed by computer controlled milk feeders [J]. Applied Animal Behaviour Science, 82 (2): 87-100.

Jung J, Lidfors L, 2001. Effects of amount of milk, milk flow and access to a rubber teat on cross-sucking and non-nutritive sucking in dairy calves [J]. Applied Animal Behaviour Science (72): 201-213.

Kropr D H, 1980. Effects of retail display conditions on meat color [J]. Meat Science, 33: 15.

Le Huerou-Luron I, Guilloteau P, Wicker-Planquart C, et al, 1992. Gastric and pancreatic enzyme activities and their relationship with some gut regulatory peptides during postnatal development and weaning in calves [J]. The Journal of Nutrition, 122 (7): 1434-1445.

Lesmeister K E, Tozer P R, Heinrichs A J, 2004. Development and analysis of a rumen tissue sampling procedure [J]. Journal of Dairy Science, 87: 1336-1344.

Lidfors L M, 1993. Cross-sucking in group-housed dairy calves before and after weaning off milk [J]. Applied Animal Behaviour Science, 38 (1): 15-24.

Lidfors L M, Jensen P, Algers B, 1994. Suckling in free-ranging beef cattle-temporal patterning of suckling bouts and effects of age and sex [J]. Ethology, (98): 321-332.

Lidfors L M, Jung J, de Passillé A M, 2010. Changes in suckling behaviour of dairy calves nursed by their dam during the first month post partum [J]. Applied Animal Behaviour Science (128): 23-29.

Loberg J M, 2007. Behaviour of foster cows and calves in dairy production: acceptance of calves, cow-calf interactions and weaning [D]. Skara: Swedish University of Agricultural Sciences.

Loberg J, Lidfors L, 2001. Effect of milkflow rate and presence of a floating nipple on abnormal sucking between dairy calves [J]. Applied Animal Behaviour Science (72): 189-199.

Margerison J K, Preston T R, Berry N, et al, 2003. Cross-sucking and other oral behaviours in calves, and their relation to cow suckling and food provision [J]. Applied Animal Behaviour Science, 80 (4): 277-286.

Mattiello S, Canali E, Ferrante V, 2002. The provision of solid feeds to veal calves: II. Behavior, physiology, and abomasal damage [J]. Journal of Animal Science, 80: 367-375.

Miltenburg G A, Wensing T, Smulders F J, et al, 1992. Relationship between blood hemoglobin, plasma and tissue iron, muscle heme pigment, and carcass color of veal [J]. Journal of Animal Science, 70: 2766-2772.

Morisse J P, Huonnic D, Cotte J P, et al, 2000. The effect of four fibrous feed supplementations on different welfare traits in veal calves [J]. Animal Feed Science and Technology, 84 (1/2): 129-136.

Nielsen P P, 2008. Behaviours related to milk intake in dairy calves: the effects of milk feeding and weaning methods [D]. Skara: Swedish University of Agricultural Sciences.

Nielsen P P, Jensen M B, Lidfors L, 2008a. Milk allowance and weaning method affect the use of a computer controlled milk feeder and the development of cross-sucking in dairy calves [J]. Applied Animal Behaviour Science, 109 (2/3/4): 223-237.

Nielsen P P, Jensen M B, Lidfors L, 2008b. The effects of teat bar design and weaning method on behavior, intake, and gain of dairy calves [J]. Journal of Dairy Science, 91 (6): 2423-2432.

Ørskov E R, Benzie D, Kay R N B, 1970. The effects of feeding procedure on closure of the oesophageal groove in young sheep [J]. British Journal of Nutrition (24): 785-795.

Pommier S A, Lapierre H, de Passille' A M, et al, 1995. Control of the bioavailability of iron in heavy veal production by different feeding management systems: use of Ca - EDTA as an iron chelating agent [J]. Canadian Journal of Animal Science, 75: 37 - 44.

Roth B A, Barth K, Gygax L, et al, 2009. Influence of artificial vs. mother - bonded rearing on sucking behaviour, health and weight gain in calves [J]. Applied Animal Behaviour Science, 119 (3/4): 143 - 150.

Roth B A, Keil N M, Gygax L, et al, 2009. Influence of weaning method on health status and rumen development in dairy calves [J]. Journal of Dairy Science, 92 (2): 645 - 656.

Rushen J, de Passillé A M, 1995. The motivation of non - nutritive sucking in calves, *Bos taurus* [J]. Animal Behaviour, 49 (6): 1503 - 1510.

Stanley C C, Williams C C, Jenny B F, et al, 2002. Effects of feeding milk replacer once versus twice daily on glucose metabolism in Holstein and Jersey calves [J]. Journal of Dairy Science, 85 (9): 2335 - 2343.

Thomas T J, Weary D M, Appleby M C, 2001. Newborn and 5 - week - old calves vocalize in response to milk deprivation [J]. Applied Animal Behaviour Science, 74 (3): 165 - 173.

Timmerman H M, Mulder L, Everts H, et al, 2005. Health and growth of veal calves fed milk replacers with or without probiotics [J]. Journal of Dairy Science, 88 (6): 2154 - 2165.

Vazquez A M, Heinriehs A J, Aldrich J M, et al, 1993. Postweaning age effects on rumen fermentation end - products and digesta kinetics in calves weaned at 5 weeks of age [J]. Journal of Dairy Science, 76: 2742 - 2748.

Veary C M, 1991. The effect of three slaughter methods and ambient temperature on the pH and temperature in Springbok (*Antidorcas marsupialis*) Meat [D]. Pretoria: University of Pretoria.

Veissier I, de Passillé A M, Després G, et al, 2002. Does nutritive and non - nutritive sucking reduce other oral behaviors and stimulate rest in calves? [J]. Journal of Animal Science (80): 2574 - 2587.

Vieira C, García M D, Cerdeño A, et al, 2005. Effect of diet composition and slaughter weight on animal performance, carcass and meat quality, and fatty acid composition in veal calves [J]. Livestock Production Science, 93 (3): 263 - 275.

Webb L E, Bokkers E A M, Engel B, et al, 2012. Behaviour and welfare of veal calves fed different amounts of solid feed supplemented to a milk replacer ration adjusted for similar growth [J]. Applied Animal Behaviour Science, 136 (2/4): 108 - 116.

Wiepkema P R, van Hellemond K K, Roessingh P, et al, 1987. Behaviour and abomasal damage in individual veal calves [J]. Appl Animal Behavour Science, 18: 257 - 268.

Xiccato G, Trocino A, Queaque P I, et al, 2002. Rearing veal calves with respect to animal welfare: effects of group housing and solid feed supplementation on growth performance and meat quality [J]. Livestock Production Science, 75 (3): 269 - 280.